环境地球化学

HUANJING DIQIU HUAXUE

祁士华　邢新丽　张　原　编著
杨　丹　瞿程凯　陈　伟

中国地质大学出版社
ZHONGGUO DIZHI DAXUE CHUBANSHE

图书在版编目(CIP)数据

环境地球化学/祁士华等编著. —武汉:中国地质大学出版社,2019.12(2022.2 重印)
ISBN 978-7-5625-4672-6

Ⅰ.①环…
Ⅱ.①祁…
Ⅲ.①环境地球化学
Ⅳ.①X142

中国版本图书馆 CIP 数据核字(2019)第 275045 号

环境地球化学	祁士华 邢新丽 张 原 杨 丹 瞿程凯 陈 伟	编著

责任编辑:陈 琪 周 豪	选题策划:张晓红	责任校对:周 旭
出版发行:中国地质大学出版社(武汉市洪山区鲁磨路388号)		邮政编码:430074
电 话:(027)67883511	传 真:(027)67883580	E-mail:cbb@cug.edu.cn
经 销:全国新华书店		http://cugp.cug.edu.cn
开本:787 毫米×1092 毫米 1/16	字数:640 千字	印张:25
版次:2019 年 12 月第 1 版	印次:2022 年 2 月第 2 次印刷	
印刷:湖北睿智印务有限公司	印数:1001—2500 册	
ISBN 978-7-5625-4672-6		定价:68.00 元

如有印装质量问题请与印刷厂联系调换

序 言

当前人类面临着资源短缺、能源匮乏、环境污染、生态破坏和自然灾害频发的严重威胁,而当今社会所追寻的是资源、环境与经济的协调及可持续发展。环境地球化学作为一门环境科学与地球化学的交叉学科,在解决人类社会面临的环境问题和可持续发展中起到了越来越重要的作用。

环境地球化学是研究对人类健康有影响的元素及化合物在人类赖以生存的周围环境中的地球化学组成、地球化学作用和地球化学演化的科学。根据定义可以理解,对"人类健康有影响的元素及化合物"是地球化学研究总体对象的一部分,仅指对人类健康有影响的那部分元素及化合物,如重金属元素和有机化合物等,且这些元素及化合物既包括自然地质作用形成的,也包括人类活动释放到环境中(污染)的;人类赖以生存的周围环境也只是地球化学研究总体范围的一部分,仅是与人类活动有关的地球表层系统。所以,环境地球化学既要研究第一类(原生)环境问题,也要研究第二类(次生)环境问题。

当前人类活动极度强烈,使世界范围内的环境特征呈现原生环境和次生环境的高度叠加。要深刻理解环境现象和环境演化,就必须考虑原生环境基础上的次生环境叠加。此外,1980年以来国际上有机污染物的环境地球化学快速发展,使传统的环境地球化学由单一的以重金属为核心扩展为重金属和有机污染物双核心时代,即定义中的"元素及化合物"概念。环境地球化学在环境领域的科学性、时代性和适用性,使它成为当前环境类专业本科生和研究生的必修课程。

本教材由三篇共十章内容组成。第一篇基本概念和基本理论,包括第一章环境与环境地球化学;第二章环境地球化学的基本理论;第三章元素及有机化合物环境地球化学。第二篇原生环境地球化学,包括第四章土壤环境地球化学;第五章水体环境地球化学;第六章大气环境地球化学。第三篇次生环境地球化学,包括第七章矿业活动的环境地球化学;第八章农业活动的环境地球化学;第九章环境地球化学应用;第十章环境地球化学的研究方法。

需要特别说明的是,本教材是在戎秋涛、翁焕新(1990),陈静生、邓宝山、陶澍等(1990),林年丰(1991)和杨忠芳、朱立、陈岳龙(1999)等所编写的环境地球化学经典出版物的基础上完成的。本教材编写工作由祁士华、邢新丽、张原、杨丹、瞿程凯和陈伟负责,中国地质大学(武汉)环境地球化学研究团队的研究生参与文字整理、校正和图件清绘等工作,他们是陈文文、黄焕芳、柳山、史永红、张泽洲、王帅、丁洋、韩永杰、范宇寒、曾发明、黎荧、李岩云、吴剑、郑煌、胡天鹏、毛瑶、张云超、朱戈昊、陈英杰、孙焰、黄学莲、旷健、李欢、石明明、刘威杰、程铖、钱喆。全书由祁士华和邢新丽统稿。

  编著者试图建立环境地球化学课程内容体系，但由于水平有限，书中难免出现差错及不当之处，欢迎读者提出宝贵意见，以便修改和完善。

编著者

2019 年 8 月于武汉

目 录

第一篇 基本概念和基本理论

第一章 环境与环境地球化学 …………………………………………………… (1)
第一节 环境与环境问题 ……………………………………………………… (1)
第二节 环境地球化学 ………………………………………………………… (5)
第三节 环境地球化学的学科特点及其与相邻学科的关系 ………………… (13)

第二章 环境地球化学的基本理论 ……………………………………………… (15)
第一节 环境中元素及化合物的含量和分布 ………………………………… (15)
第二节 环境中无机元素的地球化学基本理论 ……………………………… (33)
第三节 环境中有机化合物的地球化学基本理论 …………………………… (39)

第三章 元素及有机化合物环境地球化学 ……………………………………… (44)
第一节 典型重金属元素的环境地球化学 …………………………………… (44)
第二节 典型有机污染物的环境地球化学 …………………………………… (77)

第二篇 原生环境地球化学

第四章 土壤环境地球化学 ……………………………………………………… (104)
第一节 土壤的基本性质 ……………………………………………………… (104)
第二节 土壤的环境地球化学异常 …………………………………………… (117)
第三节 土壤的环境地球化学与地方病 ……………………………………… (128)

第五章 水体环境地球化学 ……………………………………………………… (140)
第一节 天然水的性质及化学平衡 …………………………………………… (140)
第二节 水体环境地球化学 …………………………………………………… (164)
第三节 特殊物质水文环境地球化学专题 …………………………………… (182)

第六章　大气环境地球化学 (198)

第一节　大气的结构 (198)

第二节　大气的形成及成分 (200)

第三节　大气的平衡与循环 (205)

第四节　火山作用对大气环境的影响 (212)

第三篇　次生环境地球化学

第七章　矿业活动的环境地球化学 (223)

第一节　多金属矿产活动的环境地球化学 (223)

第二节　煤炭资源活动的环境地球化学 (240)

第三节　油气资源活动的环境地球化学 (251)

第八章　农业活动的环境地球化学 (266)

第一节　化肥使用的环境地球化学过程 (266)

第二节　农药使用的环境地球化学过程 (285)

第九章　环境地球化学应用 (303)

第一节　农业中应用——富硒产品 (303)

第二节　污染场地修复 (311)

第三节　医学中的应用 (318)

第十章　环境地球化学的研究方法 (333)

第一节　环境地球化学研究方法特点 (333)

第二节　环境样品的采集和处理 (333)

第三节　环境地球化学研究的数理统计方法和数学模型 (342)

第四节　环境地球化学背景值的调查方法及异常下限确定 (349)

第五节　环境地球化学分析检测技术 (354)

第六节　环境地球化学的图示方法 (360)

第七节　其他方法 (363)

参考文献 (371)

第一篇
基本概念和基本理论

第一章 环境与环境地球化学

当前人类面临着资源短缺、能源匮乏、环境污染、生态破坏和自然灾害频发的严重威胁,而当今社会所追寻的是资源、环境与经济的协调及可持续发展。环境地球化学作为一门环境科学与地球化学的交叉学科,在解决人类社会面临的环境问题和可持续发展中起到了越来越重要的作用。

第一节 环境与环境问题

一、环境的概念

环境是指围绕着人群的空间及其中可以直接、间接影响人类生活发展的各种自然因素和社会因素的总称。它既包括未经人类改造过的自然界众多因素,如阳光、空气、陆地、土壤、水体、天然森林和草原、野生生物等,又包括经过人类社会加工改造过的自然界因素,如城市、村落、水库、港口、公路、铁路、空港和园林等。《中华人民共和国环境保护法》(1989年12月26日首次施行,2014年4月24日重新修订,2015年1月1日施行)第二条明确指出:"本法所称环境,是指影响人类生存和发展的各种天然的和经过人工改造的自然因素的总体,包括大气、水、海洋、土地、矿藏、森林、草原、湿地、野生生物、自然遗迹、人文遗迹、自然保护区、风景名胜区、城市和乡村等。"从中可以得出另一个明确的结论,环境的主体是与人类活动有关的自然介质。

二、环境的特性

1. 整体性

就人与地球环境而言,人与地球是一个整体,地球的任一部分或任一系统都是人类环境的组成部分,各部分之间相互联系、相互制约。局部地区的环境污染或生态破坏必定会影响其他地区,在环境问题上是没有地域界限的。

2. 有限性

人类生存的环境是有限的,地球环境中的资源是有限的,环境对污染物质的包容、自净能力是有限的。也正因如此,在环境科学中引入了环境容量这个科学概念。

3. 不可逆性

在人类环境系统的运转过程中,存在着 3 种运动形式:能量的流动、物质的循环和信息的传递。根据热力学理论,整体过程是不可逆的。环境系统遭到破坏后,即使可以得到部分修复,也不能完全恢复到原状。

4. 隐蔽性

一些突发性的环境污染事故,从发生到产生后果的时间很短。然而,大多数的环境污染,需要较长时间才能明显地观察到由它引起的后果,例如水体中的重金属污染。当重金属随废水排出时,往往浓度很低,不被人类察觉,然而在水中重金属经微生物作用就会转化为毒性更大的有机金属化合物,水生生物从污染水体中摄取了这些有机金属化合物,再经过食物链的生物放大作用,在较高级的生物体内成千上万倍地富集,最后经由食物进入人体,并在人体某些器官中积蓄起来,达到一定的浓度后,人体就会出现慢性或急性中毒。

5. 持续作用性

环境科学研究的结果表明,环境污染不仅影响当代人的健康,还会造成遗传隐患,影响下一代甚至几代人的健康。环境污染对生物体和非生物体同样存在着持续的作用性。

6. 灾害放大性

实践证明,某些环境污染与生态破坏,开始并未引起人们的注意,然而经过长期的作用,给人类带来的灾害就会明显地放大。例如:人类的文明史起源于火的利用,人类在漫长的发展过程中并未察觉到燃烧过程排放的碳氧化物会给人类带来什么害处,然而经过这么多年,碳氧化物等污染物已引起全球性的关注,可能引起气候异常、气温升高、海平面上升等,给人类造成严重的后果。

三、环境要素

环境要素是指构成人类环境整体的各个独立的、性质不同的而又服从整体演化规律的基本因素。环境要素可分为自然环境要素和人工环境要素两类。通常指的环境要素是前者,包括水、大气、土壤、岩石、生物及阳光等。

环境结构单元是由一些环境要素组成的,而环境系统或环境整体又是由若干环境结构单元组成的。自然界由四大环境系统(水圈、大气圈、土壤-岩石圈、生物圈)组成。

各种环境要素之间的相互作用,不断演变构成了动态平衡的大系统。环境要素演变的动力来自地球内部放射性元素的衰变能和太阳的辐射能。占太阳辐射能 50% 的可见光,特别是辐射最强的青光(波长 $0.475\mu m$ 左右)是植物作用的能量来源。可以认为,太阳辐射能是环境要素演变的基本动力源泉。

环境要素具有一些十分重要的特点。它们不仅体现着各环境要素间互相联系、互相作用的基本关系,而且是认识环境、评价环境和改造环境的基本依据。这些特点如下。

1. 最小限制律

最小限制律是 19 世纪德国化学家李比希(Liebig)提出并为 20 世纪初英国科学家布莱克曼(Blackman)进一步发展。最小限制律认为:整个环境的质量,不能由环境诸要素的平均状况来决定,而是受环境诸要素中处于最劣状态的那个环境要素所控制。这就是说,环境的好坏取决于环境诸要素中最差的要素,而不能用其中处于优良状态的要素来弥补较差的要素对环境诸要素的优劣进行定量评估。要按照先劣后优的顺序,依次改进某个要素,使之达到最佳状态。

2. 等值性

无论各环境要素之间在规模上或数量上有什么差异,只要它们是独立的要素,那么它们对环境质量的限制作用并无质的差别。任何一个要素,只要处于最劣状态,对于环境质量的限制就具有等值性。

3. 整体性大于各个体之和

环境诸要素组成一个环境体系时,必然会相互作用导致质的飞跃。也就是说,所有要素的整体作用大于各要素各自单独作用的和。

4. 相互联系,相互制约

在一个环境系统中,各环境要素是相互联系、相互作用和相互制约的。从地球演化的角度来说,某些要素孕育着其他要素。例如:岩石圈的形成为大气的出现提供了条件;岩石圈和大气圈的存在为水的产生提供了条件;岩石圈、大气圈和水圈又孕育了生物圈。

环境要素的这些特点,不仅决定了各环境要素间是相互联系、相互作用的,也为人们认识环境、评价环境和改造环境提供了基本依据。

四、环境质量

环境质量是对环境状况的一种描述,一般是指在具体环境内,环境的某些要素或总体对人类或社会经济发展的适宜程度,是反映人类的具体要求而形成的对环境评定的一种概念。环境质量的好坏直接影响人类的生活质量和社会经济的发展。通常用环境质量来反映环境污染程度。环境质量是环境系统客观存在的一种本质属性,是环境系统所处的状态,可进行定性或者定量的描述。环境质量包括自然环境质量和社会环境质量。自然环境质量可分为物理环境质量、化学环境质量和生物环境质量。社会环境是人工创造的生态环境,既包括物质环境,也包括政治、精神环境。

五、环境容量

环境容量是指人类生存和自然环境在不受危害的前提下,环境可能容纳污染物质的最大负荷量。环境在未受到人类干扰的情况下,环境中的物质和能量分布的正常值称为环境本底值。当污染物质或因素进入环境后,环境具有一定的迁移、扩散、同化和异化的能力,能通过一系列物理、化学、生物等作用,使污染物或污染作用消失,环境的这种净化作用,称为环境自净。但这种能力是有限的,也就形成了环境容量。

对一个特定的环境及环境所提出的特定功能而言,环境容量对于各种不同情况具有一系列的确定值。但由于环境会有时、空、量、序的变化,物质也有不同的分布特征,因此,环境容量又是时常变化的。

六、环境问题

环境问题一般是指由人类活动或自然活动作用于人们周围的环境引起的环境质量变化,

以及这种变化反过来对人类生产、生活和健康产生的影响。简单地讲,环境问题是指由环境变化所引起的后果。

1. 环境问题的由来及发展

环境问题古已有之,它随着人类社会的出现、生产力的发展和人类文明的提高而相伴产生,并由小范围、低程度危害发展到大范围、对人类生存造成不容忽视的危害,即由轻度污染、轻度破坏、轻度危害向重度污染、重度破坏、重度危害方向发展。依据环境问题产生的先后和轻重程度,结合人类文明的进程,可将环境问题大致划分为4个阶段。

(1) 环境问题萌芽阶段(工业革命以前)。在农业文明以前的整个远古时代,人类以渔猎和采集为主,人口数量极少,生产力水平极低,对自然环境的干预甚微,可以认为不存在环境问题。

从农业文明时代开始,人类掌握了一定的劳动工具,具备了一定的生产能力,在人口数量不断增加的情况下,对自然的开发利用强度也在不断加大。为了获取更多的生活资料,人们开垦耕地,破坏了许多森林草原等植被,使地球表面裸露出大片黄土地,出现了如地力下降、土壤盐碱化、水土流失,甚至河道淤塞、改道和决口等环境问题。这些环境问题危及人类生存,迫使人们经常地迁移、转换栖息地,有的甚至酿成了覆灭性的悲剧,如玛雅文明的覆灭就是一个典型的例子。但这时的环境问题还只是局部的、零散的,还没有上升为影响整个人类社会生存和发展的问题。

(2) 环境问题发展恶化阶段(工业革命至20世纪50年代)。从英国产业革命以来,科学技术水平突飞猛进,人口数量急剧膨胀,经济实力空前提高,各种机器、设备竞相发展,在经济利益的驱使下,人类对自然环境展开了前所未有的开发利用,大规模地改变了环境的组成和结构,从而也改变了环境中的物质循环系统,带来了新的环境问题,一些工业发达的城市和工矿区的工业企业,排出大量废物污染环境,天空黑烟弥漫,水体乌黑发臭,矿山黑迹斑斑,使环境污染事件不断发生。如1873年12月、1880年1月、1882年2月、1891年12月、1892年2月,英国伦敦多次发生可怕的有毒烟雾事件;19世纪后期,日本足尾铜矿区排出的废水污染了大片农田;1930年12月,比利时马斯河谷工业区工厂排出的有害气体在逆温条件下造成了严重的大气污染事件。如果说农业生产主要是生活资料的生产,它在生产和消费中所排放的"三废"可以纳入物质的生物循环而能迅速净化和重复利用的话,那么,工业生产除了生产生活资料外,还大规模地进行生产资料的生产。大量深埋于地下的矿产资源被开采出来,经过加工利用之后排入环境之中。许多工业产品在生产和消费过程中排放的"三废"都是对人和其他生物有害的,且难以降解。总之,大机器生产、大工业的日益发展使环境问题也随之发展且逐步恶化。

(3) 环境问题的第一次高潮(20世纪50—80年代)。环境问题的第一次高潮出现在20世纪50—60年代。20世纪50年代以后,环境问题更加突出,震惊世界的公害事件接连不断,1952年12月的英国伦敦烟雾事件、1953—1956年的日本水俣病事件、1961年的日本四日市哮喘病事件、1955—1972年的日本痛痛病事件,等等,致使成千上万人直接死亡。其原因为:第一,人口迅猛增加,都市化速度加快;第二,工业不断集中和扩大,能源消耗激增。当时,工业发达国家环境污染已达到严重程度,直接威胁到人们的生命安全,成为重大的社会问题,激起广大人民的不满,也影响了经济的顺利发展。

(4) 环境问题的第二次高潮(20世纪80年代后)。进入20世纪80年代后,具体地说始于

1984年由英国科学家发现的,1985年经美国科学家证实的,在南极上空出现"臭氧空洞",引发了第二次世界环境问题的高潮。人类越来越清醒地认识到,这时的环境问题已由工业污染向城市污染和农业污染发展,由点源污染向面源(江、河、湖、海)污染发展,局部污染向区域性和全球性污染发展,呈现出地域上扩张和程度上恶化的趋势。各种污染交叉复合,正威胁着整个地球系统的平衡。一些环境问题的性质也产生了根本的变化,即上升为从根本上影响人类社会生存和发展的重大问题。这些问题如不能从根本上得到解决,则很可能会使人类文明面临灭顶之灾。

(5)21世纪出现的环境问题。进入21世纪以来,大气中二氧化碳浓度急剧上升,全球变化进一步加剧,全球极端事件频发;生物多样性丧失和生态安全受到威胁,包括生态系统的退化、野生动植物逐渐消失、遗传资源的破坏和沙漠化与荒漠化等;污染面积和污染程度也加剧,如墨西哥湾漏油事件、日本福岛大地震引发的核泄漏事件,以及区域性酸雨危害和固体废弃物全球性污染等。2009年12月在哥本哈根召开的碳减排会议、2015年11月在巴黎召开的第21届联合国气候变化大会和2017年11月开幕的联合国波恩气候变化大会等一系列关于环境污染与气候变化的会议,标志着环境问题已经成为制约人类生存和发展的关键问题。

2. 环境问题的分类

环境问题多种多样,归纳起来有三大类,即原生环境问题、次生环境问题和社会环境问题。

原生环境问题,也叫第一环境问题,即由自然演变和自然灾害引起的环境问题。如地震、洪涝、干旱、台风、崩塌、滑坡、泥石流以及由于元素存在地球化学分布不均而产生地方病等。

次生环境问题,也叫第二环境问题,即由人类活动引起的环境问题。次生环境问题一般又分为生态破坏和环境污染两大类。生态破坏主要是由人类盲目开发利用自然资源,超出环境承载力,引起生态环境质量恶化、生态平衡破坏或自然资源枯竭的现象。例如:畜牧业的高速发展、过度砍伐森林和开荒造田导致的草原退化、水土流失及沙漠化等。环境污染则是随着人口的过度膨胀,城市化的规模发展及经济的高速增长形成的环境污染和破坏,造成环境质量发生恶化,原有的生态系统被扰乱的现象。例如:工业生产过程中排放的废气、废水和废渣对生物环境及非生物环境的污染。

社会环境问题,也叫第三类环境问题,即由于原生和次生环境问题发生而对人类社会活动产生的影响,以及为控制原生和次生环境问题及社会影响而制定的政策与法规等措施。例如:由于上述环境问题出现的经济、政治、文化和道德问题,以及政府部门为治理环境污染和生态破坏出台的一系列法律和法规等。这类问题,西方文献中称之为环境伦理学。

当前国际社会面临的主要环境问题有人口问题、资源问题、生态问题、环境污染问题。归结起来主要有十大方面:①大气污染;②臭氧层破坏;③酸雨侵袭;④水污染;⑤土地荒漠化;⑥绿色植被锐减;⑦固体垃圾剧增;⑧物种濒危;⑨人口剧增;⑩温室效应。

第二节 环境地球化学

一、环境地球化学的概念

环境地球化学是一门年轻而又发展迅速的交叉学科,是20世纪60年代兴起的一个新的研究领域,是研究污染元素及化合物在人类赖以生存的周围环境中的地球化学组成、地球化学作用和地球化学演化与人类健康关系的科学,其内容范围远比环境科学单纯和狭窄,但其涉及面仍然较广,综合性很强。

在我国,最早提出"环境地球化学"这一概念的是涂光炽。1973年,他在《七十年代自然科学领域中的一个新生长点——环境科学》一文中写道:"环境科学与地球化学的互相渗透,产生了新的边缘分支学科——环境地球化学。"他指出:"所谓环境污染,从地球化学角度去看,无非是一些人为的金属、非金属元素、各种无机和有机化合物叠加在自然界这些物质运动的基础之上而已。因此,一些地球化学的指导思想、工作方法也可以用于研究环境问题。这就必然导致环境科学与地球化学的密切结合,从而导致了环境地球化学这一门新的分支学科的产生。"

刘东生和李长生(1977)指出:"环境地质学的主要内容是研究生命演化的地球化学,即研究无机环境的化学组分变化与生命演化、人类健康的内在联系。当前它着重研究化学污染物质在环境中的热力学、地球化学和生物化学过程,探索环境质量的内部结构和运动规律,建立近代环境污染演化趋势及其对人类健康影响的环境学理论。"此处"环境地质学"即"环境地球化学"在当时的名称。

陈静生等(1990)认为,环境地球化学是研究环境中化学物质(天然的和人为释放的)的迁移转化规律及其与环境质量和人类健康关系的学科。

戎秋涛等(1990)认为,环境地球化学是研究与人类的生存和发展密切相关的元素在地球外圈层环境中的含量、分布、形态以及迁移和循环规律的科学。同时它还研究人类生产和消费活动对自然环境造成影响的上述地球化学规律。

根据环境地球化学的研究对象和研究区域以及近年来环境地球化学的发展现状,我们认为,环境地球化学是研究对人类健康有影响的元素及化合物在人类赖以生存的周围环境中的地球化学组成、地球化学作用和地球化学演化的科学。显然,这里的"对人类健康有影响的元素及化合物"是地球化学研究总体对象的一部分,仅为对人类健康有影响的那部分元素及化合物,如重金属元素和有机化合物等。而这些元素及化合物既包含自然地质作用形成的,也包含人为活动而释放到环境中(污染)的。同时,"人类赖以生存的周围环境"也只是地球化学研究总体范围的一部分,仅是与人类活动相接触的地球表层系统。所以,环境地球化学既研究第一类环境问题,也研究第二类环境问题。

二、环境地球化学的研究对象、任务和范围

环境地球化学的研究对象为生物-非生物复合系统,包括生物与非生物两部分。其中,非生物部分涉及大气、水体、土壤(沉积物)等环境介质及其化学物质,生物部分包括动物、植物、微生物及人类等生命介质。从微观来讲,主要研究无机元素、同位素、有机物等。

环境地球化学的研究任务是从地球环境的整体性和相互依存性观点出发,研究人类活动过程与地球化学环境的相互作用。以地球科学为基础,综合研究元素、化合物在环境系统中的地球化学行为,揭示人为系统干扰下区域及全球环境系统的变化规律,为资源合理开发利用、环境质量有效控制及人类生存、健康服务。

环境地球化学的研究范围是地理(地质)环境,涉及与人类生存活动密切相关的5个地球圈层系统,即大气圈系统、水圈系统、土壤圈系统、生物圈系统和表层岩石圈系统。

环境地球化学的研究内容包括以下几个方面。

(1) 研究人类生存环境的地球化学性质,包括岩石圈系统、大气系统、水体系统、土壤-植物系统和人类技术系统的化学性质及变化发展趋势。从地球化学的角度来看,人类环境可分为5个地球化学系统,即表面岩石圈系统、大气系统、水系统、土壤-生物系统和技术系统。为了改善人类环境质量,必须深入了解这些系统的地球化学性质。这些系统是在地质历史过程中逐步演化、依次产生的,它们的化学性质不断地发生变化。到了近代,人类运用强大的技术力量大规模地改变自然界的面貌,地壳深处大量的化学物质被采掘出来,种类越来越多、数量越来越大的自然界本来不存在的化合物被合成出来,它们中的一部分不可避免地被散布到环境中。在原来环境物质循环的基础上,叠加了这些新的物质的循环,对人类环境质量产生了严重影响。环境地球化学的重要任务之一在于及时地研究现代环境化学变化的过程和趋势,在原生地球化学的基础上,更加深入地研究组成人类环境的各个系统的地球化学性质(分布、形态),为环境质量评价提供依据。

(2) 研究污染物在环境中的迁移转化规律,包括污染物的空间位置的变化和形态转化,污染物的分布、降解和累积规律及其环境地球化学条件,最终为了解污染物在环境中的自净能力,开展环境质量评价和环境质量预测,制定环境标准和改良、保护环境服务。这种迁移转化的结果,可以向着有利的方向发展,如污染物被稀释、扩散、分解,甚至消失;也可以向着不利的方向发展,如污染物在某些条件下积累起来,转变成为持久的次生污染物。污染物在环境中的存在形态可以通过各种化学作用(如溶解、沉淀、水解、络合与螯合、氧化、还原、化学分解、光化学分解和生物化学分解等作用)不断发生变化。污染物的存在形态不同,其毒性也往往不同,如六价铬的毒性大于三价铬,五价砷的毒性小于三价砷,铜的络离子的毒性小于铜离子,且络离子愈稳定,其毒性愈小。污染物的存在形态不同,生物对它的吸收作用也不同,如水稻易于吸收金属汞、甲基汞,而不吸收硫化汞。在环境污染研究中,不但要研究污染物的总量,还必须研究污染物的形态。

在一个特定的环境中,污染物的存在形态取决于环境的地球化学条件,如环境的酸碱条件、氧化-还原条件、环境中胶体的种类和数量、环境中有机质的数量和性质等。地球化学的研究表明,在地球表面上的每一特定地区都有它特有的地球化学性质,所以,应用地球化学的原理和方法能够较好地阐明污染物在环境中迁移转化的规律。这方面的研究有助于评价环境质量、预测环境质量变化的趋势,有助于了解自然界对污染物的自然净化能力,有助于制定环境标准和制定改造已被污染环境的措施,为控制和消除污染提供依据。

(3) 研究环境中的化学物质对生态和人体健康的影响。这方面的内容曾是地球化学的另一个分支学科——生物地球化学的内容。更确切地说,环境地球化学是在生物地球化学的基础上发展起来的。

关于环境元素和生命元素的关系,早在20世纪40年代就有生物地球化学学者指出:有机体中所含的化学元素与生物圈中所存在的化学元素成正比;组成有机体的主要元素在生物圈中都是容易形成气体和水溶性化合物的元素。

人体的组成是人类在漫长的岁月中通过新陈代谢,与环境进行物质交换,并通过遗传、变异等过程建立了动态平衡的结果。显然,人类释放到环境中的各种各样的化学物质,必然会以不同的程度进入生物和人的机体。当机体组织不能忍受这些物质时,就会产生严重的后果。汞污染引起的水俣病和镉污染引起的痛痛病是这方面突出的例子。

环境地球化学在这方面的任务不仅是研究现代环境化学组成的变化同生命体、人体化学组成和人类健康的关系,而且是在更广阔的地质背景上研究宇宙元素、地壳元素、海洋元素同生命元素之间的关系,研究生命过程的地球化学演化等问题,通过元素在环境-人系统中的含量、分布、存在形态和传递等,为一些地方性疾病(如克山病、大骨节病、地方性甲状腺肿和地方性氟中毒等)和多发病(如心血管病、食管癌、结石病等)的病因研究和防治措施提供基础。

(4)全球环境变化研究,包括古环境和现代环境变化研究。通过研究各类地质体中保存下来的环境地球化学记录,研究历史时期或地史时期地球环境的特征,为评价现代环境和预测发展趋势提供基础。研究现代大规模人为活动影响下,地球环境的化学组成以及地球各圈层界面间进行的化学作用的变化,研究这些变化对人类生存的影响。具体内容包括:陆地生态系统和大气圈之间的物质和能量的交换及环境效应;海水和大气圈之间的物质和能量交换及环境效应;水圈的环境地球化学;气候变化对陆地生态系统中的环境地球化学过程的影响等。由于全球环境变化研究涉及面广、意义重大,国际科学理事会(ICSU)(International Council for Science,1998年以前为"国际科学联盟理事会")已发起一项大型的国际合作研究计划,即国际地圈—生物圈计划(IGBP),从1990年开始执行,并一直延续到21世纪初。

(5)环境污染的修复与治理技术研究。根据污染物在环境中的迁移转化规律,针对具体的环境问题,开发出以地球化学作用为基础,并广泛结合其他先进技术,开发治理各种污染的环境技术。如在核废料处置,地下水砷、铀、硝酸盐等污染的治理,重金属污染土壤的修复,矿山环境的治理技术,废水处理等方面,环境地球化学可发挥其应有的作用。其中最杰出的思想,即由荷兰学者舒林(Schuiling,1998)提出的地球化学工程学。地球化学工程学是利用优化的地球化学过程提出对环境问题的解决方案。具体的,就是基于地球化学理论,利用自然界中天然矿物材料作为反应物,设计出与污染物发生反应的体系,以达到将人为排放污染物消除的效果,使环境污染治理成本最小化。目前该思想和技术已大量应用于我国城市场地污染修复和农业污染修复工程中。

三、环境地球化学的特点

环境地球化学具有综合性、多样性、交叉性及实践性等特点。

(1)综合性。环境地球化学来自地球化学与环境科学的相互交融。以地球科学、环境科学及数学、物理、化学为理论基础,以技术科学和实验科学为学科支柱,并涉及生物学、生态学、病理学等学科。

(2)多样性。环境地球化学涉及生物与非生物组成的复合系统,研究对象包括环境介质、污染物、动物、植物、微生物、人类等因素,以及它们之间的相互关系,因而,比任何单一的学科都更为多样、更为复杂。

(3)交叉性。环境地球化学体现为多学科的交叉,如生态学与地球化学、环境科学与生物地球化学、环境地学与生物化学及分子化学的交叉。

(4)实践性。该学科是为了解决全球或区域生态环境问题而设立的,因而有很强的针对性和实践性。

四、环境地球化学发展历史及发展趋势

(一)环境地球化学的产生背景及发展历史

环境地球化学作为一门学科,可以说是人们在对工业革命大发展以来发生的严重环境污

染和其对人类健康影响的认识上发展起来的。它的发展经历了由模糊到清晰、由感性到理性、由片面到全面的认识过程。

早年,日本小林纯及苏联学者维诺格拉多夫等就开始从生物地球化学的角度探讨微量元素与人体健康的关系。但是在自然科学系统中,对地质环境的重视则是从20世纪50年代开始的。例如:美、英、瑞典等国相继对饮水与心血管病死亡率相关性的研究基本上肯定了地质环境对人体健康的影响作用。

随着认识的深化,环境地质学作为地质学的新分支,在自然科学领域逐渐出现了。1965年,美国《地质时代》刊物首先正式使用了"医学地质"的名词;英国具有160年历史的地质调查所更名为地质研究所,隶属于新设立的自然环境研究委员会;1969年,美国地质调查所成立了环境地质组。继之,在日、法、德等国的地质机构中纷纷成立了专门的环境地质组织并开展了一系列的科学研究工作。

同时,与之对应的学术委员会及专门机构也迅速而普遍地建立起来。例如:国际地质联合会下设了"地质科学与人类"委员会;美国地球化学委员会下设了"环境地球化学与健康分会";自1968年起,美国密苏里大学逐年召开一次具有国际性的"微量物质对环境健康影响"学术讨论会;1972年夏,在斯德哥尔摩召开了"人与环境"的第一次国际会议,并出版了论文集;1975年在加拿大安大略召开了"环境生物地球化学讨论会";1977年在肯尼亚首都内罗毕召开了联合国沙漠化会议等。

随着环境地质机构的建立,学术活动的频繁,环境地质出版物也不断增多。在美国,20世纪70年代初即出版了几个版本的《环境地质学》教科书。此外,密苏里大学从1969年起逐年出版了《与环境健康有关的微量物质》学术讨论年会论文集,1972年出版了《得克萨斯海岸带环境地质图集》,1973年出版了《环境地质文集》,1974年出版了《人及其地质环境》《环境地质研究方法》,1975年又相继出版了《环境地质学》《环境生物地球化学》《环境污染源和排放量手册》《变化着的全球环境》《环境质量》等。在苏联,随着对生物圈演化过程的研究及"技术圈""智慧圈"概念的提出,1973年出版了《生物圈地球化学》,1975年出版了《环境地球化学》等专著,标志着环境地球化学作为一门独立的学科出现了。

我国环境地球化学研究与国际学术界的发展基本上是同步的,20世纪60年代是我国环境地球化学学科发展的萌芽阶段;20世纪70年代是环境地球化学作为新兴边缘学科在我国确立,并获得初步发展的阶段;20世纪80年代是环境地球化学蓬勃发展、在理论上和解决实际环境生态科学问题中显示出重要作用的阶段;20世纪90年代是环境地球化学在我国环境质量的维护和改善、自然资源的合理开发利用、全球变化研究、农业生态保护及经济社会协调发展的环境决策等各方面都发挥重大作用的时期。

长期以来,克山病、大骨节病等地方性疾病威胁着人民的身体健康。20世纪60年代末,地学研究人员和医学工作者从病区分布与环境条件出发,对上述疾病开展了大量的地质环境调查和地球化学病因研究,揭示了其从东北到西南呈宽带状地域分布的格局,发现和推广了卤碱防治克山病及水质改善方法。上述研究为日后建立黑龙江、云南等省区的克山病环境质量模型,开展硒、钼等微量元素与克山病病因关系的研究奠定了初步的基础。

20世纪60年代以来,环境污染和生态恶化的问题日益突出,对地学工作者提出了新的任务。1972年中国科学院地球化学研究所率先编辑出版了不定期的刊物《环境地质与健康》。刘东生在《环境地质学的出现》一文中,全面阐述了环境地质学出现的背景、学科基础、国际动向、研究范畴和发展前景,指出在地质学防治历史上,继矿产地质、工程地质的防治之后,环境地质学的出现标志了地质学为社会服务的新阶段,在环境地质学的研究中将树立生物进化观、物理运动观和化学变化观。

1973年,科学出版社出版了《环境地质与健康》集刊第一号。涂光炽预言"20世纪70年代环境科学和生命科学将异军突起成为自然科学领域中生命力十分强大的新生长点",指出"环境科学与地球化学的相互渗透,产生了新的边缘分支学科——环境地球化学"。

1973年,我国开始了有组织、有计划地调查环境污染和研究环境质量。由中国科学院贵阳地球化学研究所负责,中国科学院地理研究所、北京大学、北京师范大学等单位的科研和教学人员参加,开展了官厅水系洋河流域污染源调查。与此同时,"北京西郊环境污染调查与研究质量评价研究"项目开始组题并开展工作。

随着环境地质地球化学学科的确立,1974年,中国科学院地球化学研究所环境地质研究室正式组建成立。中国科学院地理研究所化学地理研究室、中国科学院长春地理研究所化学地理研究室等,均开展了与环境地球化学相关的研究工作。北京大学、北京师范大学、中山大学、东北师范大学、华东师范大学、浙江大学、武汉地质学院(现中国地质大学)、长春地质学院(现吉林大学)和中南工业大学(现中南大学)等均开展了环境地球化学、环境地质学方面的教学和科研工作。

1979年,中国矿物岩石地球化学学会设立了环境地质地球化学专业委员会;中国环境科学学会设置了环境地球化学及污染化学地理专业委员会、环境质量评价专业委员会;中国地理学会设置了化学地理专业委员会。上述与环境地球化学直接相关的学术团体的成立,为后来本学科的学术交流创造了良好的条件。1981年10月,中国环境科学学会、中国岩石矿物地球化学学会及贵州省环境科学学会在贵阳联合召开了全国首次环境质量、环境地球化学及污染化学地理学术讨论会,全面总结了20世纪70年代以来,我国在环境地质地球化学、地球化学与人类健康、环境质量评价等领域的研究进展,为20世纪80年代本学科的发展和学术交流铺平了道路。环境物质的分布、迁移、转化及其对环境质量的影响构成了环境地球化学研究的基本内容,同时也表明了环境质量与地球化学研究的重要的内在联系。

1999年开展的多目标区域地球化学调查为我国环境地球化学研究开启了一个全新的时代。该调查属于国家公益性、基础性地质工作,调查比例尺为1:25万,采集0~20cm和150~200cm两层样品,利用大型精密仪器测定包括有益与有害组分在内的54项元素和指标,采用严格的样品测试质量监控体系,获取元素高质量高精度数据信息,形成大批地球化学图集,系统展示了我国重要地区元素地球化学分布和分配规律,是一项原创性成果,具有重要理论意义和广泛应用价值。在调查基础上,完成生态地球化学评价、生态地球化学评估和生态地球化学预警3项工作。整个调查工作覆盖我国$2.6 \times 10^6 km^2$的基本农业区,揭示出大量环境地球化学科学问题。进入21世纪的生态地球化学调查,是对多目标区域地球化学调查的进一步深化。生态地球化学调查是用地球化学的原理和方法研究地球化学元素在生态系统各生态因子及其之间的分布、分配、迁移、转化规律及其生态效应的一门新兴的边缘学科,它着重研究生态系统中地球化学元素的空间分布、循环规律和影响范围,在全球、区域和局部尺度上进行生态地球化学研究。通过该工作调查发现地球化学问题,重点研究主要元素成因来源、迁移转化、生态效应、变化趋势的全过程。

在国际上,环境地球化学研究和发展有两个重要标志。一是1979年学术期刊《环境地球化学与健康》(*Environmental Geochemistry and Health*)创立;二是1985年开始的每3年一次的"环境地球化学国际研讨会"(International Symposium on Environmental Geochemistry)举行。尽管由于会议主办国间存在研究特色的差异,但从会议主题上可以确定在国际层面上当前环境地球化学研究的热点和方向有以下几方面。①环境变化的地球化学记录:气候变化和人为活动;②矿业的可持续性和相关的环境问题;③地球化学和健康与医学地质学;④环境毒理学与流行病学;⑤环境污染与修复;⑥水资源与水体环境;⑦微量元素、有机污染物和放射性核素的生物地球化学;⑧环境分析地球化学;⑨环境系统建模:GIS平台和数据分析;⑩环境健康风险和社会不平等的感知及通信。

2001年,美国国家研究委员会(NRC)提出"地球关键带"(earth's critical zone)的概念。NRC认为,地球关键带是指异质的近地表环境,岩石、土壤、水、空气和生物在其中发生着复杂的相互作用,在调控着自然生境的同时,决定着维持经济社会发展所需的资源供应。在横向上,关键带既包括已经风化的松散层,又包括植被、河流、湖泊、海岸带与浅海环境。在纵向上,关键带自上边界植物冠层向下穿越了地表面、土壤层、非饱和的包气带、饱和的含水层,下边界通常为含水层的基岩底板(图1-1)。从该定义上讲,地球关键带就是环境地球化学研究的主体空间和对象,只是地球关键带的提出将环境地球化学的研究从以地球化学为主提升到与地球物理学和地球生物学共存的层面,因而有助于环境地球化学的深入和发展。

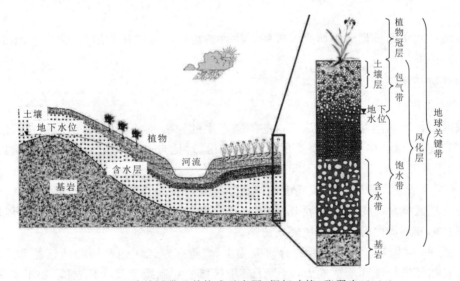

图1-1 地球关键带及其构成示意图(据杨建锋,张翠光,2014)

概括起来,环境地球化学的发展历史主要有如下阶段。

1. 环境地球化学与人类健康研究

时间:20世纪60年代及以前。

特点:以生物地球化学的思想作指导,把生物地球化学中关于地球化学环境与植物、动物健康关系的研究进一步延伸到地球化学环境与人体健康关系研究方面。我国与国外基本同步开展了一系列卓有成效的研究工作,并取得很大成绩。这一时期环境地球化学多被理解为主要研究环境中天然产出的化学元素和微量物质的含量、分布、迁移与植物、动物和人体健康的关系。

2. 环境地球化学与污染研究

时间:20世纪70—80年代。

特点:既研究天然产出的化学元素在环境中的地球化学行为及其与植物、动物和人体健康的关系,也研究人为活动释放的元素的地球化学行为及其影响;它不仅研究碳、氮、硫、磷等生命支撑元素,同时还研究人为活动释放入环境中的各种重金属和毒性化合物。这一时期环境科学的学术特征突出反映在两个方面:一是它力图对社会需要的充分满足和适应,环境科学把它自身的注意力几乎全部集中到了人类生产活动引起的地方性或区域性的污染问题上;二是具有明显的拼合性,即这一时期的环境科学基本上是传统的地学、生物学、化学、物理学、医学、工程学和社会科学的研究活动向环境污染领域延伸或扩展的结果。该时期特别是20世纪80年代,我国的环境地球化学研究得到蓬勃发展。

3. 环境地球化学与全球环境变化研究

时间:20世纪90年代以来。

特点:该时期全球环境变化研究成为环境科学研究中的重大基础研究前沿。特别是进入21世纪,环境地球化学不仅关注自然过程中元素的地球化学环境与植物、动物和人体健康,也关注人为活动释放入环境中的污染物,而这里的污染物既有之前关注的重金属,也有有机化合物,并且关注全球环境变化的地球化学方面。环境地球化学的研究范畴实现了第三次扩展或更新。

环境地球化学已被理解为研究人类赖以生存的地球环境的化学组成、化学作用、化学演化与人类相互关系的科学。

(二)研究现状

1. 区域环境研究

解决区域性环境问题首先要认识这些问题产生的原因及其发展演绎过程。因此,应在较大的时空尺度下,综合多种环境要素的影响和变化,对比自然演化过程与人为干扰影响的份额,深入剖析其发生演绎机理,揭示问题实质。

(1)区域环境分异研究。区域环境地球化学分异特征是区划环境的重要基础。区域性环境规划是发展区域环境中协调资源开发、发展经济和改善环境的纲领。编制区域环境规划必须在环境目标和环境内容上与区域规划协调。

20世纪80年代初以区域环境综合研究为主,着重探索区域内环境物质运移和净化关系。通过分析自然环境特征和承载能力,阐明了环境区域的控制因素及净化功能,提出了环境保护分区,阐明了环境污染过程及环境质量状况,提出了区域环境问题的对策建议。

(2)区域环境背景研究。为了评价人类社会活动对环境地球化学平衡关系的影响程度,必须了解不同区域、不同环境介质中化学元素及化学物质的背景浓度水平。

20世纪80年代以来,以地球化学背景为基本概念,适应于环境学科发展所需要的"环境背景值"的调查和研究成为环境地球化学的研究热点。

(3)区域环境效应研究。地方性分布的疾病是典型的环境效应。我国环境地球化学工作者对地方病的环境病因做了大量的研究,对克山病、大骨节病、地方性氟中毒、地方性甲状腺肿等疾病进行了环境地球化学病因研究,同时对伽师病、地方性砷中毒、肝癌、肺癌、宫颈癌、鼻咽癌、食管癌、肠癌等地方性或区域性高发疾病的环境地球化学病因进行了探索,揭示了许多有意义的现象。

(4)区域环境容量研究。区域地球化学分异导致同一种化学元素或污染物在不同区域生态效应的差异,亦即不同地球化学环境类型的环境介质中,允许存在的污染物的临界数量不尽一样,也就是一个环境容量问题。从地球化学角度来看,环境容量是一定地域单元内环境条件、环境背景、污染物性质及人体健康和生物学效应的函数。对于确定的地域和污染物而言,环境容量是稀释扩散和净化降解能力及其生态效应的综合评估。

20世纪80年代以来,我国环境地球化学工作者分别对大气、水体及土壤环境容量的具体含义、计算方法进行了广泛的讨论,其成果体现在土壤环境标准、农灌水质标准、污泥施用标准、污染物排放总量及土壤污染预测等方面。

2. 环境地球化学理论问题方面的探索

环境地球化学以其宏观与微观结合的工作方法、多种环境因子的界面作用原理、对比识别自然变化与人为干扰的关系等学科特长,来认识和解决典型区域的环境问题。环境地球理论问题有以下几个方面的探索。

(1)环境介质中重金属和微量物质及有机污染物的含量水平、分布规律、赋存状态、运移特征、转化机制及其对生物学效应的研究。

(2)土壤-植物系统污染生态学的研究。

(3)环境质量变异地球化学原理的确立。

(4)元素及化合物的环境界面地球化学行为。

(5)核素示踪技术在环境地球化学领域的广泛应用。

3. 过去全球变化中环境信息的提取

提取过去全球历史演变过程中地质和地球化学的记录,可预测未来地球环境的演变,并为评价现今的环境提供对照的基准。

在过去历史记录的研究方法上,树轮、湖泊沉积物、海洋沉积物、冰岩芯、黄土剖面、古土壤、沉积岩层、孢粉及火山灰等均提供了可供人类分析环境演变的丰富信息。

(三)环境地球化学的发展趋势

综合国际和国内当前所开展的环境地球化学研究的热点及进展可知,以下几个方向在今后一段时间内将成为研究前沿:①环境地球化学理论与方法;②环境分析地球化学;③气候变化和人为活动的环境地球化学记录;④矿业的可持续性和矿山环境地球化学;⑤地球化学环境与健康;⑥农业地球化学研究;⑦地球关键带地球化学研究;⑧微量元素、有机污染物和放射性核素的生物地球化学;⑨地球化学环境信息系统模型和模拟;⑩环境污染与地球化学修复。

第三节 环境地球化学的学科特点及其与相邻学科的关系

总体上,环境地球化学是地球化学与环境科学的交叉学科,从学科分类上主要是地球化学的分支。按地球化学学科的功能分类,有勘查地球化学、环境地球化学和构造地球化学等。由于它是与环境科学交叉的产物,故需要厘清它和环境科学相关的分支学科的关系和区别。

一、环境地球化学与环境化学

环境化学也是环境科学中的重要分支学科之一。造成环境污染的因素可分为物理的、化学的和生物学的3个方面,而其中化学物质引起的污染占80%~90%。环境化学即是从化学的角度出发,探讨由人类活动引起的环境质量的变化规律及其保护和治理环境的方法原理。就其主要内容而言,环境化学除了研究环境污染物的检测方法和原理及探讨环境污染和治理技术中的化学、化工原理和化学过程等问题外,需进一步在原子及分子水平上,用物理化学等方法研究环境中化学污染物的发生起源、迁移分布、相互反应、转化机制、状态结构的变化、污染效应和最终归宿。随着研究的深化,环境化学为环境科学的发展奠定了坚实的基础,为治理环境污染提供了重要的科学依据。

环境化学的研究方法以化学方法为主,亦借鉴生物学、医学、地学的思路和手段,因而环境化学的发展本身即推动这些学科与环境化学的相互渗透和交叉。

环境地球化学与环境化学均是主要从物质组分角度去研究人类环境的环境科学的分支学科。概略地看,环境地球化学是以化学元素及化合物在自然界的循环为主线,强调自然界环境现象的发生机制和演化规律,理论性较强;环境化学则侧重于针对具体环境问题的现实危害性,以研究具体问题的具体解决原理和方法见长。在环境污染物的迁移转化关系方面,环境地球化学与环境化学有一定重叠,但环境化学是从物质的结构、反应机理等方面来揭示污染物在环境中的运动变化过程,而环境地球化学则侧重于从宏观方面,一定程度上从宏观与微观两方面相结合,来揭示污染物质在全环境中的转移、循环和分布,以及生命过程与地球化学过程之间的联系,并将此两方面的问题放在作为行星的地球物质演化的总背景上进行考察。环境化学的研究对象是污染物,即人为释放到环境中的化学物质(环境污染物),而环境地球化学不仅研究环境污染物,还研究环境中自然地质作用存在的、对人类健康有影响的元素及化合物。

二、环境地球化学与环境医学

环境医学是环境科学、医学和生物学相互结合和渗透形成的一个新的分支,是预防医学的一个重要分支学科,也是卫生事业管理学科的重要基础。环境医学是应用现代医学的基本理论、技术及有关分支学科的新成就、新方法来系统地研究环境因素、职业因素以及饮食因素对人群的影响,阐明其发生、发展规律,为充分利用对人群健康有利的因素、消除和改善不利的因素提出卫生要求和预防措施。在环境与健康关系研究方面,环境地球化学与环境医学有一定重叠,但环境医学主要研究污染物在人体中的转化、归宿,与人体的反应机理等,而环境地球化学则以区域环境介质中自然地质作用形成的元素及化合物地球化学背景异常为依据,研究可能导致的各类地方病的地球化学因素,探讨地方病的成因、分布,以及防控措施。

思考题:

1. 环境问题的分类、第一类(原生)环境问题和第二类(次生)环境问题。
2. 环境地球化学的概念及其指标、对象和空间意义。
3. 环境地球化学的研究范围。
4. 地球关键带的概念及其环境地球化学意义。
5. 环境地球化学的研究热点及发展趋势。

第二章 环境地球化学的基本理论

环境地球化学是研究对人类健康有影响的元素及化合物在人类赖以生存的周围环境中的地球化学组成、地球化学作用和地球化学演化的科学。所以,环境地球化学研究的对象就是对人类健康有影响的元素及化合物。本章将从环境中元素及化合物的含量和分布、环境中无机元素的地球化学基本理论和环境中有机化合物的地球化学基本理论等方面给予介绍。

第一节 环境中元素及化合物的含量和分布

根据对环境地球化学定义的理解,环境地球化学不仅研究通常环境问题中的第二类环境问题,而且研究环境问题中的第一类环境问题。地球化学原理表明,自然地质过程会导致岩石、土壤和水等环境介质中元素及化合物的含量偏离正常值,即地球化学背景值,而出现过高(正异常)或过低(负异常)的现象。这类现象如果表现在对人类健康有影响的元素及化合物上,即偏离环境地球化学背景值,就会引起区域性人类和其他动物病变,即地方病。

一、地球化学背景和地球化学基准

(一)地球化学背景和地球化学基准

"地球化学背景"(geochemical background)一词是勘查地球化学家为了鉴别某一地质体中是否出现元素或化合物的富集和正异常而提出的概念。按照勘查地球化学的观点,背景是为了反衬矿致和矿化异常的,是与异常相对的概念。因此,背景的含义是指在非异常区域内元素的自然含量,背景即意味着没有发生异常。如 Hawkes(1957)将背景定义为元素或自然存在的化学物质在非异常区域内的丰度。阮天健等(1985)将背景定义为不受矿化作用的影响或没有矿石碎屑混入的地区中,化学元素的一般含量或一般变动幅度。勘查地球化学家明确地将是否受矿或矿化影响作为划分背景和异常的标准。

从 19 世纪 60 年代起,随着勘查地球化学的发展,背景的概念不仅仅指矿化背景,还与研究对象密切相关。此时背景常用的定义为以特定区域或数据集合作参照时,元素在特定介质(如土壤、沉积物、岩石)中的自然丰度。很显然,此时地球化学背景研究已不再是孤立地研究单一区域,而具有比较、参考的涵义性质。这种参考作用已成为地球化学背景的重要功能之一。

以找矿为前提的背景研究主要是研究元素在特定地质体内的自然差异,其主要目的在于突出异常,发现矿床,不太考虑人类活动对背景的影响。因此,确定背景的关键是突出其"量",关注的焦点是如何使异常和背景的衬值达到最大,以及在何种水平上确定背景值而不至于掩盖低缓异常,很少关注引起背景异常和异常分布模式的过程及其影响因素。

随着地球化学在环境领域内的应用,地球化学背景又有了新的含义。在环境调查中,为了对人类活动引起的污染状况进行评价,需要客观地确定不受人为干扰的自然含量。所以,与勘查找矿工作不同,环境调查更关注背景的"质",即背景的组成性质,或是组成背景的物质来源。环境地球化学领域的背景是指"非污染环境中元素的自然含量"。如 Matschullat 等(2000)按照地球化学的观点,认为地球化学背景是用以区分自然元素(或化合物)的含量与受人类活动影响的含量之间的一种度量。又如薛纪渝等(2000)将土壤环境中重金属元素背景值定义为一定区域内自然状态下未受人为污染影响的土壤中重金属元素的正常含量。这种区分的实质是界定不受人类活动影响的样品中分析物的特征和含量的范围。显然,在这样的定义中,将人类活动的影响视同于"异常"。因为一般情况下,由人类活动所造成的污染主要表现为污染元素的高含量值,从"污染"的角度来看,这样的定义在环境领域的污染研究中具有重要意义。

但是,由于人类活动的痕迹无所不在,表生环境中的元素浓度是自然作用和人类活动综合作用的结果,因此出现了地球化学基准(geochemical baseline)的概念。地球化学基准一词出现在国际地质对比计划的国际地球化学填图项目(IGCP259)和全球地球化学基线项目(IGCP360)中。在国际地球化学填图计划中,地球化学基准被定义为地球表层物质中化学物质(元素)浓度的自然变化。Salminen 等(1997)认为,元素在土壤中的地球化学基准由自然地质背景和人为源含量两部分组成。

地球化学基准反映了在自然和人为作用下表生环境中元素的分布状况,未特别强调"未受人为污染"的条件。Rawlins 等(2002)介绍了国际标准化组织(ISO)在对土壤质量的定义中,将"自然背景含量"和"背景含量"进行了区分。前者是指源于单一的自然作用,而后者包含自然源和非自然源(如大气沉降等)。这里的自然背景含量相当于上述的地球化学背景,而背景含量则相当于地球化学基准。

在概念和应用上,地球化学背景与地球化学基准常被混淆,或是互相代替,人们忽略了二者之间的差异。地球化学背景是指在未受人类影响的区域中元素的自然分布,更注重"质"的一面;地球化学基准主要是从"量"上进行界定,它并不排除人类活动的影响,旨在描述目前表生的环境状况,是一种用以衡量日后环境变化的基准资料,含有"起始标准"的含义。如根据某元素的土壤地球化学基准值和该元素的环境卫生标准,可以确定土壤容量。地球化学基准在环境监测方面具有更加突出的意义。

尽管有此差异,但从本质上来说,无论是地球化学背景还是地球化学基准,都具有相同的重要性质,即它们的"参照"功能。相同或相似的地质环境中用同一方法确定的背景值具有全球性的参考意义,正是这种最基本的参考性质使地球化学背景和地球化学基准成为地球化学领域内最重要的基础问题,是在时间和空间尺度上研究元素地球化学行为的重要参数。

(二)地球化学背景值和环境地球化学背景值

从勘查地球化学向应用地球化学的发展,从找矿到环境、生态等功能的需要,地球化学背景被定义为在特定地质学区域范围内,未经人类扰动下某元素或化合物的自然原始浓度。在背景区内各种天然物质中(岩石、土壤、水体、沉积物、植物、空气等)各种地球化学指标(元素与同位素的含量和比值、pH、Eh、温度等)的数值,称为地球化学背景。地球化学背景值则指的是自然地质作用形成的元素含量和分布。

早期的地球化学背景着重服务于寻找金属矿产,表现为以元素为对象。随着有机地球化学的发展并用于油气勘探以及环境有机污染物研究的进展,当前的地球化学背景不仅有元素,还包括有机化合物。即地球化学背景值是在特定地质学区域范围内,未经人类扰动下某元素或化合物的自然原始浓度和分布。这里的"元素或化合物"指地球化学意义上的在自然介质中可能存在的所有元素或化合物,而从环境学概念上讲,环境是指与人类活动相关的地球表面介质;元素或化合物则指对人类健康有影响的某元素及化合物。所以,环境地球化学背景值就是指在近地表环境介质中,未经人类扰动下对人类健康有影响的某元素及化合物的自然原始浓度和分布。

所以,需要特别强调的是:

(1)地球化学背景值是指自然地质作用过程中所有可能存在的元素或化合物的含量和分布,而环境地球化学背景值更侧重于对人类健康有影响的元素及化合物。

(2)区域成矿或成矿带,在环境地球化学中只能说高背景区,而不能说是污染;另一方面,地下水中砷的含量较高,如果是自然形成的,叫高砷地下水,而不能叫砷污染。

(三)地球化学背景的确定方法

理论上,确定真实的背景值几乎是不可能的,但地球化学背景和地球化学基准特殊的参照功能,使它们的确定又异常重要。Matschullat等(2000)认为可以确定具有实用意义的准背景值。但是,目前在背景的确定方法上国内外尚无统一的标准。背景的确定与研究的目的密切相关。

1. 以勘查找矿为目的时地球化学背景的确定方法

因为研究的目的是发现异常,所以背景的确定是为了突出其"量"。一般情况下,粗粒组分中由于长石和石英的稀释作用,微量元素的含量会降低。Reimann等(2000)调查发现,元素在粒径小于 0.063mm 样品中的含量均大于在粒径小于 2mm 样品中的含量。Cobelo-García 等(2003)也推荐用粒径小于 0.063mm 组分中的含量确定背景值。因此,在以勘查找矿为目的的土壤测量中,在无风成沙干扰的地区,为了突显异常,通常分析粒径小于 0.063mm 的样品,它含有较高的微量元素,可以使异常与背景的衬值达到最大,不但可以强化异常,还能发现低缓异常。

2. 环境调查中突出人为污染时背景的确定方法

在环境污染评价中,地球化学背景更关注其"质",关键是确定不受人为干扰的自然含量,要尽可能用未受污染的样品确定未受人为影响的自然含量,在此前提下才能反衬出人类活动对环境的影响程度,因此背景的确定要突出其"源"。如 Meybeck 等(2004)在法国的塞纳河盆地研究重金属元素的污染指标时,为了避免人为因素的影响,利用样品矿物中的元素含量计算自然背景值。

(四)地球化学背景值的确定方法

地球化学背景值的确定通常有两种方法:一是地球化学法,二是多元统计法。

1. 地球化学法

该方法是基于研究的目的,选择能代表自然水平的样品或剖面来确定目标区域的背景值。如全球海相页岩标准值、上地壳平均值就利用了地球化学方法。地球化学方法不考虑元素的分布形态,以一个固定值(如平均值或中位数)来代表假定的背景值。在环境科学的研究中,也有人倾向于地球化学方法,其中常见的有下列两种方法。

(1)用剖面深部的含量作为背景值:人类活动输入的污染元素,大部分被表层的有机质和黏土矿物吸附,不易向下迁移。因此,在表生环境的污染调查中,用深部 B 层土壤样品计算背景值。欧洲的地球化学调查中,用河漫滩剖面的深部样品代表自然背景;中国的多目标地球化学调查工作中,用深层样品确定背景值。它们均具有一定的地球化学意义。

(2)用工业化前的含量作为背景含量:有证据表明,大量的污染出现在工业化以后,工业化以前沉积物中的含量可以代表自然含量。在沉积柱样品中,通过同位素定年,用工业化以前形成的沉积层位中的含量计算背景值。

2. 多元统计方法

与地球化学方法不同,多元统计方法必须考虑元素的分布形态。在正态分布的情况下,用均值加减 2 倍的标准差($M \pm 2\sigma$)表示背景值。但在有人类活动影响的情况下,样本一般偏离正态分布,并且由人类活动产生的污染元素叠加在了自然背景上而导致正异常或正偏。因此,应用统计学方法剔除偏离正态的离群值。根据地球化学背景的定义,消除人类活动影响后样本的 $M \pm 2\sigma$ 可以代表背景值(置信度为 95%)。剔除离群样品通常有以下几种方法。

(1)2σ 法:首先按 $M \pm 2\sigma$ 的标准反复剔除离群样品,直至样本服从正态分布。然后用最终剩余样品的 $M \pm 2\sigma$ 代表背景值。这一方法的理论基础是,在正态总体中有 95% 的样品含量在 $M \pm 2\sigma$ 之内。

(2)参考元素回归法:有些元素的性质比较稳定,有很强的抗风化能力,在土壤的历史演化中表现出很强的惰性。如 Zr、Sc、Ti、Nb、Al 等常被选作参考元素,对污染元素的含量进行标准化。在参考元素和微量元素间作线性回归分析,在双元素散点图上,落在 95% 置信区间内的样品代表未受人类污染的样品,之外的样品作为离群值予以剔除。

(3)计算分布函数法:人类活动的影响使元素在环境子系统内趋于富集,导致分布曲线正偏。较低含量范围区间可视为免受人类活动干扰的含量范围,即最小值到中位数的含量范围(低含量区间)代表自然背景。在这种前提下,可通过计算得到自然分布函数。其方法是,将这一区间的每一个含量值与中位数的差值加上中位数,从而得到一个新的分布函数,用这一分布函数的 $M \pm 2\sigma$ 代表背景值。

(五)地球化学基准值的确定方法

由于基准值并不排除人类活动的干扰,因此基准值关注的也是"量"值。通常用多元统计方法确定基准值,用样品中元素围绕均值的含量范围,即均值加减 2 倍的标准差来表示基准值。

地球化学基准,它的原意是系统记录地壳表层元素及其化合物的基准含量值和空间分布地球化学基线图,用于定量刻画未来人为或自然引起的全球化学变化。地球化学基准不同于地球化学背景。地球化学背景是相对于异常而言,地球化学基准是相对于变化而言。地球化学背景只用数值来表示,而地球化学基准不仅以数值的形式来表示,而且还以基线图件的形式表述空间分布特征(distribution),同时带有时间属性(表示采样年代的含量和分布)。这种刻画不仅能反映含量高低,而且还能反映时间和空间分布范围。如 10 年以后再次采集样品,就可以使用现在的数据定量描述这 10 年的含量高低变化和空间分布范围变化。

地球化学基准值不是一个值,它是一组不同含量的基线数据。从统计学角度可以用分位数方法,即把所有数值由小到大排列并分成 4 等份,处 3 个分割点位置(25%、50% 和 75%)的数值就是四分位数(图 2-1)。第一个四分位数(P_{25}),又称"较小四分位数",等于该样本中所有数值由小到大排列后第 25% 的数字,是低值数据的中间值;第二个四分位数(P_{50}),又称

"中位数",等于该样本中所有数值由小到大排列后第50%的数字;第三个四分位数(P75),又称"较大四分位数",等于该样本中所有数值由小到大排列后第75%的数字。P50是整个数据的中位数,P25和P75分别是低值数据和高值数据的中位数。中位数是中间趋势的最稳健统计值,所以我们以25%、50%和75%这3个分位数对应的基线值分别作为低背景、背景、高背景地球化学基准值。为了评价异常,选取85%作为异常基准值。

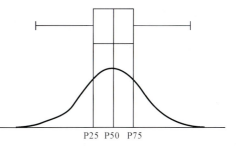

图2-1 箱状图和正态分布的25%、50%和75%分位数图

制作地球化学基准图要划分成不同的基线。以累积频率为基础划分的量级基线(图2-2),并使用累积频率25%、50%、75%和85%分别作为低背景、背景、高背景和异常基线。①累积频率小于25%的数值区间作为低值区,25%累积频率所对应的含量值作为低背景基准值,也是背景的下限值,用深蓝色表示,对地质或找矿而言表示某元素强烈亏损或负异常区,对环境评价而言,表示某种元素强烈缺乏;②25%~75%数据区间都是背景区,用50%累积频率所对应的含量值作为背景基准值可以进一步划分为25%~50%的低背景区和50%~75%的高背景区。25%~50%的低背景区用淡蓝色表示,50%~75%的高背景区用绿色到黄色表示。位于这一区间表明元素含量分布在总体背景起伏范围内,但在25%~50%表示某种元素轻微亏损或缺乏,在50%~75%表示某种元素轻微富集;③75%~85%累积频率区间作为高值区,用橙色表示,元素含量达到这一区间表明元素明显富集,无论对找矿而言,还是对环境评价而言,都需要引起注意,也可以称作警示区;④大于85%为异常区,85%对应的含量值就是异常下限基准值,这一区间用红色—深红色表示,元素含量达到这一区间,表明元素含量显著高于正常值,被称为异常,对找矿而言就是值得关注的异常靶区,对环境评价而言,就是环境风险区,需要引起高度关注,进入预警区。我们可以比较两次采样背景基线值变化,也可以比较两次采样低背景的变化,也可以比较高背景的变化,也可以比较异常的变化等。比如累积频率小于25%的低背景区,可以用于评价某些元素的缺乏;累积频率大于85%为异常区,可以用于评价矿产资源,也可以用于环境污染情况评价。对研究变化而言,所有数值区间都是有意义的。

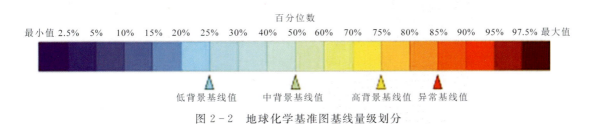

图2-2 地球化学基准图基线量级划分

(六)环境背景值的概念

环境背景值,又称自然本底值,是指在不受污染的情况下环境组成要素(大气、水体、土壤、岩石、河流沉积物和植物等)的平均化学成分。它反映地表圈层中各环境要素原有的化学组成(成分和形态)的特征。但是,随着环境污染的加剧,现在全球几乎找不到一个不受污染影响的环境要素,因而环境背景值实际是一个相对的概念,它只是代表相对不受污染或少受污染的环

境要素的平均化学成分。

从基本概念上来讲，环境背景值与环境地球化学背景值极为相似，但也有区别：①相似处是，都服务于环境，强调不受污染介质中元素和化合物，即自然本底值；②差异之处是，环境背景值提供的是平均化学成分（M），而环境地球化学背景值提供的是均值和分布（$M \pm 2\sigma$）。

从 20 世纪 60 年代起，美国、日本及欧洲的许多国家的学者对岩石、土壤、植物、水体等要素的环境背景值开展了一定的研究工作。例如美国的康纳（Connor）和沙克利特（Shackletter）在 1975 年汇编了"美国大陆某些岩石、土壤、植物和蔬菜的地球化学背景值"；联邦德国海德堡大学（University of Heidelberg）沉积物研究所对亚、非、拉、美地区现代沉积物进行分析，得出汞、镉、砷、铬、铝、锌等元素的世界背景值；加拿大、苏联和日本都发表过若干重金属的自然背景值。联合国环境规划署（UNEP）国际环境问题科学委员会（SCOPE）于 20 世纪 70 年代提出了开展全球性的环境监测行动计划，其中就包含有边远地区（未开发区）基准线站的水、气、土的监测内容，如对南极洲和格陵兰冰中微量元素的测定等。从目前研究工作开展的情况来看，关于土壤组成成分及土壤中化学元素分布的研究报道较多，土壤中元素的测定项目达 60 多种，而水环境背景值研究的报道较少，对大气环境背景值的研究只有大气气溶胶及大气沉降物中少数几种元素浓度情况的介绍。关于环境有机化合物的研究始于 20 世纪 80 年代，长期以来该类研究多局限于点和区域上，大范围的环境背景值调查还很少。此外，环境有机化合物主要来源于人为活动的排放，属于污染物类，不属于环境背景值范畴。

我国自 1976 年开始，中国科学院、各大专院校、各地环保部门先后开展了北京市、广州市、天津市、南京市、上海市、杭州市、重庆市等地的土壤背景值的调查研究工作；吉林省、广东省、吐鲁番市、苏北滨海地区也都进行了土壤背景值的调查研究工作；农业部门也开展了 10 余个省、自治区、直辖市的农业土壤及主要农作物的背景值工作。在水背景值研究方面，进行了珠峰雪水、长白山天池、松花江、湘江等水体中微量元素的测定。

自 1980 年开始，我国把水、土壤环境背景值的研究列入国家"六五"和"七五"科技攻关项目。"六五"期间开展了松辽平原、湘江谷地土壤背景值研究，松花江水系、洞庭湖水系、北江水系以及辽河流域地下水水体环境背景值的研究，并取得了 87 个地表水环境单元、114 个土壤环境单位的背景值，同时初步总结出一整套环境背景值的调查方法。在此基础上，从 1986 年开始的"七五"规划期间，我国大陆所有省（自治区、直辖市）在统一规划和指导下，开展了土壤环境背景值调查和长江水系水环境背景值调查，并对长江中下游地区部分省市的地下水环境背景值进行了调查研究。这种列入国家计划的大规模的环境背景值研究，在我国尚属首次。1995 年我国《土壤环境质量标准》（GB 15618—1995）出台。由于土壤利用类型的改变以及土壤质量的日益恶化，2008 年我国开展了新一轮的土壤环境背景值调查，同时对《土壤环境质量标准》进行了修订，为 2017 年开展的全国农用地土壤详查奠定了基础。2018 年《土壤环境质量 农用地土壤污染风险管控标准（试行）》（GB 15618—2018）和《土壤环境质量 建设用地土壤污染风险管控标准（试行）》（GB 36600—2018）发布。

中国地质调查局自 1999 年开始实施的基础性、公益性地质工作——全国多目标区域地球化学调查的生态地球化学调查，截至 2014 年调查面积达到 $150.7 \times 10^4 \text{km}^2$，覆盖我国 31 个省、自治区、直辖市重要经济区带，获取了土壤圈各种元素指标高精度数据信息，展现出自然界纷繁复杂的地球化学状态，发现了可能对经济社会发展产生影响的一系列地球化学问题，形成可供各方面利用的系列区域地球化学图。该项工作获得的大量数据为建立我国土壤环境背景值提供了基础。

二、元素及化合物的分类

(一)元素的环境地球化学分类

将化学元素按照其原子结构和各种物理性质、化学性质结合它们的地球化学行为进行分类称作元素的地球化学分类。例如：戈尔德施密特(Goldschmidt)根据化学元素的性质与其在各地圈内的分配之间的关系，将元素分为亲铁元素、亲石元素、亲铜元素、亲气元素和亲生物元素5类。

元素的环境地球化学分类是根据元素的性质和地球化学行为，按照它们与人体的健康关系而进行的分类。尽管研究元素的生理作用不是地球化学家的任务，而是生物化学家和生理学家的任务，可是组成人体的元素以及人体必需的元素归根结底都来自地球环境。从图2-3可看出这种关系。环境地球化学的任务是在环境与人类之间架起元素迁移活动的桥梁。

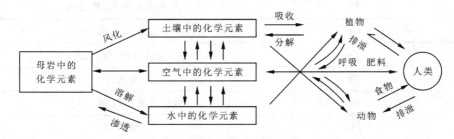

图2-3 环境与生物之间的元素循环

迄今为止，学者们提出了多个元素环境地球化学分类的方案。戈尔德施密特在他的元素分类中划出"亲生物元素"(表2-1)，这些元素都富集在生物体内，如C、N、H、O、P、B、Ca、F、Cl、Na、Fe、Cu、Mn、Mg、Si、Al等。

表2-1 生物必需的元素

原子序数	元素	主要机能
1	H	组成水和有机物
5	B	对某些植物是必需的
6	C	组成有机物
7	N	组成蛋白质等
8	O	组成水和有机物
9	F	在组成牙齿和骨骼时是必需的
11	Na	体液的主要组成成分
12	Mg	组成叶绿素，与酶的活性有关

续表 2-1

原子序数	元素	主要机能
14	Si	硅藻类的组成要素
15	P	生物合成,能量转换,组成骨骼
16	S	组成蛋白质等
17	Cl	细胞、体液的组成成分
19	K	细胞的组成成分
20	Ca	骨骼的主要组成成分
23	V	鼠类必须,海产动物的呼吸色素
24	Cr	为高等动物所必需,糖代谢
25	Mn	酶活性
26	Fe	构成血红蛋白,酶活性
27	Co	维生素 B12,酶活性
29	Cu	血红蛋白,酶活性
30	Zn	酶活性
34	Se	肝脏机能
42	Mo	酶活性
50	Sn	鼠类必需
53	I	甲状腺素

加拿大布鲁克大学(Brock University)环境地球化学家 Fortescue(1980)在《环境地球化学》一书中,把与生物(包括动物与植物)健康生长有关的主要元素分为气体元素、宏量元素、微量元素和主要元素 4 类(表 2-2)。

表 2-2 与植物和动物健康生长有关的元素

元素	植物	动物
气体元素	H N O Cl	H N O Cl
宏量元素	C Ka Ca Mg P S	C Ka Ca Mg P S

续表 2-2

元素	植物	动物
微量元素	Fe Cu Zn Mn Br Mo Si	Fe Cu Zn Co I Mo Se F Cr Sn Ni V
主要元素	Si(草地)	F Li

无机生物化学和环境化学家 Bowen(1979)在《元素环境化学》(*Environmental Chemistry of Elements*)中，总结了对于植物、细菌、真菌的必需元素主要有 B、Ca、Cl、C、Cu、Fe、I、K、Mg、Mn、Mo、Na、Ni、Se、Si、V 和 Zn，As、B、Br、Co、I、Si 对某些藻类是必需的。他还提出了哺乳动物生长的必需元素，除了 C、H、O、S、P 以外，还有 Ca、Cl、Co、Cr、Cu、F、Fe、I、K、Mg、Mn、Mo、Na、Ni、Se、V 和 Zn，而关于 As，他认为此元素是必需的，但并非对所有哺乳动物都是必需的。此外，日本学者山县登(1987)在《微量元素与人体健康》一书中总结了生物必需的元素及其主要机能以及生物中的元素分布(表 2-3)。

表 2-3 生物中的元素分布

不容易变动的成分			变动较大的成分		
主成分 (1%～60%)	副成分 (0.05%～1%)	微量元素 (<0.05%)	副成分	微量成分	夹杂物
H	Na	B	Ti	Li、Be、Al	He
C	Mg	(F)	(V)	Cr、Co、(Ni)	A
N	S	Si	Zn	Ge、(As)、Pb	Au
O	Cl	Mn	(Br)	(Br)、Mo、Ag	Hg
P	K	Cu		(Cd)、Sn、Cs	Bi
	Ca	I		(Ba)、Pb、Ra	Ti
	Fe			Se	Bb

注：未加括号为必需的微量元素，括号内为估计的必需元素。

在综合上述以及其他有关学者论述的基础上，本书按如下标准进行元素环境地球化学分类。

(1) 生命元素：①（生命）组成元素包括 H、C、N、O、Ca、P、K、S、Cl、Na、Mg 和 Si，占人体组成的 99%。②（生命）必需元素包括 Fe、Cu、Zn、Mn、Co、I、Mo、Se、F、Cr、V、Ni 和 Br。

(2) 毒性元素：①毒性元素包括 Cd、Ge、Sn、Sb、Te、Hg、Pb、Ga、In、As 和 Li。②潜在毒性和放射性元素包括 Be、Tl、Th、U、Po、Ra、Sr 和 Ba。

(3) 无毒性稳定元素：Ti、Zr、Hf、Sc、Y、Nb、Ta、Ru、Os、Rb、Ir、Pd、Pt、Ag 和 Au。

(4) 中间性元素（两性元素）：B 和 Al。

以下对各类元素的分类特征作简要的说明。

1. 生命元素

生命元素包括两组元素。一是生命的组成元素，它们在人体及生物体中的含量最高。例如：Snyder 等（1975）提出"参比人"（70kg）的化学组成中的生命组成元素占 99.713%（表 2-4）。它们都是元素周期表中原子序数小的元素（惰性气体和 Li、Be、B、Al 除外），即在 Ca（$Z=20$）以前的元素。除气体外，多数是查瓦里茨基（Заварицкий）元素地球化学分类中的造岩元素族。二是必需元素，有的文献称为生物中的必需微量元素。它们只占人体重量的 $n \times 0.001\%$ 以下，但它们是人体维持正常机能所必需的元素。需要指出的是，必需元素并不是越多越好，它们过量于人体所需则有毒害，缺乏则造成疾病。当然，上述的生命组成元素亦是必需元素。

表 2-4 "参比人"①（70kg）的化学组成

元素	重量占比(%)	体内量(g)	元素	重量占比(%)	体内量(g)
O	61	43 000	Pb	0.000 17	0.12
C	23	16 000	Cu	0.000 10	0.07
H	10	7000	Al	0.000 09	0.063
N	2.6	1800	Cd	0.000 07	0.049
Ca	1.4	1000	B	0.000 07	0.049
P	1	720	Ba	0.000 03	0.021
S	0.20	140	Sn	0.000 02	0.014
K	0.20	140	Mn	0.000 02	0.014
Na	0.14	100	Ni	0.000 01	0.007
Cl	0.12	95	Au	0.000 01	0.007
Mg	0.027	19	Mo	0.000 01	0.007
Si	0.026	18	Cr	0.000 009	0.006 3
Fe	0.006	4.2	Cs	0.000 002	0.001 4
F	0.003 7	2.6	Co	0.000 002	0.001 4
Zn	0.003 3	2.3	U	0.000 001	0.000 7
Rb	0.000 46	0.32	Be	……	……
Sr	0.000 46	0.32	Re	……	……
Br	0.000 29	0.20			

注：①Snyder（1975）把"参比人"确定为鲜重 70kg，它是由 60kg 软组织，另加 10kg 骨骼所组成。

判定元素对生物体的必需性，不同的学者有不同的意见。Cotzias(1958)认为，判定元素对动物的必需性，其必要条件应当相当严格地符合下列各项：①必须存在于一切生物的所有健康组织内；②在不同的动物体内的浓度应该相当恒定；③这种元素一旦从生物体中缺失，则不管其种类如何，往往都同样会发生结构上或生理上的异常；④如果补足这种元素，则可以防止异常的发生或使其恢复正常；⑤由于缺乏某种元素而产生的异常，往往伴随着特定的生物化学变化；⑥当预防其缺乏或恢复其含量后，可以防止这些生物化学的变化或使其恢复正常。

这些条件中的①和②是由生物的化学分析来确定的，而③至⑥的确定，则必须进行生物实验研究。这就需要制作完全不含被判定元素的饲料或营养液。生物体对于被判定元素的需求量越小，则饲料等的制作就越困难。例如：确定铝的必需性之所以困难，其原因之一是从地球化学角度来说，铝是非常普遍存在着的，因而配制不含有铝的饲料是困难的。

必需元素包括周期表中部分过渡族元素为主的金属元素，基本上包括了查瓦里茨基分类中的铁族元素。它们在地壳中大多可形成独立的矿物（硫化物和氧化物）。此外，I、Fe、Se 也属于此类。

必需元素在生物（人体）内并不是越多越好，而是有适当的浓度范围。若没有必需元素存在，生物则不能成长或功能缺乏；过量则谓之中毒。德国科学家 Bertrand 提出了一个定律，即最适营养浓度定律，其内容是：植物缺少某种必需的元素时就不能存活，当元素适量时，它就能茁壮成长，但其过量时则有毒害。他从锰的研究中得出了这个定律。这不仅适用于植物，也适用于包括人类在内的所有生物。该定律的描述见图 2-4。对于不同的生物（动物和植物）和不同的元素，其最适营养浓度是不同的。

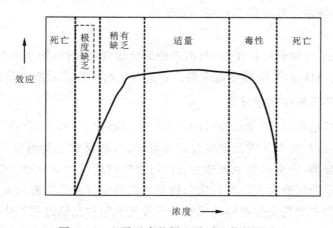

图 2-4　必需元素的摄入量对生物的影响

2. 毒性元素

毒性元素是指对生物（人体）有毒性而无生物功能的元素。在自然界，这些元素多数形成硫化矿物。此外还包括具有潜在毒性和放射性的元素。这种元素除 Be 以外，其原子序数均比较大。毒性元素在人体的含量不会为零。即使目前在人体中未能测得，也不能说明它在人体中不存在。如果测试技术足够灵敏，它是能够被测出的。这是根据人体作为环境发展的产物，而元素又是普遍存在的规律可以推知的。

毒性元素的浓度与致毒关系可用图 2-5 表示。对于不同的生物和不同的元素，其致毒量是不同的。对某种元素来说,在一定的浓度时,生物(人体)是可以忍受的,但稍有过量毒性会迅速增加,最后致死。例如:左边第一条曲线可代表 Cd 或 Hg,生物对它们虽有一定的耐受性,但耐量很低,中间的曲线可代表 Pb,生物对它的耐量相对较大,右边的曲线可代表 Sb 和 Sn。

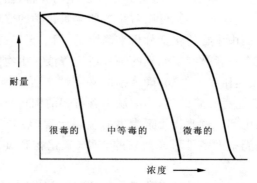

图 2-5 无生物功能有毒元素的效应

3. 无毒性稳定元素

列入该一组元素的原子序数介于必需元素组和有毒元素组之间。该类元素地球化学性质稳定,多呈氧化矿物或自然元素状态产出,并多数呈副矿物。由于它们大多数在地壳中的丰度较低(Ti 除外),故在生物(人体)中的含量极微。至今还未见到它们对生物体有毒性的详细报道,它们是否具有特殊的生物功能尚待进一步研究。

4. 两性元素

B 和 Al 元素位于周期表第ⅢA 族,其形成的氧化物具弱酸性,原子序数较低,尽管人体经常接触它们(特别是 Al),但无明显中毒现象。它们对生物的生理功能尚待进一步研究。

(二)化合物的环境地球化学分类

这里的"化合物"是相对于"元素"而言的,在环境地球化学中,"化合物"主要是指有机化合物;而有机化合物主体是由于人类活动排放到环境中的,故又称之为有机污染物。所以,化合物的环境地球化学分类,通常简单地表述为有机污染物的地球化学分类。事实上,影响人类健康的有机化合物按来源可分为天然有机化合物和人工合成有机污染物两大类。

天然有机化合物主要是由生物体的代谢活动及其他生物化学过程产生的,如萜烯类、黄曲霉毒素、氨基甲酸乙酯、麦角、细辛脑、草蒿脑、黄樟素等。近年来发现许多种天然有机化合物能使动物生长肿瘤,还发现羊齿植物中有一些未知的物质对动物有致癌性。有些天然有机化合物可以与其他(化合)污染物反应生成二次(化合)污染物。如横樟素和黄曲霉毒素 B1 能与氧化剂反应形成具有更强致癌活性的环氧黄樟素和 2,3-环氧黄曲霉毒素 B1。

人工合成有机污染物是随着现代合成化学工业的兴起产生的。如塑料、合成纤维、合成橡胶、洗涤剂、染料、溶剂、涂料、农药、食品添加剂、药品等人工合成有机物,一方面满足了人类生活的需要,另一方面在生产和使用过程中进入环境并达到一定浓度时,便造成污染,危害人类健康。工业革命以来,人工合成有机污染物的使用及排放量越来越大,由此造成的污染及有机污染物对人体健康和生态系统的危害越来越被人们所重视。

其中,持久性有机污染物由于多具有"三致"(致癌、致畸、致突变)效应和遗传毒性,能干扰人体内分泌系统引起"雌体化"现象,并且在全球范围的各种环境介质(大气、江河、海洋、底泥、土壤等)以及动植物组织器官和人体中广泛存在,已经引起了各界的广泛关注,成为一个新的全球性环境问题。2001年5月23日,在瑞典首都斯德哥尔摩,127个国家的环境部长或高级官员代表各自政府签署《关于持久性有机污染物的斯德哥尔摩公约》(以下简称《公约》),从而正式开启了人类向持久性有机污染物宣战的进程。近年来,持久性有机污染物的生产和使用已经得到明显的抑制。根据相关报道,持久性有机污染物在环境中的浓度和检出明显下降,但是接踵而来的新兴污染物,如溴代阻燃剂、药物、个人护理品等在环境中的检出及对生物体的危害日益凸显。以下对人工合成有机污染物按类进行介绍。

1. 持久性有机污染物

持久性有机污染物(persistent organic pollutants, POPs)是指通过各种环境介质(大气、水、生物体等)能够长距离迁移并长期存在于环境,具有难降解性、生物蓄积性、半挥发性和高毒性,对人类健康和环境具有严重危害的天然或人工合成的有机污染物质。近年来,POPs对人体和环境带来的危害已成为世界各国关注的焦点。

根据POPs定义,国际上公认POPs具有下列4个重要的特性:①能在环境中持久地存在;②能蓄积在食物链中对较高营养等级的生物造成影响;③能够经过长距离迁移到达偏远的极地地区;④在相应环境浓度下会对接触该物质的生物造成有害或致毒效应。

符合上述定义的POPs物质有数千种之多。它们通常是具有某些特殊化学结构的同系物或异构体。1995年,联合国环境规划署(UNEP)呼吁全球应针对持久性有机污染物采取一些必要的行动。其后,政府间化学品安全论坛和国际化学品安全委员会编写了一份评估12种危害环境最严重的化学品的报告,提出首批控制的12种POPs:艾氏剂(Aldrin)、狄氏剂(Dieldrin)、异狄氏剂(Endrin)、滴滴涕(DDT)、氯丹(Chlordane)、七氯(Heptachlor)、毒杀芬(Toxaphene)、灭蚁灵(Mirex)、六氯苯(Hexachlorobenzene, HCB)、多氯联苯(Polychlorinated biphenyls, PCBs)、多氯代二苯并二噁英(Polychlorinated dibenzo-p-dioxins, PCDDs)和多氯代二苯并呋喃(Polychlorinated dibenzofurans, PCDFs)。其中,前9种属于有机氯农药,多氯联苯是精细化工产品,后3种是化学产品的衍生物杂质和含氯废物焚烧所产生的次生污染物。

2009年,《公约》第四次会议在12种POPs基础上,加入了9种(类)加以控制的POPs:α-六氯环己烷(α-Hexachlorocyclohexane, α-HCH)、β-六氯环己烷(β-Hexachlorocyclohexane, β-HCH)、γ-六氯环己烷(林丹)(γ-HCH/Lindane)、十氯酮(开蓬)(Chlordecone)、五氯苯(Pentachlorobenzene)、六溴联苯(Hexabromobiphenyl)、六溴联苯醚和七溴联苯醚(Hexabromodiphenyl ether and heptabromodiphenyl ether)、四溴二苯醚和五溴二苯醚(Tetrabromodiphenyl ether and pentabromodiphenyl ether)、全氟辛烷磺酸及其盐类和全氟辛烷磺酰氟(Perfluorooctane sulfonic acid, its salts and perluorooctane sulfonyl fluoride)。

此后,多种有机污染物被列入《公约》受控物质行列。

2011年,《公约》第五次会议加入硫丹(Endosulfan)。

2013年,《公约》第六次会议加入六溴环十二烷(Hexabromocyclododecane)。

2015年,《公约》第七次会议加入六氯丁二烯(Hexachlorobutadiene)、多氯化萘(Polychlorinated naphthalenes)、五氯苯酚及其盐类和酯类(Pentachlorophenol and its salts and esters)。

2017年,《公约》第八次会议加入十溴二苯醚(Decabromodiphenyl ether)。

2. 有机卤代物

有机卤代物包括卤代烃(Halogenated hydrocarbon)、多氯联苯(PCBs)、多氯代二噁英、有机氯农药等。其中多氯联苯、多氯代二苯并二噁英和多氯代二苯并呋喃等,也可划入POPs范畴。

(1)卤代烃。烃分子中的一个或几个氢原子被卤素原子取代而生成的化合物叫卤代烃,可用R—X表示,X代表卤原子。卤代烃在自然界存在很少,绝大多数是人工合成的化合物。卤代烃的分类方法有以下几种:①根据卤原子所连碳的种类可分为叔卤代烃、仲卤代烃和伯卤代烃,如CH_3CH_2Cl是伯卤代烃,而$(CH_3)_3CBr$是叔卤代烃。②根据分子中卤原子的个数分为一卤代烃(CH_3CH_2Cl)和多卤代烃(CCl_3、$CF_3CHClBr$、CF_2Cl_2)。③根据分子所含卤原子的不同,分为氟代烃、氯代烃、溴代烃、碘代烃。④根据所含烃基的种类,可分为饱和卤代烃、不饱和卤代烃。④卤代芳烃。

(2)多氯联苯。多氯联苯是一组由多个氯原子取代联苯分子中氢原子而形成的氯代芳烃类化合物。由于PCBs理化性质稳定,用途广泛,现已成为全球性环境污染物而引起人们的关注。联苯和多氯联苯的结构式如图2-6所示。

图2-6 联苯和多氯联苯的结构式

按联苯分子中的氢原子被氯原子取代的位置和数目不同,从理论上计算,一氯联苯应有3个异构体,二氯联苯应有12个异构体,三氯联苯应有24个异构体等。多氯联苯的全部异构体有209个。

(3)多氯代二苯并二噁英和多氯代二苯并呋喃。多氯代二苯并二噁英(PCDD)和多氯代二苯并呋喃(PCDF)是目前已知的毒性最大的有机氯化合物。它们是两个系列的多氯化合物。其结构式如图2-7所示。

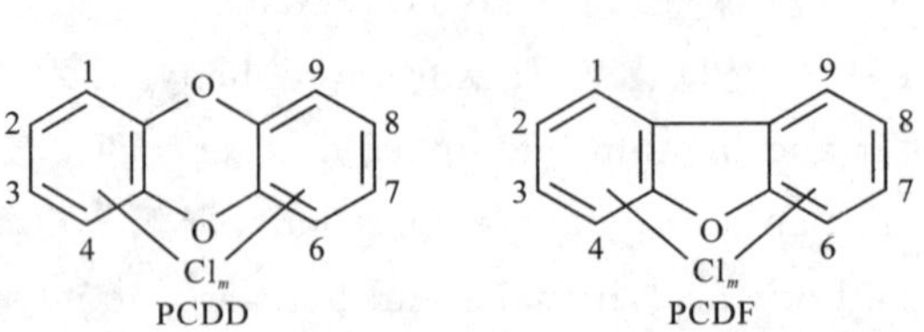

图2-7 多氯代二苯并二噁英和多氯代二苯并呋喃的结构式

由于氯原子可以占据环上8个不同的位置,从而可以形成75种PCDD异构体和135种PCDF异构体。PCDD和PCDF的毒性强烈地依赖于氯原子在苯环上取代的位置和数量。不同异构体的毒性相差很大,其中2,3,7,8-四氯二苯并二噁英(2,3,7,8-TCDD)是目前已知的有机物中毒性最强的化合物。其他具有高生物活性和强烈毒性的异构体是2,3,7,8位置取代的含4～7个氯原子的化合物。由于PCDD和PCDF具有相对稳定的芳香环,并且在环境中的稳定性、亲脂性、热稳定性及对酸、碱、氧化剂和还原剂的抵抗能力随分子中卤素含量的加大而增强,因此它们在环境中可以广泛存在。

3. 多环芳烃

多环芳烃(polycyclic aromatic hydrocarbon,PAHs)是一大类广泛存在于环境中的有机污染物,也是最早被发现和研究的化学致癌物。1930年Kennaway首次提纯了二苯并[a,h]蒽,并确定了它的致癌性。1933年Cook等从煤焦油中分离了多种多环芳烃,其中包括致癌性很强的苯并[a]芘。1950年Waller从伦敦市大气中分离出了苯并[a]芘,后来又陆续分离、鉴定出多种致癌的多环芳烃。

多环芳烃类化合物的水溶性非常低,在环境中不易被消除,因此,PAHs被美国环境保护局和欧洲共同体同时确定为必须要首先控制的污染物,并把其中的16种化合物作为优先控制有机化合物,其结构如图2-8所示。

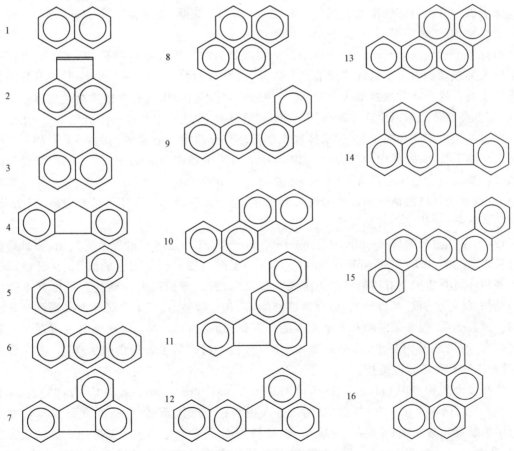

图2-8 16种优先控制有机化合物

1. 萘(NaP);2. 苊烯(Acy);3. 苊(Ace);4. 芴(Flu);5. 菲(Phe);6. 蒽(Ant);7. 荧蒽(Fla);8. 芘(Pyr);
9. 苯并[a]蒽(BaA);10. 䓛(Chr);11. 苯并[b]荧蒽(BbF);12. 苯并[k]荧蒽(BkF);13. 苯并[a]芘(BaP);
14. 茚并[1,2,3-cd]芘(IcdP);15. 二苯并[a,h]蒽(DahA);16. 苯并[ghi]芘(BghiP)

多环芳烃的来源主要包括天然来源与人工来源。在人类出现以前，自然界就已存在多环芳烃。它们来源于陆地和水生植物、微生物的生物合成，森林、草原的天然火灾以及火山活动，构成了 PAHs 的天然本底值。由细菌活动和植物腐烂所形成的土壤中 PAHs 的本底值为 100~1000 μg/kg。地下水中 PAHs 的本底值为 0.001~0.01 μg/L，淡水湖泊中 PAHs 的本底值为 0.01~0.025 μg/L。多环芳烃的人为污染源很多，它主要是由各种矿物燃料（如煤、石油、天然气等）、木材、纸以及其他含碳氢化合物的不完全燃烧或在还原性气体条件下热解形成的。

4. 表面活性剂

表面活性剂（surfactant）是分子中同时具有亲水性基团和疏水性基团的物质。它能显著改变液体的表面张力或两相间界面的张力，具有良好的乳化或破乳、润湿、渗透或反润湿，分散或凝聚，起泡、稳泡和增加溶解力等作用。表面活性剂的疏水基团主要是含碳氢键的直链烷基、支链烷基、烷基苯基及烷基萘基等，其性能差别较小，亲水基团部分差别较大。表面活性剂按亲水基团结构和类型可分为 4 种：阴离子表面活性剂、阳离子表面活性剂、两性表面活性剂和非离子表面活性剂。

5. 新型污染物

除了以上常见的传统主流有机污染物之外，新型污染物（emerging contaminants）包括内分泌干扰物、有机磷阻燃剂、药品及个人护理产品等。

内分泌干扰物（endocrine disrupt chemical，EDCs），也称为环境激素，指在环境中存在的能干扰人类或动物内分泌系统诸环节并导致异常效应的物质，是一种外源性干扰内分泌系统的化学物质。这类物质通过摄入、积累等各种途径，并不直接作为有毒物质给生物体带来异常影响，而是类似雌激素对生物体起作用，即使数量极少，也能让生物体的内分泌失衡，出现异常现象。这类物质广泛存在于大气、水体和土壤等环境介质中。通常使用的农药有 70%~80% 属于内分泌干扰物；塑料中的大部分稳定剂和增塑剂也属于内分泌干扰物；日常所食用的肉类、饮料、罐头等食品中也都含有内分泌干扰物。内分泌干扰物化学结构稳定，不易被生物降解，具有较高的环境滞留性和高亲脂性或脂溶性，会导致动物体和人体生殖器障碍、行为异常、生殖能力下降、幼体死亡甚至灭绝。

近年，溴代阻燃剂（brominated flame retardants，BFRs）逐步在世界范围禁用，而其替代产品有机磷酸酯类（organophosphate esters，OPEs）阻燃剂则得到了大量的应用，且已经广泛分布于各种环境介质中。有机磷酸酯类阻燃剂包括磷酸酯、亚磷酸酯和磷盐。根据其不同的组成和结构，又可分为烷基磷酸酯、缩合型磷酸酯、苯基类磷酸酯、笼型及螺环型磷酸酯和环状磷酸酯。试验表明，烷基磷酸酯和苯基磷酸酯具有较强的生物效应，OPEs 对小鼠表现出强烈的溶血效应，并影响其内分泌、神经系统和生殖功能，而对人类也表现出溶血作用、潜在致癌作用、神经毒性和生殖毒性效应。

药品及个人护理品（pharmaceutical and personal care products，PPCPs）的概念最早由 Daughton 和 Ternes 于 1999 年提出，涵盖有人用与兽用的医药品（包括处方类和非处方类药物及生物制剂）、诊断剂、保健品、化妆品、遮光剂、消毒剂和其他在生产制造中添加的组分如塑形剂、防腐剂等。目前大约有 4500 种医药品广泛用于人类或动物的疾病预防和治疗等领域。不同于传统持久性有机污染物难降解、生物积累和全球循环等特性，大部分 PPCPs 具有极性强、易溶于水及较弱的挥发性的特点，所以它在环境中的分布将主要通过水相传递和食物链扩散。尽管 PPCPs 的半衰期短、浓度低,然而人类活动连续的输入使环境中的 PPCPs 呈现出一种"持续存在"的状态,因此,这类物质也称为"虚拟持久性化学物质"。

三、环境中无机元素及化合物存在形态的研究

元素的存在形态研究包括元素的价态、化合状态、结合形态以及物质的结构分析和鉴定等内容。它们涉及不同学科的不同领域,而不同的学科又各有侧重。在环境地球化学发展的初期阶段,人们对元素的含量研究给予了很大的重视。但随着工作的深入,人们越来越深刻地认识到,单纯量的概念是不够的。许多环境现象仅仅用量的概念不能得到合理的解释,只有同时掌握元素在不同条件下的存在形态,才能把握现象的本质。含量和形态,已成为环境地球化学研究中必须掌握的两个内容。形态研究是当前环境地球化学中一个重要的发展领域。

(一)元素形态研究的必要性

(1)环境中的元素可能以各种不同的形态存在,存在于环境中的元素,可能有不同的来源。沉积物中的微量元素,可能有 5 种不同的天然来源:①石源性生成物,包括陆源地区的风化产物或河床的岩石碎屑,它们仅发生轻微的变化;②水源性生成物,即由介质的物理化学变化所形成的颗粒、沉积产物和吸附物质;③生物成因生成物,包括生物残留物、有机物质的分解产物及无机的硅质或钙质介壳;④大气成因生成物,大气中沉降的金属富集物;⑤宇宙成因生成物,地球以外来的物质颗粒。显然,这些不同来源的物质,很可能为不同形态的元素提供了藏身之所。

(2)同一种化学元素以不同形态存在,将表现出不同的地球化学行为。例如:元素钼在不同的条件下,可以有 5 种不同的价态,即可能生成多种化合物,具有复杂的地球化学行为。在我国华南红壤、砖红壤地区和东北森林土地带,土壤中总钼的含量都相当高,一般在 3×10^{-6} 以上,甚至达 10×10^{-6} 左右,大大高于世界土壤总钼的平均含量(2×10^{-6})。但在这些高钼地区,植物非但没有因此而受到损害,相反,往往还表现出某种程度的供钼不足,需要施以钼肥促进植物的生长。这种奇怪现象的出现,就在于华南土壤属偏酸性,富含铁、铝氧化物和黏土的环境,束缚了能被植物吸收利用的高价钼(MoO_4^{2-})的活动。而在东北地区,酸性的富含腐殖质等有机物的环境,使钼发生一些复杂的聚合反应,形成一些很难被植物根系吸收利用的巨大分子的复杂化合物,如可能生成$[H_3Mo_{12}O_{21}]^{3-}$的活动。随着介质酸度的变化,钼还可能缩合成大分子。通过元素存在状态的研究,掌握钼的形态与环境条件的关系,就可因势利导,进行改造。如在上述地区农田中合理地施用石灰,就可既不额外施用钼肥又能解除植物缺钼的症状,因为石灰提高了土壤的碱性,排除了钼缩合成大分子的可能性,且利于形成 MoO_4^{2-},也有利于将被吸附的 MoO_4^{2-} 从土壤吸附体中释放出来,参与到土壤—植物的循环中去。

(3)元素存在形态研究可以科学评价环境质量。不同形态的元素可能具不同的毒性。如砷,是环境污染研究中受到关注的一个元素,不同的砷化物,毒性有很大的区别:砷化氢>亚砷酸盐>三氧化二砷>砷酸盐>五价砷和砷酸>砷化物(R_4As^+)>元素砷。三价砷(三氧化二砷、亚砷酸酐、砒霜)的毒性最强,能强烈地抑制细胞呼吸和一些酶的活性,尤其是含双巯基结构的酶(如丙酮酸氧化酶系统),会导致糖代谢紊乱,细胞呼吸发生障碍,引起中枢神经及末梢神经的功能紊乱。五价砷的毒性稍低,游离砷毒性最低。因此,只有既测定砷的总含量又了解砷的存在状态,才可能正确地评价环境中存在的砷的影响。

(二)结合形态的研究

在环境地球化学领域中,人们首先感兴趣的是元素的结合形态,即地球化学相,也就是天然产出的和人为污染的元素,是以何种形态结合到水体和沉积物中去。根据近年的研究,一般可区分出 5 种结合类型,即惰性部分、可交换部分、与 Fe/Mn 的氧化物和氢氧化物结合部分、与有机物结合部分及与碳酸盐结合部分。图 2-9 列出了各种结合类型元素的载体物质及元素在其中的结合机制,被结合于上述不同化学相中的元素,意味着具有不同的地球化学行为。例如:不论是常量还是微量的元素,若是处于惰性结合状态,表示它们存在于载体矿物的晶格中,因而相对是比较稳定的,常常随着天然的岩石碎屑成矿物颗粒物一起沉积,基本不受外界环境化学条件的影响。如存在矿物中的铜、铅、锌,随着矿物颗粒物在环境中迁移和沉积,不会因外界环境酸碱度的改变而从矿物中析出。因此,即使这些元素的含量很高,它们对环境的有害影响也不会太大。但是,如果铜、铅、锌不是存在于矿物中,而是以被黏土矿物吸附的结合形态存在,那就必须认真地考虑其潜在影响了。试验证实,被黏土矿物吸附的铜、铅、锌及其他重金属,受环境 pH 值影响很大。当环境变酸性,H^+ 浓度增高时,H^+ 将和重金属离子争夺黏土矿物表面的可交换位置,结果使被吸附在黏土矿物表面的部分重金属离子释放出来;H^+ 浓度愈大,释放出来的重金属离子就愈多。在环境变得极酸性时,黏土矿物吸附的重金属离子几乎全部释放到环境中。大量的重金属离子有可能重新进入食物链而迁移,从而危害人体健康。

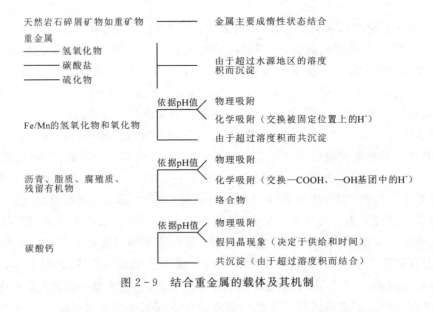

图 2-9 结合重金属的载体及其机制

环境中元素的结合形态是多样的,支配这些结合形态的元素的物理化学条件也是复杂的。这就既需要深入地分析各种结合形态及其制约条件,也要求从发展的观点,综合研究环境质量的演化。

第二节 环境中无机元素的地球化学基本理论

一、氧化还原

化学物质发生的氧化-还原作用是自然界中普遍存在的现象,对元素在自然环境中的迁移与存在形式的转化有重要影响。

1. 自然环境中物质的氧化态和还原态

氧化还原作用的结果是使一类物质呈氧化态存在,另一类物质呈还原态存在。自然环境中的无机物质如风化壳、土壤和沉积物等物质主要呈氧化态。自然界中的有机质(动物、植物残体及其分解的中间产物)主要呈还原态。自然环境中的无机物质如风化壳、土壤、底泥中的矿物主要来源于各种火成岩的风化产物,其主要成分为石英、长石和云母等。在它们形成的时候其成分完全是氧化态,元素的存在形式大都为氧化态。地表环境中的无机物少数为还原态。

自然环境中的有机物质主要来自绿色植物,绿色植物的生成主要借助于光合作用。光合作用中含氧化合物释放出氢,所以是一个还原过程。这一过程决定了有机物质是以还原态存在。自然环境中处于氧化态的无机物质在适当条件下可以被还原。高价的 Fe、Mn 就是可以被还原的主要物质。而处于还原态的有机物质,在适当的条件下也可以被氧化。

2. 自然环境中的氧化剂和还原剂

在氧化还原过程中,氧化剂必须是本身吸引电子的能力较强,能从其他物质中夺取电子的物质。对于单质来讲,必然是非金属而不是金属。元素周期表右上角活泼非金属如 F_2、Cl_2、Br_2、I_2、O_2 等都是强氧化剂。对于化合物来讲,其中必然包括有容易从高价元素转变为低价元素的原子。如表 2-5 所示,硫的变价化合物中作为氧化剂的必然是正六价的 H_2SO_4 或正四价的 H_2SO_3,而不是 H_2S。

表 2-5 硫的不同价态化合物的氧化还原性质

硫的化合物价态	−2	0	+4	+6
物质名称	H_2S	S	H_2SO_3	H_2SO_4
化学性质	还原剂	还原剂	氧化剂	氧化剂
		氧化剂	还原剂	

作为还原剂的必然是本身容易失去电子的物质。对于单质来说,必然是活泼金属而不是非金属,元素周期表左上角的碱金属和碱土金属如 Mg、Ca、Sr、Ba、Zn 和 Al 等都是还原剂。对于化合物来说,其中必然包含有容易从低价转变为高价元素的原子。在硫的不同价态化合物中,作为还原剂的必然是 H_2S(硫的最低价化合物)。

自然环境中最重要的氧化剂是大气圈和水圈的自由氧,其次是三价铁,四价锰,六价硫、铬、硒、钼及五价的氮、钒和砷等,它们都是自然界的氧化剂。自然环境中最主要的还原剂是二价铁、二价锰及许多有机化合物,同时,三价铬和三价钒等也都是自然界中的还原剂。

同种元素既可以是氧化剂,又可以是还原剂,主要决定于环境条件和离子化程度,如三价铁为氧化剂,二价铁为还原剂;四价锰为氧化剂,二价锰为还原剂。

游离氧、有机质、铁和锰等在自然环境中的氧化还原作用分述如下。在地球化学上通常根据是否存在游离氧把环境分为氧化环境和还原环境。氧化环境指大气圈、土壤和水体中含有游离氧的部分;不含游离氧或含量极少的部分称为还原环境(如富含有机质的沼泽水、地下水及海洋深处)。在一般情况下以地下水面作为氧化环境和还原环境的分界面。

Fe 和 Mn 在自然环境氧化还原作用中,除自身积极进行氧化还原反应外,对其他物质氧化还原作用的进行还起着一种催化剂的作用。如:只有当大气中的氧能够扩散到土壤和底泥中的有机质中,同时又有 Fe、Mn 存在的情况下,这些物质才能被微生物迅速氧化为最终产物。

在 Fe、Mn 存在的条件下,有机质在氧化过程中起连锁反应。在连锁反应中大气中的氧氧化了 Fe、Mn。这些氧化了的 Fe、Mn 又进一步促进有机物质中 C、N、S 的氧化。在有机物质被氧化的时候,Fe、Mn 被还原。但在通气良好条件下,它们又很快被大气中的氧重新氧化。这一现象循环不止。因此,即使只有少量的 Fe、Mn 存在,也可以引起大量有机物质的氧化。

Fe、Mn 在土壤和底泥内氧化还原过程中这种特殊功能的保持,与活性 Fe、Mn 含量的适当比例有关。因 Fe、Mn 之间也有氧化还原作用,如果 Mn 量过多,Mn 很容易把铁氧化,可将全部的铁氧化为高价状态,使之沉淀而失去活性。反之,如果低价铁很多,由于低价铁的还原作用,也会使 Mn 失去应有的功能。

Fe、Mn 对大多数植物的营养是很重要的。之所以重要,不仅是其绝对含量的多少,而且是 Fe 和 Mn 的比例量。在少数植物中,为了维持一定的氧化还原平衡,Fe 和 Mn 的比例在 1∶25~1∶5 之间。如果植物中 Mn 的含量不足,则低价锰部分就会过高;如果 Mn 含量过多,则所有活性 Fe 就会永远地保持在氧化状态。这都对植物的生长发育不利。

3. 自然环境中的氧化还原电位

化学反应的氧化还原能力通常是以氧化还原电位来表示的,氧化还原电位(Eh)是度量氧化还原的标准。发生氧化还原反应时,还原态与氧化态之间有一定的电位差,电子自动从负极流向正极所做的电功称为氧化还原电位,简称为氧化电位(也可称为还原电位,方向相反)。氧化还原电位数值愈大,表明该体系内氧化剂的强度愈大。

体系氧化还原电位的测定是设标准氢极电位为零,即 25℃,溶液中氢离子浓度为 1g/L,氢气的压力为 101 325Pa 时,$2H^+ \rightleftharpoons H_2$ 体系的电位,设等于零。根据其一体系的电位与标准氢电极电位的差(代数值)而得。每种氧化还原反应都有一定的 Eh 值。当各种变价元素相遇时,必须比较每两种反应之间 Eh 值的大小,以决定反应进行的方向与难易程度。氧化还原电位与系统中氧化剂和还原剂的浓度有关。当二者的浓度相等时,所测得的电位称为该体系的标准电位。当二者的浓度不相等时,则氧化还原电位的数值用能斯特方程(Nernst equation)计算:

$$Eh = E_0 + \frac{RT}{nF} \ln \frac{[氧化剂]}{[还原剂]} \quad (2-1)$$

式中,E_0 为该体系的标准电位(V);Eh 为某一体系的氧化还原电位(V);[氧化剂]为氧化剂的浓度;[还原剂]为还原剂的浓度;R 为气体常数(等于 8.314);T 为绝对温度(K);F 为法拉第常数(等于 96 500C);n 为由氧化态转变为还原态时所得到(放出)的电子数,即参加反应的电子数。

就一个体系而言,如果溶液中不是一个氧化还原体系,而有数个体系同时存在,则混合体系的电位在各个体系的电位数值之间,接近于含量较高的体系的电位。但若某体系的数量较其他体系高得多,则混合体系的电位将几乎等于存在量较多的体系的电位,这一含量较多的体系被称为"决定电位"的体系,因为它的氧化还原电位决定了全部混合体系的电位数值。

在一般环境中,氧系统是"决定电位"系统,即该系统的氧化还原电位决定于天然水、土壤和底泥中的游离氧含量。在有机质积累的缺氧环境中,有机质系统是"决定电位"系统。有机质是还原过程中的产物,它的分解是一个氧化过程,需要消耗大量氧,在通气良好的情况下,彻底分解为二氧化碳和水等氧化态产物。在通气不良的情况下,有机质分解往往形成一系列中间产物积累起来,而且它们的最终产物是氢和硫化氢、甲烷等还原产物,形成还原系统。

自然界中的中性水的氧化还原电位介于$-0.41V(H_2 \rightleftharpoons 2H^+ + 2e) \sim 0.82V(H_2O \rightleftharpoons 1/2O_2 + 2H^+ + 2e)$之间。因此,在中性水溶液中凡是$Eh < -0.41V$的反应产物均为水所氧化;凡是$Eh > +0.82V$的反应产物均为水所还原,所以它们是不稳定的。$Eh$值为$+0.82V$是水稳定的上界,$Eh$值为$-0.41V$是水稳定的下界。在稳定上界以上是氧化环境,稳定下界以下是还原环境,介于二者之间为过渡环境。

由此可见,氧化反应碱性条件下比酸性条件下容易进行,如$Co^{2+} \rightarrow Co^{3+}$在强酸性环境中必须在$Eh > +1.82V$才能进行,而在碱性环境中当$Eh > +0.17V$时即可进行。在地表干旱的荒漠与草原地区,pH值往往较高。在这里氧化反应比在寒冷森林沼泽地带更易进行,因为这里为强碱条件。自然界氧化环境和还原环境分界的Eh值不是固定的,而是随pH值变化。

有时候氧化和还原环境可以从形态上加以区分,如以$Fe^{2+} \rightleftharpoons Fe^{3+} + e$颜色变化为标志,三价铁的化合物$Fe(OH)_3$、$Fe_2O_3$为红色、褐色、浅黄色;二价铁的化合物为浅蓝色、浅绿色和白色。Fe^{3+}含量高的常被认为是氧化环境,Fe^{2+}含量高的则被认为是还原环境。此外,还可用硫的价态变化作为环境氧化还原标志。

二、酸碱理论

人们对物质酸碱性的认识,曾经历了漫长的岁月。最初人们认为,凡有酸味的物质是酸,凡有涩味和滑腻感的物质是碱。随着科学的发展和认识的不断深入,学者们先后提出了各种酸碱理论,其中有酸碱的电离理论、酸碱质子理论、酸碱电子理论,等等。在此介绍酸碱的电离理论和酸碱质子理论。

1. 酸碱的电离理论

酸碱的电离理论是阿仑尼乌斯(Arrhenius)根据他的电离理论首先提出来的。他认为,酸就是在水溶液中电离出的阳离子全部是H^+的物质;碱就是在水溶液中电离出的阴离子全部是OH^-的物质。他把酸和碱这两类物质在水溶液中表现出来的特征完全归于H^+和OH^-。

2. 酸碱质子理论

酸碱质子理论由布朗斯特德(Bronsted)和劳瑞(Lowry)提出,是在电离理论的基础上发展起来的,它扩大了酸碱的范围,大大完善了阿仑尼乌斯的酸碱定义。

质子理论认为,凡能给出质子(H^+)的物质都是酸;凡能接受质子的物质都是碱。由此可以看出,HCl、NH_4^+、HSO_4^-、$H_2PO_4^-$等都是酸,因为它们都能给出质子;Cl、NH_3、HSO_4^-、SO_4^{2-}、NaOH都是碱,因为它们都能接受质子。

3. 天然水的酸碱性

大多数含有矿物质的天然水 pH 值都在 6～9 这个狭窄的范围内，并且对于任一水体，其 pH 值几乎保持恒定。在与沉积物的生成、转化及溶解等过程有关的化学反应中，天然水的 pH 值具有很大的意义，很多时候决定着转化过程的方向。

生物活动如光合作用和呼吸作用，以及物理现象如自然的或外界引起的扰动（伴随曝气作用），都会使水中的溶解性 CO_2 浓度发生变化，从而影响水体的 pH 值。此外，一些微生物反应也会影响天然水的 pH 值，如黄铁矿被氧化的反应会导致 pH 值降低；反硝化或反硫化等过程则趋向于使 pH 值升高。

在大多数天然水中作为碱存在的主要有 HCO_3^- 和 CO_3^{2-}，有时还存在别的低浓度碱，如 PO_4^{3-}、AsO_4^{3-}、$B_4O_7^{2-}$、SiO_3^{2-}、NH_3 等。火山和温泉可以将 HCl、SO_2 之类气体引入水中，导致水体呈强酸性。工业废水中含有的游离酸或多价金属离子经排放进入天然水系，也可使水呈酸性。另外一些酸性成分是硼酸、硅酸和铵离子。总的说来，天然水体中最重要的酸性成分还是 CO_2，它与水形成相对平衡的碳酸体系。

酸度(acidity)是指水中能与强碱发生中和作用的全部物质，亦即放出 H^+ 或经过水解能产生 H^+ 的物质的总量。天然水体中存在着大量的弱酸（如碳酸、硅酸、硼酸等）、强酸弱碱盐（如硫酸铝、氯化铁等），特殊情况下还可能出现强酸（如盐酸、硫酸、硝酸等），它们都对水系统提供酸度，其酸度值决定于这些组分的数量和它们的离解程度。可以将总酸度分为离子酸度和后备酸度两部分，前者由质子 H^+ 提供并与水样的 pH 值相对应，后者与水系统的缓冲能力相关。

碱度(alkalinity)是指水中能与强酸发生中和作用的全部物质，亦即能接受质子 H^+ 的物质总量。组成天然水体中碱度的物质也可以归纳为 3 类：①强碱，如 $NaOH$、$Ca(OH)_2$ 等，在溶液中全部电离生成 OH^-；②弱碱，如 NH_3、$C_6H_5NH_2$ 等，在水中有一部分发生反应生成 OH^-；③强碱弱酸盐，如各种碳酸盐、重碳酸盐、硅酸盐、磷酸盐、硫化物和腐殖酸盐等，它们水解时生成 OH^- 或者直接接受质子 H^+。后两种物质在中和过程中不断产生 OH^-，直到全部中和完毕。考虑到水中很多物质（如 HCO_3^-）同时能与强酸和强碱发生反应，碱度和酸度在定义上有交互重叠部分，所以除了 pH<4.5 的水样外，一般使用了碱度就不再用酸度表示水样的酸碱性。

碱度和酸度是水体缓冲能力的量度，天然水体可接纳酸碱废水的容量受这类参数的制约。此外，各类工业用水、农田灌溉水或饮用水都有一个适宜的碱度（或酸度）范围。以下将天然水体近似看作纯碳酸体系，对它的酸度和碱度做进一步论述。向含碳酸的清水中加入强酸或强碱，一方面可以引起溶液 pH 值改变，另一方面也促使碳酸平衡综合式向左或向右移动。一般清水中含碳酸的总量在 2×10^3 mol/L 左右，此浓度可绘制中和曲线，如图 2-10 所示。

这里需要特别注意的是，在封闭体系中加入强酸或强碱，总碳酸量 C_T 不受影响，而加入 CO_2 时，总碱度值并不发生变化。这时溶液 pH 值和各碳酸化合态浓度虽然发生变化，但它们的代数综合值仍保持不变。因此，总碳酸量 C_T 和总碱度在一定条件下具有守恒特性。

三、离子交换

1. 离子交换平衡

利用质量作用定律(law of mass action)解释离子交换平衡(ion exchange equilibrium)，

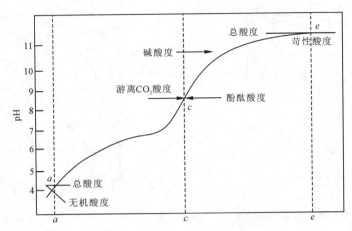

图 2-10 含碳酸水的中和曲线

既简捷又具有实际应用价值。现以阳离子交换为例,若 R^-A^+ 代表阳离子交换树脂,R^- 表示固定在树脂上的阴离子基团,A^+ 为活动离子,电解质溶液中的阳离子以 B^{n+} 表示,则离子交换反应为:

$$nR^-A^+ + B^{n+} \rightleftharpoons R_n^-B^{n+} + nA^+ \quad (2-2)$$

若电解质溶液为稀溶液,各种离子的活度系数接近于1;又假定离子交换树脂中离子活度系数的比值为一常数,则交换反应的平衡关系可用下式:

$$K = \frac{[A^+]^n[R_n^-B^{n+}]}{[B^{n+}][R^-A^+]^n} \quad (2-3)$$

式中右边各项均以离子浓度表示,由于离子活度系数做了上述假定,所以 K 值不应视作一个固定的常数,因此把它称为平衡系数。不过在稀溶液条件下,可近似地看作常数。上式表明,K 值越大,吸着量越大,也就是说,溶液中的 B^{n+} 离子的去除率就越高。

离子交换反应的平衡关系还可以用平衡曲线来表示。设离子交换树脂的可交换离子 A 为一价,如果树脂的总交换容量以 Q 表示,在对溶液中 n 价 B 离子的交换体系中,B^{n+} 离子的平衡浓度以 q 表示,另一种 A^+ 离子在树脂相的平衡浓度则为 $Q-q$;废水中两种离子总浓度为 C_0,当 B^{n+} 离子的平衡浓度为 C 时,则 A^+ 离子在溶液中的浓度为 C_0-C。把这些数代入平衡系数计算式,便可得出以摩尔分数表示的平衡关系式:

$$\frac{q/Q}{(1-q/Q)^n} = K_A^B \left(\frac{Q}{C_0}\right)^{n-1} \frac{C/C_0}{(1-C/C_0)^n} \quad (2-4)$$

利用此式,如果以某种离子在交换树脂内和废水中两处的摩尔分数为坐标,按不同的 $K(Q/C_0)^{n-1}$ 值绘制出各条曲线,便可得到离子交换平衡曲线图。图 2-11 表示 $n=1$ 时等价离子交换平衡曲线。图 2-12 表示 $n=2$ 时二价离子对一价离子的交换平衡曲线。

由图 2-11 和图 2-12 可见,当 $K(Q/C_0)^{n-1}<1$ 时,曲线呈凹形,离子交换反应的平衡趋于左方,不利于离子 A 的交换。当 $K(Q/C_0)^{n-1}>1$ 时,曲线呈凸形,平衡趋于右方,有利于对离子 A 的优先吸附,而且曲线越凸,优先吸附的选择性就越强。因此,从平衡曲线的形状可以定性地判断交换树脂对某一种离子的选择性。由图 2-11 还可以看出,若 K、Q 值基本不变,

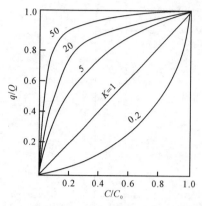 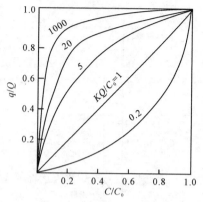

图 2-11　等价离子交换平衡曲线　　　图 2-12　二价离子对一价离子的交换平衡曲线

而溶液总浓度 C_0 加大,则曲线凸度减小,亦对树脂吸附一价离子有利。因此,在树脂交换二价离子后,当用再生剂 NaCl 或 HCl 再生时,要使用较高的浓度。

影响离子交换平衡的主要因素有交换树脂的性质,溶液中平衡离子(交换离子)的性质,溶液的 pH 值、浓度和温度等。

2. 离子交换速度

离子交换平衡,是在某种具体条件下离子交换能达到的极限状态,它需要较长的时间。但在实际运动过程中,水与树脂的接触时间是有限的,不可能达到平衡状态,离子交换反应不是一般的化学反应,而是一种离子间的扩散现象。离子交换过程一般可分 5 个步骤,如图 2-13 所示。

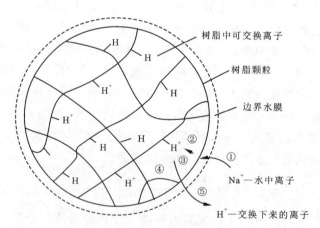

图 2-13　离子交换过程示意图

①水中的 Na^+ 向树脂颗粒表面扩散并通过树脂颗粒表面的水膜;②已通过水膜的 Na^+ 继续向树脂颗粒孔隙内扩散,直至到达某一交换基团位置;③Na^+ 与树脂颗粒内的交换基团接触,和 H^+ 交换位置;④被交换下来的 H^+ 在树脂颗粒孔隙内向树脂颗粒表面扩散;⑤H^+ 扩散到树脂颗粒表面并通过边界水膜进入水中,再在水中扩散

图中第③步属于离子之间的反应,速度很快,瞬时完成。第①、⑤和②、④步则分别属于膜扩散和内扩散过程,其速度一般较慢,且受外界条件和树脂颗粒的影响较大。因此,所谓离子

交换速度并非指第③步中的离子反应速度,而是指整个扩散过程的速度。

在某种具体条件下,离子的膜扩散速度和内扩散速度是不相同的,离子交换速度往往受其中的一种扩散速度所限制。如果离子通过膜扩散的速度很慢,那么上述第①、⑤步就成为整个交换速度的控制因素,这种交换称为水膜控制过程;如果离子的内扩散速度很慢,则上述第②、④步就成为整个交换速度的控制因素,这种交换称为内扩散控制过程。影响离子交换速度的因素很多,虽然针对这个问题已经有许多研究,但至今还没有一个完整清楚的结论。

第三节 环境中有机化合物的地球化学基本理论

环境中有机污染物种类繁多,由于自然介质的多样性、环境条件的差异性,要想将有机污染物在环境中的地球化学作用讲清楚,则需要极大的篇幅。另外,具体介质中有机污染物的环境地球化学行为将在后面的章节中详细论述,故本节只作一些概念性叙述。

有机污染物在大气、水、土壤、岩石、生物等这些介质中的地球化学行为存在很大的差异性。如在大气环境中,主要表现为光化学作用;在水环境中,可能表现为分配作用、挥发作用、水解作用、生物降解作用和光降解作用;在土壤环境中,可能表现为吸附作用、生物降解作用、化学降解作用和光降解作用等。下面以水和土壤介质为例,简单介绍一般性有机污染物的环境地球化学作用。

一、分配作用

近20年来,国际上众多学者对有机物的吸附分配理论开展了广泛研究。Lambert(1967)从美国各地收集了25种不同类型的土壤样品,测量两种农药(有机磷与氨基甲酸酯)在土壤—水间的分配,结果表明当土壤有机质含量在 $0.5\%\sim40\%$ 范围内,其分配系数与有机质含量成正比。Karickhoff等(1979)研究了10种芳烃与氯烃在池塘和河流沉积物上的吸着,结果表明当各种沉积物的颗粒物大小一致时,其分配系数与沉积物中有机碳含量成正比。这些研究结果均表明,颗粒物(沉积物或土壤)从水中吸着憎水有机物的量与颗粒物中有机质含量密切相关。Chiou等(1979)进一步指出,当有机物在水中含量增高接近其溶解度时,憎水有机物在土壤上的吸附等温线仍为直线,表示这些非离子性有机物土壤—水平衡的热焓变化在所研究的含量范围内是常数,而且发现土壤—水分配系数与水中这些溶质的溶解度成反比。

Chiou同时研究了用活性炭吸附上述的几种有机物,在相同溶质含量范围内所观察到的等温线是高度的非线性,只有在低含量时,吸附量才与溶液中平衡质量浓度呈线性关系。

由此提出了在土壤—水体系中,土壤对非离子性有机物的吸着主要是溶质的分配过程(溶解)这一分配理论,即非离子性有机物可通过溶解作用分配到土壤有机质中,并经过一定时间达到分配平衡,此时有机物在土壤有机质和水中含量的比值称为分配系数。实际上,有机物在土壤(沉积物)中的吸着存在着两种主要机理:①分配作用。即在水溶液中,土壤有机质(包括水生生物脂肪及植物有机质等)对有机物的溶解作用,而且在溶质的整个溶解范围内,吸附等温线都是线性的,与表面吸附位无关,只与有机物的溶解度相关。因而,放出的吸附热量小。②吸附作用。即在非极性有机溶剂中,土壤矿物质对有机物的表面吸附作用或干土壤矿物质对有机物的表面吸附作用,前者主要靠范德华(van der Waals)力,后者则是各种化学键力如氢键、离子偶极键、配位键及π键作用的结果。其吸附等温线是非线性的,并存在竞争吸附,同时在吸附过程中往往要放出大量热,来补偿反应中熵的损失。必须强调的是,分配理论已被广泛接受和应用,但若有机物含量很低时,情况就不同了,分配不起主要作用。因此,目前人们对分配理论仍存在争议。

二、挥发作用

挥发作用是有机物质从溶液态转入气相的一种重要迁移过程。在自然环境中,需要考虑许多有毒物质的挥发作用。挥发速率依赖于有毒物质的性质和水体的特征。如果有毒物质具有"高挥发"性质,显然在影响有毒物质的迁移转化和归趋方面,挥发作用是一个重要的过程。然而,即使当有毒物质的挥发性较小时,挥发作用也不能忽视,这是由于有毒物质的归趋是多种过程的贡献。

对于有机毒物挥发速率的预测方法,可以根据以下关系得到:

$$\partial c/\partial t = -K_v(c - pK_H)/Z = -K_v'(c - p/K_H) \tag{2-5}$$

式中,c 为溶解相中有毒物质的浓度;K_v 为挥发速率常数;K_v' 为单位时间混合水体的挥发速率常数;Z 为水体的混合深度;p 为所研究的水体上面有机毒物在大气中的分压;K_H 为亨利定律常数。

在许多情况下,化合物的大气分压是零,所以上列方程可简化为:

$$\partial c/\partial t = -K_v'c \tag{2-6}$$

有机污染物通过挥发作用可以在大气中发生长距离的传输,特别是持久性有机污染物(POPs)。有研究者于1974年首次提出POPs有可能发生从高温地区通过气相和颗粒向低温区迁移的现象。Wania和Mackay于1993年指出,POPs在大气中迁移,并于不同的地理区域发生沉降,直至地球的南北两极。通过部分化合物在地球纬度上的变化,他们于1996年提出POPs的全球蒸馏(global distillation)模型。

大部分POPs具有足够的挥发性,并能够在正常的环境温度下发生蒸发和沉降。在热带和亚热带,高温导致POPs趋于从地球表面蒸发,而在高纬度地区,低温使POPs从大气中向土壤和水体中沉降。在寒冷的生态系统中低温导致POPs趋于冷凝、沉降和聚集的趋势(图2-14)。POPs在向较高纬度迁移过程中时常以一系列相对短距离、跳跃的形式[称为"蚱蜢跳效应"(grasshopper effect)]进行。

三、水解作用

水解作用是有机化合物与水之间最重要的反应。在反应中,化合物的官能团 X^- 和水中的 OH^- 发生交换,整个反应可表示为:

$$RX^- + H_2O \rightleftharpoons EOH + HX \tag{2-7}$$

反应步骤不定期可以包括一个或多个中间体的形成。有机物通过水解反应而改变了原化合物的化学结构。对于许多有机化合物来说,水解作用是其在环境中消失的重要途径。在环境条件下,可能发生水解的官能团有烷基卤、酰胺、胺、氨基甲酸酯、羧酸酯、环氧化物、腈、膦酸脂、磷酸脂、磺酸脂、硫酸脂等。

水解作用可以改变反应分子,但并不能总是生成低毒产物。例如:2,4-D酯类的水解作用就生成毒性更大的2,4-D酸,而有些化合物的水解作用则生成低毒产物。

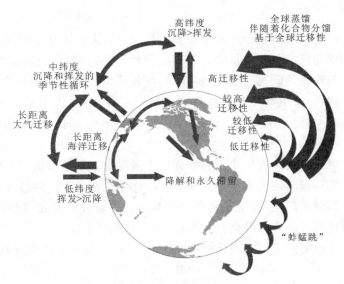

图 2-14　POPs的全球迁移模型（据 Wania,1996 修改）

水解产物可能比原来化合物更易或更难挥发,与 pH 值有关的离子化水解产物的挥发性可能是零,而且水解产物一般比原来化合物更易为生物降解(虽然少数例外)。

通常测定水中有机化合物的水解是一级反应,RX 的消失速率正比于[RX],即

$$-d[RX]/dt = K_h[RX] \tag{2-8}$$

式中,K_h 为水解速率常数。

四、光解作用

光解作用是有机污染物真正的分解过程,因为它不可逆地改变了反应分子,强烈地影响了水环境中某些污染物的归趋。一个有毒化合物的光解分解的产物可能还是有毒的。例如:辐照 DDT 反应产生的 DDE,它在环境中滞留时间比 DDT 还长。污染物的光解速率依赖于许多化学和环境因素。光的吸收性质和化合物的反应,天然水的光迁移特征及阳光照射强度均是影响环境光解作用的一些重要因素。光解过程可分为 3 类:第一类称为直接光解,这是化合物本身直接吸收了太阳能而进行分解反应;第二类称为敏化光解,是水体中存在的天然物质(如腐殖质等)被阳光激发,又将其激发态的能量转移给化合物而导致的分解反应;第三类称为氧化反应,天然物质被辐照而产生自由基或纯态氧(又称单一氧)等中间体,这些中间体又与化合物作用而生成转化产物。第二类也可以称为间接光解过程,第三类为氧化过程。

根据 Grothus-Draper 定律(光化学反应第一定律),若发生直接光解,只有吸收辐射(以光子的形式)的那些分子才会进行光化学转化,这意味着光化学反应的先决条件应该是污染物的吸收光谱要与太阳发射光谱在介质环境中可利用的部分相适应。同时,不同的介质对光的传输能力的大小起着重要的作用,因为它影响光的导入强度,而光的强度是污染物光解速率的重要因素。

五、生物降解

生物降解是引起有机污染物分解的最重要的环境过程之一。环境中化合物的生物降解依赖于微生物通过酶催化反应分解有机物。当微生物代谢时,一些有机污染物作为食物源提供能量和提供细胞生长所需的碳;另一些有机物,不能作为微生物的唯一碳源和能源,必须由另外的化合物提供。因此,有机物生物降解存在两种代谢模式:生长代谢(growth metabolism)和共代谢(cometabolism)。这两种代谢特征和降解速率极不相同,下面分别作简单讨论。

1. 生长代谢

许多有毒物质可以像天然有机化合物那样作为微生物的生长基质。只要用这些有毒物质作为微生物培养的唯一碳源便可鉴定是否属于生长代谢。在生长代谢过程中微生物可对有毒物质进行较彻底的降解或矿化,因而是解毒生长基质。去毒效应和相当快的生长基质代谢意味着与那些不能用这种方法降解的化合物相比,对环境威胁小。

莫诺(Monod)方程是用来描述当化合物作为唯一碳源时,化合物的降解速率:

$$-\frac{dc}{dt}=\frac{1}{Y} \cdot \frac{dB}{dt}=\frac{\mu_{max}}{Y} \cdot \frac{Bc}{K_s+c} \tag{2-9}$$

式中,c 为污染物浓度;B 为细菌浓度;Y 为消耗一个单位碳所生产的生物量;μ_{max} 为最大的比生长速率;K_s 为半饱和常数,即在最大比生长速率 μ_{max} 一半时的基质浓度。

在实际环境中并非被研究的化合物是微生物的唯一碳源。一个天然微生物群落总是从大量各式各样有机碎屑物质中获取能量并降解它们。即使当合成的化合物与天然基质的性质相近,连同合成的化合物在内是作为一个整体被微生物降解。通常应用简单的一级动力学方程表示化合物的降解速率:

$$-\frac{dc}{dt}=K_b c \tag{2-10}$$

式中,K_b 为一级生物降解速率常数。

2. 共代谢

某些有机污染物不能作为微生物的唯一碳源与能源,必须有另外的化合物同时存在,作为微生物的碳源或能源,该有机物才能被降解,这种现象称为共代谢。它们在那些难降解的化合物代谢过程中起着重要的作用,可使某些特殊有机污染物存在被彻底降解的可能。微生物共代谢的动力学明显不同于生长代谢的动力学,共代谢没有滞后期,降解速度一般比完全驯化的生长代谢慢。共代谢并不提供微生物体任何能量,不影响种群多少。然而,共代谢速率直接与微生物种群的多少成正比,Paris 等描述了微生物催化水解反应的二级速率定律:

$$-\frac{dc}{dt}=K_{b2} \cdot B \cdot c \tag{2-11}$$

由于微生物种群不依赖于共代谢速率,因而生物降解速率常数可以用 $K_b=K_{b2} \times B$ 表示,从而使其简化为一级动力学方程。影响生物降解的主要因素是有机化合物本身的化学结构和微生物的种类。此外,一些环境因素如温度、pH、反应体系的溶解氧等也影响生物降解有机物的速率。

思考题

1. 什么是环境背景值？环境地球化学基准的含义是什么？
2. 环境中元素和化合物形态研究的意义是什么？
3. 举例说明并分析环境中化学物质间的氧化还原作用。
4. 什么是酸度和碱度？它们是由哪些物质组成的？水的酸度和碱度与水的 pH 值的异同。
5. 简述离子交换过程及其影响因素。
6. 举例说明有机污染物的分类。
7. 简述有机化合物的环境地球化学作用。

第三章 元素及有机化合物环境地球化学

根据环境地球化学定义,环境地球化学是研究对人类健康有影响的元素及化合物在人类赖以生存的周围环境中的地球化学组成、地球化学作用和地球化学演化与人类健康关系的科学。这里的"对人类健康有影响的元素及化合物"是指地球化学研究总体对象的一部分,仅为对人类健康有影响的那部分元素及化合物,如重金属元素和有机化合物等。所以,本章主要介绍几种主要的有毒金属元素以及有机污染化合物的环境地球化学效应。

第一节 典型重金属元素的环境地球化学

地球上天然存在的元素主要存在于岩石圈、水圈和大气圈。元素按电子得失能力可分为金属元素和非金属元素。元素的金属性是指元素的原子失电子的能力;元素的非金属性是指元素的原子得到电子的能力。元素周期表所有元素中非金属元素为 22 种,其他为金属元素,可以通过元素周期表中硼—硅—砷—碲—砹和铝—锗—锑—钋之间的对角线来区分。其中,位于对角线左下方的都是金属元素,右上方的都是非金属元素。这条对角线附近的锗、砷、锑、碲称为准金属元素,因其单质的性质介于金属和非金属之间,故多数可作为半导体使用。

根据元素在自然界中的分布及人类应用情况,可分为普通元素和稀有元素。稀有元素一般指在自然界中含量少,或人们发现得较晚,或对它们研究得较少,或提炼它们比较困难,以致在工业上应用也较晚的元素。通常稀有元素也可以继续分为轻稀有金属元素、高熔点稀有金属元素、分散稀有元素、稀有气体元素、稀土金属元素、放射性稀有元素等。

根据元素生物效应的不同,又分为有生物活性的生命元素和非生命元素。

表 3-1 是主要化学元素的分类情况。本节主要介绍几种主要的有毒金属元素的环境地球化学效应。

一、汞

汞是一种化学元素,俗称水银。它的化学符号是 Hg,原子序数是 80。它是一种密度较大的银白色液态过渡金属。汞位于元素周期表第六周期第二族中,尽管汞与锌、镉在一起构成了第二族的副族,但汞的结晶化学性质与锌、镉有着显著的差别。汞是典型的亲铜元素,在亲铜元素中具有最大的电离势。汞的第一个电子的电离势为 10.43eV,第二个电子的电离势是 18.75eV。这就是说它比金的电离势(9.22eV)和银的电离势(7.57eV)还要大,所以汞易与各种金属按不同比例生成合金。例如:汞银矿中汞的含量占 31%,汞金矿中汞的含量占 49.55% 等。

第三章 元素及有机化合物环境地球化学

表 3-1 主要化学元素的分类情况

分类	黑色金属	有色金属					非金属	气体	液体
		轻金属	重金属	贵金属	半金属	稀有金属			

稀有金属再分为：轻金属、高熔点金属、分散金属、稀土金属、放射性金属。

分类	元素名称（元素符号）
黑色金属	铁(Fe)、铬(Cr)、锰(Mn)
有色金属——轻金属	铝(Al)、镁(Mg)、钾(K)、钠(Na)、钙(Ca)、锶(Sr)、钡(Ba)
有色金属——重金属	铜(Cu)、铅(Pb)、锌(Zn)、镍(Ni)、钴(Co)、锡(Sn)、镉(Cd)、铋(Bi)、锑(Sb)、汞(Hg)
有色金属——贵金属	金(Au)、银(Ag)、铂(Pt)、钯(Pd)、铑(Rh)、铱(Ir)、钌(Ru)、锇(Os)
有色金属——半金属	硅(Si)、砷(As)、硒(Se)、碲(Te)、硼(B)
稀有金属——轻金属	锂(Li)、铍(Be)、铯(Cs)、铷(Rb)、钛(Ti)
稀有金属——高熔点金属	钨(W)、钼(Mo)、钽(Ta)、铌(Nb)、锆(Zr)、铪(Hf)、钒(V)、铼(Re)
稀有金属——分散金属	镓(Ga)、铟(In)、铊(Tl)、锗(Ge)
稀有金属——稀土金属	钪(Sc)、钇(Y)、镧(La)、铈(Ce)、镨(Pr)、钕(Nd)、钷(Pm)、钐(Sm)、铕(Eu)、钆(Gd)、铽(Tb)、镝(Dy)、钬(Ho)、铒(Er)、铥(Tm)、镱(Yb)、镥(Lu)
稀有金属——放射性金属	镭(Ra)、钫(Fr)、锕(Ac)、钍(Th)、镤(Pa)、铀(U)、钋*(Po)、镎*(Np)、钚*(Pu)、镅*(Am)、锔*(Cm)、锫*(Bk)、锎*(Cf)、锿*(Es)、镄*(Fm)、钔*(Md)、锘*(No)、铹*(Lr)、钫*(Fr)
非金属	碳(C)、硫(S)、磷(P)、砹(At)、碘(I)
气体	氢(H)、氮(N)、氧(O)、氟(F)、氯(Cl)、氦(He)、氖(Ne)、氩(Ar)、氪(Kr)、氙(Xe)、氡(Rn)
液体	溴(Br)

注：1. 本表共列有 103 种元素；
2. 为便于读者参考，表中元素按照黑色金属、有色金属、非金属、气体、液体顺序编排；
3. 注 * 者为人造元素。

资料来源：引自赵世臣，1978。

1. 地壳中的天然汞化合物

地壳中汞的平均含量约为 80mg/t。地壳中的汞 99% 以上处于分散状态,只有大约 0.02% 的汞集中于汞矿物中。目前发现的汞矿物有 20 种左右。自然界中的汞主要形成红色的硫化物辰砂。它几乎是一种纯的 HgS,而黑色的硫化物黑辰砂的化学式为 $(Hg \cdot Zn \cdot Fe)(S \cdot Se)$,是一种固溶体。由于汞的复杂硫化物汞黝铜矿和硫汞锑矿不太稳定,在低温热液条件下极易转变为简单硫化物辰砂,因此,汞的复硫化物极为少见。

2. 环境中汞的来源

环境中汞的来源包括人为源和自然源。其中,人为源主要包括化石燃料的燃烧、城市垃圾和医疗垃圾焚烧、有色金属冶炼、氯碱工业、水泥制造、土法炼金和炼汞活动等;而自然源则包括含汞矿物和岩石的风化分解、火山与地热活动、土壤和水体表面挥发作用、植物的蒸腾作用、森林火灾等。和人为源不同,自然源以气态单质汞的释放为主。由于制碱工业、电器、仪表、制药、农药、造纸、油漆等工业都需要大量的汞,而汞又是环境中毒性最强的重金属元素之一,过量的汞对人体及生物有明显的毒性,因此,它是一个很受重视的微量元素。

1) 天然来源

环境中汞的天然来源主要为含汞矿物和岩石的风化分解。在岩石风化过程中,汞以化合物和游离原子的形式被释放出来,即使是极难溶的硫化汞,也可以在水中强氧化剂的作用下,缓慢地氧化而成为硫酸汞及氯化汞等可溶性汞化合物及自然汞。

据 Ericksson(1960)估计,每年大约有 10^{10}t 的各类岩石风化,按含汞量平均为 80mg/t 计算,每年大约有 800t 汞由岩石风化释放到环境中。它们大部分随河水悬浮物进入海洋。据估计,天然来源的汞进入海洋的每年约有 230t,其余的被拦截于陆地的水、土壤、沉积物和大气中。

火山喷发是环境中汞的另一个天然来源,可惜尚无火山作用所释放汞的量的确切数据。这方面只有零星的资料,如苏联的资料记载,火山喷气中汞的含量为 $(9.6 \sim 10) \times 10^{-6} g/m^3$,夏威夷火山喷气中汞的含量为 $2 \times 10^{-8} g/m^3$。

我国自然源的汞释放是一个不容忽视的问题。研究指出,全球汞矿化带等土壤汞相对富集区域的汞释放是非常重要的大气汞释放源,而我国西南及东南地区则正好分布在环太平洋汞矿化带上。

2) 人为来源

人为来源主要包括化石燃料的燃烧、城市垃圾和医疗垃圾焚烧、有色金属冶炼、氯碱工业、水泥制造、土法炼金和炼汞活动等。目前学术界初步估算认为,我国人为源的大气汞排放量在 $500 \sim 700$t/a。燃煤和有色金属冶炼是我国两个最大的人为汞释放源,年均释放量约占总释放量的 80%。由于目前我国燃煤消耗量及对锌、铅等有色金属产品的需求仍有增加的趋势,这意味着我国排汞量还有增加的趋势。

在受汞污染的地区,某些环境要素中汞的含量可高出背景值 3~4 个数量级。如在非工业化地区,正常大气中汞的含量为 $(1.4 \sim 2) \times 10^{-8} g/m^3$,而在某些繁忙的高速公路附近,大气中汞的浓度可高达 $1.8 \times 10^{-5} g/m^3$,在经常使用有机汞杀菌剂的农田地区,大气中汞的浓度为 $1 \times 10^{-5} g/m^3$。又如在未受污染的正常河、湖沉积物中汞的含量为 0.01~0.70mg/kg,而受汞严重污染的水体底泥中汞的含量可高达几百至几千毫克。再如,在正常鱼贝中汞的含量为 $1 \times 10^{-4} \sim 0.2$mg/kg,而在受污染鱼贝中汞的含量可达几十毫克。追根溯源,汞的污染源有两大类：工业污染源和农业污染源。

世界上有 80 种工业在使用汞作原料或作辅助原料。在工业方面耗汞量最多的是下列一些部门。

(1)氯碱工业。在美国，氯碱工业的耗汞量占全国总耗汞量的 28% 左右。氯碱工业在工艺过程（电解食盐）中，用金属汞作流动阴电极，经下列反应造成氯气和苛性钠：

总反应： $NaCl + H_2O \xrightarrow{电解} H_2 \uparrow + Cl_2 \uparrow + NaOH(阴极)$ (3-1)

阳极反应： $Cl^- - e \longrightarrow Cl_2 \uparrow (阳极)$ (3-2)

汞阴极反应： $Na^+ + e + xHg \longrightarrow NaHg_x(钠汞齐)$ (3-3)

钠汞齐与水反应： $NaHg_x + H_2O \longrightarrow Na^+ + OH^- + \frac{1}{2}H_2 \uparrow + xHg$ (3-4)

在上述过程中，有一部分汞随氯气、氢气、苛性钠、盐水、冷凝水、排风系统流失而损失掉。一般来说，生产 1t 苛性钠要消耗汞 150~260g，以残留于废盐水中的汞为最多，可占整个汞耗的 50% 以上。此废盐水排放会造成严重的水污染。为防止氯碱工业所引起的汞污染，不少国家改用隔膜法制碱已取得了一定的效果。

聚氯乙烯、乙醛、醋酸乙烯等的合成，均使用汞作催化剂。载于活性炭上的氯化汞是合成乙烯的有效催化剂（$CH \equiv CH + HCl \xrightarrow{HgCl_2} CH_2 = CHCl$）。硫酸汞是乙炔转变为乙醛的极好催化剂，也是蒽醌生成磺酸盐的催化剂，反应化学式分别如下：

$$C_2H_2 + H_2O \xrightarrow{HgSO_4} CH_3CHO \tag{3-5}$$

$$C_{14}H_8O_2 \xrightarrow{HgSO_4} C_{14}H_7O_2(SO_3H) \tag{3-6}$$

上述合成工业均有相当数量的汞随废水废气散失。醋酸和氯乙烯合成工艺产生的含汞废水，是酿成日本"水俣病"事件的原因。

(2)黑色和有色金属冶炼。汞是亲硫族元素，在自然界中汞常伴生于很多金属矿床中，特别是在铜、铅、锌等有色金属的硫化物矿床中总含有一定量的汞。在金属冶炼过程中，汞大部分通过挥发作用进入废气（表 3-2）。

表 3-2 冶炼工业向大气中释放汞的量

金属	产量(t/a)	冶炼过程中释放的汞(t/a)
铜	6×10^6	1.1×10^4
铅	3×10^6	1.5×10^4
锌	4×10^6	4.0×10^3

在仪表和电气工业中常使用金属汞，在纸浆造纸工业中用醋酸苯汞和磷酸乙基汞等作防腐剂，在这些工业中汞蒸汽污染和含汞废水污染也相当严重。全世界在煤和石油燃烧过程中释放出来的汞，每年约有 1600t。

除工业外，汞化合物也曾作为农药施用。作为农药施用的主要是烷基汞化合物（甲基汞、乙基汞）、烷氧基烷基汞化合物（甲氧基乙基汞、乙氧基乙基汞）和芳基汞化合物（苯汞、P-甲苯基丛汞）。以日本为例，自 1953 年到 1969 年的 17 年间，每年使用的有机汞类农药平均约

400t,在日本耕地上共含有6800t以上的汞,使得日本大米中的含汞量由1946年的约0.02×10^{-6}增至1966年的0.15×10^{-6}。

3. 汞在环境中的行为

汞的显著特点之一是具有很强的挥发性,所以它具有和其他金属不同的迁移性能。由于化学形态的不同,汞的气化难易程度也不一样,易于气化的顺序是$Hg > Hg_2Cl_2 > HgCl_2 > HgS > HgO$。

1)汞在环境中的氧化还原特性

汞在水体中的存在形态按化合价来说可有Hg^0、Hg^+、Hg^{2+}。海水中的汞主要以$HgCl_4^{2-}$的形式存在。水体中汞的形态与水介质的pH-Eh条件有关。图3-1表示出在不同pH-Eh条件下汞的存在形态。

元素汞由于在常温下有很高的挥发性,除存在于天然水和土壤中以外,还可以汞蒸汽形态挥发进入大气圈,参与全球的汞蒸汽循环。汞是唯一主要以气相形式存在于大气中的重金属元素。在含硫的还原环境中,汞主要以难溶的硫化汞(HgS)形式存在。大气汞依据物理化学形态主要分为气态单质汞(Hg^0、GEM)、活性气态汞[包括$Hg(OH)_2$、$HgCl_2$、$HgBr_2$等二价汞化合物和极少量的二价有机汞]和颗粒汞(吸附于大气气溶胶的汞),而气态单质汞和活性气态汞常通称为气态总汞。气态总汞占大气汞的90%以上,而颗粒汞的比例在10%以下。气态汞又以气态单质汞为主,而活性汞只占气态总汞的1%~3%。图3-2给出了大气汞物理化学转化行为的示意图。

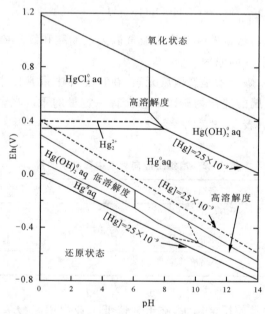

图3-1 汞的pH-Eh相图(25℃,10^5Pa)(据Hem,1970)

注:虚线表示Hg的大约溶解度。

2)环境中的胶体对汞的吸附作用

存在于土壤、水体底泥与悬浮物中的各种无机和有机胶体,如蒙脱石、伊利石、高岭石等黏土矿物,水合金属氧化物(水合氧化锰和氧化硅等)和腐殖质等对汞及其他金属有强烈的专属吸附和离子交换作用。这种吸附作用是汞及其他许多微量金属从不饱和的天然溶液转入固相的最重要的途径。很多学者研究了环境中的胶体对各类汞化合物的吸附特征。已有的资料表明:铁和锰的水合氧化物对 Hg^{2+} 的吸附作用,能有效地控制天然水中汞的浓度;蒙脱石和伊利石对 Hg^{2+} 的吸附力很强,而高岭石对汞的吸附作用极弱;当水中有氯离子存在时,无机胶体对汞的吸附作用显著减弱;蒙脱石对醋酸苯汞的吸附量最大,高岭石最低,水铝英石次之(图3-3)。各种天然和人工的吸附剂对 $HgCl_2$ 的吸附能力顺序为:硫醇>伊利石>蒙脱石>胺类化合物>高岭石>含羧基的有机化合物>细砂>中砂>粗砂。环境中的胶体对甲基汞的吸附作用与对氯化汞的吸附作用大体相同。正是由于上述吸附作用,决定了汞在天然水中的含量极低。从各污染源散发的汞主要富集在排水口附近的底泥和悬浮物中。

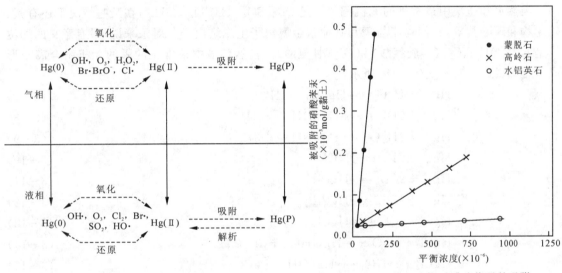

图3-2　大气汞的物理化学转化　　　　图3-3　黏土矿物对醋酸苯汞的吸附

土壤中的腐殖质对汞有很大的吸附性,尤其在 pH 值较低时,更易吸附。当 pH 值偏高时,土壤中矿物质对汞的吸附作用相应地增强。我国几种不同类型的土壤在除去有机物和未除去有机物的条件下,进行的对汞固定作用的试验结果见表3-3。

表3-3　土壤除去有机质前后对汞的固定率

加汞量(μg/g)	处理	黑土	红壤	黄棕壤	潮土	黄土
2	除去有机质前	99.8%	99.4%	98.5%	98.1%	99.1%
2	除去有机质后	48.5%	51.0%	55.0%	66.0%	86.0%

从实验结果可以看出,土壤除去有机质后,对汞的固定作用明显下降,而且下降的顺序为黑土>红壤>黄棕壤>潮土>黄土。土壤中汞的固定与释放随条件不同而相互转化,为了减少作物对汞的吸收,可以在土壤中加入适当的化合物,以促使汞转化为固定态。例如施加磷

肥,既可增加土壤的磷素营养,又可使土壤中的有效态汞生成难溶解的磷酸汞,达到固定汞的作用。若施加含硫的有机肥料,则可使有效态的汞转化为难溶的硫化汞。

吸附于大气气溶胶的汞也称为颗粒汞,颗粒汞只占大气汞的10%以下。颗粒汞具有较高的水溶性和干沉降速率,其大气滞留时间通常在几小时到几周,一般不参与长距离的大气传输。当然,与大气中细粒气溶胶结合的颗粒汞也可以在大气中长距离迁移。

大气中颗粒汞的形成主要是来自气溶胶对液相和气相中 Hg^0 及 Hg^{2+} 的吸附作用,颗粒汞的含量取决于大气汞和气溶胶含量。此外,一些环境条件也可能影响到气态汞向颗粒态汞的转化,比如环境温度的降低能导致更多的气态汞向颗粒态转化。大气颗粒物的存在能够很大程度上影响大气汞的化学反应,比如气溶胶对 Hg^{2+} 的吸附能够加速 Hg^{2+} 还原反应的进行,但目前对此类反应的内在机理还不是很清楚。

3)环境中的有机和无机配位体对汞的络合与螯合作用

天然水和土壤中最常见的无机配位体是 Cl^-、SO_4^{2-}、HCO_3^-、OH^-,在某些情况下还有氟、硫化物和磷酸盐等,它们均能与汞和其他重金属离子生成络离子。对汞来说,最有意义的配位体是 Cl^-、OH^-、Cys(半胱氨酸)和 Gly(甘氨酸)。自然环境中最常见的汞的无机络合离子形成过程如式(3-7)~式(3-18)所示:

$$Hg^{2+} + H_2O \rightleftharpoons HgOH^+ + H^+ \quad (3-7)$$

$$Hg^{2+} + 2H_2O \rightleftharpoons Hg(OH)_2^0 + 2H^+ \quad (3-8)$$

$$Hg^{2+} + 3H_2O \rightleftharpoons Hg(OH)_3^- + 3H^+ \quad (3-9)$$

$$Hg^{2+} + Cl^- \rightleftharpoons HgCl^+ \quad (3-10)$$

$$Hg^{2+} + 2Cl^- \rightleftharpoons HgCl_2^0 \quad (3-11)$$

$$Hg^{2+} + 3Cl^- \rightleftharpoons HgCl_3^- \quad (3-12)$$

$$Hg^{2+} + 4Cl^- \rightleftharpoons HgCl_4^{2-} \quad (3-13)$$

$$HgCl_2^0 + H_2O \rightleftharpoons HgOHCl^0 + Cl^- + H^+ \quad (3-14)$$

$$HgCl_2^0 + 2H_2O \rightleftharpoons Hg(OH)_2^0 + 2Cl^- + 2H^+ \quad (3-15)$$

$$Hg^{2+} + Cys \rightleftharpoons HgCys^{2+} \quad (3-16)$$

$$Hg^{2+} + Gly^- \rightleftharpoons HgGly^+ \quad (3-17)$$

$$(HgGly)^+ + Gly^- \rightleftharpoons Hg(Gly)_2^0 \quad (3-18)$$

汞在天然水生生态系统中以多种形态存在,如 Hg^0、Hg^{2+}、$Hg(OH)_n$、$HgCl_n$、HgO、HgS、CH_3Hg^+、$CH_3Hg(OH)$、CH_3HgCl、$CH_3Hg(SR)$ 及 $(CH_3Hg)_2S$ 等。就汞的无机络合离子而言,在富氧的淡水中,主要以 $Hg(OH)_2^0$ 和 $HgCl_2^0$ 的形式存在,在海水中主要以 $HgCl_3^-$ 和 $HgCl_4^{2-}$ 的形式存在。OH^- 和 Cl^- 对汞的络合作用,可以大大提高汞化合物的溶解度,大大提高汞的水迁移能力。根据 $Hg(OH)_2$ 的溶度积计算,水中最高只可能存在 0.039mg/L 的汞,然而当生成 $Hg(OH)_2^0$ 时,水中的总溶解汞有可能提高到 107mg/L。由于天然水中存在着多方面的阻止汞溶解的因素,在实际样品中尚未测到这样高的值,但羟基络合作用对汞的水迁移能力的提高却是无可置疑的。而且由于氯离子的络合作用,当水中 Cl^- 的含量为 1mol/L 时,络合作用的结果可使氢氧化汞和硫化汞的溶解度分别增加 10^5 倍和 $3.6×10^7$ 倍,甚至当 Cl^- 浓度等于 3.5mg/L(此浓度在任何天然水中都可能存在)时,氢氧化汞和硫化汞的溶解度也分别增加 55 倍和 408 倍(Hahne et al,1973)。鉴于氯离子在提高汞化合物溶解度方面的作用,有一些研究者提出过应用 NaCl 和 $CaCl_2$ 等盐类有消除沉积物中汞污染的可能性。

环境中的有机配位体(如腐殖质中的羟基和羧基)对汞有很强的螯合作用。这种作用与吸附作用综合在一起,使腐殖质对汞离子有很强的亲和能力,使得土壤腐殖质中的汞含量远高于土壤矿物质部分的汞含量。

4)汞的甲基化作用

人类生产活动排出到环境中的汞化合物,主要是无机汞(Hg_2Cl_2、$HgCl_2$、Hg^0、HgS、HgI_2等)或者苯基汞($C_6H_5—Hg$),多数无机汞在水中的溶解度很小,而且沉积于底质中,故它们进入生物体组织的含量也很少,在体内也易排出来。但甲基汞是强脂溶性的化合物,几乎可被生物体完全吸收,而又很难分解排泄,再加上通过食物链而逐级富集放大,在高营养级生物中高度富集,能通过人体血脑障壁对人的中枢神经系统产生危害,因而它具有很大的毒性。甲基汞在人体内的聚集曲线见图3-4。汞的甲基化无疑是汞循环研究中重要的内容。

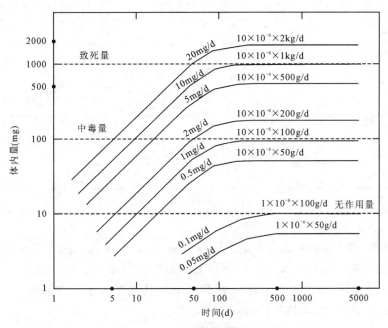

图3-4 甲基汞在人体内的聚集

环境中甲基汞的存在形态以氯化物、碘化物、溴化物为主,即CH_3HgCl、CH_3HgI和CH_3HgBr,但是具有4个碳原子以上的烷基汞没有直接的毒性。目前,汞的同位素及其示踪方法常被运用到自然环境甲基化过程的研究中。汞的甲基化主要是一个微生物参与的过程,在这个过程中甲基钴胺素是主要的环境甲基供给者,但有时非生物的甲基化过程也能被观察到,尤其是在富含腐殖质的环境中。实验室内已证实了在细菌作用下土壤中的$HgCl_2$转化为甲基汞的事实(表3-4)。甲基化主要是在厌氧条件下进行,相反在好氧环境中更有利于去甲基化的进行,但在海洋生态系统中,甲基化过程在表层好氧区域也能观察到。大量的研究表明,硫酸盐还原细菌是主要的汞甲基化细菌。沉积物中最大的甲基化率通常位于氧化还原界面下面,在这里,也是硫酸盐还原的主要区域。在一些分层湖泊的下层缺氧带中,也存在着相似的氧化还原界面,在这个界面下,也可观察到硫酸盐还原细菌甲基化汞的现象。最新的研究表明,除了硫酸盐还原细菌,铁还原细菌也可进行汞的甲基化。

汞的甲基化除了受到微生物条件以及氧化还原条件两个关键因子的影响外，还受到如温度、pH 值、可利用的活性汞浓度、S 循环、有机质等其他众多环境因子的影响。适当的高温有利于甲基化的产生，而低温有利于去甲基化的进行。例如不管是在水中还是沉积物中，很多研究都观察到较低的 MeHg 浓度或甲基化率都出现在冬季。水温对 MeHg 形成的影响主要是通过影响水中微生物的活性，从而影响汞的生物甲基化产率。研究表明，一般当淡水体的水温达到 32℃时，甲基汞的产量最高；当温度低于 10℃或高于 90℃时，甲基化率明显降低甚至完全停止。

表 3-4 由微生物引起的汞甲基化

微生物	培植土中 $HgCl_2$ 浓度(ng/L)	培养时间(d)	甲基汞生成量(ng/L)
匙形梭状芽孢杆菌	10	5	35 000
产气定氮菌	20	7	290
大肠埃希氏菌	20	7	865
巨大芽孢杆菌	20	7	830
草分枝杆菌	20	7	315
荧光假单胞菌	5	7	340
融合神经孢子	10	14	1875
短茎小帚样微菌	40	14	248
黑色苇状菌	40	14	392

水体 pH 值对 MeHg 的形成也有很重要的影响，有研究认为在湖水中更低的 pH 值可以提高汞的甲基化速率。而 Lee 和 Hultberg(1998)的研究结果却表明：pH 值的变化并不直接影响无机汞的甲基化率，而是增大了环境中 MeHg 或其他形态汞的溶解度，而使流域内的汞向水环境的输入量增加，使得水体中 MeHg 浓度升高。

硫的地球化学循环也是一个影响汞甲基化速率的重要因素之一。硫酸盐还原细菌是主要的甲基化细菌，因此硫酸盐浓度在甲基化过程中也起到重要的作用。在高度缺氧的环境中，由于硫化汞的形成，减少了可利用的活性二价汞，从而降低了汞的甲基化速率。这也是沉积物中 MeHg 占总汞比例通常小于 1% 的原因。但 Furutani 和 Rudd(1980)的研究发现在沉积物中即使硫化物的浓度达到了 30 μg/g 的情况下，Hg^{2+} 的甲基化仍然可以顺利进行。另外，也有野外研究发现沉积物中 MeHg 浓度随着硫化物浓度的增加而增加。有机物在汞的甲基化过程中所起的作用至今还不是很清楚。很多研究发现，水体、沉积物和生物体中的甲基汞含量随着有机物含量的升高而增加。在很多新建的水库里，常观察到异常升高的鱼体甲基汞含量，一些研究认为水库淹没的土壤和植被释放出大量的有机质是导致这种现象的原因之一。通常认为有机质对甲基化的影响是由于丰富的营养物质可使微生物活动增强，从而提高了甲基化率；还有研究发现腐植酸和胡敏酸可直接参与非生物甲基化过程。另一方面，也有研究表明，由于有机物可以和二价汞结合，降低了生物可利用的汞浓度，从而降低了汞的甲基化率。特别是在中性 pH 值环境中，高溶解有机碳浓度在很大程度上可抑制甲基化的进行，而由于低 pH 值不利于汞和有机质之间螯合作用的发生,故这种抑制作用并不明显。

虽然在过去20年里,对汞的甲基化过程进行了大量的研究,也得到了很多丰硕的成果,但由于甲基化是一个受诸多因素影响的复杂过程,到目前为止,很多甲基化的具体机制还是不清楚,也不能准确地预测环境中的甲基化速率。比如诸多影响甲基化的环境因子间的相互作用,一个环境因子对甲基化的影响在不同的环境中表现可能并不一样。由于大量研究都是基于野外调查研究,而每个水生生态系统都具有自己独特的环境因子组合,很难对这些研究所得的数据进行比较,有时两个不同的研究甚至得到相反的结论,故需要开展更为细致和系统的研究工作以了解甲基化的具体机制。另外,关于铁还原细菌对甲基化的贡献及其具体机制的研究还很少,需要更多的研究支持这一新的结论。在这个过程中甲基钴胺素是主要的环境甲基供给者。大量的研究表明,硫酸盐还原细菌是主要的汞甲基化细菌。

5) 汞在环境中的迁移循环图式

自然界中分布的汞有金属汞,一价汞和二价汞的化合物。$HgCl_2$ 可以溶于水而迁移,但硫化汞的溶解度很低,而且周围介质中许多物质对汞都有很高的吸附能力,因而汞矿床的分散晕能延伸的范围很小。地下水及海洋中汞的含量亦很低,海洋中的汞主要是通过火山活动进入气团后凝缩而进入其中的。同样,通过蒸发汞又可以从水圈进入大气圈中。汞的地球化学循环如图3-5所示。

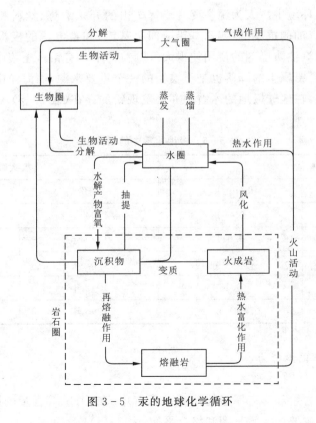

图3-5 汞的地球化学循环

二、铅

铅是自然界常见的元素之一。铅在地壳中的丰度为 12.5×10^{-6}。自然界铅主要呈方铅矿(PbS)等硫化物存在。只有在罕见的强氧化环境中铅才以 PbO_2 及 Pb_2O_3 形式存在。在岩石风化过程中,主要是钾长石和云母中铅化合物的析出,但这些铅化合物的溶解度较低,而且在迁移过程中也可被黏土矿物吸附,所以岩石风化过程中铅的迁移能力较小。

1. 地壳中的天然铅化合物

原生铅矿床中的方铅矿氧化时,首先形成不易溶解于水的铅矾($PbSO_4$),当它遇到碳酸盐地层时则进一步形成碳酸铅——白铅矿($PbCO_3$)。白铅矿和铅矾在表生环境下是稳定且不易迁移的,但当遇到含磷、钒、钼的水溶液时,则可生成铅的磷酸盐、钒酸盐及钼酸盐等。地壳中铅的平均含量为 16×10^{-6}。在各类岩石中铅的平均含量如下:超基性岩为 1×10^{-6},基性岩为 8×10^{-6},酸性岩和沉积岩为 20×10^{-6}。铅在土壤中的平均含量为 10×10^{-6},实际上在未受污染的土壤中,铅的含量在 $(2 \sim 450) \times 10^{-6}$ 之间。由于铅化合物的溶解度很小,在天然淡水中铅的含量范围为 $0.0 \sim 0.1 \text{ mg/L}$,海水中铅的含量为 0.02 μg/L。

2. 环境中铅的来源

环境中铅的来源可分为自然源和人为源。自然源主要是指自然界中的矿物质风化等作用使铅及其化合物进入环境中。人为源主要有铅锌矿山的开采冶炼、颜料和玻璃等生产过程中产生的含铅废弃物、汽油的抗爆剂(四乙基铅或四甲基铅)和蓄电池的极板、铅管、铅板等含铅物质的使用等。比如汽油防爆剂的使用使得大气颗粒物中含有铅。土壤中的铅除了受母质中原含量的控制以外,含铅飘尘的降落也是土壤铅的一个重要来源,而海洋中的铅主要是由于空气中铅的降落。目前,在地球极地的冰雪中亦可发现铅的存在(表 3-5)。

表 3-5 极地冰雪中的铅浓度

格陵兰		南极大陆	
年份	Pb(μg/kg)	年份	Pb(μg/kg)
公元前 800 年	0.001	1694 年	0.003
公元 1753 年	0.011	1775 年	0.006
1815—1939 年	0.031~0.076	1857 年	0.001
1946 年	0.16	1942 年	0.01
1964—1965 年	0.10~0.42	1965 年	0.02

3. 铅的环境地球化学行为

1) 天然水中的铅

铅在天然水中的含量和形态明显地受 CO_3^{2-}、SO_4^{2-} 和 OH^- 等含量的影响。在天然水中,铅化合物存在着如下主要的溶解平衡和络合平衡(表 3-6)。

表 3-6　铅化合物的溶解和络合平衡

溶解平衡	lg$K$(25℃)
$PbCO_3$(固) $\rightleftharpoons Pb^{2+} + CO_3^{2-}$	-13.00
$Pb(OH)_2$(固) $\rightleftharpoons Pb^{2+} + 2OH^-$	-14.93
$PbSO_4$(固) $\rightleftharpoons Pb^{2+} + SO_4^{2-}$	-7.89
$Pb_3(OH_2)(CO_3)_2$(固) $\rightleftharpoons 3Pb^{2+} + 2OH^- + 2CO_3^{2-}$	-18.80
络合平衡	lg$K$(25℃)
$Pb^{2+} + OH^- = PbOH^+$	5.85
$Pb^{2+} + 2OH^- = Pb(OH)_2^0$	10.80
$Pb^{2+} + 3OH^- = Pb(OH)_3^-$	13.92
$Pb^{2+} + Cl^- = PbCl^+$	1.62
$Pb^{2+} + 2Cl^- = PbCl_2^0$	1.83

铅在天然淡水中最主要的形态是 $PbOH^+$，还有一定数量的多核络合物[如 $Pb_2(OH)^{3+}$ 和 $Pb(OH)_4^{2-}$]。铅在海水中的主要形态是 Pb^{2+} 和 $PbSO_4$。

铅在水中的形态还受氧化还原条件和 pH 值条件的影响，在大多数水环境中，铅均以稳定的氧化态存在。如图 3-6 所示，氧化还原条件和 pH 值条件的变化只影响到与其结合的配位基，而不影响铅本身。

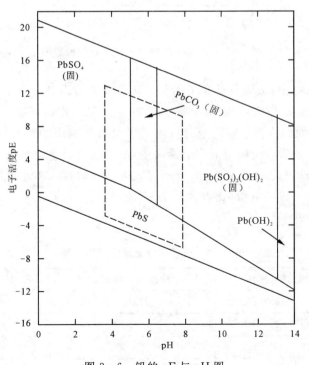

图 3-6　铅的 pE 与 pH 图

注：25℃，1Pa，虚线代表正常天然水范围。

2) 土壤和植物系统中的铅

土壤中铅含量数值的变化范围很宽[$(2 \sim 200) \times 10^{-6}$]。土壤中铅主要呈$Pb(OH)_2$和$PbCO_3$形态存在,土壤铅的化学行为受到土壤物理化学性质的制约,如土壤酸碱度、有机质、机械组成、阳离子交换量等,自然土壤中铅大部分存在于土壤表层,被有机质强烈吸附。如图3-7所示,土壤作物水稻对铅的吸收量随着氧化还原电位和pH值的增大而逐渐减少。因此,在酸性土壤中,铅更易向水稻幼苗迁移。

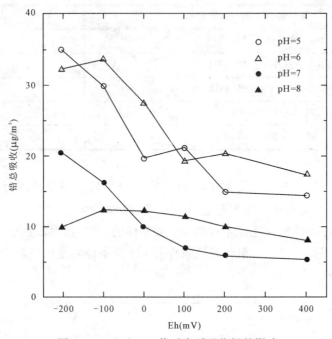

图3-7 Eh和pH值对水稻吸收铅的影响

植物从土壤中吸收铅,主要是吸收存在于土壤溶液中的铅离子(Pb^{2+})。有人曾用醋酸和乙二胺四乙酸(EDTA)浸提法,测定出土壤中的"可给态"铅(作物可吸收的铅)(表3-7),约占土壤总铅量的1/4。他们认为这些铅是有可能提供给植物利用的铅,但不一定在短期内对植物都有效。由于植物只吸收土壤溶液中的铅离子,所以植物从水溶液中吸收的铅远远多于从土壤中吸收的铅(比较表3-8与表3-9)。而对大多数非耐性或非超累积植物而言,根系所吸收的铅大部分被局限于根系组织(比例大约为95%,甚至更高),仅有少部分铅可以借助共质体途径向地上部输送并累积。

表3-7 一些农业土壤中的铅含量

土壤(样品数)	总铅($\times 10^{-6}$)	HAc浸提出的铅量($\times 10^{-6}$)	EDTA浸提出的铅量($\times 10^{-6}$)
苏格兰土壤(2)	30~50	1.1~1.6	7.0~12.0
苏格兰土壤(3)	20~70	0.24~0.7	—
威尔士土壤(2)	25~205	0.64~2.03	32.0~59.0
英格兰土壤(14)	20~149	—	5.3~41.0

表 3-8　生长在培养液中的多年生毒麦吸收的铅

培养液中铅的含量		在培养液中加入铅 14d 后植物含铅量			
		根		茎	
($\times 10^{-6}$)	(μg)	($\times 10^{-6}$)	(μg)	($\times 10^{-6}$)	(μg)
0.4*	400	98	201	3	37
1.0**	12 500	3696	9610	104	1055

注：*在 1L 静止溶液中；**在 12.5L 流动培养液中。

表 3-9　生长在控制条件土壤上的多年生毒麦吸收的铅

土壤		植物的含铅量			
地点(州)	可给态铅含量*	根		茎	
	($\times 10^{-6}$)	($\times 10^{-6}$)	(μg)	($\times 10^{-6}$)	(μg)
诺丁汉	5.3	10	29.8	5.1	17.4
诺森伯兰	6.9	11.9	44.1	5.2	29.7
兰开夏	40.8	36.8	90.5	6	33.1
卡迪根	59	37.8	110	7	27.3

注：*以 NH_4Ac 加 EDTA 液提取。

土壤中的其他元素也影响植物对铅的吸收。在非石灰性土壤中，铝可与铅竞争而影响植物对铅的吸收；在石灰性土壤中，钙与铝竞争而影响植物对铅的吸收。土壤的酸碱度单独对植物吸收铅的影响是：当土壤的 pH 值由 5.2 增至 7.2 时，萝卜体内的含铅量降低，这可能是由于随着 pH 值的升高，铅的可溶性和移动性降低，以致影响到植物对铅的吸收。此外，植物除通过根系吸收土壤中的铅以外，还可通过叶片上张开的气孔吸收污染空气中的铅，且在某些大气铅浓度较高的地区，叶片吸收对植物累积铅的贡献比植物经根系吸收再向上转运累积铅大得多。

环境中的铅化合物主要通过消化道和呼吸道进入人体，如果是液体铅化合物也可通过皮肤接触进入人体。被吸收的铅先进入血液中，并在血液中形成可溶性磷酸铅、甘油磷酸铅等有机铅化合物，它们与蛋白质相结合，在人体内循环。铅对人体的不良影响与它对酶的抑制作用有关。机体中过量的铅可与酶结构中的—SH 基团和—SCH_3 基团作用，并与硫紧密结合，扰乱了机体正常发育中所必需的生化反应和生理活动。

三、砷

砷是构成物质世界的基本元素，元素符号为 As，位于元素周期表第 VA 族的主族，原子序数 33。砷是在自然界广泛分布的元素，地壳中的平均含量约 2mg/kg，地球深处含砷更高，为 620mg/kg。元素砷为介于金属和非金属之间的类金属元素，它有灰、黄、黑等色的 3 种异构体，灰砷又称金属砷，是热和电的良导体。它在化合物中既可以显负价态，也可以显正价态，如在 AsH_3 中以 -3 价态存在，而在 As_2O_5 中则以 $+5$ 价态存在。在生物体内还可以形成有机砷化合物。砷化合物种类繁多,化学性质极为复杂。在漫长的生物进化过程中,地球上的生命是在有砷存在的环境中发生发展的,环境中广泛存在的砷对人也有影响,人类是在有砷存在的环境中发展至今的,故砷的环境地球化学是一个值得关注的问题。

1. 地壳中天然砷化合物

砷可以形成氢化物、氧化物、硫化物、含氧酸等无机化合物,以及甲基砷等有机化合物,但在地壳中,主要以硫化物的形式存在。下面介绍几种砷的金属硫化矿物。

1)毒砂(砷黄铁矿,FeAsS)

毒砂是最重要的砷矿物,也是工业上生产砷的最主要原料。理论上毒砂含铁34.30%、含硫19.09%、含砷46.01%。但在自然界中,钴常可替代铁,形成毒砂—钴毒砂—钴硫砷铁矿系列矿物,含钴量由极低到高达12%,但通常70%以上的毒砂含钴量低于0.5%。毒砂中硫和砷的比例也不是固定的,高温形成的毒砂砷含量较高,低温者含硫较高。毒砂中砷和硫的原子比大致在0.9:1.1~1.1:0.9范围内变化。

毒砂晶体一般为银白色、锡白色至钢灰色,常具黄色的锖色,条痕为灰黑色,有时带浅紫色、浅褐色。金属光泽,不透明,性脆,硬度为5.5~6.0,密度为5.9~6.29g/m³。

毒砂是广泛分布的原生砷矿物,伟晶岩矿物,高、中、低温热液矿床中都能看到,但最常见于高、中温热液矿床中。近年来在中国西南地区发现的卡林型金矿就是金、砷、锑、铊富集共生的一种矿床类型。

2)雄黄和雌黄(As_4S_4,As_2S_3)

雄黄和雌黄是最常见的含砷矿物,也是使用最广的天然含砷矿物。

雄黄矿物为火红色至褐红色,条痕为橙红色至火红色,半贝壳状断口,硬度为1.5~2.0,密度为3.56g/m³。树脂到油脂光泽,透明至半透明。

雌黄矿物为金黄色、柠檬黄色到橙黄色,条痕为淡柠檬黄色。解理片有挠性无弹性,珍珠光泽,微透明到透明。硬度为1.5~2.0,密度为3.49g/m³。

雄黄和雌黄都产于低温热液矿床中,在含硫温泉的升华物中也有产出。中医文献中,雄黄和雌黄都作为药物使用至今。

2. 环境中砷的来源

环境中砷的来源包括自然来源和人为来源两个方面。前者指岩石中和矿床中的砷,它们可以通过风化、水岩相互作用等途径迁移到土壤、水体等介质中,决定着地区性的自然本底值以及局部地区砷的地球化学异常。后者指矿业、化工等行业利用含砷原料制造的含砷产品以及含砷原料本身,在生产、使用、处理等环节中以废水、废气、废渣的形式排放到环境中,造成不同程度的污染。

1)自然来源

砷在地壳中有200种以上不同的矿物形式,约60%为砷酸盐,20%为硫化物和磺酸盐,其余20%包括砷化物、亚砷酸盐、氧化物、硅酸盐及元素砷。

砷在黄铁矿、方铅矿、黄铜矿中较为常见,在闪锌矿中少见。最常见的砷矿物质是含砷黄铁矿。

砷氧化物易溶于水,硫化物极难溶于水,As_2S_3的溶解度为0.05mg/g(18℃),As_2S_5为0.3mg/g(40℃)。由于As^{3+}、As^{5+}极易吸附于氢氧化铁而共同沉淀,因此,在沉积氧化铁矿床中,能发现高浓度的砷。

2) 人为来源

工业上排放砷的主要部门有化工、冶金、炼焦、火力发电、造纸、皮革、电子工业等,其中以冶金、化学工业排砷量较高,如硫酸厂及磷肥厂,由于使用的矿石原料中普遍含较高的砷,所以废水中含砷量每升达十分之几至几毫克。焦化厂及化肥厂煤气净化工艺,采用砷化脱硫,废水中含砷亦达每升几毫克。有色金属冶炼,同样由于矿石中砷含量高,因此排放的废气、废水与废渣中含砷量每升达几至十几毫克。据估计,在 20 世纪由人类活动造成的砷的循环量平均每年为 1.10×10^5 t,大约是岩石风化作用提供的砷量的 3 倍。

在农业方面,曾经广泛利用含砷农药作杀虫剂和土壤消毒剂,其中用量较多的品种是砷化钙、砷酸铅、亚砷酸钙、亚砷酸钠等。另外一些有机砷被用来作除莠剂和防治植物病害。

3. 砷的环境地球化学行为

1) 天然水中的砷

天然水中的砷,因氧化还原电位不同,以 4 种价态存在,即 +5、+3、0、-3 价。图 3-8 是在含氧和硫(硫浓度为 10^{-3} mol/L)的水中,当总砷浓度为 10^{-5} mol/L 时的 pH-Eh 图解。

从图 3-8 中可以看出,在天然水所具有的氧化还原电位(Eh)和 pH 值范围内,砷最广泛的存在形式是 H_3AsO_4、$H_2AsO_4^-$、$HAsO_4^{2-}$ 及 H_3AsO_3、$H_2AsO_3^-$。金属砷(As)只在很少的情况下产生,-3 价的砷于氧化还原电位最低时存在。在溶解氧饱和的水中,由于有高的氧化电位,各种砷酸(H_3AsO_4、$H_2AsO_4^-$、$HASO_4^{2-}$ 及 AsO_4^{3-})是稳定的。在中等还原条件下,各种亚砷酸(H_3AsO_3、$H_2AsO_3^-$、$HAsO_3^{2-}$)是稳定的。$HAsS_2$ 是在低 pH 值条件下砷的硫化物的主要存在形式,它具有最大的溶解度,

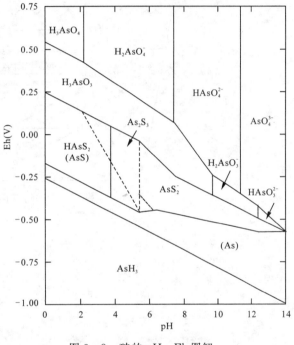

图 3-8 砷的 pH-Eh 图解

达 $10^{-6.5}$ mol/L[0.025mg(As)/L]。在最低的 Eh 值下,以 AsH_3 的形式存在,但其溶解度极小。此外,在 pH>12.5 的碱性水中,还可能存在 AsO_4^{3-},甚至 $HAsO_3^{2-}$ 及 AsO^+,后者由下列反应产生:

$$H_3AsO_3 + H^+ \rightleftharpoons AsO^+ + 2H_2O \tag{3-19}$$

注意 AsO^+ 等形态存在范围未在图 3-8 中表示出来,显然这些形态只在严重污染的废水中才有可能出现,至于天然水一般可以不加考虑。

在水体中,As^{5+} 与 As^{3+} 取决于介质的氧化还原电位,As_2O_3 具有两性,以偏酸性为主,主要的砷化合物水溶液中反应的氧化还原电位可表示如下:

酸性:

$$HAsO_2(aq) + 3H^+ + 3e^- \rightleftharpoons As + 2H_2O \quad Eh^0 = 0.247V \tag{3-20}$$

$$H_3AsO_4 + 2H^+ + 2e^- \rightleftharpoons HAsO_2 + 2H_2O \quad Eh^0 = 0.559V \tag{3-21}$$

碱性：

$$AsO_2^- + 2H_2O + 3e^- \rightleftharpoons As + 4OH^- \quad Eh^0 = -0.68V \quad (3-22)$$

$$AsO_4^{2-} + 2H_2O + 2e^- \rightleftharpoons AsO_2^- + 4OH^- \quad Eh^0 = -0.67V \quad (3-23)$$

基于上述反应，弗格森(Ferguson,1972)等作了湖沼中砷的行迹模式(图3-9)，图中表示出由湖面的氧化条件到深层的还原条件时砷形态的变化。当五价砷在湖底被还原成三价砷后，在底泥微生物作用下，砷与硫、铁结合分别生成 As_2S_3 和 $FeAsO_4$，在厌氧条件下，砷酸盐可发生甲基化，因而在湖底还可存在甲基砷酸($CH_3 \cdot H_2AsO_3$)及二甲基砷[$(CH_3)_2As$]，气态的三甲基砷可以排入大气。Wood(1974)用图表示了砷的甲基化过程(图3-10)。

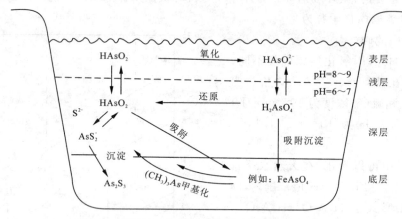

图3-9 湖沼中砷的行迹模式(据 Ferguson,1972)

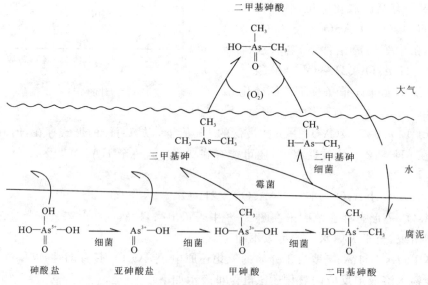

图3-10 自然界中砷形态变化模式(据 Wood,1974)

2) 土壤中的砷

土壤中的砷大部分与土壤胶体相结合,水溶性砷极少。加到土壤中的水溶性砷很易转变为难溶性砷。喷洒于果园的含砷农药主要积累于土壤表层,很难向下移动。砷难于移动的原因,一是由于以阴离子形态存在的砷酸和亚砷酸根易被带正电的胶体所吸附,二是由于砷易与 Fe^{3+}、Al^{3+}、Ca^{2+} 等离子生成难溶的砷化物。

土壤吸附砷的能力,主要与其中所含的游离氧化铁含量有关。随着游离氧化铁含量的增加,土壤对砷的吸附作用就增强。$Fe(OH)_3$ 吸附砷的能力约等于 $Al(OH)_3$ 的两倍以上。土壤腐殖质对砷的吸附无明显影响。南京土壤研究所选用小于 $1\mu m$ 的蒙脱石、高岭石和白云母,分别用 Fe^{3+}、Ca^{2+}、Na^+ 3 种阳离子饱和,然后测定这 3 种黏土矿物对砷的吸附量,试验结果:Fe^{3+} 饱和,对砷的吸附量在 620~1172 $\mu g/g$ 之间;Ca^{2+} 饱和,对砷的吸附量在 75~415.6 $\mu g/g$ 之间;Na^+ 饱和吸附量最低。南京土壤研究所还测定了我国各地不同土壤对砷的吸附量,顺序为红壤>砖红壤>黄棕壤>黑钙土>碱土>黄土,吸附量分别为 309.88 $\mu g/g$、259.56 $\mu g/g$、200.16 $\mu g/g$、115.00 $\mu g/g$、80.16 $\mu g/g$ 和 72.34 $\mu g/g$。

氧化还原电位(Eh)和 pH 对土壤中砷的溶解性有很大影响。Eh 下降和 pH 升高能显著提高砷的溶解性(图 3-11)(小山雄生,1975)。这是因为,Eh 下降,较多的砷酸被还原为亚砷酸,它不易被吸附,同时 pH 升高,土壤中的正电荷减少,从而减少了对砷酸的吸附。这一情况使 Eh 较低的淹水水稻土中的可溶性砷比 Eh 较高的旱地土壤高。

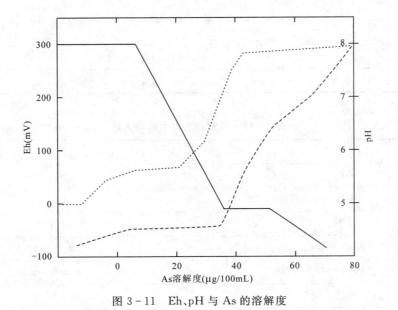

图 3-11 Eh、pH 与 As 的溶解度

3) 砷的生物蓄积作用

土壤中的砷(可给态部分)进入陆生生态系统造成污染,地表水中的砷进入水生生态系统累积在水生动、植物体内。

砷是植物强烈累积的元素。砷的植物积累系数(指植物灰分中 As 的平均含量与土壤中砷的平均含量的比值)为十分之几以上;土壤含砷量与作物含砷量的关系因作物品种不同而有很大的差异。如英国学者 Fleming(1943)曾调查蔬菜含砷量与土壤施砷量的关系,当土壤中施砷酸铅为 $0.22kg/m^2$,豆荚、扁豆、甜菜、甘蓝、黄瓜、茄子、西红柿、马铃薯等的含砷量在 0.5×10^{-6} 以下(鲜重),洋葱的含砷量为 $(0.5\sim1.0)\times10^{-6}$,莴苣、萝卜等的含砷量为 $(1.0\sim2.0)\times10^{-6}$。

土壤中的砷对作物的毒害往往与其类型有关,例如:在吸附能力强的黏土中,由于砷被固定在土壤中,因而对作物的毒害较小,相反,在吸附能力弱的砂土中,砷对作物的危害最大。

海水中砷的浓度在 $(1\sim5)\times10^{-9}$ 之间,平均为 2×10^{-9}。共存在形态主要是 As^{5+} 或砷酸盐,而 As^{3+} 一般较少。海洋生物对砷有较强的富集能力,这些生物的富集系数可达 3300。日本市场上某些海产品中砷的含量可参见表 3-10。

对正常的成年人来说,砷的身体负荷量为:体内平均浓度 $(0.2\sim0.3)mg/kg$,全量 $(2\sim15)mg$,但英国的史密斯(Smith,1967)的分析表明,人体内砷的平均含量为 $(0.04\sim0.09)mg/kg$,全量为 $3\sim6mg$,他对正常毛发中砷含量的测定结果列入表 3-11 中。

表 3-10 某些海产品中砷的含量 (单位:mg/kg)

品名	样品数	砷		
		最大值	最小值	平均值
咸乌贼	10	6.88	0.38	2.67
鱿鱼	10	25.5	10	16.58
牡蛎	21	6	2.17	3.96
鲈鱼	3	1	0.5	0.83
裙带菜	3	28.12	0.25	16.27

表 3-11 正常人毛发中的砷含量(据 Smith,1967) (单位:mg/kg)

含量	As
平均	0.81
中值	0.51
范围	0.03~74
试样的 95%	<2
试样的 99%	<4.5
试样的 99.9%	<10

砷的毒性是累积性的,而且哺乳动物常对砷很有耐受性,故中毒往往在几年后发生。砷中毒的主要症状是皮肤出现病变,神经、消化和心血管系统发生障碍。部分学者如罗天永等(2007)认为,砷还能引起皮肤癌、肺癌、肝癌和膀胱癌,砷和铬的危害有相似之处。

四、镉/铬

镉,英文名称 cadmium(Cd),是一种有韧性和延展性的银白色有光泽的稀有金属,位于元素周期表第五周期第ⅡB族。镉是典型的亲铜元素,在元素周期表中镉与锌为同族元素,因而镉的性质在很多方面与锌相似,在自然界中它们有着共同的地球化学行为,但镉比锌具更强的亲硫性。镉的核外价电子构型为 $4d^{10}5s^2$,相对原子量为 112.411,熔点 320.9℃,沸点 765℃,密度 $8.642g/cm^3$。高温下镉与卤素反应激烈,形成卤化镉,也可与硫直接化合,生成硫化镉。镉可溶于酸,但不溶于碱;镉的氧化态为一价和二价;镉可形成多种配离子,如 $Cd(NH_3)$、$Cd(CN)$、$CdCl$ 等。镉是相当稀少的金属,在地壳中的丰度估计为 0.55g/t。镉在地壳各类岩石中的平均含量为 0.15~0.20mg/kg;火成岩中镉含量一般较低,在 0.001~1.60mg/kg 之间,平均 0.15mg/kg;沉积岩中镉含量较高,在 0.3~11mg/kg 之间,平均 1.4mg/kg;变质岩中镉含量为 0.042~1.0mg/kg,平均 0.42mg/kg;某些油页岩镉含量可高达 340mg/kg;灰岩中镉含量可达 100mg/kg。研究表明,发育于变质岩、火成岩和沉积岩的土壤镉含量分别在 0.1~1.0mg/kg、0.1~0.3mg/kg 和 0.3~11.0mg/kg 之间。

铬,英文名称 chromium(Cr),位于元素周期表的第ⅥB族,原子序数 24,原子量 51.996 1。铬金属是一种银白色的质脆而硬的金属,密度为 $7.2g/cm^3$,属于重金属($>5g/cm^3$)范畴。铬外层电子构型为 $3d^54s^1$,最外层的 1 个 s 电子极容易失去,故呈金属性。和所有 d 区元素一样,铬的 d 电子也可以部分参与成键,因而显示出多种氧化态的特性。在自然环境中不存在铬的单质态,铬通常与二氧化硅、氧化铁、氧化锰等结合,以两种稳定价态存在,即 Cr(Ⅲ) 和 Cr(Ⅵ),有时会有中间态 Cr(Ⅳ) 和 Cr(Ⅴ) 出现,但它们极不稳定。

从 18 世纪末发现元素铬之后,铬及其化合物由于具有质硬、耐高温、耐磨、抗腐蚀等特性,在许多工业生产中得到广泛的应用。在冶金工业上,铬铁矿主要用于生产金属铬和铬铁合金,铬铁合金作为钢的添加料可生产多种抗腐蚀性、高强度、耐磨、耐高温、耐氧化的特种钢,如不锈钢等;在耐火材料上,铬铁矿主要用于制造铬镁砖、铬砖和其他特殊耐火材料;在化学工业上,铬化合物广泛用于皮革、电镀、油漆、颜料、胶版印刷、印染和纺织等工业,制作催化剂和触媒剂等。此外,铬化合物亦可用于农业中虫害防治和木材加工的防腐剂等。

1. 地壳中天然镉/铬化合物

因镉在地壳中的含量低并且具有高度的分散性,故不易形成独立矿物。目前已知的镉矿物仅有硫镉矿(CdS)、菱镉矿($CdCO_3$)、方镉矿(CdO)和硒镉矿(CdSe) 4 种,主要呈硫镉矿而存在,也有小量存在于锌矿中,所以也是锌矿冶炼时的副产品。镉的世界储量估计为 $900×10^4$t。它们多是硫化矿床氧化带的矿物,一般只具有矿物学上的意义。大多数情况下,镉以类质同象置换其他相应离子而存在于各种含镉矿物之中,其中闪锌矿的含镉量可高达 1.85%,通常在 0.1%~0.5%之间。

铬是地球上的第七大元素,其含量占地壳总量的 0.02%。通常,地壳中铬含量范围为 100~300mg/kg。铬是环境的天然成分,在各类环境要素中均有微量分布。铬的主要矿物基本上是铬铁矿($FeO·Cr_2O_3$),但是 Cr^{3+} 能被 Al^{3+}、Fe^{3+} 置换,而 Fe^{2+} 可被 Mg^{2+} 置换,因而它的一般形态为 $(Mg、Fe)O(Cr、Al、Fe)_2O_3$。岩石圈中铬主要分布在超基性岩中。在火成岩中铬的含量随岩石基性程度的降低而减少,超基性岩中铬的含量在 $(2300~3500)×10^{-6}$ 之间;花岗岩中的平均含量为 $25×10^{-6}$。在沉积岩中页岩平均含铬 $90×10^{-6}$,其中,黑色页岩中铬可高达 $325×10^{-6}$,砂岩中铬 $35×10^{-6}$,碳酸盐岩中铬 $11×10^{-6}$。这表明沉积物中的有机质在成岩过程中分解出 CO_2、NH_3 和有机酸,可将铬从沉积物中溶滤出来,还原条件下,Cr^{6+} 变为 Cr^{3+} 而沉淀。

2. 环境中镉/铬的污染来源

环境中镉污染主要来源于有色金属矿产的开采和冶炼。在电镀、颜料(镉黄)、半导体荧光体(电视机的显像管)、电池(镉电池)、化肥、杀虫剂、塑料等的生产和使用过程中也产生大量的镉排放。此外,燃烧煤的烟尘亦含有一定的镉。电镀厂在更换镀液时,常常将含镉浓度高达 2200mg/L 的废镀液排入江河。

随着铬化合物在工业生产上的广泛应用,随之产生的三价和六价铬化合物经由废水、废渣、粉尘等大量排放到自然环境中,使土壤、水体和大气受到严重的铬污染。在各种污染源中,危害最严重的主要有:①污水灌溉和污泥使用;②含铬农药和化肥的不合理使用;③工业三废和城市垃圾的随意排放。

在我国,铬污染情况十分严重,据统计全国每年铬渣排放近万吨,历年累计铬渣堆存达 600×10^4 t,经过处理和综合利用的不足17%。2005 年环保年鉴统计数据显示,单皮革行业每年排放的含铬废水就高达 1.8×10^8 t。另外,农业中污水灌溉、污泥使用以及含铬农药与化肥的不合理使用也导致土壤和水体的铬污染。例如:太原污灌区的铬含量已远远超过当地的背景值,且积累量逐年增高;淮阳污灌区自污灌以来,土壤中铬含量逐年增高,在 1995—1997 年已超过警戒级。此外,在美国,铬合金生产地区的土壤和地下水中铬的浓度分别达到 25.9g/kg 和 14.6mg/L,内河、湖泊中流进了大量含铬废水。印度每年有 2000～3200t 铬由皮革厂废液排放到自然水源中,这些废液中铬浓度为 2000～5000mg/L,远远超出可允许的 2mg/L 铬浓度最大阈值。土壤中的铬可通过植物、动物、人体这条食物链逐级积累,危害人类健康。

3. 镉/铬的环境地球化学行为

1) 天然水中的镉/铬

重金属镉进入水体后通常以可溶态或者悬浮态存在,其在水体中的迁移转化及生物可利用性均直接与镉的存在形态相关。镉是水迁移性元素,除了硫化镉外,其他镉的化合物均能溶于水,在水体中镉主要以溶解态形式存在。水体中的悬浮颗粒物常作为载体把镉吸附或黏附在其表面,在某些条件下(如温度及水流的变化等),又可以从悬浮颗粒物上重新释放出来。天然水体中的镉大部分存在于底泥和悬浮物中。Gardiner(1974)的试验表明,河流底泥与悬浮物对河水中的镉有很强的吸附作用,底泥对镉的浓集系数在 5000～50 000 之间[浓集系数指吸附达平衡后,吸附剂上镉的浓度(mg/kg)与尚存在于溶液中的镉的浓度(mg/L)之比值]。腐殖质对镉的浓集系数远大于二氧化硅和高岭石对镉的浓集系数,是河水中镉离子的主要吸附剂。试验表明,当把底泥加到镉溶液中,约两分钟即可达到吸附平衡。故 Gardiner 认为,底泥与悬浮物对镉的吸附作用及其后可能发生的解吸作用,是控制河水中镉浓度的主要因素。一般水溶性镉的溶解度随土壤悬浮液中的氧化还原电位的增大而增加,并且随 pH 值的降低而相应地增加。

在氧化不强的环境下,含镉的主要矿物——闪锌矿可被迅速氧化溶解,镉则由于更为亲硫而形成硫化镉(CdS)沉淀[式(3-23)]:

$$Cd^{2+} + S + 2e^- = CdS \qquad Eh^0 = 0.31V \qquad (3-24)$$

在强烈的氧化条件下,镉在水溶液中形成 CdO、$CdCO_3$ 和 $CdSO_4$ 及多数铬离子。由于镉具有较大的离子半径和较低的能量系数,因而可以在水溶液中进行迁移。有的学者认为镉在水中迁移不是呈水溶液状态而主要呈微粒状态被迁移。土壤微粒、各种氧化物和氢氧化物形成的胶体颗粒物以及有机物腐植酸都对水体中的镉化物有很强的吸附作用。图 3-12 表示

Al_2O_3 和 SiO_2 对镉的吸附。

水体中的有机物腐植酸对镉的吸附作用随着水体 pH 值的增加而加强（图 3-13）。总的来说，随着水体中氧化性增强，被吸附的镉会逐渐解析而释放在水体中，从而增加了水体中镉的浓度；同时，随着 pH 值的增高，镉化物在水中的溶解度会降低。只有在强碱性环境（pH>10）时，才开始发生沉淀。

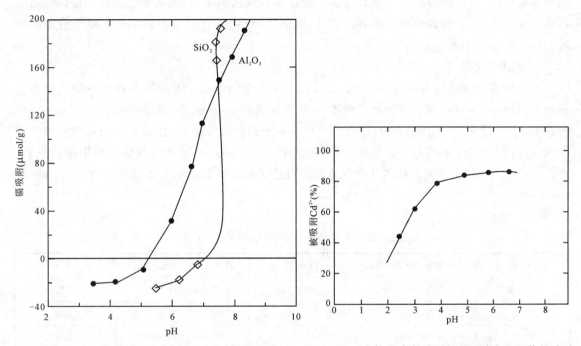

图 3-12　水体中 Al_2O_3 和 SiO_2 对镉的吸附　　图 3-13　水体中腐植酸对镉的吸附与 pH 值的关系

天然河流中铬含量一般都很低，大多数河流不超过 30 μg/L。天然水体中铬主要存在价态为三价铬和六价铬，在一定条件下它们可以互相转化。当水溶液中含有 Fe^{2+}、Cu^+、V^{2+}、Mo^{5+} 等离子时，在酸性条件下，由于它们氧化反应的 Eh^0 值比铬高，可使 Cr^{6+} 还原为 Cr^{3+}，而它们本身发生氧化，即

$$3Fe^{2+} + CrO_4^{2-} + 4H_2O \longrightarrow 3Fe(OH)_2^+ + Cr(OH)_2^+ \tag{3-25}$$

碱性的环境有利于使 Cr^{3+} 转变为 Cr^{6+}：

$$Cr(OH)_3 + 5(OH)^- \longrightarrow CrO_4^{2-} + 4H_2O + 3e^- \quad Eh^0 = -0.13V \tag{3-26}$$

当有 Mn^{6+}、Mn^{4+}、Cu^{2+}、Co^{3+}、Ni^{4+} 同时存在时，也易使 Cr^{3+} 氧化为 Cr^{6+}。有相关研究表明，将六价铬通过一定条件转化为三价铬可以有效地减轻铬污染。

水中铬的离子形态包括 Cr^{3+} 及其氧化态形式，Cr^{6+} 及其氧化态形式。铬在水中的运移特征与其存在形态息息相关。天然水中的三价铬有与带负电荷的有机或无机物质生成非常稳定的络合物的趋势。因此，只要有可溶性离子或颗粒悬浮物存在，天然水溶液中就不会有明显的未络合的 Cr^{3+} 存在，甚至在水中没有离子存在时，在中性溶液中，Cr 也能与水反应生成氢氧化物胶体。pH<5 时，三价铬的六水络合物是稳定的。pH>9 时，可生成带电荷的羟基铬合

物。在天然水的pH值范围内,三价铬可达到其最低溶解度允许的含量,因此,天然水中很少有可溶性铬。

溶液中的六价铬几乎全以阴离子形式存在(CrO_4^{2-}、$Cr_2O_7^{2-}$),不与颗粒中的阳离子络合。因此,在天然水中六价铬远比三价铬活泼,运移转化能力较强。六价铬是强氧化剂,特别是在酸性溶液中,强烈地与可氧化物(一般是有机分子)反应,生成三价铬。然而当水中可被氧化的物质含量低时,六价铬可较长久地存在。六价铬毒性远远高于三价铬,天然水体中铬(Ⅵ)质量浓度约为0.1mg/L时即表现出很强的毒性,因此,一般只研究六价态的铬而忽略三价态的铬的影响。

2) 土壤中的镉/铬

镉在世界土壤范围内含量为0.01～2.00mg/kg,中值为0.35mg/kg。我国不同土壤类型镉的背景值也不一样,全国41个土壤类型镉背景值差异明显,镉含量变化范围在0.017～0.332mg/kg之间,中值为0.097mg/kg,其中石灰土镉背景值最高,达到0.332mg/kg;南方的红壤、赤红壤和砖红壤的镉背景值较低,平均低于0.070mg/kg,可能与其淋溶作用比较强烈、母岩是花岗岩或红土有关。我国9个农业经济自然区主要农业土壤背景值平均为0.120mg/kg(表3-12)。

表3-12 我国部分土壤中镉的背景值(A层)

土类	含量范围(mg/kg)	中值(mg/kg)	算术平均值(mg/kg)	样点数(个)
赤红壤	0.005～0.505	0.032	0.048±0.054	223
红壤	0.002～4.500	0.049	0.065±0.064	528
黄壤	0.005～4.500	0.070	0.080±0.053	209
棕壤	0.001～0.485	0.078	0.092±0.057	265
褐土	0.002～0.583	0.083	0.100±0.703	242
黑土	0.004～0.165	0.072	0.078±0.028	51
草甸土	0.005～0.300	0.073	0.084±0.046	172
盐碱土	0.002～2.470	0.084	0.100±0.074	115
石灰土	0.003～13.430	0.332	1.115±2.215	101
栗钙土	0.002～0.303	0.057	0.069±0.058	150
暗棕壤	0.015～0.380	0.084	0.103±0.060	139
潮土	0.005～0.943	0.090	0.103±0.065	265
水稻土	0.008～3.000	0.115	0.142±0.118	382

虽然各地区镉背景值有较大差异,但一般情况下土壤中自然存在的镉不至于对人类造成危害。但人类活动每年向土壤中输入镉$2.132×10^4$ t,这个输入量已大大超过自然释放量。土壤镉污染的主要来源为冶炼、采矿、电镀及基础化工行业的废水、废气和废渣的排放,以及施用含镉的化肥和农药。

利用含镉废水灌溉农田或施用含镉污泥后,镉即被土壤所吸附积蓄于土壤中。据日本学者的研究,污染区农田土壤中镉的含量主要富集在土壤的表层,因而具有明显的垂直分布特征(表3-13),同时亦具水平分布特征。许多情况表明,水田的入水口附近镉浓度高,排水口附近镉浓度低,因此,在同一块水田中采取代表性土壤样品时必须加以注意。

表3-13 在污染的农田土壤中镉的垂直分布(据山县登,1977) (单位:mg/kg)

地区	表层 0~15cm	下层 15~30cm	下层 30~45cm	污染的路径
群马县安中市	18.30	6.60	—	复合
群马县安中市	5.2	1.90	—	大气
群马县高崎市	10.38	3.00	—	水系
秋田县杉泽柳泽	4.79	2.88	1.12	水系
兵库县生野	8.20	5.66	—	水系
长野县中野	0.60~4.75	0.10~0.20	—	水系
山形县吉野川流域	12.3	6.5	—	水系

一般而言,重金属在土壤溶液中的浓度是其有效性和潜在毒性的物质基础,而该浓度水平又主要由土壤中有机和无机胶体物质表面的吸附及解吸过程所控制,土壤性质强烈地影响着重金属的吸附与解吸过程。在各种土壤因素中,土壤有机质、pH值、阳离子交换量(CEC)、质地、无机胶体和电导率等因素影响最为重要。

(1)土壤pH值。国内外有关土壤pH值对镉吸附及有效性影响的研究甚多,比较一致的结论是:土壤对镉的吸附随pH的增加而增加。pH对土壤吸附镉的影响可分为3个区域,一是低吸附区(pH<电荷零点);二是中等吸附区(pH为电荷零点至6.0);三是强吸附或沉淀区(pH>6.0)。随着镉吸附量的增加,土壤中镉的有效性与pH呈负相关。有研究认为,pH对土壤中镉的影响是通过影响土壤吸附体系表面电荷/配位体数量以及镉的存在形式而实现的,由此镉的化学形态对pH值的改变主要在交换态和碳酸盐结合态之间转移。Warwick等(1998)认为,土壤pH值有助于各种化学形态镉向可交换态镉转化。

(2)土壤有机质。多数研究表明,土壤有机质可以吸附易迁移的交换态镉,降低其生物有效性。有机质具有大量的官能团,它的比表面积和对镉离子的吸附能力远远超过任何其他的矿质胶体。有机质中的—SH和—NH$_2$等基团以及腐殖质分解形成的腐植酸与土壤镉形成络合物和螯合物而降低镉的毒性。有机物质还能通过影响土壤其他基本性状而产生间接的作用,如改变土壤的pH值或质地等。施用不同的有机物料对有效镉的影响差异显著。大多数的有机物料的施用能有效降低土壤中有效态镉含量,但施用C/N值大的有机物料如稻草等,分解过程中会释放大量的有机酸类物质,pH值明显降低,反而导致土壤中可溶性和交换性镉的比例增加。

(3)土壤CEC。土壤CEC主要通过影响镉的有效性而影响植物毒性。它对镉有效性的影响是土壤组分(如有机质、黏土含量、铁、铝、锰水化氧化物等)综合作用的结果。有研究认为,考虑镉在土壤中的最高容许量时必须涉及 CEC。CEC 的作用机理是由于阳离子交换容量上升,与重金属离子竞争吸附位点而不同程度地影响土壤对于其的吸附。

(4) 土壤质地。据北京大学科学研究所试验结果,质地由黏质土变为砂质土时,醋酸铵提取的镉由 7.2% 增加到 11.3%,DTPA 提取的镉由 42.2% 加到 61.2%,说明土壤质地也有可能是影响土壤镉植物毒害效应的因素之一。

(5) 土壤氧化还原状态。当土壤氧化还原电位较低时,生成的 FeS、MnS 等不溶性化合物与 CdS 产生共沉淀。Eh 的升高使土壤对镉的吸附量明显减少,土壤中镉的有效态明显提高,水溶态镉的含量增加而难溶态 CdS 等的含量则减少。

(6) 与其他元素的关系。由于镉在化学性质上接近于锌,大多数研究认为锌和镉存在拮抗作用,但也有研究认为当锌/镉比值减小到一定程度时,锌与镉之间表现为协同作用。日本学者小林在研究日本某地的土壤时,发现在表土和深层土中镉、铅、锌三者的含量有如下关系:

0~10cm 土层中:
$[Zn^{2+}] = 57[Cd^{2+}] + 81$ $\quad (R^2 = 0.96)$
$[Pb^{2+}] = 7.5[Cd^{2+}] + 34$ $\quad (R^2 = 0.77)$

10~30cm 土层中:
$[Zn^{2+}] = 67[Cd^{2+}] + 4$ $\quad (R^2 = 0.94)$
$[Pb^{2+}] = 6.1[Cd^{2+}] + 13$ $\quad (R^2 = 0.88)$

另外,一些研究发现 Ca、Mg、K、Na、Mn 等金属元素均能抑制植物对镉的吸收和运输。

Cr(Ⅲ) 在土壤中主要以 Cr^{3+}、$Cr(OH)_2^+$、$Cr(OH)^{2+}$、$Cr(OH)_3$、$Cr(OH)_4^-$、$Cr(OH)_5^{2-}$ 形式存在,易与氧、氧化物、硫酸盐或有机质等结合形成难溶的螯合物或沉淀,在土壤中具有生物有效性低和迁移性小的特点。相反,Cr(Ⅵ) 在土壤中并不以简单的 Cr^{6+} 存在,而与氧结合,以 CrO_4^{2-}、$HCrO_4^-$、$Cr_2O_7^{2-}$ 等形式存在,铬酸盐或重铬酸盐都是强氧化剂,在环境中的溶解性、迁移性大。一般情况下,土壤中的铬以三价态难溶的氧化物形式存在着,它对作物的可给性比较低。一般在土壤中难以检测出六价态的铬,因为六价态的铬受有机质作用而转化为三价态。当土壤中有机质含量大于 2% 以上时,六价态的铬几乎全部被还原为三价态。

自然环境中,土壤中铬含量主要来源于成土母岩,其范围为 22~500mg/kg。由于土壤中不仅有固相、液相和气相,同时还有生命体,另外受成土母质的影响,不同土壤类型中铬含量相差甚大。表 3-14 罗列了各土壤类型中铬的含量。

土壤中铬通常以 Cr(Ⅲ) 和 Cr(Ⅵ) 两种价态存在,其中 Cr(Ⅲ) 易水解并被土壤矿物吸附形成沉淀,而 Cr(Ⅵ) 不易被土壤胶体吸附并具有较高的活性和毒性。因此,土壤中 Cr(Ⅲ) 和 Cr(Ⅵ) 的相互转化对铬的生物有效性、迁移率和植物吸收具有重要的影响。土壤中不同形态铬之间的相互转化关系可以用图 3-14 表示。土壤中铬的迁移转化主要由 3 个重要反应控制:氧化-还原作用、吸附-解吸作用和沉淀-溶解作用。

表 3-14 不同土壤类型中铬的含量　　　　　　　　　　　(单位：mg/kg)

土壤类型	铬含量 A层土壤 含量	均值	C层土壤 含量	均值	土壤类型	铬含量 A层土壤 含量	均值	C层土壤 含量	均值
绵土	31.3~103.0	57.5	37.8~144.7	53.9	栗钙土	15.1~176.4	54.0	4.6~462.7	55.9
篓土	50.6~76.8	63.8	48.9~71.7	58.7	棕钙土	21.7~74.6	47.0	40.6~4312	40.6
黑土	22.1~77.7	60.1	29.5~79.7	65.9	灰钙土	29.7~72.1	59.3	27.0	67.0
白浆土	33.2~54.9	57.9	31.2~105.9	67.8	灰漠土	25.0~96.8	47.6	12.5~75.0	41.0
黑钙土	10.1~151.4	52.5	4.6~184.7	44.6	棕漠土	16.2~102.2	48.0	15.8~86.6	47.0
潮土	2.4~150.1	66.6	2.5~150.0	65.5	草甸土	10.4~111.7	54.4	13.0~153.2	49.6
绿洲土	39.1~96.6	56.5	31.2~84.5	54.3	沼泽土	7.2~166.1	58.3	9.5~125.0	59.0
水稻土	5.1~324.3	65.8	9.0~235.5	72.8	盐土	8.1~133.0	62.7	5.9~139.6	65.7
砖红壤	7.6~350.4	64.6	10.5~348.2	78.8	碱土	25.5~59.4	53.3	35.6~69.7	51.1
赤红壤	5.0~220.0	41.5	5.2~177.0	54.8	石灰土	20.0~485.0	108.6	18.9~345.4	1423
红壤	6.5~519.0	62.6	1.0~209.0	52.9	紫色土	29.0~388.0	34.8	20.0~306.0	58.0
黄壤	6.7~313.2	5.50	1.5~610.1	62.0	风沙土	2.2~67.7	24.8	3.1~63.3	25.1
燥红土	14.0~115.0	45.0	15.1~90.4	45.6	黑毡土	27.7~152.6	71.5	17.9~251.6	56.4
黄棕壤	8.0~275.0	66.9	8.0~444.0	70.9	草毡土	32.9~164.4	87.8	25.1~180.8	79.1
棕壤	16.3~245.7	64.5	4.6~520.0	63.8	巴嘎土	24.2~194.5	76.6	14.2~201.4	79.2
褐土	7.3~1209.1	64.8	14.9~331.0	67.7	莎嘎土	23.4~316.0	80.8	20.9~924.6	73.1
暗棕壤	17.0~158.8	54.9	8.4~239.8	53.2	灰褐土	43.6~164.1	65.1	36.1~107.4	65.4

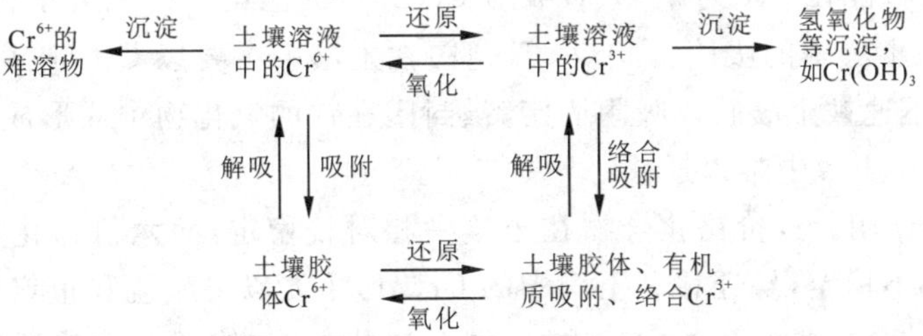

图 3-14　土壤中铬的迁移转化规律(据何振立等,1998)

(a)氧化-还原作用。氧化-还原作用是影响铬在土壤中存在形态和迁移转化的重要因素。在一定 pH 和 Eh 范围内 Cr(Ⅲ)和 Cr(Ⅵ)之间会发生氧化还原反应而相互转化。铬形态和价态间的相互转化关系如图3-15所示。在土壤常见的 pH 和 Eh 范围内,Cr(Ⅵ)易被土壤中的有机质、Fe^{2+} 和 S^{2-} 等物质还原为 Cr(Ⅲ),即使是在微偏碱性的条件下,如果土壤中具有合适的电子供体，Cr(Ⅵ)就有可能被还原为 Cr(Ⅲ)。因此，土壤中 Cr(Ⅵ)的存在需要有很高的 pH 值和 Eh 值，有机质含量高的酸性土壤中一般情况下 Cr(Ⅵ)含量很低。与此同时，在含有 MnO_2 的条件下，Cr(Ⅲ)也会被氧化为 Cr(Ⅵ)。然而，由于离子的可移动性的缺乏，即使在合适的条件下，土壤中 Cr(Ⅲ)大部分不太可能被氧化为 Cr(Ⅵ)。

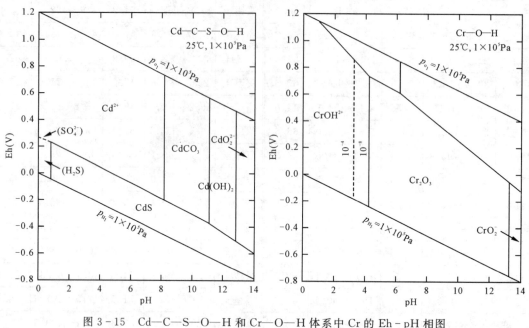

图 3-15 Cd—C—S—O—H 和 Cr—O—H 体系中 Cr 的 Eh-pH 相图

(b)吸附-解吸作用。Cr(Ⅵ)在土壤中主要以 CrO_4^{2-}、CrO_4^-、CrO_7^{2-} 阴离子形式存在，Cr(Ⅵ)进入土壤后仅有 8.5%～36.2%被土壤胶体吸附，大部分游离在土壤溶液中。不同类型的土壤或黏土矿物对 Cr(Ⅵ)的吸附能力有明显的差异，大致如下：红壤＞黄棕壤＞黑土＞黄壤，高岭石＞伊利石＞蛭石＞蒙脱石。Zachara 等(1988)认为土壤中质子化的带正电的矿物，特别是铁的氧化物可能在 pH 为 2～7 时吸附 Cr(Ⅵ)，其他竞争的阴离子，如 SO_4^{2-} 和 HCO_3^- 等可能会减少铬在土壤中的吸附。相反，Cr(Ⅲ)在土壤中主要以 Cr^{3+} 阳离子形式存在，进入土壤后，90%以上迅速被土壤胶体吸附固定，被封闭在铁的氧化物中或形成铬和铁氧化物的混合物，所以 Cr(Ⅲ)在土壤中难以迁移。

(c)沉淀-溶解作用。三价铬化合物在土壤中相对较稳定，而六价铬化合物无论是在酸性还是碱性土壤中都不稳定，易迁移。土壤中的 Cr(Ⅵ)主要以铬酸盐和重铬酸盐离子的形式存在，与金属阳离子结合生成的盐类中，碱性铬酸金属盐类（如铬酸钙和铬酸锶）较易溶于水，而铬酸铅和铬酸锌在冷水中几乎不溶。三价铬化合物的溶解性易受一些难溶氢氧化物或氧化物的限制。Cr(Ⅲ)在中性和碱性溶液中，可能生成沉淀 $Cr(OH)_3$。土壤中大多数铬都以 Cr^{3+} 存在于矿质结构中或形成 Cr^{3+}-Fe^{3+} 混合氧化物，其溶解度很低。

影响铬迁移转化的因素有土壤有机质、土壤 Fe(Ⅱ)、硫化物、土壤 pH 值、土壤氧化锰、土壤微生物等。

(7)土壤有机质。有机质是土壤中非常重要的组成部分，土壤有机质很容易将土壤中的

Cr(Ⅵ)还原为 Cr(Ⅲ)，降低土壤中铬的迁移性和有效性。土壤中有机质含量的高低影响了土壤中铬的移动性及其生物有效性。Bartlett 和 Kimble(1976)研究土壤中 Cr(Ⅵ)的化学行为，指出水溶性有机质是 Cr(Ⅵ)的最好还原剂。外源添加 Cr(Ⅵ)进入土壤后，大概只有低于 0.1% 的铬以水溶态 Cr(Ⅵ)和交换态 Cr(Ⅵ)存在，其余的均被土壤有机质等还原为 Cr(Ⅲ)，生成难溶态氢氧化物沉淀后很快会被土壤颗粒和胶体吸附固定。张定一等(1990)通过室内模拟实验研究土壤有机质对 Cr(Ⅵ)的还原能力以及还原量与有机质含量高低之间的相关关系，结果证明：Cr(Ⅵ)的还原量随着有机质含量的增加而增加，有机质对 Cr(Ⅵ)的还原量决定于有机质含量的高低。

腐殖质是土壤有机质中主要的组成成分，能为还原 Cr(Ⅵ)提供大量的电子库。在铬污染土壤中加入腐植酸可以加速土壤中 Cr(Ⅵ)的还原，使具有高毒性的可溶态 Cr(Ⅵ)急剧减少，同时使铬的其他形态如氧化物结合态、碳酸盐结合态及有机结合态增加，有效地降低铬在土壤中的迁移能力、活性和生物可利用性。王立军等(1982)在土壤提取液中加入 2mg/L 腐植酸，土壤中 Cr(Ⅵ)迅速还原为 Cr(Ⅲ)。在某些有机酸(柠檬酸、谷氨酸、甘氨酸)存在的条件下，铬会与有机酸结合转化为有机结合态，James 和 Bartlett(1983)在土壤提取液中加入柠檬酸，土壤中 Cr(Ⅵ)被还原为 Cr(Ⅲ)，并形成一种可溶性有机物。李惠英等(1992)发现有机肥(猪粪)的施加能降低土壤中有效态铬含量和萝卜对铬的吸收积累。张亚丽等(2002)用猪粪和稻草处理铬污染黄泥土，发现施用有机肥后，土壤中有效态的铬降低，Cr(Ⅵ)还原为 Cr(Ⅲ)。

(8) 土壤硫化物。在土壤常见的 pH 和 Eh 范围内，Cr(Ⅵ)很快被一些带羟基的有机物和可溶性硫化物还原为 Cr(Ⅲ)。含 Fe(Ⅱ)的矿物，如磁铁矿、黄铁矿、黑云母，能将 Cr(Ⅵ)还原为 Cr(Ⅲ)，Cr(Ⅵ)和 Fe(Ⅱ)不会同时存在于溶液中。Fendorf(1995)认为在厌氧土壤中，硫化物是控制铬氧化还原作用的主要因素，在 Cr(Ⅵ)被还原的同时，Fe(Ⅱ)和硫化物(S^{2-})被氧化为 Fe(Ⅲ)和单质硫或硫酸盐(SO_4^{2-})。Buerge 和 Hug(1998)通过实验室和野外实验得出六价铬被还原是由于 Fe(Ⅱ)和有机质共同作用的结果，并确定了 Cr(Ⅵ)被 Fe(Ⅱ)和有机质还原的反应速率常数，Fe(Ⅱ)催化有机质还原 Cr(Ⅵ)。周立岱(2012)利用硫酸亚铁铵还原铬渣浸出液中的 Cr(Ⅵ)，在酸性范围内，亚铁还原 Cr(Ⅵ)的效果最明显，铬渣浸出液中的 Cr(Ⅵ)能最大限度地被还原。反应式如下所示：

$$2CrO_4^{2-} + 3H_2S + 4H^+ \longrightarrow 2Cr(OH)_3(s) + 3S(s) + 2H_2O \quad (3-27)$$

$$3Fe^{2+} + HCrO_4^- + 8H_2O \longrightarrow 3Fe(OH)_3 + Cr(OH)_3 + 5H^+ \quad (3-28)$$

(9) 土壤 pH 值。土壤 pH 值与土壤中铬的迁移率和生物有效性关系密切，不仅决定了铬存在的氧化价态，而且影响着土壤溶液中各种铬离子在固相上的吸附程度。首先，有机质还原 Cr(Ⅵ)的速率随着 pH 值的降低而增强。Hellerich 和 Nikolaidis(2005)实验发现，在中性的土壤溶液中，Cr(Ⅵ)和总铬的浓度相近，但当 pH<4 时，约 50% 的 Cr(Ⅵ)被还原为 Cr(Ⅲ)，以 $Cr(OH)_3$ 的形式存在于土壤溶液中。另外，有研究表明，虽然心土中有机质的含量远远低于表土，然而心土中却有大量 Cr(Ⅵ)被还原，主要是因为土酸性强，提高了土壤矿质中 Fe^{2+} 的释放，进而促使其与可溶性 Cr(Ⅵ)之间的氧化还原反应。

其次，土壤 pH 值影响着铬离子在固相上的吸附程度。据刘云惠等(2000)研究表明，在 pH=2.0~6.5 时，土壤对 Cr(Ⅵ)的吸附量随 pH 值升高而增加，但当 pH>6.5 时，随 pH 升高，土壤对 Cr(Ⅵ)的吸附量急剧下降，至 pH>8.5 时，基本上不吸附 Cr(Ⅵ)，因此 Cr(Ⅵ)通常在中性的地下水环境中是可迁移的。高 pH 值下减少的 Cr(Ⅵ)吸附量主要归因于水合氧化铁胶体表面正电荷减少,故而对Cr(Ⅲ)的吸附能力降低。土壤对Cr(Ⅲ)的吸附在pH<10.5时,随pH的升高而减少,而当pH>10.5时,由于Cr(Ⅲ)水解物质的阳离子交换吸附,土壤对Cr(Ⅲ)的吸附随pH的升高而增加。

(10)土壤氧化锰。土壤中Cr(Ⅲ)的氧化剂主要为氧化锰,氧化锰对Cr(Ⅲ)的氧化能力强弱顺序为:δ-MnO_2>α-MnO_2>γ-MnOOH。氧化锰作为Cr(Ⅲ)的主要电子受体,其反应机制主要是MnO_2将溶液中的Cr(Ⅲ)吸附到其表面,与表面活性部位Mn反应使Cr(Ⅲ)被氧化为Cr(Ⅵ),随即Cr(Ⅵ)从MnO_2表面解吸释放到溶液中。陈英旭等(1993)在一定量Cr(Ⅲ)溶液中加入MnO_2、高岭石、蒙脱石、针铁矿、NO_3^-、SO_4^{2-}比较Cr(Ⅲ)的氧化情况,发现只有在MnO_2体系中才能检测到Cr(Ⅵ),进一步证明了MnO_2对Cr(Ⅲ)具有一定的氧化能力,并且不同晶型锰氧化物在自然土壤条件下对Cr(Ⅲ)的氧化能力是有差异的。董长勋等(2010)认为酸性条件下MnO_2对Cr(Ⅲ)的氧化程度显著大于弱酸性和碱性条件。

(11)土壤微生物。Ackerley等(2004)提出无论在有氧和无氧条件下细菌都能将Cr(Ⅵ)还原为Cr(Ⅲ)。Desjardin等(2002)进行了微生物对土壤中铬迁移转化影响的研究,将法国Rhone-Alpes地区的土壤在30℃、含有营养物的情况下培养一段时间后,土著微生物就可将Cr(Ⅵ)还原为Cr(Ⅲ)。具有Cr(Ⅵ)还原特性的细菌广泛存在于自然环境和铬污染的环境条件下,能加速土壤的还原。铬还原菌通过把高毒的Cr(Ⅵ)还原成低毒的Cr(Ⅲ)从而使得自身能够存活于更高的铬浓度环境,间接提高了对铬的抗性。能够还原的细菌种类分布广泛,目前已经报道的六价铬还原菌主要为*Pseudomonas* spp.,*Microbacterium*,*Desulfovibrio*,*Enterobacter*,*Escherichia coli*,*Bacillus* spp.。六价铬还原菌应用于含Cr(Ⅵ)的工业废水废渣和土壤的处理已有报道,如Konovalova等(2003)通过把假单胞菌细胞固定在人造膜表面的琼脂层而制成的膜生物反应器能显著降低高浓度六价铬的毒性。Smith(2001)利用多种铬还原细菌形成的生物膜处理六价铬污染的水源和土壤,并且处理过的生物膜还可用于还原产物Cr(Ⅲ)的回收。

微生物还原六价铬的机制主要可以分为有氧酶促还原、厌氧电子传递和间接还原3个方面。①有氧酶促还原:有氧条件下微生物还原六价铬通常是在可溶性还原酶的作用下完成的。*Pseudomonas putida*的ChrR蛋白是目前研究得较透彻的可溶性六价铬还原酶。ChrR将NADH的电子转移到过氧化物的阴离子并生成中间代谢产物Cr(Ⅴ),同时产生大量活性氧,中间产物的Cr(Ⅴ)通过其他途径被还原成Cr(Ⅲ)。②厌氧电子传递:厌氧条件下微生物还原六价铬通常是在可溶性蛋白酶和膜蛋白酶参与六价铬还原的电子传递过程完成的。乳酸盐、醋酸盐、柠檬酸盐、甲酸盐及琥珀酸盐等碳源作为电子供体被氧化,与此同时Cr(Ⅵ)作为最终的电子受体被还原,如图3-16所示。③间接还原:微生物可以通过其代谢产物与反应来还原Cr(Ⅵ)。目前,关于间接反应报道较多的是一些铁还原菌和硫还原菌。在厌氧条件下,铁、硫还原菌通过氧化有机物将电子传递给Fe(Ⅲ)和SO_4^{2-},生成Cr(Ⅵ)还原剂Fe(Ⅱ)和S^{2-},然后Fe(Ⅱ)和S^{2-}通过与Cr(Ⅵ)的氧化还原反应又可循环变成Fe(Ⅲ)和SO_4^{2-},周而复始(图3-17)。Fe(Ⅲ)在铬与微生物之间充当催化剂作用。*Shewanella alga* BrY是一种典型的铁还原菌,能还原Fe(Ⅲ)生成Cr(Ⅵ)的还原剂Fe(Ⅱ)。瞿建国等(2005)指出硫酸盐还原菌对六价铬的还原作用是也通过还原SO_4^{2-}为H_2S来完成的。

3)镉/铬的土壤-作物行为

土壤中的镉总量固然重要,但生物效应更多地决定于土壤中镉的生物可给态,即有效态。

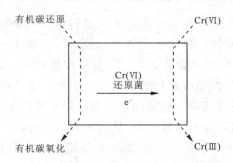

图 3-16　细菌利用有机质作碳源还原 Cr(Ⅵ)的机理

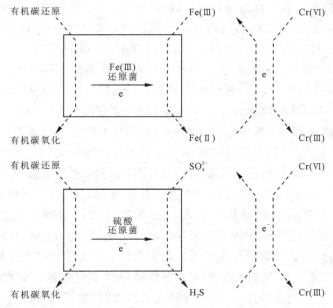

图 3-17　铁、硫还原菌对 Cr(Ⅵ)的还原机理(据 Losi 等,1994)

土壤镉按欧洲共同体标准物质局(Community Bureau of References,BCR)等提出的提取程序通常可分为 4 种形态:①交换/水和酸溶态;②可还原态;③可氧化态;④残余态。一般认为,水溶态和交换态重金属对植物来说属于有效部分,残余态属于无效部分,其他形态在一定条件下可能少量而缓慢地释放称为有效态的补充。相对而言,土壤镉的活性比较大,由于土壤镉存在于高活性形态上的比例较高,因而其生物有效度也相对较高。Narwal 等(1999)的研究结果表明,土壤各形态镉的相对比例依次为:交换态＞铁锰氧化物结合态＞有机态＞残余态＞碳酸盐结合态。

不同植物对土壤镉的转移及富集能力存在较大差异,Wang 等(2006)比较了 6 种蔬菜中镉的富集率,其中,芹菜＞大白菜＞空心菜和茄子＞茭白,最高的芹菜为最低的茭白的 21 倍。汪雅各等(1985)的研究表明,对于不同种类的作物,土壤镉的富集率为茄果类＞叶菜类＞根茎类。而禾本科作物对镉的富集能力为小麦＞晚稻＞早稻＞玉米。在同一株植物体内不同部分镉的分配不同,国内外研究结果比较一致,植物各个部分镉的积累情况为根＞茎＞叶＞果壳＞

果仁或籽粒。例如：水稻各个组织器官对镉的浓集量按根＞秆＞枝＞叶鞘＞叶身＞稻壳＞糙米的顺序递减。水培试验发现，当水溶液中镉浓度为 0.008mg/kg 时，糙米中镉浓度高达 24mg/kg，相对于水中镉浓度，富集量达 3000 倍，茎叶富集可达 400 倍。

此外，同种植物不同生长期吸收累积的镉含量也不同。通常在生长旺盛时期转移量最大。如水稻吸收镉量为灌浆期＞开花期＞抽穗期＞苗期。匈牙利的 Eva Lehocky 等（2002）通过向日葵田间的实验也表明植株不同的生育时期，具有不同的镉含量。向日葵在 4～6 叶的生育期时，镉的含量最高，且大部分的镉集中在植株的可食部位。只是由于生殖期需要大量营养物质，在吸收营养元素的同时，也增加了镉的摄入量。

土壤中铬通常以 Cr(Ⅲ) 和 Cr(Ⅵ) 两种价态存在，在一定的 pH 和 Eh 条件下，两种形态的铬会相互转化，因此，铬有可能以 Cr(Ⅲ) 或 Cr(Ⅵ) 的形式被植物根系吸收。植物对铬的吸收与铬的氧化形态有密切关系。针对植物对 Cr(Ⅲ) 和 Cr(Ⅵ) 吸收积累的研究显示，Cr(Ⅵ) 处理的植株体内铬积累量要高于 Cr(Ⅲ) 处理的植株。Cary 等（1997）也用同位素示踪的方法研究了 K_2CrO_4、$CrCl_3$、Cr-草酸、Cr-酒石酸、Cr-EDTA、Cr-甲硫氨酸、Cr-柠檬酸等铬的化合物对小麦、大豆、玉米、马铃薯、番茄、豆角等作物的有效性，发现不同形态的铬对作物的生物有效性是不同的，K_2CrO_4、$CrCl_3$、Cr-柠檬酸相对更易被植物吸收。而 Athalye 等（1995）报道当以非离子形态的 Cr-EDTA 供给植物时，Cr 从植物根部转运到莲叶的量显著提高。

含铬污水灌溉和铬污染土壤中生长的作物可食部分的铬含量均高于非污染地区生产的作物。赵万有等（1994）报道了铬渣堆放导致地下水和土壤严重污染，附近叶类蔬菜含铬量高于 1.4mg/kg。马宏瑞等（2006）也报道了将含铬污泥作为肥料施于土壤中，当土壤中含铬量为 189.5mg/kg 和 157.4mg/kg 时，小麦籽粒中含铬量分别为 1.22mg/kg 和 1.15mg/kg。

铬在植物体内的分布主要受其在土壤中的形态以及植物种类的影响。Golovatyj 等（1999）发现，铬在植物不同组织中的积累表现出非常明显的差异，根系中铬的含量最高，茎叶次之，可食部分和繁殖器官中铬的含量最低。我国浙江农业大学与核工业部四〇一所等单位，曾应用中子活化技术研究含铬废水在土壤和农作物中的变化规律。研究结果（表 3-15，图 3-18）表明，在水稻盆栽试验条件下，当用含铬废水灌溉时，灌溉水中的铬 0.28％～15％ 为水稻所吸收，85％～99％ 积累于土壤中，并几乎全部集中在 0～5cm 的表层土壤中。水稻吸收的铬，能转移到植株的茎叶、谷壳、糙米等部位，各部位的含铬量顺序是稻草＞谷壳＞糙米，即进入稻株的铬 92％ 左右积累于茎叶中，5％ 左右积累于谷壳中，3％ 左右积累于糙米中。

表 3-15　稻株中分别来自土壤和灌溉水中的铬

实验项目	糙米				谷壳				稻草			
	来自土壤		来自灌溉水		来自土壤		来自灌溉水		来自土壤		来自灌溉水	
	mg/kg	%	mg/kg	%	mg/kg	%	mg/kg	%	mg/kg	%	mg/kg	%
0.1mg/kg	0.14	90.3	0.015	9.7	0.66	86.8	0.1	13.2	2	77	0.6	23
10mg/kg	0.14	63.5	0.08	36.5	0.66	81.4	0.15	18.6	2	39.2	3.1	60.8
25mg/kg	0.14	37.3	0.0235	62.7	0.66	48.9	0.69	51.1	2	26.6	5.5	73.4
50mg/kg	0.14	15	0.79	85	0.66	26.4	1.84	73.6	2	7.5	24.6	92.5

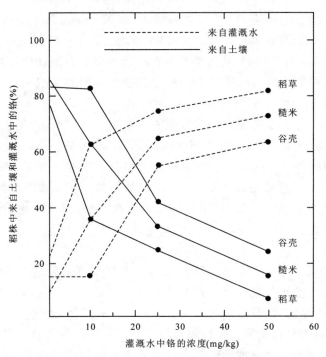

图 3-18 稻株中来自土壤和灌溉水中铬的比例

铬虽然主要积累在根部,但是不同植物品种间对铬的吸收和积累存在着显著的差异。如烟草对六价铬有选择吸收性,而玉米则相反,它有拒绝吸收六价铬的特性。在上述试验中,水稻对三价铬和六价铬都能吸收,但对六价铬的吸收远大于对三价铬的吸收(表 3-16),并且六价铬易于从茎叶转移至糙米中,而三价铬转移到糙米中的数量较少。试验者认为,这可能与三价铬易于与蛋白质结合有关。国外的研究表明,三价铬的生物活性较低,通过生物膜的运动常受到限制。在生理 pH 范围内,三价铬易与一些生物分子络合,强烈键合于蛋白质,或生成氢氧化物胶体。而六价铬较易越过生物膜,还由于它以阴离子形态存在,故不易与生物大分子进行生化反应。Cary 等(1977)报道,Fe 高积累的叶菜类蔬菜(如菠菜)对转移铬至茎叶最有效;而叶片积累 Fe 相对较少的蔬菜(如生菜和包菜)对铬运输至叶片较差。

表 3-16 稻株各部位含铬量

土壤	灌溉水中铬浓度 (mg/kg)	含铬量(mg/kg)					
		糙米		谷壳		茎叶	
		Cr^{3+}	Cr^{6+}	Cr^{3+}	Cr^{6+}	Cr^{3+}	Cr^{6+}
小粉土	10	0.77	0.95	0.94	1.18	3.70	8.8
红壤	10	—	0.19	0.54	1.03	4.95	8.2
青紫泥	10	0.36	0.21	0.59	0.99	4.40	11.0

尽管铬在植物根部和叶片中的积累过程并不相同,但是不管以何种铬盐处理植物组织,铬仅以 Cr(Ⅲ)形式存在。Zayed 和 Terry(2003)用 XAS(X-ray adsorption spectroscopy)分析了 11 种作物中铬的形态,发现即使用六价铬种植,植物组织中的铬都是三价态的,没有发现六价铬,这说明 Cr(Ⅵ)向 Cr(Ⅲ)的转换可能发生在植物根部。自植株根部开始,铬的存在形态即为 Cr(Ⅲ),在植株根部相当一部分 Cr(Ⅲ)被根细胞壁吸附和液泡区室化而固定,因此只有少部分的铬转运到植株的叶片。

铬在植物体内的化学形态也是影响铬毒性的重要因素。目前,植物中铬的化学形态已有了一些研究。Lyon 等(1969)报道,松红梅(*Leptospermum scoparium*)植株中的铬以乙醇和水提取态为主。Huffman 和 Allaway(1973)报道大豆根系中铬主要以氯氧化钠提取态存在,而小麦根系中的铬主要以盐酸提取态存在。铬超积累植株李氏禾根系中的铬以残渣态为主,而叶片中铬以盐酸提取态为主。Lytle 等(1996)也发现,凤眼莲叶片中的铬主要与草酸盐结合形成螯合物。

4. 镉/铬的危害

关于镉对人类的毒性危害报道得比较多,日本流行的骨痛病就是由慢性镉中毒而引起的,镉污染的高危人群主要为更年期妇女。日本神通川流域发生的骨痛病主要发生在 40~60 岁绝经期妇女,常为多胎生育者,男性病例较少。这种病首先产生肝脏损害,然后引起骨软化症。肾脏是镉损害早期的靶器官,世界卫生组织食品添加剂联合专家委员会(JECFA)认为肾功能障碍是镉接触引起的早期最关键的毒性效应。镉最严重的健康效应是对骨的影响,表现为骨软化、骨质疏松症、骨折发生率明显增高。由于镉中毒而死亡的病例也有报道。Schroeder(1963)给 100 多只小白鼠喂了金属钒、铬、镍、锗、砷、硒、锆、铌、钼、镉、锡、锑、碲和铅等的化合物,只有喂镉的动物出现了与人的高血压完全一样的症状,即心脏扩大、肾血管病变、血压升高以及动脉粥状硬化等的病情加重。镉积累在人和小白鼠的肾脏、动脉和肝脏内,在这些组织中镉干扰着某些需要锌的酶系统。镉对肾组织比锌有更大的亲和力,因而能置换锌,这样就改变了依靠锌的那些反应。经过数百至数千次分析,得出了以下结论,即肾脏内镉含量对锌含量的比例关系的变化是引起高血压的一个原因。在分析了世界 400 多个人体的肾样后发现,在锌、镉比例低的地区里,高血压的发病率就高。另外,镉还可影响心血管系统、神经系统、生殖系统,并具有致畸、致癌、致突变作用。

土壤中的镉对不同作物的毒害症状会有差异。一般认为镉毒害可使植株矮小,叶片失绿黄化,根系生长受到抑制,植株鲜重、干重下降。如受镉毒害的蚕豆苗根尖呈深褐色坏死。白菜和青菜根系净伸长量都随着镉含量增加而减少。

由于镉在土壤-植物系统中呈现较复杂的形态和相对较高的活性,以及镉对植物具较强的毒性和植物耐镉机理的复杂性,有关镉在植物中的毒害机理并未真正弄清,不少研究结果还存在分歧。有研究认为镉与酶活性中心或蛋白质的巯基相结合,还可取代金属硫蛋白中的必需元素(Ca、Mg、Zn、Fe 等),导致生物大分子构相改变,干扰细胞的正常代谢。

三价铬虽然是人体所必需的微量元素,缺铬会引起动脉硬化和糖尿病等多种疾病,是正常糖脂代谢所不可缺少的,但当人体内累积到一定阈值时,就会产生毒害。中华人民共和国卫生部发布了《食品营养强化剂使用标准》(GB 2762—2017),规定大米和蔬菜中铬限量分别为 1.0mg/kg 和 0.5mg/kg。1989 年中国营养学会常务理事会发布的《每日膳食中微量元素和电解质的安全和适宜的摄入量》中规定铬适宜和安全摄入量为 50~200 μg。根据铬污染土壤上生长的粮食和蔬菜中的铬浓度而计算的人体每日铬摄入量远远超过安全适宜量标准,常年食用铬超标食物势必给人们的健康造成危害。

不同形态的铬,其毒性差异亦较大。Cr(Ⅵ)具有很强的毒性,是已确认的致癌物之一,它能引起鼻黏膜溃病、鼻中隔穿孔、喉炎等呼吸道疾病和胃肠道疾病。对人体,一般认为Cr(Ⅵ)的毒性比Cr(Ⅲ)高约100倍。如狗和家兔饮用含三价铬的水,剂量为50mg/kg,在6个月内,一般状况及血液均正常,杀死后检查未发现任何病变。因此,铬的价态决定了它的生物毒性。

近几年来,我国镉、铬污染导致的群体性健康损害事件频繁发生,影响较大的有:湖南浏阳镉污染事件(2009)、河南铬废料堆积成城市毒瘤(2010)、云南南盘江铬渣水污染事件(2011)、甘肃徽县血镉超标事件(2011)、广西龙江镉污染(2012),等等。从中国社会经济发展的趋势来看,工业化、城镇化正在积极推进,如果不采取有力的防范措施,镉、铬污染带来的健康风险将有加剧的趋势。

第二节 典型有机污染物的环境地球化学

一、挥发性有机物

挥发性有机物(VOCs)是指常温下饱和蒸压超过133.32Pa或常压下沸点小于260℃的有机物,是石油、化工、制药、印刷、建材、喷涂等行业排放的最常见的污染物。

1. VOCs的物理化学性质

VOCs是指强挥发、有特殊刺激性、有毒的有机气体,是室内重要的污染物之一,部分已被列为致癌物,如氯乙烯、苯、多环芳烃等。多数VOCs易燃易爆的特性对企业的生产安全造成威胁。部分VOCs对臭氧层有破坏作用,如氯氟烃(CFCs)和氢氯氟烃(HCPCs)。

室内VOCs的浓度应控制在200~300 μg/m³之间,其浓度受到季节变化、通风条件、装修程度和人为活动等多方面的影响。在其他条件相同的情况下,冬季室内VOCs的浓度最高,而在夏季最低。

2. VOCs的分类

VOCs的主要成分为芳香烃、卤代烃、氧烃、脂肪烃、氮烃等,达900种之多,具体分类见表3-17。在工业生产中有189种污染物被列为有毒污染物,其中大部分为VOCs。

3. VOCs的来源

室外空气中VOCs来源于石油化工等工业排放,燃料燃烧及汽车尾气的排放;室内VOCs来源不仅受室外空气污染的影响,还与复杂的室内装修材料、室内污染源排放和人为活动等密切相关。详见表3-18。

表 3-17 室内空气中常见 VOCs 的浓度范围

VOCs		浓度范围(μg/m³)	VOCs		浓度范围(μg/m³)
脂肪烃	环己烷	5~230	卤代烃	三氯氟甲烷	1~230
	甲基环戊烷	0.1~139		二氯甲烷	20~5000
	己烷	100~269		氯仿	10~50
	庚烷	50~500		四氯化碳	200~1100
	辛烷	50~550		1,1,1-三氯乙烷	10~8300
	壬烷	10~400		三氯乙烯	1~50
	癸烷	10~1100		四氯乙烷	1~617
	十一烷	5~950		氯苯	1~500
	十二烷	10~220		1,4-二氯苯	1~250
	2-甲基戊烷	10~200	醇	甲醇	0~280
	2-甲基己烷	5~278		乙醇	0~15
芳香烃	甲苯	50~2300		2-丙醇	0~10
	乙苯	5~380	醛	甲醛	0.02~1.5
	正丙基苯	1~6		乙醛	10~500
	1,2,4-三甲基苯	10~400		己醛	1~10
	联苯	0.1~5	酮	2-丙酮	5~50
	间/对-二甲苯	25~300		2-丁酮	10~600
	苯	10~500	酯	乙酸乙酯	1~240
萜烃	α-蒎烯	1~605		正醋酸丁酯	2~12
	莱烯	20~50			

表 3-18 室内 VOCs 污染物来源

来源		排放说明
室外	室外、汽车污染	室外污染空气扩散到室内； 汽车尾气排放占室内芳香烃、烷烃的 50% 以上
室内	取暖、烹饪	燃烧煤、天然气、液化石油气产物； 烹饪油烟
	吸烟	吸烟烟雾与室内萜烯类有良好相关性； 室内接触苯的 15% 来自烟雾且尼古丁污染严重
	装修材料、家具、生活用品	涂料、人造板、壁纸、木材防腐剂、地毯； 家用电器、日用化学剂(清洁、消毒、杀虫)、打印机、干燥剂、胶水、织物、化妆品

4. 大气中 VOCs 的化学反应活性

不同城市的地理条件、气象条件、工业活动、机动车保有量和燃料使用情况各有差别，导致其 VOCs 的组分数量和浓度相差较大。VOCs 是大气中重要的污染物，部分 VOCs 具有较高的大气化学反应活性，是臭氧和二次有机气溶胶的重要前体物，对整个对流层大气化学反应趋势有着重要影响。VOCs 在与 NO_x 联合作用下可能会造成 O_3 浓度升高，大气氧化性增强，二次颗粒物污染加重的恶劣影响。

郑伟巍等(2014)通过对宁波大气挥发性有机物污染的活性进行分析发现,宁波市冬季 VOCs 污染较严重,ρ(VOCs)明显高于春秋季。这可能是因为冬季气温较低,光照辐射较弱,大气中的光化学反应不活跃,不利于 VOCs 的去除,故 ρ(VOCs)较高。此外,也与宁波市冬季大气扩散条件不佳有关。宁波市大气 VOCs 的化学组成相对稳定,OH 反应速率常数的平均值和乙烯相当,大气 VOCs 总化学反应活性较强;对大气 VOCs 化学反应活性影响最大的关键活性组分是烯烃,其体积混合比约占 VOCs 体积混合比的 22%,但对 VOCs 化学反应活性的贡献率达 64%以上;对 VOCs 总体化学反应活性贡献较大的关键活性组分为 1-丁烯、反-2-丁烯、间/对二甲苯、乙烯和戊烯。1-丁烯、乙烯、二甲苯和甲苯对大气 VOCs 质量浓度和化学反应活性的贡献均较高,对这几种组分的控制尤为重要。

二、有机氯农药

有机氯农药(organochlorine pesticides,OCPs)是一类人工合成的毒性较低、残效期长的广谱杀虫剂,主要用于果蔬、粮食作物生产过程的病虫害防治,曾是世界上产量最高、用量最大的一类农药。多数有机氯农药因难以通过物理、化学或生物等途径降解而在环境中长期存留,其危害性已引起国际社会的共同关注。《关于持久性有机污染物的斯德哥尔摩公约》中首批列入受控的 12 种持久性有机污染物中,其中 8 种为有机氯农药。20 世纪 80 年代大多数国家已明确禁止有机氯农药的使用,但其危害的长期性仍然不容忽视。

1. OCPs 的性质

有机氯农药多为棕褐色黏稠状液体,不溶或极微溶于水,极易溶于有机溶剂。有机氯农药大部分是含一个或几个苯环的氯代衍生物(图 3-19)。有机氯农药性质稳定,不易分解,脂溶性较强,与蛋白质或酶有较高的亲和力,被摄入生物体后,易溶于脂肪中,很难分解代谢。随着营养级的提高,含量也逐步加大,其结果使食物链上高营养级生物体中的含量显著超出环境中的含量。进入环境中的污染物,即使是微量的,经过生物放大作用,也会使处于高营养级的生物受到毒害,威胁人类健康。

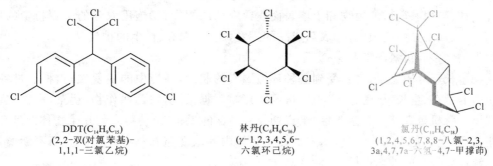

图 3-19 有机氯农药结构式示例

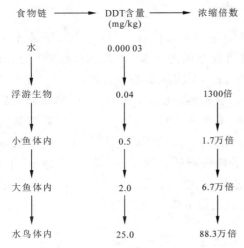

图 3-20 DDT 在食物链中的富集作用

有机氯农药污染环境有两个特点：一个是它不易分解，在土壤中六六六可保存6.5年，狄氏剂可保存8年，DDT可保存10年以上。正因为这样，DDT可被大气环境和水径流带至地球每个角落，在地球南北两极都能监测到DDT及其衍生物存在。另一个特点就是它可以通过食物链而发生生物富集作用。DDT在食物链中的富集作用如图3-20所示。

2. 有机氯农药的来源

1）土壤中有机氯的来源

土壤中有机氯农药的来源主要有以下几个方面：①为防治地下害虫从土壤侵入的病菌，用药剂处理土壤；②对土壤上部喷洒时，由喷雾飘移或从叶子上流下，落入土壤；③随大气沉降、灌溉水和动植物残体而进入土壤。

影响土壤中有机氯农药残留的因素很多，主要有有机氯农药的化学性质、土壤的类型、土壤中有机质含量、黏土含量、无机离子的含量、土壤酸度、温度、湿度、作物类型和耕作情况等。

2）水体中有机氯的来源

地面水中农药的来源可分为点污染源和面污染源两类。点污染源指农药生产过程中对环境的污染，即农药制造厂、加工厂废水未经适当处理即排入江河、湖泊。面污染源指农药使用过程中对环境的污染，例如：为防治森林害虫、农田害虫，向空中及地面喷洒；为控制蚊虫、水生杂草等向水面施药；施用过程中大气中的农药雾滴的沉降；携带农药的颗粒的干沉降；降水淋洗大气中的农药；暴雨产生的径流侵蚀被农药污染的土壤；在地面水中洗涤施药器械；等等。面污染源造成的污染程度低，但其影响范围很广，是不可忽视的一个方面。

3）大气中有机氯的来源

大气中农药污染的主要来源有：①农药施用过程的损失，如农药微滴的飘移；②施用过程中的挥发；③施用农药后的植物和土壤表面残留农药的挥发；④施用农药的土壤粉尘的风蚀；⑤农药生产、加工过程的损失，如农药成品的挥发，废气、烟雾、粉尘的排放等。

4）生物体中有机氯的来源

生物生长于环境之中，必定受到各种环境因素的制约，环境中的残留农药，将通过各种途径对生物的生存、生长、繁殖、产量和质量产生影响。据报道，农药在作物、蔬菜、禽兽、鱼体中均有残留。有机氯农药具有亲脂性、半衰期长和高度的累积性，使得它们在生物体内具有明显的富集作用，尤其是进入食物链后，它们在生物体内的浓度随着每一个营养级而不断增加，对生态系统造成极大的破坏作用。

3. 典型的有机氯农药

有机氯农药包括芳香族和脂肪族。有机氯农药可分为以苯为原料和以环戊二烯为原料两大类，其中以苯为原料的有机氯农药主要有HCHs、DDT和六氯苯，以环戊二烯为原料的有机氯农药包括氯丹、七氯、艾氏剂、异艾氏剂、狄氏剂等。几种典型有机氯农药的性质如下。

1) DDT

DDT 在 20 世纪 70 年代以前是全世界最常用的杀虫剂。它有若干种异构体,其中仅对位异构体(p,p'-DDT)有强烈的杀虫性能。工业品中的对位异构体含量在 70% 以上。DDT 的纯品是无色结晶,工业品为白色、浅灰色或浅黄色的固体,熔点在 87℃ 以上,挥发性小,不溶于水,能溶于多种有机溶剂中。DDT 在大多数环境中可以稳定存在,并且可以不被存在于土壤微生物和高等生物体中的酶彻底破坏,在土壤中的半衰期最长可达 15 年,在大气中为 7 天左右。它的一些代谢产物,尤其是 DDE,在稳定性上等于或高于 DDT。DDT 及其代谢产物 DDD 和 DDE 都是脂溶性化合物,通常聚集于人和动物的脂肪组织中。DDT 可通过食物链的浓缩和放大作用,在食物链的顶端生物体内高度浓缩。

DDT 在环境中经太阳辐射、生物学代谢、化学转化,可能的降解产物包括:DDE(2)、DDD(3)、DDMU(4)、DDMS(5)、DDNU(6)、DDA(7)、DPM(8)、DBH(9)、DBP(10)、Dicofol(11)、BA(12)、DDCN(13)、DDNS(14)、DDOH(15)、PCPA(16)、PCBs(17)。其化学式如图 3-21 所示。

DDT 对人、畜的急性毒性很小。大白鼠 LD_{50}(半致死剂量)为 250mg/kg。但由于 DDT 脂溶性强,水溶性差(分别为 100 000mg/L 和 0.002mg/L,相差 5000 万倍),它可以长期在脂肪组织中蓄积,并通过食物链在动物体内高度富集,使居于食物链末端的生物体内蓄积浓度比最初环境所含农药浓度高出数百万倍,对机体构成危害。而人处在食物链最末端,受害也最大。所以,虽然 DDT 已禁用多年,但仍然受到人们的关注。

2) 林丹

六六六有多种异构体,其中只有丙体六六六具有杀虫效果。含丙体六六六在 99% 以上的六六六称为林丹。林丹为白色或稍带淡黄色的粉末状结晶,溶点在 112℃ 以上,与 DDT 相比,林丹较易挥发。25℃ 时,林丹在水中的溶解度为 7.3mg/L,在 60~70℃ 时,林丹不易分解,在日光和酸性条件下很稳定,但遇碱会发生分解,而失去杀虫作用。林丹在环境中的残留与其理化性质密切相关,相对于其他有机氯农药而言,林丹的溶解度和蒸气压都是比较高的,因此林丹更易在水体和大气中残留,在水体中的半衰期大于 2 年。由于林丹是直接洒入土壤中防治土壤中的植物害虫,因此林丹在土壤中的残留是不可忽视的,在土壤中的半衰期大于 1 年。种植的植物体内易大量积累林丹,不同植物吸收的程度不一样。林丹可以通过植物饲料大量进入牛奶中,又通过畜产品进入人的饮食以及人奶中。林丹的 LD_{50} 为 88~270mg/L,小白鼠为 59~246mg/kg。按我国农药急性毒性分级标准,林丹属中等毒性杀虫剂。

3) 氯丹

氯丹曾用作广谱性杀虫剂。通常加工成乳油状,琥珀色,沸点 175℃,密度 1.69~1.70g/cm³,不溶于水,易溶于有机溶剂,在环境中比较稳定,遇碱性物质会发生分解而失效。其挥发性较大,但仍有比较长的残效期。在杀虫浓度范围内,对植物无药害。氯丹对人、畜毒性较低,大白鼠 LD_{50} 为 457~590mg/kg。但氯丹在体内代谢后,能转化为毒性更强的环氧化物,并使血钙降低,引起中枢神经损伤。在动物体积累作用大于 DDT。

4) 毒杀芬

毒杀芬是一种杀虫剂,以前人们将其用于农业和蚊虫的控制。毒杀芬为黄色蜡状固体,有轻微的松节油的气味。在 70~95℃ 范围内软化率为 67%~69%,熔点为 65~90℃。不溶于水,但溶于四氯化碳、芳烃等有机溶剂。在加热或强阳光的照射和铁之类催化剂的存在下,能

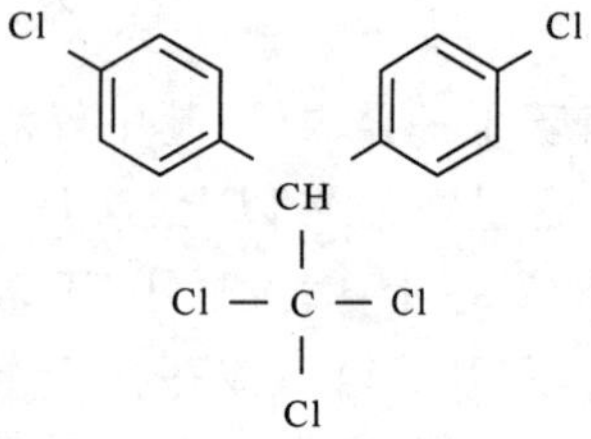

图 3-21　DDT 可能的降解产物

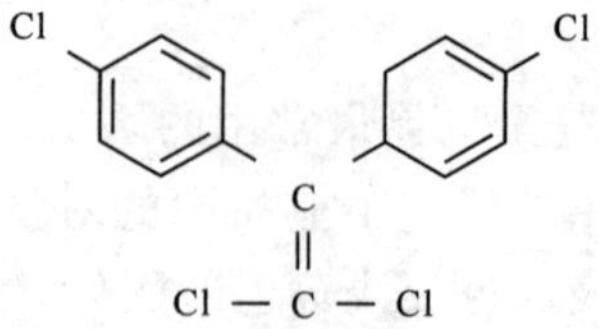

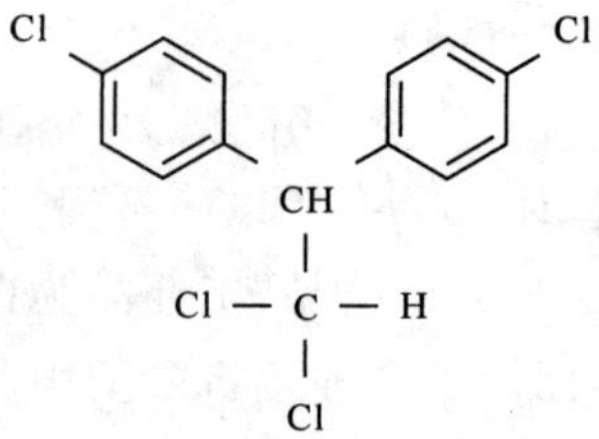

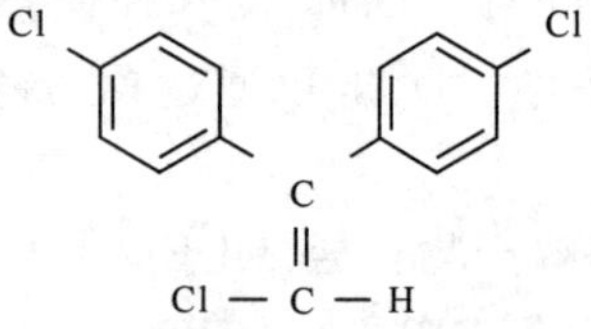

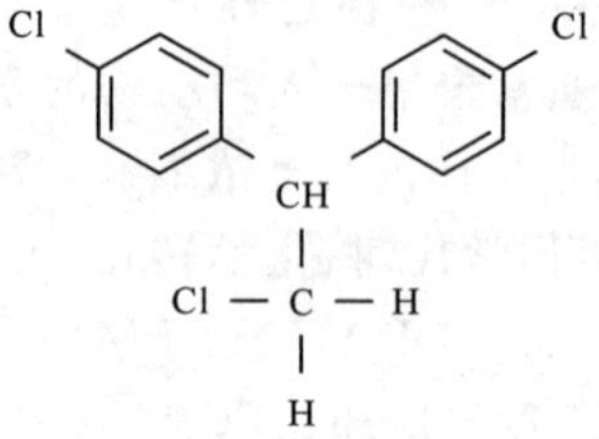

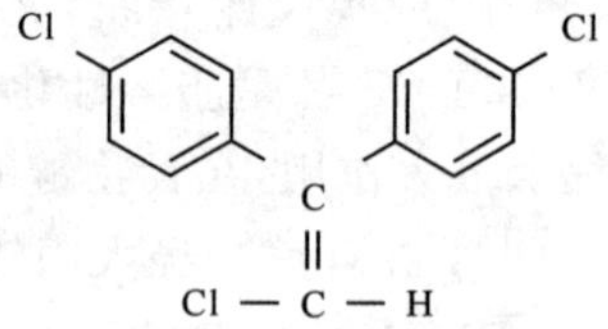

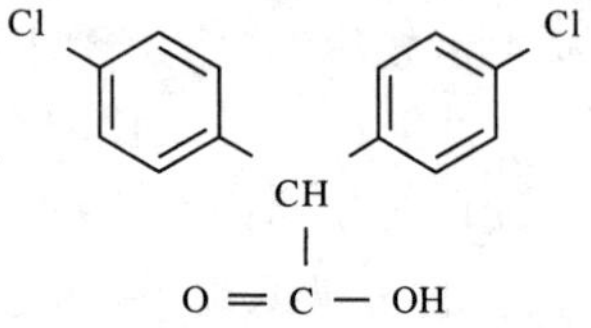

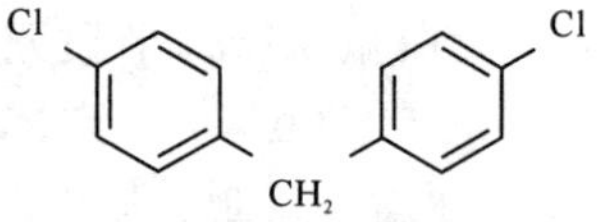

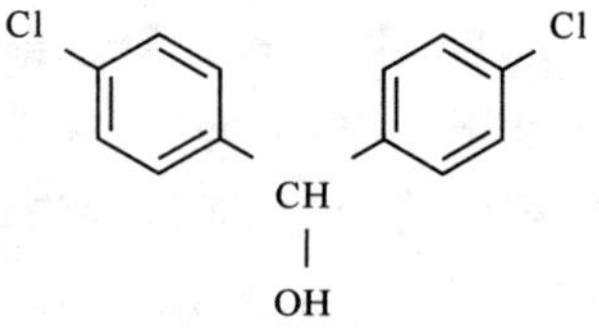

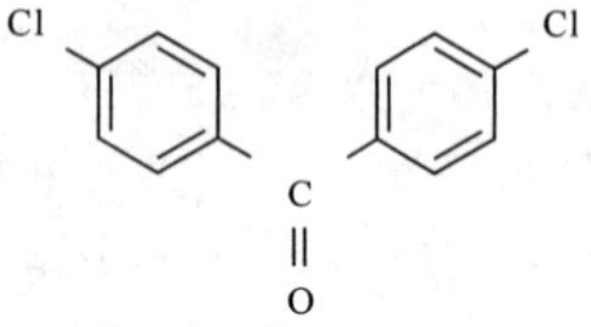

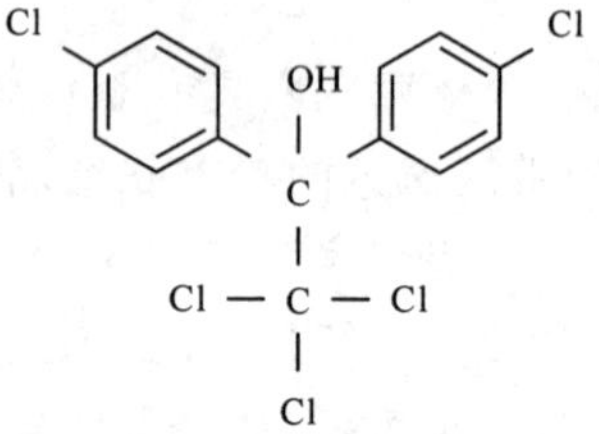

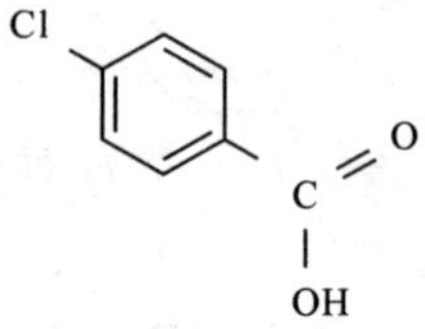

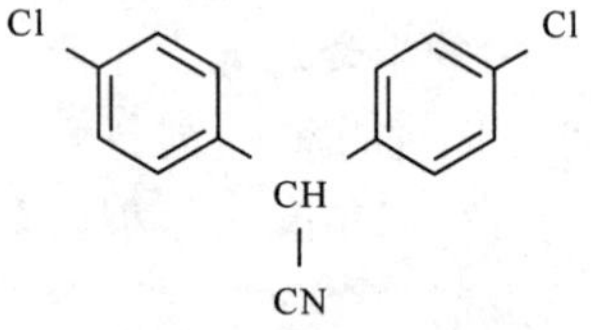

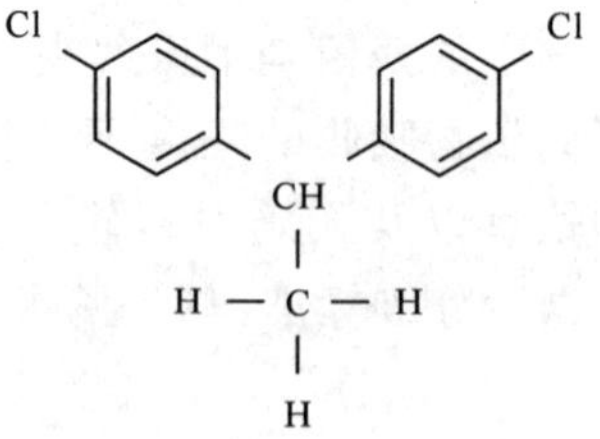

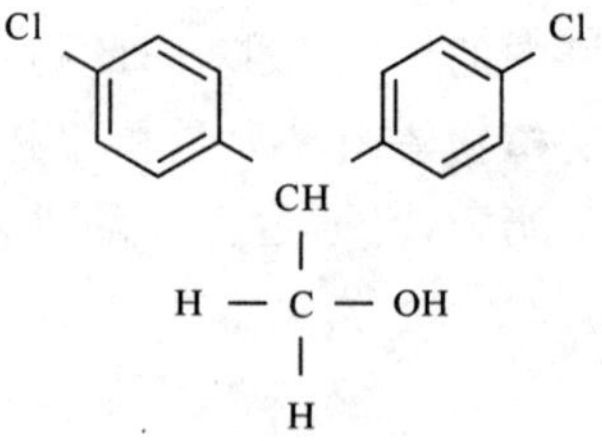

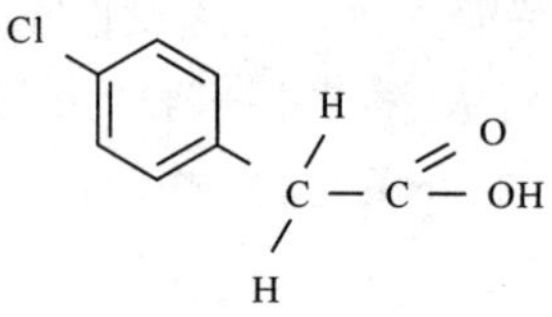

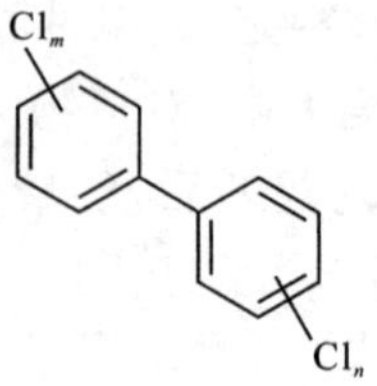

脱掉氯化氢。毒杀芬对人、畜毒性中等,能够引起甲状腺肿瘤和癌症,大白鼠 LD_{50} 为 69mg/kg,除葫芦科植物外,对其他作物均无药害,残效期长。

4. 有机氯农药的扩散和迁移

由于有机氯农药具有稳定性强、水溶性高、脂溶性高、挥发性强等特点,因此在自然界中广泛分布,主要存在于土壤、水体、沉积物、大气、生物体中。

近些年研究表明,土壤中的 OCPs 的主要组分是 DDT 和 HCH,且 DDT 含量一般高于 HCH 的含量。如崔健等(2014)对沈阳郊区表层土壤有机氯农药残留特征的研究发现,沈阳郊区土壤中三大类 OCPs 检出率大小顺序为:DDTs＞HCHs＞HCB,说明 DDTs 和 HCHs 的残留更为普遍,且 DDT 含量高于 HCH 的含量。

表层土壤中 OCPs 的含量要高于深层土壤的含量。廖小平等(2015)对太原市污灌区有机氯农药垂直分布特征研究发现,太原市小店污灌区 9 个土壤剖面中有机氯农药主要积累在土壤上层 0～30cm,含量最大值为 98.56ng/g,绝大部分剖面土中 OCPs 含量随着深度增加而明显减少。黄焕芳等(2014)对福建鹫峰山脉土壤有机氯农药分布特征的研究发现,该地区虽然 HCH 的使用量高于 DDT,但表层土壤中 HCH 的平均残留量为 10.17ng/g,DDT 的平均残留量为 18.91ng/g。造成这种情况的原因可能是 DDT 的高稳定性,降解速率相对缓慢,故土壤中 DDT 及其降解产物含量较 HCH 高。在不同土壤类型中,耕地土壤中的含量高于林地和草地土壤中的含量。在福建鹫峰山脉土壤有机氯农药分布特征研究中,不同利用类型中的土地,OCPs 的残留量依次为:水稻田＞蔬菜地＞茶叶地＞林地。

有机氯农药在环境多介质中的迁移主要体现在水体-土壤(沉积物),土壤-大气,土壤中的吸附、降解 3 个方面。

由于有机氯农药的疏水亲脂性特点,大部分有机氯农药吸附于水中的悬浮颗粒,并在重力作用下沉积,水中沉积物是有机氯农药的主要归宿之一。

土壤中聚集的有机氯农药通过挥发的方式进入大气,而其挥发的速率主要受挥发物的浓度、空气流速、温度等外界环境条件的影响。刘国卿等(2008)对珠江口及南海北部近海海域大气有机氯农药分布特征与来源的研究发现,珠江口及南海海域大气 OCPs 主要受控于陆源污染的影响,呈现近陆点高和远陆点低的特点。

土壤对有机氯农药的吸附作用,在某种意义上就是土壤对有毒污染物质的净化和解毒作用。当农药被土壤强烈吸附后,其化学活性和微生物对它的降解性能都会减弱。吸附性强的农药,移动性和扩散能力较弱,不易进一步对周围环境造成污染,净化效果也就越好。而影响土壤吸附能力的主要因素是土壤有机质的含量。杨炜春等(2004)借助红外光谱和电子顺磁共振波谱技术研究了土壤腐植酸与农药的作用机理,研究表明农药在土壤中吸附主要受土壤中有机质支配,有机质含量越高,越有利于农药在土壤中的吸附。

残留在土壤中的有机氯农药可以通过光降解、化学降解、生物降解 3 类方式分解为小分子的 H_2O、CO_2、HCl 和 N_2 等简单化合物而消除其毒性和影响。光降解主要是基于其分子中含有的 C—C、C—H 和 C=O 等键可以在太阳光作用下发生异构化、分子重排或分子间反应生成新的化合物;化学降解以水解和氧化两种形式进行;而微生物降解主要依赖于土壤中各种微生物代谢活动。虽然残留在土壤中的有机氯农药可以通过降解转化为无害物质,但降解时间较长,所以至今土壤中仍残留大量的有机氯农药。

三、多环芳烃类

多环芳烃(PAHs)是指由两个以上的苯环以线性排列、弯接或簇聚的方式构成的一类有机化合物。根据苯环的连接方式,多环芳烃分为两大类:一种是非稠环型,苯环与苯环之间各由一个碳原子相连,如联苯、联三苯等;另一种是稠环型,两个碳原子为两个苯环所共有,如萘、蒽等。PAHs组分十分复杂,其苯环结构数有2~7环,按照物理化学性质不同可分为以下两类:①2~3个苯环的低分子量多环芳烃(LMW-PAHs),它们易挥发,对水生生物有一定毒性,如萘、芴、菲等;②4~7个苯环的高分子量多环芳烃(HMW-PAHs),它们沸点较高,不易挥发,但具有致癌、致突变作用,如荧蒽、苯并[a]芘等。

1. 多环芳烃的性质

多环芳烃大多是无色或淡黄色的结晶,个别具深色,溶点及沸点较高,蒸气压很小,水溶性低,辛醇/水分配系数高,因此,该类化合物易从水中分配到生物体内或沉积于河流沉积层中。土壤是多环芳烃的重要载体,多环芳烃在土壤中有较高的稳定性。当它们发生反应时,趋向保留它们的共轭环状系,一般多通过亲电取代反应形成衍生物。

PAHs是一类惰性较强的碳氢化合物,主要通过光氧化和生物作用而降解。低分子量的多环芳烃如萘、苊和苊烯均能快速降解,初始浓度为10mg/L的溶液7天内可降解90%以上,而高分子量的多环芳烃如荧蒽、苯并[a]蒽和蒽等很难发生降解。多环芳烃在土壤中也难以发生光解。

PAHs是最早发现且数量最多的致癌物,目前已经发现的致癌性PAHs及其衍生物已超过了400种。PAHs在环境中虽是微量的,但其分布极为广泛,人们能够通过呼吸、饮食和吸烟等途径摄取,是人类癌症的重要起因之一。

美国环境保护署规定了16种要优先控制的PAHs,包括萘、苊烯、苊、蒽、菲、荧蒽、芴、苯并[a]蒽、苯并[b]荧蒽、苯并[k]荧蒽、芘、苯并[a]芘、䓛、二苯并[a,h]蒽、苯并[g,h,i]芘、茚并[1,2,3-cd]芘。表3-19列出了它们的基本理化性质及生物致癌性。环境介质中,这16种PAHs浓度相对较高,在环境中人们较容易与这16种PAHs发生接触,所表现出来的危害性十分具有代表性。

表3-19 16种多环芳烃的理化性质和生物特性

化合物	英文缩写	中文名称	分子量	熔点(℃)	沸点(℃)	蒸气压(Pa)	溶解度(mg/L)	致癌性
Naphthalene	Nap	萘	128	81	218	10.4	31700	不致癌
Acenaphthylene	Acy	苊烯	152	93	270	0.89	N.A.	致癌
Acenaphthene	Ace	苊	154	96	279	0.29	3930	影响器官
Fluorene	Flu	芴	165	117	294	2.98×10^{-2}	1980	致癌
Phenanthrene	Phe	菲	178	101	340	1.6×10^{-2}	1290	致癌
Anthracene	Ant	蒽	178	216	340	7.98×10^{-4}	73	致癌
Fluoranthene	Fla	荧蒽	202	111	383	1.2×10^{-3}	260	影响器官

续表 3-19

化合物	英文缩写	中文名称	分子量	熔点(℃)	沸点(℃)	蒸气压(Pa)	溶解度(mg/L)	致癌性
Pyrene	Pyr	芘	202	156	404	6.0×10^{-4}	135	致癌
Benz[a]anthracene	BaA	苯并[a]蒽	228	162	400	2.8×10^{-5}	N.A.	毒理影响
Chrysene	Chr	䓛	228	256	448	N.A.	2	致癌
Benzo[b]fluoranthene	BbF	苯并[b]荧蒽	252	168	481	N.A.	2	致癌
Benzo[k]fluoranthene	BkF	苯并[k]荧蒽	252	217	481	N.A.	N.A.	致癌
Benzo[a]pyrene	BaP	苯并[a]芘	252	177	496	N.A.	0.05	强致癌
Indeno[1,2,3-cd]pyrene	IcdP	茚并[1,2,3-cd]芘	276	N.A.	534	N.A.	N.A.	致癌
Dibenz[a,h]anthracene	DahA	二苯并[a,h]蒽	278	270	535	N.A.	N.A.	致癌
Benzo[g,h,i]perylene	BghiP	苯并[g,h,i]芘	276	278	542	N.A.	0.3	致癌

注：N.A.(Not available)即没有。

2. 多环芳烃来源

PAHs的形成机理很复杂，主要是由石油、煤炭、木材、气体燃料、纸张等含碳氢化合物的不完全燃烧以及在还原气氛中热分解而产生的。PAHs的来源可分为天然源和人为源两种。

环境介质中来自自然源的PAHs极少。PAHs的自然源主要包括燃烧（森林大火和火山喷发）和生物合成（沉积物成岩过程、生物转化过程和焦油矿坑内气体），未开采的煤、石油中也含有大量的多环芳烃。在人类的生产和生活中，煤矿、木柴、烟叶以及汽油、柴油、重油等各种石油馏分燃烧，烹调油烟，以及废弃物等均可造成PAHs污染。按照污染源存在形式，人为源进一步可分为移动污染源和固定污染源两类。前者包括各种机动车辆以及内燃机尾气的排放。后者包括：①各类工业锅炉、生活炉灶产生的烟尘，如燃煤和燃油锅炉、火力发电厂、燃柴炉灶；②各种生产过程和使用焦油的工业过程，如炼焦、石油裂解、煤焦油提炼、柏油铺路等；③各种人为原因的露天焚烧（比如烧荒）和失火，如垃圾焚烧、森林大火、煤堆失火；④吸烟和烹调过程产生的烟雾，是室内PAHs污染的重要来源。随着工业生产的发展大大加快，人为源占环境中多环芳烃总量的绝大部分，溢油事件也成为PAHs人为源的一部分。

不同的来源、同一来源的不同情况（比如燃烧的温度不同）产生的PAHs组成不同。各个国家和地区因能源结构等实际情况的不同，PAHs的人为来源存在一定差异。如在美国家庭取暖燃柴是一项重要的污染源，而我国是一个以煤炭为主要能源的国家，燃煤是空气中PAHs的主要污染源。

多环芳烃在不同环境介质中的来源如下。

1）大气中多环芳烃的来源

大气中多环芳烃的主要来源有：①燃煤、木炭、木料等燃料污染，也叫热分解排放，在北方的城市中尤其突出；②机动车污染，来源于机动车尾气排放；③工业活动，来源于工厂排放的废气；④生活污染，比如烧烤、烹饪等所产生的烟气。以居室厨房内做饭时由于缺氧燃烧产生的

PAHs 为例,其中 BaP 含量可达 559 μg/m³(冯新斌等,2009),超过国家卫生标准近百倍。在食品制作过程中,若油炸时温度超过 200℃,就会分解放出含有大量 PAHs 的致癌物。有人做过实验,经过烟熏达数周之久的羊肉,BaP 含量可高达 46 μg/kg。

大气中的多环芳烃漂浮或被大气中的飘尘所吸附,或以气体或气溶胶的状态悬浮于空气中。空气中残留的多环芳烃,将随大气的运动而扩散,使大气污染的范围不断扩大。具有高稳定性的多环芳烃能够进入大气对流层中,从而传播到很远的地方,使污染区域不断扩大。

全世界每年通过大气排放的 PAHs 约为几十万吨,主要以吸附在颗粒物和气相的形式存在。四环以下的 PAHs 如菲、蒽、荧蒽、芘等主要集中在气相部分,五环以上的 PAHs 则大部分集中在颗粒物上或散布在大气飘尘中。在大气飘尘中,几乎所有的 PAHs 都附在粒径小于 7μm 的可吸入颗粒物上,直接威胁人类的健康。

另外,PAHs 在大气中的含量分布随季节发生变化。据北京市环境保护科学研究所研究(刘敬勇等,2009),北京市采暖期大气中 PAHs 含量远比非采暖期高,城区前者为后者的 3.8 倍,郊区则为 5.0 倍。

进入大气中的多环芳烃一部分由于蒸汽凝结而进入土壤和水体;另一部分则发生光化学分解(主要被空气中的氧和臭氧所氧化)。而多环芳烃非常稳定,发生分解的过程非常缓慢。

大气中的残留多环芳烃将发生迁移、降解、随雨水沉降等一系列物理化学过程。残留的多环芳烃主要通过大气传输的方式向高层或其他地区迁移,从而使 PAHs 的污染范围不断扩大。目前远离农业活动区的南、北两极地区以及世界最高峰珠穆朗玛峰均已经发现有多环芳烃的残留。影响大气中残留多环芳烃迁移的主要因素有风、上升气流、蒸汽散发和对流等,多环芳烃的迁移作用主要发生在离地面 0~20km 的对流层中。

2)土壤中残留多环芳烃的来源

大面积的土壤污染主要来自大气中 PAHs 的干沉降、湿沉降。土壤中 PAHs 的含量在一定程度上反映了周边环境的污染状况。陈静等(2004)研究了天津地区土壤中 PAHs 纵向分布规律,结果表明,土壤剖面中的 PAHs 含量峰值一般在土壤的表层和次表层,并随土壤剖面的加深而减少。含油废水灌溉的农田,有研究称土壤中 BaP 可超过本底值 80%。

影响土壤中多环芳烃残留的因素很多,主要有多环芳烃的化学性质、土壤的类型、土壤中有机质含量、黏土含量、无机离子的含量、土壤酸度、温度、湿度、作物、耕作情况等。

3)生物体中多环芳烃的来源

生物生长于环境之中,必定受到各种环境因素的制约,环境中的残留多环芳烃,将通过各种途径对生物的生存、生长、繁殖、产量和质量产生影响。据报道,多环芳烃在作物、蔬菜、禽兽、鱼体中均有残留。多环芳烃具有亲脂性、半衰期长和高度的累积性,使得它们在生物体内具有明显的富集作用,尤其是进入食物链后,其在生物体内的浓度随着每一个营养级而不断增加,对生态系统造成极大的破坏作用。PAHs 在植物体内的含量通常小于该植物生长土壤中 PAHs 的浓度,植物体内 PAHs 浓度与土壤中的 PAHs 的浓度比一般为 0.002~0.330(指 BaP)。有人分析了洋葱、甜菜、西红柿等发现,大多数 PAHs 存在于蔬菜皮中;植株内,地上部分 PAHs 浓度通常大于地下部分;大叶植物比小叶植物含更多的 PAHs。许多植物和蔬菜中的 PAHs 是从大气中及土壤中吸收而来,其吸收速率取决于植物种类、周围大气和土壤中 PAHs 的浓度。此外,PAHs 在植物体内会产生迁移和部分代谢。研究发现,大豆根能从土壤中吸收 PAHs 并向叶迁移,大豆叶也可以从大气中吸收 PAHs,并向根部转移。

4) 沉积物中多环芳烃的来源

PAHs 进入水体主要通过城市生活污水和工业废水排放、地表径流、土壤淋溶、石油的泄漏、长距离的大气传输造成的颗粒物的干湿沉降及水气交换等方式。由于 PAHs 具有低溶解性和憎水性,它会强烈地分配到非水相中,吸附于颗粒物上,这样水体中 PAHs 极易聚集到沉积物中,沉积物成了 PAHs 的蓄积库。

水体中的 PAHs 会附着在颗粒物上,在适当的条件沉积下来。沉积物中的 PAHs 会通过食物链的逐级传递或从沉积物向水体释放从而影响周围生态环境或危害人类健康,因此,对陆地地表水及其沉积物、对河口附近海水以及沉积物中 PAHs 的监测具有积极的意义。

PAHs 进入水环境系统后,它的分布与归宿受其持久性与溶解度的影响。大多数多环芳烃在水环境系统中最终被吸附到悬浮颗粒物表面并进入沉积物中。可储存在沉积物中长达几年的时间,如沉积物发生搅动,这些多环芳烃可能重新进入水体。影响水环境中多环芳烃持久性的因素包括水的组成、pH、温度、水生生物以及悬浮的有机和无机物质的数量。

3. 多环芳烃在环境中的迁移转化行为及降解作用

1) 多环芳烃的迁移、转化

PAHs 的迁移与转化行为研究是与 PAHs 污染状况调查同时进行的。一方面,通过调查获得 PAHs 在不同时间、不同空间、不同介质中的分布情况;另一方面,在此基础上,通过数学模型建立起污染物的时空变化模型并对其进行验证和改进。国外有些研究针对污染物在单一介质中迁移转化行为,更多研究集中在污染物在水体、大气、土壤和生物多介质中的迁移转化规律。关于污染物的区域性、全球性的迁移转化宏观分析也备受关注。由于研究体系的复杂,有机污染物的分布迁移转化仍将是目前环境科学领域中的一个重要研究课题。一般污染物在大气、地表水、土壤、沉积物和生物体等多环境介质中的迁移途径如图 3-22 所示。

(1) 多环芳烃在大气中的迁移。根据有机污染物的全球分馏-分异模型,半挥发性有机污染物和持久性有机污染物在不同的纬度区域,由于温度的差异,存在全球分馏效应。这种分馏的最终结果导致有机污染物从热带污染源区通过"蚱蜢跳效应"沉积到地球的偏远极地地区,从而造成有机污染物的全球范围的污染。"蚱蜢跳效应"加上高浓度向低浓度稀释扩散原理,PAHs 在大气中的分布规律已显而易见:自城区中心向外而减少,北方城市高于南方城市,沿海低于内地。值得注意的是,在大气中活跃的 PAHs 却在迁移过程中稳定存在。例如:英国产生的 PAHs 可以迁移到挪威,而没有明显降解。Fernandez 等(2011)对大气 PAHs 污染沉降历史研究表明:①相异于点源污染影响,主要以气相形式存在的中、低环 PAHs 由于挥发性较好可以迁移至更远的距离,五环以上的 PAHs 由于大部分吸附在颗粒物上或散布在大气飘尘中,迁移的距离相对较短,降落地面的比例相对较大;②大气污染的跨境迁移和沉降可对洁净区的生态环境造成重大影响。山地偏远湖泊 PAHs 的沉积记录是大气远距离迁移沉降的反映。刘国卿(2008)分析了南岭山地湖泊,发现自 20 世纪 60 年代至今,约有 1000kg 的 PAHs 通过大气迁移沉降到南岭湖泊水域,PAHs 沉降通量从 2000 年开始急剧增加,反映了这一时期起内地经济的快速发展对高山湖泊沉积物中 PAHs 含量的贡献。

(2) 多环芳烃在土壤中的迁移。土壤是 PAHs 在地表系统中的主要储库之一。一旦沉积于土壤,一些强吸附性及难降解的 PAHs 将在土壤中停留数年时间。陈静等(2003)研究了天津地区土壤中有机碳和黏粒含量对 PAHs 纵向分布的影响。土壤中有机碳含量、土壤粒度、PAHs 性质和扰动、淋溶等均是影响 PAHs 纵向迁移的重要因素。PAHs 相对富集在有机碳

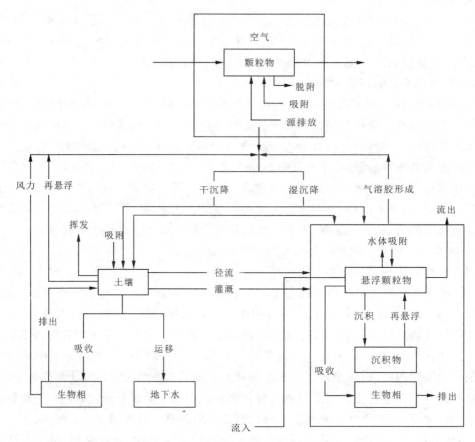

图 3-22 污染物的跨介质迁移途径

和黏粒含量较高的土壤中。高环 PAHs 主要以与土壤有机质胶体结合的形式发生迁移,不易迁移到土壤剖面的深部,而低环 PAHs 则主要以溶解态形式发生迁移,相对高环 PAHs 易污染地下水。

(3) 多环芳烃在大气—土壤间的分配。土壤不是 PAHs 的最终受体,地下水的渗漏、地表冲刷、向植被迁移以及生物降解过程是在土壤中移除 PAHs 的有效途径。对于土壤中 PAHs,还有一个更重要的迁移过程,即土壤—大气交换。土壤也因此成为大气中某些 PAHs 的主要来源。Meijer 等(2003)分析了影响 PAHs 在土壤—大气间分配的主要因素有土壤的特性(如土壤有机碳含量、湿度、质地及孔隙结构等),PAHs 的种类和浓度及气温。PAHs 浓度和气温是控制大气中 PAHs 在大气—土壤间分配的主要因素。当 PAHs 人为排放强烈时,大气中的 PAHs 浓度增高,地表介质将从大气中吸收 PAHs;当大气中 PAHs 浓度降低时,吸附于地表土壤中而未固定的一部分 PAHs 又可重新释放进入大气中。PAHs 的挥发速率不仅受土壤地表温度影响,亦受周边大气温度的影响。低温时,大气中的 PAHs 趋向于向地表的沉降而减少了土壤向大气的再挥发;反之温度较高时,PAHs 更趋向于从土壤介质向大气的挥发而减少了沉降过程。由此,PAHs 排放浓度值、气温因素以及土壤的构成差异使得 PAHs 含量在区域乃至全球土壤存在极大的时空分布差异。刘国卿(2003)对珠江三角洲地区 PAHs 的大气—土壤平衡状态和交换通量进行了研究。由于 PAHs 种类的差异,在土壤与大气中的平衡状态为各不相同。对于挥发性较好的低环数 PAHs(芴和菲),多呈现为土壤介质向大气的净挥发,显示土壤为大气轻组分 PAHs 的重要二次排放源。对于荧蒽和芘这 2 个化合物,多呈现大气向土壤的净沉降过程,显示土壤是大气高环 PAHs 的接受体。

(4)多环芳烃在气—水界面的交换。热带海洋的水—气交换被认为是全球大气有机污染物来源和迁移的关键。Gigliotti 等(2005)研究了气体在水—气界面交换行为,发现水—气交换是半挥发性有机物在自然环境中的一种重要行为方式。此过程由两个完全相反的作用组成:水体中 PAHs 的挥发作用和大气中 PAHs 被水体吸收作用。当挥发作用大于吸收作用时,水体将是大气的污染源;相反,吸收作用强于挥发作用时,大气将是水体的污染源。城市湖泊多为小型半封闭性的,湖水自我更新能力差,受大气污染的影响最大,极易产生毒害有机污染物的累积,引起整个湖泊生态系统的退化。李军等(2004)以广州市麓湖为对象作了水—气界面 PAHs 交换研究,结果显示:萘、苊、二氢苊的交换通量方向是由湖水挥发进入大气,其他主要化合物都是从大气进入水体;在单个化合物的交换通量中,以菲的通量值为最大,其次为萘、荧蒽、蒽、芘、芴、二氢苊和苊等。PAHs 的交换通量除了受到化合物本身的理化参数的决定外,气象条件的影响也至关重要,如风速的加大与温度的升高都将加大 PAHs 的交换通量。各化合物交换通量的季节变化特点大部分都是在夏季达到最大值,在冬季降到最小值;唯一例外的是芴,其交换通量却是在夏季为最低值。

(5)多环芳烃在水体—沉积物的分布与分配。吴启航等(2004)采用湿分法将采自珠江广州河段沉积物样品分成 5 个粒径的组分($\Phi>500\mu m$,$500\mu m \geqslant \Phi>220\mu m$,$220\mu m \geqslant \Phi>63\mu m$,$63\mu m \geqslant \Phi>22\mu m$ 和 $\Phi \leqslant 22\mu m$),并测定各组分总有机碳(TOC)和碳黑(BC)的含量。通过对 PAHs 含量与 TOC、BC 含量及粒度进行相关分析,发现 PAHs 含量与 TOC 和 BC 含量及粒度间无明显相关性,说明 TOC 和 BC 的含量及粒度不是影响 PAHs 分布的决定性因素。分析结果表明,样品中大部分的 PAHs 赋存于富含焦碳和煤屑的粒径中,这说明有机质类型是影响 PAHs 的分布特征和富集能力的主要因素。罗孝俊(2005)对伶仃洋及附近海域水体中的 PAHs 的分布与分配进行了采样分析,发现 PAHs 在水体与沉积物间的分配系数(K_p)与水体的总悬浮颗粒物含量(TSS)及盐度间均存在着一定的相关性。K_p 高的 PAHs 更趋向于从水体向沉积物迁移。实验表明:①PAHs 的 K_p 与水体的 TSS 之间存在着负相关性。K_p 随水体的 TSS 的增加而降低,以苊、菲、芘为例,三者的相关系数分别为 $R^2=0.16$、0.42 和 0.44,说明总悬浮颗粒物含量是影响 PAHs 在水体—沉积物分配的因素;②PAHs 的 K_p 与水体盐度之间存在着正相关性。K_p 随水体盐度的增加而增加,苊、菲、芘三者的相关系数分别为 $R^2=0.15$、0.47 和 0.37,说明盐度也是需要考虑的因素。综上所述,PAHs 在水体—沉积物的分布与分配主要由沉积物有机质类型、水体中总悬浮颗粒物含量和水体盐度决定。大气、水、土壤构成一个完整的环境体系,各种环境介质均承载着从各种污染源排放的 PAHs,PAHs 在介质内部及介质之间进行着活跃的迁移交换行为。许多研究表明,化石燃料的不完全燃烧是天然环境中 PAHs 的主要来源,且绝大部分 PAHs 先以气体和颗粒物形态进入大气,然后通过干湿沉降等作用进入水体、土壤等介质,土壤中部分 PAHs 又在地表的冲刷作用下再次进入水体。水体中的 PAHs 更易聚集到沉积物中。

PAHs 在进行大气—土壤—水体—沉积物的迁移转化,沉积物中 PAHs 浓度最高,且含量相对更趋于稳定,所以研究受污染地区沉积物中 PAHs 的分布特征、来源及迁移规律,更能准确表征区域污染的历史与现状,了解人文活动影响的种类和强度。这也是沉积物中PAHs的监测与研究越来越受到关注的原因。

2)多环芳烃的降解

环境中多环芳烃可通过降解而净化,一般有两种方式:光氧化作用和生物还原作用。大气中的多环芳烃主要由光氧化作用降解,如:苯并[a]芘受日光紫外线照射、空气中臭氧及其他氧化作用,形成1,6-醌苯并芘、3,6-醌苯并芘和6,12-醌苯并芘。此外,在天然水体中,水生生物对PAHs也进行某些生物降解作用。降解过程和程度受水的深度、阳光辐射的强度及光的波长、温度和溶解氧等条件的影响。研究表明,土壤中的苯并[a]芘能被微生物分解,翻耕土地为微生物的活动提供更有利条件。一年以后,土壤中的苯并[a]芘的降解率可达80%~90%。

以下分别简介生物降解和非生物降解(光解)。

(1)生物降解。大量的研究证明微生物降解是环境中多环芳烃降解的最主要途径。由于多环芳烃在土壤中存留的时间比较长,许多微生物经过自然驯化,就能以多环芳烃作为碳源得以生长和繁殖。微生物直接将这类化合物转化为CO_2和H_2O,或者转化成较为简单的水溶性较高、容易降解的化合物,从而最大限度地减少多环芳烃对环境中其他生物的影响。目前,许多报道显示在被煤焦油、杂酚油、木馏油和石油等污染的地方,通过人工富集培养等技术,已经分离出许多能够降解多环芳烃的纯菌或混合菌。不论是细菌、真菌还是其他生物,它们对PAHs的降解都是一个复杂的过程。

Treccani等在1954年从土壤中分离并鉴定出一株能降解萘的细菌,在此后的半个世纪里,陆续有数以百计的属于不同菌属的PAHs降解菌从不同的环境中被分离和鉴定(表3-20)。虽然人们从环境中发现的PAHs降解菌几乎在各个菌属中都有分布,但是目前的研究表明,不同的细菌对不同的PAHs的降解能力存在着很大的差别。假单胞菌是目前发现的降解菌种类最多、降解范围最广的菌属,已发现的假单胞菌可以降解几乎所有的四环以下的PAHs。

表3-20 能够降解多环芳烃的微生物

降解菌	目标污染物
Beijernickia sp.	菲、蒽、苯并蒽
Pseudomonas sp.	萘、苊、菲、蒽、荧蒽、芘、苯并蒽
Aeromonas sp.	菲
Mycobacterium sp.	萘、菲、蒽、荧蒽、芘
Arthrobacter sp.	菲、蒽
Alcaligenes sp.	萘、苊、菲、荧蒽、芘、苯并蒽
Micrococcus sp.	菲
Acinetobacter sp.	萘、菲、荧蒽、芘
Burkholderia sp.	萘、菲、荧蒽、芘
Cycloclasticus sp.	萘、苊、菲、蒽、荧蒽、芘

续表 3-20

降解菌	目标污染物
Sphingomonas sp.	萘、菲、蒽、荧蒽、芘、苯并蒽、二苯并蒽
Comamonas sp.	萘、菲、蒽
Agrobacterium sp.	萘、菲、苯并蒽
Chrysosporium phanerochaete	美国环境保护署（USEPA）指定的 16 种 PAHs
Flavobacterium	萘、菲、芘、吡啶
Bacillus	菲、蒽、芘
Brevibacterium	菲、蒽、芘
Fusarium sp.	菲、芘
Cladosporium sphaerospermum	苯并[a]芘
Pichia anomala	萘、菲
Thermus	芘、荧蒽、芘、苯并芘
Penicillium simplicis simum	芘
Pleurotus ostreatus	菲、蒽、芘
Dichomitus squalens	蒽、芘、苯并蒽、苯并芘、二苯并蒽

PAHs 的生物降解取决于分子化学结构的复杂性和微生物降解酶的适应程度，降解的难易程度与 PAHs 的溶解度、环的数目、取代基种类、取代基的位置、取代基的数目以及杂环原子的性质有关，而且，不同种类的微生物对各类 PAHs 的降解机制也有很大差异。近年来研究得比较清楚的代谢途径只有萘、菲之类简单的 PAHs，四环和四环以上的 PAHs 的生物降解途径至今仍是研究的热点。

(a) 好氧降解。细菌对 PAHs 的降解虽然在降解的底物、降解的途径上存在着差异，但是在降解的关键步骤上却是一致的。细菌对 PAHs 好氧降解的第一步是将两个氧原子直接加到芳香核上。催化这一反应的酶被称作 PAHs 双氧化酶，这是一个由还原酶、铁氧还蛋白、铁硫蛋白组成的酶复合物，在该酶的作用下 PAHs 转变成顺-萘二氢二醇，进一步脱氢生成相应的二醇，然后环氧化裂解，而后进一步转化为儿茶酚或龙胆酸，彻底降解。图 3-23 所示即为二、三环芳烃降解的一般途径（张定一等，1990）。进一步的研究表明，在对芘等四环的 PAHs 的降解中，有些菌株需要有少量其他碳源的存在才能发生降解作用，被称为共代谢，而有些则不需要。但对于五环以上诸如苯并[a]芘等 PAHs 的细菌降解，现在通常认为只能是共代谢。

其实，对每种微生物来说，并非只存在着一种 PAHs 的降解方式，Pinyakong 等（2000）在研究 *Sphingomonas* sp. P2 菌株降解菲的时候，分离到 5,6-苯并香豆素、1,5-二羟-2-萘酸等新的中间代谢物，说明了该体系内同时存在着菲的 1,2-位碳与 3,4-位碳的双氧化，原因可能是该菌株内的菲双氧化酶专一性不是很强，从而造成了降解途径的复杂性。真菌对 PAHs 的降解的生化机制完全不同于细菌。一些能够降解木质素的真菌，如属于担子菌纲的白腐真菌中，由于降解木质素的酶系不具有很强的底物特异性，因此这一系统中的酶对 PAHs 的降

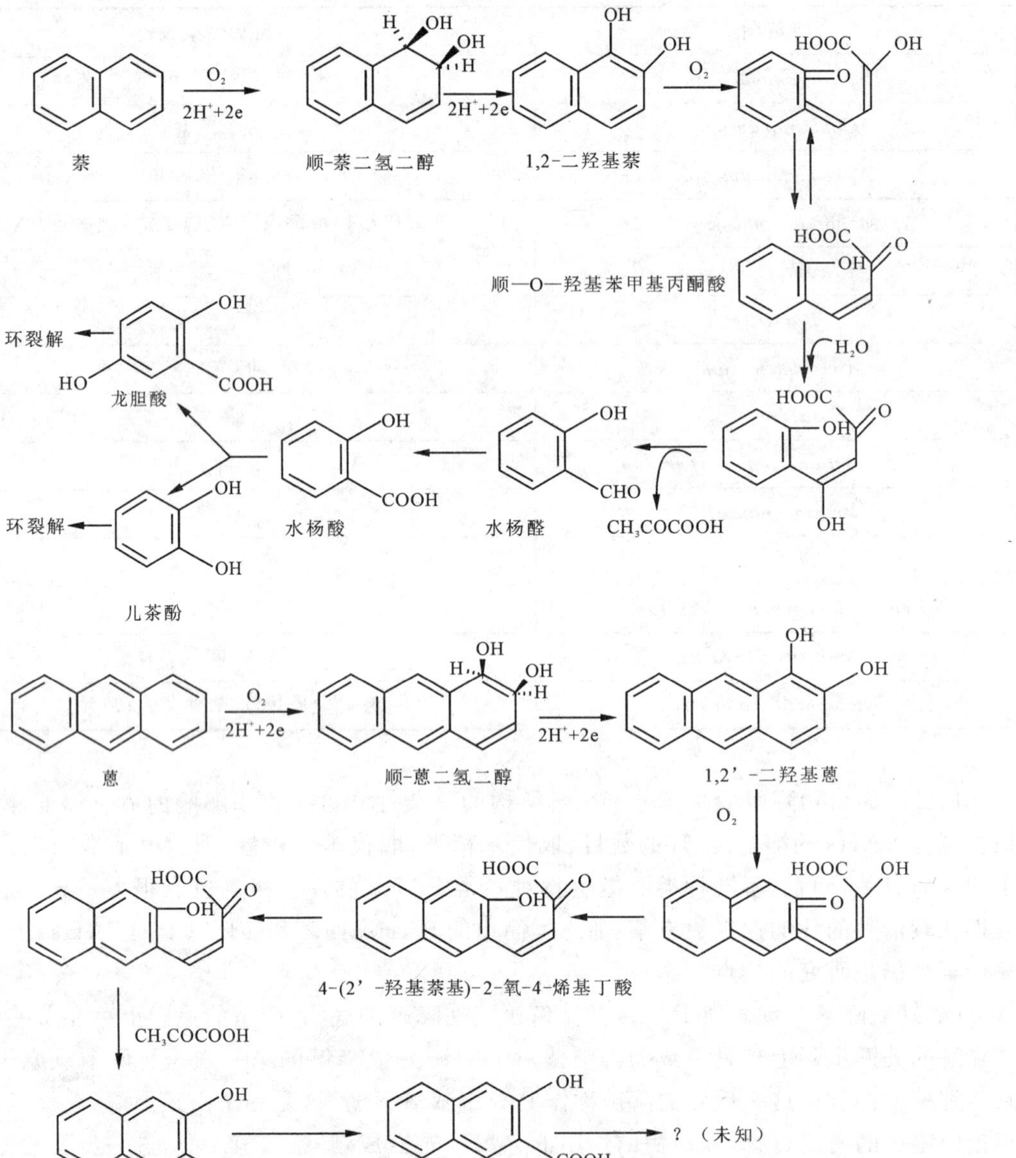

图 3-23　二、三环芳烃降解的一般途径

解也表现出很强的能力。真菌中的过氧化物酶主要有两组：木质素过氧化物酶和依靠锰的过氧化物酶。Hammel 等（1992）的实验发现真菌在这两组酶的作用下可以将 PAHs 降解成醌类。另外，在真菌中还存在着细胞色素 P-450 单氧化酶降解体系，在这个体系中，PAHs 的代谢要分为两步：第一步中有两种酶，首先是细胞色素 P-450 单加氧酶，在这种酶的作用下将一个氧原子加到多环芳烃的苯环上，形成一种环氧化物，有一些环氧化物是不稳定的，会继续反应生成酚类，还有些环氧化物会在另一种酶——环氧化物水解酶的作用下生成反式二氢二醇

式结构。第一步反应的产物会在第二步反应中作为底物,在酶的作用下真菌细胞内的谷胱甘肽、硫酸盐和一些糖基结合到这些底物上去,这一步反应通常会使得这些芳香类化合物的水溶性变高,毒性变低,更容易降解。

总之,真菌降解 PAHs 的各种酶类都是先在真菌的细胞内生成,然后再分泌到细胞的外面,从而实现对 PAHs 的降解。

(b)厌氧降解。多环芳烃可以在反硝化、硫酸盐还原、发酵和产甲烷的厌氧条件下转化,但相对于有氧降解来说,PAHs 的无氧降解进程较慢,其降解途径目前还不十分清楚。可以厌氧降解 PAHs 的细菌相对较少,已有的实验表明,在厌氧的条件下细菌对 PAHs 的降解仅限于萘、菲、芴、荧蒽等一些结构简单、水溶性较高的有机物。

在产甲烷发酵条件下萘的降解途径如图 3-24 所示,其降解途径与单环烃的代谢途径相似。在硫酸盐还原的环境中,对细菌降解代谢产物的检测表明,萘首先通过羧化作用生成 2-萘甲酸,在琥珀酰-辅酶 a 作用下,生成萘酰-辅酶 a,最终导致苯环的裂解。用同位素标记法对菲的厌氧降解的研究表明,它遵循和萘的降解类似的步骤。Zhang 和 Yung(1997)将一产硫菌群应用于萘、菲的厌氧代谢研究,提出了羧基化可能是该系统代谢的第一步反应。

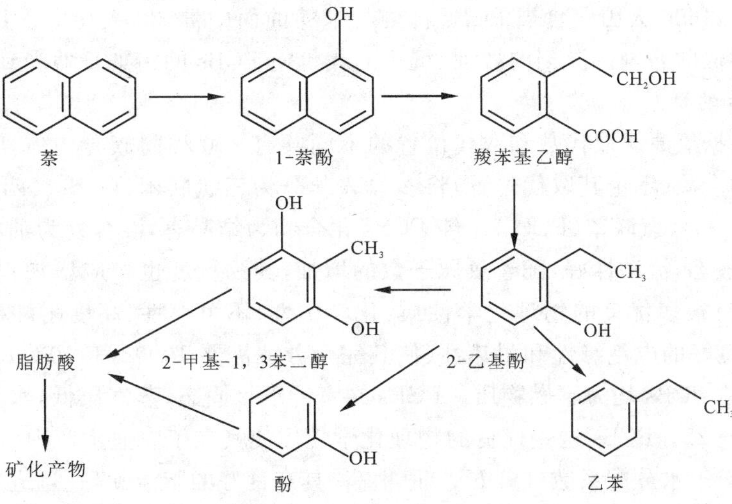

图 3-24 萘降解的产甲烷代谢途径

(2)光催化降解。近年来研究表明,光解是水体中多环芳烃转化的重要途径,如王连生等(1991)以国产高压汞灯及太阳光为光源,系统研究了常见的 17 种多环芳烃在甲醇—水,乙腈—水溶液的光化学降解。结果表明,无论在哪种光源下,多环芳烃的光解均较快。唐玉斌等(1999)研究了紫外光和太阳光下蒽、䓛在甲醇—水溶液中的光解动力学,考察了初始浓度、温度、光照距离等因素对多环芳烃光解的影响。李恭臣等(2008)研究富里酸(FA)对 5 种 PAHs 光降解的作用,认为随 FA 浓度的升高,PAHs 的光解总体受到抑制。

四、多氯联苯

多氯联苯（PCBs），又称氯化联苯，是一类以联苯为原料在金属催化剂作用下高温氯化生成的氯代烃类化合物。通用化学分子式为 $C_{12}H_{10-n}Cl_n$，分子结构如图 3-25 所示。

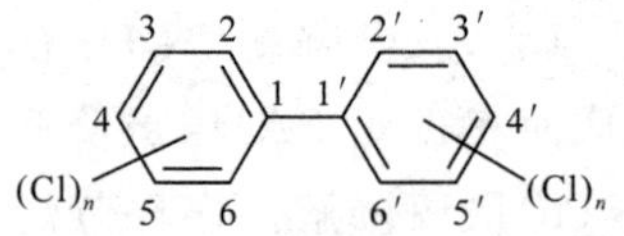

图 3-25 多氯联苯的分子结构

PCBs 由于性质稳定，不易燃烧，绝缘性能优良，广泛应用于热介质、特殊润滑油、可塑剂、涂料、防尘剂、油墨添加剂、杀虫剂及复写纸等的制造和用于电容器、变压器等电力设备中作为绝缘油。当前，虽然 PCBs 已被禁止生产和使用，但 PCBs 自生产以来，由于消费过程中渗漏或有意、无意的废物排放已造成了 PCBs 的大范围污染，并且通过食物链对生物体产生影响。此外，因其具致癌性、生殖毒性、神经毒性和内分泌干扰等，已成为我国、美国、日本等多国重点监控和优先控制的有毒污染物之一。

动物实验表明，PCBs 对皮肤、肝脏、胃肠系统、神经系统、生殖系统、免疫系统的病变甚至癌变都有诱导效应。一些 PCBs 同类物会影响哺乳动物和鸟类的繁殖，对人类健康也具有潜在致癌性。历史上曾有过几次污染教训，尤以 1968 年日本北部九州县发生的震惊世界的米糠油事件最为严重，1600 人因误食被 PCBs 污染的米糠油而中毒，22 人死亡。1979 年中国台湾地区也重演了类似的悲剧。深刻的教训、沉重的代价使 PCBs 的污染日益受到国际上的关注。

1. 多氯联苯的性质

多氯联苯根据氯原子取代数和取代位置的不同共有 200 种同族异构体，我国习惯上按联苯上被氯取代的个数（不论其取代位置）将多氯联苯分为三氯联苯（PCB_3）、四氯联苯（PCB_4）、五氯联苯（PCB_5）和六氯联苯（PCB_6）。纯 PCBs 化合物为结晶态，混合物为油状液体。低氯代 PCBs 化合物呈液态，流动性好，随着氯原子数的增加，其黏稠度也相应增加，呈糖浆状乃至树脂状。PCBs 具有很多优良的物理化学性质：化学惰性、不可燃性、高度耐酸碱、抗氧化性、对金属无腐蚀性、良好的电绝缘性和耐热性（使其完全分解需要 1000～1400℃）。除一氯联苯和二氯联苯外，其他 PCBs 均为不燃物质。PCBs 在室温下呈固态，蒸气压低，水溶性低，很稳定，详细参数见表 3-21。PCBs 这些优良的物理化学性质使其在工农业生产中得到广泛应用。

PCBs 的辛醇—水分配系数（$\log K_{ow}$）值很高，具有良好的脂溶性，一旦进入生物体被吸收的部分多蓄积在多脂肪的组织中，所以肝脏中的含量较高。其在体内的半衰期长达 1～10 年，并且具有很高的生物累积因子，因此低剂量的摄入也会在生物体内累积，对生物健康造成极大的影响。据对米糠油事件受害者调查发现，中毒者多出现严重而持久的痤疮、色素沉积、肝功能紊乱和肝坏死等症状。最近的调查发现，40 年前危害日本的米糠油事件至今仍在影响日本民众的身体健康。

PCBs 由于其氯原子的取代位置和数量的不同毒性有所差异。非邻位取代和邻位单取代单体具有共平面结构，因而有类二噁英性质[二噁英类是迄今为止发现的毒性最大的物质之一，其中 2,3,7,8-四氯二苯并-p-二噁英毒性最强，世界卫生组织（WHO）将其毒性当量因子（toxic equivalency factor, TEF）定为 1]，具有较强的毒性。其中 PCB 126 毒性最大，TEF 值高达 0.1。WHO 对 12 种二噁英类 PCBs 确定了其 TEF 值，如表 3-22 所示。

表 3-21 多氯联苯各同族体的物理化学性质

同族体	数量	熔点 (℃)	蒸气压 (Pa)	溶解度 (g/m³)	Log K_{ow}	BCF (鱼类)	蒸发速率(25℃) [g/(m²·h)]
联苯	1	71	4.9	9.3	4.3	1000	0.92
一氯联苯	3	25~78	1.1	4	4.7	2500	0.25
二氯联苯	12	24~149	0.24	1.6	5.1	6300	0.065
三氯联苯	24	18~87	0.054	0.65	5.5	1.6×10^{-4}	0.017
四氯联苯	42	47~180	0.012	0.26	5.9	4.0×10^{-4}	4.2×10^{-3}
五氯联苯	46	76~124	2.6×10^{-3}	0.099	6.3	1.0×10^{-5}	1.0×10^{-3}
六氯联苯	42	77~150	5.8×10^{-4}	0.038	6.7	2.5×10^{-5}	2.5×10^{-4}
七氯联苯	24	122~149	1.3×10^{-4}	0.014	7.1	6.3×10^{-5}	6.2×10^{-5}
八氯联苯	12	159~162	2.8×10^{-5}	5.5×10^{-3}	7.5	1.6×10^{-6}	1.5×10^{-5}
九氯联苯	3	183~206	6.3×10^{-6}	2.0×10^{-3}	7.9	4.0×10^{-5}	3.5×10^{-6}
十氯联苯	1	306	1.4×10^{-6}	7.6×10^{-4}	8.3	1.0×10^{-7}	8.5×10^{-7}

表 3-22 12 种平面 PCBs 的 TEF 值(据张蓬,2009)

化合物	WHO TEF(1998)	WHO TEF(2005)
PCB 77	0.000 1	0.000 1
PCB 81	0.000 1	0.000 3
PCB 126	0.1	0.1
PCB 169	0.01	0.03
PCB 105	0.000 1	0.000 03
PCB 114	0.000 5	0.000 03
PCB 118	0.000 1	0.000 03
PCB 123	0.000 1	0.000 03
PCB 156	0.000 5	0.000 03
PCB 157	0.000 5	0.000 03
PCB 167	0.000 01	0.000 03
PCB 189	0.000 1	0.000 03

2. 多氯联苯的污染来源

PCBs 具有良好的化学惰性、抗热性、不可燃性、低蒸气压和高介电常数等优点,曾被作为热交换剂、润滑剂、变压器和电容器内的绝缘介质、增塑剂、石蜡扩充剂、新合剂、有机稀释剂、除尘剂、杀虫剂、切割油、压敏复写纸以及阻燃剂等重要的化工产品,广泛应用于电力工业、塑料加工业、化工和印刷等领域。PCBs 的商业性生产始于 1930 年,据 WHO 统计,至 1980 年世界各国生产 PCBs 总计近 1.0×10^6 t,1977 年后各国陆续停产。我国于 1965 年开始生产 PCBs,大多数厂于 1974 年底停产,到 20 世纪 80 年代初国内基本已停止生产 PCBs,估计历年累计产量近万吨。从 20 世纪 50 年代至 70 年代,我国在未被通知的情况下,曾从一些发达国家进口部分含有多氯联苯的电力电容器、动力变压器等。

目前土壤系统中 PCBs 的主要来源为:工业和生活中使用含有 PCBs 工业品的废物垃圾,尤其是废旧生产变压器和电容器的不正确处置;大气中吸附 PCBs 颗粒的沉降,如随雨、雪的沉降和由于重力作用的沉降;含有 PCBs 的水体在流经土壤时通过自然沉积作用和土壤颗粒的吸附作用而进入土壤系统;在一些国家城市污水处理厂消化污泥曾作为农田肥料,也造成了土壤中多氯联苯的污染。

3. 多氯联苯的迁移、转化和归趋

商业合成与非故意产生的 PCBs 排放到环境中后,经大气和水体远距离传输,广泛存在于全球环境中,即使在遥远的南北极都能够检测到 PCBs。在 PCBs 的传输过程中各种环境介质都扮演着重要的角色。人为活动产生的 PCBs,经废气、废水以及固体废弃物等进入环境,经地表径流以及大气输送进入全球环境。在陆地、大气、水体、沉积物以及生物圈等不同体系之间交替循环,但其稳定性决定了 PCBs 的最终归宿必定是海底沉积物。在海底的极端条件下,PCBs 将更加稳定,随同颗粒物一起被埋葬后将被微生物缓慢降解。

PCBs 由于低溶解性、高稳定性和半挥发性等特殊的理化性质而易于远程迁移,从而造成全球性的环境污染。从苔藓、地衣到小麦、水稻,从淡水、海水到雨、雪,从赤道到北极地区,还有从北极的海豹到南极的海鸟蛋及人乳中均检测 PCBs 的存在,甚至在几千米高的西藏南迦巴瓦峰上的雪水、江水、森林、土壤、自然植被、家禽内脏及其他动物毛发中也检测出 PCBs 的存在。整体而言,多氯联苯分布有以下特征:①污染面广;②南北半球分布不均衡,北半球分布较多;③纬度分布不均衡,30°~60°N 范围内分布较多;④污染物有向高纬度地带迁移的趋势。基于我国生产和使用 PCBs 的时间及广泛性远不如一些发达的工业国家,总的来说,PCBs 污染不是很严重,我国西藏地区土壤中 PCBs 仅为 0.42ng/g。

PCBs 物质具有半挥发性,能够从水体或土壤中以蒸气形式进入大气环境或被大气颗粒物所吸收,通过大气环流远距离迁移。在较冷的地方或者受到海拔高度影响时会重新沉降到地球上。而后在温度升高时,它们会再次挥发进入大气,进行迁移,即全球蒸馏效应或"蚱蜢跳效应"。这种过程可以不断发生,使得 PCBs 可沉积到地球偏远的极地地区,导致全球范围的污染传播。

土壤像一个大的仓库,不断地接纳由各种途径输入的 PCBs。土壤中的 PCBs 主要来源于颗粒沉降,有少量来源于用作肥料的污泥、填埋场的渗漏以及在农药配方中使用的 PCBs 等。据报道,土壤中的 PCBs 含量一般都比它上部空气中的含量高出 10 倍以上。若仅按挥发损失计,曾测得土壤中的 PCBs 的半衰期可达 10~20 年。土壤中的 PCBs 的挥发除与温度有关外,其他环境因素也有一定影响。实验研究表明,PCBs 的挥发速率随着温度的升高而升高,但随着土壤中黏粒含量和联苯氯化程度增加而降低。通过在施用污泥的实验田中对 PCBs 的持久性和最终归趋的研究发现,生物降解和可逆吸附都不能造成 PCBs 的明显减少,只有挥发过程是最有可能引起 PCBs 损失的主要途径,尤其对高氯取代的联苯更是如此。在土壤中,PCBs 很容易被土壤中有机质牢固吸附,迁移能力很弱。在纵向分布上最高浓度出现在 0~10cm 表层土中,随着深度的增加,PCBs 含量迅速降低,一般横向迁移可以忽略。此外,PCBs 随废油、渣浆、涂料等形式进入水系,可以在水体中缓慢迁移,但由于 PCBs 不易溶于水,最终沉积于水底沉积物中,到达其水体中的最终储库。

五、内分泌干扰物

内分泌干扰物(endocrine disrupting chemicals,EDCs),也称环境类激素(environmental hormone mimic)或环境内分泌干扰物(environmental endocrine disruptors,EEDs),是一类能够影响生物体内天然激素产生、分泌、运输、代谢、结合、作用和消除,从而影响生物体的内稳态和发育的外源性物质。它们可经口摄入、经皮肤吸收、经空气吸入或经生物富集后由食品经口等途径进入人体,通常并不直接作为有毒物质给生物体带来异常影响,但能模拟、强化或抑制激素作用,通过与雌激素受体或其他激素受体结合,干扰那些维持自身平衡、生殖、发育和行为的体内激素的合成、分泌、传输、键合、作用或清除,即使数量极少,也可能对动物和人类生殖发育、神经系统、免疫系统、肿瘤发生和生态学等方面产生影响。目前,EDCs 污染已成为备受关注的重大环境问题,是国际研究的新热点,被认为是继臭氧层空洞和气候变暖之后又一新的地球环境污染问题。

1. 内分泌干扰物的种类

全世界约有 1000 万种化学物质,但只有一部分化学物质具有内分泌干扰活性。迄今为止的研究结果显示,地球上已发现有 70 多种(类)能干扰内分泌的化学物质。

EDCs 的来源主要有 3 类。

(1)天然激素。动物和人体内存在着天然的激素,如雌酮、雌二醇和雌三醇,它们在肝脏中经过氧化、羟基化、还原和甲基化作用而代谢成无活性的结合物后排泄到环境中。环境中的微生物可将无活性物质分解成有活性的激素再释放到环境中。

(2)植物性激素和真菌激素。许多植物中含有具有内分泌干扰活性的物质,其本身或代谢物具有与雌激素受体结合产生弱雌激素活性的效能。人类食物中植物性雌激素主要存在于豆科植物中。如大豆含丰富的异黄酮,豆芽中含丰富的拟雌内酯。另外,在种子和干果中植物激素含量也很高。真菌激素主要是指由真菌产生的具有类激素活性的物质,这类物质经常污染谷物和玉米,从而进入人和动物体内产生内分泌干扰作用。

(3)人工合成的 EDCs。随着工农业的发展,研究发现越来越多的工农业原料、中间产品和成品都有内分泌干扰活性。人工合成的化学物质中许多物质有一定的雌激素活性,包括某些农药及其代谢产物、杀虫剂及工业化学品等,它们来源于工农业生产所用原材料、中间产物、成品以及某些日常生活用品(如洗涤剂及表面活性剂的壬基酚)。还有些并非人工合成,没有任何用途的环境持久性有机污染物,如多氯二苯并二噁英(PCDD)和多氯二苯并呋喃(PCDF)等。它们作为污染物存在于空气、水和土壤环境中。

环境中的内分泌干扰物的种类分布十分广泛,按化合物种类可包含以下几类(表 3-23)。

表 3-23 环境中内分泌干扰物的分类

种类	化合物
金属和非金属元素	砷、铅、镉、汞、铜、锰、锡
有机金属化合物	三丁基锡、三丁基锡氯化合物、三丁基锡氧化物、三丁基锡乙酸盐、三苯基锡、三苯基锡氢氧化物、环己锡、代森锰、代森锰锌、代森锌、福美锌、代森联、二甲基汞
卤代烃 (有机氯杀虫剂)	滴滴涕及其代谢物:p,p'-DDT、o,p'-DDT、p,p'-DDD、p,p'-DDE; 有机氯杀虫剂:毒杀芬、开蓬、灭蚁灵、氯丹、七氯、七氯环氧化物、硫丹、艾氏剂、狄氏剂、异狄氏剂; 八氯苯乙烯、溴代氯丙烷
卤代苯和联苯	六六六及其异构体:γ-HCH、α-HCH、β-HCH; 多氯联苯:四氯联苯、五氯联苯、六氯联苯; 多溴联苯:四溴联苯、五溴联苯、六溴联苯、多溴联苯醚; 多氯苯并呋喃:四氯二苯并呋喃
多环芳烃	苊、蒽、菲、䓛、芘、苯并[a]芘、苉并芘、苯并[a]蒽、苯并荧蒽、丁基萘
酞酸酯	二甲基酞酸酯、二乙基酞酸酯、二丙基酞酸酯、二丁基酞酸酯、二戊基酞酸酯、二己基酞酸酯、二环己基酞酸酯
取代苯	苯乙烯、苯甲酮、丁基苯、对硝基甲苯
酚类	二氯酚、五氯酚、$C_{5\sim9}$烷基酚、壬基酚、双酚A、丁羟基甲苯、二丁基羟基甲苯、丁羟基苯甲醚
有机磷杀虫剂	对硫磷(乙基对硫磷)、马拉硫磷
氨基甲酸酯杀虫剂	西维因、涕灭威
拟除虫菊酯杀虫剂	拟除虫菊酯、聚氰菊酯、苄氯菊酯、氰戊菊酯、顺式氰戊菊酯(来福灵)、丙烯菊酯
除草剂、杀菌剂	氯代三嗪:阿特拉津、西玛津; 硫代三嗪:塞克津; 氯苯氧乙酸:2,4-滴、2,4,5-涕; 氯代硝基苯醚:除草醚; 氯代甲氧苯胺:甲草胺、异丙甲草胺; 氯代苯酰胺:乙烯菌核利(农利灵); 氯代苯腈:百菌清; 氨甲基甲酸酯:苯菌灵

2. 内分泌干扰物的来源

环境内分泌干扰物按来源可分为天然和人工合成两大类。天然内分泌干扰物指内源性雌激素,主要包括 17α-雌二醇(17α-E2)、17β-雌二醇(17β-E2)、雌三醇、雌酮(E1)。天然雌激素主要来源于人类和畜禽粪便的排放。

人工合成内分泌干扰物指外源性雌激素,既包括与雌二醇结构相似的类固醇衍生物,也包括结构简单的同型物,即非甾体雌激素,它们常被作为药物使用,主要有壬基酚、双酚A、己烯雌酚、17α-乙炔基雌二醇等。另外,常见的具有环境雌激素活性的环境化学物质还有:环境中某些氯代芳烃或氯代环烃,如二噁英、多氯联苯;去污剂或洗涤剂中的表面活性剂,如非离子表面活性剂烷基酚聚氧乙烯醚(APEs);作为人工合成的雌激素药物,如乙炔雌二醇,在体内的稳定性仍高于雌二醇等天然雌激素,但低于杀虫剂等人工合成雌激素。这些主要来源于含有雌激素的日用品,包括各种塑料制品、洗涤剂、稀释剂及表面活性剂,电子产品中的电路板,含甲基苯、苯胺、酚、烷基类、硝基类化合物的化工产品,包括合成洗涤剂、防腐剂,饮料罐的内壁涂层、香料、装潢材料,聚氯乙烯、塑料制品等以及农业生产中喷施的杀虫剂。

不同环境介质中,化工废气、汽车尾气、农药喷施,特别是垃圾焚烧(产生二噁英和多氯联苯),是造成空气环境内分泌干扰物的污染源。化学工业有机废水随意排放,水处理中三氯甲烷、氯代乙酸等加氯消毒副产物的排放,工业废弃物堆放场、垃圾填埋场和土壤中污染物随降水的渗入,是水环境介质中内分泌干扰物的污染源。有机氯、有机磷、氨基甲酸酯杀虫剂和除草剂的大量使用并残留,空气污染物的沉降,造成土壤中环境内分泌干扰物的污染。

农业生产中特别重要的一类污染源是农膜残留导致酞酸酯的土壤污染。

农膜的基质材料为聚氯乙烯(PVC)或聚乙烯(PE),为了保持 PVC、PE 农膜的可塑性和柔韧性,一般需添加 40% 以上的增塑剂,主要是酞酸酯类化合物。增塑剂的主要品种有邻苯二甲酸二(2-乙基己)酯(邻苯二甲酸二辛酯,DEHP)、邻苯二甲酸二异辛酯(DIOP)、邻苯二甲酸二甲酯(DMP)、邻苯二甲酸二乙酯(DEP)和邻苯二甲酸二正丁酯(DNRP)等。在我国常用的为后 3 种含碳数较少的酞酸酯增塑剂。

自 2000 年以来,我国农膜年产量超过 100×10^4 t,并以每年 10% 的速度增长,使用范围已不再限于大棚和果蔬等高产值作物,在花生、棉花、玉米等大田作物中也广泛应用。据不完全统计,我国 2000—2004 年的农膜年均消费量超过 120×10^4 t,2005—2008 年的年均消费量达 140×10^4 t,其中棚膜用量为 90×10^4 t,地膜用量为 50×10^4 t。

我国目前地膜拣出率平均不足 30%。每年地膜用量为 $6\sim9$ kg/km^2,按 50% 残膜率计算,每年残留土壤中的地膜为 $3\sim4.5$ kg/km^2。随累积时间的增长,遍地残膜形成所谓的"白色污染",地膜分解后,在土壤中积累的酞酸酯残留量有增大的趋势。

3. 土壤中的分布

大量研究表明,由于沉降和富集作用,水体及其沉积物中环境内分泌干扰物污染的分布量最大,其次为土壤和空气。由于污染源和污染方式不同,土壤环境中内分泌干扰物的分布具有明显的地域特征。

据 2000 年统计数据,我国每年施用农药达 $(50\sim60)\times10^4$ t,其中约 80% 的农药直接进入环境。我国虽然先后已停止生产六六六、DDT、氯丹、七氯、除草醚等农药,但 30 年来积累使用六六六 490 多万吨,DDT 40 多万吨,占国际用量的 20%。1999 年各类农药年产总量为 12×10^4 t,其中杀虫剂占 77.8%。由于混配农药生产和农药的配合使用,可能存在着多种环境内分泌干扰物,其中相当大部分残留于土壤或随降水渗入水体。在传统农业区,残留六六六(HCHs)和滴滴涕(DDTs)最高浓度均可达 1000ng/kg。

农用薄膜残留导致酞酸酯的土壤污染不容忽视。据报道,北京西郊某污水灌区 $0\sim20$ cm 的表层土壤中邻苯二甲酸二正丁酯(DNBP)含量为 59.8mg/kg,邻苯二甲酸二辛酯(DEHP)为 16.8mg/kg,分别高出清洁区土壤背景值 50 倍和 80 余倍。在曾经大量使用 PVC 农膜的沈阳市近郊大棚蔬菜生产区,单斜面 PVC 塑料大棚内土壤中,邻苯二甲酸二正丁酯(DNBP)含量为 $0.468\sim0.737$ mg/kg,邻苯二甲酸二辛酯(DEHP)含量为 $0.263\sim0.993$ mg/kg,比在荒地采集土样中的二者含量高1~4倍。

河流、湖泊底泥和近海海域沉积物中可积蓄各种持久性有机污染物，其中大部分为内分泌干扰物。其种类和含量为 HCHs 0.2~13ng/g（干重）、DDTs 0.22~90ng/g（干重），个别河段高达1500ng/g（干重）、PCBs 为 0.6~73ng/g（干重）、三丁基锡为 20~38ng/g（干重）、PAEs（酞酸酯）为 29.8~114.2mg/kg。一般情况下，河湖底泥中上述内分泌干扰物的含量较近海海域沉积物中的含量要高十多倍。

4. 内分泌干扰物的毒性作用

1）代谢

外源性物质（包括环境内分泌干扰物）在哺乳动物体内的生物代谢经历了两个基本阶段，即代谢阶段Ⅰ和阶段Ⅱ。利用单氧化酶、还原酶和水解酶，经过氧化、还原或水解反应，使得一些活性官能团结合到底物分子上，代谢进入阶段Ⅰ；然后经过与葡萄糖醛酸、硫酸或氨基酸通过共价键结合，再进入代谢阶段Ⅱ。这种结合使得外源性物质分子的亲水性增强，更易于排泄，最终以不同形式排出体外。在上述代谢过程中，必须相应的生物酶来实现转化。

能够代谢内分泌干扰物的酶包括 CYP 类酶、儿茶酚-σ-甲基转移酶、脱氢酶（如 11β-羟类固醇脱氢酶）、硫基转移酶、谷胱甘肽转移酶和葡萄糖醛酸基转移酶等。CYP 类酶对内分泌干扰物和类固醇的氧化代谢产物的形成有重要贡献。一些微粒体 CYP 酶代谢的底物（羟基化类固醇及一些内分泌干扰物）有着较为宽泛的专一性，催化过程通常是代谢反应的控制步骤。酶的功能和活性直接影响由内分泌干扰物引发的生殖、发育和其他健康问题。

内分泌干扰物通过一系列氧化、还原或共轭反应代谢。代谢作用能够使内分泌干扰物失去活性，或从非激素活性的化合物产生激素活性的代谢物。PCBs、DDT 和甲氧 DDT 被代谢成雌激素活性、抗雄激素活性或类甲状腺激素活性的产物。非雌激素的壬基酚聚氧乙烯基醚在鼠体内会被代谢为雌激素活性较强的壬基酚。CYP 和共轭酶可转化壬基酚和双酚A成为未知活性的产物。DDE 的代谢物甲磺酰 DDE，会进一步代谢为毒性更强的衍生物。各种有机氯代物的代谢最为困难，例如甲氧 DDT 会同时诱发和抑制 CYPs；一些 PCBs 类物质也会诱发 CYP1As，但也会通过抑制使其失去活性。

2）蓄积

环境内分泌干扰物大多具有脂溶性，能在动物和人体脂肪组织中长期滞留。人体可通过消化道、呼吸道、皮肤接触等摄入途径，产生内分泌干扰物的环境暴露，也可能由于以往的暴露摄入而承受一定量的环境内分泌干扰物负荷。

生物富集倍数（bioaccumulation factor，BCF）被用来描述化学物质在生物体内的累积程度。同一化学物质对不同生物的暴露所导致的生物富集倍数不同，例如：对二丁基锡（TBT），微生物的 BCF 值为 1000~10 000，藻类和菌类的 BCF 约为 3000。表 3-24 为鱼类对部分 EDCs 的生物富集倍数。

对外源性化合物的吸收和排泄速率，因动物物种和器官的不同有很大差别，外源性化合物在动物体内的半衰期受到暴露时间和剂量的影响。表 3-25 中列出了部分内分泌干扰物在不同生物器官或排泄物中的半衰期。

表 3-24 鱼类对部分 EDCs 的生物富集倍数（BCF）

化合物	BCF
二噁英与呋喃	19 000
PCBs	99 677
六氯苯（HCB）	13 130
五氯苯酚（PCP）	1000～4000
2,4,5-三氯苯氧乙酸（2,4,5-涕）	58
2,4-二氯苯氧乙酸（2,4-滴）	10
氨基三唑	2.38
阿特拉津	5.67
甲草胺	6

表 3-25 部分内分泌干扰物在动物体内的半衰期（据邓南圣等，2004）

内分泌干扰物	物种	器官或排泄物	半衰期
TCDD	人类	血液	7.2～8.5a
	大鼠	肝	35d
	鲤鱼	鱼体	300～325d
PCBs	恒河猴	血液	0.3～0.6a
	企鹅	多器官	270d
	虹鳟鱼	鱼体	219d
p,p'-DDE	大鼠	多器官	80～120d
	企鹅	多器官	580d
	银鸥	多器官	264d
5,7,4'-三羟基异黄酮	人类	排泄物	1d
	大鼠	排泄物	1d
壬基酚（NP）	虹鳟鱼	多器官	99h
	黑头呆鱼	全鱼	1.2～1.4d
苯并[a]芘	黑鲈鱼	肝	8.2d

3）体内分布

环境内分泌干扰物在生物体内不同组织和器官中有不同的累积效应。蛋白或循环细胞相结合，才能随血液自由活动进而被器官和细胞吸收。脊椎动物中的脂肪性组织如脂肪、肝脏、卵巢、神经细胞、大脑组织很易蓄积外源性有机物。某些器官的脂肪组织（如乳房）可能是内分泌干扰物活动或储存的重要的直接目标。而当动物处于饥饿或繁殖状态时，这些组织或器官内的化学物会从脂肪中释放出来，导致内分泌干扰物在血液中的含量升高。一般而言，相对于各种器官组织,血液中内分泌干扰物的蓄积浓度低得多。

4)毒性及作用机制

内分泌干扰物的主要靶器官是调节激素的器官或对激素活动产生响应的器官,包括大脑、生殖器、肝脏、子宫、乳房、副肾、前列腺、胎盘以及处于成长初期的器官。大量研究发现,内分泌干扰物对这些器官均有影响,导致生殖系统、神经系统、免疫系统等方面的健康危害。

内分泌干扰物的危害主要有以下3个方面。

(1)干扰生殖系统功能和生物体正常发育,生殖功能下降或出现异常生理现象。对人的危害主要表现为男性性腺发育不良、精液质量下降、不育率增高、生殖器官肿瘤发病率增加和先天性畸形增多。在雄性生殖系统中表现为毒害睾丸,在雌性生殖系统中影响卵巢中的卵泡,可能增加妇女子宫癌和乳腺癌的发病率,使儿童性成熟年龄提前等。对动物的危害表现在使大量野生动物的繁殖能力下降而濒临灭绝,引起动物雌性化现象严重,如鱼类的雌雄同体,雄鱼生殖腺退化、体内出现卵黄蛋白原,同时在幼鱼中出现变态。可导致鸟类繁殖力下降,具体表现为孵化率降低,胚胎发育过程中可能出现变态等。

(2)干扰免疫系统正常功能,降低生物体的免疫力,具有致癌性,容易诱发肿瘤。免疫系统在环境激素的长期作用之下,就会发生免疫失调和病理反应。

(3)干扰神经系统正常功能和发育,损害神经系统,导致行为失控等反常现象。

环境内分泌干扰物的毒性作用机制,归纳起来有如下几种。

(1)直接与受体结合。环境中许多化合物和体内天然的激素竞争性地与受体结合,或阻断激素的生物效能,或由于生物活性微弱而影响激素的效能,或产生激素的效应影响机体生理功能。如DDT、甲氧DDT、开蓬、某些聚氯双酚类化合物以及烷基酚可以干扰雌激素受体的功能;二羧酰胺(dicarboximide)类防霉剂如文可唑啉及其降解产物会结合雄激素受体拮抗雄激素的作用。DDT代谢产物 p,p'-DDT 也能与雄激素受体结合阻断睾酮介导的生物作用。有些化合物可同时作用于多种激素的受体,如 o,p'-DDT 和开蓬能同时结合雄激素和黄体酮的受体而抑制相应的生物活性;其他如壬基酚、甲氧DDT可结合雌激素、黄体酮以及雄激素的受体。

(2)与天然激素竞争血浆和激素结合蛋白。EDCs对人血红蛋白和性激素结合蛋白有一定的亲和力,有机氯化合物能与血清甲状腺素载体结合,通过这种作用,内分泌干扰物减少血液激素结合蛋白对天然激素的吸附,增大天然激素对靶细胞的可得性,从而增强天然激素的作用。

(3)影响激素的受体后效应。许多化合物会干扰激素作用,如金属阳离子会影响钙离子的作用,六六六会减少磷酸肌醇的合成,从而影响丙酮酸激酶C的作用,它莫西芬(tamoxifen)也会抑制丙酮酸激酶C的活性。佛波酯(phorbolester)具有乙酰甘油的作用,激活丙酮酸激酶C;二噁英类杀虫剂、2,3,7,8-四氯二苯并-p-二噁英(TCDD)与甾体激素受体结合后会使受体下调,影响相应激素的生物活性。

(4)直接调节细胞信号途径产生应答。EDCs通过直接调节细胞信号途径产生应答的证据也很多,如高浓度的 p,p'-DDD 可增加小鼠子宫平滑肌细胞中钙的浓度。农药硫丹(endosulfan)阻断γ氨基丁酸调控氯离子通道(GABA)。一些PCBs影响钙的体内平衡(homeostasis)以及蛋白激酶C(protein kinase C)的活性。最近又有关于氯代杀虫剂可促进和加强有丝分裂的蛋白激酶(MAPK)活性的报道。β-六氯环己烷诱导一些特异的ER应答,但并不和ER反应,表明这种化学物质也许是激活一些信号途径,而这些信号途径提高不依赖于配体行为中的ER的活性。

(5) 抑制微管聚合。双酚 A 能明显地抑制微管聚合,诱导微核和非整倍体。这可能是环境内分泌干扰物诱变作用的机制之一。

(6) 环境内分泌干扰物间的协同作用。环境中有多种 EDCs,实验研究表明单个 ECD 对生物影响较小,如果两种或多种 EDCs 同时存在,则会出现惊人的相加作用。环境雌激素协同作用机制尚不完全明了,其协同作用不仅表现在与雌激素受体结合的亲和力提高,也表现在雌激素所调节的生物反应活性提高,这意味着协调作用发生在 HER(血清)水平。

思考题:

1. 汞在环境中的行为作用主要表现在哪些方面?
2. 砷在环境中的行为作用主要表现在哪些方面?
3. 铅在环境中的行为作用主要表现在哪些方面?
4. 土壤有机质对镉/铬的影响是什么?
5. 有机化合物的哪些物理化学性质导致其在环境中的影响加剧?
6. 各类有机物的环境行为有哪些?

第二篇 原生环境地球化学

第四章 土壤环境地球化学

第一节 土壤的基本性质

土壤是成土母质在一定水热条件和生物的作用下，经过一系列物理、化学和生物的作用而形成的。它处于岩石圈、大气圈、水圈和生物圈的交界面上，是陆地表面各种物质能量交换、形态转换最为活跃和频繁的场所。作为独立的历史自然体，土壤既具有其本身特有的发生和发展规律，又有其在分布上的地理规律。

一、土壤的形成及组成

1. 土壤的形成

1) 土壤的形成过程

从地球系统物质循环的观点来看，土壤的形成是自然界物质的地质大循环与生物小循环相互作用的结果。前者是地表岩石因风化作用而释放出的各种植物营养物质随水流进入海洋，由此形成的沉积岩一旦因海底上升再度成为陆地时，又经受风化，重新释放所含营养物质的过程。后者是岩石风化中释放出的植物营养物质一部分被植物所吸收，植物死亡后经过微生物的分解又重新释放供下一代植物吸收利用的过程。

地质大循环为土壤的形成准备了条件，而生物小循环则使土壤的形成成为现实。没有地质大循环就不可能有生物小循环；没有生物小循环则成土母质不可能具有肥力特征而形成土壤。

2) 土壤的形成因素及其作用

土壤是在气候、母质、植被(生物)、地形、时间综合作用下的产物。

(1) 母质：岩石风化的产物，形成土壤的基础物质。它具备一定的分散性、透水通气性以及蓄水和吸附物质的能力；一经植物生长，土壤的肥力特征就逐渐形成。母质对土壤的矿物组成、化学组成和机械组成也有深远影响。

(2)气候:主要是温度和降水。影响岩石风化和成土过程,土壤中有机物的分解及其产物的迁移,影响土壤的水热状况。对地质大循环和生物小循环的速度及强度有明显影响。

(3)生物:土壤形成的主导因素。特别是绿色植物将分散的、深层的营养元素进行选择性地吸收,集中地表并积累,促进肥力发生和发展。

(4)地形:主要起再分配作用,使水热条件重新分配,从而使地表物质再分配。不同地形形成的土壤类型不同,其性质和肥力不同。

(5)时间:决定土壤形成发展的程度和阶段,影响土壤中物质的淋溶和聚积。

土壤是在上述五大成土因素共同作用下形成的。各因素相互影响、相互制约、共同作用形成不同类型的土壤。

在五大成土因素之外,人类生产活动对土壤形成的影响亦不容忽视,主要表现在通过改变成土因素作用于土壤的形成与演化。典型例子是农业生产活动。人类通过耕耘、灌溉、施用化肥和有机肥、农作物的收获等,改变土壤的结构、营养元素组成、含量和微生物活动等,最终将自然土壤改造成为各种耕作土壤。人类活动对土壤的积极影响是培育出一些肥沃、高产的耕作土壤,如水稻土等;同时由于违反自然成土过程的规律,人类活动也造成了土壤退化,如肥力下降、水土流失、盐渍化、沼泽化、荒漠化和土壤污染等消极影响。

2. 土壤的组成

土壤是由固体、液体和气体三相物质组成的疏松多孔体。固相物质包括土壤矿物质和土壤有机体,两者占土壤总量的 90%~95%。液相指土壤水分及其可溶物,两者合称为土壤溶液。气相指土壤空气。土壤中还有数量众多的细菌和微生物,一般作为土壤有机物而视为固相物质。因此,土壤是一个以固相为主的不均质多相体,三相相互联系、制约,成为一个有机整体,构成土壤肥力的物质基础。

1)土壤矿物质

土壤矿物质是岩石经过物理风化和化学风化形成的。按其成因类型可将土壤矿物分成原生矿物和次生矿物两类。

(1)原生矿物。土壤原生矿物是指那些经过不同程度的物理风化,未改变化学组成和结晶结构的原始成岩矿物,主要分布在土壤的砂粒和粉砂粒中,其中,硅酸盐和铝硅酸盐占绝对优势。常见的有石英、长石、云母、辉石、角闪石、橄榄石以及其他硅酸盐类、非硅酸盐类。表 4-1 中列出了土壤中主要的原生矿物组成。

矿物的稳定性很大程度上决定着土壤中原生矿物的类型和数量,极稳定的矿物如石英,具有很强的抗风化能力,因而在土壤粗颗粒中的含量较高。同时,占地壳重量的 50%~60% 的长石类矿物,亦具有一定的抗风化能力,所以在土壤粗颗粒中的含量也较高。

(2)次生矿物。土壤中的次生矿物是由原生矿物经化学风化后形成的新矿物,其化学组成和晶体结构都有所改变。土壤中的次生矿物种类很多,通常根据其性质与结构可分为 3 类:简单盐类、三氧化物类和次生铝硅酸盐类。次生矿物中的简单盐类属水溶性盐,易淋滤流失,一般土壤中较少,多存在于盐渍土中。三氧化物和次生铝硅酸盐是土壤矿物中最细小的部分,粒径小于 $0.25\mu m$,一般称之为次生黏土矿物。土壤很多重要物理、化学过程和性质都与土壤所含的黏土矿物,特别是次生铝硅酸盐的种类和数量有关。

表 4-1 土壤中主要的原生矿物组成

原生矿物	分子式	稳定性	常量元素	微量元素
橄榄石	$(Mg,Fe)_2SiO_4$	易风化	Mg,Fe,Si	Ni,Co,Mn,Li,Zn,Cu,Mo
角闪石	$Ca_2Na(Mg,Fe)_2(Al,Fe^{3+})(Si,Al)_4O_{11}(OH)_2$	↑	Mg,Fe,Ca,Al,Si	Ni,Co,Mn,Li,Se,V,Zn,Cu,Ga
辉石	$Ca(Mg,Fe,Al)(Si,Al)_2O_6$		Ca,Mg,Fe,Al,Si	Ni,Co,Mn,Li,Se,V,Pb,Cu,Ca
黑云母	$K(Mg,Fe)_3(Al,Si_3O_{10})(OH)_2$		K,Mg,Fe,Al,Si	Rb,Ba,Ni,Co,Se,Li,Mn,V,Zn,Cu
斜长石	$CaAl_2Si_2O_8$		Ca,Al,Si	Sr,Cu,Ga,Mo
钠长石	$NaAlSi_3O_8$	较稳定	Na,Al,Si	Cu,Ga
石榴子石			Cu,Mg,Fe,Al,Si	Mn,Cr,Ga
正长石	$KAlSi_3O_8$		K,Al,Si	Ra,Ba,Sr,Cu,Ga
白云母	$KAl_2(AlSi_3O_{10})(OH)_2$		K,Al,Si	F,Rb,Sr,Cr,Ga
钛铁矿			Fe,Ti	Co,Ni,Cr,V
磁铁矿			Fe	Zn,Co,Ni,Cr,V
电气石			Cu,Mg,Fe,Al,Si	Li,Ga
锆英石			Si	Zn,Hg
石英	SiO_2	极稳定	Si	

(a)简单盐类：如方解石（$CaCO_3$）、白云石（$CaMg(CO_3)_2$）、石膏（$CaSO_4 \cdot 2H_2O$）、泻盐（$MgSO_4 \cdot 7H_2O$）、岩盐（$NaCl$）、芒硝（$Na_2SO_4 \cdot 10H_2O$）、水氯镁石（$MgCl_2 \cdot 16H_2O$）等。它们都是原生矿物经化学风化后的最终产物，结晶结构也较简单，常见于干旱和半干旱地区的土壤中。

(b)三氧化物类：如针铁矿（$Fe_2O_3 \cdot H_2O$）、褐铁矿（$2Fe_2O_3 \cdot 3H_2O$）、三水铝石（$Al_2O_3 \cdot 3H_2O$）等，它们是硅酸盐矿物彻底风化后的产物，结晶结构较简单，常见于湿热的热带和亚热带地区的土壤中，特别是基性岩（玄武岩、安山岩、灰岩）上发育的土壤中含量最多。

(c)次生铝硅酸盐类：这类矿物在土壤中普遍存在，种类很多，是由长石原生硅酸盐矿物风化后形成。它们是构成土壤的重要成分，故又称为黏土矿物或黏粒矿物。土壤中次生硅酸盐矿物又可细分为三大类：伊利石、蒙脱石和高岭石。

伊利石、蒙脱石和高岭石形成于岩石风化过程的不同阶段。在干旱和半干旱的气候条件下，风化程度较低，处于脱盐基初期阶段，主要形成伊利石；在温暖湿润或半湿润的气候条件下，脱盐基作用增强，多形成蒙脱石；在湿热气候条件下，风化程度极高，原生矿物迅速脱盐基、脱硅，主要形成高岭石。

伊利石、蒙脱石和高岭石所表现的土壤性质上的差异与它们的晶体结构有密切关系。虽然它们均属片层状结构，即由硅氧原子层（又称硅氧片，由硅氧四面体连接而成）和铝氢氧原子层（又称水铝片，由铝氢氧八面体连接而成）所构成的晶层相重叠而成，但是由于重叠的情况各不相同，所以性质不同。

2) 土壤有机质

土壤有机质是土壤中含碳有机物的总称,一般占土壤固相总质量的10%以下,是土壤形成的主要标志,对土壤性质有很大的影响。

土壤有机质主要来源于动植物和微生物残体,可以分为两大类:一类是组成有机体的各种有机物,称为非腐殖物质,如蛋白质、糖、树脂、有机酸等;另一类是称为腐殖质的特殊有机物,它不属于有机化学中的任何一类,它包括腐植酸、富里酸和腐黑物等。

3) 土壤水分

土壤水分是土壤的重要组成部分,主要来自大气降水和灌溉。在地下水位接近地面(2~3m)的情况下,地下水也是上层土壤水分的重要来源。此外,空气中水蒸气遇冷凝结亦可成为土壤水分。土壤水分并非纯水,实际上是土壤中各种水分和污染物溶解形成的溶液,即土壤溶液。它既是植物养分的主要来源,也是进入土壤的各种污染物向其他环境圈层(如水田、生物圈等)迁移的媒介。

水进入土壤以后,由于土壤颗粒表面的吸附力和微细孔隙的毛细管力,可将一部分水保持住,但不同土壤保持水分的能力不同。砂土由于土质疏松,孔隙大,水分容易渗漏流失;黏土土质细密,孔隙小,水分不容易渗漏流失。气候条件对土壤水分含量影响也很大。

4) 土壤中的空气

土壤空气组成与大气基本相似,主要成分都是 N_2、O_2 和 CO_2。其差异是:①土壤空气存在于相互隔离的土壤孔隙中,是一个不连续的体系;②由于土壤中生物呼吸作用和有机物的分解,O_2 和 CO_2 含量与大气有很大的差异。土壤空气中 CO_2 含量比大气中高得多。O_2 的含量低于大气,而水蒸气的含量比大气中高得多。此外,土壤空气中还含有少量还原性气体,如 CH_4、H_2S、H_2、NH_3 等。如果是被污染的土壤,其空气中还可能存在污染物。

二、土壤的物理性质

1. 土壤质地

从物理学的观点来看,土壤是一个极其复杂的、三相物质的分散系统。它的固相基质包括大小、形状和排列不同的土粒。这些土粒的相互排列和组织决定着土壤结构与孔隙的特征,水和空气就在孔隙中保存和传导。土壤的三相物质的组成和它们之间强烈的相互作用,表现出土壤的各种物理性质。

土壤质地是根据机械组成划分的土壤类型。它主要继承了成土母质的类型和特点,一般分为砂土、壤土和黏土3组,不同质地组反映不同的土壤性质。根据此3组质地中机械组成的组内变化范围,又可细分出若干种质地名称。质地反映了母质来源及成土过程的某些特征,是土壤的一种十分稳定的自然属性,同时,其黏、砂程度对土壤中物质的吸附、迁移及转化均有很大影响,因而在土壤污染物环境行为的研究中常是首要考察因素之一。

土壤质地可在一定程度上反映土壤矿物组成和化学组成,同时,土壤颗粒大小与土壤的物理性质有密切关系,并且影响土壤孔隙状况,对土壤水分、空气、热量的运动和养分转化均有很大的影响。质地不同的土壤表现出不同的性状,如表4-2所示。由表4-2可见,壤土兼有砂土和黏土的优点,而克服了两者的缺点,是理想的土壤质地。

表 4-2 土壤质地与土壤性状

土壤性状	土壤质地		
	砂土	壤土	黏土
比表面积	小	中等	大
紧密度	小	中等	大
孔隙状况	大孔隙多	中等	细孔隙多
通透性	大	中等	小
有效含水量	低	中等	高
保肥能力	小	中等	大
保水分能力	低	中等	高
触觉	砂	滑	黏

2. 土壤孔性和结构

土壤孔隙性质(简称孔性)是指土壤孔隙总量及大、小孔隙分布。其好坏决定于土壤的质地、松紧度、有机质含量和结构等。土壤结构性是指土壤固体颗粒的结合形式及其相应的孔隙和稳定度。可以说,土壤孔性是土壤结构性的反映,结构好则孔性好,反之亦然。

1) 土壤孔性

土壤孔隙的数量及分布,可分别用孔(隙)度和分级孔度表示。土壤孔度一般不直接测定,而以土壤密度和相对密度计算而得。土壤分级孔度,亦即土壤大小孔隙的分配,包含其连通情况和稳定度。

(1) 土壤相对密度。单位容积的固体土粒(不包括粒间孔隙)的干重与4℃时同体积水质量之比,称为土壤相对密度,无量纲。其数值大小取决于土壤的矿物组成,有机质含量对其也有一定影响。土壤学中,一般把土壤矿物平均相对密度(2.6~2.7)的数值 2.65 作为表层土壤的平均相对密度值。

(2) 土壤密度。单位容积的土体(包括粒间孔隙)的烘干重,称为土壤密度,单位为 g/cm^3,受土壤质地、有机质含量、结构性和松紧度的影响,土壤密度数值变化较大。

砂土中孔隙大但数量少,总的孔隙容积较大,一般为 $1.2\sim1.8g/cm^3$;黏土的孔隙容积较小,密度较小,一般为 $1.0\sim1.5g/cm^3$;壤土的密度介于砂土与黏土之间。有机质含量愈高,土壤密度愈小。质地相同的土壤,若有团粒结构形成则密度减小;无团粒结构的土壤,密度大。此外,土壤密度还与土壤层次有关,耕层密度一般为 $1.10\sim1.30g/cm^3$,随土层增深,密度值也相应变大,可达 $1.40\sim1.60g/cm^3$。

土壤密度是土壤学中十分重要的基本数据,可作为粗略判断土壤质地、结构、孔隙度和松紧状况的指标,并可据其计算任何体积的土的质量。

(3) 土壤孔度。土粒或团聚体之间以及团聚体内部的孔隙,称为土壤孔隙。土壤中孔隙的容积占整个土体容积的百分数,称为土壤孔度,也叫总孔度,它是衡量土壤孔隙数量的指标,一般通过土壤密度和土壤相对密度来计算。可由下式推导:

$$土壤孔度(\%)=\frac{孔隙容积}{土壤容积}\times100\%=\frac{土壤容积-土粒容积}{土壤容积}\times100\%$$

$$= \left(1 - \frac{土粒容积}{土壤容积}\right) \times 100\% = \left(1 - \frac{土壤质量/相对密度}{土壤质量/密度}\right) \times 100\%$$

$$= \left(1 - \frac{密度}{相对密度}\right) \times 100\% \tag{4-1}$$

砂土的孔隙粗大,但孔隙数目少,故孔度小;黏土的孔隙狭细而数目很多,故孔度大。一般来说,砂土的孔度为30%~45%,壤土为40%~50%,黏土为45%~60%,结构良好的表层土的孔度高达55%~65%,甚至在70%以上。

土壤孔度仅反映土壤孔隙"量"的问题,并不能说明土壤孔隙"质"的差别。即使两种土壤的孔度相同,如果孔隙大小数量分配各异,土壤性质亦会有很大差异。故此,按照土壤中孔隙的大小及其功能进行了孔隙分类,并用分级孔度表示。但由于土壤固相骨架内的土粒大小、形状和排列多样,粒间孔隙的大小、形状和连通情况极为复杂,难以找到有规律的孔隙管道来测量其直径以进行大小分级。因此,土壤学中常用当量孔隙及其直径——当量孔径(或称有效孔径)代替之。它与孔隙的形状及其均匀性无关。

土壤当量孔径与水吸力的关系按下式计算:

$$d = 3/T \tag{4-2}$$

式中,d 为孔隙的当量直径(mm);T 为土壤水吸力(mbar)。

当量孔径与土壤水吸力成反比,孔隙愈小则土壤水吸力愈大。每一当量孔径与一定的土壤水吸力相对应。按当量孔径大小不同,土壤孔隙可分为3级:非活性孔、毛管孔和通气孔。其中,非活性孔为土壤中最微细的孔隙,当量孔径约在0.002mm以下,几乎总被土粒表面的吸附水所充满,又称无效孔隙;毛管孔乃土壤中毛管水所占据的孔隙,当量孔径为0.002~0.02mm;通气孔则孔隙较粗,当量孔径大于0.02mm,其中水分受重力支配可排出,不具毛管作用,故又称非毛管孔。各级孔度具体计算方法如下:

$$非活性孔度(\%) = \frac{非活性孔容积}{土壤总容积} \times 100\% \tag{4-3}$$

$$毛管孔度(\%) = \frac{毛管孔容积}{土壤总容积} \times 100\% \tag{4-4}$$

$$通气孔度(\%) = \frac{通气孔容积}{土壤总容积} \times 100\% \tag{4-5}$$

2)土壤结构性

土壤结构性是指土壤结构体的种类、数量及结构体内外的孔隙状况等产生的综合性质。

多数情况下,土粒(单粒和复粒)会在内外因素综合作用下相互团聚成一定形状和大小且性质不同的团聚体(亦即土壤结构体),由此产生土壤结构。土壤结构体的划分主要依据它的形态、大小和特性等。目前国际上尚无统一的土壤结构体分类标准。最常用的是根据形态和大小等外部性状来分类,较为精细的分类则结合外部性状与内部特性(主要是稳定性、多孔性)同时考虑。常有以下几类。

(1)块状结构和核状结构:土粒互相黏结成为不规则的土块,内部紧实,轴长在5cm以下,而长、宽、高三者大致相似,称为块状结构。可按大小再分为大块状、小块状、碎块状及碎屑状结构。

碎块小且边角明显的则叫核状结构,系由石灰质或氢氧化铁胶结而成,内部十分紧实。如红壤下层由氢氧化铁胶结而成的核状结构,坚硬而泡水不散。

(2) 棱柱状结构和柱状结构：土粒固结成柱状体，纵轴大于横轴，内部较紧实，直立于土体中，多现于土壤下层。边角明显的称为棱柱状结构，棱柱体外常由铁质胶膜包着；边角不明显，则称为柱状结构体，常出现于半干旱地带的心土和底土中，以柱状碱土碱化层中的最为典型。

(3) 片状结构（板状结构）：其横轴远大于纵轴，发育呈扁平状，多出现于老耕地的犁底层。在表层发生结壳或板结的情况下，也会出现这类结构。在冷湿地带针叶林下形成的灰化土的漂灰层中可见到典型的片状结构。

(4) 团粒结构：包括团粒和微团粒。团粒为近似球形的较疏松的多孔小土团，直径为0.25～10mm，0.25mm以下的则为微团粒。这种结构体在表土中出现，具有水稳性（泡水后结构体不易分散）、力稳性（不易被机械力破坏）和多孔性等良好的物理性能，是农业土壤的最佳结构形态。

近几十年来，农用薄膜的大量使用给土壤结构造成极大破坏。农用薄膜是一种高分子的碳氢化合物，在自然环境条件下不易降解。随着地膜栽培年限的延长，耕层土壤中残留膜量不断增加，在土壤中形成了阻隔层，日积月累，造成农田"白色污染"。而土壤中残留薄膜碎片，将改变或切断土壤孔隙的连续性，增大孔隙的弯曲性，致使土壤重力水的移动受到的阻力增大，重力水向下移动较为缓慢，长此以往会明显降低土壤的渗透性能。

3. 土壤水分特征

描述土壤水分特征涉及土壤学中一个重要的概念——土壤水分特征曲线，它是土壤水的基质势或水力吸力与土壤含水量的关系曲线，反映了土壤水的能量和数量之间的关系及土壤水分基本物理特性。

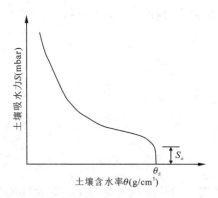

图 4-1　土壤水分特征曲线示意图
（据黄昌勇，2000）

1) 基质势与土壤含水率——土壤水分特征曲线

土壤水分的基质势与含水率的关系，目前尚不能根据土壤的基本性质从理论上分析得出，通常是用原状土样测定其在不同水吸力（或基质势）下的相应含水率后绘制出来的，如图4-1所示。

当土壤中的水分处于饱和状态时，含水率为饱和含水率 θ_s，而吸水力 S 或基质势 Φ_m 为零。若对土壤施加微小的吸力，土壤中尚无水排出，则含水率维持饱和值。当吸水力增加至某一临界值 S_a 后，由于土壤中最大孔隙不能抗拒所施加的吸力而继续保持水分，于是土壤开始排水，相应的含水率开始减小。饱和土壤开始排水意味着空气随之进入土壤中，故称该临界值 S_a 为进气吸力，或称为进气值。

一般来说，粗质地砂性土壤或结构良好的土壤进气值是比较小的，而细质地的黏性土壤的进气值相对较大。由于粗质地砂性土壤具有大小不同的孔隙，故进气值的出现往往较细质地土壤明显。当吸力进一步提高，次大的孔隙接着排水，土壤含水率随之进一步减小，如此，随着吸力不断增加，土壤中的孔隙由大到小依次不断排水，含水率越来越小，当吸力很高时，仅在十分狭小的孔隙中才能保持着极为有限的水分。

2) 影响因素

(1) 土壤质地：不同质地，其土壤水分特征曲线各不相同。土壤中黏粒含量增多会促使土壤中的细小孔隙发育,因此,黏粒含量愈高,同一吸力条件下土壤的含水量愈大,或同一含水量下其吸力值愈高。图4-2是低吸力下实测的几种土壤的水分特征曲线(只绘出脱湿过程)。其中,黏质土壤随着吸力的提高含水量缓慢减少,而与之相比,砂质土壤曲线则呈先陡后缓的变化。究其原因在于,黏质土壤孔径分布较为均匀,故水分特征曲线变化平缓,而砂质土壤,由于绝大部分孔隙都比较大,随着吸力的增大,这些大孔隙中的水首先排空,土壤中仅有少量的水存留,呈现出一定吸力以下缓平,而较大吸力才体现陡直的特征。

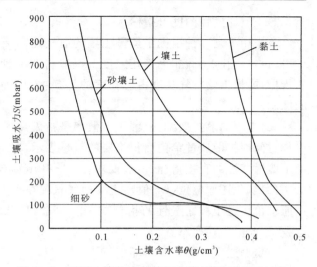

图 4-2 不同土壤的水分特征曲线(据黄昌勇,2000)

(2)土壤结构及土温:土壤结构也会影响水分特征曲线,在低吸力范围内,此种作用更为明显。土壤愈密实,则大孔隙数量愈少,中小孔的孔隙愈多。因此,在同一吸力值下,干容重愈大的土壤,相应的含水率一般也要大些。此外,温度升高,水的黏滞性和表面张力下降,基质势相应增大,或者说土壤水吸力减少,在低含水率时,这种影响表现得更加明显。

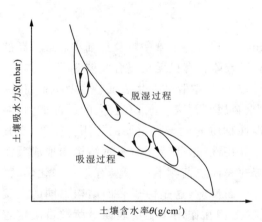

图 4-3 土壤水分特征曲线的滞后现象
(据黄昌勇,2000)
(低吸力脱湿过程)

(3)土壤水分变化过程:土壤水分特征曲线和土壤中水分变化的过程密切相关。对于同一土壤,土壤水分特征曲线并非固定的单一曲线。由土壤脱湿(由湿变干)过程和土壤吸湿(由干变湿)过程测得的水分特征曲线不同(图4-3),这一现象称为滞后现象。

在一定吸力下,砂土由湿变干时,要比由干变湿时含有更多的水分。因此,滞后现象在砂土中比在黏土中明显。产生滞后现象的原因可能与土壤颗粒的胀缩性以及土壤孔隙的分布特点(如封闭孔隙、大小孔隙的分布等)有关。

4. 土壤通气性

1)土壤通气性概念及其重要性

土壤通气性是指气体透过土体的性能,它反映土壤特性对土壤空气更新的综合影响。土壤通气性的好坏,主要决定于土壤的总孔度特别是空气孔度的大小。

土壤通气性对于保证土壤空气的更新有重大意义。实际测定表明,在 20～30℃ 以下,每平方米 0～30cm 表层土壤,每小时的耗氧量高达 0.5～1.7L。设土壤的平均空气容量为 33.3%,其中 O_2 的含量为 20%,如果土壤不能通气,土壤中 O_2 将会在 12～40h 后被耗尽,而 CO_2 含量则会过高地增加,以致危害作物的生长。所以,土壤通气性的重要性可归结为通过与大气交流,不断更新土壤空气组成,保持土体各部分的气体组成趋向均一。

2)土壤通气性的度量指标

常采用下列3种指标来衡量土壤的通气性。

(1)空气孔度:即非毛管孔隙度。一般将非毛管孔隙度不低于10%作为土壤通气性良好的指标,或将土壤空气孔度占总孔度的1/5～2/5,而且分布比较均匀时,作为土壤通气性良好的标志。

(2)土壤的氧扩散率:土壤氧扩散率是指氧被呼吸消耗或被水排出后重新恢复的速率,以单位时间内扩散通过单位面积土层的氧量表示,单位为$mg/(cm^2 \cdot min)$。土壤氧扩散率可作为土壤通气性的直接指标,一般要求在$30\sim40mg/(cm^2 \cdot min)$以上,植物才可良好生长。

(3)氧化还原电位(Eh值):土壤通气状况在很大程度上决定了其氧化还原电位,所以氧化还原电位也是土壤通气性的指标之一。一般以Eh值300mV为界,大于此值土壤处于氧化态,小于此值为还原态。

3)土壤通气性的生态与环境意义

土壤通气性好坏直接与土壤中植物的生长、微生物群落组成和活性以及溶解氧等相关,因而影响到土壤中养分元素、污染元素、有机化学品等众多物质的环境行为。通气良好的土壤中,植物根生理活动旺盛,根分泌作用强,好气性微生物数量增加、活性增强,土壤中溶解氧浓度高,从环境意义角度,势必对重金属、农药等有机污染物在土壤中的迁移转化及降解过程产生影响,因而在污染土壤的修复研究中有着重要的意义。

三、土壤化学性质

1. 土壤胶体特性

土壤胶体是指土壤中粒径小于$2\mu m$或小于$1\mu m$的颗粒,为土壤中颗粒最细小而最活跃的部分。按成分和来源,土壤胶体可分为无机胶体、有机胶体和有机无机复合胶体3类。

土壤胶体由微粒核及双电层两部分构成,这种构造使土壤胶体产生表面特性及电荷特性,表现为具有较大的表面积并带有电荷,能吸持各种重金属等污染元素,有较大的缓冲能力,对土壤中元素的保持和缓冲酸碱变化以及减轻某些毒性物质的危害有重要的作用。此外,受其结构的影响,土壤胶体还具有分散、絮凝、膨胀、收缩等特性,这些特性与土壤结构的形成及污染元素在土壤中的行为均有密切的关系。而它所带的表面电荷则是土壤具有一系列化学、物理化学性质的根本原因。土壤中的化学反应主要为界面反应,这是由于表面结构不同的土壤胶体所产生的电荷,能与溶液中的离子、质子、电子发生相互作用。土壤表面电荷数量决定着土壤所能吸附的离子数量,而由土壤表面电荷数量与土壤表面积所确定的表面电荷密度,则影响着对这些离子的吸附强度。土壤胶体特性影响着污染元素、有机污染物等在土壤固相表面或溶液中的积聚、滞留、迁移和转化,是土壤对污染物有一定自净作用和环境容量的基本原因。

2. 土壤胶体的吸附性

土壤是永久电荷表面与可变电荷表面共存的体系,可吸附阳离子,也可吸附阴离子。土壤胶体表面离子能通过静电吸附与溶液中的离子进行交换反应,也能通过共价键与溶液中的离子发生配位吸附。因此,土壤学中,将土壤吸附性定义为:土壤固相和液相界面上离子或分子的浓度大于整体溶液中该离子或分子浓度的现象,这时为正吸附。在一定条件下也会出现与正吸附相反的现象,即称为负吸附,是土壤吸附性能的另一种表现。土壤吸附性是重要的土壤化学性质之一。它取决于土壤固相物质的组成、含量、形态和溶液中离子的种类、含量、形态,以及酸碱性、温度、水分状况等条件及其变化,影响着土壤中物质的形态、转化、迁移和有效性。

按产生机理的不同可将土壤吸附分为交换性吸附、专性吸附、负吸附和化学沉淀等方面。

(1)交换性吸附:带电荷的土壤表面借静电引力从溶液中吸附带异性电荷或极性分子。在吸附的同时,有等当量的同性另一种离子从表面上解吸而进入溶液。其实质是土壤固液相之间的离子交换反应。

(2)专性吸附:相对于交换吸附而言,是非静电因素引起土壤对离子的吸附。土壤对重金属离子专性吸附的机理有表面配合作用说和内层交换说等;对于多价含氧酸根等阴离子专性吸附的机理则有配位体交换说和化学沉淀说。这种吸附仅发生在水合氧化物型表面(即羟基化表面)与溶液的界面上。

(3)负吸附:与上述两种吸附相反的,土壤表面排斥阴离子或分子的现象,表现出土壤固液相界面上,离子或分子的浓度低于整体溶液中该离子或分子的浓度。其机理是静电因素引起的,即阴离子在负电荷表面的扩散双电层中受到相斥作用,是土壤体系力求降低其表面能以达体系的稳定,因此凡会增加体系表面能的物质都会受到排斥。在土壤吸附性能的现代概念中的负吸附仅指前一种(阴离子),后者(分子)常归入土壤物理性吸附范畴。

(4)化学沉淀:指进入土壤中的物质与土壤溶液中的离子(或固相表面)发生化学反应,形成难溶性的新化合物而从土壤溶液中沉淀而出(或沉淀在固相表面上)的现象。该过程实为化学沉淀反应,而不是界面化学行为的土壤吸附现象,但在实践上有时两者很难区分。

3. 土壤酸碱性

土壤的酸碱性是土壤的重要理化性质之一,主要决定于土壤中含盐基的情况,是土壤在其形成过程中受生物、气候、地质、水文等因素的综合作用所产生的重要属性。我国土壤的酸碱性(pH)大多在 4.5~8.5 范围内。

1)土壤酸度

根据土壤中 H^+ 的存在方式,土壤酸度可分为两大类,即活性酸度和潜性酸度。

(1)活性酸度:土壤的活性酸度是土壤中氢离子浓度的直接反映,又称为有效酸度,通常用 pH 值表示。

土壤溶液中氢离子的来源,主要是土壤中 CO_2 溶于水形成的碳酸和有机物质分解产生的有机酸,以及土壤中矿物质氧化产生的无机酸,如硝酸、硫酸和磷酸等。此外,由于大气污染形成的大气酸沉降,也会使土壤酸化,所以它也是土壤活性酸度的一个重要来源。

(2)潜性酸度:土壤潜性酸度的来源是土壤胶体吸附的可代换性 H^+ 和 Al^{3+}。当这些离子处于吸附状态时,是不显酸性的,但当它们通过离子交换作用进入土壤溶液之后,即可增加土壤溶液的 H^+ 浓度,使土壤 pH 降低。只有盐基不饱和土壤才有潜性酸度,其大小与土壤代换量和盐基饱和度有关。

(3)活性酸度与潜性酸度的关系。土壤的活性酸度与潜性酸度是同一个平衡体系的两种酸度。两者可以相互转化,在一定条件下处于暂时平衡状态。土壤活性酸度是土壤酸度的根本起点和现实表现。土壤胶体是 H^+ 和 Al^{3+} 的贮存库,潜性酸度是活性酸度的储备。

土壤的潜性酸度往往比活性酸度大得多,两者的比例,在砂土中约 1000;在有机质丰富的黏土中则可高达 $5\times10^4 \sim 1\times10^5$。

2)土壤碱度

土壤溶液中 OH^- 的主要来源,是 CO_3^{2-} 和 HCO_3^- 的碱金属(Na,K)及碱土金属(Ca,Mg)

的盐类。碳酸盐碱度和重碳酸盐碱度的总和称为总碱度,可用中和滴定法测定。不同溶解度的碳酸盐和重碳酸盐对土壤碱性的贡献不同,$CaCO_3$ 和 $MgCO_3$ 的溶解度很小,在正常的 CO_2 分压下,它们在土壤溶液中的浓度很低,故富含 $CaCO_3$ 和 $MgCO_3$ 的石灰性土壤呈弱碱性(pH=7.5~8.5);Na_2CO_3、$NaHCO_3$ 及 $Ca(HCO_3)_2$ 等都是水溶性盐类,可以大量出现在土壤溶液中,使土壤溶液中的总碱度很高,从土壤 pH 来看,含 Na_2CO_3 的土壤,其 pH 一般较高,可达 10 以上,而含 $NaHCO_3$ 和 $Ca(HCO_3)_2$ 的土壤,其 pH 常在 7.5~8.5 之间,碱性较弱。

当土壤胶体上吸附的 Na^+、K^+、Mg^{2+}(主要是 Na^+)等离子的饱和度增加到一定程度时,会引起交换性阳离子的水解作用:

$$\text{土壤胶体} - xNa^+ + yH_2O \rightleftharpoons \text{土壤胶体} \begin{matrix} -(x-y)Na^+ \\ -yH^+ \end{matrix} + yNaOH$$

结果在土壤溶液中产生 NaOH,使土壤呈碱性。此时 Na^+ 饱和度亦称为土壤碱化度。

胶体上吸附的盐基离子不同,对土壤 pH 或土壤碱度的影响也不同,如表 4-3 所示。

表 4-3 不同盐基离子完全饱和吸附于黑钙土时的 pH

吸附性盐基离子	黑钙土的 pH	吸附性盐基离子	黑钙土的 pH
Li^+	9.00	Ca^{2+}	7.84
Na^+	8.04	Mg^{2+}	7.59
K^+	8.00	Ba^{2+}	7.35

4. 土壤氧化性和还原性

土壤氧化性和还原性是土壤的又一个重要化学性质。电子在物质之间的传递引起氧化还原反应,表现为元素价态的变化。土壤溶液中的氧化作用,主要由自由氧、亚硝酸根离子和高价金属离子引起。还原作用是某些有机质分解产物、厌气性微生物生命活动及少量的铁锰等低价氧化物所引起。

1)土壤氧化还原体系及其指标

土壤中的氧和高价金属离子都是氧化剂,而土壤有机物以及在厌氧条件下形成的分解产物和低价金属离子等为还原剂。由于土壤成分众多,各种反应可同时进行,其过程十分复杂。常见的氧化还原体系如表 4-4 所示。

土壤氧化还原能力的大小可用土壤的氧化还原电位(Eh)来衡量,主要为实测 Eh 值,其大小的影响因素涉及土壤通气性、微生物活动、易分解有机质含量、植物根系的代谢作用、土壤的 pH 等多方面。一般旱地土壤的 Eh 为 +400~+700mV;水田 Eh 为 -200~+300mV。根据土壤 Eh 值可以确定土壤有机质和无机物可能发生的氧化还原反应的环境行为。

土壤中氧是主要的氧化剂,通气性良好、水分含量低的土壤的电位值较高,为氧化性环境;渍水的土壤电位值则较低,为还原环境。此外土壤微生物的活动、植物根系的代谢及外来物质的氧化还原性等亦会改变土壤的氧化还原电位值。

表 4-4 土壤中常见的氧化还原体系

体系	E^0(V)		
	pH=0	pH=7	$Pe^0=\lg K$
氧体系 $\frac{1}{4}O_2+H^++e^-\rightleftharpoons\frac{1}{2}H_2O$	1.23	0.84	20.8
锰体系 $\frac{1}{2}MnO_2+H^++e^-\rightleftharpoons\frac{1}{2}Mn^{2+}+H_2O$	1.23	0.40	20.8
铁体系 $Fe(OH)_3+3H^++e^-\rightleftharpoons Fe^{2+}+3H_2O$	1.06	-0.16	17.9
氮体系 $\frac{1}{2}NO_3^-+H^++e^-\rightleftharpoons\frac{1}{2}NO_2^-+\frac{1}{2}H_2O$	0.85	0.54	14.1
氮体系 $NO_3^-+10H^++e^-\rightleftharpoons NH_4^++3H_2O$	0.88	0.36	14.9
硫体系 $\frac{1}{8}SO_4^{2-}+5/4H^++e^-\rightleftharpoons\frac{1}{8}H_2S+\frac{1}{2}H_2O$	0.3	-0.21	5.1
有机碳体系 $\frac{1}{8}CO_2+H^++e^-\rightleftharpoons\frac{1}{8}CH_4+\frac{1}{4}H_2O$	0.17	-0.24	2.9
氢体系 $H^++e^-\rightleftharpoons\frac{1}{2}H_2$	0	-0.41	0

2）土壤氧化性和还原性的环境意义

从环境科学角度来看，土壤氧化性和还原性与有害物质在土壤中的消长密切相关。

（1）有机污染物：在热带、亚热带地区间歇性阵雨和干湿交替对厌氧、好氧细菌的增殖均有利，比单纯的还原或氧化条件更有利于有机农药分子结构的降解。特别是有环状结构的农药，因其环开裂反应需要氧的参与，如 DDT 的开环反应，地亚农的代谢产物嘧啶环的裂解等。

有机氯农药大多在还原环境下才能加速代谢。例如：分解 DDT 适宜的 Eh 值为 $-250\sim 0mV$，艾氏剂也只有在 $Eh<-12mV$ 时才快速降解。

（2）重金属：土壤中大多数重金属污染元素是亲硫元素，在农田厌氧还原条件下易生成难溶性硫化物，降低了毒性和危害。土壤中低价硫 S^{2-} 来源于有机质的厌氧分解与硫酸盐的还原反应，水田土壤 Eh 低于 $-150mV$ 时 S^{2-} 生成量在 100g 土壤中可达 20mg。当土壤转为氧化状态如干旱或半干旱时，难溶硫化物逐渐转化为易溶硫酸盐，其生物毒性增加。如黏土中添加 Cd 和 Zn 等的情况下淹水 5~8 周后，可能存在 CdS。在同一土壤含 Cd 量相同的情况下，若水稻在全生育期淹水种植，即使土壤含 Cd 100mg/kg，糙米中 Cd 浓度大约为 1mg/kg（Cd 食品卫生标准为 0.2mg/kg），但若在幼穗形成前后此水稻田落水搁田，则糙米含 Cd 量可高达 5mg/kg。这是因为土壤中 Cd 溶出量下降与 Eh 下降同时发生。这就说明，在土壤淹水条件下，Cd 的毒性降低是因为生成了 CdS。

5. 土壤中的配位反应

金属离子和电子给予体结合而成的化合物，称为配位化合物。如果配位体与金属离子形成环状结构的配位化合物，则称为螯合物，它比简单的配位化合物具有更大的稳定性。在土壤这个复杂的化学体系中，配位反应广泛存在。

土壤中常见的无机配位体有 Cl^-、SO_4^{2-}、HCO_3^-、OH^- 和特定土壤条件下存在的硫化物、磷酸盐、F^-等,它们均能取代水合金属离子中的配位分子,而和金属离子形成稳定的螯合物或配离子,从而改变金属离子(尤其是某些重金属离子)在土壤中的生物有效性。土壤中能参与螯合作用的基团包括羟基(—OH)、羧基(—COOH)、氨基(—NH$_2$)、亚氨基(=NH)、羰基(C=O)、硫醚(RSR)等。富含这些基团的有机物包括腐殖质、木质素、多糖类、蛋白质、单宁、有机酸、多酚等,最重要的是腐殖质,它不仅数量占优,而且形成的螯合物较稳定。

在土壤中能被螯合的金属离子主要有 Fe^{3+}、Al^{3+}、Fe^{2+}、Cu^{2+}、Zn^{2+}、Ni^{2+}、Pb^{2+}、Co^{2+}、Mn^{2+}、Ca^{2+}等。各元素所形成的螯合物稳定性不同,一般随着土壤的 pH 而变化。在酸性土壤中,H^+、Al^{3+}、Fe^{3+}、Mn^{2+}等浓度增加,可对其他土壤离子产生较强的竞争力;相反,在碱性土壤中,Ca^{2+}、Mg^{2+}等浓度增加,而 Fe^{3+}、Mn^{2+}、Cu^{2+}、Zn^{2+}等离子则因生成氢氧化物沉淀而减少,从而受到 Ca^{2+}、Mg^{2+}等离子的强力竞争,因此螯合状态的比例也差异很大。一些元素,如具有污染性的离子,在形成配合物后,其迁移、转化等特性发生改变,螯合态可能是其在溶液中的主要形态。据此,已有许多研究涉及人工螯合剂的开发,并通过其在土壤中的施用,以降低污染元素在土壤中的生物毒性。

四、土壤生物学性质

在土壤成分中,酶是最活跃的有机成分之一,驱动着土壤的代谢过程,对土壤圈中养分循环和污染物质的净化具有重要的作用。土壤酶活性值的大小可较灵敏地反映土壤中生化反应的方向和强度,它的特性是重要的土壤生物学性质之一。

1. 土壤酶的存在形态

土壤酶较少游离在土壤溶液中,主要是吸附在土壤有机质和矿质胶体上,并以复合物状态存在。土壤有机质吸附酶的能力大于矿物质,土壤微团聚体中酶活性比大团聚体的高,土壤细粒级部分比粗粒级部分吸附的酶多。酶与土壤有机质或黏粒结合,固然对酶的动力学性质有影响,但它也因此受到保护,增强它的稳定性,防止被蛋白酶或钝化剂降解。

酶是有机体的代谢动力,土壤中酶活性大小及变化可作为土壤环境质量的生物学表征之一。土壤酶活性受多种土壤环境因素的影响。

(1)土壤理化性质与土壤酶活性:不同土壤中酶活性的差异,不仅取决于酶的存在量,而且也与土壤质地、结构、水分、温度、pH 值、腐殖质、阳离子交换量、黏粒矿物及土壤中 N、P、K 含量等相关。土壤酶活性与土壤 pH 有一定的相关性,如转化酶的最适 pH 为 4.5~5.0,在碱性土壤中受到程度不同的抑制;而在碱性、中性、酸性土壤中都可检测到磷酸酶的活性,最适 pH 为 4.0~6.7 和 8.0~10;脲酶则在中性土壤中的活性最高;脱氢酶则在碱性土中的活性最大。土壤酶活性的稳定性也受土壤有机质的含量和组成及有机矿质复合体组成、特性的影响。此外,轻质地的土壤酶活性强;小团聚体的土壤酶活性较大团聚体的强;渍水条件引起转化酶的活性降低,却能提高脱氮酶的活性。

(2)根际土壤环境与土壤酶活性:植物根系生长作用释放根系分泌物于土壤中,使根际土壤酶活性产生很大变化,一般而言,根际土壤酶活性要比非根际土壤大。同时,在不同植物的根际土壤中,酶的活性亦有很大差异。例如:在豆科作物的根际土壤中,脲酶的活性要比其他作物根际土壤高;三叶草根际土壤中蛋白酶、转化酶、磷酸酶及接触酶的活性均比小麦根际土壤高。此外,土壤酶活性还与植物生长过程和季节性的变化有一定的相关性,在作物生长最旺盛期,酶的活性也最活跃。

(3)外源土壤污染物质与土壤酶活性:许多重金属、有机化合物包括杀虫剂、杀菌剂等外源污染物均对土壤酶活性有抑制作用。重金属与土壤酶的关系主要取决于土壤有机质、黏粒等含量的高低及它们对土壤酶的保护容量和对重金属缓冲容量的大小。

土壤酶活性的变化可用于表征受农药等有机物污染的土壤质量的演变。这方面的研究工作大部分集中在除草剂对土壤中转化酶、磷酸酶、蛋白酶、硝酸还原酶、脲酶、脱氢酶、过氧化氢酶、多酚氧化酶等的影响方面。农药对土壤酶活性的影响取决于许多因子,包括农药的性质和用量,以及酶的种类、土壤类型及施用条件等,其结果可能是正效应,也可能是负效应,同时也可能生成适于降解某种农药的土壤酶系。一般来说,除杀真菌剂外,施用正常剂量的农药对土壤酶活性影响不大。土壤酶活性可能被农药抑制或激发,但其影响一般只能维持几个月,然后就可能恢复。

2. 土壤微生物特性

土壤微生物是土壤有机质、土壤养分转化和循环的动力;同时,土壤微生物对土壤污染具有特别的敏感性,它们是代谢降解有机农药等有机污染物和恢复土壤的先锋者。土壤微生物特性特别是土壤微生物多样性是土壤的重要生物学性质之一,包括其种群多样性、营养类型多样性和呼吸类型多样性3个方面。

3. 土壤动物特性

土壤动物特性包括土壤动物组成、个体数或生物量、种类丰富度、群落的均匀度、多样性指数等,是反映环境变化的敏感生物学指标。

土壤动物作为生态系统物质循环中的重要分解者,在生态系统中起着重要的作用,一方面积极同化各种有用物质以建造其自身,另一方面又将其排泄产物归还到环境中不断地改造环境。它们同环境因子间存在相对稳定、密不可分的关系。当前研究多侧重于应用土壤动物进行土壤生态与环境质量的评价方面,如依据蚯蚓对重金属元素具有很强的富集能力这一特性,已普遍采用蚯蚓作为目标生物,将其应用到了土壤重金属污染及毒理学研究上。对于通过农药等有机污染物质的土壤动物监测、富集、转化和分解,探明有机污染物质在土壤中快速消解途径及机理的研究,虽然刚刚起步,但备受关注。有些污染物的降解是几种土壤动物以及土壤微生物密切协同作用的结果,所以土壤动物对环境的保护和净化作用将会受到更多的重视。

第二节　土壤的环境地球化学异常

地球化学异常是指在给定的空间或地区内化学元素含量分布或其他化学指标对地球化学背景的偏离。范围、尺度不同,目标域大小不同,地域不同,异常下限和背景值也不同。由于土壤中化学元素含量分布高于或低于地球化学背景,甚至在矿体周围出现高于背景值百倍至千倍的量级而引起环境发生质的变化。所以,土壤环境地球化学异常是环境地球化学工作的重要内容之一。

土壤的环境地球化学异常研究主要包含矿床及成矿带地球化学异常、元素的地球化学迁移和区域地球化学异常等内容。

一、矿床及成矿带地球化学异常

由于地表剥蚀出露的矿体日益减少,20 世纪 70 年代以来,盲矿、掩埋矿已逐步成为主要找矿对象,因而找矿难度加大。为了提高找矿效果和经济效益,在此后的 20 年间,国内外对各种地质成矿模式及各种找矿模式,特别是地球化学异常模式找矿的研究工作,日益广泛和深入。

矿床或成矿带地球化学异常用于找矿是通过其地球化学异常模式来实践的,它是对所研究的地质客体所产生的各种地球化学异常特征的概括。通过总结已知矿体、矿床、矿田的各种地球化学异常特征,包括原生异常和次生异常、元素组合的水平及垂向分带、异常的展布及发育等特征,力求反映出它们与各种地质客体(主要是矿)在空间、时间、成因上的关系,从而指出最优的方法以及各种找矿评价指标。尽管成矿的地质条件很复杂,且各有特点,但同一类型矿床多具有共性的内容,是可类比的。例如:斑岩铜矿矿床都具有一定的元素组合分带特点,因而这种异常模式具有指导异常评价的作用。又如:元素的轴向分带特征是寻找盲矿和判断矿体剥蚀程度的有效途径。虽然各个矿床元素分带组合不尽相同,但总的元素分带序列还是有一定规律的,特别是同类型矿床更是如此。对于次生地球化学异常模式(又称为"晕"),在不同的景观地球化学条件下,由于发育程度不同,因而工作方法也不同,但在同一景观地球化学条件下,都具有共同的、特定的、相适应的以及最优的工作方法。所以,进行地球化学异常模式的总结和研究,不仅是必要的,而且是可能的。当然,在应用这些模式时,要特别注意具体的条件,不能简单盲目地照搬,要密切注意矿床的控矿因素、成因类型、找矿标志的异同点,尽可能地搞清指示元素的主要载体,弄清它与矿体的关系及指示意义。图 4-4 就是建立在矿体尺度上表现出的地球化学异常模式。

地球化学异常模式按其成因分为原生地球化学异常模式和次生地球化学异常模式两类。原生异常模式是指主要由原生晕构成的特征;次生异常包括次生晕和分散流异常构成的特征。按其与所反映的地质客体的范畴,可划分为矿体、矿床、矿田系列等地球化学异常模式。

地球化学异常模式的建立,都遵循从低级到高级、从简到繁、从点到面的原则。对于一个出露的矿体、矿点,首先可取得的是剥蚀出露的矿体特征元素组合、原生异常及次生异常形态和发育特征的模式,从而可指出寻找这种剥蚀出露矿体的指标和方法的合理布局。随着工作程度的深入和工作量的增加,可得到不同剥蚀程度的矿体、矿床、盲矿体的异常模式和指标,并通过若干个同类型或同一系列矿床地球化学异常模式的总结,能得出更广泛、更确切及更具指导意义的找矿评价指标,指出找矿方向。显然,用于找矿目的是地球化学异常,即某些元素含量高于或低于土壤地球化学背景值,也是环境地球化学的关注点。因为异常高于或低于背景值会使环境中生物发生病变,甚至种群发生改变。如围绕在铜矿体周边的土壤中因为高含量铜而生长一种特殊植物——海州香薷(俗称铜草),因而铜草作为指示植物也可以用于含铜矿床的勘探。

二、元素的地球化学迁移

地壳中存在的各种元素,在内外动力地质作用下不断地迁移。这种迁移指元素由于其性质不同,在自然界各种因素影响下不断结合、分离、集合、分散的运动。这样就造成某些元素相对集中,而某些元素则相对分散。研究元素的集中分散规律,有助于寻找有用矿产,合理开发

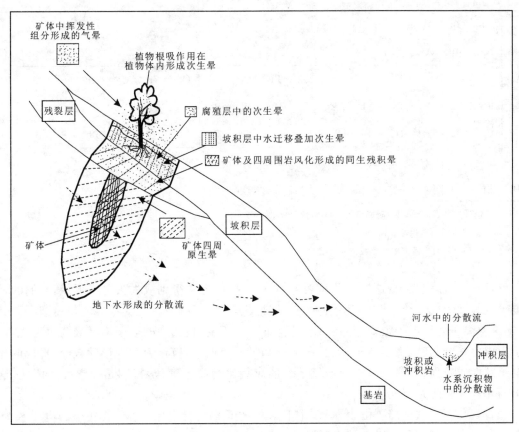

图 4-4 建立在矿体尺度上的地球化学异常模式

利用土地资源,了解环境地球化学成因,阐明人类健康和某些地方疾病与元素集中分散的关系。近代科学研究发现,人体中所含的 60 多种元素,在地壳中都可以找到。从总体上来看,人体内元素的平均质量分数(丰度)与地壳中元素的丰度有明显的相关性。这是人类与生存环境之间进行长期物质交换,建立动态平衡的结果。在某些因素影响下,地壳中的化学元素发生迁移、分散或积累,使人体内某些必需元素不足或过剩而发病。因此,研究元素迁移分散与积累的机制对探索地方病的病因,改善人类生存条件都有理论和实践意义。

1. 影响元素迁移的内在因素

1)元素原子(离子)最外层电子结构

在地球化学中,按元素原子结构及其在自然界的一般存在形式,将元素分为 3 种类型(表 4-5)。

表 4-5 元素的离子类型

He	Li	Be	B	C	I								N	O	F
Ne	Na	Mg	Al	Si									P	S	Cl
Ar	K	Ca	Sc	Ti	V	Cr	Mn	Fe	Co	Ni	Cu	Zn	Ca	Gc	As	Se	Br
Kr	Rb	Sr	Y	Zr	Nb	Mo	Tc	Ru	Rh	Pd	Ag	Cd	In	Sn	Sb	Te	I
Xe	Cs	Ba	TR*	Hf	Ta	W	Re	Os	Ir	Pt	Au	Hg	Tl	Pb	Pi	Po	At
						Ⅲ							Ⅱ				
Rn	Fr	Ra	Ac*														

注：Ⅰ.惰性气体型离子；Ⅱ.铜型离子；Ⅲ.过渡型（铁型）离子。
左边亲氧性强；右边亲硫性强。
TR*、Ac*分别为稀土族元素及锕系元素。

(1)惰性气体型离子：这类离子是表 4-5 中Ⅰ区的元素得到或失去电子形成，它们的最外层电子数为 2 个或 8 个，外电子层结构完全同惰性气体一样，故称之为惰性气体型离子。其特点：①这类离子外层电子很稳定，在自然条件下一般不变，且其中的电子不易吸收可见光，因而离子不成色；②同其他类型离子相比，在电价和半径相近时，极化力和变形性较小，形成的化合物电子键性质较强；③这类离子能与氧结合形成氧化物或含氧盐，特别是硅酸盐。因此，这类离子的元素又称为亲氧元素。

(2)铜型离子：这类离子由表 4-5 中Ⅱ区内的元素失去电子形成，最外层的电子数为 18 个或 18+2 个。它们具有以下特点：铜型离子电子层结构为稳定结构，但稳定性低于惰性气体型离子的电子层，故这类离子多数不具变价，但有少数元素可呈不同价态的离子出现在自然界，如 Sb^{2+} 与 Sb^{5+}、Cu^+ 与 Cu^{2+} 等。

这类离子的变形性和极化能力都比惰性气体型离子强。

这类离子与硫有较大的亲和力，在自然界经常参加到硫化物及其类似化合物的晶格中，形成有工业意义的金属矿物，故形成铜型离子的元素又称为亲硫元素。

(3)过渡型离子：这类离子由表 4-5 中Ⅲ区内的元素失去电子形成，它们的最外层电子数有 9~17 个。这种结构是一种不稳定的电子层结构，其特点如下：①由于电子层不稳定，这类离子在自然界易变价，如 Mn^{2+}、Mn^{3+}、Mn^{4+} 等，Fe^{2+} 和 Fe^{3+}。②极化性能介于上述两类离子之间，左边的元素，在性质上与惰性气体型离子相近；右边的元素，其性质与铜型离子相似。

过渡型离子与硫和氧的亲和力也介于上述两类离子之间。分布在周期表左边的过渡型离子一般亲氧性较强，右边的过渡型离子一般亲硫性较强。Mn 左边的元素在氧化物和含氧盐中常见；Mn 右边的元素在硫化物中常见。

形成过渡型离子的元素，又称亲铁元素。

类型相同的离子形成的化合物在性质上和在地壳中的分布上均有相似处。类型不同的离子组成的化合物，无论在性质上或自然界的分布上均有很大差异。

(a)构成惰性气体型离子的元素，在内生地质作用中趋于分散，在外生地质作用过程中趋于集中，常形成巨大的矿床，如岩盐、石膏、石灰石、铝土矿等；铜型离子的元素，在外生条件下趋于分散,在内生地质作用过程中则趋于集中,如各种亲硫元素形成重要的金属硫化物矿床。

(b)惰性气体型离子的元素除 C、S 外,很少呈自然元素状态,极少与 S、Se、Fe 组成化合物,常呈硅酸盐、氧化物、碳酸盐、硫酸盐、磷酸盐出现;铜型离子的元素则与之相反,常呈自然元素状态。惰性气体型离子的元素与铜型离子型元素,由于两者类型不同,所形成的化合物性质也不同。铜型离子构成的化合物多为不透明、金属光泽、密度大、硬度小、易溶,而惰性气体型离子所构成的化合物多透明、玻璃光泽、密度小、硬度大、难溶。

2)化学键性对元素迁移的影响

大多数元素在地壳中呈化合状态,因此,在讨论元素迁移时应当注意元素化学键性的特点。化学键是分子中原子间的化学结合力,它分为离子键和共价键两种基本类型。一般而言,离子键化合物比共价键化合物更易溶解,因而也更易迁移。电负性差别大的元素,即在分子内原子吸引电子的能力差别大的元素,键合时,多形成离子键化合物,易溶于水,迁移性好。溶于水时,电负性高的元素为阴离子,电负性低的为阳离子,如氯化钠 NaCl,其电负性 Na 为 0.9,Cl 为 3.0,Na 为阳离子、Cl 为阴离子。电负性相近的元素键合时,多形成共价键化合物,如 PbS、FeS_2、CuS 等,它们不易溶于水,迁移性差。

3)元素的物理化学性质对元素迁移的影响

(1)元素的化合价:元素的化合价愈高,溶解度就愈低。例如:NaCl、Na_2SO_4 等一价碱金属化合物极易溶解;$CaCO_3$、$MgCO_3$ 等二价的碱金属化合物较难溶解。阴离子也有相似的规律,如氯化物(Cl^-)较硫酸盐(SO_4^{2-})易溶解,硫酸盐较磷酸盐(PO_4^{3-})易溶解。

同一元素其化合价不同,迁移能力也不同,低价元素的化合物其迁移能力大于高价元素的化合物。例如:$Mn^{2+}>Mn^{4+}$,$Fe^{2+}>Fe^{3+}$,$S^{2+}>S^{6+}$,$Ti^{2+}>Ti^{4+}$ 等。

(2)原子(离子)半径大小:原子(离子)半径影响土壤对阳离子的吸附能力。土壤对同价阳离子的吸附能力随离子半径增大而增大。对化合物而言,互相化合的离子其半径差别愈大,则溶解度愈大。如 $MgSO_4$ 离子半径差别小,其溶解度也小,$BaSO_4$、$PbSO_4$、$SrSO_4$ 的溶解度都较小。上述各种离子半径如下:Mg^{2+} 为 6.5×10^{-10} m,SO_4^{2-} 为 2.25×10^{-10} m,Ba^{2+} 为 1.29×10^{-10} m,Pb^{2+} 为 1.26×10^{-10} m,Sr 为 1.10×10^{-10} m。

(3)离子势高低:离子势指离子电价(w)与该离子半径(R_i)的比值。它的高低影响天然水的酸碱度和形成络合离子的能力。这对元素的迁移能力有着重要的影响。

离子势低,对水分子极化能力弱,形成简单的阳离子迁移,如 K、Na、Pb、Cs、Ca、Sr、Ba 等;离子势高,对水分子的极化能力强,形成络阴离子迁移。

离子势高的阳离子在溶解中的存在形式取决于溶液的 pH 值。如果 pH 值较高,则阳离子可以把氧吸引过来形成络阴离子,并使溶解呈弱酸性,如 SO_4^{2-}、SiO_4^{4-}、PO_4^{3-}、AsO_4^{3-}、VO_4^{3-}、BO_3^{3-}、CO_3^{2-}、NO_3^- 等;如果溶解的 pH 值低,H^+ 可把 O 吸引过来,而使金属元素呈离子状态存在,并使溶液呈弱碱性。

2. 元素迁移的外在因素

元素迁移的外在因素包括氧化还原电位、pH 值、胶体及腐殖质的影响。

1)氧化还原电位对元素迁移的影响

当变价元素的离子相遇时,由于各种离子对电子的吸引能力强弱不同,因此彼此间出现电位差。电子自动由电位低的一方向电位高的一方转移,这一电位差称氧化还原电位。它对元素的迁移有很大的影响。例如:在氧化作用占优势的干旱草原和荒漠环境中,V、Cr、S 等元素形成易溶性的铬酸盐、钒酸盐和硫酸盐而富集于水中。在还原作用占优势的腐殖环境中，上述各元素便形成难溶化合物，不易迁移，但是Fe^{2+}、Mn^{2+}则形成易溶化合物，强烈迁移。氧化环境和还原环境都具有某些明显不同的特征，有些特征可以直观地加以鉴别，主要鉴别特征见表4-6。

表4-6 氧化-还原环境鉴别特征

鉴别项目		鉴别特征	
		氧化环境	还原环境
气体成分		O_2	CO_2,NH_3,CH,H_2S
离子成分		V^{5+},Cu^{2+},Fe^{3+},Mn^{4+},S^{6+}	V^{3+},Cu^+—Cu^0,Fe^{2+},Mn^{2+},S^{2-}
矿物类型		$Fe(OH)_3$,Fe_2O_3,$CaSO_4$,$Al_2O_3 \cdot 3H_2O$	FeO,$Fe_3(PO_4)_2 \cdot 8H_2O$,FeS_2
矿物及土壤颜色		红色、黄色、褐色、棕色等	深褐色、黑色、蓝绿色、灰白色等
水流及地貌		水流畅通，开阔，高亢，平坦	水流滞缓—停滞，低洼，狭窄，闭塞
腐殖质及水嗅味		腐殖质少或无，无水嗅味	腐殖质大量堆积，腐殖味、铁锈味、H_2S味等
水的物理状态		透明、无色、无沉淀	浅黄色、铁锈色、茶色、灰色、灰黑色，有絮状沉淀
水的pH		中—碱性	中—酸性
Eh值	中碱	>0.15	<0.15
	中酸	>0.50	<0.50

2) 环境pH对元素迁移的影响

环境的pH是控制元素迁移富集的重要因素，此处讨论的环境pH主要指土壤里的pH。

土壤中的H^+部分存在于土壤溶液中，部分为土壤胶体所吸附，前者构成有效酸度，后者构成潜在酸度，潜在酸度远大于有效酸度。当有效酸度减少时，潜在酸度就会为之补充，两者始终保持一定的动平衡。土壤中H^+的来源很多，主要有碳酸的离解、铝硅酸盐矿物的水解、离子交换作用和有机酸的离解等。土壤中的酸度主要由溶解于溶液中的有机酸盐和无机酸盐所构成。土壤中常见的无机酸有碳酸、磷酸、硝酸和硫酸等。有机酸有草酸、富啡酸、胡敏酸、柠檬酸、乙酸、丁酸、蚁酸、脂肪酸等。土壤的pH常在3～11之间，可分为碱性土、强碱性土、弱碱性土、中性土、强酸性土、酸性土和弱酸性土7个等级。

3) 胶体对元素迁移的影响

胶体是一种物质的细微质点分散在另一种物质中的不均匀的分散体系。细微质点粒度在0.1～1μm之间。胶体带有电荷，具有巨大的表面积，因此，能强烈地吸附各种离子和分子。

胶体可分为有机胶体、无机胶体和混合胶体3种。无机胶体的主要成分是黏土矿物，此外，还有含水的氧化物和氢氧化物。如褐铁矿（$Fe_2O_3 \cdot nH_2O$）、针铁矿（$Fe_2O_3 \cdot H_2O$）、水铝氧石[$Al(OH)_3$]、水铝石（$Al_2O_3 \cdot H_2O$）、三水铝石（$Al_2O_3 \cdot 3H_2O$）、水锰矿[$MnO_3 \cdot Mn(OH)_2$]等。上述这些胶体分布在红壤和砖红壤环境地区。氢氧化铁、氢氧化锰可作为湿热气候环境的标志。

环境中的胶体大部分带负电荷，吸附阳离子。只有少数胶体，如含水氧化铁、含水氧化铝在酸性条件下带正电荷。

离子交换吸附能力与离子的电荷和离子半径有关。一般情况下,离子交换吸附能力与离子的电价和电负性成正比。在同价离子中与离子半径成反比,见表4-7。低价阳离子如果浓度较大,可以交换吸附高价的阳离子。

表4-7 主要阳离子交换吸附能力的顺序

交换吸附能力	Mn	>Fe	>Al	>Ca	>Mg	>K	>Na
电负性	1.5	1.8	1.5	1.0	1.2	0.8	0.9
离子半径($\times 10^{-10}$m)	0.7	0.67	0.57	1.0	0.74	1.33	0.98

在湿热的红壤、砖红壤地带有带正电荷的胶体,如$Fe(OH)_3$、$Al(OH)_3$。它们在酸性条件下可吸附天然水中的Cl^-、PO_4^{3-}、VO_4^{3-}、SO_4^{2-}等阴离子。这就是在SiO_2和K、Na、Ca、Mg强烈淋失的过程中还保留有最易迁移的阴离子的原因。

黏土矿物胶体对元素的迁移影响很大,它们能吸附Pt、Au、Ag、Hg、V等许多微量元素。各种胶体对元素的吸附是有选择性的。例如:氢氧化锰易吸附Li、Cu、Ni、Co、Zn、Ra、Ba、W、Ag、Au和Ti等;硅酸盐胶体易吸附Cu、Co等;褐铁矿($Fe_2O_3 \cdot H_2O$)易吸附V、P、As、U、Mn、B等;含水氧化铝易吸附Ti、V、Ga、Sr、B等。几乎各类矿物胶体都能吸附Cu、Ni、Co、Ba、Zn、Pb、Ti等金属元素。

4)腐殖质对元素迁移的影响

(1)腐殖质:腐殖质是一种分子结构十分复杂的有机化合物,在元素迁移富集过程中,它起着重要的作用。腐植酸包括胡敏酸和富啡酸两大类。胡敏酸可用NaOH、KOH、NH_4OH、$NaHCO_3$、NaF、草酸钠等碱性溶剂从土壤中提取,再用酸进行酸化,便可从溶液中沉淀出暗黑色凝胶状物质。它具微酸性,微溶于水,能与金属离子结合成胡敏酸盐。胡敏酸分子间具有"海绵状"结构,使其具有亲水性。胡敏酸特有的官能团是羧基和酚型羟基。它们的氢能进行置换反应。富啡酸包括克连酸和阿波克连酸。克连酸具有强酸性反应,浅黄色,易溶于水、醇、碱和矿质酸,它可与金属离子结合成克连酸盐,这些盐均溶于水。阿波克连酸是克连酸被氧化后转变为外貌似胡敏酸的褐色难溶物质,它对矿物有强烈的分解作用,对元素的迁移和成壤过程具有重要意义。富啡酸属于羟基羧酸的类群,具有芳香结构,并含有与胡敏酸相同的基(—COOH,—OH,—OCH_3)。富啡酸的特点:有较高的交换容量(0.7物质的量/100g物质);有强烈破坏矿物的能力,尤其是硅酸盐矿物,能形成易溶解的富啡酸盐(Ca、Mg、Al、Fe等);能与R_2O_3形成有机络合物;对铁溶胶有较好的保护作用,使含铁的富啡酸化合物有较大的迁移能力。

腐殖质主要来源于动植物残体,而动植物残体则是由分子结构十分复杂的有机物和无机化合物组成。它是在适当的环境中,在微生物的参与下,由各种有机残体经过复杂的生物化学过程而形成。

按现代观念,腐殖质的形成经历着两个阶段:第一阶段是微生物对植物组织进行分解,并将它们转化为简单的有机化合物,如氨、硫化氢、二氧化碳等,同时形成胡敏酸结构单元,即芳香族化合物和含氨化合物。第二阶段是各结构单元缩合为腐殖质分子。

(2)腐殖质对元素迁移的影响。土壤中,腐殖质对元素迁移富集作用首先表现在对矿物的分解上,因为土壤的形成在很大程度上与有机质对母岩的分解有关。土壤中的微生物在其生命活动过程中可产生大量的 CO_2 和低分子的有机酸,如丁酸、乳酸、醋酸、丙酸、葡萄糖酸等,它们能分解矿物,如 $CaCO_3$、$MgCO_3$、$FeCO_3$、磷灰石、高岭石、长石,形成可溶性的盐,如 SiO_2 和 Al_2O_3。腐植酸可夺取岩石矿物中的 Al、Fe、Mn、Mo、Co、Zn 等元素。在植物根系的分泌物中,也有许多具有螯合特征的有机酸,它们对矿物的破坏作用也是很明显的。

土壤中的有机酸,绝大部分与土壤中的矿物质部分结合,形成金属—有机化合物,其形式有:有机螯合物,吸附状态的有机—矿质化合物,低分子有机化合物如醋酸盐、草酸盐、胡敏酸盐和富啡酸盐。

腐殖质对元素的迁移、聚集作用主要表现为:有机质的交换吸附作用,腐植酸对元素的整合作用和络合作用。

吸附是固体表面反应的一种普遍现象。胶体表面的电荷不均衡而使其带正电荷或负电荷,从而具有吸附溶液中阴离子或阳离子的能力。吸附可分为物理吸附和化学吸附。物理吸附是靠静电引力将液体中的离子吸附在固体表面上,但这种键力弱,在一定条件下,固体表面吸附的离子可被液体中的另一种离子所代替,这是一处可逆反应,称为"离子交换"。而化学吸附是靠共价键结合的,被吸附的离子进入胶体的结晶格架构成晶格的一部分,它不可能再返回溶液,反应是不可逆的,这种现象称为"化学吸附"或"特殊吸附"。

腐殖质胶体对元素的物理吸附和迁移强度取决于环境的 pH 值和氧化还原条件。在酸性条件下,腐殖质胶体吸附 Fe、Mn、Ti、Cu、Pb、Zn、Ni、Co、Mo、Cr、V、Se、Ca、Mg、Ba、Sr、Br、I、F 等,随水流大量迁移,如北美洲高纬度地带,我国东北森林、沼泽地带,上述元素趋于贫乏状态;在微碱性条件下则很少移动。

重金属的简单化合物如氧化物、含氧盐和硫化物都是很难溶解的。自然环境中存在着多种多样的无机、有机配位体与重金属形成络合物或螯合物,对重金属迁移有重要意义。络合物与简单化合物相比,其溶解度要高许多倍,稳定性也高许多倍。许多重金属元素从矿物中溶于溶液形成络阴离子,从而大大促进重金属元素的迁移。

螯合物是重金属迁移的一种形式,它具有特殊的稳定性,可促使重金属的迁移。自然环境中,几乎所有的金属离子都有形成螯合物的能力。天然有机质都含有一些螯合配位体,它们能与重金属生成一系列稳定溶性和不溶性螯合物。腐殖质被认为是环境中最重要的螯合剂。环境中几乎所有的金属离子都有与腐殖质形成螯合物的能力,这对重金属的迁移有极大的影响。

5)地质地理条件对元素迁移的影响

元素的迁移取决于元素自身的性质和所处的地球化学环境。表生条件下,对地球化学环境起控制作用的因素是地貌、地质构造及气候条件。

(1)地质条件对元素迁移的影响:地貌和地质构造对元素的迁移有很大的影响。从地貌上来看,高山地带属于风化剥蚀淋溶区,而盆地则是元素堆积浓集区。若盆地气候干旱,且有内流河流,则元素高度富集,在盆地低洼处形成盐湖,我国西部的一些盆地属于此类型。若盆地为外流盆地,如我国东北平原,水流排泄条件较好,气候湿润,一般不形成盐湖,但在较干旱的地区形成盐渍土。

局部的地貌对这些地区元素迁移、聚集,腐殖质的形成、堆积和流失都有重要的影响。山地分水岭、岗地等高峻地形有利于元素的淋溶;平原、洼地有利于元素的富集和腐殖质的堆积。

由于地貌条件反映了地表化学物质组成的差异,所以地方病的分布往往与地貌密切相关。

与地质构造密切相关的现代和古火山作用,可给局部环境带来大量的元素,如 B、F、Se、S、As、Si 等。与岩浆活动密切相关的多金属矿床,可使环境中富含 Hg、Ag、Cu、Pb、Zn、Cr、Ni、V、W、Mo 等金属元素,这些对元素迁移富集都有重大的影响。与地质构造相关的火山、岩浆活动往往成带分布。

(2)气候条件对元素迁移的影响:气候在地球表面具有明显的分带性,随纬度变化。它是影响元素的迁移的重要外在条件。气候决定环境的水热条件,而水热条件又直接影响地球化学作用的强度和方向。

在湿热气候带,化学反应迅速,淋滤作用强烈,在各种母岩上都可形成缺乏盐基的红壤,甚至在石灰岩地层上也可以发育缺乏 Ca、Mg 的红壤。水土呈酸性反应,以氧化作用为主,局部可为还原环境,有沼泽和泥炭分布。在寒带,化学反应十分微弱,元素的生物地球化学循环缓慢,多为强还原环境。在温暖潮湿气候带,植被繁茂,原生矿物多高度分解,淋溶作用十分强烈。元素强烈地迁移,使该地带元素贫乏,腐殖质富集,水土呈酸至弱酸性反应,为还原环境。在干旱草原、荒漠气候带,淋溶作用弱,植被稀少,腐殖质贫乏,元素富集,水土呈碱性、弱碱性反应。该带富集氯化物、硫酸盐,许多微量元素都大量富集,尤以 Ba、Sr、Mo、Pb、Zn、As、Se、B 等最显著,为强氧化环境。

由于不同的自然地理带元素迁移、聚集特征各不相同,因而对人类的健康有直接的影响。在热带雨林景观带及森林景观带,元素缺乏和大量腐殖质堆积导致许多地方病的发生。在干旱和荒漠地带,由于许多元素过剩而引发另一些地方病。在森林、草原地带和黑钙土地带很少发现生物地球化学地方病。

三、区域地球化学异常

自然地球化学作用可使土壤介质中发生元素相对于地球化学背景的富集和贫化现象,即地球化学异常。根据异常在空间范围的大小,划分为局部地球化学异常、区域地球化学异常、地球化学省。区域地球化学及区域地球化学异常是土壤环境地球化学研究的主要部分。

1. 区域地球化学

区域地球化学是研究区域地壳的化学组成、化学作用和化学演化以及区域岩石圈系统中化学元素的再分配、再循环和集中、分散等规律的学科。它是地球化学的一个分支,它的研究对象是地壳的大的构造单元、景观区和带、重要的成矿省和带以及自然经济区等。它为解决区域各类基础地质问题、区域成矿规律和找矿问题以及区域地球化学分区与环境评价等服务。

区域地球化学是苏联学者费尔斯曼首先提出和创立的。1919 年他为圣彼得堡大学的学生讲授"俄罗斯地球化学"课程,1922 年出版专著。1931 年他的《苏联地球化学基本特征》一书问世,书中提出根据地壳各区带的地质环境划分地球化学作用类型的思想,并分区叙述了苏联各大区域的地球化学特征。1944 年费尔斯曼提出区域地球化学的理论框架,即将地史学的成就、大地构造学的新思想同化学元素行为规律相结合,并阐明矿产分布规律。20 世纪 60 年代以来,随着找矿难度增大,需要加强区域基础地质发展规律研究和改进区域性地球化学勘查方法,且人类生产活动造成的严重环境污染给区域地球化学提出了新的课题。区域地球化学的研究对象也随之由单纯的元素行为拓宽为区域地球化学系统——区域地壳或区域岩石圈。区域地球化学研究已突破了仅仅在区域地质构造发展背景上探讨元素时空分配规律的局限,而步入参与解决各种基础地质问题的新时期。区域地球化学正朝向在全球岩石圈形成、发展和演化的一般规律指导下,深入研究不同区域岩石圈的组成和演化及其中所发生的各类地质-地球化学作用的方向发展。

区域性地球化学的研究内容与范围在不断深入和扩大。例如:区域性沉积岩、变质岩和岩浆岩地球化学研究;成矿省、区和带的地球化学研究;地下水区域地球化学研究;前寒武纪区域地球化学研究;区域性地壳与地幔组成和演化的地球化学研究;区域或造山带构造的地球化学研究;区域勘查地球化学研究;区域环境地球化学研究等。除上述单目标专题研究外,还开展了一些综合性的研究,如中国南岭和秦岭地区区域地球化学研究,内容包括区域地壳和上地幔组成,沉积岩、火山岩和花岗岩类,成矿带与矿床,区域构造发展历史,区域成矿规律和成矿远景预测等的地球化学研究。区域地球化学研究的基本内容与任务可大致概括为以下几个方面:①研究区域岩石圈(地壳与上地幔)的结构、组成与演化历史及区域岩石圈作为地球化学体系的地质意义;②研究区域各构造单元岩石圈地球化学上的不均一性及区域地球化学分区;③研究区域沉积、变质和岩浆等作用的地球化学及各类岩石地球化学特征对其形成机制、物源、物理化学条件和构造环境的指示意义;④进行区域构造发展历史的地球化学分析,探讨区域成岩和成矿作用的构造环境;⑤阐明区域成矿规律,建立区域找矿的地球化学前提和标志,为区域成矿远景预测提供依据;⑥研究区域景观地球化学及环境地球化学,为工业、农业、畜牧与保健等事业提供服务;⑦通过区域岩石圈地球化学特征及发展演化历史的研究,补充和完善对全球岩石圈发展规律的认识;⑧探索现代区域地球化学的理论体系与研究方法。

2. 区域地球化学背景——异常结构分类

任何地质体的地球化学都具有多时空、多参数性,地质体的地球化学描述,其空间结构特征对于评价区域地球化学异常具有重要意义。如分析内生金属成矿及伴生元素地球化学场的结构特点及其与成矿的关系,可基于区域元素背景含量水平和异常发育程度划分地球化学场结构类。该划分方法以经过分析系统误差处理和景观校正的数据为基础,将区域地球化学场背景异常结构划分为4个基本类型。

Ⅰ类:高背景强变化型,背景水平高,局部异常发育,其中存在至少1处有明显浓度分带的异常。

Ⅱ类:高背景弱变化型,背景水平高,局部异常不发育,其中没有明显浓度分带的异常。

Ⅲ类:低背景强变化型,背景水平低,局部异常发育,其中存在至少1处有明显浓度分带的异常。

Ⅳ类:低背景弱变化型,背景水平低,局部异常不发育。

3. 区域地球化学异常

就元素含量而言,正常与异常具有相对性,背景的范围、尺度不同,异常的规模与性质也就不同。如果将元素的全球地壳丰度值作背景,则地球化学省是最大的一级异常,在地球化学省上发育的成矿区带是区域地球化学异常,地球化学省则是区域异常的背景,区域异常又是局部异常(矿床异常)的背景。所以,区域地球化学异常(regional geochemical anomaly)是比地球化学省低一级次的地球化学异常,范围一般 $100\sim1000\,km^2$。从环境地球化学角度定义,区域地球化学异常则是 $100\sim1000\,km^2$ 范围内化学元素及化合物含量分布或其他地球化学指标对正常地球化学模式的偏离。

在环境地球化学的认识上,区域地球化学异常有两种类型:一方面,是在地壳演化过程中,由区域地质作用、区域成矿作用引起,反映成矿区带、矿集区成矿元素的异常的区域地球化学异常,这是区域地球化学异常的原始定义来源;另一方面,是地球表面地理气候过程中,由区域风化作用引起,反映大范围第四系土壤中元素及化合物缺失或者过剩的区域地球化学异常。这两类区域地球化学异常均表现为相对于区域地球化学背景的土壤中元素或化合物缺失或者过剩。而从环境地球化学认识出发,无论是缺失还是过剩,均对异常区内的生物及人类健康产生危害,并且区域地球化学异常涉及范围较矿床及成矿带地球化学异常更大、涉及面更广,具有更严重的环境危害性。后述的全国乃至全球的地方病,从环境地球化学理解上,就是因为区域地球化学异常,影响到几百万到几亿人口。所以,区域地球化学异常是环境地球化学研究的基本任务之一。

区域地球化学异常与矿床或成矿带地球化学异常的差别除在空间大小的判别外,其异常内容和结构均不一样。从指标特性来说,矿床或成矿带地球化学异常往往表现为成矿元素的正异常;而区域地球化学异常除了正异常还有因为风化作用淋失出现的负异常。从空间结构来说,矿床或成矿带地球化学异常由于涉及范围小、面对具体矿体,可以通过元素组合的水平及垂向分带、异常的展布及发育特征等三维图形表达;而区域地球化学异常因涉及范围大(甚至达到几万平方千米),通常以二维图形表达,如从中国的东北到西面的低硒地球化学异常等。

四、土壤环境地球化学异常的影响

1. 地球化学异常对农业的影响

研究表明,农作物除 C、N、O 来自空气和水以外,其他所需的营养元素主要来自土壤。因此,为了研究农作物生长产量、品质与元素含量的关系,提高农作物产量及品质,必须对农作物生长的下伏土壤进行研究。

土壤地球化学调查在方法技术、研究内容上都为开展农业地球化学研究提供了重要的保证,并成为了重要的工作方法。该调查从野外采样到室内分析、资料整理及解释都积累了一套系统的、成熟的方法技术,可以快速地完成大范围内的样品采集工作。该调查样品分析方法配套,具有高灵敏、高精度特点,所分析的化学元素几乎包括了所有农作物生长所需的营养、有益和有害元素。通过对区域地球化学资料的分析,预测农作物生长环境中营养元素、微量元素的分布状况,指明适合某种农作物生长的区域;研究与农作物生长有密切关系的营养元素、有益元素或有害元素在土壤中的含量与分布特征,可以为农作物的合理布局、种植、施肥、土壤改良,以及发展名优特产、保护农田生态环境,提供最基本的地球化学依据。从区域地球化学资料所获得的元素特征反映的是原生地球化学环境,但是如果在对土壤地球化学进行研究的同时,辅以对岩石、植物等介质的研究,这样针对任何一个大的区域范围或小的局部地段,都可以开展综合的农业地球化学研究,为研究适宜农作物生长的环境条件提供重要的地球化学依据。

土壤元素有效量与水系沉积物元素含量之间的关系表明,在某一特定的地球化学景观范围内,多数营养元素在水系沉积物中的含量与土壤中的有效量有显著的正相关性,因此,可通过研究地球化学元素在水系沉积物中的含量分布与农作物生长及产量的关系,利用水系沉积物地球化学资料编制区域农业地球化学图,圈定出营养元素及微量元素的正常区、过剩区、缺乏区、潜在缺乏区,为该区的农业规划、科学施肥、土壤改良提供重要的地球化学依据。同时,也可以通过区域地球化学调查,圈定出有害元素的富集地段和迁移趋势或对人体极为重要的某种元素的缺失地段和贫化趋势的方向,从而指出影响农作物生长的环境。

2. 环境地球化学异常与人体健康

生物与环境是有机联系的统一整体,生命是地球演化到一定阶段的必然产物,生物和地壳的化学成分有密不可分的联系,这种联系的一个重要表现就是地壳、土壤、海水与生物的化学元素的平均丰度有着明显的相关性。

生命以碳氢化合物方式生存着,并以新陈代谢的特殊形式运动着。人体的构成从原生质、细胞、酶到骨骼、肌肉各种脏器和器官都是由自然界中的水、氧、碳、氟和无机盐等元素与化合物组成的。自然界的各种元素或化合物都是以空气、水和食物等形式经由呼吸道和消化道进入体内的。人体的各种化学元素和平均含量与地壳中各种化学元素含量相适应。例如:人体血液中的60多种化学元素含量和岩石中这些元素的含量具有明显的相关性,化学元素把人和地球化学环境紧密联系起来了。

自然界是不断变化的,人体总是从内部调节自己的适应性来与不断变化的地壳物质保持平衡关系。如果由于某种自然的或人为的原因,环境中新出现或增加了某种化学物质,或减少了某种化学物质,超过了人体生理功能所能承受的适应能力,即发生环境地球化学异常,人和地球化学环境的平衡关系就会遭到破坏,人体健康就要受到影响,甚至发生疾病或死亡。

第三节 土壤的环境地球化学与地方病

一、地方性疾病概述

地方病是发生在一定地区内的地球化学性疾病、自然疫源性疾病以及与不利于人们健康的生产生活方式密切相关疾病的总称。病发原因是地质作用和人为因素造成地壳表面局部地区出现某些元素的相对富集或贫化,即发生地球化学异常,致使居住在当地的人群与环境之间的元素交换出现不平衡,一旦人体从环境中摄入的元素超过人体所能承受的限度,或摄入低于人体最低需要量时,此类疾病就会发生。地方病与地球化学环境密切相关,具有地域性分布特征,即区域地球化学异常。环境地球化学背景研究正是解开地方病这把锁的钥匙之一。人群与环境之间的元素交换主要是通过摄入食物而进行的。这些食物包括农产品和饮水,而农产品与饮水的环境地球化学背景受制于当地的土壤环境地球化学。所以,将地方病的内容一并放置到本章中。

根据致病因子的不同,地方病可划分为地球化学元素性地方病和生物源性地方病。地球化学元素性地方病源于地表元素缺乏或者过剩,而引起生物与环境的地球化学平衡的破坏,它是在地质、地形、气候、水文、土壤、植物和人文等因素的综合作用下形成的。根据成因,可以将中国地球化学元素性地方病归纳为7种成因类型。

1. 蒸发浓缩成因类型

东北西部平原、华北滨海平原、内蒙古高原、准噶尔盆地、塔里木盆地、柴达木盆地、藏北高原、关中盆地等地区由于气候干燥,在蒸发浓缩作用下,可溶性盐类在相对低洼的地区浓集、积累,使土壤盐碱化,潜水矿化度增高,常出现咸水、苦水和肥水,水土中一些与生命有关的元素,如 Na、Mg、Ca、$S(SO_4^{2-})$、Cl、$N(NO_3^-$ 和 $NO_2^-)$、I、F、Se、As、B 等含量过剩。例如:青藏高原是富硼地区,岩石、土壤、温泉、盐湖的硼含量都十分高;内蒙古巴丹吉林沙漠、腾格里沙漠、乌兰布和沙漠、新疆的准噶尔盆地、塔里木盆地和藏北高原出现富砷（0.1~25mg/L）的潜水、湖水和矿泉水；东北、华北、西北的油田地区，民用深井常富碘（0.300~1.920mg/L）。在我国干旱、半干旱地区，已发现的生物地球化学地方病有氟中毒、慢性砷中毒、慢性亚硝酸盐中毒、高碘性地方性甲状腺肿、硼肠炎、地方性腹泻（水中硫酸盐过剩所致）、天然性放射性疾病等。

2. 矿床和矿化地层成因类型

近地表的矿床和矿化地层，经风化后形成元素富集的分散流和分散晕，从而造成元素过剩。例如：贵州的富氟煤系地层、氟磷灰石矿，河南伏牛山萤石矿、水晶石矿带，流行人畜氟中毒；湖北恩施土家族苗族自治州、陕西紫阳县的富硒煤系地层分布区，流行人畜硒中毒。此外，许多金属矿床所在区域，常常流行砷、汞、铜、氟、硫酸盐和放射性元素中毒地方病。

3. 矿泉成因类型

由于某些矿泉毒性元素含量较高，污染泉口附近的水土，而形成元素过剩的生物地球化学区。例如：广东、福建、台湾、西藏等地有些矿泉氟含量较高，特别是西藏有的矿泉氟含量达9.6~25mg/L。受矿泉水污染的农田、牧场、农作物及牧草的氟含量达6.3~75 μg/g，造成严重的人畜氟中毒。

4. 生物积累成因类型

水土中有些元素（Hg、Se、Ti）通过生物富集，可以引起中毒性地方病。例如：西藏浪子卡的土壤中硒含量不足0.7 μg/g，而硒聚集植物紫云英的硒含量高达5.8 μg/g以上，从而造成家畜盲目蹒跚病；贵州兴义一矿泉，铊含量0.006mg/L，而引泉灌溉后，土壤、农作物和家畜的铊含量增加几千倍，造成当地居民的铊中毒；松花江流域的甲基汞中毒是由食物链的富集作用引起的。

5. 湿润山岳成因类型

降水丰沛的山岳，特别是岩石嶙峋的山区，十分有利于水迁移能力强的元素淋溶流失，因此，山区常缺碘，如大小兴安岭、长白山、燕山、太行山、祁连山、天山、阿尔泰山、昆仑山、喜马拉雅山、横断山、秦岭、云贵高原、大巴山、大别山、武夷山、南岭等山脉，皆是较严重的缺碘地区。在西北干旱地区和东南湿润地区之间过渡地带的山岳丘陵，形成一条东北—西南走向的低硒地带，在低硒带内，流行与硒缺乏有关的动物白肌病、人类克山病和大骨节病。

6. 沼泽泥炭成因类型

沼泽泥炭发育地区，由于水土还原性，动植物残体的矿质化作用弱，一些生命元素（I、Cu、Co、B、Se等）的迁移能力下降，生物有效态的含量低，从而形成元素缺乏。例如：东北山地河谷、三江平原，沼泽泥炭发育，土壤有效硼含量低，农作物常出现缺硼症；新疆盐渍化芦苇草甸泥炭地区，土壤有效铜含量低，牧场的主要牧草芦苇中的铜含量低（0.2~1.7 μg/g），并且含有大量的硫酸盐，羊羔常患运动性共济失调。

7. 沙土成因类型

由于沙土有机含量低，黏粒含量少，对水土和养分的保持能力低，所以一些生命元素（I、F、Zn、Mo、B、Cu、Se）容易流失。沙土型的元素缺乏区主要分布在沙漠边缘地区、山前冲洪积扇上部。

综上所述，我国西北部干旱、半干旱地区，易迁移的元素在地表富集，在一定自然条件下，形成元素过剩，流行地球化学元素中毒性地方病；然而在沼泽泥炭地区、沙土地区和山岳地区，也可出现元素缺乏区。我国东南部湿润地区，一些生命元素易从地表流失，形成元素缺乏区，这种地区流行元素缺乏性地方病。然而在矿床、矿化地层的矿泉分布地区，也可能出现元素过剩区,这种地区流行地球化学元素中毒性地方病。

在我国,目前主要有地方性甲状腺肿、克山病、大骨节病、地方性氟中毒和地方性克汀病等(图 4-5)。本节就几种主要地方病进行介绍。

图 4-5 我国几种地方性疾病的分布图(据刘东生,1985)

二、地方病与土壤的元素异常

1. 克山病

1)地质—地理分布特点

克山病因最早发现于我国黑龙江省克山县而得名,是一种分布较广的地方病,国内外都有发生,并具有地理地带性分布特点。在我国,克山病分布在从东北延伸向西南的宽带状区域内,包括黑龙江、陕西、四川、云南和山东等十多个省(区)(图 4-6)。在国外,如日本、朝鲜、澳大利亚和美洲、非洲等地均有发生。我国克山病分布的地质—地理特点主要是与大规模厚层沉积的中、新生代陆相沉积岩系有关。病区多处于地质剥蚀区，如山地和丘陵地带，而冲积和堆积平原，或流域下游地带很少发生。

图 4-6　全国克山病分布示意图（据杨忠芳，1999）

2）克山病区土壤成分特点

如果将克山病分布图与各自然要素分布重叠，则发现其与土壤类型的关系最密切。研究发现克山病主要分布在棕、褐土系及其相邻的过渡土壤上，然后分别在草原、荒漠土带和红、黄壤土带减少和消失。从土壤发生学来看，尽管病区有暗棕土、棕土、褐土、黑土、紫色土等，另外还夹杂一些非地带性特征的土壤，但总的来说都是发生在温带。暖温带森林或森林草原条件下的土类介于红、黄壤和草原土之间的中间类型土壤，落叶阔叶树种在这种土壤发生上有着重要的作用。图 4-7 反映了它们之间的相近关系（紫色土是一个特殊的土类，当例外）。病区土壤较相邻的非病区富含腐殖质。由于土壤腐殖质对微量元素具有地球化学屏障作用,土壤中某些人体需要的微量元素的活动性受到限制,植物食物链中的微量元素不足引起克山病。

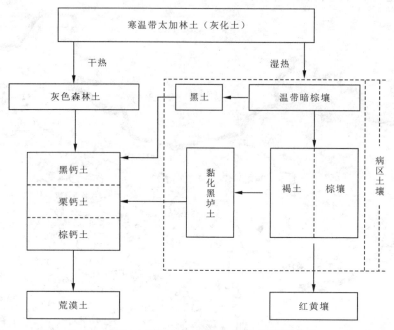

图 4-7　克山病与土壤发生和分布关系图(据谭见安等,1982)

我国主要克山病区及相邻非病区 215 个稻米中钼含量表明,病区稻米平均含钼$(0.35\pm0.13)\mu g/g$,非病区平均含钼$(0.55\pm0.33)\mu g/g$。前者呈正态分布,后者呈偏态分布。克山病区大米和玉米中钼含量低于非病区,病区人群的主食成分中钼的摄入平均含量低于非病区 48.5%。

土壤中钼的含量因成土母质和地理环境而有差异。如吉林省东北部地区,土壤中全钼含量分布由东南向西北出现逐渐降低趋势。暗棕色土壤全钼高,黑钙土全钼和有效钼含量较低。

土壤中的钼有二价和六价状态,可呈水溶态、代换态、有机态和难溶态等,因土壤的环境条件如 pH 值、Eh 值、有机质含量、黏土矿物、土壤胶体的吸附性等不同而呈不同状态。土壤中的钼在一定的环境条件下相互转化,处于动态平衡。偏酸性条件水溶性的钼转化为难溶态,使钼的活性降低,有效态降低。克山病区土壤中全钼含量可能相对偏高,但水溶性的钼偏低,不利于农作物对钼的吸收,因而出现病区的农作物钼含量低于非病区现象,这是克山病区地球化学环境的基本特征。据澳大利亚和我国的实验研究资料,采用人工施用钼的方法,增加土壤中的活性钼,是防治克山病和牲畜地方病的有效方法。常用的有钼酸铵$[(NH_4)_6Mo_7O_{24} \cdot 4H_2O]$、钼酸钠$(Na_2MoO_4 \cdot 2H_2O)$、钼酸$(H_2MoO_4 \cdot H_2O)$、二硫化钼$(MoS_2)$,使土壤、牧草和作物中钼的含量增加。据我国云南省某地区试验,连续 3 年用含钼的肥料拌种子,使作物中的含钼量逐年增高,稻米中钼由 $0.38\ \mu g/g$ 增加到 $1.64\ \mu g/g$。牲畜或动物缺钼引起的疾病通常可通过皮下注射钼药物和针剂治疗。

克山病的发生除与土壤中的钼含量低有关外,还与土壤中的硒含量低有关。

在全国 119 个县不同地带、不同环境类型中取了 236 个土壤剖面样品,其表层土壤总硒含量在地理分布上有明显的区域分异。在低硒带内,从东北地区的暗棕壤、黑土,向西南方向经黄土高原的褐土、黑垆土到川滇地区的棕壤性紫色土、红褐土、红棕壤、褐红壤,到西藏、高原东部和南部的亚高山草甸土(黑毡土),表层土壤硒含量的几何平均值为 0.100 μg/g,其中 3/4 样品的硒含量在 0.05～0.150 μg/g 之间,比世界低硒土壤含量(算术平均值 0.150 μg/g)还低。位于低硒带东南部和西北部的广大地区分别是湿润热带的亚热带黄壤、红壤、砖红壤和干旱、半干旱地带的黑钙土、栗钙土、灰钙土、荒漠土,其硒含量逐渐上升到 0.300 μg/g 左右。从全国范围来看,土壤含硒量形成了中间低、两边(西边和东西广大地区)高的马鞍型趋势面。我国土壤硒含量的这一分布特征,奠定了我国植物(粮食、牧草)硒含量变化的物质基础。

我国的低硒土壤分布较广,主要包括东北三省、河北、陕西、山西、四川、云南等省(图 4-8),与克山病的空间分布具有较高的一致性。

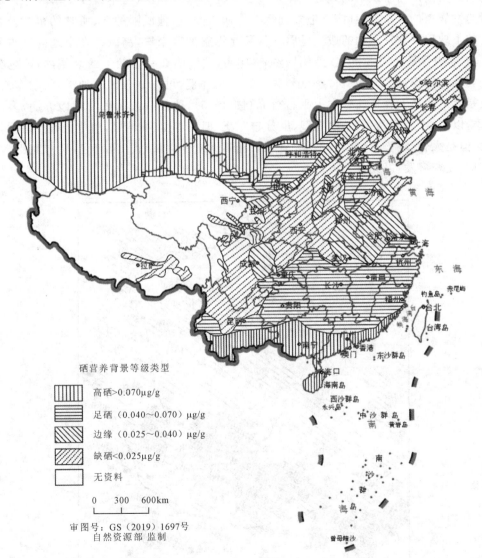

图 4-8　中国硒营养背景值示意图(据杨忠芳,1999)

人类的缺硒反应并不像动物那样明显,但是与低硒有关的疾病也不少。缺硒涉及循环系统的有心血管疾病、克山病,涉及消化系统的有胃癌、肝癌和胰腺癌等,涉及造血系统的有溶血性贫血、白血病,涉及神经性系统的有营养性肌无力、肌萎缩,此外,还有儿童恶性营养不良及婴儿猝死。

缺硒主要表现为心肌细胞坏死。其病因学说繁多,可概括为三大类:营养说、中毒说、生物地球化学说。中毒说认为缺硒可能是某种病毒造成的,其传播途径是虫媒;营养学认为是食物营养不良所致,如缺维生素 A、B_1、B_2、C 和氨基酸等;生物地球化学说有些观点是截然不同的,进一步可分为中毒说和缺乏说两大类。生物地球化学中毒说包括亚硝酸盐中毒、有机物中毒、钡中毒;生物地球化学缺乏说包括硒缺乏(认为动物白肌病大致等同于人类克山病),钼缺乏(认为病区粮食钼含量很低,加上亚硝酸盐过高,核黄素缺乏),镁缺乏。关于硒缺乏说,近年来遇到的问题是高硒与不缺硒的地区照样发病。对此,一些学者认为不仅要了解一个区域硒平均含量与发病率的关系,而且应该追索到每一个病人来看,他所喝的水、所吃的粮食及生长这些粮食的土地以及这片土地的成土母质。从湖北恩施地区来看,高硒区在全地区所占面积小于 1%,正常硒含量区约占 90%,低硒区约占 10%,这说明在一个较大的区域内,硒的分布是极不均匀的。根据克山病的流行特点和病区的地质环境,可以划分出 3 种类型:①东北型,最大特点是克山病与大骨节病基本上平行分布(图 4-5),往往一人同患两种地方病,多发于冬季、春季,以妇女、儿童为主;②西北型,虽分布广泛,但患者少、病情轻,历史上很少有大批流行和死亡,但是大骨节病较严重,如渭北、陇东黄土高原(图 4-9);③西南型,只有克山病,没有大骨节病,夏季多发,以儿童为主。

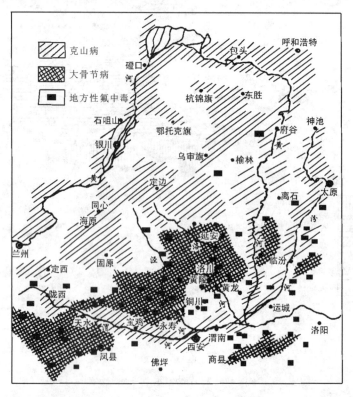

图 4-9 我国主要黄土区克山病、大骨节病、地方性氟中毒分布示意图(据杨忠芳,1999)

微区景观研究表明：采样间距 1m，病区主粮含硒小于等于 1.8 μg/g；采样间距 50～200m 时，获得的最低值为 2.3 μg/g；采样间距 1～5km，主粮含硒为 7～12 μg/g。这些表明基本采样单元和最小采样间距越大，给出的病区主粮硒水平越高。病区饮水的硒含量多低于 1 μg/L，而正常含量多为 1～2 μg/L，腐植酸在病区水中的含量为 0.18mg/L，而健康饮水中仅为 0.06mg/L。

大量事实表明，特定的有机环境及有机污染饮水与克山病密切相关，同时发病区也是一个 Mg、Se、Mo 等元素缺乏的地球化学环境。

2. 甲状腺肿

地方性甲状腺肿是一种世界范围的地方性疾病，它严重危害人类健康。在地方性甲状腺肿严重流行的地区，同时流行克汀病，克汀病的特征是聋、哑、傻、矮、终生残疾。

碘的缺乏或过剩都会导致人体甲状腺代谢功能障碍，发生甲状腺肿。

1) 地方性甲状腺肿的分布

地方性甲状腺肿主要分布于北半球的高纬度地带，包括欧洲、亚洲、美洲的北半部，略呈带状。非洲的刚果河流域、南美的巴拉那河流域都有较大面积分布，但地带性不明显。地理特征上，集中分布于世界几大著名的山脉，如亚洲的喜马拉雅山区，在尼泊尔境内为最重的病区，患病率高达 90%～100%；欧洲的阿尔卑斯山、高加索山，南美的安第斯山，该病广泛分布；澳大利亚的新西兰岛、新几内亚岛，非洲马达加斯加岛是该病较重的流行地（图 4-10）。我国是世界甲状腺肿流行较严重的国家之一，广泛分布于山区和内陆，如长白山、张广才岭、大兴安岭、小兴安岭、燕山、太行山、吕梁山、秦岭、川东和川西山区、云贵高原、青藏高原以及天山山脉、昆仑山山脉都是本病严重流行区。

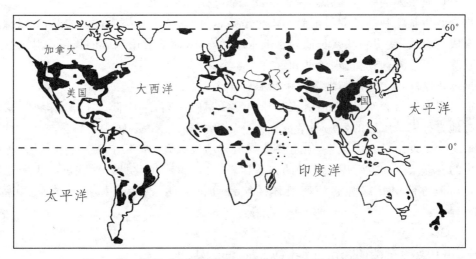

图 4-10　世界地方性甲状腺肿分布示意图（据林年丰，1991）

调查资料表明，缺碘地区的人群，若饮用外来含碘丰富的食物和食盐，可减少或消除地方性甲状腺肿流行。施用富含碘的农肥可提高植物性碘的含量，从而消除此种疾病的流行。我国从 20 世纪 90 年代以来实行的碘盐制度就是为此而进行的。

2) 碘的地球化学与生物地球化学作用

碘在自然界一般呈碘化物、碘酸盐或有机碘化物的形式存在。在不同介质及不同条件下，碘的含量和赋存状态各不相同：碘在地表环境中具有很强的迁移能力，容易淋溶淋失。土壤中的碘主要是由岩石提供的，一般比母岩高一个数量级；土壤的上部层位的碘含量比下部层位中的高；富含落叶及腐殖质的土壤层碘的含量高，成熟土壤中的黏粒对碘具有较强的吸附性。由于降水对土壤碘的淋溶作用，所以我国的地方性甲状腺肿（以下简称地甲病）主要分布在山区，在内陆某些起伏较大的地区，山上发育低碘地甲病，山下易涝地带则有高碘地甲病发生。保持碘的能力较差的沙土地区也易发生地甲病；保持碘能力过强的土壤又会使植物对碘吸收发生困难，也可造成低碘地甲病的流行，如黑龙江的桦川县。干旱、半干旱气候的油田区和沿海地区往往因摄取过量的碘而引起地甲病。

人体含碘量约为 10～25mg，有 80% 的碘富集于甲状腺体中，它是参与甲状腺素合成的必需微量元素。无机碘进入机体后主要为甲状腺体所吸收，通过甲状腺激素与过氧化酶作用使其氧化，活性得到加强，置换甲状腺球朊中酪氨酸基中的氢离子，通过一系列的置换形成碘酪氨酸、二碘酪氨酸、三碘酪氨酸和四碘酪氨酸，三碘酪氨酸和四碘酪氨酸就是甲状腺素。甲状腺素储存于滤泡中，它与血清蛋白相结合，被输送到各组织中，起着激素作用，其中的碘被游离出来，再次进入甲状腺体内，最后从肾脏排出体外。缺碘的人主要表现为：甲状腺体肿大，生长发育停滞，体力和智商水平下降，脑力活动降低，细胞代谢异常，皮肤毛发生长异常，中枢神经发育不全，严重的会导致克汀病。

人体主要从饮水和食物中吸收碘，吸收率很高，几乎可达 100%，每人每日需碘量为 100～300 μg 不等。正常需碘量约为 200 μg，摄入量低于 50 μg 为不足，大于 1000 μg 则会产生毒害。碘蒸气可刺激人的眼、鼻黏膜，一次口服 2～3g 碘，即可死亡。

高碘导致甲状腺肿的机理目前尚不十分清楚，一般认为人体摄入过多的碘，可以抑制甲状腺素的合成与释放，使甲状腺素长期处于低水平状态，从而造成甲状腺的代偿性肿大。高碘引起的甲状腺肿可分为药物型、水源型和食物型 3 类。

3) 地球化学环境中的碘与地方性甲状腺肿

目前的研究结果表明：地方性甲状腺肿的发病率山区高，平原低。土壤、作物和饮水中的碘含量与地方性甲状腺肿的发病率呈负相关。尽管岩石、土壤、谷物中含碘量与地方性甲状腺肿发病率之间呈现出负相关关系，但是各种数值波动较大，参差不齐，甚至难以进行对比。唯有饮水中的含碘量与地方性甲状腺肿的关系比较一致，具有可比性。对我国 201 个地区饮水的碘含量与地方性甲状腺肿患病率所作的统计分析表明，两者呈抛物线关系（陈静生等，1990），方程为：

$$y = 114.23 - 370.9x + 2.92x^2 \tag{4-6}$$

式中，$x = \ln(10 \times c)$，c 为碘在饮用水中的含量（mg/L）。

以患病率 5% 作为标准，饮水的碘含量范围为 10.35～317 μg/L。当水碘低于最适浓度的下限（10 μg/L）时，饮水中含碘量愈低，地方性甲状腺肿患病率愈高，二者呈负相关关系；当水碘高于最适浓度的上限浓度时，饮水中的碘含量愈高，地方性甲状腺肿患病率愈高，两者呈正相关关系。

有些地区的水土并不缺碘，可是甲状腺肿却严重流行。这种现象的产生是由于环境中存在着某些干扰因素，这些干扰因素包括：①某些元素的干扰。饮水中较多的钙、镁、锰、氟等元素可以干扰人体对碘的吸收,尤其是钙干扰作用最强。②污染水干扰碘的吸收。许多资料表明,在亚洲、非洲、拉丁美洲有许多国家因饮用水严重受到有机(微生物)污染,而引起地方性甲状腺肿严重流行。③食物中的致甲状腺肿物质。某些蔬菜,如卷心菜、黄白菜、大豆等含有致甲状腺肿物质,它们能抑制氧化作用的进行,从而阻碍甲状腺对碘的吸收利用。

3. 地方性氟病

地方性氟病是一种世界性地方病。它的主要表现是氟中毒引起的斑釉牙、氟骨症和氟摄入不足引起的龋齿。我国考古学家在山西阳高县许家窑发现了 10 万年前的古人类化石,其中有许多的斑釉齿,与现代许家窑村发现的斑釉齿完全一致。此外,在内蒙古的昭乌达盟敖汉旗大甸子也发现了近 4000 年前夏人的遗骸,经鉴定认为可能是一个氟骨症患者。

1) 地方性氟病的分布

地方性氟病主要流行于印度、英国、美国、墨西哥、日本、马来西亚、德国、罗马尼亚、哈萨克斯坦、俄罗斯、希腊、西班牙、葡萄牙、意大利、冰岛、阿根廷、阿尔及利亚、摩洛哥、东非、埃及、突尼斯、新西兰、澳大利亚等国,遍及五大洲(图 4-11)。我国主要流行于贵州、陕西、甘肃、山西、山东、河北、吉林、黑龙江等省。

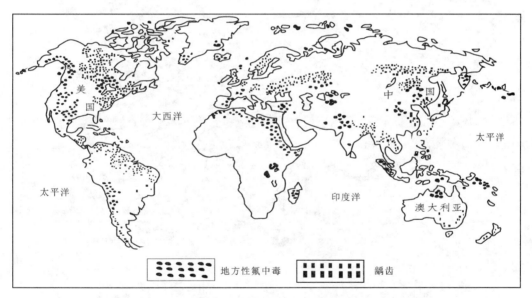

图 4-11 世界地方性氟病与龋齿分布示意图(据林年丰,1991)

地带性氟中毒的分布与自然地理纬度有关,其主要分布于干旱、半干旱带。这些地带年降水量为 200~400mm,或更少,主要位于赤道南北的 15°~35°之间,它包括了中国、哈萨克斯坦和蒙古境内的干旱、半干旱区。

非地带性的氟中毒在许多国家也有分布,可分为以下几种情况:①与火山有关的氟病区,如冰岛、意大利、日本等国;②与含氟岩石或含氟矿床有关的氟病区,如埃及、突尼斯、阿尔及利亚、摩洛哥等国;③与磷酸盐矿床[$Ca_5(PO_4)_3F$]有关的氟病区;④与冰晶石(Na_3AlF_6)矿床有关的氟病区;⑤与一些著名温泉有关的氟病区,如我国北京的小汤山温泉、怀来盆地温泉区。

我国地方性氟中毒的分布很广,在全国各省区均有不同程度的流行。

龋齿的分布也有地带性，主要分布于低矿化的软水区。龋齿的分布与地方性甲状腺肿的分布大体相似（图4-11）。

氟中毒的发病原因可分为饮水型、燃煤污染型和食物型。危害最大的是饮水型，在我国的干旱、半干旱高氟潜水病区，如"三北"地区、安徽、江苏北部的部分地区；分散分布的深层高氟地下水病区，如河北沧州、天津、新疆奎屯、山东惠民。燃煤污染型，是当地群众采用含氟高的石煤烘烤粮食引起的，在湖北恩施、贵州毕节、云南昭通、四川宜宾、陕西汉中和安康都有发生。食物型高氟中毒的资料较少，已报道的如重庆彭水苗族土家族自治县郁山镇居民食用当地产的井盐发生氟中毒；四川阿坝壤塘县的居民饮茶过多也引起了氟中毒（图4-12）。

图4-12 中国地方性氟中毒分布示意图（据林年丰，1991）

2）氟的地球化学与生物化学作用

氟的来源主要有两种：一是矿物、岩石被风化；二是火山喷发。因自然条件的不同，土壤的含氟量差别很大。在湿润土壤的灰化土带、森林灰棕壤带和热带雨林的红壤带，属于酸性淋溶环境，有利于氟的迁移，土壤中氟的含量较低，为 0.013%～0.028%；而在草原栗钙土、黑钙土中为 0.024%～0.032%；在盐渍土中含氟量更高。

氟极易随水迁移，在酸性环境中呈离子状态。但水的含氟量与气候带密切相关，在湿润的淋溶区，水氟含量很低，为 0.02～0.2mg/L；在干燥区，水氟含量一般为 0.8～1.5mg/L，局部地区大于 1.5mg/L；海水氟含量为 0.10mg/L，河水氟含量为 0.02～7mg/L，潜水氟含量为 0.02～28mg/L，承压水氟含量为 0.5～1.0mg/L。

氟病区水中的含氟量一般都大于 1mg/L。据统计，约有 63% 的饮水含氟量为 1～2mg/L，有 27.5% 的饮水含氟量为 2～4mg/L，大约有 9.5% 的饮水含氟量大于 4mg/L。全世界约有 25 亿人口饮水的含氟是大于 1mg/L。

天然水中氟的主要来源是含氟矿物、含氟矿脉及矿床。因此，在大的构造盆地和山前断陷带都是氟聚集的有利环境。温泉和古火山的分布多与构造有关，它们是地表环境中氟的另一个重要来源。干旱的古地理环境是高氟地下水形成的主要原因。

氟是一种重要的生命必需微量元素。在人的骨骼、肌肉、血液和脏器中都有它的存在。正常人体的含氟量为 1390mg。氟在体内的时间上分布是不均匀的，年龄不同，各组织和器官的含氟量也不同。随着年龄的增加，氟在骨骼中明显积累。一个体重为 70kg 的成年人，日摄入氟为 3.8mg，其中 1.4mg 是通过饮水摄入的。摄入的氟通过肠道进入血液，与血浆蛋白结合，然后释放出来，透过微细血管输送到各个组织中去，有 30%～40% 的氟蓄积于体内，其余的被排出体外。

人体在高氟环境中长期摄入过量的氟，在机体内可形成 CaF_2。CaF_2 沉积于骨及软骨组织中，破坏钙磷代谢，影响骨骼正常生长发育。CaF_2 还可导致牙齿钙化不全，牙釉受损。过量的氟可抑制许多酶的活性，干扰基因合成，影响甲状腺、胰腺、肾上腺、性腺等的内分泌功能从而使胃、胰、心脏、大脑、肝脏等脏器和器官受到损伤，对生殖功能也有一定影响。过量的氟对中枢神经有毒害作用，影响神经传导，破坏条件反射，引起神经中毒。氟磷酸盐就具有神经毒性，可用它制作化学武器。生活在高氟区的人群，往往有肢体麻木、知觉异常、反应迟钝、嗜睡不醒等症状。

严重的氟中毒就是氟骨症，表现为骨质被破坏、堆积、骨质软化，骨外膜缓慢增生，韧带钙化，骨质疏松，随之而来的是肌肉萎缩、肢体变形。氟骨症的临床特征是腰部和腿部的大关节疼痛、运动障碍、弯腰驼背、四肢畸形，甚至瘫痪残废。

思考题：

1. 区域地球化学异常概念是什么？
2. 矿床及成矿带地球化学异常概念是什么？
3. 地方病的概念是什么？
4. 简述你对几种典型地方病成因的环境地球化学认识。

第五章 水体环境地球化学

水是地球上分布最广泛的一种流体,除地表流动水外,还有部分存在于大气和岩石中。水对地球化学过程和元素的迁移循环,以及人类和生物圈的生命活动起着重要作用。自然界的水分一方面受地球引力作用沿着地壳倾斜方向流动,另一方面受太阳热力作用发生形态变化。水循环对气候特征、径流分布和变化、生态环境等均有重大影响。水分在循环过程中不论途经大气层还是陆地,均不断淋洗大气、冲刷地表,同时还溶解各种可溶性物质,从而构成自然界多种化学循环系统。本章介绍水体环境及特殊物质的水环境地球化学。

第一节 天然水的性质及化学平衡

一、天然水的性质

1. 天然水的形成及组成

天然水仅指处于天然状态下的水,是海洋、江河、湖泊、沼泽、冰雪等地表水和地下水的总称,不包括人为因素的作用,不含有水的社会属性和经济属性。天然水中一般含有可溶性物质和悬浮物质(包括悬浮物、颗粒物、水生生物等),其中可溶性物质的成分十分复杂,主要是在岩石的风化过程中,经水溶解迁移的地壳矿物质。

1) 可溶气体

天然水体中的溶解性气体主要有 O_2、CO_2、H_2S、N_2、CH_4 等。氧气溶解在水中,对于生物的生存是非常重要的。水体溶解氧(dissolved oxygen,DO)指的是溶解在水中的分子氧,对水生生物的生长繁殖具有很大的影响。水体中的溶解氧主要来源于大气复氧及水生藻类等的光合作用。水体和大气处于平衡时,水体中溶解氧的最大数值与温度、压力、水中溶质的量、水体曝气作用、光合作用、呼吸作用及水中有机污染物的氧化作用等因素有关。

CO_2 在干燥的空气中占的比例很小,大约占 0.03%,空气中的 CO_2 在水中的溶解量很少。水体中的 CO_2 主要是由有机体进行呼吸作用时产生的,有机物的耗氧分解过程可表示为式(5-1):

$$CH_2O + O_2 \xrightarrow{细菌} CO_2 + H_2O \tag{5-1}$$

同时水体中的藻类等微生物又可以利用光能及水体中的 CO_2,合成生物体自身的营养物质,该过程可表示为式(5-2):

$$CO_2 + H_2O \xrightarrow{h\nu} CH_2O + O_2 \tag{5-2}$$

水体中游离的 CO_2 浓度对水体中动植物、微生物的呼吸作用和水体中气体的交换产生较大的影响,严重时有可能引起水生动植物和某些微生物的死亡。一般要求水中 CO_2 的浓度应不超过 25mg/L。

2) 主要离子

天然水中常见的八大离子为 Ca^{2+}、Mg^{2+}、Na^+、K^+、Cl^-、HCO_3^-、SO_4^{2-} 和 NO_3^-,占天然水中离子总量的 95%~99%。水中这些主要离子的分类,常用来作为表征水体主要化学特征的指标(表 5-1)。

表 5-1 水中的主要离子组成(据汤鸿霄,1979)

硬度 Ca^{2+}、Mg^{2+}	酸 H^+	碱金属 Na^+、K^+	阳离子
HCO_3^-、CO_3^{2-}、OH^- 碱度		SO_4^{2-}、NO_3^-、Cl^- 酸根	阴离子

天然水中常见主要离子总量可以粗略地作为水中的溶解性总固体含量(又称总含盐量)(total dissolved solids,TDS):

$$TDS=[Ca^{2+}+Mg^{2+}+K^++Na^+]+[HCO_3^-+Cl^-+SO_4^{2-}] \qquad (5-3)$$

(1)钙离子(Ca^{2+})。方解石的溶解是天然水中 Ca^{2+} 的主要来源。由于离子半径相当大,Ca^{2+} 在水中难以形成较强的水化膜,故通常把水中的溶解态钙简单表示为 Ca^{2+}。钙广泛地存在于各种类型的天然水中,不同条件下天然水中钙的含量差别很大。潮湿地区的河水中 Ca^{2+} 含量一般在 20mg/L 左右,它主要来源于含钙岩石(如石灰岩)的风化溶解,是构成水中硬度的主要成分。硬度过高的水不适宜工业使用,特别是锅炉作业。长期的受热会使锅炉内壁结成水垢,这不仅影响热的传导,而且还隐藏着爆炸的危险。此外,硬度过高的水也不适用于人们生活中的洗涤及烹饪,饮用了这些水还会引起肠胃不适。但水质过软也会引起或加剧某些疾病。因此,适量的钙是人类生活中不可缺少的。

(2)镁离子(Mg^{2+})。天然水中的镁以 $Mg(H_2O)_6^{2+}$ 的形式存在,含量一般在 1~40mg/L 之间。镁是天然水中的一种常见成分,它主要是含碳酸镁的白云岩以及其他岩石的风化溶解产物(火成岩的风化产物和沉积岩矿物)。镁是动物体内所必需的元素,人体每日需镁量为 0.3~0.5g,浓度超过 125mg/L 时,还能起导泻和利尿作用。镁盐也是水质硬化的主要因素。天然水的硬度指的是水中所含钙、镁离子的总量,即总硬度。天然水的硬度按照阳离子组成可分为钙硬度和镁硬度,按阴离子组成可分为碳酸盐硬度和非碳酸盐硬度。表 5-2 是水的硬度分级。

(3)钠离子(Na^+)。钠存在于大多数天然水中,主要来自火成岩的风化产物和蒸发岩矿物。天然水中的钠在含量很低时主要以游离态存在,在含盐量较高的水中可能存在多种离子和配合物。不同条件下天然水中钠的含量差别很悬殊,其含量从小于 1mg/L 到大于 500mg/L 不等。供高压锅炉用的水中,钠的推荐极限浓度为 2~3mg/L。含钠过高是不利的,因为这种水加热后,会产生大量二氧化碳而形成泡沫。作为灌溉用水,钠盐含量过高容易引起土壤的盐渍化,直接危害植物生长。钠离子有固定水分的作用,因此,高血压病人、浮肿病人要控制钠的摄入量,一般食用氯化钾代替氯化钠。

表 5-2　水的硬度分级

总硬度	水质
0～4 度	很软水
4～8 度	软水
8～16 度	中等硬水
16～30 度	硬水
＞30 度	很硬水

(4) 钾离子(K^+)。钾是植物的基本营养元素,它存在于所有的天然水中,主要来自火成岩的风化产物和沉积岩矿物。尽管钾盐在水中有较大的溶解度,但因受土壤岩石的吸附及植物吸收与固定的影响,在天然水中 K^+ 的含量远低于 Na^+,为 Na^+ 含量的 4%～10%。大多数饮用水中,它的浓度很少达到 20mg/L。在某些 TDS 含量高的温泉中,钾的含量每升可达到几十毫克至几百毫克。

(5) 氯离子(Cl^-)。天然水中的 Cl^- 主要来自火成岩的风化产物和蒸发岩矿物。几乎所有天然水中都有 Cl^- 存在,它的含量范围变化很大。在河流、湖泊、沼泽地区,Cl^- 含量一般较低,而在海水、盐湖及某些地下水中,Cl^- 含量每升可高达数十克。在人类的生产活动中,氯化物有很重要的生理作用及工业用途。正因为如此,在生活污水和工业废水中,均含有相当数量的 Cl^-。若饮用水中 Cl^- 含量达到 250mg/L,相应的阳离子为钠时,会感觉到咸味;水中氯化物含量过高时,会损害金属管道和构筑物,并妨碍植物生长。

(6) 碳酸氢根离子(HCO_3^-)和碳酸根离子(CO_3^{2-})。天然水中的 HCO_3^- 来自碳酸盐矿物的溶解。在一般河水与湖水中,HCO_3^- 的含量不超过 250mg/L,地下水中略高。

(7) 硫酸根离子(SO_4^{2-})。硫酸盐在自然界分布广泛,天然水中的 SO_4^{2-} 主要来自火成岩的风化产物、火山(温泉)气体、沉积岩中的石膏与无水石膏、含硫的动植物残体以及金属硫化物氧化等。SO_4^{2-} 易与某些金属阳离子生成配合物和离子对;天然水中的 SO_4^{2-} 含量除决定于各类硫酸盐的溶解度外,还决定于环境的氧化还原条件,其浓度从每升几毫克至数千毫克不等。水中少量硫酸盐对人体健康无影响,但超过 250mg/L 时有致泻作用,故饮用水中硫酸盐的含量不应超过 250mg/L。

(8) 主要离子缔合体。由于配位体浓度较低,淡水中配合物的数量很少,而海水中则有相当数量的离子束缚于配合物中。海水中的绝大部分阳离子为游离的水合金属离子。

3) 水生生物

水生生物可直接影响许多物质的浓度,其作用有代谢、摄取、转化、存储和释放等。天然水体中的生物种类和数量多不胜数,可简单地划分为底栖生物、浮游生物、水生植物和鱼类四大类。生活在水体中的微生物是关系到水质的最重要的生物体,对此又可分为植物性的和动物性的两类。植物性微生物按其体内是否含叶绿素又可分为藻类和菌类微生物。一般的细菌(单细胞和多细胞)和真菌(霉菌、酵母菌等)都属于体内不含叶绿素的菌类。生活在水体中的单细胞原生动物以及轮虫、线虫之类的微小动物都是动物性的微生物。生活在天然水体中的较高级生物(如鱼)在数量上只占相对很小的比例,所以它们对水体化学性质的影响较小。相反,水质对它们生活的影响却很大。

(1) 细菌。细菌是关系到天然水体环境化学性质的最重要的生物体。它们结构简单、形体微小，在自然环境条件下繁殖快、分布广。就生态观点来看，它们中多数是还原者。由于比表面积甚大，细菌从水体摄取化学物质的能力极强；还由于细胞内含有各种酶催化剂，由此引起的生物化学反应速率也非常快。按外形可将细菌分为球菌、杆菌和螺旋菌等。它们可能是单细胞或多至几百万个细胞的群合体。细胞体表面荚膜层由多糖或多肽类化合物组成，具有保护自身免受其他微生物进攻的作用。在荚膜层上还联结着很多基团（羧基、氨基、羟基等），所以在水体 pH 值发生变化时，可能通过这些基团的电离或质子化作用等使细胞体表面带电：低 pH 值条件下 $+H_3N(+Cell)CO_2H$（带正电），中 pH 值条件下 $+H_3N(Cell)COO^-$（不带电），高 pH 值条件下 $H_3N(-Cell)COO^-$（带负电）。

按营养方式，可将细菌分为自养菌和异养菌两类。自养菌具有将无机碳化合物转化为有机物的能力，光合细菌（绿硫细菌、紫硫细菌等）和化能合成细菌（硝化菌、铁细菌、氢细菌、硫氧化细菌等）均属于此类。大多数细菌属于化能异养型，它们合成有机物的能力弱，需要现成有机物作为自身机体的营养物。异养菌又分为腐生菌和寄生菌。前者包括腐烂菌、放线菌等，它们从死亡的生物机体中摄取营养物质；而寄生菌则生活在活的机体中，一些病原性细菌属于此类，它们以进入水体的生物排泄物为媒介，传播各类疾病。

按照有机营养物质在氧化过程（即呼吸作用）中所利用的受氢体种类，还可将细菌分为：①好氧细菌，如醋酸菌、亚硝酸菌等，这类菌体生活在有氧环境中，以氧分子（大气中氧或水体中溶解氧）作为呼吸过程中的受氢体；②厌氧细菌，如油酸菌、甲烷菌等，这类菌体只能在无氧环境中（土壤深处、生物体内）呼吸、生长和繁殖，呼吸过程中以有机物分子本身或 CO_2 等作为受氢体；③兼氧细菌，如乳酸菌等，这类细菌能在有氧或无氧条件下进行两种不同的呼吸过程。菌体的主要组成物质是水（约占 80%），其余部分为有机物质和少量无机物质（约分别占 18% 和 2%），前者的化学组成可用近似经验式 $C_5H_7O_2N$ 表示，所含无机物质包括磷、铁、硫等的化合物。

(2) 藻类。藻类是在缓慢流动的水体中最常见的浮游类植物。按生态观点来看，藻类是水体中的生产者，它们能在阳光辐照条件下，以水、二氧化碳和溶解性氮、磷等营养物为原料，不断生产出有机物，释放氧气。合成有机物一部分供其呼吸消耗之用，另一部分供合成藻类自身细胞物质之需。在无光条件下，藻类消耗自身体内有机物以营生，同时也消耗着水中的溶解氧，因此，在暗处有大量藻类繁殖的水体是缺氧的。按藻类结构，它们可能是以单细胞、多细胞或菌落形态生存。一般河流中可见到的有绿藻、硅藻、甲藻、金藻、蓝藻、裸藻、黄藻等大类，它们的外观大多数有鲜明的色泽，这是因为在它们的体内除含叶绿素外，还含有各种附加色素，如藻青蛋白（青色）、藻红蛋白（红色）、胡萝卜素（橙色）、叶黄素（黄色）等。水体中藻类的种类和数量依季节和水体环境条件（底质状况、含固量、水速、水污染状况等）而有很大变化。

藻类等浮游植物体内所含碳、氮、磷等主要营养元素间一般存在着比较确定的比例。按质量计 $C:N:P=41:7.2:1$，按原子数计 $C:N:P=106:16:1$。大致的化学结构式为 $(CH_2O)_{105}(NH_3)_{16}H_3PO_4$。

藻类在水体中进行光合作用（P）和呼吸作用（R）是其生成和分解的典型过程，可用简单的化学计量关系来表征[式(5-4)]：

$$106CO_2 + 16NO_3^- + HPO_4^{2-} + 122H_2O + 18H^+ (+痕量元素和能量) \underset{R}{\overset{P}{\rightleftharpoons}} H_{263}C_{106}O_{110}N_{16}P + 138O_2$$

(5-4)

水体产生生物体的能力称为生产率。生产率是由化学及物理因素共同决定的。在高生产率的水中藻类生产旺盛,死藻的分解引起水中溶解氧水平降低,这种情况常被称为富营养化。水中营养物通常决定水体的生产率,水生植物需要供给适量 C(二氧化碳)、N(硝酸盐)、P(磷酸盐)及痕量元素(如 Fe),在许多情况下,P 是限制型的营养物。藻类大量繁殖是水体富营养化的重要标志。

4) 微量元素

许多微量元素在天然水中都有广泛分布,但浓度很低,一般含量小于 10mg/L。微量元素包括重金属(Zn、Cu、Pb、Ni、Co 等)、稀有金属(Li、Rb、Cs、Be 等)、卤素(Br、I、F)、放射性元素等。分布在水中的微量元素尽管浓度很低,却具有重要的意义。微量元素的组成可以说明水的地质历史。此外,天然水中一些金属元素的含量异常高时,可以作为找矿的指示剂。其中许多元素,即使在浓度极低的情况下,也能影响动植物的生命活动。

5) 有机物

天然条件下,有机物是从土壤、泥炭沼泽、森林腐殖质和其他各种自然形成物进入天然水,或在天然水体中形成的。天然水中有机物总浓度的变幅很大。在沼泽水和由沼泽补给的河流中有机物含量最大(达 50mg/L),河水中有机物的平均含量通常不超过 20mg/L。有机物从水中迁出是通过化学作用和生化作用,以及悬浮物质的吸附作用实现的。溶于水中的有机物与微量元素形成的易溶于水的络合物越多,其迁移能力就越明显。与矿质部分相比,天然水化学组成中的有机物没有得到充分的研究,对有机物的定量评价,往往采用间接指标法表示,如碳含量、氧化程度和生化需氧量。

2. 天然水的分类

不同天然水体,其化学成分多种多样,但它们的变化具有一定规律性。在实际应用和科学研究中,有必要对这种变化规律加以系统地分类,从而反映天然水水质的形成条件和演化过程,并且为水资源评价、利用和保护提供科学依据。

1) 按矿化度

苏联学者 Anekhh 于 1970 年提出如下分类方案:

淡水	离子总量	<1g/kg
微咸水	离子总量	1~25g/kg
具海水盐度的咸水	离子总量	25~50g/kg
盐水(卤水)	离子总量	>50g/kg

把淡水、咸水的离子总量界线定在 1g/kg 是基于人的感觉。当离子总量高于 1g/kg 时便具有咸味。微咸水与具有海水盐度的咸水之间的界线确定在 25g/kg,这是根据在这种离子总量时(海水为 24.696g/kg)水的冻结温度与最大密度时的温度相一致。具有海水盐度的咸水与盐水的界线乃是根据在海水中尚未见到离子总量高于 50g/kg 的情况,只有盐湖水和强盐化的地下水才有这种情况。

在美国(1970 年)所采用的按离子总量分类的数值界限稍有区别:

淡水	离子总量	<1g/kg
微咸水	离子总量	1~10g/kg
咸水	离子总量	10~100g/kg
盐水	离子总量	>100g/kg

2)按优势离子

曾有很多学者按优势离子成分的原则提出多种分类方案,其中常用的是 Anekhh 提出的方案。这个分类方案综合了优势离子的各种划分原理以及它们之间的数量比例。首先按优势阴离子将天然水划分为 3 类:重碳酸盐类、硫酸盐类和氯化物盐类,然后在每一类中再按优势阳离子划分为钙质、镁质和钠质 3 个组。每一组内再按离子间的毫克当量比例关系划分为 4 个水型:

Ⅰ型　　　　　$[HCO_3^-] > [Ca^{2+}] + [Mg^{2+}]$

Ⅱ型　　　　　$[HCO_3^-] < [Ca^{2+}] + [Mg^{2+}] < [HCO_3^-] + [SO_4^{2-}]$

Ⅲ型　　　　　$[HCO_3^-] + [SO_4^{2-}] < [Ca^{2+}] + [Mg^{2+}]$ 或 $[Cl^-] > [Na^+]$

Ⅳ型　　　　　$[HCO_3^-] \approx 0$

Ⅰ型水是弱矿化水,主要形成于含大量 Na^+ 与 K^+ 的火成岩地区,水中含有相当数量的 $NaHCO_3$ 成分,在某些情况下也可能由 Ca^{2+} 交换土壤和沉积物中的 Na^+ 而形成。

Ⅱ型水为混合起源水,其形成既与水和火成岩的作用有关,又与水和沉积岩的作用有关。大多数低矿化和中矿化的河水、湖水及地下水属于这一类型。

Ⅲ型水也是混合起源水,但具有很高的矿化度。在此条件下由离子交换作用使水的成分急剧地变化,通常是水中的 Na^+ 交换出土壤及沉积物中的 Ca^{2+} 及 Mg^{2+}。大洋水、海水、海湾水、残留水和许多高矿化度的地下水属此类型。

Ⅳ型水是酸性水,其特点是缺少 HCO_3^-。这是酸性沼泽水、硫化矿床水和火山水的特点。在重碳酸盐类水中不包括此种类型的水。另外,在硫酸盐与氯化物盐类的钙组和镁组中无Ⅰ型水。

根据以上分类,可划分出 27 种类型的天然水,见表 5-3。

表 5-3　天然水分类

类	碳酸氢盐[C]HCO_3^-			硫酸盐[S]SO_4^{2-}			氯化物[Cl]Cl^-		
组	钙	镁	钠	钙	镁	钠	钙	镁	钠
	Ca	Mg	Na	Ca	Mg	Na	Ca	Mg	Na
型	Ⅰ	Ⅰ	Ⅰ	Ⅱ	Ⅱ	Ⅰ	Ⅱ	Ⅱ	Ⅰ
	Ⅱ	Ⅱ	Ⅱ	Ⅲ	Ⅲ	Ⅱ	Ⅲ	Ⅲ	Ⅱ
	Ⅲ	Ⅲ	Ⅲ	Ⅳ	Ⅳ	Ⅲ	Ⅳ	Ⅳ	Ⅲ

本分类中每一性质的水用符号表示。"类"采用相应的阴离子符号表示(C、S、Cl),"组"采用阳离子的符号表示。"型"则用罗马字标在"类"符号下面。全符号写成如下形式:[C]CaⅡ,表示重碳酸盐类钙组第Ⅱ型水。此外,有时还要标上矿化度(精确至 0.1g/L)和总硬度(精确至 0.1mEq/L)(表 5-4)。

表 5-4　金沙江水系主要离子浓度　　　　　　　　（单位：mEq/L）

河流	K^+	Na^+	Ca^+	Mg^{2+}	HCO_3^-	SO_4^{2-}	Cl^-
金沙江	0.031	0.59	1.92	0.92	2.69	0.26	0.39
金沙江（邓柯）	0.072	2.98	2.38	1.54	3.78	0.9	2.45

注：金沙江[C]CaⅡ型水；金沙江（邓柯）[C]CaⅡ型水。

二、天然水的化学平衡

1. 气体溶解平衡

水体中的溶解性气体对水生生物有着重要的意义。例如：鱼类在水体中生活时，要从周围水中摄取溶解氧（溶解氧浓度小于 4mg/L 时就不能生存），经体内呼吸作用后，又向水中放出 CO_2。水中藻类则进行光合作用，有着与呼吸作用相反的过程。许多工业废气，如 HCl、SO_2、NH_3 等进入水体并进一步溶解之后，也会对水体产生各种不良的影响。

能溶于水并形成电解质或非电解质溶液的气体，它们的溶解度都可以用亨利定律（Henry's Law）来表述。亨利定律的内容是："在一定温度平衡状态下，一种气体在液体里的溶解度和该气体的平衡压力成正比。"亨利定律的一般表达式为：

$$A(aq) = K_H p_A \tag{5-5}$$

式中，$A(aq)$ 为代表某种气体在液体中的溶解度；p_A 为气体在大气中的平衡分压，其单位为 Pa；K_H 为亨利定律常数，在一定温度下 K_H 是常数。

天然水体中一些重要无机气体的亨利常数列于表 5-5。

表 5-5　无机气体在水中的亨利常数 (25℃)　　　　[单位：mol/(L·Pa)]

气体	K_H	气体	K_H
O_2	1.28×10^{-8}	SO_2	1.22×10^{-5}
NO	1.88×10^{-8}	H_2	2.47×10^{-4}
O_3	9.28×10^{-8}	HNO_3	4.84×10^{-4}
NO_2	9.87×10^{-8}	NH_3	6.12×10^{-4}
N_2O	2.47×10^{-7}	HO_2	1.97×10^{-2}
CO_2	3.36×10^{-7}	HCl	2.47×10^{-2}
H_2S	1.00×10^{-6}	H_2O_2	0.7

在应用亨利定律时需注意以下几点：

(1) 溶质在气相和在溶剂中的分子状态必须相同。例如：CO_2 溶解在水中时，经水合、电离作用后，存在多种形态：$(CO_2)aq$、H_2CO_3、HCO_3^-、CO_3^{2-}，亨利定律表达式中 [$A(aq)$] 只包含 $(CO_2)aq$ 这一种形态。

(2) 对于混合气体，在压力不大时，亨利定律对每一种气体均分别适用，与另一种气体的分压无关。

(3) 对于亨利常数大于 10^{-2} 的气体,可认为它基本上是完全溶于水的。

(4) 亨利常数作为温度的函数,有如下关系式:

$$\frac{\mathrm{d}\ln K_\mathrm{H}}{\mathrm{d}T}=\frac{\Delta H}{RT^2} \tag{5-6}$$

式中,ΔH 为气体溶于水过程的焓变。一般 ΔH 为负值,随温度降低,亨利系数增大,即低温下气体在水中有较大溶解度。对于溶解度非常大的气体,亨利系数还可能与浓度有关。

(5) 亨利常数的数值可以在定温下由实验测定,也可以使用热力学方法推导。

2. 酸碱平衡

酸碱反应不存在动力学阻碍,多数反应在瞬间完成,所以仅涉及平衡问题。作为水溶液体系中最重要的特征参数,pH 值往往决定了体系各组分的相对浓度。在天然水环境中重要的一元酸碱体系有 NH_4^+—NH_3、HCN—CN^- 等,二元酸碱体系有 H_2CO_3—HCO_3^-—CO_3^{2-}、H_2S—HS^-—S^{2-}、H_2SO_3—HSO_3^-—SO_3^{2-} 等,三元酸碱体系有 H_3PO_4—$H_2PO_4^-$—HPO_4^{2-}—PO_4^{3-} 等。强酸或强碱则不大可能在天然水体中出现。

1) 酸碱质子理论

在各种酸碱理论中,Bronsted 和 Lowry(1923)提出的酸碱质子理论是最适用于水体化学的一种理论。按这种理论对酸和碱所下的定义是:酸是一种质子给体,碱是一种质子受体。例如在下列反应中:

$$HCl+H_2O\longrightarrow Cl^-+H_3O^+ \tag{5-7}$$

当反应自左向右进行时,HCl 起酸的作用(质子给体),H_2O 起碱的作用(质子受体)。由于质子十分微小又不能独立存在,所以在水体中往往由溶剂水分子作质子受体而生成水合氢离子 H_3O^+。虽然上述反应向右进行的趋势十分强烈,但仍可将反应视为可逆的。如果反应逆向进行,则应将 H_3O^+ 视为酸,Cl^- 则为碱。HCl—Cl^- 和 H_3O^+—H_2O 实质上是两对共轭酸碱体。另举一酸碱反应例子:

$$H_2O+NH_3\longrightarrow OH^-+NH_4^+ \tag{5-8}$$

对这个反应来说,H_2O 起了酸的作用。

比较上述两个例子,可以说水具有两重性。将以上两个反应式结合成一般式即为

$$\text{酸}_1+\text{碱}_2 \rightleftharpoons \text{碱}_1+\text{酸}_2 \tag{5-9}$$

(其中 H+ 由酸$_1$ 转给碱$_2$)

从酸碱质子理论来看,任何酸碱反应,如电离、中和、水解等都是两个共轭酸碱对之间的质子传递反应。水体中的水分子在这些过程中经常充当质子转移的中间介质。

2) 酸和碱的种类

表 5-6 列举了按质子理论定义的常见酸和碱。由表 5-6 可见,不但一般分子可以成为酸或碱,各种正离子和负离子也可以成为酸或碱。

有机酸碱大多是分子态化合物。作为质子供体(酸)的有酸、酚、醇、脂、酰胺等类化合物,作为质子受体(碱)的有醚、酯、酮、叔胺等类化合物。

表 5-6 在水溶液中常见的酸和碱

酸	分子	HI、HBr、HCl、HF、HNO_3、$HClO_4$、H_2SO_4、H_3PO_4、H_2S、H_2O、HCN、H_2CO_3
	正离子	$[Al(H_2O)_6]^{3+}$、NH_4^+、$[Fe(H_2O)_6]^{3+}$、$[Cu(H_2O)_4]^{2+}$
	负离子	HSO_4^-、$H_2PO_4^-$、HCO_3^-、HS^-
碱	负离子	I^-、Br^-、Cl^-、F^-、HSO_4^-、SO_4^{2-}、HPO_4^{2-}、HS^-、S^{2-}、OH^-、O^{2-}、CN^-、HCO_3^-、CO_3^{2-}
	正离子	$[Al(OH)(H_2O)_5]^{2+}$、$[Fe(OH)(H_2O)_5]^{2+}$、$[Cu(OH)(H_2O)_3]^+$
	分子	NH_3、H_2O、NH_2OH

3)酸和碱的强度

酸和碱的强度分别用酸电离常数 K_a 和碱电离常数 K_b 表示。相应地有:

$$HA + H_2O \longrightarrow H_3O^+ + A^- \tag{5-10}$$

$$K_a = \frac{[H_3O^+][A^-]}{HA} \tag{5-11}$$

$$A^- + H_2O \longrightarrow HA + OH^- \tag{5-12}$$

$$K_b = \frac{[HA][OH^-]}{A^-} \tag{5-13}$$

以上 K_a、K_b 表达式中已将[H_2O]浓度项分别并入 K_a 和 K_b,这是因为水在体系中过量存在,它的浓度没有发生显著变化。还应指出,准确的 K_a 或 K_b 应由活度来计算,但在非常稀的溶液中可用浓度来代替活度。由式(5-10)和式(5-12)可见,酸和碱的强度都是相对于水的共轭体系 H_3O^+/H_2O 和 H_2O/OH^- 来衡量的。

为了使用方便,一般将 K_a、K_b 分别转写为 pK_a、pK_b:

$$pK_a = -\lg K_a, pK_b = -\lg K_b \tag{5-14}$$

K_a 数值越大或 pK_a 数值越小,则 HA 酸性越强。HIO_3 的 $pK_a=0.8$,一般定义 $pK_a<0.8$ 者为强酸。K_b 数值越大或 pK_b 数值越小,则 A^- 的碱性越强。$H_2SiO_4^{2-}$ 的 $pK_b=1.4$,一般定义 $pK_b<1.4$ 者为强碱。

对于共轭酸碱 HA/A^- 来说,将式(5-10)和式(5-12)相联,得:

$$K_a K_b = [H_3O^+][OH^-] \tag{5-15}$$

两者之积称为水的离子积 K_w,在25℃时:

$$K_w = K_a K_b = 1 \times 10^{-14}$$

$$pK_a + pK_b = 14.00 \tag{5-16}$$

式(5-16)表明,共轭体系中的酸越强,则其共轭碱越弱,否则反之。

对于下列反应,A_1 和 B_1,以及 A_2 和 B_2 为共轭酸碱,若它们的强度是 $A_1 > A_2$,$B_2 > B_1$,则反应从左向右进行:

$$\begin{array}{cccc} A_1 & B_2 & B_1 & A_2 \\ 强酸 & 强碱 & 弱碱 & 弱酸 \end{array} \tag{5-17}$$

$$HCl + NH_3 \longrightarrow Cl^- + NH_4^+$$

4)酸碱缓冲容量

酸碱缓冲作用是指向共轭酸碱体系中加别的酸或碱,并经过酸碱反应被体系消耗后,仅能引起 pH 值的微小变化。酸碱体系的缓冲容量(β)被定义为：使该水溶液体系的 pH 值升高一个单位所需加入强碱 NaOH 的摩尔数(c_B,mol/L)。β 总是取正值，所以若向溶液中加入强酸(c_A,mol/L)，则相当于取出了同样数量的强碱。因此，缓冲容量表达式为：

$$\beta = \frac{\mathrm{d}\ln c_B}{\mathrm{d}pH} = -\frac{\mathrm{d}c_A}{\mathrm{d}pH} \tag{5-18}$$

或

$$\beta = \frac{\Delta \ln c_B}{\Delta pH} = -\frac{\Delta c_A}{\Delta pH} \tag{5-19}$$

对于地表水来说，一般只有很小缓冲容量，超量受纳酸碱废水将引起 pH 值的很大波动，对水质和水生生物产生很大影响。

3. 溶解和沉淀作用

溶解和沉淀是天然水和水处理过程中极为重要的现象。天然水在循环过程中与岩石中的矿物不断地相互作用，矿物既可溶解于水中或与水发生反应，也可沉积于湖泊、河流或海洋的底部，因此，矿物质的溶解与沉淀成为决定天然水化学组成的重要因素。掌握有关固态物质在水中溶解沉淀平衡的知识将有助于深入了解天然的风化过程和沉积过程，了解天然水体中矿物质含量的变化规律，以及直观衡量一般金属化合物在水体中的迁移能力。

1) 氧化物和氢氧化物

金属氢氧化物的沉淀有多种形态，它们的水环境行为差别很大。氧化物可看成是氢氧化物的脱水形式。这类化合物直接与 pH 值有关，实际涉及水解和羟基配合物的平衡过程，该过程往往复杂多变，这里用强电解质的最简单关系式表述：

$$Me(OH)_n(s) \rightarrow Me^{n+} + nOH^-$$
$$K_{sp} = [Me^{n+}][OH^-]^n \tag{5-20}$$

将溶度积进行转换，得：

$$[Me^{n+}] = \frac{K_{sp}}{[OH^-]^n} = \frac{K_{sp}[H^+]^n}{K_w^n}$$
$$-\lg[Me^{n+}] = -\lg K_{sp} - n\lg[H^+] + n\lg K_w$$
$$pc = pK_{sp} - npK_w + npH \tag{5-21}$$

式(5-21)代表的直线，其斜率等于 n，即金属离子价；横截距为 $pH = 14 - \frac{pK_{sp}}{n}$。

各种金属氢氧化物的溶度积数值列于表 5-7 中，根据其中数据可绘出溶液中金属离子饱和浓度对数值与 pH 值的关系图(图 5-1)。由图 5-1 可以看出：①价态相同的金属离子，直线斜率相同；②靠图右边斜线代表的金属氢氧化物的溶解度大于靠左边的；③根据此图大致可查出各种金属离子在不同 pH 值溶液中所能存在的最大饱和浓度。

表 5-7　金属氢氧化物溶度积

氢氧化物	K_{sp}	pK_{sp}	氢氧化物	K_{sp}	pK_{sp}
AgOH	1.6×10^{-8}	7.80	$Fe(OH)_3$	3.2×10^{-38}	37.50
$Ba(OH)_2$	5×10^{-3}	2.30	$Mg(OH)_2$	1.8×10^{-11}	10.74
$Ca(OH)_2$	5.5×10^{-6}	5.26	$Mn(OH)_2$	1.1×10^{-13}	12.96

续表 5-7

氢氧化物	K_{sp}	pK_{sp}	氢氧化物	K_{sp}	pK_{sp}
$Al(OH)_3$	1.3×10^{-33}	32.90	$Hg(OH)_2$	4.8×10^{-26}	25.32
$Cd(OH)_2$	2.2×10^{-14}	13.66	$Ni(OH)_2$	2.0×10^{-15}	14.70
$Co(OH)_2$	1.6×10^{-15}	14.80	$Pb(OH)_2$	1.2×10^{-15}	14.93
$Cr(OH)_3$	6.3×10^{-31}	30.20	$Th(OH)_4$	4.0×10^{-45}	44.40
$Cu(OH)_2$	5.0×10^{-20}	19.30	$Ti(OH)_3$	1.0×10^{-40}	40.00
$Fe(OH)_2$	1.0×10^{-15}	15.00	$Zn(OH)_2$	7.1×10^{-18}	17.15

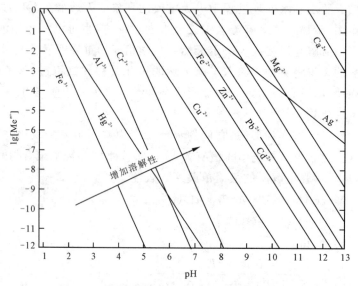

图 5-1 氢氧化物的溶解度（据汤鸿霄，1979a）

图 5-1 不能充分反映出氧化物或氢氧化物的溶解度,应该考虑到它们的羟基配合形态的存在。如 $PbO(s)$ 在 25℃时其固相与溶解相之间所有可能的平衡为：

$$PbO_{(S)}+2H^{+} \rightleftharpoons Pb^{2+}+H_2O \qquad \lg{}^*K_{S_0}=12.7 \qquad (5-22)$$

$$PbO_{(S)}+H^{+} \rightleftharpoons PbOH^{+} \qquad \lg{}^*K_{S_1}=5.0 \qquad (5-23)$$

$$PbO_{(S)}+H_2O \rightleftharpoons Pb(OH)_2^0 \qquad \lg{}^*K_{S_2}=-4.4 \qquad (5-24)$$

$$PbO_{(S)}+2H_2O \rightleftharpoons Pb(OH)_3^{-}+H^{+} \qquad \lg{}^*K_{S_3}=-15.4 \qquad (5-25)$$

由式(5-22)～式(5-25)可得出 PbO 的溶解度表示式为：

$$[Pb(II)]_T = {}^*K_{S_0}[H^+]^2 + {}^*K_{S_1}[H^+] + {}^*K_{S_2} + {}^*K_{S_3}[H^+]^{-1} \qquad (5-26)$$

也可表示为：

$$[Pb(II)]_T = [Pb^{2+}] + \sum_{n=1}^{3}[Pb(OH)_n^{2-n}] \qquad (5-27)$$

图 5-2 表明,固体氧化物和氢氧化物具有两性的特征,它们和质子或羟基离子都可发生反应。存在一个 pH 值,在此 pH 值下溶解度为最小值,在碱性或酸性更强的 pH 值区域内,溶解度都变得更大。图 5-2 中阴影区为 PbO 的沉淀区,阴影区域线为 4 条特征线的综合。

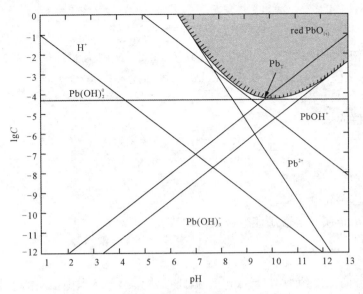

图 5-2 PbO 的溶解度(据 Pankow,1991)

2)硫化物

金属硫化物是溶度积更小的一类难溶沉淀物,当地表水与地下水中出现 S^{2-} 时,几乎所有重金属离子都可从水中除去(表 5-8)。

表 5-8 金属硫化物溶度积(据汤鸿霄,1979)

分子式	K_{sp}	pK_{sp}	分子式	K_{sp}	pK_{sp}
Ag_2S	6.3×10^{-30}	49.20	HgS	4.0×10^{-53}	52.40
CdS	7.9×10^{-27}	26.10	MnS	2.5×10^{-13}	12.60
CoS	4.0×10^{-21}	20.40	NiS	3.2×10^{-19}	18.50
Cu_2S	2.5×10^{-48}	47.60	PbS	8.0×10^{-28}	27.90
CuS	6.3×10^{-36}	35.20	SnS	1.0×10^{-25}	25.00
FeS	3.3×10^{-18}	17.50	ZnS	1.6×10^{-24}	23.80
Hg_2S	1.0×10^{-43}	45.00	Al_2S_3	2.0×10^{-7}	6.70

硫化氢溶于水中呈二元酸状态,其分级电离为:

$$H_2S \longrightarrow H^+ + HS^-$$

$$K_1 = 8.9\times10^{-8}$$

$$HS^- \longrightarrow H^+ + S^{2-}$$

$$K_2 = 1.3\times10^{-15} \tag{5-28}$$

两者相加可得:

$$H_2S \longrightarrow 2H^+ + S^{2-} \tag{5-29}$$

$$K_{1,2}=\frac{[H^+]^2[S^{2-}]}{H_2S}=K_1K_2=1.16\times10^{-22} \tag{5-30}$$

在饱和水溶液中，H_2S 浓度总是保持在 $0.1mol/L$，又因为实际电离甚微，可认为饱和溶液中 H_2S 分子浓度 $[H_2S]$ 也保持在 $0.1mol/L$。将其代入式(5-30)，得：

$$[H^+]^2[S^{2-}]=1.16\times10^{-22}\times0.1=1.16\times10^{-23}=K'_{sp} \tag{5-31}$$

在任意 pH 值的水中：

$$[S^{2-}]=\frac{K'_{sp}}{[H^+]^2}=\frac{1.16\times10^{-23}}{[H^+]^2} \tag{5-32}$$

若溶液中存在 Me^{2+}，则有：

$$[Me^{2+}][S^{2-}]=K_{sp} \tag{5-33}$$

从而可计算出金属在溶液中能达到的饱和浓度：

$$[Me^{2+}]=\frac{K_{sp}}{[S^{2-}]}=\frac{K_{sp}[H^+]^2}{K'_{sp}}=\frac{K_{sp}[H^+]^2}{0.1K_1K_2} \tag{5-34}$$

天然水中 S^{2-} 的浓度约为 $10^{-10}mol/L$，据此可估算出天然水中金属离子的平衡浓度，即其以离子形态存在的浓度，如 CuS 的 $K_{sp}=6.3\times10^{-36}mol/L$，可见天然水中只需存在少量 S^{2-}，便可使 Cu^{2+} 完全沉淀。

3）碳酸盐

碳酸盐、硫化物与氢氧化物不同，它们的阴离子 CO_3^{2-}、S^{2-} 浓度随 pH 值变化，因而其沉淀反应受 pH 值影响。此外，它们并不是由 OH^- 直接参与沉淀反应，同时，CO_2 还存在气相分压。因此，碳酸盐、硫化物沉淀实际上是二元酸在三相中的平衡分布问题。下面以 $CaCO_3(s)$ 为例进行介绍。$\alpha_0,\alpha_1,\alpha_2$ 分别表示 $[H_2CO_3]$、$[HCO_3^-]$、$[CO_3^{2-}]$ 在碳酸盐组分总量 C_T 中所占的比例：$\alpha_0=\frac{[H_2CO_3]}{C_T}$，$\alpha_1=\frac{[HCO_3^-]}{C_T}$，$\alpha_2=\frac{[CO_3^{2-}]}{C_T}$。

(1) 封闭体系。

(a) 总碳酸盐碳 C_T 为常数时，$CaCO_3$ 的溶解度为：

$$CaCO_3(s)\longrightarrow Ca^{2+}+CO_3^{2-}$$

$$K_{sp}=[Ca^{2+}][CO_3^{2-}]=1\times10^{-8.32}$$

$$[Ca^{2+}]=\frac{K_{sp}}{[CO_3^{2-}]}=\frac{K_{sp}}{(C_T\alpha_2)} \tag{5-35}$$

在 Me^{2+}—H_2O—CO_2 体系中，则有：

$$[Me^{2+}]=\frac{K_{sp}}{(C_T\alpha_2)} \tag{5-36}$$

对于任何 pH 值 α_2 都是已知的，根据式(5-36)，可绘出 $\lg[Me^{2+}]$ 对 pH 值的曲线图(图 5-3)。

图 5-3 基本上是由溶度积方程式和碳酸平衡叠加而成的，$[Ca^{2+}][CO_3^{2-}]$ 为常数。因此，在 $pH>pK_2$ 这一高 pH 区时，$\lg[CO_3^{2-}]$ 线斜率为零。$\lg[Ca^{2+}]$ 线斜率也必为零，此时饱和浓度 $[Ca^{2+}]=K_{sp}/[CO_3^{2-}]$；

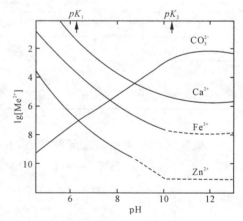

图 5-3 $MeCO_3(s)$ 的溶解度
(据 Stumm et al, 1981)
(封闭体系，$C_T=3\times10^{-3}mol/L$)

当在 $pK_1 < \text{pH} < pK_2$ 区时，$\lg[\text{CO}_3^{2-}]$ 的斜率为 1，相应 $\lg[\text{Ca}^{2+}]$ 的斜率为 -1；当在 $\text{pH} < pK_1$ 区时，$\lg[\text{CO}_3^{2-}]$ 的斜率为 2，为保持 $[\text{Ca}^{2+}][\text{CO}_3^{2-}]$ 的恒定，$\lg[\text{Ca}^{2+}]$ 的斜率必为 -2。图 5-3 反映的是 $C_T = 3 \times 10^{-3}$ mol/L 时，一些金属碳酸盐的溶解度及它们对 pH 的依赖关系。

(b) $CaCO_3(s)$ 在纯水中的溶解。溶液中的溶质为 Ca^{2+}、H_2CO_3、HCO_3^-、CO_3^{2-}、H^+、OH^-、CO_3^{2-}，同时参与 $CaCO_3(s)$ 溶解平衡和碳酸平衡，Ca^{2+} 浓度等于溶解碳酸化合态的总和，即

$$[\text{Ca}^{2+}] = C_T \tag{5-37}$$

此外，溶液必须满足电中性条件：

$$2[\text{Ca}^{2+}] + [\text{H}^+] = [\text{HCO}_3^-] + 2[\text{CO}_3^{2-}] + [\text{OH}^-] \tag{5-38}$$

又

$$[\text{Ca}^{2+}] = \frac{K_{sp}}{[\text{CO}_3^{2-}]} = \frac{K_{sp}}{(C_T \alpha_2)} \tag{5-39}$$

综合上述两式可得出：

$$[\text{Ca}^{2+}] = \left(\frac{K_{sp}}{\alpha_2}\right)^{\frac{1}{2}}$$

$$-\lg[\text{Ca}^{2+}] = 0.5 pK_{sp} - 0.5 p\alpha_2 \tag{5-40}$$

对于其他金属碳酸盐则可以写为：

$$-\lg[\text{Me}^{2+}] = 0.5 pK_{sp} - 0.5 p\alpha_2 \tag{5-41}$$

把式 (5-40) 代入式 (5-38)，可得：

$$\left(\frac{K_{sp}}{\alpha_2}\right)^{\frac{1}{2}} (2 - \alpha_1 - 2\alpha_2) + [\text{H}^+] - \frac{K_w}{[\text{H}^+]} = 0 \tag{5-42}$$

可用试算法求解。

同样可以绘制 pc-pH 图表示碳酸钙溶解度与 pH 的关系

当 $\text{pH} > pK_2$，$\alpha_1 \approx 1$

$$\lg[\text{Ca}^{2+}] = 0.5 \lg K_{sp}$$

当 $pK_1 < \text{pH} < pK_2$，$\alpha_1 \approx K_2/[\text{H}^+]$

$$\lg[\text{Ca}^{2+}] = 0.5 \lg K_{sp} - 0.5 \lg K_2 - 0.5 \text{pH}$$

当 $\text{pH} < pK_1$，$\alpha_1 \approx K_1 K_2/[\text{H}^+]^2$

$$\lg[\text{Ca}^{2+}] = 0.5 \lg K_{sp} - 0.5 \lg K_1 K_2 - \text{pH} \tag{5-43}$$

图 5-4 给出了某些金属碳酸盐溶解度曲线图。

(2) 开放体系。

在与大气有 CO_2 交换的体系中，因大气中 CO_2 分压固定，溶液中的 $[\text{H}_2\text{CO}_3^*]$ 也相应固定，这时每一 pH 值对应有一定的 $[\text{CO}_3^{2-}]$，同时，可确定为达到溶液饱和平衡所应有的 $[\text{Ca}^{2+}]$，反之亦然。对这种三相平衡中的碳酸盐，可以得到基本计算式为：

$$C_T = \frac{[\text{CO}_2]}{\alpha_0} = \frac{1}{\alpha_0} K_H P_{\text{CO}_2}$$

$$[\text{CO}_3^{2-}] = \frac{\alpha_2}{\alpha_0} K_H P_{\text{CO}_2}$$

$$[\text{Ca}^{2+}] = \frac{\alpha_0}{\alpha_2} \frac{K_{sp}}{K_H P_{\text{CO}_2}} \tag{5-44}$$

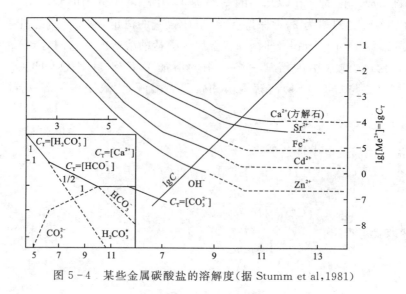

图 5-4 某些金属碳酸盐的溶解度（据 Stumm et al,1981）

同样,可将此关系式推广到其他金属碳酸盐,即

$$[Me^{2+}] = \frac{\alpha_0}{\alpha_2} \frac{K_{sp}}{K_H P_{CO_2}} \tag{5-45}$$

从而绘出 $P[Me^{2+}]$-pH 图(图 5-5)。

4. 配合作用

污染物特别是重金属污染物,大部分以配合物形态存在于水体中,其迁移、转化及毒性等均与配合作用有密切关系。例如:迁移过程中,大部分重金属在水体中可溶态是配合形态,随环境条件改变而迁移和变化。自由铜离子的毒性大于配合态铜,甲基汞的毒性大于无机汞。已发现一些有机金属配合物可增加水生生物的毒性,而有的则减少其毒性,因此,配合作用的实质问题是哪一种污染物的结合态更能为生物所利用。

天然水体中有许多阳离子,其中某些阳离子是良好的配合物中心体,某些阴离子则可作为配位体,它们之间的配合作用和反应速率等概念与机制,可以用配合物化学基本理论予以描述,如软硬酸碱理论、欧文-威廉斯顺序等。

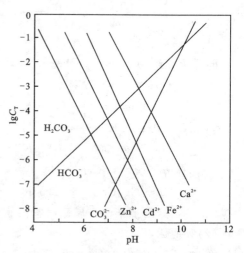

图 5-5 开放体系中金属碳酸盐的溶解度
（据 Stumm et al,1981）

天然水体中重要的无机配位体有 OH^-、Cl^-、CO_3^{2-}、HCO_3^-、F^-、S^{2-} 等。以上离子除 S^{2-} 外,均属于路易斯硬碱,它们易与硬酸进行配合。如 OH^- 在水溶液中将优先与某些作为中心离子的硬酸结合(如 Fe^{3+}、Mn^{3+} 等),形成羧基配合离子或氢氧化物沉淀,而 S^{2-} 则更易和重金属如 Hg^{2+}、Ag^+ 等形成多硫配合离子或硫化物沉淀。按照这一规则,可以定性地判断某个金属离子在水体中的形态。

有机配位体情况比较复杂,天然水体中包括动植物组织的天然降解产物,如氨基酸、糖、腐植酸,以及生活废水中的洗涤剂、清洁剂、NTA、EDTA、农药和大分子环状化合物等。这些有机物中相当一部分具有配合能力。

1）配合物在溶液中的稳定性

配合物在溶液中的稳定性是指配合物在溶液中离解成中心离子（原子）和配位体,达到平衡时,其解离程度的大小,这是配合物特有的重要性质。为了讨论中心离子（原子）和配位体性质对稳定性的影响,先简述配位化合物的形成特征。

水中的金属离子,可以与电子供体结合,形成一个配位化合物（或离子）。例如,Cd^{2+}和一个配位体CN^-结合形成$CdCN^+$配合离子：

$$Cd^{2+} + CN^- \longrightarrow CdCN^+ \tag{5-46}$$

$CdCN^+$还可继续与CN^-结合逐渐形成稳定性变弱的配合物$Cd(CN)_2$、$Cd(CN)_3^-$和$Cd(CN)_4^{2-}$。在这个例子中,CN^-是一个单齿配体,它仅有一个位置与Cd^{2+}成键,所形成的单齿配合物对于天然水的重要性并不大,更重要的是多齿配体。具有不止一个配位原子的配体,如甘氨酸、乙二胺是二齿配体,二乙基三胺是三齿配体,乙二胺四乙酸根是六齿配体,它们与中心原子形成环状配合物称为螯合物。例如,乙二胺与铬离子所形成的螯合物,其结构如图5-6所示。

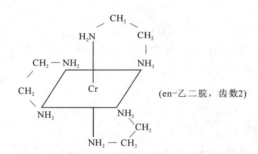

图 5-6 乙二胺与铬离子形成的环状配合物结构

显然,螯合物比单齿配体所形成的配合物稳定性要大得多。

稳定常数是衡量配合物稳定性大小的尺度,例如$ZnNH_3^{2+}$可由下面反应生成：

$$Zn^{2+} + NH_3 \longrightarrow ZnNH_3^{2+} \tag{5-47}$$

生成常数K_1为：

$$K_1 = \frac{[ZnNH_3^{2+}]}{[Zn^{2+}][NH_3]} = 3.9 \times 10^2 \tag{5-48}$$

在上述反应中为了简便起见,把水合水省略了,然后$Zn(NH_3)^{2+}$继续与NH_3反应,生成$Zn(NH_3)_2^{2+}$：

$$Zn(NH_3)^{2+} + NH_3 \longrightarrow Zn(NH_3)_2^{2+} \tag{5-49}$$

生成常数K_2为：

$$K_2 = \frac{[Zn(NH_3)_2^{2+}]}{[Zn(NH_3)^{2+}][NH_3]} = 2.1 \times 10^2 \tag{5-50}$$

K_1、K_2称为逐级生成常数（或逐级稳定常数）,表示NH_3加至中心Zn^{2+}上是一个逐步的过程。累积稳定常数是指几个配位体加到中心金属离子过程的加和。例如,$Zn(NH_3)_2^{2+}$的生成可用下面反应式表示：

$$Zn^{2+} + 2NH_3 \longrightarrow Zn(NH_3)_2^{2+} \tag{5-51}$$

β_2 为累积稳定常数（或累积生成常数）：

$$\beta_2 = \frac{[Zn(NH_3)_2^{2+}]}{[Zn^{2+}][NH_3]^2} = K_1 K_2 = 8.2 \times 10^4 \tag{5-52}$$

同样，对于 $Zn(NH_3)_3^{2+}$ 的 $\beta_3 = K_1 \cdot K_2 \cdot K_3$，$Zn(NH_3)_4^{2+}$ 的 $\beta_4 = K_1 \cdot K_2 \cdot K_3 \cdot K_4$。

概括起来，配合物平衡反应相应的平衡常数可表示如下：

$$K_n = \frac{[ML_n]}{[ML_{n-1}][L]}$$

$$\beta_n = \frac{[ML_n]}{[M][L]^n} \tag{5-53}$$

从上述两个表达式也可以看出 K 和 β 之间的关系。K_n 或 β_n 越大，配合离子越难离解，配合物也越稳定。因此，从稳定常数的值可以算出溶液中各级配合离子的平衡浓度。

2）羟基金属离子的配合作用

由于大多数重金属离子均能水解，其水解过程实际上就是羟基配合过程，它是影响一些重金属难溶盐溶解度的主要因素，因此，人们特别重视羟基对重金属的配合作用。现以 Me^{2+} 为例：

$$Me^{2+} + OH^- \longrightarrow MeOH^+$$

$$K_1 = \frac{[MeOH^+]}{[Me^{2+}][OH^-]}$$

$$MeOH^+ + OH^- \longrightarrow Me(OH)_2^0$$

$$K_2 = \frac{[Me(OH)_2^0]}{[MeOH^+][OH^-]}$$

$$Me(OH)_2^0 + OH^- \longrightarrow Me(OH)_3^-$$

$$K_3 = \frac{[Me(OH)_3^-]}{[Me(OH)_2^0][OH^-]}$$

$$Me(OH)_3^- + OH^- \longrightarrow Me(OH)_4^{2-}$$

$$K_4 = \frac{[Me(OH)_4^{2-}]}{[Me(OH)_3^-][OH^-]} \tag{5-54}$$

这里 K_1、K_2、K_3 和 K_4 为羟基配合物的逐级生成常数。在实际计算中，常用累积生成常数 β_1、β_2、β_3……表示：

$$\begin{aligned}
Me^{2+} + OH^- &\longrightarrow MeOH^+ & \beta_1 &= K_1 \\
MeOH^+ + OH^- &\longrightarrow Me(OH)_2^0 & \beta_2 &= K_1 \cdot K_2 \\
Me(OH)_2^0 + OH^- &\longrightarrow Me(OH)_3^- & \beta_3 &= K_1 \cdot K_2 \cdot K_3 \\
Me(OH)_3^- + OH^- &\longrightarrow Me(OH)_4^{2-} & \beta_4 &= K_1 \cdot K_2 \cdot K_3 \cdot K_4
\end{aligned} \tag{5-55}$$

以 β 代替 K，计算各种羟基配合物占金属总量的百分数（以 ψ 表示），它与累积生成常数及 pH 有关，因为：

$$[Me]_T = [Me^{2+}] + [MeOH^+] + [Me(OH)_2^0] + [Me(OH)_3^-] + [Me(OH)_4^{2-}] \tag{5-56}$$

由式（5-55）~式（5-56）得：

$$[Me]_T = [Me^{2+}]\{1 + \beta_1[OH^-] + \beta_2[OH^-]^2 + \beta_3[OH^-]^3 + \beta_4[OH^-]^4\} \tag{5-57}$$

设 $\alpha = \{1 + \beta_1[OH^-] + \beta_2[OH^-]^2 + \beta_3[OH^-]^3 + \beta_4[OH^-]^4\}$

则

$$[Me]_T = [Me^{2+}]\alpha$$

$$\psi_0 = \frac{[Me^{2+}]}{[Me]_T} = \frac{1}{\alpha}$$

$$\psi_1 = \frac{[Me(OH)^+]}{[Me]_T} = \frac{\beta_1[Me^{2+}][OH^-]}{[Me]_T} = \psi_0\beta_1[OH^-]$$

$$\psi_2 = \frac{[Me(OH)_2^0]}{[Me]_T} = \psi_0\beta_2[OH^-]^2$$

$$\vdots$$

$$\psi_n = \frac{[Me(OH)_n^{n-2}]}{[Me]_T} = \psi_0\beta_n[OH^-]^n \tag{5-58}$$

在一定温度下，$\beta_1, \beta_2, \beta_2, \cdots, \beta_n$ 等为定值，ψ 仅是 pH 值的函数。图 5-7 表示了 Cd^{2+}—OH^- 配合离子在不同 pH 值下的分布。

由图 5-7 可以看出：当 pH<8 时，镉基本上以 Cd^{2+} 形态存在；pH=8 时开始形成 $CdOH^+$ 配合离子；pH 约为 10 时，$CdOH^+$ 达到峰值；pH 至 11 时，$Cd(OH)_2$ 达到峰值；pH=12 时，$Cd(OH)_3^-$ 到达峰值；当 pH>13 时，则 $Cd(OH)_4^{2-}$ 占优势。

3）腐殖质的配合作用

天然水中对水质影响最大的有机物是腐殖质，它是由生物体物质在土壤、水和沉积物中转化而成。腐殖质是有机高分子物质，分子量在 300～30 000 及以上。一般根据其在碱和酸溶液中的溶解度划分为 3 类：①腐植酸（humic acid）——可溶于稀碱液但不溶于酸的部分，分子量由数千到数万；②富里酸（fulvic acid）——可溶于酸又可溶于碱的部分，分子量由数百到数千；③腐黑物（humin）——不能被酸和碱提取的部分。

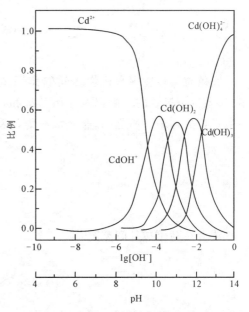

图 5-7 Cd^{2+}—OH^- 配合离子在不同 pH 值下的分布（据陈静生，1987）

在腐植酸和腐黑物中，碳含量为 50%～60%，氧含量为 30%～35%，氢含量为 4%～6%，氯含量为 2%～4%，而富里酸中碳和氯含量较少，分别为 44%～50% 和 1%～3%，氧含量较多，为 44%～50%，不同地区和不同来源的腐殖质其分子量组成和元素组成都有区别。

腐殖质在结构上的显著特点是除含有大量苯环外，还含有大量羟基、醇基和酚基。富里酸单位重量含有的含氧官能团数量较多，因而亲水性也较强。富里酸的结构式如图 5-8 所示，这些官能团在水中可以离解并产生化学作用，因此，腐殖质具有高分子电解质的特征，并表现为酸性。

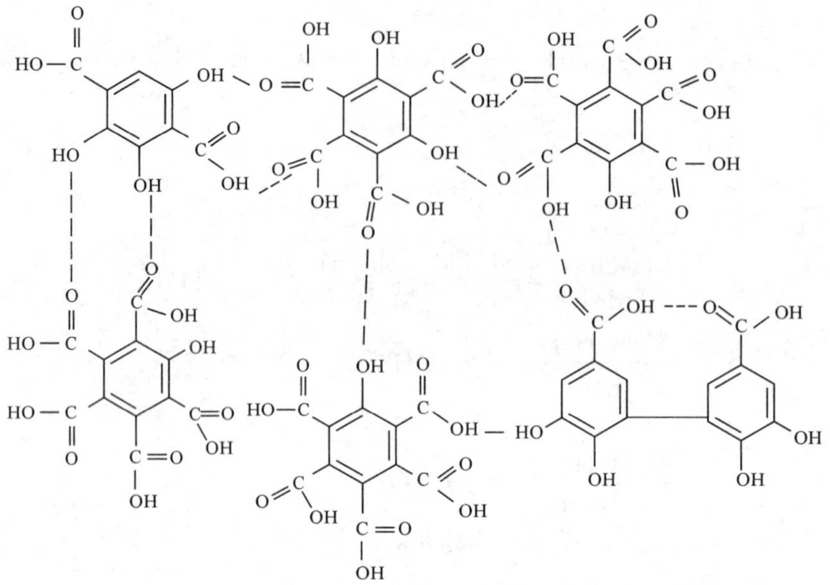

图 5-8　富里酸的结构（据 Schnitzer，1978）

腐殖质与环境中有机物之间的作用主要涉及吸附效应、溶解效应、对水解反应的催化作用、对微生物过程的影响以及光敏效应和猝灭效应等。但腐殖质与金属离子生成配合物是它们最重要的环境性质之一，金属离子能在腐殖质中的羧基与羟基间螯合成键：

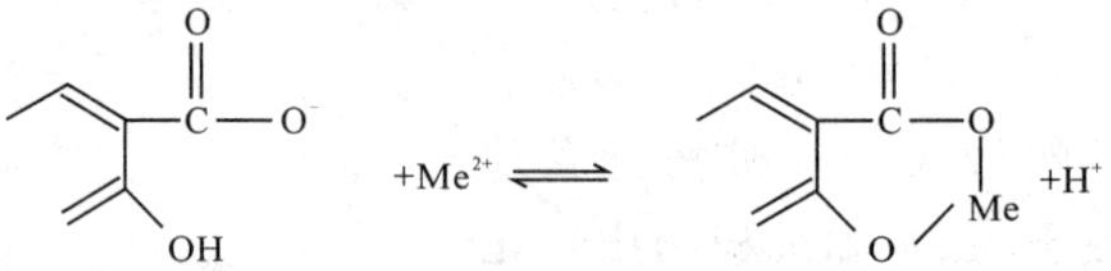

或者在两个羧基间螯合：

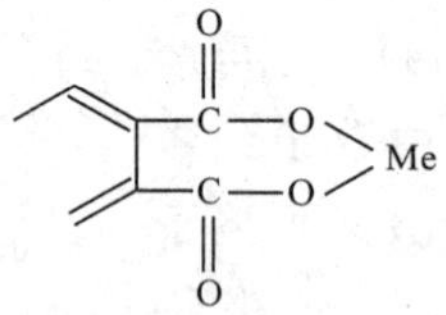

或者与一个羧基形成配合物：

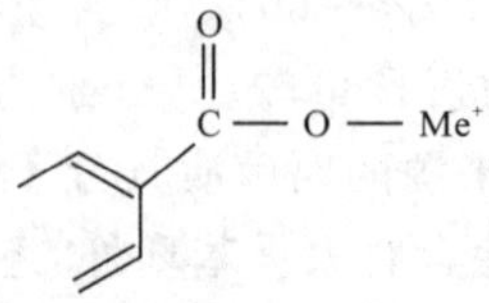

许多研究表明，重金属在天然水体中主要以腐植酸的配合物形式存在。重金属与水体中腐植酸所形成的配合物的稳定性，因水体腐植酸来源和组分不同而有差别。表 5-9 列出了不同来源腐植酸与金属的配合稳定常数，并可以看出，Hg 和 Cu 有较强的配合能力，在淡水中有

大于 90% 的 Cu、Hg 与腐植酸配合，这点对考虑重金属的水体污染具有很重要的意义。特别是 Hg，许多阳离子如 Li^+、Na^+、Co^{2+}、Mn^{2+}、Ba^{2+}、Zn^{2+}、Mg^{2+}、La^{3+}、Fe^{3+}、Al^{3+}、Ce^{3+}、Th^{4+}，都不能置换 Hg。水体的 pH、Eh 值等都影响腐植酸和重金属配合作用的稳定性。

表 5-9 腐植酸配合物稳定常数（据彭安等，1981）

来源	lgK					
	Ca	Mg	Cu	Zn	Cd	Hg
泥煤	3.65	3.81	7.85 8.29	4.83	4.57	18.3
Celyn 湖 Balal 湖	3.95 3.56	4.00 3.26	9.83 9.30	5.14 5.25	4.57	19.4 19.3
Dee 河 Conway 河	—	—	9.48 9.59	5.36 5.41	—	19.7 21.9
海湾 底泥 海湾污泥	3.65 4.65 3.60	3.50 4.09 3.50	8.89 11.37 8.89	— 5.87 5.27	4.95	20.9 21.9 18.1
土壤	3.24	2.2	4.0	3.7	—	— 5.2
松花江水 松花江泥	—	—	—	2.68 3.14 2.76 3.13	2.54 3.01 2.66 3.00	16.02 16.74 16.51 16.39
蓟运河水、泥	—	—	—	—	—	16.38 16.28 16.41

腐植酸与金属配合作用对重金属在环境中的迁移转化有重要影响，特别表现在颗粒物吸附和难溶化合物溶解度方面。腐植酸本身的吸附能力很强，这种吸附能力甚至不受其他配合作用的影响。腐植酸很容易吸附在天然颗粒物上，改变颗粒物的表面性质；国内彭安等（1981）曾研究了天津蓟运河中腐植酸对汞的迁移转化影响，结果表明腐植酸对底泥中汞有显著的溶出作用，并对河水中溶解态汞的吸附和沉淀有抑制作用。配合作用还可使金属以碳酸盐、硫化物、氢氧化物的形式产生沉淀。在 pH 为 8.5 时，此作用对碳酸根及 S^{2-} 体系的影响特别明显。

腐植酸对水体中重金属的配合作用还将影响重金属对水生生物的毒性。彭安等（1981）曾进行了蓟运河腐植酸影响汞对藻类、浮游动物、鱼的毒性实验。在对藻类生长的实验中，腐植酸可减弱汞对浮游植物的抑制作用，同时减轻了对浮游动物的毒性效应，但不同生物富集汞的效应不同，腐植酸增加了汞在鲤鱼和鲫鱼体内的富集，而降低了汞在软体动物棱螺体内的富集。与大多数聚羧酸一样，腐植酸盐在有 Ca^{2+} 和 Mg^{2+} 存在时（浓度大于 10^{-3} mol/L）发生沉淀。

此外，从1970年以来，由于发现供应水中存在一种可疑的致癌物质——三卤甲烷（THMs），研究人员对腐殖质给予了特别的关注。一般认为（在用氯化作用为原始饮用水消毒过程中），腐殖质的存在，可导致三卤甲烷的形成。因此，在早期氯化作用中，用尽可能除去腐殖质的方法，可以减少 THMs 生成。

现在人们开始注意腐植酸与阴离子的作用，它可以和水体中的 NO_3^-、SO_4^{2-}、PO_4^{3-} 和 NTA 等发生反应，这些构成了水体中各种阳离子、阴离子反应的复杂性。另外，人们已开始研究腐植酸对有机污染物的作用，诸如对其活性、行为和残留速度等的影响。它能键合水体中的有机物如 PCB、DDT 和 PAH，从而影响它们的迁移和分布。环境中的芳香胺能与腐植酸共价键合，而另一类有机污染物如邻苯二甲酸二烷基酯能与腐植酸反应形成水溶性配合物。

5. 氧化还原作用

氧化还原平衡对水环境中污染物的迁移转化具有重要意义。水体中氧化还原的类型、速率和平衡，在很大程度上决定了水中主要溶质的性质。例如，一个厌氧性湖泊，其湖下层的元素都将以还原形态存在：碳还原成-4价形成 CH_4；氮形成 NH_4^+；硫形成 H_2S；铁形成可溶性 Fe^{2+}。而表层水由于可以与大气中的氧饱和，成为相对氧化性介质，达到热力学平衡时，上述元素将以氧化态存在：碳成为 CO_2；氮成为 NO_3^-；铁成为 $Fe(OH)_3$ 沉淀；硫成为 SO_4^{2-}。这种变化对水生生物和水质影响很大。

需要注意的是，下面所介绍的体系假定它们都处于热力学平衡状态。实际上这种平衡在天然水或污水体系中是几乎不可能达到，这是因为许多氧化还原反应非常缓慢，很少达到平衡状态，即使达到平衡，往往也是在局部区域内，如海洋或湖泊中，在接触大气中氧气的表层与沉积物的最深层之间，氧化还原环境有着显著的差别。在二者之间有无数个局部的中间区域，它们是由混合或扩散不充分以及各种生物活动造成的。所以，实际体系中存在的是几种不同的氧化还原反应的混合行为。但这种平衡体系的设想，对于用一般方法去认识污染物在水体中发生化学变化的趋向会有很大帮助，通过平衡计算，可提供体系必然发展趋向的边界条件。

1）无机氮化物的氧化还原转化

水中氮主要以 NH_4^+ 或 NO_3^- 形态存在，在某些条件下，也可以有中间氧化态 NO_2^-。像许多水中的氧化还原反应那样，氮体系的转化反应是在微生物的催化作用下形成的。下面讨论天然水的 pE 变化对无机氮形态浓度的影响。

假设总氮浓度为 1.00×10^{-4} mol/L，水体 pH=7.00。

(1) 在较低的 pE 值时（pE<5），NH_4^+ 是主要形态。在该 pE 范围内，NH_4^+ 的浓度对数则可表示为：

$$\lg[NH_4^+] = -4.00 \tag{5-59}$$

$\lg[NO_2^-]$-pE 的关系可以根据含有 NO_2^- 及 NH_4^+ 的半反应求得：

$$\frac{1}{6}NO_2^- + \frac{4}{3}H^+ + e^- \longrightarrow \frac{1}{6}NH_4^+ + \frac{1}{3}H_2O \qquad pE^0 = 15.41 \tag{5-60}$$

在 pH=7.00 时就可表达为：

$$pE = 5.82 + \lg \frac{[NO_2^-]^{\frac{1}{6}}}{[NH_4^+]^{\frac{1}{6}}} \tag{5-61}$$

以 $[NH_4^+]=1.00\times10^{-4}$ 代入,就可得到 $\lg[NO_2^-]$ 与 pE 的相关方程式:
$$\lg[NO_2^-]=-38.92+6pE \tag{5-62}$$
在 NH_4^+ 是主要形态且其浓度为 1.00×10^{-4} mol/L 时, $\lg[NO_3^-]-pE$ 的关系为:
$$\frac{1}{8}NO_3^-+\frac{5}{4}H^++e^-\longrightarrow\frac{1}{8}NH_4^++\frac{3}{8}H_2O \qquad pE^0=14.90$$
在 pH=7.00 时就可以表示为:
$$pE=6.15+\lg\frac{[NO_3^-]^{\frac{1}{8}}}{[NH_4^+]^{\frac{1}{8}}}$$
$$\lg[NO_3^-]=-53.20+8pE \tag{5-63}$$

(2) 在一个狭窄的 pE 范围内, pE≈6.5, NO_2^- 是主要形态。在这个 pE 范围内 NO_2^- 的浓度对数根据方程给出:
$$\lg[NO_2^-]=-4.00 \tag{5-64}$$
用 $[NO_2^-]=1.00\times10^{-4}$ 代入式(5-61)中,得到:
$$pE=5.82+\lg\frac{[1.00\times10^{-4}]^{\frac{1}{6}}}{[NH_4^+]^{\frac{1}{6}}}$$
$$\lg[NH_4^+]=30.92-6pE \tag{5-65}$$
在 NO_2^- 占优势的范围内, $\lg[NO_3^-]$ 方程式可从下面的处理中得到:
$$\frac{1}{2}NO_3^-+\frac{5}{4}H^++e^-\longrightarrow\frac{1}{2}NO_2^-+\frac{1}{2}H_2O \qquad pE^0=14.90$$
在 pH=7.00 时就可以表示为:
$$pE=7.15+\lg\frac{[NO_3^-]^{\frac{1}{2}}}{[NO_2^-]^{\frac{1}{2}}} \tag{5-66}$$
当 $[NO_2^-]=1.00\times10^{-4}$ mol/L 时,
$$\lg[NO_3^-]=-18.30+2pE \tag{5-67}$$

(3) 当 pE>7 时,溶液中氮的形态主要为 NO_3^-,此时:
$$\lg[NO_3^-]=-4.00 \tag{5-68}$$
$\lg[NO_2^-]$ 的方程式也可以在 pE>7 时获得,将 $[NO_3^-]=1.00\times10^{-4}$ 代入式(5-66),得:
$$pE=7.15+\lg\frac{[1.00\times10^{-4}]^{\frac{1}{2}}}{[NO_2^-]^{\frac{1}{2}}}$$
$$\lg[NO_2^-]=10.30-2pE \tag{5-69}$$
以此类推,代入式(5-63)给出在 NO_3^- 占统治区的 $\lg[NH_4^+]$ 方程式:
$$pE=6.15+\lg\frac{[1.00\times10^{-4}]^{\frac{1}{8}}}{[NH_4^+]^{\frac{1}{8}}}$$
$$\lg(NH_4^+)=45.20-8pE \tag{5-70}$$

至此,绘制水中氮系统的对数浓度图所需要的全部方程式均已求得。以 pE 对 $\lg[X]$ 作图,即可得到水中 $NH_4^+-NO_2^--NO_3^-$ 体系的对数浓度图(图 5-9)。由图可见,在低 pE 范围, NH_4^+ 是主要的氮形态;在中间 pE 范围, NO_2^- 是主要形态;在高 pE 范围, NO_3^- 是主要形态。

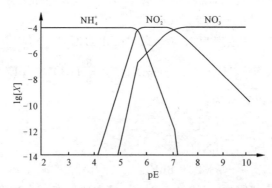

图 5-9 水中 $NH_4^+ - NO_2^- - NO_3^-$ 体系的对数浓度图（据 Manahan,1984）

（pH=7.00，总氮浓度=1.00×10^{-4} mol/L）

2) 无机铁的氧化还原转化

天然水中的铁主要以 $Fe(OH)_3(s)$ 或 Fe^{2+} 形态存在。铁在高 pE 水中将从低价态氧化成高价态或较高价态，而在低的 pE 水中将被还原成低价态或与其中硫化氢反应形成难溶的硫化物。现以 $Fe^{3+} - Fe^{2+} - H_2O$ 体系为例，讨论不同 pE 对铁各形态浓度的影响。

设总溶解铁浓度为 1.0×10^{-3} mol/L：

$$Fe^{3+} + e \longrightarrow Fe^{2+} \quad pE^0 = 13.05$$

$$pE = 13.05 + \frac{1}{n} \lg \frac{[Fe^{3+}]}{[Fe^{2+}]} \tag{5-71}$$

(1) 当 $pE \ll pE^0$ 时，则 $[Fe^{3+}] \ll [Fe^{2+}]$

$$[Fe^{2+}] = 1.0 \times 10^{-3} \text{mol/L}$$

所以

$$\lg[Fe^{2+}] = -3.0$$
$$\lg[Fe^{3+}] = pE - 16.05 \tag{5-72}$$

(2) 当 $pE \gg pE^0$ 时，则 $[Fe^{3+}] \gg [Fe^{2+}]$

$$[Fe^{3+}] = 1.0 \times 10^{-3} \text{mol/L}$$

所以

$$\lg[Fe^{3+}] = -3.0$$
$$\lg[Fe^{2+}] = 10.05 - pE \tag{5-73}$$

以 pE 对 lgC 作图，即得图 5-10。由图中可以看出，当 pE<12 时，$[Fe^{3+}]$ 占优势；当 pE>14 时，$[Fe^{2+}]$ 占优势。

3) 水中有机物的氧化

水中有机物可以通过微生物的作用，而逐步降解转化为无机物。在有机物进入水体后，微生物利用水中的溶解氧对有机物进行有氧降解，其反应式可表示为：

$$\{CH_2O\} + O_2 \longrightarrow CO_2 + H_2O \tag{5-74}$$

如果进入水体的有机物不多，其耗氧量没有超过水体中氧的补充量，则溶解氧始终保持在一定的水平上，这表明水体有自净能力。经过一段时间有机物分解后，水体可恢复至原有状态。如果进入水体的有机物很多，溶解氧来不及补充，水体中溶解氧含量将迅速下降，甚至导

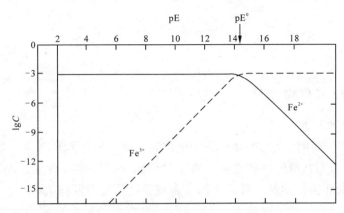

图 5-10　Fe^{3+}、Fe^{2+} 氧化还原平衡的 lgC-pE 图（据 Stumm et al,1981）

致缺氧或无氧,有机物将变成缺氧分解。对于前者,有氧分解产物为 H_2O、CO_2、NO_3^-、SO_4^{2-} 等,不会造成水质恶化,而对于后者,缺氧分解产物为 NH_3、H_2S、CH_4 等,将会使水质进一步恶化。

一般向天然水体中加入有机物后,将引起水体溶解氧含量发生变化。把河流分成相应的几个区段,可得到氧下垂曲线（图 5-11）。

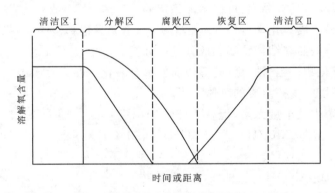

图 5-11　河流的氧下垂曲线（据 Manahan,1984）

清洁区 I:表明水体未被污染,氧及时得到补充。

分解区:细菌对排入的有机物进行分解,其消耗的溶解氧量超过通过大气补充的氧量,因此,水体中溶解氧含量下降,此时细菌数量增加。

腐败区:溶解氧消耗殆尽,水体中进行缺氧分解,当有机物被分解完后腐败区即宣告结束,溶解氧含量又复上升。

恢复区:有机物降解接近完成,溶解氧含量上升并接近饱和。

清洁区 II:水体环境改善,又恢复至原始状态。

第二节　水体环境地球化学

一、水—土壤/沉积物作用

1. 水体中的固相物质

水环境中的相互作用涉及的固体可分为沉积物和悬浮胶体物质两类。胶体物质可以由各种气态物质或者与水不互溶的液体组成。由于单位质量的胶体具有很大的表面积(比表面)，因此其活性很高，水环境化学及水处理中的许多重要过程都与胶体有关。

天然水中的沉积物一般是由黏土、淤泥、砂、有机物和各种矿物质构成的混合物。它们的组成变化很大，可以是纯矿物质，也可以是有机物为主。这些物质经过许多物理、化学和生物的过程之后沉积在水体底部。

(1)胶体物质。天然水中的胶体物质主要包括各类矿物微粒，含有铝、铁、锰、硅的水分氧化物等，以及腐殖质、蛋白质等有机高分子，还有油滴、气泡构成的乳浊液、泡沫和表面活性剂等半胶体以及藻类、细菌、病毒等生物胶体。

(2)矿物微粒和黏土矿物。天然水中常见矿物微粒为石英、长石、云母及黏土矿物等硅酸盐矿物。石英、长石等不易碎裂，颗粒较粗，缺乏黏性。云母、蒙脱石、高岭石等矿物则是层状结构，易碎裂，颗粒较细，具有黏性，可以生成稳定的聚集体。

天然水中具有显著胶体化学特性的是黏土矿物，主要为铝和镁的硅酸盐，它具有晶体层状结构，种类很多，可以按照其结构特征和成分进行分类。

(3)金属水合氧化物。铝、铁、锰、硅等金属的水合氧化物在天然水中以有机高分子及溶胶等形态存在，在水环境中发挥重要的胶体作用。

铝在岩石和土壤中是丰量元素，但在天然水中浓度较低，一般不超过 0.1mg/L。铝在水中水解，主要形态为 Al^{3+}、$Al(OH)^{2+}$、$Al_2(OH)_2^{4+}$、$Al(OH)_3$ 以及 $Al(OH)_4^-$ 等，并随 pH 值的变化而改变形态浓度的比例。实际上，铝在一定条件下会发生聚合反应，生成多核配合物或无机高分子，最终生成 $[Al(OH)_3]_\infty$ 的无定形沉淀物。

铁也是广泛分布的丰量元素，它的水解反应和形态与铝类似。在不同 pH 值下，Fe(Ⅲ)有 Fe^{3+}、$Fe(OH)^{2+}$、$Fe(OH)_2^+$、$Fe_2(OH)_2^{4+}$ 和 $Fe(OH)_3$ 等存在形态。固体沉淀物可转化为羟基氧化铁(FeOOH)的不同晶型物。同样，它也可以聚合成为无机高分子和溶胶。

锰与铁类似，其丰度虽然不如铁，但溶解度比铁高，因而也是常见的水合金属氧化物。

硅酸的单体 H_4SiO_4，若写成 $Si(OH)_4$，则类似于多价金属，是一种弱酸，过量的硅酸将会生成聚合物，并可生成胶体甚至沉淀物。硅酸的聚合相当于缩聚反应所生成的硅酸聚合物，也可认为是无机高分子，一般分子式为 $Si_nO_{2n-m}(OH)_{2m}$。

$$2Si(OH)_4 \rightleftharpoons H_6Si_2O_7 + H_2 \tag{5-75}$$

所有的金属水合氧化物都能结合水中的微量物质，同时其本身又趋向于结合在矿物微粒和有机物的界面上。

(4)水体悬浮沉积物。天然水体中各种环境胶体物质往往并非单独存在，而是相互作用结合成为某种聚集体，即成为水中悬浮沉积物，它们可以沉降进入水体底部，也可重新悬浮进入水中。

悬浮沉积物的结构组成并不是固定的,它随着水质和水体组成物质及水动力条件而变化。一般来说,悬浮沉积物是以矿物颗粒,特别是黏土矿物为核心骨架,有机物和金属水合氧化物结合在矿物微粒表面上,成为各微粒间的黏附架桥物质,把若干微粒组合成絮状聚集体(聚集体在水体中的悬浮颗粒粒度一般在数十微米以下),经絮凝成为较粗颗粒而沉积到水体底部。

(5) 腐殖质。腐殖质是一种带负电的高分子弱电解质,其形态构型与官能团的离解程度有关。在 pH 值较高的碱性溶液中或离子强度低的条件下,羟基和羧基多离解,使高分子呈现的负电荷相互排斥,构型伸展,亲水性增强,因而趋于溶解。在 pH 值较低的酸性溶液中,或有较高浓度的金属离子存在时,各官能团难于离解而电荷减少,高分子趋于卷缩成团,亲水性弱,因而趋于沉淀或凝聚。富里酸因相对分子质量低,受构型影响小,故仍溶解,腐植酸则变为不溶的胶体沉淀物。

(6) 其他。如湖泊中的藻类,污水中的细菌、病毒,废水中的表面活性剂、油滴等,也都存在胶体化学表现,起类似的作用。

2. 固液界面的吸附过程

天然水体作为一个巨大的分散系统,其中的颗粒物质可以吸附水中的各种污染物质,从而显著影响污染物在水体中的赋存形态和迁移转化规律。

1) 胶体粒子的性质

(1) 胶体的表面电荷。水环境中各类胶体物质大多带有电荷,其电荷状况随水的组成及 pH 值而变化,在中性 pH 值附近,大部分胶粒均带有负电荷。

(2) 固液界面的双电层理论。当固体与液体接触时,可以是固体从溶液中选择性吸附某种离子,也可以是固体分子本身发生电离作用而使离子进入溶液,致使固液两相分别带有不同符号的电荷,在界面上形成了双电层的结构。

对于双电层的具体结构,100 多年来不同学者提出了不同的看法。最早是 1879 年 Helmoholtz 提出的平板模型,Gouy 和 Chapman 分别于 1910 年及 1913 年修正了平板模型,提出了扩散双电层模型;1924 年 Stern 又进一步改进了扩散双电层模型。

(a) 平板模型。Helmholtz 认为固体的表面电荷与溶液中带相反电荷的反离子构成平行的两层,如同一个平板电容器。整个双电层厚度为 δ。固体表面与液体内部总的电位差即等于热力学电势 φ_0,在双电层内,热力学电势呈直线下降。在电场作用下,带电质点和溶液中的反离子分别向相反方向运动(图 5-12)。这种模型过于简单,出于离子热运动,不可能形成平板电容器。

(b) 扩散双电层模型。Gouy 和 Chapman 认为,由于正、负离子静电吸引和热运动两种效应的结果,溶液中的反离子只有一部分紧密地排列在固相表面附近,相距约两个离子厚度,称为紧密层;另一部分离子按一定的浓度梯度扩散到本体溶液中,离子的分布可用玻尔兹曼公式表示,称为扩散层。双电层由紧密层和扩散层构成。移动的

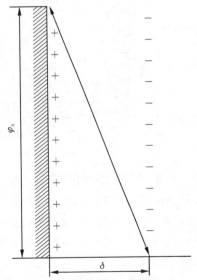

图 5-12 Helmholtz 平板模型

切动面为 AB 面,如图 5-13 所示。根据玻尔兹曼定律,x 处的电势 $\varphi = \varphi_0 e^{-KX}$,其中 K^{-1} 具有双电层厚度的物理意义。

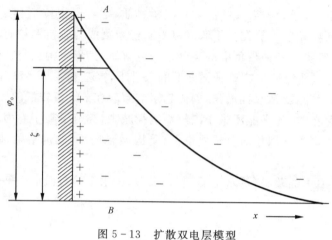

图 5-13 扩散双电层模型

(c)Stern 模型。Stern 对扩散双电层模型作了进一步修正。他认为吸附在固体表面的紧密层约有一两个分子层的厚度,后被称为 Stern 层;由反离子电性中心构成的平面为 Stern 平面,如图 5-14 所示。

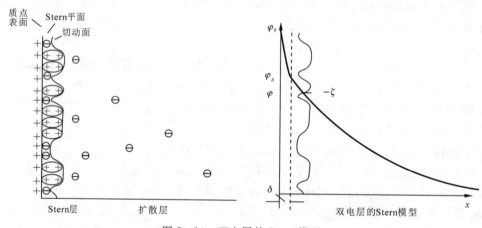

图 5-14 双电层的 Stern 模型

由于离子的溶剂化作用,胶粒在移动时,紧密层会结合一定数量的溶剂分子一起移动,所以滑移的切动面用比 Stern 层略右的曲线表示。从固相表面到 Stern 平面,电位⊙φ_0 从直线下降为 φ_δ,φ_δ 称为 Stern 电势,在扩散层内,电势则由 φ_δ 下降到零,其变化的规律服从 Gouy-chapman 公式,因此 Stern 双电层模型可视为由 Helmholtz 模型和 Gouy-chapman 模型组合而成。

在胶粒表面和切动面之间所形成的 ζ 电位(动电位)可用电泳法或电渗法予以测定,并可用式(5-76)表示其大小:

$$\zeta = \frac{4\pi\delta q}{D} \tag{5-76}$$

式中，q 为粒子表面电荷量；δ 为双电内层厚度；D 为水的介电常数。

(3)胶体粒子的凝聚沉降。从化学热力学角度看，胶体系统是高度分散的，因而也是一种不稳定体系。这种体系有降低表面能、趋于稳定的自发倾向，而降低表面能是以胶粒（尤其是疏水胶粒）发生凝聚和吸附这两种基本过程来实现的。

胶体颗粒长期处于分散状态还是相互作用聚集为更粗粒子，将决定着水体中胶体颗粒及其吸附污染物的迁移与分布，最终影响到污染物的转化与归宿。

水体中胶粒大小为 1～100nm，一般不能有效沉降或过滤去除。胶体粒子可分为亲水胶粒和疏水胶粒。亲水胶粒的溶剂化程度高，颗粒被水壳层所包围，所以在水体中很难凝聚沉降。这一类胶粒包括可溶性淀粉、蛋白质和它们的降解产物以及血清、琼脂、树胶、果胶等。疏水胶粒一般由黏土、腐殖质、微生物等经分解后形成，这些胶粒的表面带电，较容易通过某些天然或人为的因素而聚集沉降下来。

胶体的凝聚有两种基本形式，即聚集和絮凝。胶体粒子表面带有电荷，由于静电斥力而难以相互靠拢。聚集过程就是在外来因素（如化学物质）作用下降低静电斥力，从而使胶粒合并在一起。絮凝则是借助于聚合物等架桥物质，通过化学键联结胶体粒子，使凝结的粒子变得更大。在化学方法处理废水的混凝单元操作中，能同时发生聚集和絮凝作用，所产生的絮状颗粒又进一步吸附水溶性物质和黏附水中悬浮粒子，由此构成了一个相当复杂的物理化学过程。这种过程是去除废水中胶粒和细小悬浮物的一种有效办法，所加入的化学试剂称为化学混凝剂。

2)固液界面的吸附过程

(1)水环境中胶体颗粒的吸附作用。呈离子或分子状态的溶质在固体或天然胶体边界层相对聚集的现象称为吸附(adsorption)。也有人认为，溶质在固体表面或天然胶体表面上浓度升高，而在液体中浓度下降的现象称为吸附。其实，这种吸附是一种表观吸附，一般称之为吸着(sorption)。与此过程相反，吸附溶质从固体表面离去的现象称为解吸(desorptionon)。吸附溶质的固体或胶体物质称为吸附剂(adsorbent)，被吸附的溶质称为吸附质(adsorbate)。

一般吸附剂为固体，所以按吸附质所在介质是气体或液体，可将吸附分为气-固吸附和液-固吸附。在天然水环境中，悬浮粒子和沉积物都可成为吸附剂。从热力学观点考虑，由于吸附过程是自发发生的，自由焓变化 ΔG^0 为负值；又因为吸附质的分子或离子在过程中增大了有序度，所以熵变 ΔS^0 也为负值，因此，按 $\Delta G^0 = \Delta H^0 - T\Delta S^0$ 式，焓变 ΔH^0 必须小于零，也就是说，吸附过程都是放热的过程。

根据吸附过程的内在机理，吸附作用可大体分为表面吸附、离子交换吸附和专属吸附等。

(a)表面吸附。表面吸附是一种物理吸附。这种吸附作用的发生动力来自胶体巨大的比表面和表面能，胶体表面积越大，所产生的表面吸附能也越大，胶体的吸附作用也就越强。物理吸附中的吸附质一般是中性分子，吸附力是范德华力，吸附热一般小于 40kJ/mol。被吸附分子不是紧贴在吸附剂表面上的某一特定位置，而是悬浮在靠近吸附质表面的空间中，所以这种吸附作用是非选择性的，且能形成多层重叠的分子吸附层。物理吸附又是可逆的，在温度上升或介质中吸附质浓度下降时会发生解吸。

(b)离子交换吸附。离子交换吸附又称极性吸附。离子交换吸附由呈离子状态的吸附质与带异种电荷的吸附剂表面间发生静电吸力而引起。离子交换作用也可归入交换吸附这一类。显然,吸附质离子带电量愈大或其水合离子半径愈小,则这种静电引力愈大。环境中大部分胶体带负电荷,少数例外,容易吸附各种阳离子,在吸附过程中,胶体统一吸附一部分阳离子,同时也放出等量的其他阳离子,它属于物理化学吸附。这种吸附是一种可逆反应,而且能够迅速地达到可逆平衡。该反应不受温度影响,酸碱条件下均可进行,其交换吸附能力与溶质的性质、浓度及吸附剂性质等有关。对于那些具有可变电荷表面的胶体,当体系 pH 值高时,也带负电荷并能进行交换吸附。

(c)专属吸附。离子交换吸附对于从概念上解释胶体颗粒表面对水合金属离子的吸附是有用的,但是对于那些在吸附过程中表面电荷改变符号,甚至可使离子化合物吸附在同号电荷表面上的现象无法解释。因此,近年来有学者提出了专属吸附作用。

专属吸附是指吸附过程中,除了化学键的作用外,尚有加强的憎水键和范德华力或氢键在起作用。专属吸附作用不但可使表面电荷改变符号,而且可使离子化合物吸附在同号电荷的表面上。在水环境中,配合离子、有机离子、有机高分子和无机高分子的专属吸附作用特别强烈。例如,简单的 Al^{3+}、Fe^{3+} 高价离子并不能使胶体电荷因吸附而变号,但其水解产物却可达到这点,这就是发生专属吸附的结果。

专属吸附过程中有化学键的形成,因此属于化学吸附,吸附热一般在 120~200kJ/mol 之间,有时可达 400kJ/mol 以上。温度升高往往能使吸附速度加快。通常在化学吸附中只形成单分子吸附层,且吸附质分子被吸附在固体表面的固定位置上,不能再作左右前后方向的迁移。这种吸附一般是不可逆的,但在超过一定温度时也可能被解吸。

专属吸附的特点:①在中性表面甚至在与吸附离子带同电荷符号的表面也能进行吸附作用。例如,水锰矿对碱金属离子(K、Na)及过渡金属离子(Co、Cu、Ni)的吸附特性就很不相同。对于碱金属离子,在低浓度时,当体系 pH 值在水锰矿等电点(ZPC)以上时,发生吸附作用。这表明该吸附作用属于离子交换吸附。而对于 Co、Cu、Ni 等离子的吸附则不相同,当体系 pH 值在 ZPC 处或小于 ZPC 时,都能进行吸附作用,这表明水锰矿不带电荷或带正电荷均能吸附过渡金属元素。表 5-10 列出了水合氧化物对金属离子的专属吸附与非专属吸附的区别。②这种吸附作用发生在胶体双电层 Stern 层中,被吸附的金属离子进入 Stern 层后,不能被提取交换性阳离子的常用提取剂提取,只能被亲和力更强的金属离子取代,或在强酸性条件下解吸。

表 5-10 水合氧化物对金属离子的专属吸附与非专属吸附的区别

项目	非专属吸附	专属吸附
发生吸附的表面净电荷符号	—	-1,0,1
金属离子所起的作用	反离子	配位离子
吸附时发生的反应	阳离子交换	配位体交换
发生吸附时体系的 pH 值	大于零电位点	任意点
吸附发生的位置	扩散层	内层
对表面电荷的影响	无	负电荷减少,正电荷增多

上述 3 种吸附在机理上各不相同,但对于某一实际的吸附过程,很难判定它究竟属于哪一

种类型吸附。在固-液吸附中,其速度和程度一般由吸附剂性质(特别是它的比表面积大小)以及吸附质和溶剂的性质所决定。

(2)吸附等温线和等温式。吸附是指溶液中的溶质在界面层浓度升高的现象。在一定温度下,当吸附达到平衡时,颗粒物表面上的吸附量(G)与溶液中溶质平衡浓度(c)之间的关系可用吸附等温线(图 5-15)或等温式来表达。用于阐明水体中吸附平衡的吸附等温线方程有 3 种基本类型,即 Henry 型、Freundlich 型和 Langmuir 型,简称为 H 型、F 型和 L 型。

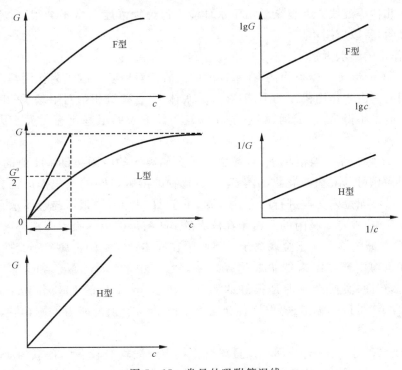

图 5-15 常见的吸附等温线

(a)H 型等温线为直线型,其等温式为:
$$G = kc \tag{5-77}$$
式中,k 为分配系数。

(b)F 型等温式为:
$$G = kc^{\frac{1}{n}} \tag{5-78}$$
若两侧取对数,则有:
$$\lg G = \lg k + \frac{1}{n} \lg c \tag{5-79}$$

(c)L 型等温式为:
$$G = \frac{G^0 c}{A + c} \tag{5-80}$$
该式可转换为如下形式:

$$\frac{1}{G} = \frac{1}{G^0} + \frac{1}{G^0}\frac{1}{c} \tag{5-81}$$

L 型等温线中,浓度持续升高后 G 将趋于饱和吸附量 G^0。常数 A 值实际相当于吸附量达到 $\frac{1}{2}G^0$ 时溶液的平衡浓度。L 型等温线常用于描述单分子层吸附,当 G 接近于 G^0 时表示吸附剂表面覆盖率 θ 已接近于 100%。

此外,还有一种 BET(布朗诺尔—埃麦特—特勒)等温线方程,常用于多层分子吸附,其表达式远比上面几种等温线方程复杂。由于水环境中污染物浓度通常不会很高,不大可能达到多分子层的吸附,所以应用不广。

(3)吸附作用的影响因素。

(a)金属离子的形态。以汞为例,在水环境中的胶体对甲基汞的吸附作用与对氯化汞的吸附作用大致相同。由于作用机制的不同,在天然水体中,含硫沉积物对甲基汞的吸附能力比对无机汞的吸附能力小得多,造成河、湖系统在好氧条件下汞的甲基化速度大于厌氧条件下的速度。

(b)溶液 pH 值。在一般情况下,颗粒物对重金属离子的吸附量随 pH 值的升高而增加。pH 值降低,导致碳酸盐和氢氧化物的溶解,氢氧化物的溶解,H^+ 的竞争作用也会增加金属离子的解吸量。对以配位体交换进行的专性吸附,由于 H^+ 和 OH^- 都可与金属水合氧化物表面的水合基进行反应,被专属吸附的阴离子在较大的 pH 值范围内解吸程度都得以加强。

(c)盐浓度。碱金属和碱土金属离子可将吸附在固体颗粒上的金属离子交换出来,这也是金属离子从沉积物中释放出来的主要途径之一。水体中的 Ca^{2+}、Na^+ 和 Mg^{2+} 对悬浮物中 Cu^{2+}、Pb^+ 和 Zn^{2+} 的交换释放即是很好的例子。在 0.5mol/L 的 Ca^{2+} 作用下,悬浮物中的 Cu^{2+}、Pb^{2+} 和 Zn^{2+} 可以解吸出来,但 3 种金属离子被 Ca^{2+} 交换的能力不同,其顺序为 $Zn^{2+} > Cu^{2+} > Pb^{2+}$。

(d)氧化还原条件。在湖泊、河口及近岸沉积物中一般均有较多的耗氧物质,使一定深度以下沉积物中的氧化还原电位急剧下降,并使铁、锰氧化物部分或全部溶解,被其吸附的重金属离子也同时释放出来。

(e)配合剂的存在。在水体中添加天然或合成的配合剂,能使重金属形成可溶性的配合物,有时这种配合物稳定性较大,可以溶解态存在,导致重金属从固体颗粒上解吸下来。若沉积物为有机-无机的复合胶体,当其去除有机质之后,原先被沉积物吸附的重金属离子也会被释放出来。如砖红壤胶体在去除有机质后,其对 Cd^{2+} 的吸附量比原来下降 50% 左右。

(f)吸附温度。在一般情况下,吸附作用为放热反应,温度升高有利于金属离子从颗粒物上解吸。如针铁矿对硼的吸附量在 25℃ 时为 400mg/kg,而在 35℃ 时为 94mg/kg。吸附作用受温度的影响还与吸附剂与吸附质的作用机制有关。如蒙脱石具有较大的内表面积,在湿度升高时,蒙脱石层间膨胀,其内表面外露,反而对溶质的吸附加强。

(4)氧化物表面吸附的配合模式。这一模式的基本点是把氧化物表面对 H^+、OH^-、金属离子、阴离子等的吸附看作是一种表面配合反应。水相中金属氧化物表面一般都含有机物基团(图 5-16),这是由于其表面离子的配位不饱和,在水溶液中与水配位,水发生离解吸附而生成羟基化表面。通常,氧化物表面羟基数量为 4~10 个/nm²,总量可观。

在水环境中,硅、铝、铁的氧化物和氢氧化物是悬浮沉积物的主要成分,对这类物质表面上

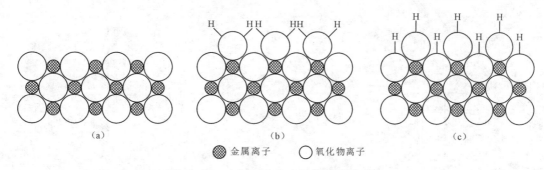

图 5-16　金属氧化物表层横断面示意图

(a)表面层中金属离子配位数不足；(b)有水存在时，表面金属离子首先趋向 H_2O 分子配位；
(c)大多数氧化物强烈趋向于水分子的离解化学吸附

发生的吸附机理，特别是对金属离子的吸附，曾有许多学者提出过各种模型来说明，并试图建立定量计算规律，例如，离子交换、水解吸附、表面沉淀等。20 世纪 70 年代初期，由 Stumm、Shindler 等提出的表面配合模型逐步得到了承认和推广应用，目前，已成为水环境化学的主流吸附理论之一，意义重大。

表面羟基在溶液中发生质子迁移，其质子迁移平衡可具有相应的酸度常数，即表面配合常数：

$$\equiv MeOH_2^+ \rightleftharpoons \equiv MeOH + H^+$$

$$K_{a1}^s = \frac{\{MeOH\}[H^+]}{\{\equiv MeOH_2^+\}}$$

$$\equiv MeOH \rightleftharpoons \equiv MeO^- + H^+$$

$$K_{a1}^s = \frac{\{\equiv MeO^-\}[H^+]}{\{\equiv MeOH\}} \tag{5-82}$$

式中，[ ]、{ }分别表示溶液中化合态的浓度和表面化合态的浓度。

表面的 $\equiv MeOH$ 基团在溶液中可以与金属阳离子和阴离子生成表面配位配合物，表现在两性表面特性及相应的电荷变化中。其相应的表面配合反应为

$$\begin{aligned}
&\equiv MeOH + M^{z+} \rightleftharpoons \equiv MeOM^{(z-1)+} + H^+ & ^*K_1^s \\
&2\equiv MeOH + M^{z+} \rightleftharpoons (\equiv MeO)_2 M^{(z-2)+} + 2H^+ & ^*\beta_2^s \\
&\equiv MeOH + A^{z-} \rightleftharpoons MeA^{(z-1)-} + OH^- & K_1^s \\
&2\equiv MeOH + A^{z-} \rightleftharpoons (\equiv Me)_2 A^{(z-2)-} + 2OH^- & \beta_2^s
\end{aligned} \tag{5-83}$$

表面配合反应使其电荷随之变化，平衡常数则可反映出吸附程度、电荷与溶液 pH 值和离子浓度的关系。如果可以求出平衡常数的数值，则由溶液 pH 值和离子浓度可求得表面的吸附量和相应电荷。图 5-17 为氧化物表面配合模式。该模式的吸附剂已被扩展到黏土矿物和有机物，吸附离子已被扩展到许多阳离子、阴离子、有机酸、高分子物等中，成为广泛的吸附模式。

表面配合模式的实质内容就是把具体表面看作一种聚合酸，其大量羟基可以发生表面配合反应，但在配合平衡过程中需将邻近基团的电荷影响考虑在内，因此区别于溶液中的配合反应。这种模式建立了一套实验和计算方法，可以求得各种固有平衡常数，这样就把原来以实验求得吸附等温式的吸附过程转化为可以定量计算的过程，使吸附从经验方法走向理论计算方

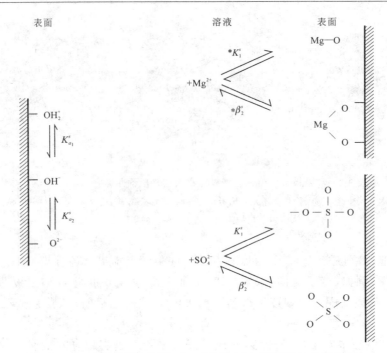

图 5-17 [水和氧化物] 与酸、碱及阳离子、阴离子的相互作用

法有了很大的进展。

求定表面配合常数的实验与计算过程比较复杂而精密。为了考察表面配合常数与溶液中配合常数的相关性,有关学者进行了一系列的实验,其实验结果如图 5-18 和图 5-19 所示。从图 5-18、图 5-19 中可以看出,无论对金属离子还是对有机阴离子的吸附,表面配合常数与溶液中的吸附常数之间都存在较好的相关性。表面吸附中对金属离子的配合为:

$$\equiv MeOH + M^{Z+} \rightleftharpoons \equiv MeOM^{(Z-1)+} + H^+ \qquad *K_1^s$$
$$H_2O + M^{Z+} \rightleftharpoons MOH^{(Z-1)+} + H^+ \qquad *K_1 \qquad (5-84)$$

它与溶液中金属离子的水解是相对的。

图 5-18 表明,$-\lg *K_1^s(*\beta_2^s)$ 与 $-\lg *K^1(*\beta_2)$ 是线性相关的。同样,有机酸和无机酸的表面配合反应为:

$$\equiv MeOH + H_2A \rightleftharpoons MeHA + H_2O \qquad *K_1^s \qquad (5-85)$$

与溶液中有机酸和无机酸的反应为:

$$MeOH^{2+} + H_2A \rightleftharpoons MeHA^{2+} + H_2O \qquad *K_1 \qquad (5-86)$$

也是相互独立的。

图 5-19 中 $\lg *K_1^s$ 与 $\lg *K_1$ 也有明显的相关性。这样就有可能近似地应用溶液中已求得的大量配合常数来求得表面配合常数,大大扩展了表面配合模式的数据库及应用的广泛性。

表面配合模式及其实验计算方向尽管存在着表面配合的固有平衡常数不能精确地确定电荷与平衡常数之间的相关性,难以清楚表达及实验时平衡难以达到或只能达到介稳状态等局限性,但应用此模式所得的结果可以半定量地反映吸附量和电荷随 pH 值及溶液参数、表面积、浓度等变化的关系。

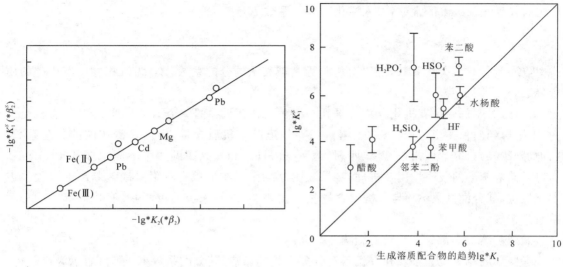

图 5-18 金属离子表面配合与溶液配合的比较

图 5-19 有机物表面配合与溶液配合的比较
（据 Stumm et al,1981）

3. 水固体系中的分配作用

1）分配系数

有机化合物进入水环境后,除进行各种转化行为外,在水—悬浮物、水—沉积物、水—土壤、水—生物、水—气不同相之间也有分配的过程,即分配作用,如同有机物在水—有机溶剂不同相间的分配作用一样。在一定条件下,水环境中的有机化合物在固—水之间达到分配平衡时,往往可用分配系数(K_p)表示,即

$$K_p = c_s / c_W \tag{5-87}$$

式中,c_s、c_W 分别为有机化合物在沉积物上和水中的平衡浓度。

在水环境中,有机化合物溶解于水、固两相,要计算有机化合物在水体中的含量,需得知固相（悬浮颗粒物或沉积物）在水中的浓度。对于有机化合物,其在水与颗粒物之间的平衡时总浓度可表示为：

$$c_T = c_s [p] + c_W \tag{5-88}$$

式中,c_T 为单位体积溶液中颗粒物上和水中有机物质量的总和,μg/L；c_s 为有机物在颗粒物上的平衡浓度,μg/kg；$[p]$ 为单位体积溶液中颗粒物的浓度,kg/L；c_W 为有机物在水中的平衡浓度,μg/L。

根据分配系数的物理意义有：

$$c_W = c_T - c_s [p] = c_T - K_p c_W [p] \tag{5-89}$$

此时水中有机物的浓度 c_W 为：

$$c_W = \frac{c_T}{K_p [p] + 1} \tag{5-90}$$

2）标化分配系数

在水体中有机化合物在颗粒物中的分配与颗粒物中的有机质含量有密切关系。研究表明，分配系数 K_p 与沉积物中有机碳含量成正相关。为了在类型各异、组分复杂的沉积物或土壤之间找到表征吸着的常数，引入标化的分配系数 K_∞：

$$K_\infty = \frac{K_p}{X_\infty} \tag{5-91}$$

式中，K_∞ 为标化的分配系数，即以有机碳为基础表示的分配系数；X_∞ 为沉积物中有机碳的质量分数。

这样，对于每一种有机化合物可得到与沉积物特征无关的一个 K_∞。因此，某一有机化合物，不论遇到何种类型沉积物（或土壤），只要知道其有机质含量，便可求得相应的分配系数。杨坤等（2001）研究了杭州东苕溪、西湖、运河（杭州段）和嘉兴南湖 4 个不同水体的 18 个沉积物对对硝基苯酚的吸附作用及机理，结果表明分配作用在沉积物吸附对硝基苯酚的过程中占主导地位，其分配系数 K_p 与有机碳含量显著正相关，同一来源的沉积物、有机碳标化的分配系数为常数。

3）颗粒物大小对分配系数的影响

考虑到固相颗粒大小及其有机碳对分配系数的影响，其分配系数 K_p 则可表示为：

$$K_p = K_\infty [0.2(1-f) X_\infty^s + f X_\infty^f] \tag{5-92}$$

式中，f 为细颗粒的质量分数（$d<50\mu m$）；X_∞^s 为粗沉积物组分的有机碳含量；X_∞^f 为细沉积物组分的有机碳含量。式（5-92）包含的物理意义：①所谓细颗粒，是指直径小于 $50\mu m$ 的沉积物，很显然，与粗颗粒沉积物相比，这部分的沉积物对有机污染物的分配作用较大；②粗颗粒对有机污染物的分配能力只有细颗粒的 20%。故在考虑颗粒物对分配系数的影响时，对其不同粒径的作用要分别对待。

4）K_∞、K_{ow} 和 S_w（溶解度）与分配系数的关系

在众多的有机化合物中，逐个测定其 K_p 显然不大可能，有些还不易测定。那么，一般憎水有机化合物的某一溶解特征与其在水中溶解度之间究竟有无规律可循？如果有，就可以用一般规律来解决个性问题。

由于颗粒物对憎水有机物的吸着是分配机制，可运用 K_∞ 与水—有机溶剂间的分配系数的相关关系。Karickhoff 等（1979）揭示了 K_∞ 与憎水有机物在辛醇—水分配系数 K_{ow} 间的相关关系：

$$K_\infty = 0.63 K_{ow} \tag{5-93}$$

式中，K_{ow} 为辛醇—水分配系数，即化学物质在辛醇中浓度和在水中浓度的比例。

$$K_{ow} = K_s / K_w \tag{5-94}$$

式中，K_s、K_w 为有机物在正辛醇中和水中的平衡浓度。

辛醇—水被认为是研究分配系数比较好的相组合，因为正辛醇分子本身含有一个极性羟基和一个非极性的脂肪烃链。另外，绝大部分有机物都溶解于辛醇。

K_{ow} 已成为环境科学的一个重要参数，它是目前应用最广泛的宏观结构参数之一，能够表征化学污染物在水环境中的分布和迁移、污染物在生物体内的富集以及污染物分子本身的聚合和卷曲特性，显示了与生物活性的较好联系。

Chiou 等（1977）曾广泛地研究化学物质包括脂肪烃、芳烃、芳香酸、有机氯和有机磷农药、多氯联苯等在内的辛醇—水分配系数和水中溶解度之间的关系，结果如图 5-20 所示，可适用于大小 8 个数量级的溶解度和 6 个数量级的辛醇—水分配系数。辛醇—水分配系数 K_{ow} 和溶

解度的关系可表示为：
$$\lg K_{ow} = 5.00 - 0.67 \lg(S_w \times 10^3/M) \tag{5-95}$$
式中，S_w 为有机物在水中的溶解度，mg/L；M 为有机物的分子量。

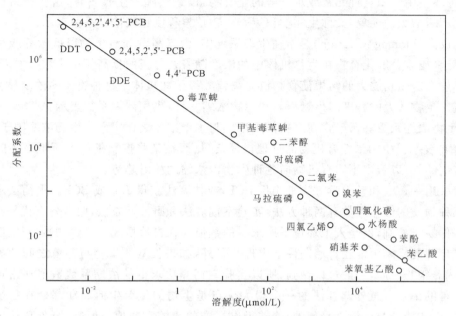

图 5-20　有机物在水中的溶解度与辛醇—水分配系数的关系（据 Chiou et al,1977）

所以可从以下过程求得某一种有机污染物的分配系数：
$$S_w \rightarrow K_{ow} \rightarrow K_\alpha \rightarrow K_p \tag{5-96}$$

例如，某有机物的分子量为 92，溶解在含有悬浮物的水体中，若悬浮物中 85% 为细颗粒，有机碳含量为 5%，其余粗颗粒物有机碳含量为 1%，已知该有机物在水中溶解度为 0.05mg/L，那么，其分配系数（K_p）就可计算出：

$\lg K_{ow} = 5.00 - 0.67\lg(0.05 \times 10^3/92)$

$K_{ow} = 2.46 \times 10^5$

$K_{\infty} = 0.63 \times 2.46 \times 10^5 = 1.55 \times 10^5$

$K_p = 1.55 \times 10^5 [0.2(1-0.85) \times 0.01 + 0.85 \times 0.05] = 6.63 \times 10^3$

5）生物—水间的生物浓缩系数（K_B 或 BCF）

(1) 生物浓缩、累积与放大。生物浓缩(bioconcentration)是指生物机体或处于同一营养级上的许多物种群，从周围环境中蓄积某种元素或难分解的化合物，使生物体内该物质的浓度超过环境中浓度的现象，又称生物学浓缩、生物学富集。水环境中各种污染物都可能经多种途径进入生物体内，经过体内的分布、循环和代谢，其中的生命必需物质，部分参与生物体内的构成，多余的必需物质和非生命所需物质，易分解的经代谢作用很快排出体外，不易分解、脂溶性很强、与蛋白和酶有较强亲和力的，就会经生物浓缩作用长期残留在生物体内。如 DDT 和狄氏剂等农药，多氯联苯(PCBs)、多环芳烃(PAHs)等，性质稳定，脂溶性很强，被摄入生物体内后即溶于脂肪，很难分解。

随着摄入量的增大,这些物质在生物体内的浓缩程度逐渐增大。生物浓缩的程度用浓缩系数或富集因子(bioconcentration Factor,BCP)来表示。

生物积累(bioaccumalation)是指生物在其整个代谢活跃期通过吸收、吸附、吞食等各种过程,从周围环境中蓄积某种元素或难分解的化合物,以致其随着生长发育,这些元素或化合物浓缩系数不断增大的现象,又称生物学积累。生物积累程度也用浓缩系数表示。

生物放大(biomagnification)是指在生态系统中,由于高营养级生物以低营养级生物为食物,某种元素或难分解化合物在生物机体中的浓度随着营养级的提高而逐步增大的现象,又称为生物学放大。生物放大的结果使食物链上高营养级生物机体中这种物质的浓度显著地超过环境浓度。生物放大的程度同生物积累和生物浓缩一样,也用浓缩系数表示。

(2)生物浓缩系数。污染物在生物体内浓度与水中浓度之比定义为生物浓缩因子,用符号K_B或BCF表示。生物浓缩有机物的过程很复杂,然而在某些控制条件下所得平衡时的数据也是很有用的,可以看出不同有机物向各种生物内浓缩的相对趋势。

一般采用平衡法和动力学方法来测量BCF,或估算法获得K_B或BCF。平衡法求得水生生物中某种物质的浓缩系数有两种方法:实验室饲养法和野外调查法,两者各有优缺点。实验室饲养条件易于控制,但是人工环境下所求得的数值与在自然情况下求得的数值往往不相符,因为人工环境几乎不可能在自然条件下出现。另外,如果长寿的生物与环境之间达到物质平衡,需要饲养很长时间,一般难以做到,所以实验室饲养法求得的浓缩系数数值通常比用野外调查法求得的偏小。野外调查法的一个很大优点是生物的整个生活周期都处在稳定的环境中,机体的构成成分与环境是平衡的,能够得出标准的浓缩系数值。但是,野外环境中有些物质在水环境中的浓度很低,会受分析技术的限制而难以准确测出,因而难以精确求得浓缩系数。

除了平衡法以外,也有人采用动力学的方法来测量BCF,这样做可以节省试验的时间,可能对于大的生物体更合适。Branson等(1975)测量了生物摄取有机污染物速率常数K_1与生物释放有机物的速率常数K_2,此时K_1与K_2之比即为BCF。Neely(1974)发现一些稳定的化合物在虹鳟鱼肌肉中积累的lgBCF与$\lg K_{ow}$有关,回归方程为

$$\lg BCF = 0.542 \lg K_{ow} + 0.124 (r = 0.948, n = 8) \tag{5-97}$$

或

$$\lg BCF = 0.802 \lg S_w + 0.497 (r = 0.977, n = 7) \tag{5-98}$$

如同较高等生物一样,微生物K_B也是与K_{ow}相关的方程,即

$$\lg K_B = 0.907 \lg K_{ow} - 0.361 (r = 0.954, n = 14) \tag{5-99}$$

除有机物水溶性等性质外,生物对污染物的吸收和积累随着生物机体的生理因素及外界环境条件而发生变化,因此,生物浓缩系数随之而变。影响生物浓缩的生理因素主要包括生物的生长、发育、大小、年龄等。例如,在生长发育旺盛时,生物摄取量大,摄取的污染物也多,浓缩系数相应的也大。影响生物浓缩系数的环境因素主要有温度、pH值、硬度、溶解氧(DO)等。

二、水—岩作用

地下水埋藏于地下岩石及土壤中呈吸着水、薄膜水、毛细管水或潜流等。地下水流迟缓,水与岩石作用时间长,水质主要取决于含水层内的环境地质条件。不同成因地下水有不同的

原始化学成分,它们在形成过程中与周围介质不断作用,水的化学成分也随之发生变化,其结果使地下水的化学成分与原始化学成分往往产生很大的差异。

1. 地下水化学成分形成的作用

地下水化学成分形成的基本作用主要有溶滤作用、浓缩作用、混合作用、阳离子交替吸附作用及生物化学作用等。

1) 溶滤作用

溶滤作用在地壳上部岩石风化带中广泛进行,它的强弱主要取决于溶解体及溶剂的物理-化学特征。溶滤水的主要来源是大气水、地表水的渗入。大气降水经过土壤渗入岩石时,含有大量的碳酸,由于大气降水的 pH 平均值约为 6.4,根据碳酸的平衡关系,此时 H_2CO_3 占 76.7%～99.7%,因此参与岩石风化作用的主要是 H_2CO_3、H^+、OH^- 和水。岩石遭受风化后,其中一部分元素从岩石矿物中释放出来,进入水中,改变了水的化学成分,增加了水中的含盐量。

当溶滤水与沉积岩(盐类)相遇时,溶解度大的盐首先溶解。地下水中占主要地位的 7 种离子组成的盐类的溶解顺序是 $CaCl_2 > MgCl_2 > NaCl > KCl > MgSO_4 > Na_2CO_3 > CaSO_4 > CaCO_3$,氯化物及硫酸盐首先从岩石中溶解出来被带走,所以经过长期淋滤的沉积岩中,水的主要成分是 HCO_3^- 和 CO_3^{2-},溶液的最后阶段出现碳酸含量较高的水。

岩石矿物的溶滤除本身的性质外,还与固体相表面的曲率半径大小及固体相颗粒的大小有关,它们是决定固体相溶滤程度的主要条件。在一定温度、一定的溶剂中,小颗粒比大颗粒易于溶解。

溶滤水的矿化主要取决于组成地下水的主要离子矿物的溶滤作用。因此,根据地下水矿化程度的不同,溶滤水具有自己独特的化学成分。如矿化度低或极低的地下水特征是阴离子主要为 SiO_3^{2-}、CO_3^{2-}、HCO_3^-,这些阴离子可与 Ca^{2+} 和 Mg^{2+} 结合形成弱溶解的盐;如果水的矿化程度发展成中等,则水中主要阴离子为 HCO_3^-、SO_4^{2-}、Cl^-;在高矿化水中则以氯离子为主,它与主要阳离子形成溶解度很好的盐。

2) 浓缩作用

当水蒸发时,其中所含盐分的量不减,则其浓度(矿化度)相对增大,这种作用称为浓缩作用。随着矿化度的不断增大,溶解度小的盐类便会相继沉淀析出,引起化学成分的不断改变。如重碳酸盐型的低矿化水,由于强烈蒸发而不断浓缩,随着溶解度小的盐类依次析出,最后可能变为高矿化的氯化物水。

据大量观察资料证实,在干旱、半干旱气候条件下,浓缩作用是决定地下水的矿化度和化学成分的主要因素。有一系列证据说明,埋藏在任何深度地下水面的上部存在包气带,有利于地下水蒸发,只有在地下水强烈运动的条件下,蒸发对其矿化度增高的影响才较小。

3) 混合作用

当两种或数种成分或矿化度不同的地下水相遇时,新形成的地下水在成分和矿化度上都与混合前不同,这种作用称为混合作用。自然界水的混合作用非常普遍,而且作用时间较短。各种水混合时所起的变化是相当复杂的,它决定于参与混合的水的矿化度和化学成分。

当两种不同的水(清水和矿化水)混合时,得到一系列中间过渡的水,其成分服从直线方程:

$$y = ax + b \tag{5-100}$$

式中，x 为混合水的矿化度(g/L)；y 为混合水中某元素的含量(g/L)；a、b 为两个固定常数，可以通过混合两种水而求得，即

$$a = \frac{s-s'}{p-p'} \tag{5-101}$$

$$b = \frac{ps'-p's}{p-p'} \tag{5-102}$$

式中，p、s 分别表示一种水的总矿化度(g/L)和任何一种成分的含量(g/L)；p'、s' 分别表示另一种水的总矿化度(g/L)和与前者相同成分的含量(g/L)。在天然水混合的作用中一种水的成分 p_1 作用于另一种水的成分 p_2，结果形成水中离子成分 p_3 和可能沉下的固体沉淀 p_s，即 $p_1 + p_2 \longrightarrow p_3 + p_s$，作用的结果取决于混合水的矿化度和化学成分。混合水相互作用可以沉淀盐类并逸出气体，如

$$CaCl_2 + 2NaHCO_3 \longrightarrow 2NaCl + CaCO_3 \downarrow + H_2O + CO_2 \uparrow \tag{5-103}$$

$$CaCl_2 + Na_2SO_4 + 2H_2O \longrightarrow 2NaCl + CaSO_4 \cdot 2H_2O \downarrow \tag{5-104}$$

反应结果使水中 Ca^{2+}、CO_3^{2-} 及 Ca^{2+}、SO_4^{2-} 形成与原始成分不同的氯—钠水。

4）阳离子交替吸附作用

含水层岩石颗粒表面阳离子交替吸附作用不仅使地下水化学成分发生变化，而且也影响到岩石的物理化学性质。参与交替吸附的阳离子有 3 种：一是岩石风化的结果，由不交替的状态转为交替的阳离子；二是由陆相成因的物质从各地下水中吸收的阳离子；三是从渗流于岩层的地下水中吸收的阳离子。在火成岩中一般是没有吸附综合体的，但在它的风化产物中，交替的阳离子能够达到足够的数量。它的特性首先决定于在母岩中所存在的矿物成分，若钠长石占优势，则风化产物中含有交替的钠；若以钙长石为主，风化产物中相应的以交替的钙为主；在基性和超基性岩的风化壳中，以交替的镁离子为主。在沉积岩吸附综合体的形成中，具有决定意义的是沉积盆地中水的阳离子成分，淡水盆地的沉积岩多半含有交替钙，海洋盆地沉积岩以交替的钙为主。

自然界岩石吸附离子与水溶液的盐类离子之间总是处于一种动态平衡状态，即岩石吸附离子↔水溶液中盐类离子。岩石的吸附平衡条件被破坏时，岩石中原来被吸附的部分离子重新转入溶液，而水溶液中某些离子的一部分又被岩石所吸附，重新达到平衡。岩石颗粒表面带有电荷，除了与岩石的性质有关外，还与介质的 pH 值有关。黏土矿物所带的电荷为负电荷，但只有一部分是永久性负电荷，它由晶格中离子的同晶置换所产生。如蒙脱石由于同晶置换作用，每单位晶胞中约有 0.66 个负电荷。而另一部分电荷为可变电荷，它随环境的 pH 值而变化，因此，又叫 pH 可变电荷。矿物颗粒不带电荷时的 pH 值，称为零点 pH 值(pHzpc)。

零点 pH 值的意义如下：

$$Al_2O_3[Al(OH)_3]$$

$$Al_2O_3 + 3H_2O \rightleftharpoons 2Al(OH)_3 \longrightarrow 2Al^{3+} + 6OH^-$$

$$Al_2O_3 + 3H_2O \rightleftharpoons 2AlO_2^- + 2H_3O^+ \tag{5-105}$$

(1) 当介质 pH>8.1 时，水中 OH^- 较多而 H^+ 较少，矿物颗粒表面吸附 AlO_2^-，而进入水中的为 H_3O^+。

(2) 当介质 pH<8.1 时，水中 OH^- 较少而 H^+ 较多，矿物颗粒表面吸附 Al^{3+}，而进入水中的则为 OH^-。

$$Fe_2O_3[Fe(OH)_3]$$
$$Fe_2O_3 + 3H_2O \rightleftharpoons 2Fe(OH)_3 \rightarrow 2Fe^{3+} + 6OH^-$$
$$Fe_2O_3 + 3H_2O \rightleftharpoons 2FeO_2^- + 2H_3O^+ \tag{5-106}$$

(3) 当 pH>7.1 时，则矿物颗粒表面吸附 FeO_2^-，而进入水中的为 H_3O^+。

(4) 当 pH<7.1 时，则矿物颗粒表面吸附 Fe^{3+}，而进入水中的为 OH^-。

由此可见，同种胶体在不同的 pH 值环境条件下，可负可正，由于自然环境中地下水大多属偏酸性的，故 $Al(OH)_3$、$Fe(OH)_3$ 胶体多为正胶体；而 SiO_2 胶体，多为负胶体，黏土胶体也属硅酸盐，所以也是负胶体，腐殖质等有机胶体，也带负电荷。

5) 生物化学作用

地下水中有机物质的含量与微生物的活动，对地下水化学成分的演变有特殊作用。研究证明，埋藏在 1000m 或更大深度的地下水中，微生物仍有能力发展和活动。微生物适应的温度范围也很广，从零下几度到 85~90℃，微生物分为好氧细菌和兼氧细菌两种。前者生活在有自由氧存在的潜水中，它利用氧来呼吸，后者生活在封闭的含水层中，对它必需的氧可以从有机氧化物中，或从硝酸盐、硫酸盐等矿物中获得。

属于氧化环境的细菌有硫磺细菌（无色的菌丝、短菌、紫细菌），它能使 H_2S 和 S 氧化成为硫酸：

$$H_2S + O_2 \longrightarrow 2H_2O + S_2 \tag{5-107}$$
$$S_2 + 3O_2 + 2H_2O \longrightarrow 2H_2SO_4 \tag{5-108}$$

硫酸又与水中的碳酸盐中和，成为硫酸盐沉淀析出：

$$H_2SO_4 + CaCO_3 \longrightarrow CaSO_4 + H_2O + CO_2 \uparrow \tag{5-109}$$

铁细菌（丝菌）的机体储存有大量氢氧化铁，在细菌的原生质内先形成 $Fe_2(OH)_6$ 的水凝胶，然后变成排泄物排出体外：

$$4FeCO_3 + 6H_2O + O_2 \longrightarrow 2Fe(OH)_6 + 4CO_2 + 2147 \text{ J} \tag{5-110}$$

铁细菌也能聚集锰。

造铵菌通过分解有机质而产生铵，并保持在自己的蛋白质组织中，由硝化菌氧化铵为亚硝酸和硝酸：

$$NH_4^+ + 2O_2 \longrightarrow NO_2^- + 2H_2O \tag{5-111}$$
$$2NO_2^- + O_2 \longrightarrow 2NO_3^- \tag{5-112}$$

还原条件下的细菌，首先是去硫细菌，当水中存在 SO_4^{2-} 和有机质时，便发生脱硫酸作用：

$$SO_4^{2-} + 2C + 2H_2O \longrightarrow H_2S + 2HCO_3^- \tag{5-113}$$
$$SO_4^{2-} + 4H_2 \longrightarrow S^{2-} + 4H_2O \tag{5-114}$$

进入水中的 S^{2-} 发生水解，生成 HS^- 及 OH^-，硫化氢与铁化合，先形成水隙硫铁 $FeS \cdot H_2O$，然后成为铁矿，如果缺乏铁时，硫化氢便聚集起来。

上述作用的结果，使地下水成分发生改变，SO_4^{2-} 减少，重碳酸增多，同时水的 pH 值也增大，部分重碳酸以 $CaCO_3$ 或 $CaCO_3 \cdot MgCO_3$ 的形式沉淀。另外，去氮菌可分解亚硝胺和硝酸，并排出自由氢。在天然水形成过程中，生物化学因素所引起的各种作用，受有机质的数量、温度，水的矿化度和成分，水的交替强度等条件控制。

2. 地下水中元素的存在形式

由于本身化学性质的差异和来源的不同，地下水中的元素以不同的形式存在于水体中。

1) 溶解的气体

溶解在地下水中的气体有 O_2、N_2、CO_2、H_2S、CH_4、Rn 及少量的惰性气体 Ar、Kr、Xe、He、Ne，其中，O_2、CO_2、N_2 等气体主要来源于空气；CH_4、H_2、H_2S、CO_2 等来源于土壤及岩层中生物化学作用反微生物活动；Rn、He、N_4、Ar 来源于放射性元素的衰变。

2) 离子、络离子及分子

地下水中的离子成分在含量上差异很大。有些含量较大，有些则很微量，常见的离子有 H^+、Na^+、K^+、NH_4^+、Mg^{2+}、Ca^{2+}、Fe^{3+}、Mn^{2+}、OH^-、Cl^-、SO_4^{2-}、NO_3^-、NO_2^-、HCO_3^-、CO_3^{2-}、SiO_3^{2-}、PO_4^{3-} 等，络离子和未离解的分子如 Fe_2O_3、Al_2O_3 等。这些离子中又以 Cl^-、SO_4^{2-}、HCO_3^-、Na^+、K^+、Ca^{2+}、Mg^{2+} 的分布最广，它们决定了地下水化学的基本类型和特点。

3) 胶体成分

地下水的胶体成分，是化学元素迁移的又一形式，当风化作用很强时，土壤和风化壳中几乎所有的固体都处于胶体状态，或者在其形成中均经历胶体状态。多数黏土矿物如硅、铁、铝和锰的氢氧化物以及腐殖质等也是这样。在湿润气候地区和富含有机物的酸性水中，许多化学元素以胶体迁移为特征，如水中所含的大部分锰、砷、锆、铜、钛、钒、铬和钍呈现胶体状态迁移。

4) 悬浮物成分

自然界一些易溶盐以离子和分子状态形成溶液而进入地下水，可是铁、锰、稀有元素及部分的黏土矿物除形成胶体外，基本上以悬浮物的形式存在水中。

地下水中以配合物形式存在的化学组分比较稳定，这些配合物是一类有中心原子或离子（通常是一种金属）并被一组离子或分子所包围而形成的化合物，它可以是阴离子或阳离子，也可以是非离子基团，这取决于中心原子和周围离子、分子电荷的总和。在这种化合物中，由简单离子和水的偶极组成的水配合物占第一位。

在水溶液中，有的元素仅形成水配合物，而不形成别的配合物，如 Na^+、K^+，而另一些元素有少量的配位水被分解成 OH^- 和 H^+，形成 OH^- 配合物，把 H^+ 释放到水溶液中去。这种给出 H^+ 的能力就叫金属离子的酸度。这种酸度越大，金属氢氧配合物就越稳定，反之则不稳定。

$$Mg^{2+} + H_2O = MgOH^+ + H^+ \qquad \lg k = -11.4 \qquad (5-115)$$

$$Cu^{2+} + H_2O = CuOH^+ + H^+ \qquad \lg k = 6.0 \qquad (5-116)$$

显然，在天然水中（pH=6~8），$CaOH^+$ 要比 $MgOH^+$ 稳定得多，Cu^{2+} 的酸度强，Mg^{2+} 的酸度弱。水溶液中 Cu^{2+} 的 91% 为 $CuOH^+$，只有 9% 为 Cu^{2+}，而 Mg^{2+} 仅 0.01% 为 $MgOH^+$，99.99% 为 Mg^{2+}。

3. 地下水中物质的弥散作用

在多孔介质中，当两种流体相接触时，某种物质从含量较高的流体中向含量较低的流体迁移，使两种流体分界面处形成一个过渡混合带，混合带不断发展扩大，趋向于成为均质的混合物质，这种现象称为弥散现象。形成弥散现象的作用称为弥散作用。弥散作用使污染地下水在渗透介质的运移过程中逐渐改变自己的浓度和成分，扩大污染的范围。弥散作用主要包括分子扩散作用和渗流弥散作用。

1) 分子扩散作用

分子扩散作用是由于液体中存在浓度差而引起的，是分子布朗运动的一种现象。当温度

和压力一定时,纯分子扩散可用菲克浓度梯度定律来描述:

$$I_m = -D_m \text{grad} C \tag{5-117}$$

式中,I_m 为扩散量(物质通过单位面积的扩散数量);$\text{grad}C$ 为物质浓度梯度;D_m 为分子扩散系数。它表征该物质在静止介质中扩散迁移的能力,其值相当于浓度梯度等于 1 时的扩散数量,量纲为 cm^2/s。式中的负号说明物质向浓度减少(降度)的方向扩散。

分子扩散作用不仅在液体静止时发生,在液体运动状态下同样也存在,不但有沿运动方向的纵向扩散,还有垂直于运动方向的横向扩散。

分子扩散作用在地层中进行得很缓慢,在黏性土层中更慢,因此,污染地下水在含水层中的弥散可以由单纯的扩散作用来实现,但还要看污染物的浓度与该种物质背景浓度的差异大小,即取决于浓度的梯度。如果浓度梯度较小,这种弥散实际上是很缓慢的。如所研究污染物迁移距离较大,迁移时间较短,计算预测污染物的分布时,分子扩散作用是较小的,甚至可以忽略;只有在无渗流的条件下,研究很短距离迁移和作用过程的延续时间,以地质历史时期来衡量时,分子扩散才起到重要的作用。

2)渗流弥散作用

两种不同浓度液体分界面处,除了由于分子扩散引起弥散外,由于液体质点在渗流中的速度不同,也会引起弥散。物质随渗流一同迁移时,因速度不均所产生的弥散现象,称为渗流弥散。这是自然界引起弥散的主要原因。渗流弥散的机制可分为微观和宏观两种。

(1)微观渗流弥散。从微观来看,渗流弥散的机制可以有 3 种情况:①在多孔介质中的单个孔管中,由于液体是黏性的,受介质孔壁的摩擦阻力,管中的轴线处流速最大,物质迁移就最远;②由于孔隙体积的大小不同,使沿孔轴的最大流速发生差异,物质迁移的距离亦发生差异;③质点的流线在沿流方向上,由于弯曲起伏的情况不同,即物质迁移的距离不同,而引起的沿流向前进速度的差异。

以上 3 种情况是同时发生的,综合起来形成微观渗流弥散。当污染水在由上、下隔水层隔离的均质承压含水层中,呈一维流运动时的弥散就是纵向微观渗流弥散。当污染水不是从整个断面进入,而是由部分断面或一个流束(点状源)进入时,不仅发生纵向弥散,同时在与流向正交的横断面上也会形成一个过渡带,而且随时间和沿流程不断增大,产生这个横向弥散除了前述的原因外,还与流束绕过岩石颗粒时的分支、合并有关。

(2)宏观渗流弥散。微观的渗流弥散发生在均质的岩石中,但自然界更多的岩石是非均质的。在非均质的岩层中,由于各部分的渗流速度不同而引起的物质迁移的距离差异,称为宏观渗流弥散。宏观渗流弥散的机制仍以流速不均匀为主要原因,只不过所研究的单元更大而已。如在各层渗透性不同的层状含水层中,物质便沿渗透性好的岩层迁移得更快更多,裂隙或溶隙密度不等的岩层中,物质沿宽大裂隙或溶隙迁移得较快,而且运动的距离也远。

元素(组分)进入地下水后的各种迁移形式,在迁移中所起的作用可以用贝克莱特(Peclet)数来判别:

$$P_e = \frac{v \cdot d}{D_m} \tag{5-118}$$

式中,v 为渗透速度,L/T;d 为表示多孔介质特征的参数,在圆球形介质中做试验时,可取球直径 L;D_m 为分子扩散系数,L^2/T。

在一定的水—岩系统中,分子扩散系数一般近于常数;介质一定后,d 也近于常数。因此,

贝克莱特数 P_e 与渗透流速度 v 近于成正比,当流速很小时,P_e 也很小,说明以分子扩散迁移为主,渗流迁移可以忽略不计;当 v 很大时,P_e 也很大,则以渗流迁移为主,分子扩散迁移可以忽略不计。

第三节 特殊物质水文环境地球化学专题

一、砷的水文环境地球化学与砷中毒

1. 天然水中砷的分布

地表水体中砷的含量很低,如德国境内河水中砷含量的平均值为 0.003mg/L,湖水中为 0.004mg/L。地表水中三价砷与五价砷的含量比范围为 0.06~6.7。

海水含砷量范围为 0.001~0.008mg/L,其中主要含砷物为砷酸根离子,但亚砷酸根含量仍占总砷量的 1/3。

地下水中砷的含量在不同地区差别较大。世界上地下水中砷污染最严重的地区在孟加拉,目前,孟加拉大约 1/3 的作为饮用水的地下水中砷含量超过了 50 μg/L,部分地区达到了 2000 μg/L;某些地下水水源的砷含量极高(224~280mg/L),且 50% 为三价砷。温泉活动地区的水源含砷量高,如日本地热水砷含量为 1.8~6.4mg/L,新西兰温泉水的砷含量高达 8.5mg/L,其温泉孔内,水中含砷物 90% 以上为三价砷。

2. 砷迁移富集的水文环境地球化学条件

砷是一个变价元素,在地球化学反应中它对氧化还原条件和酸碱条件的变化是相当敏感的。它可以 -3、0、+3 和 +5 共 4 种不同价态的化合物出现。当水环境 Eh 值较低时,As^{5+} 向 As^{3+} 转化,而当 Eh 值增高时,As^{3+} 向 As^{5+} 转化。三价砷的迁移能力较强(Fe、Al、Zn 的砷酸盐溶解度较小,而它们的亚砷酸盐溶解度较高)。高价砷毒性低,低价砷毒性高。

在大多数情况下砷都是以氧化物的形式进入水体的。As_2O_3 即砒霜,有剧毒,为两性氧化物,但它的酸性大于碱性,略溶于中性天然水,形成亚砷酸(H_3AsO_3),易溶于碱性天然水,形成亚砷酸盐。碱金属的亚砷酸盐易溶于水,碱土金属的亚砷酸盐较难溶于水,而重金属的亚砷酸盐几乎不溶于水。亚砷酸在碱性水溶液中为强还原剂,易被氧化成砷酸。

$$AsO_3^{3-} + 2OH^- \rightleftharpoons AsO_4^{3-} + H_2O + 2e^- \tag{5-119}$$

As_2O_5 较易溶于水形成砷酸(H_3AsO_4),砷酸为中强酸,在水溶液中离解为 $H_2AsO_4^-$、$HAsO_4^{2-}$ 和 AsO_4^{3-},离解的程度随 pH 值升高而增加,在一定的 pH 值下,H_3AsO_4、$H_2AsO_4^-$、$HAsO_4^{2-}$ 和 AsO_4^{3-} 之间形成一定的动态平衡关系。它们的碱金属盐都易溶于水;重金属盐都难溶于水;碱土金属盐只有砷酸二氢盐溶于水,如 $Ca(H_2AsO_4)_2$,而 $CaHAsO_4$ 和 $Ca_3(AsO_4)_2$ 则难溶于水。

砷在天然水中存在形式主要是 H_3AsO_3、$H_2AsO_4^-$ 和 $HAsO_4^{2-}$。

As 在还原环境下易于形成硫化砷,如 As_4S_4 和 As_2S_3。砷的硫化物在酸性和中性的天然水中几乎不溶解,但溶于碱性的天然水中,生成硫代亚砷酸盐和亚砷酸盐。

$$As_2S_3 + 3NaOH \rightleftharpoons Na_3AsS_3 + NaAsO_3 + 3H_2O \tag{5-120}$$

以上可见,砷对水的污染和水对砷污染的缓冲能力,不仅与水的氧化还原和酸碱条件有

关,也与水中阳离子的组成有关。酸性天然水中往往含有 Fe^{3+} 及其他重金属离子,有利于砷向生成难溶的化合物的方向转化;在碱性天然水中碱金属离子含量较高,则有利于砷化物溶于水中,在含有较多的 Ca^{2+} 及 $HAsO_4^{2-}$ 的偏碱性水中形成较难溶的 $CaHAsO_4$,有利于推动 H_3AsO_4 的离解,朝生成 $CaHAsO_4$ 方向转化,从而对砷污染有一定的缓冲。

水中悬浮物对砷化合物的吸附作用也比较大,可把砷大量地沉积下来。转移到沉积物中的砷,在微生物的作用下,使其甲基化,形成三甲基砷$[(CH_3)_3As]$。三甲基砷溶于水,易被水生生物所富集。

由于砷的上述特性,在天然水中溶解性砷的含量一般不可能很高,水体中的砷主要存在于悬浮物和底泥之中。

3. 砷中毒与危害

砷的毒性不仅取决于它的浓度,也取决于它的化学形态。三价无机砷毒性高于五价砷。五价砷在低浓度下是无毒的,但三价砷却是剧毒物质。如亚砷酸盐的毒性比砷酸盐大60倍,这是因为前者能与蛋白质中的巯基反应,而后者则不能。工业生产的砷大部分以三价形态存在,这就增加了砷在环境中的危害性。据报道,摄入 As_2O_3 剂量为 70~180mg 时,可使人死亡。也有证据表明,溶解砷比不溶性砷毒性高,可能是因为前者较易吸收。

无机砷可抑制酶的活性。三价砷对线粒体呼吸作用有明显的抑制作用,已有研究证明,亚砷酸盐可减弱线粒体氧化磷酸化反应,或使之不能偶联。这一现象与线粒体三磷酸腺苷酶(ATP 酶)的激活有关,它本身又往往是线粒体膜扭曲变形的一个因素。

海水中砷的浓度在 1~5ng/L 之间,平均为 2ng/L。它的存在形态主要是 As^{5+} 或砷酸盐,而 As^{3+} 一般较少。海洋生物对砷有较强的富集能力,某些生物的富集系数可达3300。

砷的毒性是积累性的,而且哺乳动物常对砷很有耐受性,故中毒往往在几年后发生。砷中毒的主要症状是皮肤出现病变,神经、消化和心血管系统发生障碍。有人认为,砷还能引起皮肤癌、肺癌、肝癌和膀胱癌。

长期接触无机砷会对人和动物体内的许多器官产生影响,如造成肝功能异常等。体内与体外两方面的研究都表明,无机砷影响人的染色体。在服药接触砷(主要是三价砷)的人群发现染色体畸变率增加。流行病学证据表明,在含砷杀虫剂的生产工业中,呼吸系统的癌症主要与接触无机砷有关。还有一些研究指出,无机砷影响 DNA 的修复机制。

二、氟的水文环境地球化学与氟中毒

1. 天然水中氟的分布

世界各地河流中氟的含量大致在 0.14~0.5mg/L 之间变化,平均为 0.2mg/L。雨水中氟含量较低,但在不同的地区氟含量变化较大,如在日本,雨水中氟含量达 0.089mg/L;在美国,雨水中则为 0.00~0.004mg/L,在工业发达区氟的含量较高,达 1mg/L(平均 0.29mg/L)。

地下水中的氟浓度与岩石类型有关,具体数据参见表 5-11。

表 5-11　地下水中的氟浓度与岩石类型

岩类	Bond(1945)			White, Hem, Waring(1959)		
	试样数	F($\times 10^{-6}$)范围	F($\times 10^{-6}$)平均	试样数	F($\times 10^{-6}$)范围	F($\times 10^{-6}$)平均
花岗岩	78	0~9.0	1.4	14	0~3.4	0.9
碱性岩	7	0.7~35.1	8.7	—	—	—
玄武岩	14	0~0.5	0.1	11	0~0.4	0.2
安山岩	—	—	—	1	0~0.1	0.1
砂岩和玢岩	69	0~2.7	0.1	16	0~1.9	0.4
页岩和黏土	80	0~1.8	0.2	16	0~2.8	0.6
石灰岩				14	0~0.9	0.3
白云岩	21	0~0.3	0.02	5	0~1.7	0.5

饮用水一般取自河水和地下水。饮用水质中氟含量的标准各国不同。一般最大浓度为 0.5~1.5mg/L。人类的氟摄取量主要来自饮用水。食品中茶和鱼中的氟含量较高。此外，食盐中也含有 10~20mg/L 的氟。

2. 氟迁移富集的水文环境地球化学条件

天然水中的氟主要来源于岩石的溶滤、火山排气及工业"三废"。氟在水中的富集可由溶滤作用、蒸发浓缩作用、离子交换吸附作用、含氟污水与地下水混合作用等形成；而酸性淋失作用、沉淀作用、生物浓集作用等则造成水中氟的贫化。我国大多数地表水中的氟含量在 0.4mg/L 以下；地下水中的氟含量为 $n\times 10^{-1}$~$n\times 10$mg/L 不等，它们受自然地理条件（气候、土壤、地形地貌）、地质条件（岩性、构造、岩浆火山活动）、水文地质条件（水动力条件、水的物理化学性质）的共同制约。

1) 自然地理条件

氟在天然水中的富集与气候条件密切相关，干旱缺雨区由于蒸发浓缩作用强烈，往往造成土壤盐渍化及天然水中氟含量的增高。我国东北、西北区的黑龙江、吉林、辽宁、河北、内蒙古、山西、陕西、青海等省（自治区）广泛分布高氟水区，许多地方在枯、丰期氟含量均超过 1mg/L。我国某些干旱草原潜水区中 F^- 含量可达 3~12mg/L。内蒙古阿拉善盟荒漠中潜水含氟量高达 16.5mg/L。在寒冷的相对潮湿区，植物残体分解不彻底，造成腐殖质富集，形成酸性、弱酸性环境。酸性淋失作用造成水中 F^- 的贫化，如我国东北许多山区居民饮用水中 F^- 含量为 0.02~0.04mg/L。南方潮湿多雨区，由于天然水补给、径流、排泄条件良好，冲刷强烈，浅层地下水中的含氟量大多在 0.5mg/L 以下。江西临川展坪地区数十处井泉水中 F^- 含量变化于 0.01~0.05mg/L 之间。

地形地貌条件对氟在天然水中的富集有一定影响。从山区至平原，水中氟含量往往有所增高，如吉林省东部高山森林区的辉南地区，中低山河谷区的吉林市和坡状平原区的长谷地区，其 HCO_3^-—Ca 型地下水中的氟平均含量分别为 0.1mg/L、0.18mg/L 和 0.46mg/L，分带性相当明显。再如中亚地区，随地貌景观从高山至干旱草原，潜水中氟含量由 0.2mg/L 变化至 3mg/L。

不同地区降水中含氟量的不同，也影响着地下水中的氟含量。工业区的降水中往往含有较多 HF 等氟化物，当其入渗补给地下水时，可导致水中氟含量的增加。尤其是当潜水埋藏浅，包气带薄且含钙少时，很易受 F^- 的污染，这种情况多见于我国南方。

此外，不同地区的土壤不仅氟含量有明显差异，而且其对水中氟的吸附能力也大小不一。一般说来，土壤中 Al、Fe 黏粒及有机质含量低，pH 值高，则土壤对 F^- 的吸附能力较弱，F^- 易于被植物摄取，也可能向下淋滤进入含水层；反之，若土壤中的 Al、Fe 黏粒及有机质含量高，水偏酸性（pH 为 5.6~6.5），则土壤对 F^- 具有较高的吸附容量，植物不会受氟的毒害，也不会危及地下水质。可见，渗透水与土壤的相互作用，伴随盐分的带入、带出，对水中氟含量有明显影响。

2）地质条件

作为天然水中氟主要来源的岩石，其氟含量的差异明显地影响水中氟的分布，含氟量较高的火成岩，如花岗岩地区地下水中的氟含量往往高于含氟较低的碳酸盐岩地区的地下水。碱性花岗岩区地下水中的氟含量可高达 6~9mg/L。含有较多含氟矿物（如磷灰石、萤石、云母等）的含水层中可含较大量的氟，如山西省的氟病区与含氟量高的岩浆岩、变质岩类等分布密切相关。运城盆地临猗县中代村，忻县盆地定襄县羊坊村及大同盆地山阴县大虫堡一带，潜水氟含量分别达 17mg/L、10.4mg/L 和 9.2mg/L，均与附近的岩浆岩、变质岩含氟量高有关。

天然水中氟含量与地质构造有关，被强烈冲刷的开启构造中的地下水含 F^- 往往较低，而封闭、半封闭构造中的地下水中含 F^- 往往较高。由于断裂构造提供了降水深循环条件，高氟水有沿构造带分布的趋势。如河北东部平原区津浦铁路沿线地下水中含氟量较高，而这正是沧东断裂的延伸方向。高氟水常沿断裂带分布，这在地下热水中表现尤为明显，它们反映了深层水特有的含 F^-、As 和 B 等较高的特点。

岩浆活动、火山活动对天然水中 F^- 含量的影响十分显著，近期有岩浆活动、火山活动区地下热水中的 F^- 含量可高达 $n\times10\sim n\times10^2$ mg/L。如日本火山活动区热水中的 F^- 含量为 33.1~55.4mg/L。苏联阿瓦齐斯克火山喷气孔凝结液中的氟含量达 43.0~323.5mg/L；新西兰普兰蒂湾百岛火山口的热泉水中 F^- 含量高达 806mg/L，这些氟主要起源于深部。

总之，地质条件在很大程度上制约着氟在天然水中的分布。

3）水文地质条件

水动力条件对天然水中 F^- 含量有明显影响。其他条件相同时，透水性较好的含水层中的 F^- 含量一般低于透水性较差的含水层，如山西运城盆地粉细砂含水层中水的氟含量比粗砂含水层高 5~6 倍。交替条件较好的山区，水中的 F^- 含量一般低于交替缓慢的平原区。

水中氟的天然浓度，不仅取决于水沿流动路径所遇到的岩石或矿物中氟的活性，而且也取决于萤石或氟磷灰石的溶度积，这两种矿物的溶解—沉淀平衡关系式为

$$CaF_2 \rightleftharpoons Ca^{2+} + 2F^- \qquad (5-121)$$

$$Ca_5(PO_4)_3F \rightleftharpoons 5Ca^{2+} + 3(PO_4)^{2-} + F^- \qquad (5-122)$$

在 25℃，1×10^5 Pa 条件下，CaF_2 和 $Ca_5(PO_4)_3F$ 的浓度积分别为 $10^{-9.8}$ 和 10^{-80}。由于天然水中一般缺乏 PO_4^{3-}，故 CaF_2 才可能是基岩中对 F^- 发生可溶限制的矿物相。天然水中 Ca^{2+} 的浓度多为 $n\sim n\times10$ mg/L，相应的 F^- 的饱和浓度为 $n\sim n\times10$ mg/L。而事实上，绝大多数天然水中氟含量小于 10mg/L，往往难以达到 CaF_2 的饱和。因此，与萤石浓度积的限制相比，水中的氟含量受岩石和沉积物中 F^- 的活性限制更为明显。

此外，地下水中 Ca^{2+} 的浓度不仅受 CaF_2 浓度积的制约，而且也受 $CaCO_3$ 等难溶盐的控制。地下水中方解石饱和状况的计算可借助下列溶解平衡反应：

$$CaCO_3 + H^+ \rightleftharpoons Ca^{2+} + HCO_3^- \tag{5-123}$$

在 25℃，1×10^5 Pa 条件下，其浓度积 $K_{3P} = [Ca^{2+}] \cdot [HCO_3^-]/[H^+] = 10^{1.98}$。联立式 (5-121) 和式 (5-123) 解得：

$$CaCO_3 + H^+ + 2F^- \rightleftharpoons CaF_2(s) + HCO_3^- \tag{5-124}$$

据式 (5-124) 得 Ca—F 平衡常数为：

$$K_{Ca-F} = \frac{[HCO_3^-]}{[H^+][F^-]^2} \tag{5-125}$$

将 $K_{CaF_2} = 10^{-9.8}$，$K_{CaCO_3} = 10^{1.98}$ 代入式 (5-125) 得 $K_{Ca-F} = 10^{11.78}$。温度、压力条件不变时，K_{Ca-F} 为常数，从式 (5-125) 显然可见，若 pH 值不变，则 F^- 浓度随 HCO_3^- 含量的增大而增大；若 HCO_3^- 不变，则 F^- 随 pH 值的增大（H^+ 的减少）而增大，故 F^- 多富集于 HCO_3^- 型碱性地下水中。

事实上，氟在不同性质水溶液中的存在状态各异。当水溶液 pH<5 时，氟可能以 $[HF]$、$[AlF]^{2+}$、$[AlF_2]^+$、$[SiF_6]^{2-}$ 和 $[BF_4]^-$ 等络合离子形态存在，这在某些火山热水和地震带热水中表现突出。当 pH=5~9 时，氟以 $[AlF]^{2+}$、$[FeF_2]^+$、$[BF(OH)_3]^{2-}$ 和 $[BF(OH)]^-$ 等形式存在。而在 pH>9 的碱性水中，氟则以 F^- 形式存在。这些不同的存在形式在一定程度上影响氟在水中的含量。

可见，氟迁移富集的水文地球化学条件十分复杂。

3. 氟中毒与危害

除矿山以外，炼铝、磷酸肥料制造、玻璃制造等工业是造成氟污染大气的主要原因。炼铝过程中，作为熔剂的冰晶石形成 HF 或 SiF_4。制造磷肥时，排出的 SiF_4 在空气中遇水分解为 HF，此外，还排出含 F_2 的气体或烟雾，并产生 AlF_3、CaF_2、Na_3AlF_8 粉尘。

人体中的氟含量在不同的器官有所不同，体内的氟约有 96% 储存于硬组织中。骨骼中，氟含量范围在 200~500mg/kg 之间，人体中缺氟会造成龋齿，因此，如果自来水中缺氟，则应添加。然而，当饮用水中氟含量在 1.0~1.5mg/L 以上时，婴幼儿又特别容易产生斑釉齿。饮用水中"具有最安全性"的氟含量是 1mg/L。摄入过量的氟会造成急性中毒，其症状是腹痛、腹泻、呕吐，并出现喉干、出汗、四肢抽搐等症状。

三、浅层地下水原生石油烃水文地球化学——以贵州省三叠系地下水为例

原生石油烃是一类在天然环境中形成的复杂有机化合物，主要由烷烃类、环烷烃类及芳香烃类化合物组成，其浓度一旦超过国家Ⅲ类水质标准（0.05mg/L）即称为原生高烃地下水，属于天然劣质水。

典型的原生高烃地下水有油田水，它形成并赋存于地下深部高温高压封闭还原环境中，为烃类物质的运移、聚集，油气藏的形成提供动力和载体。自 1938 年发现地下水在产油砂层中的存在以来，它一直作为水岩烃相互作用的研究重点，在油气运聚、封存及找油气藏方面受到各国学者的关注。原生高烃地下水同样会引发诸如降低地下水体功能，影响人体健康等环境问题，特别在贵州北部，作为主要水源，地下水水质对健康发展的影响更为显著。

自 2011 年以来，有学者对贵州北部三叠系碳酸盐岩含水层进行长期监测，发现高烃地下

水现象。经野外调查及次生有机物污染分析，区内不存在重工业、有机化工及油气田，水中仅检出痕量的滴滴涕及六六六残留，都无法引起区内长期大范围地下水高烃现象，指示区内存在原生高烃地下水。随后，以贵州织金北部三叠系浅层含水层中所发现的石油烃为研究对象，通过地层生油潜力、水岩中生物标志物对比等手段，结合研究区水文地质特征，探究浅层地下水中石油烃的来源、途径以及在资源环境方面的现实意义。

1. 研究区概况及取样分析

研究区位于贵州省织金县北侧。岩溶地貌发育齐全，以裸露型岩溶为主，相对高差约340m。六冲河及底那河分别流经本系统北南两侧，目前六冲河在研究区范围内已被改造为洪家渡水库，仍为区内最低排泄基准面。区内出露地层主要为三叠系下统永宁镇组三段灰岩（T_1yn^3）、四段白云岩夹溶塌角砾岩（T_1yn^4），中统关岭组一段杂色泥岩（T_2g^1）、二段灰岩（T_2g^2）、三段白云岩夹溶塌角砾岩（T_2g^3），法郎组灰岩（T_2f）及上统须家河组砂岩（T_3x）。大龙井地下水系统内，地下水补给受大气降水控制，通过裂隙或管道径流，富水性极不均一，存在较强的水岩相互作用，向东北径流，最终排泄至洪家渡水库。

针对研究区内不同岩性地层、地下水补径排特征及出露泉点，于2015年8月，共取40组风化基岩样、14组泉水样、9组浅层地下水样及8组深层地下水样。针对岩样主要利用岩石热解分析仪（OGE-Ⅱ）及GC/MS分别进行岩石热解及生物标志物的分析。针对水样主要利用GC/MS及红外测油仪（OIL-8）分别进行地下水中生物标志物及石油烃类的分析。测试过程均保证10%的平行样品，结果中平行样品误差在5%以内，显示本次实验数据真实可靠（表5-12）。

表5-12 浅层地下水基本水质参数

样品编号	背景地层	pH	Cond(μm/cm)	$T(℃)$	TDS	石油烃类
SY-01~03	T_3x	7.23~7.77	52.9~193.0	18.0~21.0	47.74~267.23	0.07~0.30
SY-04~07	T_2f	8.40~8.46	282.0~670.0	19.0~24.1	170.81~629.92	0.03~0.05
SY-08~13	T_2g^3	8.04~8.50	263.0~587.0	17.7~27.0	110.59~363.73	N.A.~0.14
SY-14~19	T_2g^2	7.89~8.38	303.0~625.0	18.3~21.1	151.12~426.02	N.A.~0.12
SY-20~23	T_2g^1	7.89~8.34	253.0~641.0	18.0~20.9	149.48~409.52	0.02~0.08

注：NA表示低于检出下限。

2. 地层生烃潜力判别

由于地下水的补给区为三叠系下统永宁镇组三段灰岩（T_1yn^3）、四段白云岩夹溶塌角砾岩（T_1yn^4），中统关岭组一段杂色泥岩（T_2g^1）、二段灰岩（T_2g^2）、三段白云岩夹溶塌角砾岩（T_2g^3）和法郎组灰岩（T_2f）等碳酸盐岩，且为古生油和储油层，所以推测区内浅层含水层中所发现的石油烃来源于这类地层。

为揭示这一猜想，首先进行了地层残余有机碳和生烃潜力分析。

1）地层残余有机碳

残余有机碳（TOC）作为地层生烃潜力指标，对碳酸盐岩海相地层下限为0.1%。经检测区内三叠系中统关岭组三段（T_2g^3）、二段（T_2g^2）及下统永宁镇组四段（T_1yn^4）具有相对较高的生烃潜力（图5-21）。40%的法郎组（T_2f）样品超过生烃潜力下限，TOC均值为0.09%；

83.3%的关岭组三段(T_2g^3)样品超过生烃潜力下限,TOC 均值为 0.12%;全部关岭组二段(T_2g^2)样品超过生烃潜力下限,TOC 均值为 0.12%;50%的关岭组一段(T_2g^1)样品超过生烃潜力下限,TOC 均值为 0.09%;71.4%的永宁镇组四段(T_1yn^4)超过生烃潜力下限,TOC 均值为 0.13%;永宁镇组三段(T_1yn^3)样品尚未超过生烃潜力下限。另外野外调查发现仅在关岭组三段(T_2g^3)及永宁镇组四段(T_1yn^4)地层中夹有 1~3m 有机质条带,而关岭组二段(T_2g^2)地层岩溶发育,其中有机质可能是通过裂隙从其他地层迁移至此,导致其 TOC 含量较高。

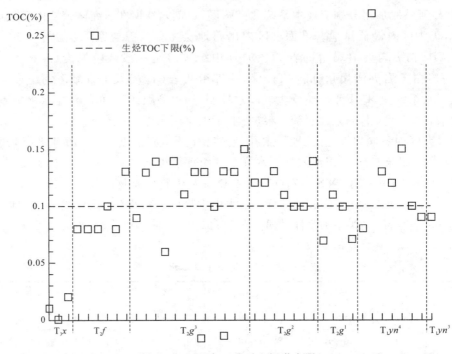

图 5-21 区内三叠系生烃潜力图

2)地层生烃潜力

通常石油烃的母源以海相低等生物输入为主,贵州三叠纪是一个海进海退的过程。早三叠世是海相碳酸盐岩发育的极旺时期,永宁镇组(T_1yn)发育于早三叠世晚期,以海相沉积为主,其中四段含溶塌角砾及胶结物多,母源以海相低等生物为主。中三叠世江南古陆由东进入贵州省,成为陆源碎屑供给源,关岭组(T_2g)发育于中三叠世早期,以潟湖相沉积为主,其中三段以白云岩、溶塌角砾岩为主,古生物种群以双壳类为主,有机质母源呈陆源碎屑、低等生物交替输入。法郎组(T_2f)发育于中三叠世晚期,以局限台地沉积为主,生物含量少。晚三叠世海水逐渐退出贵州,须家河组(T_3x)发育于晚三叠世晚期,为陆相沉积。结合岩石热解数据,区内永宁镇组四段(T_1yn^4)及关岭组三段(T_2g^3)地层具有较高生烃潜力,以台地边缘相及潟湖相沉积,有机质母源主要为低等生物且受陆源碎屑输入影响。

3. 原生高烃地下水溯源分析

1)水岩生物标志物特征对比

(1)浅层地下水与岩石中的正构烷烃。对比浅层地下水与岩石中生物标志物特征(图 5-22),结果显示岩石中饱和烃的分布范围为 $nC13~nC36$,相对丰度小于 20%,而浅层地下水中饱和烃的分布范围仅为 $nC24 \sim nC35$，以重饱和烃为主，分布规律与岩层中类似。法郎组地层 SY-06 同 YY-05、YY-06 中饱和烃在 $nC26 \sim nC34$ 范围内分布相似；关岭组三段地层 SY-08、SY-10、SY-12 同 YY-12、YY-15、YY-18 中饱和烃在 $nC26 \sim nC34$ 范围内分布相似；关岭组二段地层全部水样同 YY-25、YY-26、YY-27 中饱和烃在 $nC24 \sim nC30$ 范围内分布相似；关岭组一段地层 SY-22 同 YY-30、YY-31 中饱和烃在 $nC24 \sim nC27$ 范围内分布相似。

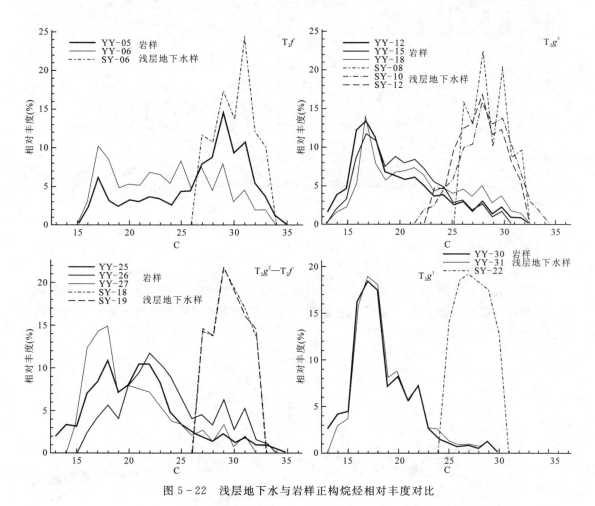

图 5-22　浅层地下水与岩样正构烷烃相对丰度对比

浅层地下水与岩石中相似的重饱和烷烃分布规律指示，水岩中可能有机质同源。由于浅层地下水处于开放氧化环境中，与外界交换频繁，在各种物理化学及生化降解作用下，轻饱和烃易挥发或被降解而改变其分布特征，但重饱和烃则更易以原始分布特征保存。为验证此假设需进一步比对深层地下水与岩石中正构烷烃分布规律。

(2) 深层地下水与岩石中的正构烷烃。深层地下水水样全部取自关岭组三段含水层地下 100m 处，正构烷烃分布范围为 $nC13 \sim nC36$，相较于浅层地下水，深层地下水中饱和烃分布整体向左偏移，同岩样中的分布拟合度更高，轻饱和烃可以被检出，但相对丰度依旧很低。例如 SK-06、SY-10、SY-12 同 YY-12、YY-18 及 YY-20 中饱和烃在 $nC24 \sim nC34$ 范围内分布相似，SK-02、SK-04 同 YY-12 及 YY-20 中饱和烃在 $nC23 \sim nC26$ 范围内分布相似（图 5-23）。

对比水岩生物标志物特征,显示水岩中有机质同源,原生高烃地下水来源于漫长地质过程中地层释烃作用,由于深部地下水处于相对封闭环境,饱和烃的保存更好,深部地下水中饱和烃同岩石中的相似程度较浅层地下水高。

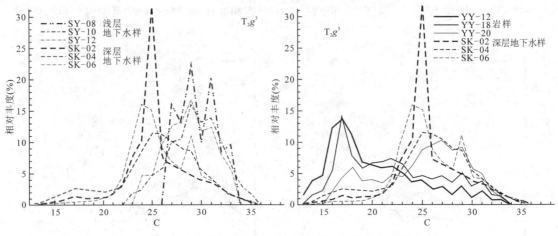

图 5-23 浅层地下水、深层地下水与岩样正构烷烃相对丰度对比

2) 水岩释烃作用

水岩中有机质同源,区内三叠系碳酸盐岩地层岩溶发育程度高,具有较高程度的水岩相互作用。另外根据相似相溶原理,有机质更易溶于有机溶剂中。据此可将有机质在水岩中的迁移过程概括如下(图 5-24)。

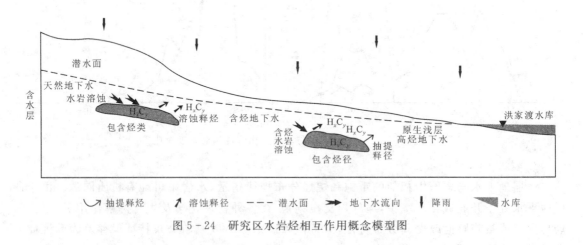

图 5-24 研究区水岩烃相互作用概念模型图

(1) 溶蚀释烃作用:有机烃类在漫长的地质过程中被包裹于碳酸盐岩岩层之间,包裹体在水岩作用下不断被溶蚀,有机烃类逐渐进入地下水,并随地下水径流途径不断富集。

(2) 抽提释烃作用:水中有机质流经生烃潜力层,会进一步将岩层中有机质抽提至水中,导致地下水中有机烃类含量进一步上升,最终形成原生高烃地下水。

四、高分辨沉积柱的环境地球化学纪录——以梁子湖沉积柱为例

基于水—沉积物作用,利用沉积物中的环境地球化学指标可以反映历史上的环境变迁和环境事件,因而这种方法也成为历届环境地球化学国际会议的主题。

刘建华等(2004)利用湖北省梁子湖沉积物中的正构烷烃与多环芳烃对当地公元前 5000 年到公元 1000 年的环境变迁进行了研究。2008 年 Lee 和 Qi 等在国际著名期刊 *Environmental Science & Technology* 上发表了利用湖北省梁子湖沉积物研究我国铜绿山矿冶史的成果。

梁子湖($30°05'—30°18'$N,$114°21'—114°39'$E)位于长江南岸,跨武汉市和鄂州市境。梁子湖是全国第八大淡水湖,湖北省第二大淡水湖,面积 $304.3km^2$(围垦前面积 $454.6km^2$),最大水深 6.2m,平均水深 4.16m,蓄水量 $12.65×10^8 m^3$。梁子湖水质清澈见底,湖水属二类水体,是湖北省自然环境保护最好的湖泊之一,由于受人类活动干扰相对较小,其历史档案能够得以较好地保存。

铜绿山距大冶市区约 3km,经考古发掘有古采矿井、巷 360 多条,古代冶铜炉 7 座,采掘深度达 50 余米。残余炼渣 40 余万吨。井下散存有铜斧、铁锤、船形木斗、辘轳等多种采矿工具。铜绿山古矿冶遗址于 20 世纪 70 年代被发现,是我国最早被发现的古铜矿遗址,80 年代被列为全国重点文物保护单位。

1. 样品采集与分析

2002 年 4 月,祁士华等用非扰动沉积物取样钻在梁子湖水深最大处钻取长 3.45m 的沉积柱芯。野外现场每 1cm 间隔分切一个样,迅速包装于聚乙烯密封袋中,带回实验室于 $-20℃$ 冷冻保存至分析。

样品定年由中国地震局新构造年代开放实验室采用加速器质谱仪(AMS)^{14}C 法测年。

为测定所有样品的有机组分,如正构烷烃与多环芳烃,样品经过冷冻干燥与研磨、索氏抽提、柱分离与提纯、GC-MS 分析等进行处理分析。为测定所有无机元素及同位素指标,如 Cu、Pb、Ni、Zn 和 Pb 同位素等,样品经过烘干与研磨、强酸消解、ICP-AES 分析和 ICP-MS 分析。

2. 沉积物中的正构烷烃与多环芳烃对环境变迁的响应

1)正构烷烃的含量和组成在沉积柱中的垂直分布特征

正构烷烃广泛分布于细菌、藻类以及高等植物等生物体中。相对于其他类型的有机质,正构烷烃比较稳定,它的降解速度是总有机质的 1/4。另外,来源于不同生物的正构烷烃其组成不同:水藻和光合合成细菌其正构烷烃的主导成分是 C_{17};沉水和漂浮大型植物等非外源维管植物往往在 C_{21}、C_{23}、C_{25} 处有最大的正构烷烃丰度;而陆地植物的表皮蜡质层则含有较多的 C_{27}、C_{29}、C_{31},所以沉积物中正构烷烃的组成可以比较可靠地反映其有机质来源。

梁子湖沉积柱 91~345cm 段正构烷烃总含量为 305~5049ng/g,其中 C_{15-19}、C_{21-25} 和 C_{27-31} 分别占总含量的 4.8%~53.0%、5.0%~26.7% 和 13.1%~54.3%,其垂直变化见图 5-25。所有样品的碳数分布范围均为 C_{14-35},在 C_{25-34} 范围内具有强烈的奇偶优势,CPI 值最小为 1.69。

值得提出的是,从上到下沉积物中正构烷烃的主碳峰发生了明显的偏移:在 194cm 以上,主碳峰为 C_{31} 或 C_{29},以下则逐渐过渡到 C_{14} 或 C_{16}。$\Sigma C_{23+}/\Sigma C_{23-}$、$(C_{27}+C_{29}+C_{31})/(C_{15}+C_{17}+C_{19})$、$C_{31}/C_{17}$ 都是代表样品中正构烷烃重组分和轻组分的相对比例的参数。从图 5-26

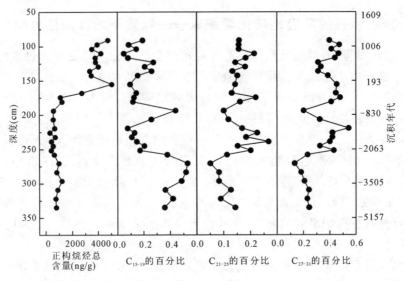

图 5-25　正构烷烃总含量以及 C_{15-19}、C_{21-25} 和 C_{27-31} 的百分比在沉柱中的变化

注:"—"表示公元前,下同。

可以看出,它们随沉积深度和时间的变化趋势非常一致。除了在 232cm 的异常点,这 3 个指数在 194cm 以下都比较低,而在 194cm 以上突然增高,反映了从该时期开始,梁子湖的有机质来源发生了根本性变化:之上有机质主要来源于陆地高等植物,之下主要来源于湖泊的内源菌藻类生物。

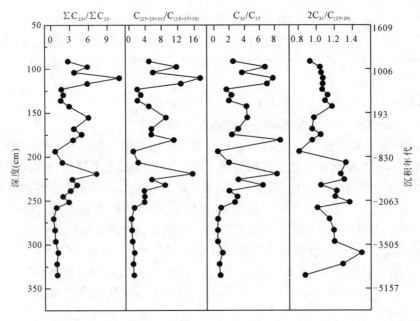

图 5-26　正构烷烃 $\sum C_{23+}/\sum C_{23-}$、$(C_{27}+C_{29}+C_{31})/(C_{15}+C_{17}+C_{19})$、
C_{31}/C_{17} 和 $2C_{31}/(C_{27}+C_{29})$ 在沉积柱中的变化

在利用正构烷烃进行沉积物源的解析时,学者们担心的一个问题就是陆地高等植物的贡献有可能被夸大,这是因为陆地植物本身比藻类含有更多的正构烷烃,而且湖泊内源的"新鲜"短链正构烷烃不如外源的长链正构烷烃稳定,会造成它的"优先"降解。在本研究中,年代越久远的沉积物其短链正构烷烃越占主导地位,所以梁子湖有机质来源从菌藻类向陆生植物的转化是勿庸置疑的。转变点194cm对应的年代由^{14}C定年为距今2692年,即约为公元前689年。

鉴于C_{27}和C_{29}代表了木本植物的输入,而C_{31}则指示草本植物的输入,可用$2C_{31}/(C_{27}+C_{29})$来指示草本植物和木本植物的相对比例。从图5-26中$2C_{31}/(C_{27}+C_{29})$随沉积深度的变化同样可以看到194cm是一个变化点,从这时起,草本植物的比例有所减少而木本植物的比例相对增加。

2)多环芳烃的含量和组成在沉积柱中的垂直分布特征

多环芳烃是由两个或两个以上的苯环聚合而成的稠环化合物。由于其大部分化合物对人体具有致癌、致畸、致基因突变的"三致"作用而受到人们的广泛关注。因为梁子湖沉积物研究中,发现该沉积物中富含的苝,故以美国EPA公布的16种优控多环芳烃和苝,即17种多环芳烃为研究对象,研究它们在沉积柱中的垂直分布和反映出的环境变化。

在17种多环芳烃中,苝的含量占主导地位(图5-27)。苝是一种具有5个苯环的多环芳烃化合物。已有的研究认为苝是一个很好的地球化学指标,它的检出代表了陆源有机质的快速堆积。苝的含量从181cm(对应的沉积年代为公元前413年)向上迅速增加,可能反应了从这个时候起,陆源有机质输入的剧增。

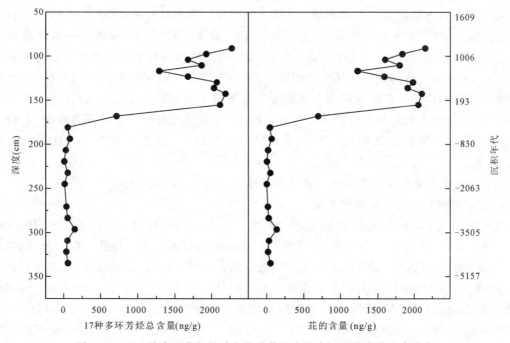

图5-27 17种多环芳烃的总含量及苝的含量在沉积柱中的垂直分布

与苝相比,其他16种多环芳烃的含量低几个数量级,然而它们的变化趋势跟苝非常相似,尤其是高环数的多环芳烃如苯并[a]蒽、苯并[b]荧蒽、苯并[k]荧蒽、苯并[a]芘、茚并[1,2,3,

cd]芘、二苯并[a,h]蒽、苯并[ghi]芘。低环数的多环芳烃萘、芴、菲、蒽、荧蒽和高环数的多环芳烃一样,含量从181cm起有显著的增加,此外它们在296cm(对应的沉积年代为公元前3390年)上下也有富集的趋势。联系到长碳链正构烷烃的比例在232cm(对应的沉积年代为公元前1598年)的异常增高,推测低环数多环芳烃在这个深度的富集可能也是对某次环境历史事件的响应。

3) 梁子湖有机地球化学记录与环境变迁的关系

对正构烷烃和多环芳烃的含量和组成在梁子湖沉积柱91~345cm中的垂直变化的研究发现,从181~194cm梁子湖的沉积物源发生了显著的变化,陆源物质剧增。这个深度对应的沉积年代为公元前640年至公元前372年,在我国历史上属春秋战国时期。

环境考古发现,中国在距今3000—2500年前时(约春秋战国时期),环境发生过一次大改变,由距今10 000—3000年的温暖湿润气候,转变为干凉气候。在这次环境大改变之前,中国秦岭、淮河以南曾是河湖广布的地方,很多历史资料上都有关于"云梦"的记载。虽然在古云梦泽的范围和形态问题上还存在很多争议,但可以肯定的是,当时中国南方确实水域广阔,河湖纵横,星罗棋布。转为干凉气候以后,海平面下降了约2m,水流东逝,云梦泽被分割成众多大小不一的湖沼,湖泊和陆地的"接触面"增大,陆源植物碎屑更容易到达湖泊沉积物。另一方面,随着陆地暴露,农业生产进入了一个新的阶段。春秋时期,铁器和牛耕得到了普遍推广,人们砍伐森林、围湖造田来开辟农田,又向湖泊输入了更多的高等植物碎屑。这些在梁子湖沉积柱中表现为高碳链的正构烷烃所占比例显著增高。与此同时,南方的工业也进一步发展,人类活动对环境的影响开始逐渐明显起来。春秋时期冶炼业、制陶业、手工业和作坊业已经兴起。位于梁子湖东南方的铜绿山古矿冶遗址是迄今已发掘的生产时间最长、规模最大的古铜矿,据考证,它的开采年代最晚始于西周(约公元前1046—前771年),经春秋战国一直延续到汉代(公元前206—公元220年),累计产铜不少于80 000t。这些都需要大量的木材作为原料和燃料,木材的不完全燃烧会促使多环芳烃的产生,多环芳烃在环境中具有挥发性和持久性,它们可以在环境介质中发生多次的沉降和再挥发。由于其水溶性低和正辛醇-水分配系数(K_{ow})高,多环芳烃能够强烈地分配到沉积物的有机质中,从而使沉积物成了多环芳烃的"被动采样器"。多环芳烃的浓度从沉积柱181cm突然增高,很可能是源于人类活动尤其是冶炼业的发展。

3. 沉积物中的重金属元素和同位素记录解读矿冶活动的研究

1) 沉积物剖面中的金属元素浓度

沉积物剖面中的金属元素浓度,包括主量元素Ca、Fe、Mg和微量金属Cu、Ni、Pb、Zn,如图5-28~图5-30所示。图中显示,这些金属的浓度随深度增加而降低。在公元前3000年以前,沉积物中Cu、Ni、Pb、Zn的浓度相对较低且恒定(图5-29)。从公元前3000年到公元前2700年,这些元素的浓度逐渐增加。在公元前76±237年和公元前467±257年,诸如Cu、Ni、Pb等元素的迅速增加,反映了这些金属对沉积物的突然输入。随后,Cu、Ni、Pb和Zn的浓度相对稳定,偶有一些变化。在大约公元1500±102年,Ca浓度达到峰值,并逐渐向现代的方向发展。沉积物剖面中Fe的浓度呈现出高度变化的模式,而Mg浓度则呈现出向表面增加的一般趋势(图5-28)。

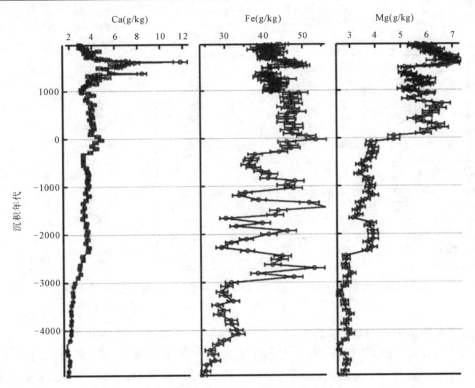

图 5-28 沉积物剖面中 Ca、Fe、Mg 含量分布

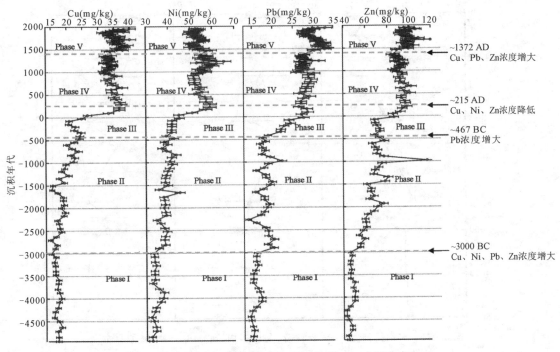

图 5-29 沉积物剖面中 Cu、Ni、Pb、Zn 含量分布

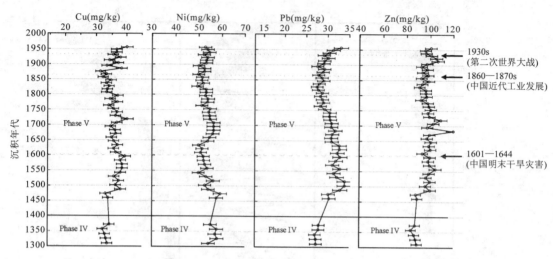

图 5-30 沉积物剖面中公元 1300—1950 年前后 Cu、Ni、Pb、Zn 含量分布

2) 沉积物剖面中 Pb 同位素组成

$^{206}Pb/^{207}Pb$ 与 $^{208}Pb/^{207}Pb$ 比值的垂直剖面及 Pb 的浓度如图 5-31 所示。图中，Pb 的浓度随时间的增加而增加，而在 $^{206}Pb/^{207}Pb$ 和 $^{208}Pb/^{207}Pb$ 比值中，$^{208}Pb/^{207}Pb$ 比值从公元前 4940±347 年至公元前 1040±280 年中呈现下降趋势。

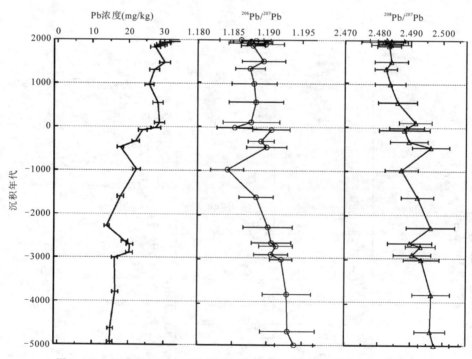

图 5-31 沉积物剖面中 Pb 含量及 $^{206}Pb/^{207}Pb$ 和 $^{208}Pb/^{207}Pb$ 比值分布

3)解读矿冶活动

经过对梁子湖微量金属沉积的分析发现,春秋战国时期的 Pb 同位素比值与附近的铜绿山的 Pb 同位素比值类似。作为我国最早发现的古铜矿遗址,其矿冶活动必定要产生金属元素的水、土和气的排放而进入梁子湖。该研究将中国冶金史分为了 5 个阶段:史前阶段、早期青铜时代、晚期青铜时代、后青铜时代和近现代。

(1)史前阶段。在公元前 3000 年之前,每种金属沉积含量都很低,基本属于自然形成。

(2)早期青铜时代。公元前 3000 年到公元前 328 年,金属沉积含量开始增加,说明了采矿业的增加和金属的使用。

(3)晚期青铜时代。到了公元前 467 年到公元 224 年的晚期青铜时代,各类金属沉积物都开始剧增,这个时期正好是战国时期与汉代初期。

(4)后青铜时代。到了西汉末年,也就是公元 220 年开始,制陶业开始发展,铁器也开始慢慢推广起来。

(5)近现代。进入近现代(1900 年)以后,各类金属沉积物的含量出现了历史上的第二次高峰,这同时也意味着工业革命在中国的展开。从沉积物可见,从元末明初开始,Cu、Pb、Zn 的含量开始增加,而明初正好是农民起义遍地、战乱频繁的时代。此后贯穿整个明代,Cu 和 Pb 含量有所减少,直到 19 世纪开始才继续增加。不过在清末 1830 年至 1880 年的 50 年旱灾期间又有所减少。到 20 世纪初,各类金属沉积含量都开始明显增加。

思考题:

1. 天然水的地球化学特性是什么?
2. 水岩相互作用有哪些?
3. 水—土壤/沉积物相互作用有哪些?
4. 简述氟的水文赋存条件。
5. 简述砷的水文赋存特征。

第六章 大气环境地球化学

大气是指包围地球的气体,也泛指包围其他星球的气体。对于地球上的环境来说,大气提供生命所需的氧气等,保护地球上的生物免受紫外线的伤害,维持一定的温度不致地球表面的温度过高或过低,是地球上液-气-固三态的转化场所。

第一节 大气的结构

大气是指包围着地球的气体,称为大气圈,又称大气环境。

大气圈的厚度在 2000~3000km 之间。大气的成分和物理性质在垂直方向上有明显的差异,据此可按大气在各个高度的特征分成若干层次(图 6-1)。常用的分层法包括:①按温度垂直变化的特点分为对流层、平流层、中间层、暖层(电离层)和散逸层(外层);②按大气成分结构分为均质层和非均质层;③按压力特征可分为气压层和外大气层(散逸层);④按电离状态分为中性层、电离层和磁层。此外,还按特殊的大气化学成分分为臭氧层。

一、按大气热状况分层

如图 6-1 所示,按大气热状态,即按温度垂直变化的特点将大气分为对流层、平流层、中间层、暖层(电离层)和散逸层(外层)。

1. 对流层

对流层是大气圈的最底层,其下界是地面,上界因纬度和季节而异。对流层的平均厚度在低纬度地区为 17~18km,中纬度地区为 10~12km,高纬度地区为 8~9km。对流层内有强烈的对流作用,其强度因纬度和季节不同而有所不同。一般对流作用是在低纬度较强、高纬度较弱,对流层的厚度从赤道向两极减小。对流层的厚度不及整个大气圈的 1%,但它集中了整个大气圈 3/4 的质量和几乎全部水汽。对流层与一切生物关系最为密切,通常所发生的大气污染主要在这一层,特别是靠近地面的 1~2km 范围内。

1)对流层的特征

(1)气温随高度增加而降低。通常情况下,对流层中气温的垂直分布随高度增加而降低。因为对流层空气主要依靠地面的长波辐射增热,越靠近地面,空气受热越多,反之越少。因此,高度越高,气温越低,平均每增高 100m,气温降低 0.65℃。

(2)空气对流运动显著。因受地面不均匀加热,从而导致对流层空气的垂直对流运动。对流运动的强度因纬度和季节而异,低纬度较强,高纬度较弱;夏季较强,冬季较弱。由于空气的对流运动,高层与低层空气得到交换,近地面的热量、水汽和杂质通过对流向上空输送,从而导致一系列天气现象的形成。

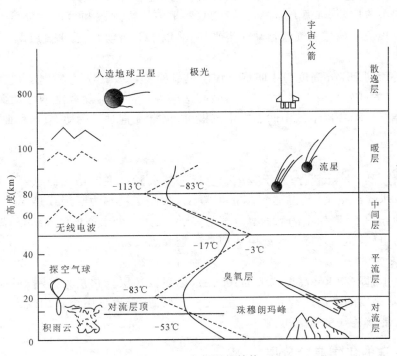

图 6-1 大气圈的结构

(3)天气现象复杂多变。由于对流层受地面的影响最大,对流层中温度、湿度的水平分布不均匀,于是可产生一系列物理过程,形成复杂的天气现象。

2)对流层分层

根据温度、湿度和气流运动以及天气状况等差异,可将对流层分成3层。

(1)下层。底部与地面相接,上界为1~2km。该层气流受地表摩擦作用强烈,大气的热量和动量交换显著,故称此层为大气边界层或摩擦层。该层大气具有湍流运动的特征,地球表面与大气之间的动量、热量和物质的交换正是通过湍流输送来实现的。因此,这层大气的状态可随着地面摩擦力、加热状况以及地表的干湿程度的变化而改变。在中纬度地区,大气边界层中的温度、湿度和风等气象要素有明显的日变化就是这样造成的。大气边界层是人类活动和植物生长的重要场所,又对人类和生物产生最直接的影响,它也是地球表面与大气相互作用的通道,而对整个大气的运动和天气演变起着重要作用。人类活动和许多自然过程产生的大气污染物均出现在该层大气层中。

(2)中层。下界为边界层顶,上界大约为6km。该层受地面影响较小,其空气运动可代表整个对流层运动的趋势,大气中的云和降水现象多出现在这一层。

(3)上层。从6km高度伸展到对流层的顶部。此层水汽含量最少,气温常在0℃以下,这里的云均由冰晶和过冷水滴所组成。

在对流层和平流层之间有一过渡层,厚几百米至2km,称对流层顶。对流层顶内是等温或逆温,它对对流层中的对流作用起阻挡作用。

2. 平流层

从对流层顶至55km左右为平流层。在平流层内,气温随高度的增加变化很小。到25km

以上时，由于臭氧含量多，吸收了大量的紫外线，因此这里升温很快，并大致在50km高空形成一个暖区。到平流层顶，气温升至-17～-3℃。平流层内水汽和尘埃含量很少，没有对流层内出现的天气现象。该层内气流运动相当平稳，并以水平运动为主，平流层即由此得名。

3. 中间层

从平流层顶到85km高度为中间层。该层臭氧稀少，氯、氧等气体所能直接吸收的波长较短的太阳辐射，大部分已被上层大气吸收，因而这层大气的气温随高度的增加而迅速下降，至该层顶气温降至-83℃以下。中间层内水汽极少，仍有垂直对流运动，故又称此层为高空对流层或上对流层。

4. 暖层

从中间层顶到800km高空属于暖层。该层的气温随高度的增加而急剧升高。据人造卫星观测，在300km高空上，气温达到1000℃以上，故此层被称为暖层或热层。在宇宙射线和太阳紫外线的作用下，暖层中的氧和氯分解为离子，使大气处于高度电离状态，故又称电离层。电离层能反射电磁波，对地球上无线电通信具有重要意义。

5. 散逸层

暖层顶以上，即800km高度以上的大气层，称为散逸层。它是大气圈与星际空间的过渡地带，其气温随高度的增高而升高。由于空气十分稀薄，受地球引力作用较少，一些高速运动的大气质点就能散逸到星际空间。

二、按特殊的化学成分分层

大气按成分随高度分布特征，可分为均匀层和非均匀层。均匀层是指从地面到约80km的大气层，因其大气各成分所占的体积百分比保持不变。均匀层的平均分子量为28.966g/mol，为一常数。非均匀层为80km以上的大气区域，不同大气成分所占的体积百分比随高度而变化，平均分子量不再是常数。其中，在大气层中极为特殊的化学成分——臭氧，在平流层中浓集，该大气层称为臭氧层。

臭氧层位于10～50km的高空，在22～25km处臭氧浓度达到最大值（3.8×10^{-4}g/m^3）。臭氧是氧原子与氧分子在第三体（N_2、O_2）参与下产生的，由于高层大气中气体分子极少，而低层大气中光电离的原子氧又不多，故只有在平流层内形成臭氧层。大气中臭氧浓度极低，据观测，臭氧浓度随纬度和季节而变化。在北半球，大部分地区的臭氧层在春季最厚，秋季最薄；高纬度地区季节变化更加明显，最大臭氧带靠近极地，极小值出现在赤道附近。

臭氧层的存在对中层地区的热状况有着重要的影响，它能吸收绝大部分的太阳紫外辐射（0.2～0.3μm），使平流层加热并阻挡强紫外辐射到达地面，对人类和生物起着重要的保护作用。近年来，超音飞机在平流层的飞行日益增多，以及人类活动产生的某些痕量气体如氮氧化物和氯氟烃等进入平流层，都可能对臭氧层起到破坏作用。

第二节　大气的形成及成分

一、地球大气总体演化

原始大气出现于距今约46亿年以前，随着地球变化而演化。地球大气总体的演化经历了原始大气、次生大气和现在大气3代。

1. 原始大气的形成

宇宙中存在着许多原星系，它们最初是一团主要成分为氢的巨大气体。在万有引力作用下，气体向中心收缩，愈收缩密度愈大，密度愈大收缩愈快，使原星体内原子的平均运动速率愈来愈大，温度也愈来愈高。当温度升高到 $1000×10^4$ ℃ 以上时发生核反应，出现4个氢原子聚变为一个氦原子的过程。经过一系列极其复杂的过程，由轻元素转化为重元素，使星际空间内既有大量气体（以氢、氦为主），又有固体微粒。

太阳系是银河系中原星体收缩而成的，高温气体云通过拉普拉斯形式收缩形成星云盘；星云盘物质凝聚，通过碰撞吸积凝聚成大小不等的星子；星子通过行星胎再聚集形成不同大小、密度和成分的行星。太阳的化学组分主要为 H 和 He，其次有 O、C、N、He、Si、Mg、Fe、S、P 等。

各个行星的大气化学成分主要决定于行星的质量、表面温度及行星与太阳的距离等因素。离太阳比较近的部位，难熔元素比较富集而挥发性元素比较贫乏；在巨行星区则挥发组分富集而难熔元素匮乏；在外行星区不仅难熔元素贫乏，而且挥发性元素大量丢失。近日行星表面温度高，一般质量小，大气组成以二氧化碳为主；远日行星由于远离太阳，表面温度低，甲烷、氨等分子量较小的物质也能以固态、液态的方式存在；巨行星远离太阳，气体组成则以氢气、氦气为主，宇宙中氢气含量最大，氦气次之，质量小的行星不能吸附它们（李汉韬，2001）。

地球的物质成分主要来源于太阳系的原始星云，约在46亿年前形成，它是原太阳系中心体中运动的气体和宇宙尘借引力吸积而成。它一边增大，一边扫并轨道上的微尘和气体，随着"原地球"转变为"地球"，地表渐渐冷凝为固体，原始大气也就同时包围地球表面。它的成分和现在宇宙空间中的气体成分一致。具有以 H 和 He 为主体，以 H 的化合物为次要成分的还原性大气。

2. 次生大气的形成

原始大气存在的时间仅数千万年。正当地球形成的早期，太阳以惊人的速率喷发巨量太阳物质，形成所谓太阳风。它把地球原始大气从地球上撕开，刮向茫茫太空。地球原始大气的消失不仅是太阳风狂拂所致，地球吸积增大时温度升高，流星陨石从四面八方打击固体地球表面，其动能转化为热能，地球内部放射性元素如铀和钍的衰变也释放热能。上述这些发热机制都促使当时地球大气中较轻气体逃逸，同时使地球内部升温而呈熔融状态。通过对流发生了重元素沉向地心、轻元素浮向地表的运动。在这种作用下，地球内部物质的位能有转变为宏观动能和微观动能的趋势。微观动能即分子运动动能，它的加大能使地壳内的温度进一步升高，并使熔融现象加强。宏观动能的加大，使原已坚实的地壳发生遍及全球的或局部的掀裂。这两者的结合会导致造山运动和火山活动。在地球形成时被吸积并锢禁于地球内部的气体，通过造山运动和火山活动将排出地表，这种现象称为"排气"（主要是 CO、CO_2 及水蒸气等）。地球形成初期遍及全球的排气过程，形成了地球的次生大气圈。这时的次生大气成分和火山排出的气体相近。次生大气中没有氧，属于缺氧性还原大气。因此，当时的臭氧层不存在。由于没有臭氧层防护，地球表面受到强烈的太阳紫外线辐射。当时地表温度较高，大气不稳定，对流的发展很盛，强烈的对流使水汽上升凝结，风雨闪电频繁，地表出现了江河湖海等水体。这对此后出现生命并进而形成现在的大气有很大意义。次生大气笼罩地表的时期大体在距今45亿年前到20亿年前之间。

二、地球大气主要成分形成与演化

1. 氮和氩的形成

正如现在大气中的二氧化碳,最初有一部分是由次生大气中的甲烷和氧起化学作用而产生的一样,现在大气中的氮,最初有一部分是由次生大气中的氨和氧起化学作用而产生。火山喷发的气体中,也可能包含一部分氮。在动植物繁茂后,动植物排泄物和腐烂遗体能直接分解或间接地通过细菌分解为气体氮。氧虽是一种活泼的元素,但是氮是一种惰性气体,所以在常温下它们不易化合。这就是为什么氮能积集成大气中含量最多的成分,且能与次多成分氧相互并存于大气中的原因。至于现在大气中含量占第三位的氩,则是地壳中放射性钾衰变的副产品。

2. 氧和二氧化碳的形成和演化

在绿色植物尚未出现于地球上以前,高空尚无臭氧层存在,太阳远紫外辐射能穿透上层大气到达低空,把水汽分解为氢、氧两种元素。当一部分氢逸出大气后,多余的氧就留存在大气中。在此过程中,因太阳远紫外线会破坏生命,所以地面上就不能存在生命。初生的生命仅能存在于远紫外辐射到达不了的深水中,利用局地金属氧化物中的氧维持生命。之后出现了氧介酶(oxygen-mediating enzymes),它可随生命移动而供应生命以氧,使生命能转移到浅水中活动,并在那里利用已被浅水过滤掉有害的紫外辐射的日光和溶入水中的二氧化碳来进行光合作用以增长躯体,从而发展了有叶绿体的绿色植物。于是光合作用结合水汽的光解作用使大气中的氧增加起来。大气中氧的组分较多时,在高空就可能形成臭氧层。这是氧分子与其受紫外辐射光解出的氧原子相结合而成的。臭氧层一旦形成,就会吸收有害于生命的紫外辐射,低空水汽光解成氧的过程也不再进行。于是在低空,绿色植物的光合作用成为大气中氧形成的最重要原因。这时生命物因受到了臭氧层的屏护,不再受远紫外辐射的侵袭,且能得到氧的充分供应,就能脱离水域而登陆活动。总之,植物的出现和发展使大气中氧出现并逐渐增多起来,动物的出现通过呼吸作用使大气中的氧和二氧化碳的比例得到调节。此外,大气中的二氧化碳还通过地球的固相和液相成分同气相成分间的平衡过程来调节。

一般在现在大气发展的前期,地球温度尚高时,水汽和二氧化碳往往从固相岩石中被释放到大气中,使大气中水汽和二氧化碳增多。另外,大气中甲烷和氧化合时,也能放出二氧化碳。但当现在大气发展的后期,地球温度降低,大气中的二氧化碳和水汽就可能结合到岩石中去。这种使很大一部分二氧化碳被锢禁到岩石中去的过程,是现在大气形成后期大气中二氧化碳含量减少的原因。再则,一般温度愈低,水中溶解的二氧化碳量就愈多,这也是现在大气形成后期二氧化碳含量比前期大为减少的原因之一。因为现在大气的温度比早期低。

大气中氧含量逐渐增加是还原大气演变为现在大气的重要标志。一般认为,在太古宙晚期,尚属次生大气存在的阶段,已有厌氧性菌类和低等的蓝藻生存。约在太古宙晚期到元古宙前期,大气中氧含量已渐由现在大气氧含量的 1/10 000 增为 1/1000。地球上各种藻类繁多,它们在光合作用过程中可以制造氧。在距今约 6 亿年前的元古宙晚期到古生代初的初寒武纪,氧含量达现在大气氧的 1/100 左右,这时高空大气形成的臭氧层,足以屏蔽太阳的紫外辐射而使浅水生物得以生存,在有充分二氧化碳供它们进行光合作用的条件下,浮游植物很快发展,多细胞生物也有发展。大体到古生代中期(距今约 4 亿年前)的晚志留世或早泥盆世,大气氧已增为现在的 1/10 左右,植物和动物进入陆地,气候湿热,一些造煤树木生长旺盛,在光合作用下，大气中的氧含量急增。到了古生代后期的石炭纪和二叠纪（分别距今约3亿和2.5亿年前），大气氧含量竟达现有大气氧含量的3倍，这促使动物大发展，为中生代初的三叠纪（距今约2亿年前）哺乳动物的出现提供了条件。由于大气氧的不断增多，到中生代中期的侏罗纪（距今约1.5亿年前），就有巨大爬行动物如恐龙之属的出现，需氧量多的鸟类也出现了。但因植物不加控制地发展，使光合作用加强，大量消耗大气中的二氧化碳，这种消耗虽可由植物和动物发展后的呼吸作用产生的二氧化碳来补偿，但补偿量是不足的，结果大气中二氧化碳就减少了。二氧化碳的减少必导致大气保温能力减弱，降低了温度，使大气中大量水分凝降，改变了天空阴霾多云的状况。因此，中纬度地带四季遂趋分明。降温又会使结合到岩石中和溶解到水中的二氧化碳量增多，这又进一步减少空气中二氧化碳的含量，从而使大气中充满更多的阳光，有利于现代的被子植物（显花植物）的出现和发展。由于光合作用的原料二氧化碳减少了，植物释出的氧就不足巨大爬行类恐龙呼吸之用，再加上一些尚有争议的原因（例如近来有不少人认为恐龙等的绝灭是由于星体与地球相碰发生突变所致），使恐龙之类的大爬行动物在白垩纪后期很快绝灭，但能够适应新的气候条件的哺乳动物却得到发展。这时已到了新生代，大气的成分已基本上和现在大气相近了。可见，从次生大气演变为现在大气，氧含量有先增后减的迹象，其中在古生代末到中生代中期氧含量最多。

三、现代大气的成分

大气是由多种气体组成的混合物，其中除含有各种气体元素和化合物外，还有水滴、冰晶、尘埃和花粉等杂质。

1. 干洁空气

大气中除去水汽和杂质的空气称为干洁空气。其组成成分最主要的是氮、氧、氩3种气体，占大气总体积的99%，其他气体不足1%（表6-1）。N_2不易与其他物质起化合作用，只有极少量的N_2可被土壤细菌所摄取。O_2则易与其他元素化合，如燃料的燃烧就是一种强烈的氧化作用形式，它又是地球上生命所必需的。大气中的Ar约占1%，是一种惰性气体。在干洁的空气中，CO_2和O_3含量很少，但变化很大，其对地表自然界和大气温度有着重要影响。在据地表20km以下的大气层中，CO_2的平均含量约为0.03%，向高空显著减少。CO_2主要来自火山喷发、动植物的呼吸以及有机物的燃烧和腐败等。在人口稠密区，CO_2含量明显增高，可占空气体积的0.05%～0.07%；在海洋上和人口稀少的地区，CO_2含量大为减少。CO_2可大量吸收长波辐射，对大气和地表温度有较大影响，起着温室作用。大气中O_3主要是在太阳的紫外辐射作用下形成的，雷雨闪电作用和有机物的氧化也能形成O_3。O_3能大量吸收太阳紫外线，对大气起到增温作用，并在高空形成一个暖区。

2. 水汽

大气中的水汽主要来自海洋、江河、湖泊，以及其他潮湿物体表面的蒸发和植物的蒸腾。大气中的水汽含量变化较大，按容积计算，其变化范围在0～4%之间。一般情况下，空气中水汽含量随高度的增加而减少。

3. 固体杂质

悬浮于大气中的固体杂质包括烟粒、尘埃、盐粒等，它们的半径一般在10^{-8}～10^{-2}cm之间，多分布在底层大气中。大气中的固体含量，在陆地上空多于海洋上空，城市多于农村，冬季多于夏季，白天多于夜间。固体杂质在大气中能充当水汽凝结的核心，对云雨的形成有重要的作用。

表 6-1　大气气体组成表(引自刘培桐等,1995)

大气的组成	大气中的平均浓度		循环
	占大气总体积比例(%)	$\times 10^{-6}$	
N_2	78.09	780 840	生物和微生物
O_2	20.94	209 460	生物和微生物
Ar	0.93	9340	无
CO_2	0.033	330	生物活动和人类活动
Ne	—	18	无
He	—	5.2	无
Kr	—	1.0	无
Xe	—	0.08	无
H_2	—	0.5	生物活动和化学过程
CH_4	—	1.5	生物活动和化学过程
CO	—	0.1	生物活动和化学过程
N_2O	—	0.25	生物活动和化学过程
O_3	—	0.01～0.1	化学过程

4. 大气污染物

由于人类活动所产生的某些有害颗粒物和废气进入大气层,又给大气增添了许多种外来组分。这些物质称为大气污染物,可分为两类:一类是有害气体,如 SO_2、CO、CH_4、N_2O、H_2S、HF 等;另一类是灰尘烟雾,如煤烟、煤尘、水泥、金属粉尘等。

5. 现代大气及生命贡献

由次生大气转化为现代以 N_2、O_2 为主体的氧化型大气圈,同生命现象的发展关系最为密切。Lovelock 和 Margulis(1974)认为,生物活动能影响并调节环境,使环境维持在适合生物生存的状态下。地球大气圈的酸度、化学组成、氧化还原状况和温度稳定性等情况,都和其他行星显著不同。这些特殊情况和生物活动都有很密切的关系。

奥巴林(1924)最早提出生命现象最初出现于还原大气中的看法,其后有米勒等(1952)在实验室的人造还原大气中,用火花放电的办法制出了一些有机大分子,如氨基酸和腺嘌呤等。腺嘌呤是脱氧核糖核酸和核糖核酸的主要成分,所以这种实验有一定意义。但 20 世纪 60—70 年代人们利用射电望远镜发现在星际空间就有这些有机大分子,例如氨亚甲胺(CH_2NH)、氰基(CN)、乙醛(CH_3CHO)、甲基乙炔(CH_3C_2H)等。他们又曾将陨星粉末加热,发现有乙腈(CH_3CN)等挥发性化合物和腺嘌呤等非挥发性化合物,于是认为生命的根苗可能存在于星际空间。无论如何,即使"前生命物质"来自星际空间,但最简单的最早的生命,仍应是出现于还原大气中,这是因为在氧气充沛的大气中,最简单的生命体易于分解,难以发展。

第三节 大气的平衡与循环

一、大气中的气体成分的平衡

大气的组成有以下 3 种成分,即干空气的混合物,以液、气、固 3 种物理形态存在的各种水物质,以及悬浮的固体粒子或液体粒子(称为大气气溶胶)。

表 6-2 给出了干空气的成分。对于干空气的各种成分,可以有几种分类方法,以表示它们在大气中所起的不同作用。

1. 根据丰度分类

4 种主要成分占空气成分的 99.997% 以上,它们的浓度大于 300×10^{-6}。表中第二组不可变的次要成分的浓度是在 $(0.1\sim20)\times10^{-6}$ 之间,可变成分都少于 0.1×10^{-6}(除污染空气和平流层臭氧以外)。因此,两组丰度的差别是十分明显的。

2. 根据可变性分类

所有的主要成分是不可变的,表 6-2 中次要成分的第一组也是不可变的。

在描述大气中气体的某种特性时,可变性是重要的,它与大气中分子的丰度、反应性和滞留时间有关。二氧化碳虽然有地方性产生源地,但由于它在大气中的储量很大,这种地方性产生源地不会使它的浓度发生很大的变化,因此,二氧化碳是不可变的。而反应性很强的次要成分,如 SO_2 或 NO 和 NO_2,由于它们反应快,因而是可变的,但数量很少。

3. 根据滞留时间分类

平均寿命或者平均滞留时间 τ,是大气化学中各种气体的一个重要参量。τ 的定义为:

$$\tau = m/f$$

式中,m 为大气中气体的总平均质量;f 为总平均流入量或流出量(它们在整个大气中按时间平均必定是相等的)。$1/\tau$ 称为循环率。

τ 的重要性在于,它表示某种气体通过一个循环时的活度。如果 m 比较小,并且气体很活跃,那么 τ 就比较小,气体的浓度也就是可变的,因为它来不及从局地源进行均匀地分布。

从滞留的时间来考虑,空气成分可粗略地分为 3 类:

(1) τ 很长的永久气体,例如氦的 τ 约为 3Ma。

(2) τ 从几个月到几年的半永久气体,表 6-2 中作为半永久气体。尽管它们的化学成分不同,但它们有诸多相似的地方。

(3) τ 从几天到几个星期的可变气体,表 6-2 中最后一组,化学上很活跃的气体,这些气体的循环与水分循环有关。水汽的 τ 大约为 10d。

表 6-3 对大气化学中最重要的化学组分进行了简单分类,表中的框幅,表示彼此有化学反应联系的分类组合,因此,在循环中对它们必须同时进行讨论。例如:H_2S、SO_2 和 SO_3 是 3 种通过氧化反应而联系在一起的化合物,当 SO_3 形成时,它将迅速地吸收水汽,产生 H_2SO_4。H_2SO_4 与大气气溶胶基本物质相结合产生硫酸盐(用 SO_4^{2-} 表示)。在 NO、NO_2、NO_3^- 和 NH_4^+、NH_3 活性气体这一组,它们滞留时间短、易变、浓度很低,这些都与水汽循环有关。

表 6-2　干空气的成分（据海克伦，1981）

主要成分	摩尔（体积）分数		估算在大气中的滞留时间
N_2	0.780 9	⎫	2×10^7 a
O_2	0.209 5	⎬ 永久性气体	
Ar	0.009 3	⎪	
CO_2	0.000 33	⎭	5～10 a
次要成分			
不可变成分	浓度		
Ne	18×10^{-6}		
He	5×10^{-6}		3×10^4 a
Kr	1×10^{-6}		
Xe	0.09×10^{-6}		
CH_4	1.5×10^{-6}	⎫	3 a
CO	0.1×10^{-6}	⎬ 半永久性气体	0.35 a
H_2	0.5×10^{-6}	⎪	
N_2O	0.25×10^{-6}	⎭	<200 a
可变成分	典型浓度		
O_3	10×10^{-6}（平流层中）		
	$5\sim50\times10^{-9}$（地面没有污染的空气）		
	500×10^{-9}（地面污染的空气）		
H_2S	0.2×10^{-9}（在陆地上）		10 d
SO_2	0.2×10^{-9}（在陆地上）		5 d
NH_3	6×10^{-9}（在陆地上）		1～4 d
NO_2	1×10^{-9}（在陆地上）		2～8 d
	100×10^{-9}（在污染的空气中）		
CH_2O	$0\sim10\times10^{-9}$		

表 6-3　大气化学中重要化学组分一览表（据海克伦，1981）

硫化合物	氮化合物	碳化合物	其他
H_2S, SO_2, SO_3, SO_4^{2-} —R	NH_3, NH_4^+ —R；NO_2 —B/NV；NO, NO_2, NO_3^- —R	CH_4 —B/NV；CO —B/NV；CO_2 —NV	H_2 —B/NV；O_3

注：1. 框幅为包括在同一循环中的化合物。
　　2. R 为活性气体；B 为生物学气体；NV 为半永久性气体。

二、地球的辐射平衡

地球表面与大气之间进行着各种形式的运动过程,太阳辐射是维持这些过程能量的主要源泉。

1. 太阳辐射

1) 太阳辐射光谱和太阳常数

辐射是指具有能量的称为光量子的物质在空间传播的一种形态,传播时释放出的能量称为辐射能。

太阳表面温度约为6000K,具有非常强的辐射能力,太阳辐射光谱是描述太阳辐射各种波长的光线辐射能力的一种光谱,包括γ射线、X射线、紫外线、可见光、红外线、微波和无线电波。气候系统中辐射能量的传输主要集中在紫外线到红外线这一部分。紫外区包括X射线、γ射线,只占太阳辐射总能量的7%,可见光占50%,红外区占43%。

多年的观测表明太阳辐射的强度并没有很大的变化。大气上界太阳辐射变化很小,可视为一个恒量。在日地平均距离处与辐射方向垂直的平面上,单位面积在单位时间内所接受的太阳辐射叫作太阳常数S_0。目前,多采用$S_0=8.12J/(cm^2 \cdot min)$。

2) 大气对太阳辐射的削弱作用

太阳辐射是通过大气圈进入地表的。由于大气对太阳辐射有一定的吸收、散射和反射作用,因而太阳辐射不能全部到达地表。

(1) 吸收作用。太阳辐射穿过大气层时,大气中某些成分具有选择吸收一定波长辐射能的特性。占大气体积99%以上的氮、氧对太阳辐射的吸收甚微,主要吸收物质是水汽、CO_2和O_3。O_3能吸收$0.22 \sim 0.32 \mu m$紫外线。水汽在可见光区和红外区均有不少吸收带,但吸收最强的是在$0.73 \sim 2.85 \mu m$的红外区。水汽的吸收可使太阳辐射损失4%~15%。CO_2的吸收带也主要在红外区,以$1.5 \mu m$和$4.3 \mu m$波长附近的吸收最强。

(2) 散射作用。太阳辐射遇到空气分子、尘埃、云滴等质点时,会发生散射。散射可改变辐射的方向,从而减少到达地面的太阳辐射能。当晴空时,空气分子起主要的散射作用,使波长短的蓝紫光散射强,所以天空是蔚蓝色;当阴天或尘埃很多时,各种波长的辐射同时被散射,形成散射光长短波混合,使天空呈灰白色。

(3) 反射作用。大气圈中云层和较大的尘埃能将太阳辐射的一部分能量反射到宇宙空间。其中,云的反射作用最为显著,云的反射能力随云状和厚度不同而有很大的差异。高云反射率约为25%,中云为50%,低云为65%,薄层云可反射10%~20%,厚层云反射可达90%。

3) 到达地面的太阳辐射

太阳辐射被大气削弱后,到达地面的辐射有两部分:一是太阳直接投射到地面上的部分,称为直接辐射;二是经散射后到达地面的部分,称为散射辐射。两者之和即为总辐射。

太阳直接辐射的强弱与太阳高度角和大气透明度有关,如大气中的云滴、灰尘和烟雾等都可减少直接辐射。散射辐射的强弱也取决于太阳高度和大气透明度,如太阳高度角增大时,到达地面的直接辐射增强;相反,太阳高度角减少时,散射辐射也减弱。总辐射变化受太阳高度、大气透明度、云量等因素的共同影响。在一年中,总辐射强度在夏季最大,冬季最小。总辐射在空间分布上一般为纬度越低,总辐射越大,反之越小。

投射到地面的太阳辐射,一部分被地面吸收,另一部分被地面所反射。反射部分的辐射量占投射的辐射量的百分比称为反射率。地面性质不同,反射率差异很大,例如:新雪的反射率为85%,干黑土为14%,潮湿黑土仅为8%。

2. 地面辐射和大气辐射

地面和大气既吸收太阳辐射,又依据本身的温度状况向外辐射。由于地面和大气的温度远远低于太阳的温度,因而地面和大气辐射的电磁波比太阳长得多,其能量主要集中在 $4\sim120\mu m$ 的范围内,故常把太阳辐射称为短波辐射,地面和大气辐射称为长波辐射。

地面辐射是地面向上空放出热量,其大部分被大气所吸收,小部分进入宇宙空间。据估计,有75%~95%的地面长波辐射被大气吸收,且这些辐射几乎全部被吸收在近地面 $40\sim 50m$ 厚的大气层中。

地面辐射的方向是向上的,大气辐射的方向则既有向上的,也有向下的。大气辐射方向向下的部分称为大气逆辐射。大气逆辐射的存在能使地面因长波辐射而损失的热量减少,这种作用对地球表面的热量平衡具有重要意义,称之为大气的保温效应。

地面辐射和地面所吸收的大气逆辐射之差,称为地面有效辐射。即

$$F_0 = E_{地} - E_{气}$$

式中,F_0 为地面有效辐射;$E_{地}$ 为地面辐射;$E_{气}$ 为大气逆辐射。

3. 辐射平衡

在某一段时间内物体收入与支出的差值称为辐射平衡或辐射差额。当物体收入的辐射大于支出时,辐射平衡为正,反之为负。在一天内,辐射平衡白天为正值,夜间为负值。

如将地面和大气看成一个系统,这个系统中辐射平衡有年变化和日变化,其特点是随着纬度而不同,该系统的辐射平衡随纬度增高而由正值转变为负值,在35°S—35°N之间地-气系统的辐射平衡为正值,其他中、高纬度地区为负值。辐射平衡的这种分布正是引起高、低纬度之间地区环流和洋流的基本原因。

4. 气温

气温是表示地区热力状况数量的度量。地面气温是指在 $1.25\sim 2m$ 之间的气温。气温的变化是由吸收或放出辐射能而获得或失去能量所致。

1)影响气温的因素

(1)空气的增温与冷却。地面与空气的热量交换是气温升降的直接原因。当空气获得热量时,其内能增加,气温则升高;反之,气温则降低。空气与外界热量交换主要是由传导、辐射、对流、湍流以及蒸发与凝结等因素决定的。

(2)海陆的增温与冷却的差异。水陆表面的热力差异主要表现在以下两个方面。

(a)两者的比热不同。陆地表面主要由岩石及风化壳和土壤组成,热容量小,约为 $1J/(g\cdot℃)$;海洋热容量大,为 $3.877J/(g\cdot℃)$。因此,在地面受热期间,水体的增温迟缓,陆地的增温剧烈;而当地面冷却时,水体的降温缓慢,陆地的降温迅速。

(b)两者的导热方式不同。陆面在白天获得的热量不能很快传至地下深处,夜间地表冷却时,深处的热量亦不能很快传至地面,而使陆面温度变化剧烈。水体蒸发耗热较多,其热量可以通过垂直的和水平的水流运动进行交换,使水域的温度变化和缓。

2)气温的时空分布

(1)气温的时间分布。气温具有明显的日变化和年变化,这主要是地球自转与公转所致。

(a)气温的日变化。大气主要吸收地面长波辐射而增温,地面辐射又取决于地面吸收并储

存的太阳辐射量。由于太阳辐射在一天内是变化的,气温也呈现日变化。正午太阳高角度最大时,太阳辐射最强,但地面储存的热量传给大气还要经历一个过程,所以气温最高值不出现在正午而是在午后二时左右。随着辐射减弱,到夜间地面温度和气温都逐渐下降,并在第二天日出前后地面储存的热量减至最少,所以一日之内气温最低值出现在日出后一瞬间而不在午夜。

一天之内,气温的最高值与最低值之差,称为气温日较差。气温日较差的大小与地理纬度、季节、地表性质和天气状况有关。一般而言,高纬度气温日较差比低纬度小,热带气温日较差平均为12℃,温带为8~9℃,极地仅为3~4℃。就季节来说,夏季气温日较差大于冬季,因夏季的正午太阳高角度较大、白天较长,但最大值不出现在夏季而是在春末。就海陆而言,气温日较差海洋小于陆地,沿海小于内陆。就地势来说,气温日较差山谷大于山峰,凹地大于高地。气温日较差也因天气情况而异,阴天比晴天小得多,干燥天气大于潮湿天气。

(b)气温的年变化。太阳辐射季节变化导致气温的年变化。一般来说,年气温的最高值在大陆上出现在7月,在海洋上出现在8月;气温最低值在大陆上出现在1月,在海洋上出现在2月。

一年中月平均气温的最高值与最低值之差,称为气温的年较差。它的大小与纬度、地形、地表性质等因素有关。由于太阳辐射的年变化高纬度大于低纬度,所以气温年变化随纬度变化与日变化正好相反,纬度越高,年较差越大。例如:赤道带的海洋上,气温年较差只有2℃左右。

(2)气温的空间分布。气温在对流层中的垂直变化是随海拔高度升高而降低,其变化程度常用单位高度(取100m)内气温变化值来表示,即℃/100m,称为气温垂直递减率r(简称气温直减率)。就整个对流层平均状况而言,海拔高度升高100m,气温降低0.65℃。

因纬度、地面性质、气流运动等因素对气温的影响,所以对流层内的气温直减率不可能到处都是0.65℃/100m,而是随地点、季节、昼夜的不同而变化。一般来说,在夏季和白天,地面吸收大量太阳辐射,地温高,地面辐射强度大,近地面空气层受热多,气温直减率大;反之,在冬季和夜晚气温直减率小。在一定条件下,对流层还会发生气温随海拔高度增加而升高的逆温现象。产生逆温的主要原因如下。

(a)辐射。常出现在晴朗无云的夜间,由于地面有效辐射很强,近地面层降温迅速,而高处气温降温较少,以致形成自地面开始的逆温层。

(b)平流。暖空气水平移动到冷的地面或冷的气层之上,由于暖空气的下层受到冷地面或冷气层的影响而迅速降温,上层受影响较少,降温较慢,从而形成逆温。

(c)空气下沉。常发生在山地。山坡上的冷空气因气压逐渐增大而循山坡下沉到谷底,谷底中原来较暖的空气被冷空气抬挤上升,从而形成温度的倒置。这种逆温主要是在一定的地形条件下形成的,故又被称为地形逆温。

三、地球的大气循环

大气运动同地球辐射所产生的热能流一样,对人类自然环境的质量具有重要影响。由于全球辐射量的不平衡,在低纬辐射热量有余而在高纬则辐射热量不足。要维持地球的能量平衡,从低纬向高纬输送能量,正是通过大气环流进行的。

1. 气压

大气施加于物体表面的压力称为气压。1个大气压是1013hPa。气压的空间分布是不均匀的,它随着海拔高度的增加而降低,气压的分布称为气压场。

1) 等压线与等压面

等压线是指同一水平面上气压相等的各点的连线。等压面是指空间气压相等的各点所组成的面。

2) 气压场的主要类型

(1) 低气压(简称低压):由闭合等压线构成的低气压区,水平气压梯度自外围指向中心,气流由外围向中心辐合。

(2) 等压槽:由低气压延长出来的狭长区域,称为等压槽,简称槽。

(3) 高气压(简称高压):由闭合的等压线构成的高压区,水平区域梯度自中心指向外围,气流自中心向外围辐散。

(4) 高压脊:由高气压延伸出来的狭长区域,叫作高压脊,简称脊。

2. 风及其形成

大气的水平运动称为风。风向和风速用以描述气流运动方向及速度,其大小决定于气压梯度力、地转偏向力、地面摩擦力和惯性离心力。

1) 气压梯度力

气压在空间上分布不均,形成一个从高压指向低压的力,即气压梯度力。它的大小等于单位距离上的气压差。单位质量的气压梯度力的表达式为:

$$G = -(1/\rho) \cdot (\Delta P / \Delta n)$$

式中,ρ 为空气密度;ΔP 为两等压面的气压差;Δn 为两等压面的垂直距离;$\Delta P/\Delta n$ 为水平气压梯度。

可见,气压等压线愈密,气压强度愈强,风速也愈大。因此,气压梯度力是引起空气水平运动的直接原因。

2) 地转偏向力

当空气在气压梯度力作用下运动时,地转偏向力使气流产生偏向,在北半球,气流偏向运动方向的右方;在南半球,气流偏向左方。作用于相同质量和速度但处于不同地点运动的物体,其地转偏向力的大小是不同的。如图6-2所示,在赤道为零,随纬度增高偏向力增大,在两极达到最大值。

3. 行星风系

大气运动受纬度、海陆分布和地表所受太阳热量不均及地球转动的不同影响,以致形成各种形式的环流,如行星风系、季风和海陆风等。

地球在不停地自转运动着,同时受到气压梯度力和地转偏向力的作用,使地球近地面层中出现4个气压带——赤道低压带、副热带高压带、副极地低压带和极地高压带,并相应地形成了3个风带——信风带、盛行西风带和极地东风带。这些风带与上空气流结合便形成了3个环流圈,如图6-2所示。

(1) 信风带。在南北纬30°~35°附近,存在着副热带向高压和赤道低压之间的气压梯度,使气流从副热带向高压带辐散,一部分气流流向赤道,在地转偏向力作用下,在北半球形成东北风,南半球为东南风。由于风向稳定,所以称为信风。

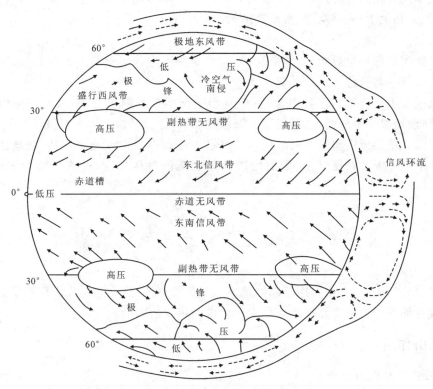

图 6-2 全球大气环流图式

(2)西风带。由于副热带高压和副极地低压存在着气压梯度,而使副热带高压带辐散的一部分气流流向副极地低压带,在地转偏向力作用下,在中纬度地区形成偏西风,称为盛行西风。

(3)极地东风带。由极地高压带辐散的气流,受地转偏向力的作用变成偏东风,故称为极地东风带。

(4)赤道无风带。两半球的东北信风和东南信风在赤道地区辐合,形成上升气流,此带风微弱或者基本上无风。

(5)副热带无风带。属气流下沉辐散区,此带无风或间有微弱的东风。

(6)极锋带。在纬度60°附近,极地东风与盛行西风相互交绥而形成极锋面,所以将此区称为极锋带。

4. 季风与海陆风

1)季风

季风是指盛行风向随季节变化而呈现有规律的转换。季风的形成与多种因素有关,但主要是由于海陆间的热力差异以及季节变化所引起。其特征是夏季大陆强烈受热,气压变低,致使气流由海洋流向大陆;冬季大陆迅速冷却,气压升高,气流则由大陆吹向海洋。

世界上季风区分布甚广,其中最著名的是东南亚季风区。在夏季,从印度洋和西南太平洋来的暖湿空气向北和西北方向移动进入亚洲大陆(印度、中南半岛和中国)。这种气流形成夏季季风。在冬季,亚洲大陆为一强盛高压中心所控制,气流自高压中心向外流动,其方向与夏季季风正相反。这是向南和东南方向移动进入赤道海洋的冬季季风。

东南亚季风对我国、朝鲜、日本等地区的天气和气候影响很大。这些地区的气候特征为：冬季低温、干燥和少雨；夏季高温、湿润和多雨。

2）海陆风

海陆风是受局部环境影响，如地形起伏、地表受热不均等引起的小范围的气流运动，它同山谷风和焚风等一起统称为局地环流。

海陆风也是由环流热力差异引起的，但其影响范围仅局限于沿海，风向变换以一天为周期。白天，陆地增温快于海面，陆面气温比海面气温高，以致形成一个由海到陆的气压梯度，并出现局地环流。下层风由海面吹向陆地，叫海风，上层则有反向气流。夜间，陆地面冷却比海洋迅速，海面气温高于陆面气温，因而出现从陆到海的气压梯度，气流由陆地吹向海面，为陆风。

第四节 火山作用对大气环境的影响

在自然演化历史上，火山作用是原始地球大气主要来源之一，同时火山作用所造成的大气组分快速改变而对原生大气环境地球化学产生极为重要的影响。

一、火山作用

1. 火山作用与火山活动

火山作用是火山活动及其对自然界产生的影响的总称，包括在地面的影响和对地下的影响。例如：引起地震，改变地球面貌，形成熔岩高原、火山锥、火山地堑、火山构造凹地等地表形态；喷出碳酸气、火山灰和其他气体，改变大气成分及影响大气活动；分离出火山水，增加地球水圈质量，以及使地下水温度升高，造成温泉、矿泉、间歇喷泉；促进地球内部元素迁移，形成矿床；等等。这些作用有的在火山喷发时表现出来，有的则在喷发前后长时期产生影响。

火山活动是指与火山喷发有关的岩浆活动。它包括岩浆冲出地表、产生爆炸、流出熔岩、喷射气体、散发热量、析离出气体和水分、喷发碎屑物质等活动。地球历史上有过多次火山活动集中期。如白垩纪末期，地球上的火山活动频繁、强烈。印度的德干高原至今还残留有这个时期火山喷溢的大量熔岩。

剧烈的、长时间的火山喷发会使地球大气受到严重污染，造成连年酸雨不断，使植物大量死亡。再者，喷到大气层的大量火山灰、硫酸烟雾会长时间遮住阳光，从而使气温降低。就这样，火山使恐龙陷入万劫不复的境地。目前地球上就有火山大爆发发生，它们所产生的直接和间接的破坏是有目共睹的。只是现代火山活动仅偶尔在局部地区发生，强烈程度与广泛性都远不如白垩纪末期，所以产生的破坏作用相当有限。

现在不少学者认为，恐龙的绝灭，火山嫌疑非常大，值得对它做深入的调查研究。有些学者认为，白垩纪与古近纪交界线上的含铱黏土层，实际上是火山活动形成的，铱是火山岩浆从地球深处带到地面上来的。这层含铱层在世界上广泛分布，足以证明当时火山活动规模、范围之大。

2. 现代火山活动

1）现代全球火山活动

世界上，现代火山活动的地区与地壳断裂带、新构造运动强烈带、地震活动带或板块构造边缘软弱带有关,常呈有规律的带状分布(图6-3)。世界上有4个主要火山带,分别是环太平洋火山带、地中海火山带、大西洋海岭火山带和东非火山带。

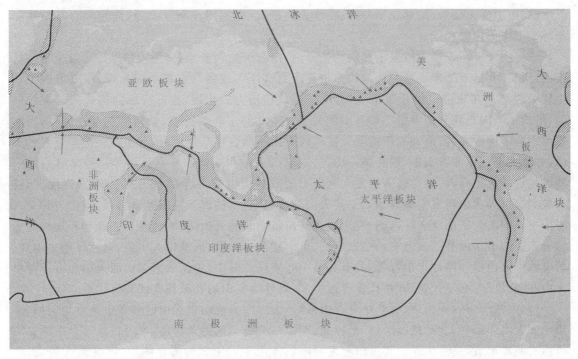

图6-3 世界火山活动和地震分布带

(1)环太平洋火山带。南起南美洲的科迪勒拉山脉,转向西北的阿留申群岛、堪察加半岛,向西南延续的是千岛群、日本列岛、琉球群岛、台湾岛、菲律宾群岛以及印度尼西亚群岛,全长4万余千米,呈一向南开口的环形构造系。

环太平洋火山带也称环太平洋火环,有活火山512座。其中,南美洲科迪勒拉山系安第斯山南段有30余座活火山,北段有16座活火山,中段尤耶亚科火山海拔6723m,是世界上最高的活火山。再向北为加勒比海地区,沿太平洋沿岸分布着著名的奇里基火山、伊拉苏火山、圣阿纳火山和塔胡木耳科火山。北美洲有活火山90余座,著名的有圣海伦斯火山、拉森火山、雷尼尔火山、沙斯塔火山、胡德火山和散福德火山。在阿留申群岛上最著名的是卡特迈火山和伊利亚姆纳火山。在堪察加半岛上有经常活动的克留契夫火山。向南千岛群岛和日本列岛山岛弧,著名火山分布在日本列岛,如浅间山、岩手山、十胜岳、阿苏山和三原山都是多次喷发的活火山。琉球群岛至台湾岛有众多的火山岛屿,如赤尾屿、钓鱼岛、彭佳屿、澎湖岛、七星岩、兰屿和火烧岛等,都是新生代以来形成的火山岛。火山活动最活跃的是菲律宾至印度尼西亚群岛的火山,如喀拉喀托火山、皮纳图博火山、塔匀火山、坦博拉火山和小安的列斯群岛的培雷火山等,近代曾发生过多次喷发。

环太平洋带,火山活动频繁,据历史资料记载全球现代喷发的火山这里占80%,主要发生在北美、堪察加半岛、日本、菲律宾和印度尼西亚。印度尼西亚被称为"火山之国",南部包括苏门答腊、爪哇诸岛构成的弧-海沟系，火山近400座，其中129座是活火山。这里仅1966—1970年5年间，就有22座火山喷发。此外，海底火山喷发也经常发生，致使一些新的火山岛屿出露海面。

(2) 地中海火山带(阿尔卑斯-喜马拉雅火山带)。西起伊比利亚半岛，向东经喜马拉雅山与环太平洋火山带相接。

该火山带分布于横贯欧亚的纬向构造带内，西起伊比利亚半岛，经阿尔卑斯山脉至喜马拉雅山，全长10余万千米。这一纬向构造带是南北挤压形成的纬向褶皱隆起带，主要形成于新生代第四纪。在该带火山分布不均匀，由于南北挤压力的作用，在形成纬向构造隆起带的同时，形成了经向张裂和裂谷带。如其南侧的纵贯南北的东非裂谷系，顺两构造带过渡段，因断陷而形成了地中海、红海和亚丁湾等。这里的火山活动也别具特色，出现了众多世界著名的火山，如意大利的威苏维火山、埃特纳火山、乌尔卡诺火山和斯特朗博利火山等。爱琴海内的一些岛屿也是火山岛，活动性强。据意大利历史记载的火山喷发就有130多次，爆发强度大，特征典型。世界火山喷发类型就是以上述火山来命名的，岩性属于钙碱性系列，以安山岩和玄武岩为主。中段火山活动表现微弱，在东段喜马拉雅山北麓火山活动又加强，在隆起和地块的边缘分布着若干火山群。如麻克哈错火山群、卡尔达西火山群、涌波错火山群、乌兰拉湖火山群、可可西里火山群和腾冲火山群等，共有火山100多座。其中，中国的卡尔达西火山和可可西里火山在20世纪50年代及70年代曾有过喷发，岩性为安山岩和碱性玄武岩类。

(3) 大西洋海岭火山带(大洋中脊火山带)。大洋中脊火山带火山的分布也是不均匀的，多集中于大西洋裂谷，北起格陵兰岛，经冰岛、亚速尔群岛至佛得角群岛，该段长达万余千米。海岭由玄武岩组成，是沿大洋裂谷火山喷发的产物。由于火山多为海底喷发，不易被人们发现。据有关资料记载，大西洋中脊仅有60余座活火山。

冰岛位于大西洋中脊，冰岛上的火山可以直接观察到。岛上有200多座火山，其中活火山30余座，称为火山岛。据地质学家Thorarinsson(1960年)统计，在近1000年内，发生了200多次火山喷发，平均5年喷发一次。著名的活火山有海克拉火山，从1104年以来有过20多次大的喷发。拉基火山于1783年的一次喷发为人们所目睹，从25km长的裂缝里溢出的熔岩达12km以上，熔岩流覆盖面积约565km^2，熔岩流长达70多千米，造成了重大的灾害。1963年在冰岛南部海域火山喷发，这次喷发一直延续到1967年，产生了一个新的岛屿——苏特塞火山岛，高出海面约150m，面积2.8km^2。6年之后，在该岛东北32km处的维斯特曼群岛的海迈岛火山又有一次较大的喷发。这些火山的喷发，反映了在大西洋裂谷火山喷发的特点。

(4) 东非火山带(东非裂谷火山带)。该火山带沿东非大断裂带分布，著名的是乞力马扎罗火山(5895m)。

东非裂谷是大陆最大裂谷带，分为两支：裂谷带东支南起希雷河河口，经马拉维肖，向北纵贯东非高原中部和埃塞俄比亚中部，至红海北端，长约5800km，再往北与西亚的约旦河谷相接；西支南起马拉维湖西北端，经坦喀噶尼喀湖、基伍湖、爱德华湖、阿尔伯特湖，至阿尔伯特尼罗河谷，长约1700km。裂谷带一般深达1000～2000m，宽30～300km，形成一系列狭长而深陷的谷地和湖泊。如埃塞俄比亚高原东侧大裂谷带中的阿萨尔湖，湖面在海平面以下150m，是非洲陆地上的最低点。

近代火山活动中心集中在3个地区：一是乌干达—卢旺达—扎伊尔边界的西裂谷系，自1912—1977年就有过13次火山喷发，尼拉贡戈火山至今仍在活动；二是埃塞俄比亚阿费尔坳陷的埃尔塔火山和阿夫代拉火山,自1960—1977年曾发生过多次喷发;三是坦桑尼亚纳特龙湖南部的格高雷(Grgory)裂谷上的伦盖火山,自1954—1966年曾有过多次喷发,喷出岩为碳酸盐岩类,有较高含量的碳酸钠,为世界所罕见。位于肯尼图尔卡纳湖南端的特雷基火山在20世纪80—90年代间也曾多次喷发。东非裂谷火山带的现代火山活动区,温泉广泛发育,火山喷气活动明显,多为水蒸气和含硫气体,表现出现代火山活动的典型特征。

2)现代中国火山活动

中国境内约有660座火山,绝大多数是死火山。中国晚新生代以来的火山及熔岩活动较普遍,主要分布在东北地区、内蒙古及晋冀二省北部、雷州半岛及海南岛、云南腾冲、羌塘(藏北)高原、台湾,太行山东麓及华北平原等地。从全球火山分布来看,中国火山活动大部分属于环太平洋火山带的大陆边缘火山,主要受华夏系、新华夏系断裂及与之相交的北西向断裂控制,为喜马拉雅造山运动的产物。从空间分带上可分为环蒙古高原带,如大同、五大连池火山群;青藏高原带,如云南腾冲火山群;环太平洋带,如长白山及台湾大屯火山群等3个地带。

(1)东北地区是中国新生代火山最多的地区,共有34个火山群,计640余座火山,并有大面积的熔岩被。主要分布在长白山、大兴安岭和东北平原(见五大连池火山群)及松辽分水岭3个地区,具有活动范围广、强度高、喷发期数多、分布密度大等特点。新近纪时期多有规模巨大的沿断裂溢出的基性玄武岩,覆盖于广大准平原面之上,成大面积的熔岩高原及台地;规模较小者后期被侵蚀切割为方山、岭脊、尖山、残丘等;第四纪以后喷发规模渐小,熔岩充填谷地,覆于河流阶地之上成低台地,或堵塞河流堰塞成湖,如"地下森林"火山群的熔岩流阻塞牡丹江上游,使之成为中国最大熔岩堰塞湖——镜泊湖;晚期则以强烈的中心式喷发为主,形成由火山熔岩及火山碎屑(火山弹、火山砾、火山砂、火山灰等)组成的突兀于熔岩高原、台地之上众多的火山锥。以长白山地区为例:在以长白山火山锥为中心的广大地面上,熔岩高原、熔岩台地呈环带状分布,覆盖面积达万余平方千米。一般认为东北区晚新生代以来的火山活动共有9期,其中以上新世中期(第三期)喷发为最强烈,此后规模和强度逐渐减弱。

(2)内蒙古高原亦为中国晚新生代火山活动较频繁地区。在大兴安岭新华夏隆起带和阴山东西向复杂构造带截接部位之北侧,以锡林郭勒盟为中心的内蒙古高原中部,发育有大片新近纪末至第四纪初期的玄武岩组成的熔岩台地,总面积超过$1.2 \times 10^4 km^2$,规模仅次于长白山区。台地上规律地排列着许多第四纪死火山锥。按其分布约可分为3片:巴彦图嘎熔岩台地集中于中蒙边界,至少有40余座火山;阿巴嘎火山群规模最大,熔岩台地之上有206座成截顶圆锥形、钟形、马蹄形、不规则形火山锥;达来诺尔熔岩台地,面积约$3100 km^2$,102座火山锥成华夏向雁行式排列。以上均为新近纪宁静式裂隙喷溢到第四纪后逐渐转为多次强烈的中心式喷发而形成。内蒙古高原南部的集宁周围直至山西右玉、大同,及张北汉诺坝玄武岩台地,面积很大。如察哈尔熔岩台地面积超过$4400 km^2$,但后期火山活动规模及火山锥数目均远不及高原中部。第四纪火山锥仅分布在玄武岩台地的南北两侧,如大同火山群可见保存完好的火山锥10余个,另外还有由9座火山组成的马兰哈达火山群和由7座火山组成的岱海南部火山群。据推断,该区火山活动始于中新世末至上新世初,到更新世末甚至全新世方结束。

(3)海南岛北部与雷州半岛的火山及熔岩地貌的形成与该区强烈的新构造运动密切相关。该区新近纪初期开始断陷下沉,沉积厚度达3000余米,其中夹有数十层薄层玄武岩。第四纪初雷琼地区上升,火山活动也最强烈。早期为裂隙式的平静溢流,成大规模熔岩被,而后逐渐转为猛烈但规模较小的中心式喷发,至全新世渐趋停息,在地表形成了大面积的熔岩台地及星罗棋布的火山锥。据统计，玄武岩流面积达 7500km^2，火山锥近 70 个。

(4) 著名的腾冲火山群位于滇西横断山系南段的高黎贡山西侧，火山及熔岩流以腾冲市区为中心成一南北向延伸的长条形，面积 100 余平方千米，计有火山锥 70 余座，其中火口完整的 22 座，遭破坏的 10 座，其余为无火口火山。火山及熔岩活动自上新世始至全新世。本区以极丰富的地热资源著称于世，据历史不完全统计，腾冲市 79 个泉群中，温度在 90℃ 以上者有 10 处，地表天然热流量一年相当于燃烧 27×10^{4}t 标准煤。在地热区高温中心热海热田，遍布汽泉、热泉、沸泉，水声鼎沸，水汽蒸腾，数里之外可见。另外该区地震频繁，并具岩浆冲击型地震的特点：小震、群震、浅震甚多，表明热田下部存在尚未溢出的残余岩浆体活动，成为地热流的强大热源。目前火山仍处于微弱活动过程。

(5) 在羌塘(藏北)高原北部，由于上新世以来青藏高原强烈隆起，伴随着强烈的地壳运动，留下了分布较广的多期火山活动遗迹，可划分为 6 个火山群。其中，西昆仑山中克里雅河上游位于海拔 4700m 处的高 145m 的 1 号火山，曾于 1951 年 5 月 27 日爆发，延续数昼夜，为中国大陆火山活动的最新记录。该区位置最南的大火山群——巴毛穷宗火山群，最高达 5398m，是中国最高的火山。

(6) 台湾岛地处环太平洋火山带内，北部大屯火山群为早更新世—晚更新世期火山活动的产物，并有澎湖列岛等火山岛。这些火山不仅形成了台湾岛北部独特的火山海岸，而且有些火口至今仍有硫气喷出。如由 7 个小山峰组成的七星火山的东南山腹冷水坑爆裂口的硫气孔，硫的最高年产量达 455t。

3. 火山喷发的气体物质

火山气体是由于火山作用而从岩浆中分离出来的挥发物质的总称。火山气体在火山喷发和喷发前后大量产生。随着火山活动的强弱变换，火山气体的温度有高有低。高于当地水的沸点时，气体中的水蒸气含量最多，低于当地水的沸点时气体中以二氧化碳为主。火山气体中还有一部分是固体矿物的蒸汽，它们到达地面后常在喷口附近凝结，形成硫磺、砂等矿物。

火山喷发时放出的各种气体，其主要成分有水蒸气、含硫化合物和二氧化碳。其中，硫化氢和二氧化硫气体进入大气后往往转化成气溶胶，它们一般聚集在 3 个高度火山气体的大气层中，即 7~15km、20~27km 和 45~50km，相应于对流层的上部、平流层的下部及上部的范围内。这是自然界硫氧化合物的主要来源之一。

分析火山的气体喷发物是一项十分艰难的工作，人们只能对直接从火山口喷出的气体的分析才能求得。谢坡德(Shepherd)曾对夏威夷的奇老洼火山的火口熔岩(玄武岩)池中放出的气体进行过研究，其分析结果如表 6-4 所示。他发现奇老洼火山气体中 H_2O 的平均含量达 70%，其次为 CO_2、SO_2、Cl_2、CO、H_2、N_2 等。而这些成分的含量，随时间和地点的不同而有明显的不同。

从世界上许多火山气体物的分析结果来看，其中水汽最多，一般含量均在 60% 以上，此外还有 CO_2、H_2S、SO_2、S_2、CO、H_2、HCl、NH_3、NH_4Cl、HF、$NaCl$ 等。从火山喷出的气体中还可以升华出硫磺、钾盐、钠盐等。我国台湾的大屯火山群，至今仍常有硫磺气喷出。火山喷发的气体量往往很大，如 1912 年阿拉斯加的卡特曼火山喷发的气体中仅 HCl 就达 $1.25×10^6$t，HF 达 $2×10^5$t。

表6-4 夏威夷奇老洼火山在1200℃时火山气体化学成分的体积百分数(据久野久,1978)

CO$_2$	CO	H$_2$	N$_2$	Ar	SO$_2$	SO$_3$	S$_2$	Cl$_2$	H$_2$O
47.68	1.46	0.48	2.41	0.14	11.15	0.42	0.04	0.04	36.18
11.12	3.92	1.42	—	0.51	—	—	8.61	0.02	77.50
2.65	1.04	4.22	23.22	沉淀	0.16	—	0.70	沉淀	67.99
17.95	0.36	1.35	37.84	沉淀	3.51	—	0.49	沉淀	38.48
33.48	1.42	1.56	12.88	0.45	29.83	—	1.79	0.17	17.97
6.63	0.22	0.15	2.37	0.56	3.23	5.51	0.00	1.11	80.31
5.79	0.00	0.00	7.92	沉淀	4.76	2.41	0.00	4.08	75.09
1.42	0.05	0.08	0.68	0.05	0.51	0.00	0.07	0.03	97.09

目前国际上对火山气体成分的研究方法主要包括两类。①直接测量:该方法主要通过一些遥感卫星手段对正在喷发的活火山进行监测,从而获得火山气体成分含量,该方法的优点在于能够连续地对火山喷发进行监测,缺点是只能研究现代正在喷发的活火山,而且耗资较大(郭正府等,2002)。1972年Moffat首次使用COSPEC(Correlation Spectrometer)设备测定了日本的Mt. Mihara火山喷发产生的SO$_2$含量;Gregg和Scott通过TOMS卫星监测到了1991年6月的Pinatubo火山喷发事件,并通过监测数据估算出了在爆发后的36h之内总共向大气中释放了约$1.85×10^7$t的SO$_2$;随后Joséarles等(1997)使用COSPEC方法对哥伦比亚的Galeras火山从1989—1995年期间的SO$_2$通量进行了连续监测,通过对这几年SO$_2$的通量变化及期间发生的喷发事件的研究,对Galeras火山的喷发补充机制进行了讨论,绘制了Galeras火山的概念模型图。②岩石学方法:通过测定火山喷出的岩浆斑晶内的岩浆包裹体的挥发分组成并结合挥发分的体积来获得火山喷出气体成分和含量,即火山喷发气体含量等于喷发前岩浆中的挥发分含量(岩浆包裹体代表)减去喷发后共存熔浆中的挥发分含量(基质玻璃代表)。从上述可以看出,要想准确测定火山喷气的成分和含量,关键在于准确选择岩浆斑晶和岩浆包裹体。郭正府等(2002)指出应该选择岩浆演化阶段晚期的结晶斑晶矿物边缘并且斑晶和基质的主要成分相近的岩浆包裹体和基质玻璃。实验室中对上述岩浆包裹体及基质玻璃中的火山气体含量的测定方法主要有电子探针(EMPA,直接测得S、Cl、F百分含量及S的价态,H$_2$O通过"差异法"获得)、显微红外光谱法(FTIR,直接测定H$_2$O和CO$_2$的百分含量)、离子探针(SIMS,测H$_2$O和火山玻璃中的微量元素含量)、显微激光拉曼光谱法(测定包裹体气泡中挥发分气体的相对含量)。相比于直接测量的方法,岩石学方法的应用范围更广泛,可以测定各个时代的火山喷发气体,而且随着各种测试设备技术的不断发展,岩石学方法越来越显示出其优越性。

二、火山喷发的大气环境地球化学事件

火山喷发导致的大气环境变化最明显的就是对气候的影响。在国外,18世纪就有人提出气候的恶化是起因于大规模火山喷发的观点。有人认为,太阳活动、火山活动和温室气体是气候系统三大外部强迫因素。1815年印尼坦博拉火山爆炸性大喷发导致1816年全球性降温,

人们称之为"没有夏天的年份",这是强火山喷发影响全球气候变化最有说服力的实例,因此,火山喷发引起的气候效应已日益受到人们的重视。对长期影响的数值模拟表明,在近百年至千年的时间范围内,火山活动对全球气候的影响比太阳活动和温室效应的影响要大。

1. 火山气体的环境地球化学

地下岩浆中包含着大量挥发组分或气体,它们在高温高压状态岩浆中的含量随岩浆性质的不同而变化,但一般不超过 6%。火山喷发前岩浆由深处上升至近地表压力降低时,挥发分将从岩浆中析出并与岩浆一起喷出地表,喷出挥发分和气体中最多的组分是 H_2O,占 60%~90%,其次有 SO_2、CO_2、H_2S、H_2、He、CO、HCl 等,少量为 HF、N_2。其中,CO_2 和 CH_4 是温室气体,SO_2 是形成硫酸气溶胶的元凶,而进入高层大气圈的 F 和 Cl 将通过一系列光化学反应而破坏臭氧层。尽管 SO_2 和 CO_2 仅是火山喷出气体中的少量组分,但大规模火山喷发时喷出的 SO_2 等气体的总量还是相当惊人的,可达上百万吨数量级,对全球气候和人类环境造成极为严重的影响。

火山喷出气体的运移主要有下列 3 种形式:①酸性气溶胶;②以化合物形式吸附在火山灰中;③以显微盐粒子的形式存在。火山大规模爆炸性喷发后进入平流层的大量气体易形成气溶胶,这取决于岩浆中 S 的含量及喷出岩浆的体积。玄武质岩浆含 S 量高,喷发时间常持续几个月以上,在对流层也会产生气溶胶,对气候的影响程度可与喷发时间较短的大规模爆炸式喷发相当。

由 SO_2 转变为硫酸气溶胶大致有以下几个过程:

$$SO_2 + OH + M \longrightarrow HOSO_2 + M$$
$$HOSO_2 + O_2 \longrightarrow HO_2 + SO_3$$
$$SO_3 + H_2O + M \longrightarrow H_2SO_4 + M$$
$$SO_2 + O_2 + H_2O + NO \longrightarrow H_2SO_4 + N_2O$$

上述过程大约需要几周到几个月的时间,一般认为 3 个月内就可实现这种转变。据测量,1991 年菲律宾皮纳图博火山喷发 2 周后,SO_2 总量已降至 1/3,两个半月后已测不到 SO_2 了,原因是 SO_2 已快速扩散、氧化,并已转变成硫酸气溶胶了。美国科学家在怀俄明州用 3 个气球取样,经电子显微镜分析表明,超过 9% 的细小微粒是微米级的含水 H_2SO_4 滴,后来转变成了 $(NH_4)_2SO_4$ 和硫酸气溶胶了。硫酸气溶胶以 $H_2SO_4 \cdot H_2O$ 的形式存在,其中 H_2SO_4 大约占 73%,H_2O 大约占 27%。大量观测资料表明:高浓度酸滴的存在说明非均一化过程或离子成核作用可能是气溶胶产生的机制,对流层中微小的硫酸滴把射进来的阳光散射回宇宙,影响各种辐射传输过程,使对流层降温,而平流层则因新生成的气溶胶吸收了太阳辐射而增温。皮纳图博火山喷发后,1991 年 9 月至 10 月在赤道至 30°N 的大范围地区观察到 +2σ 到 +3σ 的偏离(σ 是年际全球平均气温标准偏离),某些地方平流层温度甚至上升了 3.5℃。

大规模火山喷发时喷出的 SO_2 量巨大,会引起地球大气出现酸化。从北极和南极冰岩芯酸度可以知道火山活动的长期变化。根据公元 553 年之后的约 1200 年间格陵兰中部冰岩芯的酸度变化曲线(Hammer et al,1980)可知,由于 1783 年拉基(Laki)火山的喷发,冰岩芯酸度异常高,这可能与两岛(冰岛和格陵兰岛)之间距离较近有关。但是已经发现,就是距离相当远的坦波拉火山(位于印度尼西亚)的喷发,极地冰岩芯的酸度也明显升高。

根据酸度变化,也可了解历史时期和近年的火山活动,同时还可以得到南极大陆冰岩芯酸度的长期变化曲线。以极地冰岩芯得到的火山活动为指标,可以对火山活动进行评价。

2. 火山气体对全球气候的影响

火山喷出气体对于全球大气环境的影响主要是指通过火山喷发向大气中释放大量气体，形成大量的气溶胶和固体颗粒悬浮物，以及这些气体、气溶胶和悬浮物在大气中发生的光化学反应所导致的气候环境变化。火山活动对气候影响最强烈的是火山悬浮颗粒和含硫气体。

研究表明，在火山喷发的初期，释放的 H_2S 和 SO_2 气体会产生温室效应从而导致火山口及其附近地表温度迅速升高，但持续时间很短（Wingnall，2001），随后当 SO_2 和 H_2S 继续向上喷发进入大气圈的过程中会与大气中或者火山喷发出的水蒸气发生化学反应，经过氧化生成 H_2SO_4 形成酸雨。酸雨具有严重的腐蚀性，不仅会严重地破坏地表环境，而且对动物以及人体的皮肤、眼睛、呼吸系统等均有严重的损坏，严重时甚至威胁生命。当 SO_2 喷发高度达到平流层时，由于平流层内相对稳定，不同高度的气体交换非常缓慢，SO_2 可以在某一确定高度停留较长时间，可以与羟基发生反应形成硫酸，进一步形成硫酸盐固体颗粒，最终形成气溶胶，逐渐下沉到地面，但由于这些气溶胶的沉积时间可达数月至数年，所以会在平流层中对太阳辐射进行散射和反射，导致太阳直射到地表的辐射减少，进一步导致地表温度降低，而且这些气溶胶在平流层中会随着大气循环，从而能够影响全球的气候（艾拉等，1989）。例如：菲律宾 Pinatubo 火山在 1991 年 6 月出现多次大喷发，大约 20Mt 的 SO_2 喷发到了 18～30km 的平流层，在 1992 年中国夏季和秋季均出现了大范围的低温现象，而且卫星资料显示北半球 1992 年是近 10 年来温度最冷的年份，而南半球温度变化较小（徐群，1995；李平原等，2012）。

火山喷出的 F 元素主要以 HF 气体形式存在，能够通过吸附在火山灰表面形成剧毒的 HF 云，并且迅速在大气中扩散，当其降落到地表时会对火山附近的水质和植被造成污染，导致吃过这些植物的动物窒息，甚至死亡（Sigurdsson，2000；Wingnall，2001）。例如：1783—1784 年冰岛 Laki 火山喷发形成最高达 13km 的喷发柱，并且释放出大量有毒 HF 气体，在冰岛附近扩散，导致水体和植被污染，最终使所有吃过当地青草的羊群死于氟中毒。有资料显示，这次 Laki 火山喷发导致了岛上 75% 的牲畜死亡，使人口总量减少 24%（Sigurdsson，2000）。

CO_2 作为一种重要的温室气体，其重要影响是使地表温度升高，它在大气圈中的停留时间较长，但是有卫星资料显示，地球上由于火山活动每年向大气圈释放的 CO_2 量约 10^{11} kg，而人类活动每年向大气产生的 CO_2 量约为 10^{13} kg，前者远小于后者，所以一次火山喷发产生的 CO_2 对地球气候、环境的影响较小，但是由于 CO_2 的滞留时间较长，所以如果有较长时间连续的火山喷发也会导致地表温度明显升高。

火山喷发产生的水蒸气不能直接引起气候、环境的大规模变化以及造成大规模灾害，但是水作为一种主要的介质，会参与其他火山气体中化学反应，形成气体化合物，不仅会导致气候和环境的变化，甚至对动植物造成严重危害。

火山喷发喷出大量的火山灰和气体进入大气圈的对流层甚至平流层，随风飘浮，几年后才能消失，对全球气候影响极大。硫酸气溶胶表面十分光亮，能显著地散射太阳辐射，从而使到达地面的太阳直接辐射明显减少。气溶胶使总辐射大约减少 5%，因此每次大喷发几乎都对应着次年或其后几年的全球降温（表 6-5），即"火山冬天效应"。据资料显示，1912—1952 年间基本没有火山喷发，故全球温度就有所上升。

表 6-5 近 200 年来强火山喷发与全球气候的关系

火山喷发年份	火山	变冷年份	气候变化	VEI	资料来源
1815	Tambora	1816	全球大范围变冷,几乎没有夏天,树轮变窄,伦敦夏季各月份平均气温比正常年份下降 2~3℃,新英格兰在 6 月出现大面积降雪	7	Johnson R W, Bullard F M
1822	Galunggung	1823	树轮变窄	5	Johnson R W
1883	Krakatau		气温下降 0.3~0.6℃	6	刘盛武等
1888—1990	Bandai San	1890—1891	使太阳辐射明显减少	4	李晓东
1902	Pelee	1902—1903	使太阳辐射明显减少	4	Anderson T
	Santa Maria			6	Stanley N Williams
1903	Colima		气温下降 0.3~0.6℃	4	刘盛武等
1912	Katmai		气温下降 0.3~0.6℃,在阿尔及利亚太阳辐射减少 20%	6	刘盛武等 Daniel I. Axelrod
1963	Agung	1966—1967	美国芝加哥和纽约常受暴风雪的袭击,在西贡,冬季气温比常年下降约 5.6℃	4	Daniel I. Axelrod
1982	El Chichon	1983	高纬度地区温暖,位于热带的南亚国家异常寒冷,澳大利亚和印尼连续干旱	5	刘盛武等
1991	Pinatubo	1992	北半球降温约 0.75℃,是近十年来最冷的温度;南极上空形成臭氧空洞	6	李晓东

注:①VEI 为火山爆发指数;②据李霓(2000)文章资料改编。

杨学祥等(1999)研究了火山活动与天文周期的关系,认为人们只注意到了火山活动的短期降温效应,而忽视了长周期火山活动与温暖期相对应的关系,而且火山活动本身对全球增温亦有重大贡献。实际上火山活动尤其是强火山喷发后多使全球气温明显下降,但其喷出的气体中有 CO_2、CH_4 等大量温室气体,又可以使全球升温,二者相互抵消一部分,情况比较复杂,要得出一个准确的数字很难。除 SO_2 外,强火山喷发不仅直接喷出 Cl_2 和 F_2,其形成的气溶胶也是破坏臭氧层的一系列物化反应的重要因素。Abbatt(1989)等经实验证明,在极地地区平流层表面有下列含 Cl 的非均一化化学反应过程:

$$ClONO_2 + HCl \longrightarrow Cl_2(g) + HNO_3(s) \tag{6-1}$$

$$ClONO_2 + H_2O(s) \longrightarrow HOCl + HNO_3(s) \tag{6-2}$$

$$HOCl + HCl \longrightarrow Cl_2(g) + H_2O(s) \tag{6-3}$$

Hasnon 等(1992)指出,第一个反应式(6-1)可能是反应式(6-2)、式(6-3)组成的化合过程,其中,反应式(6-3)对说明两极地区平流层中 Cl 的活化具有重要意义。Cl 的存在是平流层中光化学反应的基础,当 Cl 原子存在后,它就与臭氧发生链式反应:

$$Cl + O_3 \longrightarrow ClO + O_2 \tag{6-4}$$

$$ClO + O \longrightarrow Cl + O_2 \tag{6-5}$$

上述化学反应直接导致了臭氧层的减少,这已从实验和实际观测中得到了证实,从而从一个方面解释了南极等地上空"臭氧层空洞"形成的原因。当然,人类其他活动产生的 O 也同样消耗了臭氧,但却远比不上一次较强的火山爆炸式喷发后喷入大气中的气体对臭氧的破坏程度。

1873 年冰岛拉基火山、1982 年埃尔奇琼火山和 1991 年菲律宾皮纳图博火山喷发是近几百年来最富 S 的火山喷发,对全球气候的影响已被观测资料和数值模拟结果所证实。1991 年菲律宾皮纳图博火山是在人们已经具备比较完备的观测仪器的情况下喷发的,这次喷发是 20 世纪以来规模最大的一次喷发,释放的 SO_2 量达 $2 \times 10^7 t$,是 1982 年埃尔奇琼火山释放 SO_2 量的 3 倍;而 1912 年 Novaru Pta(即 Katami)火山喷出的 SO_2 量据估计也达到 $(0.52 \sim 2) \times 10^7 t$。如此大规模的火山爆发,释放了巨量的 SO_2 等气体,对全球气候的影响可想而知。1991 年皮纳图博火山喷发后,SO_2 成团漂移了 7 天,然后扩散;喷发 2 周后用 TOMS 方法测出含 SO_2 的火山灰云从南纬 10°到北纬 20°都有分布,面积达 $5 \times 10^7 km^2$;又过了一周,SO_2 灰云已环绕地球赤道附近呈不连续条带,分布范围从印度尼西亚到加拉帕戈斯,延伸达 10 000km,导致 1991 年末变冷,1992 年成为近 10 年来最冷的一年。从表 6-6 中也可以看出,1991 年皮纳图博火山喷发对气候的影响要比 1982 年埃尔奇琼火山大,持续时间更长。如果考虑到 1815 年印度尼西亚坦博拉火山喷发的气体含量是 1991 年皮纳图博火山的 10 倍以上,而 1783 年冰岛拉基火山喷发的气体含量是皮纳图博的 4.5 倍,从格陵兰冰岩芯中估计的火山成因形成酸的含量,均证实了这两次喷发是有史记载以来最大的两次喷发,而上述两次大喷发对全球气候的影响肯定是相当大的。

表 6-6 埃尔奇琼和皮纳图博火山对气候影响的比较

距地面	北温带		北极区 皮纳图博
	埃尔奇琼	皮纳图博	
24~32km	臭氧减少 2%	臭氧减少 5%	臭氧增加 5%
16~24km	臭氧减少 10%	臭氧减少 15%	臭氧减少 10%
8~16km	臭氧减少 10%	臭氧减少 15%	臭氧减少 20%

注:据 James J. Angell(1998)文章资料改编。

位于冰岛南部亚菲亚德拉冰盖的艾雅法拉火山,当地时间 2010 年 4 月 14 日凌晨 1 时(北京时间 9 时)开始喷发,喷发地点位于冰岛首都雷克雅未克以东 125km,岩浆融化冰盖引发洪水,附近约 800 名居民紧急撤离。

火山喷出的火山灰还在大气层中扩散,导致冰岛、英国、德国、波兰等多国持续阴天。西部欧洲多国航线中断。火山灰对航班的影响,会使飞机引擎熄火,原因是民航飞机飞行时多飞行于云层上,那里闪电、飓风比较少,适于飞行,而那里同时也是火山灰的聚集地。当飞机飞入云层,火山灰会吸附在引擎里并冷却,造成引擎停止运行。在飞机飞入 4000m 左右的高空时,火山灰融化并脱落,引擎重新开始工作。另外,火山灰对一些呼吸道疾病患者也有一定影响。

思考题：

1. 简述大气演化史。
2. 简述大气环流对区域大气环境的影响。
3. 简述火山喷发对大气环境组成的影响。

第三篇
次生环境地球化学

第七章 矿业活动的环境地球化学

矿产资源是经济社会发展的重要原材料基础和物质来源。我国95%以上的能源、80%以上的工业原料以及70%以上的农业生产资料都来自矿产资源。随着我国工业化、城镇化和农业现代化进程的持续加快,经济社会发展对矿产资源需求总量不断增加,矿产资源的开发力度不断加大。矿产资源采冶过程中,存在废水及扬尘的排放、固体废弃物及尾矿的堆存,而在一系列物理、化学、生物作用的影响下废石、尾矿、废渣中的重金属等污染物质会释放到环境中,产生水体污染、土壤污染及生态破坏等环境问题。

自20世纪80年代以来,我国矿山环境保护工作取得了很大进展,但从总体上来看,我国矿山环境恶化的趋势还没有得到有效遏制。2014年,我国共有各类矿山16.5万个,其中大型矿山占全国矿山总数的0.33%,中型矿山占0.82%,小型矿山16.3万个,占到全国矿山总数的98.85%。矿山开采和冶炼过程中产生的环境问题广泛而且异常复杂。本章主要以金属矿、煤矿以及油气矿产资源为代表,从其采冶过程中排放的污染物的产生、危害、特点以及这些污染物在水-土-气介质中迁移转化过程这几个方面来介绍矿业活动的环境地球化学过程。

第一节 多金属矿产活动的环境地球化学

一、多金属矿产活动过程与污染物排放

矿产资源是人类社会文明必需的物质基础。随着工农业生产的发展,世界人口剧增,人类精神文明、物质生活水平的提高,社会对矿产资源的需求量日益增大。矿产资源的开发、加工和使用过程不可避免地破坏和改变自然环境,产生各种各样的污染物质,造成大气、水体和土壤的污染,给生态环境和人体健康带来直接或间接的、近期或远期的、急性或慢性的不利影响。同时,矿产是一种不可再生的自然资源,所以,开发矿业所产生的环境问题,日益引起各国的重视:一方面是保护矿山环境,防治污染;另一方面是合理开发利用,保护矿产资源。现将矿产资源在开采、加工和使用过程中产生的环境问题简述如下。

1. 废水

所谓矿山废水包括采掘工程、矿山围岩、矿石被长期浸泡溶解含有大量可溶性矿物的孔隙水、裂隙水或溶洞水；露天矿坑或废石场受雨水淋滤、渗透而溶解了矿物中可溶成分的废水；选矿过程中为选别矿物而加入大量的有机药剂形成的尾矿水等。矿山废水的排放对环境的污染是特别严重的，其污染特点主要表现在排放量大、持续时间长、污染范围大、影响地区广以及成分复杂、浓度极不稳定等方面。

2. 固体废弃物

矿山固体废物属于工业固体废物，主要是指各类矿山在建设井巷、开采过程、露天采矿过程中所产生的剥离物和废石以及洗冶矿过程中所产生的尾矿或废渣等。根据《中国环境统计年报》数据显示，2013年我国一般工业固体废物产生量 32.8×10^8 t，其中尾矿、冶炼废渣、炉渣的产生量分别为 10.6×10^8 t、3.7×10^8 t 和 2.6×10^8 t。目前我国废石的堆存总量已达数百亿吨，是名副其实的废石排放量第一大国。

露天矿山开采需要事先剥离矿体上的覆土层和坡积物（称为剥离物）。当剥离工作接近矿体时，剥离物中往往会夹带部分矿石。在井下开采工程的初期，也会产生为建设主井、副井和风井广场而剥离的坡积物。我国矿山开采产生的剥离废石量惊人，且矿山开采的采剥比大。例如：冶金矿山的采剥比为1：(2～4)；有色矿山采剥比大多为1：(2～8)，最高达1：14；黄金矿山的采剥比最高可达1：(10～14)。

矿山开采过程所产生的无工业价值的矿体围岩和夹石统称为废石，废石包括井下岩巷掘进产生的废石，采矿产生的不能作为矿石的夹石，以及露天矿中剥离下来的矿体表面围岩。一般地，井下矿每开采1t矿石要产生废石2～3t，露天矿每开采1t矿石要剥离废石6～8t。一个大中型坑采矿山基建工程中要产生20万～50万 m^3 的废石，生产过程中还会产生6万～15万 m^3 的废石。一个露天矿山的基建剥离废石量，少则几十万立方米，多则上千万立方米。仅我国几个较大的露天矿，总废石量已达数亿吨。矿石在选矿过程中选出目的精矿后，剩余的含目的金属很少的矿渣称为尾矿。通常，每处理1t矿石可产生尾矿0.5～0.95t。我国目前大多数企业采用湿法选矿，尾矿大多以流体状态排出，通常用尾矿坝储存。金属矿床的矿石通常都要在矿山进行选矿，以提高矿物品位（含量），将有用的矿物运至冶炼厂，同时丢弃无用的废石。非金属矿床及燃料矿床一般所含有用矿物较多，因而通常在矿山直接加工成产品，例如煤大多就是在矿山分选后外售，分选过程产生煤矸石和其他的杂质。矿山生产工序及固体废弃物产生环节示意图见图7-1。

3. 大气污染物

现代矿山，特别是大型矿山，多为采矿、选矿和冶炼的联合企业，同时还设置有为产品服务的建材、化工、烧结、焦化、电厂等辅助企业。生产过程中，这些企业持续地向矿区地面和井下空间排放各种无机和有机的气体、烟雾、矿物性及金属性粉尘。这些污染物质进入矿区大气，使矿区周围大气质量恶化，从而危害人们的生活和身体健康，影响生态平衡，这种状态称为矿区大气污染。矿区大气污染属于地区性污染，即污染范围通常为矿区及其附近地区。

矿区大气污染物按其性质可分为气态污染物和气溶胶污染物两大类。气态污染物系指矿山在采矿、选矿、冶炼过程中产生的在常温常压下呈气态的污染物，它们以分子状态分散在空气中，并向空间的各个方向扩散。密度大于空气者下沉，密度小于空气者向上飘浮。它们可分为：以 SO_2 为主的含硫氧化物，以 NO 和 NO_2 为主的含氮氧化物，以 CO_2 为主的含碳氧化物、

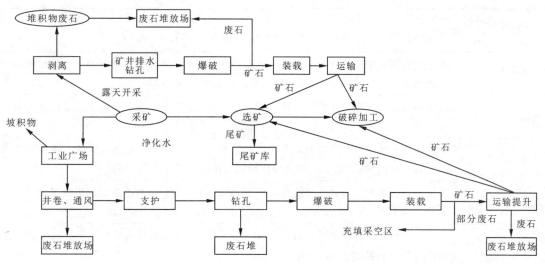

图 7-1 矿山生产工序及固体废弃物产生环节示意图

碳氢化合物以及少数卤素化合物。此外,含铀、钍的矿山还存在放射性气体。气溶胶系指沉降速度可以忽略的固体粒子、液体粒子或固体和液体粒子在气体介质中的悬浮体。按照其性质,属于气溶胶的物质有粉尘、烟尘、液滴、轻雾及雾等。

矿区大气污染物主要来源于露天开采和井巷开采的爆破、运输及固体废物无序堆放,以及冶炼厂对矿石的冶炼加工过程。露天开采的扬尘,大爆破生成的有毒气体、粉尘,汽油、柴油设备产生的废气,采、选、冶的固体堆积物氧化,水解产生的有害气体和由矿井排出的废气。选矿厂对大气的污染主要是破碎研磨及干燥过程中产生的粉尘以及尾矿坝的干粉扬尘,其次是浮选车间的药剂气味。据统计,生产 1t 铅,排烟量达 $3000m^3$;电炉炼铜废气排放量达 $4×10^4 \sim 6×10^4 m^3/h$。

二、水文环境地球化学

随着采矿工业的不断发展,开采、选矿、矿物运输、防尘、防火等诸多生产及辅助工艺产生大量废水。我国每年采矿产生的废水、废液排放总量约占全国工业废水排放总量的 6%。2013 年我国工业废水排放量为 $209.8×10^8$ t。其中,金属矿采冶行业废水排放的重金属(汞、镉、铅、砷和六价铬)占工业废水排放的重金属污染物总量的一半以上(表 7-1)。这些未经处理或处理不完全的废水直接外排,必将对自然水体造成严重污染,使水资源将遭到严重破坏。

表 7-1 2013 年我国金属矿采选、金属制品工业中废水重金属污染物排放量统计

污染物	排放量(t)	说明
汞	0.5	工业行业废水中汞的排放总量是 0.8t。其中,有色金属矿采选业、有色金属冶炼和压延加工业排放的汞为工业废水汞排放总量的 61.2%

续表 7-1

污染物	排放量(t)	说明
镉	14.7	工业行业废水中镉的排放总量是 17.9t。其中,有色金属冶炼和压延加工业排放的镉为工业废水中镉排放总量的 69.5%,有色金属矿采选业为 12.6%
铅	57.7	工业行业废水中铅的排放总量是 74.1t。其中,有色金属冶炼和压延加工业排放的铅为工业废水铅排放总量的 43.7%,有色金属矿采选业为 34.18%
砷	56.8	工业行业废水中砷的排放总量是 111.6t。其中,有色金属矿采选业排放的砷为工业废水中砷排放总量的 28.2%,有色金属冶炼和压延加工业为 22.7%
六价铬	39.3	工业行业废水中六价铬的排放总量是 58.1t。其中,有色金属冶炼和压延加工业排放的六价铬为 2.7t,金属制品业为 36.6t
总铬	60.9	工业行业废水中总铬的排放总量是 161.9t。其中,金属制品业排放的总铬占工业行业废水总铬排放量的 37.6%

1. 矿山废水的特点

水在使用过程中丧失了使用价值而被废弃外排,这种水就称为废水。导致水丧失使用功能的基本原因,是水中出现了污染物质。这些污染物质绝大部分是由使用环境中转移到废水中来的,但也有极少数废水是受外部因素,如热能、辐射等影响产生。在矿山范围内,从采掘生产地点、选矿厂、尾矿坝、排土场以及生活区等地点排出的废水,统称为矿山废水。由于矿山废水排放量大,持续性强,且含有大量重金属离子、酸、碱、固体悬浮物以及选矿时使用的各种药剂,个别矿山废水中甚至还含有放射性物质等,因此,矿山废水在外排过程中对环境的污染是特别严重的,其污染特点主要表现在以下几个方面。

1)排放量大,持续时间长

一般情况下,矿山废水的排放量是相当大的,持续时间也较长。在矿山诸多生产环节中,选矿厂废水的排放量尤其惊人。例如:浮选法处理 1t 原矿石,废水排放量一般为 3.5~4.5t;浮选-磁选法处理 1t 原矿石,废水排放量为 6~9t;若采用浮选-重选法处理 1t 原铜矿石,其废水排放量可达 27~30t。美国西雅里塔铜钼矿采用浮选法日处理原矿石 85 万 t,若不考虑回水利用,则每天尾矿废水的排放量为 34 万 t 左右。

2)污染范围大,影响地区广

矿山废水引起的污染,不仅限于矿区本身,其影响范围广。例如:由于日本足尾铜矿矿山废水流出矿区,排入渡良濑川,又遇发生洪水泛滥,导致矿山废水广为扩散,茨城、栖木、群马、埼玉四县数万公顷的农田遭受危害。废水流经之处,田园荒芜、鱼类窒息,沿岸数十万人流离失所,无家可归。美国仅由于选矿的尾矿池和废石堆所产生的化学及物理废水污染,致使 14 881km 以上的河流水质恶化;阿肯色、加利福尼亚几个州内,主要河流都受金属矿山废水的污染,水中所含有毒元素砷、铅、铜等都超出了标准浓度限值。

3)成分复杂,浓度极不稳定

矿山废水中有害物质的化学成分比较复杂,含量变化大,如选矿厂的废水中含有多种化学物质。这是由选矿时使用了大量的表面活性剂及品种繁多的其他化学药剂而造成的。选矿药剂中有些化学药剂属于剧毒物质(如氰化物),有的化学药剂毒性虽然不大,但当用量较大时,也会造成环境污染。如各类捕收剂、起泡剂等表面活性物质,它们会使废水中生化需氧量(BOD)和化学需氧量(COD)迅速增高,使废水出现异臭。大量使用硫化钠会使硫离子浓度增高;大量使用石灰强碱性调整剂会显著提升矿山废水的pH值。

总之,选矿时添加化学药剂的品种和数量不同,废水中的化学成分、浓度大小及危害程度亦有所不同。

2. 矿山废水的分类和形成

1)矿山废水的分类

在矿山开采的过程中,会产生大量矿山废水,如矿坑水、矿山工业用水、废石场淋滤水、选矿废水及尾矿坝废水等。其中,矿坑水、矿山工业用水(包括选矿水等)是矿山废水的主要来源。

(1)矿坑水。矿坑水亦称为矿井水,主要由以下水源组成:地下水及老窿水涌入巷道,采矿生产工艺形成的废水,地表降水通过裂隙、地表土壤及松散岩层或其他与井巷相连的通道流入井下或露天矿场。矿井涌水量主要取决于矿区地质、水文地质特征、地表水系的分布、岩层土壤性质、采矿方法以及气候条件等因素。

矿坑水的性质、成分与矿床的种类、矿区地质构造、水文地质等因素密切相关。地下水是矿坑水的一个主要来源,地下水的性质对矿坑水的性质及成分亦有影响。但是,矿坑水在成分和性质上比地下水复杂得多,不能把矿坑水和地下水混为一谈。沿井巷流动的地下水和采矿用水所形成的矿坑水,都溶解和渗入了各种可溶物质的分子、离子、气体以及各种固体微粒、油类、脂肪及微小物等,使水的成分发生显著变化。此外,地下水亦可能含有某种有害气体(如氡等)。它们从水中逸出,会造成空气环境污染。

矿坑水中常见的离子有Cl^-、SO_4^{2-}、HCO_3^-、Na^+、K^+、Ca^{2+}、Mg^{2+}等数种;微量元素有镉、铜、铁、铅、锌、汞、砷、钼、银、锡、碲、锰、铋、钛、镍、铍等。可见,矿坑水是含有多种污染物质的废水,不同类型的矿山废水污染的程度和污染物的种类是不同的。矿坑水污染可分为矿物污染、有机物污染及细菌污染,在某些矿山中还存在放射性物质污染和热污染。其中,矿物污染有泥沙颗粒、矿物杂质、粉尘、溶解盐、酸和碱等;有机污染物有煤炭颗粒、油脂、生物代谢产物、木材及其他物质氧化分解产物;矿坑水中不溶性杂质主要为大于$100\mu m$的粗颗粒、粒径在$0.1\sim100\mu m$和$0.01\sim0.1\mu m$的固体悬浮物及胶体悬浮物;矿井水的细菌污染主要是霉菌、肠菌等微生物污染。

矿坑水的总硬度多在$30g/L$以上,故矿坑水多为极硬水,未经软化是不能用作工业用水。通常,矿坑水的pH值在$7\sim8$之间,属弱碱性;含硫的金属矿山的矿坑水中,SO_4^{2-}较多,大多都是酸性水。

(2)矿山工业用水排水。矿山诸多生产工艺中都需要用水,而且使用后的水都受到不同程度的污染而变成废水。如图7-2所示为金属矿山用水流程,从中可以看出,矿山废水污染的主要途径包括以下几个方面。

(a)矿井排水:矿山地下采掘工作会使地表降水及蓄水层的水大量涌入井下,尤其是水沙充填采矿,更会使矿井排水量增加。由于采矿业产生的废水中含有大量的矿物微粒和油垢、残留的炸药等有机染物,故在排放过程中造成地表和地下水源的严重污染。

(b)渗透污染:矿山废水或选矿废水排入尾矿池后,通过土壤及岩石层的裂隙渗透而进入含水层,造成地下水资源的污染。同时,矿山废水还会渗过防水墙,造成地表水的污染。

(c)渗流污染:含硫化物废石堆直接暴露在空气中,不断进行氧化分解生成硫酸盐类物质,尤其是当降雨侵入废石堆后,在废石堆中形成的酸性水就会大量渗流出来,污染地表水体。

(d)径流污染:采矿工作会破坏地表或山头植被,剥离表土,因而造成水蚀和水土流失现象的发生;降雨或雪融后水流搬运大量泥沙,不但堵塞河流渠道,而且会造成农田的污染。

综上所述,采矿过程中水污染的途径是多方面的,其污染所造成的后果也是相当严重的。

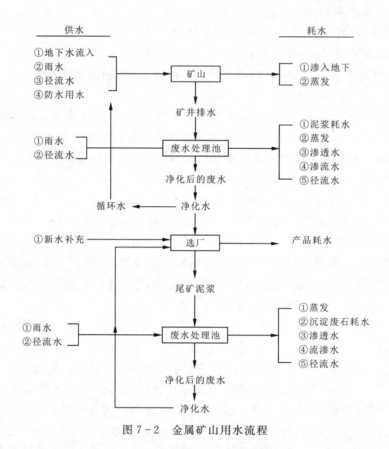

图 7-2 金属矿山用水流程

(3)矿山酸性废水的形成。金属矿山矿石或围岩中含有的硫化矿物经氧化、分解并溶解在矿坑水源之中,从而形成酸性水。尤其在地下开采的坑道里,有大量渗入的地下水和良好的通风条件,为硫化矿的氧化、分解创造了极为有利的条件。

无论是地下或露天开采的矿山,其酸性水形成的机制如下。

在干燥环境下,硫化物与氧反应生成硫酸盐和二氧化硫:

$$FeS_2 + 3O_2 \rightarrow FeSO_4 + SO_2 \tag{7-1}$$

在潮湿环境中,有:

$$2FeS_2 + 2H_2O + 7O_2 \rightarrow 2FeSO_4 + 2H_2O \tag{7-2}$$

硫酸亚铁在硫酸和氧的作用下生成硫酸铁,此过程中细菌是触媒剂,它大大加速这个过程:

$$4FeSO_4 + 2H_2SO_4 + O_2 \rightarrow 2Fe_2(SO_4)_3 + 2H_2O \tag{7-3}$$

生成的硫酸铁溶液与水中的 OH^- 结合成氢氧化铁,沉淀下来:

$$Fe_2(SO_4)_3 + 6H_2O \rightarrow 2Fe(OH)_3\downarrow + 3H_2SO_4 \tag{7-4}$$

因为硫酸铁可与黄铁矿反应,进一步促进氧化,并加速酸的形成:

$$Fe_2(SO_4)_3 + FeS_2 \rightarrow 3FeSO_4 + 2S^0 \tag{7-5}$$

$$S^0 + 3O + H_2O \rightarrow H_2SO_4 \tag{7-6}$$

除上述过程外,还有一些生成酸的其他反应同时进行。形成酸性矿山水的几个重要条件是:矿岩中含有黄铁矿;矿岩中没有足够数量中和酸的碳酸盐或其他碱性物质;黄铁矿被随意排弃在非专用的水池。矿山酸性水除了来自含有硫化矿物的矿山外,废石堆和尾矿池亦产生酸性渗流水。

(a)废石场淋滤水。废石是矿山开采及选矿生产过程中形成的数量巨大的产物,尤其是露天矿,废石排放量更大。例如:美国的西雅里塔露天矿,仅在基建过程中剥离的废石和泥土量就达 1.2×10^{10} t;我国湖北某露天矿,自 1958 年开采以来,废石的排放量就达 1.0×10^9 t 以上。这些含有一定矿石成分的废石在大量堆积的情况下,废石中硫化矿物就会不断与水或水蒸气接触而被氧化,形成酸性水。同时,废石堆表面层的废石物料不断地风化,陆续暴露新的硫铁矿物,发生的氧化反应较充分时,可产生浓度很高的酸性溶液(即高浓度的硫酸盐)。当降水或降雪融化时,淋滤水的大量外泄造成附近地区的环境污染。酸性强和高含量的有毒盐类,使在废石堆上进行种植十分困难,并使地表水质恶化,河流中大量鱼类死亡,生物群毁灭,造成严重的环境问题。

(b)尾矿酸性渗流水。尾矿酸性渗流水是矿山酸性水的又一来源。在处理尾矿工艺中,最为棘手和涉及面最广的问题是处理尾矿中渗出的酸性水问题。尾矿中渗出的污水中,不仅含有酸性物质,而且还含有重金属离子、溶解的盐类及未溶解的微小悬浮颗粒物。

(c)采矿场产生的酸性污水。采矿场酸性污水形成与废石场淋滤水、尾矿池酸性渗滤液相似,主要是采场内地表径流与矿物和废石中含硫物质、重金属元素等发生物理或化学作用而形成的。

3. 矿山废水中的主要污染物及其危害

水体中的污染物可分为无机无毒物、无机有毒物、有机无毒物和有机有毒物四大类。无机无毒物主要是酸、碱及一般无机盐和氮、磷等植物营养物质。无机有毒物主要是指各类重金属(汞、铬、铅、镉)和氰、氟化物等。有机无毒物主要是指在水体中比较容易分解的有机化合物,如碳水化合物、脂肪、蛋白质等。有机有毒物主要是苯酚、多环芳烃,以及各种人工合成的、具有积累性的稳定化合物,如多氯联苯等。除上述四类污染物质外,还有常见的恶臭、细菌、热污染等污染物质和污染因素。

一种物质排入水体是否会造成水体污染取决于该物质的性质及其在废水中的浓度,含这种物质的废水排放总量,受纳水体的特性及其吸收污染物质的容量。下面简述矿山废水中主要污染物质及其危害。

1)有机污染物

有机污染物是指生活污水或工业废水中所含的碳水化合物、蛋白质、脂肪、木质素等有机化合物。矿山废水池和尾矿池中有机物的来源主要有植物以及矿山选厂、炼焦炉和分析化验室排放废水中含有的酚、甲酚、萘酚等有机物等。

2)油类污染物

油类污染物是指废水中较为普遍的污染物。水面油膜的存在,首先影响水体表观性状,且当油膜厚度在 10^{-4} cm 以上时,它会阻碍水面的复氧过程,阻碍水分蒸发、大气与水体间的物质交换,改变水面的反射率和进入水面表层的日光辐射。这种情况可能会对局部区域气候造成影响,还会影响鱼类和其他水生生物的生长繁殖。

3)酸碱污染

酸碱污染是矿山水污染中较普遍的现象。在矿山酸性废水中,一般都含有金属和非金属离子,其质和量与矿物成分、含量、矿床埋藏条件、涌水量、采矿方法、气候变化等因素有关。表7-2 列出了我国几个矿山井下和废石场废水中的 pH 值及有害物质含量。

酸性废水排入水体后,使水体 pH 值发生变化,消灭或抑制细菌及微生物的生长,妨碍水体自净,还可腐蚀船舶和水工构筑物。若天然水体长期受酸碱污染,使水质逐渐酸化或碱化,将会对生态产生影响。

表 7-2 几个矿山废水中 pH 值及有害元素含量 (单位:mg/L)

矿山	湘潭锰矿	东乡铜矿	丁家铜矿	凹山铁矿	大冶铁矿	潭山硫铁矿
pH 值	3~3.8	1.8~4.2	2~3	1.7	4~5	2~3
总酸度	4000~5000		506			
SO_4^{2-}				7789		4120
Cu^{2+}		4.2~27.2	20~80		170~400	
Fe^{3+}		18~4711		465		
Fe^{2+}		7.8~5033		9.1		
总铁	10~25		10~800			926
Mn^{2+}	600~800					
Al^{3+}	50~190					
Mg^{2+}	200~300					
Ag						1.6

酸碱污染不仅改变水体的 pH 值,而且还会大大增加水中一般无机盐和水的硬度。酸、碱与水体中的矿物相互作用产生某些盐类,水中无机盐的存在能增加水的渗透压,对淡水生物和植物生长有不良的影响。

4)重金属污染

重金属是指密度大于 $4.5g/cm^3$ 的金属。矿山废水中的重金属主要有汞、铬、镉、铅、锌、镍、铜、钴、锰、钛、钒、钼和铋等,尤其是前几种危害更大。例如:汞进入人体后被转化为甲基汞,在脑组织内积累,破坏神经功能,无法用药物治疗,严重时能造成全身瘫痪甚至死亡;镉中毒时引起全身疼痛、腰关节受损、骨节变形,有时还会引起心血管疾病。

重金属毒物具有以下特点:①不能被微生物降解,只能在各种形态间相互转化、分散,如无机汞能在微生物作用下转化为毒性更大的甲基汞。②重金属的毒性以离子态存在时最严重,金属离子在水中容易被带负电荷的胶体吸附,吸附金属离子的胶体可随水流迁移,但大多数会迅速沉降,因此,重金属一般都富集在排污口下游一定范围内的底泥中。③能被生物富集于体内,既危害生物,又可通过食物链危害人体。淡水鱼能将汞富集 1000 倍、镉富集 300 倍、铬富集 200 倍等。④重金属进入人体后,能够和生理高分子物质,如蛋白质和酶等发生作用而使这些生理高分子物质失去活性,也可在人体的某些器官积累,造成慢性中毒,其危害有时需几十年才能显现出来。

含有大量重金属的矿山排水随灌渠水进入农田时,除流失一部分外,另一部分被植物吸收,剩余的大部分在泥土中聚积。当达到一定数量时,农作物就会出现病害。土壤中含铜达 20mg/kg 时,小麦会枯死;达到 200mg/kg 时,水稻会枯死。此外,重金属污染了的水还会使土壤盐碱化。

5) 氰化物

由于氰化物对硫化矿物具有明显的选择抑制作用,在弱碱性溶液中能优先溶解矿石中的金、银、铅、锌等贵重金属,因而在选矿中广泛地被用作浮选的抑制剂和浸出剂。通常,浮选铅锌矿石时每处理 1t 矿排出 $4.5\sim6.5m^3$ 水,其中含氰化物 $20\sim50g$,平均浓度为 $4\sim8mg/L$;在用氰化法提金时,所排放的废水也含有氰化物;电镀水中氰化物的含量为 $1\sim6mg/L$。此外,高炉和焦炉冶炼生产中,煤中的碳与氨或甲烷与氢化物化合生成氰化物,一般在其洗涤水中氰化物的含量高达 $31mg/L$。氰化物在水体中较易降解,其降解途径如下。

(1) 氰化物与水中二氧化碳作用生成氰化氢,挥发而出,这个降解过程可除去氰化物总量的 90%,如下式:

$$CN^- + CO_2 + H_2O \rightarrow HCN\uparrow + HCO_3^- \qquad (7-7)$$

(2) 水中游离氧使氰化物氧化生成 NH_4^+ 和 CO_3^{2-},逸出水体,这个过程只占净化总量的 10%,如下式所示:

$$2CN^- + O_2 \rightarrow 2CNO^- \qquad (7-8)$$
$$CNO^- + 2H_2O \rightarrow NH_4^+ + CO_3^{2-} \qquad (7-9)$$

氰化物是剧毒污染物,一般人只要误服 0.1g 左右的氰化钠或氰化钾就会死亡,敏感的人甚至服用 0.06g 就致死。当水中 CN^- 含量达 $0.3\sim0.5mg/L$ 时便可使鱼类死亡。

6) 可溶性盐类

当水与矿物、岩石接触时,会有多种盐类(如氯化物、硝酸盐、磷酸盐等)溶解于水中。低浓度的硝酸盐和磷酸盐是藻类营养物,可以促进藻类大量生长,从而使水失去氧;硝酸盐类、磷酸盐类浓度高的水,对鱼类有毒害作用。碳酸氢盐、硫酸盐、氯化钙、氯化镁等会使水变为硬水。

除此之外,矿山废水中污染物还有放射性污染、热污染、水的浊度污染以及固体悬浮物和颜色变化等污染形式。

三、土壤环境地球化学

矿山开采向环境中排放的污染物主要包括固体废弃物(废石、尾矿等)、酸性废水、重金属、废气等污染物,而土壤是环境污染物最重要的汇区。金属矿废渣中含有大量的重金属,在长期露天堆放后这些物质经过雨水淋溶、风扬等作用向矿区周围扩散,导致土壤污染。含有重金属、氰化物、石油等污染物的矿山排水可直接或间接地造成土壤污染。金属矿山的破碎、筛分和选矿中产生的粉尘以及废渣堆的扬尘中含有大量重金属,最终以沉降的形式归趋于水体和土壤。本部分着重介绍金属矿山土壤污染的特点、来源、危害及现状等几个方面。

1. 矿区土壤污染的特点

2005—2013年,我国开展了首次全国土壤污染状况调查,2014年发布了《全国土壤污染状况调查公报》。公报中关于典型地块及其周边土壤污染状况的调查数据显示,金属矿采冶行业企业用地、工业废弃地、工业园区、采矿区、周边污灌区等土壤中重金属元素含量大多超标,矿山土壤环境形势不容乐观。这类矿区土壤污染现状主要表现为 Cu、Pb、Zn、Cd、Hg、As 和 Cr 等元素超标。土壤重金属污染有其自身特点,主要表现为以下几个方面。

(1) 隐蔽性和滞后性。土壤重金属污染往往要通过土壤及农作物样品检测后,甚至通过对人和动物健康状况进行诊断后才能确定。

(2) 积累性。由于重金属元素在土壤中不易迁移、扩散、稀释,很容易在土壤中不断积累而超标。同时,土壤污染具有很强的地域性。

(3) 不可逆转性和难治理性。重金属的自然降解非常困难,积累在土壤中的重金属很难靠土壤本身的自净作用来消除。

2. 土壤污染物质的来源与途径

矿山各个生产阶段都有可能造成矿区土地的污染。矿山勘探阶段的污染相对较轻微,污染物主要来源于勘探和钻井的废弃物。在矿山试生产阶段的污染主要来自试验性开采中加工的化学物质、燃料和废弃物。在矿区建设阶段的污染主要是矿山基建工程产生的一些土石、燃料燃烧及其不当处置产生的污染。而在矿山开采阶段,矿山废水、废气、废渣都直接或间接地对矿区土地产生不同程度的污染。

1) 勘探和试生产阶段

矿山勘探阶段主要污染物来源有:石油、润滑剂的不当储存和处置,包括油气开采、试井、钻探过程及事故中的落地原油;矿区废物的不当处置;钻井添加剂和泥浆液。

试生产阶段是与矿山开发相关的矿物加工过程的一部分。此阶段的污染源主要是试验性开采中加工的化学物质、燃料和各种废弃物,加工处理的低品位矿石、矿物加工的副产品及其所用的化学物质和相关副产品,加工辅助活动产生的污染物、燃料与润滑物储存和加工过程产生的废矿料等。

2) 矿山建设阶段

矿区建设阶段主要是进行矿山基建工程,其主要污染物是矿山基建工程产生的一些土石、燃料燃烧及其不当处置产生的污染。这一类污染物不同于矿山开采阶段所产生的污染物质,其污染类型相对简单,污染程度相对较低,影响面积相对较小。

3) 矿山开采阶段

金属矿山的采冶活动产生大量废石、尾矿、废渣、废水以及扬尘等污染物。其中,金属矿山排放的主要固体废弃物是尾矿砂和开采剥离的废石、废渣。尾矿砂主要由矿砂、尾矿浆和尾矿溶液组成。矿砂的主要成分为石英、长石、方解石、黏土等矿物;尾矿浆的矿物成分与矿砂相似,但粒度较细小;尾矿溶液为水及溶于其中的各类酸、碱、重金属等化学物质的混合物。废石、废渣主要是矿山的剥离废石和掘进废石,其数量巨大、性质复杂。

这些矿山固体废弃物经表生作用使得可溶成分从地表向下渗透,向土壤迁移转化,使其酸化或碱化、硬化,甚至发生重金属型污染。研究表明,一般的有色金属矿区附近的土壤中,Pb 含量为正常土壤的 10~40 倍,Cu 含量为 5~200 倍,锌含量为 5~10 倍。矿山含重金属废弃物种类繁多,不同种类其危害方式和污染程度都不一样。重金属在土壤中的含量和形态分布特征受矿山固体废弃物释放率的影响,其含量明显高于矿区的土壤背景值,且随距离的增加而降低,范围一般以废弃堆为中心向四周扩散。由于矿山废弃物种类不同,重金属污染程度也不尽相同,如铬矿堆存区的 Cd、Hg、Pb 为重度污染,Zn 为中度污染,Cr、Cu 为轻度污染。

金属矿山的矿井水、选矿废水、冶炼废水含有较多的重金属污染成分,因而成为污染源。在矿山生产中,排放的危害较大的污染物质至少有铅、锌、镉、汞、铬、砷、氟和硫酸等。这些元素随矿山排水和降水进入水环境(如河流等)或直接进入土壤,直接或间接地造成土壤重金属污染。矿山开采过程中矿山开采深度较大,而矿区排水工程防渗能力较差,极易发生渗漏。污染物质随地下水扩散,引起矿区土壤大面积污染。

3. 矿山土壤污染危害

当土壤中含有害物质过多,超过土壤的自净能力,就会引起土壤的组成、结构和功能发生变化,微生物活动受到抑制,有害物质或其分解产物在土壤中逐渐积累,通过"土壤→植物→人体"或"土壤→水→人体"间接被人体吸收,达到危害人体健康的程度就是土壤污染。矿山土壤污染可能造成的危害有以下几个方面。

(1)影响植物(作物)生长。污染物质(特别是重金属)通过渗透、淋溶等作用等进入土壤后会对植物根部生长发育产生抑制作用,影响植物对营养元素的吸收和运输,干扰植物的新陈代谢,最终影响植物的生长发育。

(2)严重影响矿区居民的人体健康。污染物质(如重金属、有机污染物)元素可以通过"土壤→植物→人体"食物链进入人体,危害人类身体健康。

(3)降低土壤的生态功能。污染物质进入土壤后,对土壤的理化性质、生物特性和微生物群落结构产生不良影响,降低土壤微生物量和活性细菌数量,减少土壤系统中生物多样性,从而影响土壤生态结构和功能。

4. 土壤环境问题

1)重金属污染

土壤重金属污染的来源主要是采矿、冶炼等工矿企业排放的废气、废水和废渣。我国金属矿的采冶行业矿区周边土壤现状是重金属积累,主要污染物为铜、镉、锌、汞、铅、铬、砷等。这些污染物质进入土壤环境后,扩散迁移比较慢,且不被微生物所降解,通过溶解、沉淀、絮凝、络合、吸附等过程形成不同的化学形态。

重金属矿山开采过程中将井下矿石搬运到地表,并通过选矿和冶炼,使地下一定深度的矿物暴露于地表,使矿物的化学组成和物理状态发生改变,从而使重金属元素向生态环境释放和迁移。随着矿山开采年份的增加,矿区环境中重金属不断积累,使矿区重金属污染日趋严重。矿区土壤是重金属污染最严重的环境介质,因此可以认为矿区土壤具有潜在的危险性。土壤重金属污染是一种不可逆的污染过程,不仅对植物的生长造成影响,还通过土壤-植物(作物)系统,经食物链为动物或人体所摄入,并在体内富集,引发癌症和其他疾病等,影响人体健康。

此外,金属矿山固体废物中的重金属元素由于各种作用渗入到土壤中,会导致土壤毒化,造成土壤中大量微生物死亡,土壤逐渐失去腐解能力,最终沙化变成"死土"。不少金属矿山的固体废物中还含有放射性物质。例如:在非铀金属矿山当中,有 30% 以上矿山的矿岩中含有放射性物质。含放射性物质的固体废物不但不宜作建筑材料使用,而且还必须进行严格的处理,否则会使矿区及周围环境的污染范围扩大,引起严重后果。

矿山土壤重金属累积是一个长期的、缓慢的过程,且不同金属累积规律不同。同时,不同元素的污染变化趋势有一定的差异。例如:Cu、Zn、Ni元素变化显著,在百年废矿井区土壤中的含量明显高于新矿区土壤;Cr、Sn元素变化不显著;Co表现出显著的迁移性,各矿井区土壤中Co含量明显高于土壤背景值。

2)水土流失

露天矿剥土、矿山疏干排水、植被破坏、矿山崩塌、泥石流活动,导致水土流失严重。如黄土区神府东胜矿区开采后,由原输沙量3021万 t/d增加到6753万 t/d;江西省(1980—1990年)弃土、尾沙量6.12亿 m^3,流失量为5800m^3。

3)矿山地质灾害

矿山排出的大量矿渣及尾矿的堆放,除占用大量土地、严重污染水土资源及大气外,还经常发生塌方、滑坡、泥石流等矿山地质灾害,以乡镇集体和个人采矿场尤为突出。这些采场通常在河床、公路、铁路两侧开山采矿,乱采滥挖、乱堆乱放,经常把固体废弃物堆放在河床、河口、公(铁)路边等处。强降雨期间存在发生滑坡、泥石流的巨大隐患,尾矿等固体废弃物可能会被冲入江河湖泊,造成水库河塘淤塞、洪水排泄不畅,甚至冲毁公路、铁路,造成房屋损毁等,极大地危害人民群众的生命和财产安全。

我国许多露天矿山在开采过程中,经常发生边坡失稳、滑坡和崩塌等灾害。如山西峨口铁矿尾矿坝被洪水冲垮,形成与泥石流相似的灾害,使下游的繁峙、代县的6000亩农田被毁;陕西金华山煤矿因地下采空,地面变形,产生崩塌性滑坡,摧毁了村庄和矿山工业广场的设施。在我国矿山经常发生的地质灾害现象中,还有矿床尾岩变形、顶板冒落等。如阜新海州露天煤矿、平庄西露天矿、抚顺西露天矿、辽宁大孤山铁矿,都发生过较严重的滑坡和崩塌,少则几百立方米,多则几十万、几百万立方米,除造成运输和生产中断、附近建筑物的破坏外,还严重地影响人民群众的生命安全。

4)土地资源被占用与植被破坏

金属矿采冶活动导致大量土地资源被占用、植被破坏,包括厂房、工业广场、固体废弃物堆场,为采矿服务的交通(公路、铁路等)设施等。同时,矿山开采还会出现地面裂缝、变形及地表大面积的塌陷等。

2013年我国环境统计年报数据显示:重点调查工业企业的一般工业固体废物产生量为31.3×10^8 t。其中,尾矿产生量为10.6×10^8 t,占34.0%,尾矿综合利用量为3.3×10^8 t,综合利用率仅为30.7%;冶炼废渣产生量3.7×10^8 t,占11.8%,综合利用量为3.4×10^8 t,综合利用率为91.8%。大量的尾矿、废渣等固体废弃物的处置对土地资源的破坏是巨大的,同时每年的处置量在不断增加,不仅占用大量土地,而且对土壤和水资源造成了严重污染。

我国人多地少,人均仅占耕地1.3亩,对于矿山毁地速度之快,必须引起高度重视,采取有效措施加以解决。除尽量少占或不占良田外,还应积极开展造地复田,在复垦的土地上种植庄稼,发展森林和建设村庄,满足人民群众改善生活和生态环境的需要。

四、气体环境地球化学

在采矿生产和矿业加工中,特别是露天开采时对矿山周围大气污染甚为严重。不同类型矿山产生的大气污染物质见表7-3。大气污染物在逆温条件下停留在深凹露天矿坑内不易排出,是加速导致矿工矽肺病的主要原因。金属矿山采矿和冶炼活动排放出来的大气污染物主要有颗粒物、氮氧化物、硫氧化物、碳氢化合物等。其中,大气中氮氧化物的迁移转化机制在第六章已经详述,本部分主要介绍大气颗粒物的分类、来源及组成等方面的内容。

表 7-3 大气污染物质与矿产类型的关系

矿种	产品类型	排放的污染物
能源矿种	石油、天然气、煤	CO、NO_x、HC、H_2S、烟尘、甲醛、硫氧化物、碳、粉尘
金属矿种	铁	CO、SO、氧化镁、氟化物、碳酸镍、硅酸盐、碳粒
	铝	氟化氢、氟化物、碳、氧化铝、氯化物、臭氧
	铜、锌、铅	CO、NO_x、SO_x、氟化物、镉
	镁	氟化物、氯化物、氧化钡
非金属矿种	水泥	铬、硅、灰尘
	碳化钙	CO、SO_x、乙炔
	玻璃	CO、SO_x、NO_x、氯化物、氟化物
	搪瓷	氟化物、硅、硼
	硫酸	SO_2、SO_x、NO_x

1. 大气颗粒物

1)大气颗粒物的粒径

粒径通常是指颗粒物的直径,这就意味着把颗粒物看作球体。但是,实际上大气中粒子的形状极不规则,把粒子看成球体是不确切的,因而对不规则形状的粒子,实际工作中常用诸如有效直径等来表示。对于大气粒子,目前普遍采用有效直径来表示,最常用的是空气动力学直径(D_p),其定义为与所研究粒子有相同终端降落速度的、密度为 $1g/cm^3$ 的球体直径。D_p 可由下式求得:

$$D_p = D_g K \sqrt{\frac{\rho_p}{\rho_0}} \qquad (7-10)$$

式中,D_g 为几何直径;ρ_p 为忽略了浮力效应的粒密度;ρ_0 为参考密度($\rho_0 = 1g/cm^3$);K 为形状系数,当粒子为球状时,$K=1.0$。

从上式可见,对于球状粒子,ρ_p 对 D_p 是有影响的。当 ρ_p 较大时,D_p 会比 D_g 大。由于大多数大气粒子满足 $\rho_p \leqslant 10g/cm^3$,因此 D_p 和 D_g 的差值因子必定小于 3。

大气颗粒物按其粒径大小可分为以下几类。

(1)总悬浮颗粒物:用标准大容量颗粒采样器在滤膜上所收集到的颗粒物的总质量,通常称为总悬浮颗粒物,用 TSP 表示,其粒径多在 $100\mu m$ 以下,尤其以 $10\mu m$ 以下颗粒物居多。

(2)飘尘:可在大气中长期飘浮的悬浮物称为飘尘,其粒径主要是小于 $10\mu m$ 的颗粒物。

(3)降尘:用采样罐采集到的大气颗粒物,在总悬浮颗粒物中,一般直径大于 $10\mu m$ 的粒子由于自身的重力作用会很快沉降下来,这部分颗粒物称为降尘。

(4)可吸入粒子:易于通过呼吸过程而进入呼吸道的粒子。目前国际标准化组织(ISO)建议将其定为 $D_p < 10\mu m$。

2) 大气颗粒物的化学组成

大气颗粒物的化学组成十分复杂，其中与人类活动密切相关的成分主要包括离子成分（以硫酸及硫酸盐颗粒物和硝酸及硝酸盐颗粒物为代表）、痕量元素成分（包括重金属和稀有金属等）和有机成分。按照化学组成，可以将大气颗粒物划分无机颗粒、有机颗粒及有生命成分。一般将只含有无机成分的颗粒物叫作无机颗粒物，而将含有有机成分的颗粒物叫作有机颗粒物。有机颗粒物可以是由有机物质凝聚而形成的颗粒物，也可以是由有机物质吸附在其他颗粒物上所形成的颗粒物。物质由单细胞藻类、菌类、原生动物、细菌和病毒等组成。

(1) 无机颗粒物。无机颗粒物的成分是由颗粒物形成过程决定的。天然来源的无机颗粒物，如扬尘的成分主要是土壤粒子。火山爆发所喷出的火山灰，除主要由硅和氧组成的岩石粉末外，还含有锌、锑、硒、锰和铁等金属元素的化合物。海盐溅沫所释放出来的颗粒物，其成分主要有氯化钠粒子、硫酸盐粒子，还会含有一些镁化合物。人为来源释放出来的无机颗粒物，其成分除大量的烟尘外，还含有铵、镍、钒等的化合物。市政焚烧炉排放出的颗粒物含有砷、铍、镉、铬、铜、铁、汞、镁、锰、镍、铅、锑、钛、钒和锌等的化合物。汽车尾气中则含有大量的铅。

一般来讲，粗粒子主要是土壤及污染源排放出来的尘粒，大多是一次污染物。这种粗粒子主要是由硅、铁、铝、钠、钙、镁、钛等30余种元素组成。细粒子主要是硫酸盐、硝酸盐、铵盐、痕量金属和炭黑等。

不同粒径的颗粒物，其化学组成差异很大。例如：硫酸盐粒子，其粒径属于积聚模，为细粒子，主要是二次污染物；土壤粒子大多属于粗粒子模，为粗粒子，其成分与地壳组成元素十分相近。图7-3 也说明了这点。

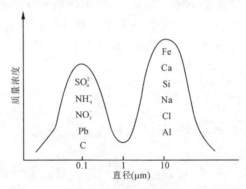

图7-3　粗粒子和细粒子中化学形态的分布

硫酸及硫酸盐颗粒物：硫酸主要是由污染源排放出来的 SO_2 氧化后溶于水而生成的。硫酸与大气中的 NH_3 化合生成 $(NH_4)_2SO_4$ 颗粒物，也可与大气中其他金属离子化合生成各种硫酸盐颗粒物。硫酸盐颗粒物吸收和散射的能力较强，从而降低大气的能见度。在正常的大气条件下形成的硫酸盐颗粒物属于核模范围，而核模粒子之间能迅速凝聚，从而进入积聚模粒径范围。积聚模是十分稳定的，在沉降过程中，半衰期可达数月。积聚模与粗粒子模之间是相互独立的，因此硫酸盐粒子大多维持在积聚模中。有研究报告表明，在粒径小于 $3.5\mu m$ 的细粒子中，以 SO_4^{2-} 形式存在的硫与总硫的比值为 1.0 ± 0.14；以 NH_4^+ 的形式存在的氮与总氮的比值为 1.08 ± 0.45；而以 NO_3^- 形式存在的氮与总氮的比值为 0.007 ± 0.008。这说明在细粒子中,硫主要是以 SO_4^{2-} 形式存在,而 SO_4^{2-} 与 NH_4^+ 是高度相关的,即硫酸盐颗粒物主要是硫酸铵盐。

硝酸及硝酸盐颗粒物:目前人们对硝酸及硝酸盐颗粒物不如对硫酸盐颗粒物研究得深入。由于 HNO_3 比 H_2SO_4 更容易挥发,所以在通常情况下,在相对湿度不大时,HNO_3 多以气态形式存在于大气中,除在硝酸污染源附近外,几乎不以 HNO_3 颗粒物形式存在。与硫酸盐颗粒物相类似,如果 HNO_3 一开始就能形成 Aitken 核,并能迅速长大时,则硝酸及其盐的粒子也可能存在于积聚膜中,此时可能发生的反应是:

$$NH_3 + HNO_3 \rightarrow NH_4NO_3 \tag{7-11}$$

$$H_2SO_4(l) + NH_4NO_3(s) \rightarrow NH_4HSO_4(s) + HNO_3(g) \tag{7-12}$$

当 HNO_3 或 NH_3 的浓度很低,或者 H_2SO_4 的浓度很高时,抑或温度较高时,都能促使第一个反应所生成的 $NH_4HSO_4(s)$ 变得不稳定。这时常表现出 HNO_3 与土壤粒子的反应更重要些,从而使 HNO_3 并入粗粒子模态中去。

在湿空气中加入 NO_2 和 NaCl,很快就建立起 $NaNO_3$ 和 $HCl(g)$ 混合物的平衡体系。该反应的第一步是湿空气中的 NO_2 先与水蒸气作用产生 HNO_3 和 NO:

$$3NO_2 + H_2O \rightarrow 2HNO_3(g) + NO \tag{7-13}$$

新生成的 $HNO_3(g)$ 吸附在 NaCl 颗粒物上。在相对湿度大于 75% 时,HNO_3 或 NO_2 可能吸附在含有 NaCl 的液滴上或被吸收在液滴中,发生置换反应:

$$3NO_2 + H_2O + 2NaCl \rightarrow 2NaNO_3 + 2HCl(g) + NO \tag{7-14}$$

所产生的 $HCl(g)$ 随之脱附而进入大气中。

对于沿海城市,由于污染源排放的 NO_x 与从海洋中不断逸出的 NaCl 相遇,所以就会建立起一个由 NaCl、NO_x、水蒸气和空气构成的体系,因而其大气中的硝酸盐颗粒物就显得比较重要。同理,若城市同时还有 SO_2 排放,又可建立起一个由 NaCl、SO_2、水蒸气和空气所构成的体系,所形成的硫酸盐颗粒物也是不可忽视的。

(2)有机颗粒物及有生命物质。除一般的无机元素外,大气颗粒物中还有元素碳(EC)、有机碳(OC)、有机化合物(尤其是挥发性有机物、多环芳烃)和有生物物质(细菌、病毒、霉菌等)。有机颗粒物是指大气中的有机物质凝聚而形成的颗粒物,或有机物质吸附在其他颗粒物上而形成的颗粒物。大气颗粒污染物主要是这些有毒或有害的有机颗粒物。

有机颗粒物种类繁多,结构也极其复杂。目前,大气中已检测到的主要有烷烃、烯烃、芳烃和多环芳烃等各种烃类,以及少量的亚硝胺、氮杂环类、环酮、酮类、酚类和有机酸等。这些有机颗粒物主要是由矿物燃料燃烧、废弃物焚化等各类高温燃烧过程所形成。在各类燃烧过程中已鉴定出来的化合物有 300 多种,按类别分为多环芳香族化合物,芳香族化合物,含氮、氧、硫、磷类化合物,羟基化合物,脂肪族化合物,碳基化合物和卤化物等。有机颗粒物多数是由气态一次污染物通过凝聚过程转化而来的,其转化速率比 SO_2 转化为硫酸盐颗粒物要小。一次污染物转化为二次污染物时,通常都含有 —COOH,—CHO,—CH_2ONO,—C(O)SO_2,—C(O)OSO_2 等基团,这是转化反应过程中 HO·、HO_2· 和 CH_3O· 自由基参与的结果。

3)大气颗粒物来源的识别

由于大气颗粒物的来源不同,其组成元素也不相同,因而可以根据颗粒物的组成推断其来源。这有助于解决污染源控制问题。

(1)富集因子法。富集因子法用于研究大气颗粒物中元素的富集程度,判断和评价颗粒物中元素的天然来源和人为来源。其优点是能消除采样过程中各种不确定因素的影响。它是双重归一化数据处理的结果。具体方法是:首先选定一种环境中存在的相对稳定的元素 R 作参比元素,用颗粒物中待考查元素 i 与参比元素 R 的相对含量$(x_i/x_R)_{颗粒物}$和地壳中相对应元素 i 和 R 的相对含量$(x_i/x_R)_{地壳}$,按下式求得富集因子(EF):

$$EF = \frac{(x_i / x_R)_{颗粒物}}{(x_i / x_R)_{地壳}} \tag{7-15}$$

参比元素通常选择地壳中普遍大量存在的、人为污染源很小、化学稳定性好、挥发性低且易于分析的元素,通常多选用 Fe、Al 或 Si 等。在研究海洋上空颗粒物时,常选 Na 作参比元素。近年来也有人主张用元素 Sc 作参比元素。虽然 Sc 的地壳丰度很小,但由于它的人为污染源较少,且化学稳定性好,挥发性也较低,与 Fe、Al 之间有很强的相关性。此外,Sc 能用中子活化分析法精确分析。所以,当采用富集因子法分析各种元素含量时,选用 Sc 为参比元素最为适宜。如果颗粒物中某元素相对地壳的富集因子小于 10 时,可认为相对于地壳来源没有富集,它们主要是由土壤或岩石风化的颗粒所组成的。如果富集因子在 $10\sim10^4$ 范围,则可认为该元素被富集了。它表明元素含量不仅有地壳物质的贡献,也与人类活动有关。此法可消除采样过程中受风速、风向、样品量多少、离污染源的距离等可变因素的影响。因此,用这种方法来解析问题,比用绝对浓度更为确切可靠。特别是当所得数据不是很系统,数量不够多,质量也没达到一定要求时,用此方法较为合适。例如:用这种方法计算我国攀枝花市大气飘尘中元素的富集系数(表 7-4)就可发现,Cr、Ni、Co 和 Mn 的富集系数均较小,可认为它们主要来自地壳组分;Cd、Pb、Cu 和 Zn 的富集系数却较大,可认为是由人为活动造成的。

表 7-4 攀枝花市大气飘尘中元素的富集系数

元素	Cr	Ni	Co	Mn	Cd	Pb	Cu	Zn
富集系数	0.8	1.2	2.9	1.2	61	26	9.3	21.5

(2)化学元素平衡法。富集因子法可推测污染物在某一地区富集的程度以及污染源受天然或人为污染的程度。但是,它在给不同类型污染源相对贡献的定量结果时,只能作出定性的判断。而化学元素平衡法是属于受体模型的一种。所谓受体是指某一相对于排放源被研究的局部大气环境。受体模型是研究大气颗粒物来源的数学模型之一,它不考虑颗粒物从排放源到受体传输过程中的化学变化和化学反应动力学过程,而是靠测定直接从受体处采集样品的化学组成来推测出它们的来源类型,并算出不同来源类型所占的比例。

此法假定环境颗粒物中各元素的组成是各污染源排放颗粒物元素组成的综合,即它们之间存在着线性组合的关系。根据质量平衡原理,其表达式为:

$$\rho_i = \sum \rho_j \omega_{ij} \tag{7-16}$$

式中,ρ_i 为某采样点所得颗粒物中元素 i 的质量浓度;ρ_j 为从污染源 j 产生的颗粒物总浓度;ω_{ij} 为从污染源 j 排出的颗粒物中元素 i 的质量分数。

这个公式目的是求出在所采集的颗粒物中有哪些是由污染源 j 排放出来的。式中 ρ_i 和 ω_{ij} 必须通过实验测定出来。要想做到这点,必须了解主要污染源排放物的详细化学组成。在此前提下,还必须为每个主要污染源选择"标识元素",也称为特征元素。对每个污染源来说,标识元素就是该污染源类型的标志。作为标识元素的条件,是该元素占污染源排放总量的重要部分,且该元素在其他污染源的排放物中不存在或存在很少。

机动车的标识元素一般选用 Pb,有时也选 Br。其原因是,机动车排放的 Br 虽然不多,只占 7.9%,但其他污染源排放物中却很少有 Br,这样选用 Br 作为机动车的标识元素更具有代表性。对于钢铁工业污染源,尽管在污染源中 Fe 所占比例高达 38.7%,但是其他污染源也会有不同程度的排放,就连地壳和土壤中也含有大量的 Fe,因此,选择元素 Mn 作为钢铁行业污染源的标识元素更有代表性。至于煤和土壤,由于它们中的化学成分很相似,都含有大量的 Al 和 Fe,所以在区别这两种污染源的时候,不得不考虑另外的元素。如当煤燃尽时,Mn 则成为它的标识元素;而当煤燃烧排放物中含有大量的 As 时,可进一步用 As 作为标识元素将煤与土壤分开。总之,主要污染源及其标识元素的选择是一个复杂的问题,要具体分析。

有了标识元素,并测得 ρ_i 和 ω_{ij} 后,将各组数据代入方程而得到一个方程组。只要所选择的标识元素 i 的数目大于或等于污染源 j 的数目,原则上就应该可以解出 ρ_i 来。但实际上由于许多因素的影响,即使有了一组 ρ_i 和 ω_{ij} 的数据,也不能准确地求出 ρ_i 来,只能用近似的方法求解。常用的近似方法有迭代法和最小二乘法两种。

化学元素平衡法在定量计算各种污染源对不同元素的贡献率及探索不同元素的未知污染源的位置时,是一个有力的工具。它的缺点是:首先,此法必须要有比较完善的、具有代表性的污染源及环境的元素浓度数据,否则所得结果不可靠。其次,ω_{ij} 值实际上是不稳定的,它随地点、时间、粗糙面、燃料种类等而变化。再次,它是涉及从污染源直接排放的颗粒物,而对那些排放出来的 SO_2、NO_x 和 NH_3 等所形成的二次颗粒物没有计入。所有这些都会影响计算结果的正确性,从而使最后所得出的结论受到影响。

4) 大气颗粒物中的 $PM_{2.5}$

从城市化过程开始后,大气颗粒物就成为城市空气污染的重要原因。但过去人们一直着重于研究直接排放的一次颗粒物。20 世纪 50 年代后,人们逐渐从研究总悬浮颗粒物(TSP)转向可吸入颗粒物(PM_{10},$D_p \leqslant 10\mu m$)。而在 20 世纪 90 年代后期,则开始重视二次颗粒物的问题。目前人们对大气颗粒物的研究更侧重于 $PM_{2.5}$($D_p \leqslant 10\mu m$)甚至超细颗粒(纳米)的研究,并从总体颗粒的研究过渡到单个颗粒的研究。

(1) 大气中 $PM_{2.5}$ 来源。于凤莲(2002)通过对不同排放源、不同尺度细粒子的监测,查明各类排放源对细粒子(TSP,$PM_{2.5\sim10}$,$PM_{2.5}$)的贡献百分率如表 7-5 所示。

表 7-5 各类排放源对细粒子(TSP,$PM_{2.5\sim10}$,$PM_{2.5}$)的贡献百分率

排放源	TSP	$PM_{2.5\sim10}$	$PM_{2.5}$
土壤扬尘	63±2	21±2	14±3
生物质燃烧		6±1	8±2
海洋气溶胶		18±2	
矿山飞灰		13±2	
二次颗粒物			25±2

续表 7-5

排放源	TSP	PM$_{2.5\sim10}$	PM$_{2.5}$
公路灰尘	13±2	12±1	13±2
车辆尾气	6±1	17±2	17±2
燃煤	11±2	10±3	10±2
工业	4±1	2±2	13±2
水泥	1±1		

注：表中"±"为标准误差。

由表 7-5 可见，各种排放源对大气细粒子的含量都有所贡献，其中以土壤扬尘、海洋气溶胶和车辆尾气最为重要。车辆排气管排放的主要是细小的颗粒物即 PM$_{2.5}$。美国的资料表明，按 PM$_{2.5}$ 的排放源划分，上路车辆占总排放量的 10%，非上路活动排放源占 18%，固定源占 72%。可见，机动车辆是城市 PM$_{2.5}$ 污染的一个重要来源。

2. 氮氧化物

氮氧化物是大气中主要的气态污染物之一。它们溶于水后可生成亚硝酸和硝酸。当氮氧化物与其他污染物共存时，在阳光照射下可产生光化学烟雾。氮氧化物在大气中的转化是大气污染化学的一个重要内容，其迁移转化机制见第六章。

第二节 煤炭资源活动的环境地球化学

煤炭作为工业的粮食，被誉为黑色的金子，被广泛地用作工业生产的原料，给社会带来了巨大的生产力。人类对于煤炭的使用已有 2000 多年的历史，但真正了解其成因以及大规模的使用却始于第一次工业革命。近 200 年来，煤炭的利用量呈几何增长。煤炭给人类带来前所未有生产力的同时，也给自然环境带来了不可承担之痛。温室效应、酸雨等环境问题不仅影响地球环境，也给人类的健康和社会经济的可持续发展带来了巨大的挑战。因此，对于煤炭资源活动中的环境地球化学行为研究就显得十分必要。

一、煤炭资源活动过程与污染物排放

随着人类对于煤炭资源的大规模开采和利用，采煤及煤的洗选所带来的环境问题日益明显，主要表现为"三废"——废水、废气（尘）和固废。煤炭开采和加工、生产过程中产生的"三废"主要是：矿化度高、含悬浮物、含酸（碱）性和含特殊污染物的矿井水，选煤厂产生的煤泥水，煤矿主要附属工厂产生的工业废水，煤矿生活污水等；矿井瓦斯和锅（窑）炉产生的烟尘（气）；煤矸石，露天矿剥离物和选煤厂产生的煤泥等。

1. 废水

煤矿区水污染问题是煤矿环境保护的一个突出问题。《2013 年环境统计年报》数据显示，我国煤矿开采和洗选业废水排放量达 14.3×10^8 t。这些含有污染物的废水不仅污染地表水，也威胁到地下水的安全。煤炭资源活动废水主要来源于以下几个方面。

1) 矿井水

煤矿矿井水是煤矿排放量最大的一种废水。根据矿井水水质特点,大体可分为5种类型:洁净矿井水、含悬浮物矿井水、高矿化度矿井水、酸性矿井水和含特殊污染物矿井水。

洁净矿井水:一般水质呈中性,低矿化度、低浊度,不含有毒、有害离子。

含悬浮物矿井水:主要污染物来自矿井水流经采掘工作面时带入的煤粒、煤粉、岩粉等悬浮物(SS),水质呈中性,无有毒、有害元素,含大量的悬浮物,少量的可溶性有机物和菌群。

高矿化度矿井水:是指含盐量大于1000mg/L的矿井水,水中含有SO_4^{2-}、Cl^-、Ca^{2+}、Na^+、HCO_3^-等离子,水质多呈中性或偏碱性,带苦涩味,俗称苦碱水。

酸性矿井水:水质pH值小于6.5。酸性矿井水具有污染时间长、废水水质、水量波动较大和处理困难等特点,对周边环境和水生态系统危害严重。由于此类废水具有较强的腐蚀性,会破坏井下矿井设备与排水管道,对与之长期接触的井下工人皮肤、眼睛有一定伤害。

含特殊污染物矿井水:主要指含氟矿井水、含微量有毒有害元素矿井水、含放射性元素矿井水或含油类矿井水。含特殊污染物矿井水排放量不大,但不处理外排会污染水系。

2) 选煤水

根据我国《煤炭工业发展"十二五"规划》,2015年我国原煤生产能力达41×10^8t/a,煤炭产量控制在39×10^8t,原煤入选率65%以上。2014年,我国原煤生产已经接近"十二五"规划末期控制总量,达38.7×10^8t。在选煤工艺中,水是重要的工作介质,每选一吨原煤用水量约为$4m^3$。大量煤泥水的外排污染环境,特别是煤泥水中的浮选剂及聚丙烯酰胺药剂。这类污染物会抑制鱼类生长,引起农作物减产和人体肠胃及神经系统的疾病。

3) 煤矿生活污水

煤矿生活污水主要是指矿区居民生活、活动所产生的污水,同时还包括井下工人下班后洗浴污水和经一级消毒处理后的矿区医院污水及少量低浓度生产污水。煤矿生活污水中有机物含量(主要是BOD、COD指标)不高,含有大量悬浮物、氨氮、油类、毛发等污染物。大量的生活污水排入水体,很容易造成受纳水体富营养化,并出现缺氧状态,SO_4^{2-}在缺氧状态下很容易发生反硫化反应,其产物H_2S会对水生动植物和矿区人们产生严重的毒害作用。

4) 煤矿其他工业废水

煤矿主要附属工厂(火药厂、煤机厂、矿灯厂和焦化厂等)产生的废水排放量虽不大,但毒性都很高。煤炭系统每年排放此类废水近3000×10^4t。火药厂废水中的有毒物质主要是三硝基甲苯(TNT)和二硝基重氮酚(DDNP)。煤机厂和矿灯厂电镀废水中主要含氰化物、镉、铬和铅等有毒物质。焦化厂废水中主要含酚、氰化物及其他污染物质。三硝基甲苯会导致职业性肝炎、白内障和再生障碍性贫血;二硝基重氮酚能使人出现头晕、恶心等中毒症状。电镀废水中的六价铬离子对人体消化系统和皮肤的毒性很大,它能造成贫血、肾炎和神经炎等病症,接触此类废水的皮肤会严重受损,甚至形成难以愈合的溃疡。含铅废水造成的铅中毒,主要集中于对骨髓造血系统和神经系统造成损伤,同时还对男性生殖腺有影响。而含油废水对环境污染也较严重,它可使水体中的BOD、COD等水质指标急剧增加。

2. 废气

煤矿开采排放的大气污染物主要源于矿井瓦斯、井下作业产生的粉尘废气和锅(窑)炉、煤矸石自燃以及民用灶燃煤等产生的地面烟尘(气)。煤矿废气主要影响矿区周围的居民区,危害农作物生长,导致大气环境污染。

1) 矿井瓦斯

煤矿开采过程中涌出的以 CH_4 为主的各种有毒有害气体总称为瓦斯,其中 CH_4 占 90% 以上。全国煤矿每年都会产生多起重大的瓦斯煤尘爆炸事故,严重威胁着矿工的生命安全。此外,CH_4 还是一种作用仅次于 CO_2 的温室气体,但其效能比 CO_2 大 20~60 倍。

2) 地面烟(尘)气

酸性沉降是全球面临的主要大气环境问题之一,其污染物来源有人为源和天然源。人为源主要来自各种燃煤锅炉和工业窑炉,自燃煤矸石和燃烧散煤的民用炉灶。据有关资料统计,原煤含硫量为 0.5%~5.0%,其中可燃硫 80%。当除尘效率为 90% 时,燃煤锅炉燃烧 1t 原煤产生 28~80kg SO_2、0.23~22.7kg CO、3.6~9.0kg NO_x、0.1~5kg 碳氢化合物、3~9kg 烟尘、$2.7×10^{-7}$kg 苯并芘。煤矸石在堆置过程中发生自燃,常年自燃的煤矸石山,每平方米燃烧面积每天向大气放出 10.8g CO、6.5g SO_2、2g H_2S 和 NO_2。煤矿粉尘是在井下、采煤、运输等环节产生的,可长时间悬浮于空气中的岩石和煤炭的细微颗粒,具有自燃性、爆炸性、降低能见度、危害人体健康、加速设备的磨损等特性。

3. 固体废弃物

煤矿在开采过程中产生的主要固体废弃物是煤矸石和露天矿剥离物以及煤炭在洗选加工过程中分离出来的矸石(洗矸)。大量煤矸石的堆放首先占用了堆场的土地资源,破坏植被;在堆放过程中,经风化、氧化、生化作用后煤矸石中有毒有害物质被释放出来。如果煤矸石含有较高的硫化矿物,经雨水淋溶后形成具有较强腐蚀性的废水,酸的生成又加速了原矿石中有害物质的释放。这些有害物质以煤矿酸性废水为载体进入矿区周围水-土-生态系统。

二、水文环境地球化学

煤炭在开采利用过程中带来的环境问题是不容忽视的。其中,水是煤矿中(重)金属等污染物质进入矿区周围水-土-生态系统的重要载体。2013 年,我国煤矿开采和洗选业废水排放量达 $14.3×10^8$t。若把 pH 值小于 6.5 定义为煤矿酸性废水,则有相当数量的煤矿废水归属此列。煤矿酸性废水 pH 值较低(最低可到 2~3),SO_4^{2-} 含量很高,并含有大量 Fe、Mn、Cd、Cr、Cu、Ag、As 等多种有害污染物。煤矿酸性废水对煤矿的排水设施、钢轨及其他机电设备均具有很强的腐蚀性,严重时危害矿工安全,影响井下采煤生产。若直接排放,携带有大量有毒有害物质的废水进入矿区周围水-土-生态系统中,将危害农作物、水生生物和人体健康。

1. 煤矿酸性废水的水质特征

我国地下开采的煤炭约占整个煤炭产量的 97%。由于含煤地层一般在地下含水层之下,在采煤过程中,为了确保安全生产,必须排出大量的矿井水。酸性矿井水是诸多矿井水中危害最大的一类。煤矿酸性废水由于具有酸性强、含重金属和硫酸盐含量高等特点,是一种受多因素控制的复杂污染物,对河流、湖泊、河口、沿海流域等会产生直接或间接的影响。因此,在水环境和生态系统中会表现出一定的物理性、化学性和生物学方面的污染特征,具体表现如下。

(1) 物化特征:低 pH 值,高矿化度,减少光的入射,含有一定悬浮物,水体底泥吸附大量(重)金属,增加水体酸度,破坏碳酸盐岩围岩的缓冲性,增加可溶态(重)金属迁移性,(重)金属在土壤中富集等。

(2) 生物学特征:生物栖息环境改变,(重)金属元素在生物体内积累,生物急性或慢性中毒,食物链结构改变等。

2. 煤矿酸性废水的形成机理

在煤层的形成过程中,由于受到还原的作用,煤层及其围岩中含有硫铁矿(FeS_2)等还原态的硫化物。煤炭的开采破坏了煤层原有的还原环境,提供了氧化这些还原态硫化物所必需的氧。地下水的渗出并与残留煤以及顶底板的接触,促使煤层或者顶底板中的还原态硫化物氧化成硫酸。

硫铁矿氧化产酸过程可划分为两个阶段:第一阶段是以自然界中的氧参加为主的反应,主要生成产物为硫酸和硫酸亚铁,且在氧充足时亚铁可被氧化成高价铁,但此过程极为缓慢;第二阶段是 pH 值降至 4.5 以后,细菌参与了硫铁矿氧化过程,这时的反应比第一阶段快。其主要过程如下。

1) FeS_2 的氧化作用

在氧和水存在的条件下,煤层或者顶、底板岩层中硫铁矿被氧化,生成硫酸和亚铁离子:

$$2FeS_2 + 7O_2 + 2H_2O \rightarrow 4H^+ + 2Fe^{2+} + 4SO_4^{2-} \tag{7-17}$$

在酸性条件下,亚铁离子进一步被氧化成铁离子:

$$4Fe^{2+} + O_2 + 4H^+ \rightarrow 4Fe^{3+} + 2H_2O \tag{7-18}$$

由于 Fe^{3+} 在 pH 大于 3.5 时,水解生成氢氧化铁,增加了煤矿矿井水的酸度:

$$Fe^{3+} + 3H_2O \rightarrow Fe(OH)_3 + 3H^+ \tag{7-19}$$

从以上反应式可以看出,2mol 的 FeS_2 氧化产生 6mol 的 H^+ 和 2mol 的 $Fe(OH)_3$,结果不但使矿井水呈酸性,而且因 $Fe(OH)_3$ 悬浮于水中,使其呈黄褐色。

同时研究发现,FeS_2 的氧化产物 Fe^{3+} 对 FeS_2 具有氧化作用:

$$FeS_2 + 14Fe^{3+} + 8H_2O \rightarrow 15Fe^{2+} + 2SO_4^{2-} + 16H^+ \tag{7-20}$$

因此加快了 FeS_2 氧化速度,增加了矿井水的酸度。综合上述过程,FeS_2 氧化形成煤矿酸性矿井水的过程如图 7-4 所示。

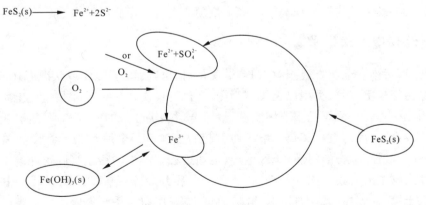

图 7-4 FeS_2 形成酸性矿井水的过程示意图

2) 细菌的催化作用

细菌在酸性矿井水形成过程中起重要的催化作用。与硫铁矿类产酸有关的细菌主要是氧化亚铁硫杆菌、氧化硫杆菌、氧化铁硫杆菌和生金属菌。它们在一定的 pH 值和温度范围内有较强的催化氧化活力,在常温下能使硫铁矿的氧化速率提高几十倍。有研究指出,氧化铁硫杆菌将亚铁氧化的同时,二氧化碳被细胞利用,转化为细菌体物质。如此循环使生物氧化持续发展,导致大量酸性废水产生。

酸的生成量与煤的含硫量、煤层的赋存条件、采煤方法、井下涌水量、空气量以及微生物的种类和数量等有密切关系。酸主要来源于以下3个方面:煤层、顶板和底板中含硫化合物在氧气、水存在的条件下氧化生成的游离态的硫酸;碳酸和铁、锰等金属的硫酸盐水解生成的酸;一些来自煤中的有机硫被氧化后也会生成酸。据统计,含硫量为5%~7%时,矿井水的pH值为5.5~6;含硫量为7%~9%时,pH值为3.5~5.5;含硫量为9%~11%时,pH值为3;含硫量大于12%时,pH值降至2.5以下。

以上形成机理除了造成煤矿废水中硫酸根离子、铁离子等重金属含量偏高外,还形成一系列的连锁反应。例如:煤矿废水在氧化成酸的过程中对含水围岩不断腐蚀,溶解附近的岩石和矿物中重金属的氧化物、硫化物、碳酸盐及硅酸盐等,致使水中钙镁离子含量增加、硬度增大、矿化度增高,水体中 Fe、Mn、Cd、Cr、Cu、Ag、As 等重金属离子含量大大增高。另外,酚类的有机反应也相应加快,废水中酚含量增加。90%以上的煤矿废水有酚检出,36%以上超标。

在酸度较大的情况下,多数重金属元素在水中以溶解态存在,不足以形成沉淀,且浓度随着 pH 值的降低而增加。这些污染物一旦进入水环境,均不能被生物降解,主要通过沉淀-溶解、氧化-还原、配合作用、胶体形成作用、吸附-解吸等一系列物理化学过程进行迁移转化。这些转化与 pH 值关系密切,pH 值越低转化能力越微弱,具体原因可用以下机理来解释。

(1)大多数金属离子随着 pH 值的增加,先生成稳定的重金属碳酸盐,再生成稳定的金属氢氧化物。

(2)金属离子的水解可以看作是各种金属离子和质子(H^+)对 OH^- 的争夺作用。离子电位高的金属离子在水溶液中的存在形式取决于 pH 值。当 pH 较高时,金属离子可以把 OH^- 争夺过来,形成羟基络离子,从而进一步形成氢氧化物沉淀。

(3)黏土矿物的吸附位、重金属离子的形态以及它们之间的结合反应,pH 值是最主要的影响因素之一。黏土矿物对金属离子的吸附量随 pH 值的降低而减少。

三、土壤环境地球化学

《全国土壤污染状况调查公报》(2014年发布)指出,我国土壤环境状况总体不容乐观,部分地区土壤污染较重,污染类型以无机型为主,有机污染次之。工矿业是造成土壤污染或超标的主要原因之一,其中,采煤是重要因素。目前,全球煤炭开采的国家和地区,矿业活动已产生大量的固体废弃物(煤矸石),其长期堆积而引起的土壤(重)金属污染受到广泛关注。煤矿废水(特别是煤矿酸性废水)的污灌,矿区生产、运输过程中产生的粉尘沉降也导致了土壤酸化及(重)金属在土壤中的富集。此外,煤矸石还含有多环芳烃等有机物。从煤矸石中淋滤出来的污染物进入土壤,会破坏土壤的性质、功能,通过土壤-作物体系对人体产生危害。

1. 重金属

1)重金属的释放

采煤产生的固体废弃物(煤矸石)中含有多种重金属元素,如 As、Cr、Pb、Hg、Cd、Se、Mn、Ni、Cu、Zn、Sb、Co、Mo、Be、V、Ba、Ti、Th、U、Ag。重金属元素在不同地区差别较大,从几倍到几十倍不等(表7-6)。大多数煤矸石山堆积时间长、体积大,在自然风化过程中,大块的煤矸石会破碎成小的颗粒。虽然煤矸石中重金属元素含量较低,但随着堆积时间增加,重金属元素通过风化、淋溶、自燃等方式不断从煤矸石山释放到周边的环境中并累积在不同的环境介质中。

表 7-6 各地区煤矸石中重金属元素含量　　　　　　（单位：mg/kg）

地点	Hg	As	Zn	Pb	Cd	Ni	Mn	Cr	Cu
英国布莱纳尔（露天煤矿）			485.00	127.00	0.52				675.00
尼日利亚奥克帕拉		2.67	48.89	23.97	0.13	9.26	38.78	46.63	61.97
南威尔士（矸石山）			90.00	35.00		50.00			30.00
阜新煤矿（矸石山）			144.55	74.16	1.34			19.69	76.75
鲍店煤矿（矸石山）			121.7	70.48	1.54			98.94	48.22
白水煤矿（矸石山）			243.87		1.28			207.62	58.77
山西煤矿（底板、顶板、夹矸）	0.32	3.63	57.17	25.32	0.23		104.74	26.78	30.62
兖州（矸石山）	1.86	5.34	321.60	256.50				4.20	108.90
焦作（矸石山和井下混合）			123.89	50.83			52.22	1.11	67.22
山西统配矿矸石（底板、顶板、夹矸、洗矸石、废煤）	0.21	4.85	40.44	21.05	0.23			27.39	20.57
世界土壤	0.06	6.00	90.00	35.00	0.35	50.00	100.00	70.00	30.00
中国土壤	1.50	30.00	500.00	500.00	1.00	200.00		300.00	400.00

淋溶是煤矸石中重金属元素析出的主要途径之一。煤矸石中的硫化铁首先发生氧化，生成硫酸铁和硫酸，使水溶液强烈酸化，促使重金属的碳酸盐和氢氧化物溶解；另一方面它又是 Hg、Pb、Zn、Cu 等有害微量元素的直接氧化剂，最终使煤或煤矸石中的重金属呈硫酸盐形式随溶液析出、迁移。同时，随着淋溶时间的增加，pH 值降低，淋溶出的重金属元素量在增加。有研究甚至发现，在北极圈堆积的煤矸石山也会淋溶出重金属元素 Fe、Al、Mn、Zn 和 Ni。

2）土壤中重金属的富集

由于煤矸石堆积在地表，煤矸石中重金属释放到周边环境中，可能最先在堆积地周边土壤中累积。国内外大量研究表明，煤矿区周边土壤中有 Mn、Cu、Zn、Pb、Hg、Cd、Cr、As 等元素的累积，有的矿区土壤中重金属元素含量甚至达到毒害、危害级别。不同地区煤矿区土壤中重金属的富集类型和程度不同，多数区域土壤中均有 Pb、Cd、Cu、Zn、Cr 富集，而对于 Hg、As、Se、Mn、Mo 等只在某些煤矿矸石山周边土壤富集。通常，煤矿区土壤中重金属的分布呈现距离煤矸石山越远，重金属含量越低的规律。在煤矸石周边的土壤中重金属含量也随着土壤深度变化。一般情况下，土壤中重金属随着深度增加而递减。另外，土壤中重金属含量还随着排矸年限而变化。

重金属可以通过多种途径被包含于矿物颗粒内或吸附于土壤胶体表面,从而在土壤中积累,如与无机胶体结合、与有机胶体结合、溶解-沉淀等。

重金属与无机胶体的结合:通常分为非专性吸附与专性吸附两种类型。非专性吸附即离子交换吸附,这种作用的发生与土壤胶体微粒携带电荷有关。土壤环境中的黏土矿物胶体带有净负电荷,对重金属阳离子有吸附作用。其中,蒙脱石对重金属阳离子的吸附能力顺序是:Pb>Cu>Hg;高岭石是:Hg>Cu>Pb。但是,离子浓度不同,或有络合剂存在时,上述吸附顺序会被打乱。重金属离子能进入水合氧化物的金属原子的配位壳中,与—OH、—OH$_2$配位基重新配位,并通过共价键或配位键结合于固体表面而被水合氧化物表面牢固地吸附,这种结合称为专性吸附。专性吸附不一定发生在带电表面,在中性表面,甚至在吸附离子带同号电荷的表面亦可发生这种作用。区别于非专性吸附,其吸附量的大小并不是由表面电荷的多少和强弱决定。影响土壤专性吸附的因素有胶体类型、土壤溶液pH值等。

重金属与有机胶体的结合:重金属与土壤中有机胶体通过络合、螯合作用或者是被有机胶体表面所吸附。这种吸附作用的容量远远大于无机胶体。土壤中腐殖质等有机胶体对重金属离子的吸附交换作用和络合-螯合作用是同时存在的。通常,金属离子在浓度高时以吸附交换为主;在浓度低时,以络合-螯合作用为主。

溶解-沉淀作用:是各种重金属难溶电解质在土壤固相和液相之间的粒子多相平衡,主要受土壤pH、Eh与土壤中有机胶体的络合作用等因素影响,是土壤环境中重金属元素迁移的重要形式。

不同的重金属形态具有不同活性和生理毒性。由于土壤的组成十分复杂,土壤的理化性质,特别是pH、Eh等又具有可变性,所以重金属在土壤中的形态多样而又复杂。土壤环境中重金属存在形态划分为水溶态、交换态、碳酸盐岩结合态、铁锰氧化物结合态、有机结合态和残留态。不同存在形态的重金属,其生理活性和毒性均有差异,其中,以水溶态、交换态的活性、毒性最大,反之是残留态,而其他结合态的活性、毒性介于两者之间。在不同土壤环境条件下,包括土壤类型、土地利用方式,以及pH、Eh、土壤无机和有机胶体的含量等因素差异,都可以引起土壤中重金属元素的迁移转化。

重金属在土壤中的存在形态随着土壤环境条件的变化而变化。在一定条件下,这种转化处于动态平衡状态,基本符合一般的溶解与沉淀平衡、氧化还原平衡、络合-螯合平衡和吸附-解析平衡原理。但是,由于土壤组成及其性质的复杂性,应用溶液化学的某些理论常有偏离。重金属大多数属于过渡性元素,具特有的电子层结构,使它在土壤环境中的化学性质具有一系列特点:①有可变价态,能在一定幅度内发生氧化还原反应,但是价态不同,其活性和毒性是不同的;②重金属在环境中易发生水解反应生成氢氧化物,也可以与一些无机酸反应生成沉淀物质而积累在土壤中;③重金属作为中心离子能够接受多种阴离子和简单分子的独对电子,生成配位络合物,还可以与一些大分子有机物(如腐殖质、蛋白质等)生成螯合物。难溶性重金属盐形成络合物、螯合物以后,它在水中的溶解度可能增大,并在土壤环境中迁移。

2. 多环芳烃

1)多环芳烃的释放

矿坑排水、煤矸石淋滤水及地下水中的多环芳烃与煤层及煤矸石的淋滤有关。关于煤及煤矸石淋滤产生的多环芳烃有两种来源,一种为通过复杂的化学反应如燃烧产生,另一种为煤中PAHs的输入淋滤产生。例如:加拿大新斯科舍省地下水中PAHs来源于煤矸石的淋滤,且通过土壤层进入地下水。煤矸石PAHs溶出物组成中,2环>3环>4环>5环、6环。煤矸石淋滤液中优势组分是萘、二氢苊、芴和菲,该4组分之和占所测PAHs总量的80%～90%。同时,煤矸石中多环芳烃淋出的多寡还与降水的pH值有关,降水酸度愈强,煤矸石溶出的PAHs种类愈丰富。此外,煤矸石中2环PAHs主要以溶解相形式迁移;3环PAHs主要以颗粒态迁移,存在少量溶解形式;而4环以上的PAHs则以颗粒相形式迁移。低环数PAHs容易向土壤深部迁移但受土壤有机质的影响;高环数PAHs也具有一定的迁移能力,但其迁移性能低于低环数PAHs,这与不同环数PAHs的性质及迁移方式有关。PAHs富集程度还与土壤TOC有关,随着TOC含量降低,表层PAHs富集程度也降低。此外,土壤粒度、不同环数PAHs物理化学性质也影响其在土壤中的纵向迁移。

2)多环芳烃的迁移与转化

与其他有机物一样,土壤中多环芳烃的迁移转化也涉及吸附、紫外线分解和动植物的生物代谢及降解作用。

(1)多环芳烃在土壤中的吸附。PAHs在土壤中的吸附是一种土壤与土壤水的分配过程。在吸附过程中,土壤表面与PAHs的作用能量主要来自两个方面:①作用范围紧靠固体表面的化学力(如共价键、疏水键、氢桥、空间位阻和定向效应);②作用距离较远的静电和范德华力。PAHs在土壤中的吸附存在两个不同的过程:"快"和"慢"。最初的"快"过程是PAHs快速到达土水表面吸附,接着PAHs迁移到土壤基体中不易到达的部分,这一"慢"过程持续时间很长,一直到土壤有机质的吸附能力耗尽并达到平衡为止,而且这部分PAHs很难被生物降解和利用。由此可见,PAHs在土壤和土壤水间的分配程度是由PAHs和土壤的物理化学性质决定的,如PAHs的水溶度、土壤颗粒的大小、土壤有机碳的含量、pH和温度等。

吸附程度不仅影响PAHs在环境中的生物化学行为,而且在诸如挥发、光解、水解和生物降解等环境归趋过程中也是一个重要因素。沙子吸附PAHs在接种7d后就降解到了检测限以下,而土壤中吸附的PAHs的生物降解出现了明显的延迟,并且在土壤中残余有不能降解的PAHs,大约为最初加入的23%,原因是沙子中有机质含量小于土壤,其对PAHs的吸附量和吸附强度小于土壤,沙子中PAHs的降解速率和降解量相对来说要高一些。吸附态PAHs是否可以被微生物利用,相关学者众说不一。一部分研究者认为,化学吸附到土壤中的和结合到土壤中的PAHs无生物有效性;也有人认为,即使菲的吸附达到90%时也没有影响菲的矿化,因此得出这样的结论:微生物能够直接利用吸附相的菲,并且与利用溶解相菲的速度相同。但大部分的研究认为微生物主要利用的是水相中溶解的PAHs。

(2)动植物对多环芳烃的吸收代谢。土壤中PAHs的去除主要通过植物累积和生物降解。在过去几十年里,科学家们对植物吸收代谢PAHs的研究给予了极大的关注,对环境中存在的PAHs进行了广泛的监测,并对其在环境中的分布进行了评述。有研究表明,生长在城市大路两旁和炼油厂附近土壤中的植物,茎、叶和根中含有比正常值高几倍甚至几十倍的PAHs,这些PAHs很可能通过食物链对人体健康造成威胁;另一方面,植物对PAHs的吸收代谢为其去除提供了安全、有效的方法。

有些研究发现植物组织中所含的PAHs浓度与土壤中PAHs的含量有关,但也有研究认为并不存在这种关系。因为PAHs为亲脂性有机污染物,被强烈地吸附在土壤中的有机质上而很难进入植物组织中。PAHs可以分配到植物根或土壤颗粒中,但不会进入植物根的内部和木质部,因为植物体内的运输以水为基础,而PAHs是难溶有机化合物(HOCs)。PAHs在植物体内的累积途径主要是从空气进入叶表面,但从植物叶的外部进入植物叶内部的过程是缓慢的,并且很少通过韧质部进行传输。因此,PAHs 很难经由植物根吸收,进而迁移和转化到植物的内部组织中。而小分子量的 PAHs,尤其是 2 环、3 环的 PAHs 可以从污染土壤中挥发出来,并被植物叶吸收。因此,对于土壤中所含的 PAHs 类化合物的去除,植物根的吸收和转移并不是有效的去除途径。植物地上组织中含有的 PAHs 主要来源于土壤中 PAHs 的挥发和空气中所含的 PAHs,在植物组织中的存在模式与 PAHs 蒸汽相的模式相似,蒸汽相的 PAHs 与颗粒结合并在蜡质的叶片表皮上的保留是植物叶片吸收 PAHs 的主要途径。而由污灌导致土壤 PAHs 的输入对植物引起的影响在种植 8~9 年后才显现,植物根中 PAHs 主要以低分子量的为主,可能是它们相对高的溶解度导致了其相对高的生物有效性。

(3) 微生物对多环芳烃的降解。尽管 PAHs 可以通过化学氧化、光解及挥发而被去除,但微生物降解依然是影响 PAHs 在土壤环境中存留的主要因素。目前已知含有氧化 PAHs(从苯并芘到菲)酶的微生物很多,且这一研究近年在污染土壤的生物修复领域得到应用。各国科学家分离出许多降解 PAHs 的纯菌或混合菌。采用从杂酚油污染土壤中分离的以菲为唯一碳源和能源的假单胞菌属细菌($Pseudomonas\ stutzeri$ P-16, $P.\ saccharophila$ P-15)进行 2 环和 3 环 PAHs 的竞争代谢实验,结果表明:萘、1-甲基萘和 2-甲基萘都可以作为这两种细菌生长基质,而芴只能协同代谢。另外,细菌在以一种芳香烃为生长介质时可以同时转化其他的芳香烃化合物,而这种复合 PAHs 的转化是由细菌细胞酶系统来完成的;同时,混合细菌在吸收、转化和代谢 PAHs 时也存在竞争。由于 PAHs 的疏水性使得 PAHs 的生物降解缓慢,因此,人们开始希望借助于表面活性剂对 PAHs 的增溶作用来增加其生物有效性。

四、气体环境地球化学

煤矸石是采煤和选煤过程中的排弃物,通常占采煤量的 10%~15%,是我国数量最大的固体废物之一。按照我国 2014 年原煤产量 38.7×10^8 t 计算,仅这一年煤矸石排放量有几亿吨之多。煤矸石通常排弃在山沟和平川,长期露天堆积。一座大型的煤矸石山往往有 100m 高,占地面积达几万平方米,积存量可达几百万吨以上。煤矸石山对环境最大的危害除占地外就是自燃。自燃时释放出大量的 CO、H_2S、SO_2 等有害气体,严重污染大气环境,危害人们身体健康。此外,燃煤排放的 SO_2 是造成酸雨的罪魁祸首。本部分中煤炭资源活动的气体环境化学主要集中于讨论 SO_2 的生成。

1. 煤矸石自燃释放的 SO_2

煤矸石主要是由灰分高、发热量低的碳质页岩组成,其中还夹有一些煤、黄铁矿(FeS_2)和废坑木等可燃物。这些碳质可燃物及黄铁矿结核的存在构成了矸石山自燃的内在因素;煤矸石堆置中的空隙和孔道为煤矸石自燃提供了所需要的空气,这是煤矸石自燃的外部条件。

1) 黄铁矿氧化学说

目前,关于煤矸石山自燃机理的最流行说法是黄铁矿氧化学说。煤矸石中夹带的黄铁矿氧化,反应如下:

$$4FeS_2 + 11O_2 \rightarrow 2Fe_2O_3 + 8SO_2 + 3412kJ \qquad (7-21)$$

如果供氧不足,则释放出硫磺:

$$4FeS_2 + 3O_2 \rightarrow 2Fe_2O_3 + 8S + 917kJ \qquad (7-22)$$

如果有水分参与反应,还会产生硫酸,从而加剧黄铁矿的氧化:

$$2FeS_2 + 2H_2O + 7O_2 \rightarrow 2FeSO_4 + 2H_2SO_4 \quad\quad\quad (7-23)$$
$$2SO_2 + O_2 \rightarrow 2SO_3 + 189.2kJ \quad\quad\quad (7-24)$$
$$SO_3 + H_2O \rightarrow H_2SO_4 + 79.5kJ \quad\quad\quad (7-25)$$

上述反应都是放热反应。放热反应产生的热量积聚在煤矸石山内部,不易扩散。随着时间的推移,热量不断积累,促使煤矸石山内部温度不断升高,在达到可燃物(如煤、碳质矸石和废坑木等)的燃点时就会燃烧。这就是黄铁矿氧化自燃导因说。

直到目前为止没有人质疑这一自燃导因说。根据这个学说,有人认为只要黄铁矿结核在矸石中减少到一定程度,煤矸石山就不会自燃。然而事实并非如此,一些被认为不会自燃的煤矸石山经过若干年甚至几十年后燃烧起来,这究竟是什么原因呢?

众所周知,煤矸石山中含有10%~40%的碳质可燃物。实验证明,在低湿情况下矸石中的碳质可燃物(主要是煤)会发生缓慢的氧化反应,同时放出热量。研究指出,在0~80℃范围内,经过15min到20h,每摩尔碳氧化后释放出272~293kJ的热量。因此,当低温煤氧复合反应所产生的热量积聚到一定程度时,煤矸石山也会自燃。这是煤矸石山自燃的另一个重要机理,即煤氧复合自燃学说。

2)细菌作用学说

细菌作用学说认为煤矸石的自燃硫杆菌起到了一定的作用。1934年英国人Potter提出并首次研究硫杆菌、黄铁矿的作用与煤、煤矸石自燃的关系。1951年波兰学者Dubois等在考察泥煤自热和自燃时指出:当微生物极度增长时,一般都伴有生化放热过程,在30℃以下是真菌和放线菌起主导作用,当温度上升到60~70℃时,亲氧真菌死亡,嗜热细菌开始发展,但是在温度超过75℃时所有生化过程均消亡。因此,细菌作用学说认为煤矸石自燃的初期,细菌起到了一定的自热潜伏作用。

3)晶核理论与自由基作用学说

晶核理论与自由基作用学说认为,煤矸石中黄铁矿晶核在采掘过程中由于外力的作用破裂,形成了许多的活性面。该破损的晶核非常容易与空气中的氧气分子发生反应,并释放出大量的热量。有研究认为,有机大分子物质煤在外力作用下使煤块破裂,产生大量裂隙,必然造成煤分子链的断裂。分子链断裂的本质就是链中共价键的断裂,从而产生大量的自由基。自由基可存在于煤颗粒表面,也可以存在于煤内部新产生的裂纹表面,从而为煤矸石中煤与空气中氧气反应创造了条件。

4)挥发分学说

挥发分学说认为矸石山煤矸石是高度分散的分散体系,其具有巨大的表面能,容易与空气中的氧气发生物理吸附和化学吸附,并释放出热量。由于采掘的原因煤矸石中的黄铁矿晶核破裂以及煤分子链断裂,因而形成了许多的活性面,在一定的蓄热温度下矸石山煤矸石中所混的煤在一定温度下挥发出一些易燃物质,当达到这些挥发分的燃点时则发生自燃。

2. 燃煤过程排放的SO_2

煤炭是我国的主体能源,在一次能源结构中占70%左右。在未来相当长时期内,煤炭作为主体能源的地位不会改变。我国煤炭消费量的80%以上直接用于燃烧,燃煤是大气环境中SO_2最主要来源(崔敬嫒等,2007)。煤燃烧过程中排出大量的SO_2,约占燃煤排放污染物的85%(焦红光,2004)。其中,生活SO_2排放主要源于居民生活燃煤;工业排放主要源于火力发电、工业锅炉、窑炉等以煤炭为燃料和原料的产业。SO_2排放量由耗煤量、煤质含硫量以及

SO_2 去除率决定。

1) 煤中硫的赋存形态

煤中的含硫量随煤源而异,大多数煤中硫含量在 1%～3% 之间。煤中硫的存在形态通常分为有机硫和无机硫两大类。有机硫是指与燃料有机结构相结合的硫,是由硫化氢和无机硫与煤炭中原有的有机质反应转变而来的;而无机硫则是以无机物形态存在的硫。此外,煤中还存在少量单质状态的硫。

一般来说,有机硫在煤炭中的含量很少,大约为 0.2%。目前虽然与煤炭基质结合的有机硫的结构还未弄清楚,但大致可分为如下几种形式:①硫醇类(R-SH),如苯硫酚;②硫化物类(R-S-R'),如硫醚;③二硫化物(R-S-S-R'),如二硫醚;④噻吩类,如噻吩、二苯并噻吩、硫茚。通常,在低煤化度煤中,硫以低分子量的脂肪类有机硫为主;在高煤化度煤中,硫以高分子量的环状有机硫为主。有机硫以噻吩类为主,占全部有机硫的 40%～70%。对热不稳定的含硫官能团在燃料生成过程中不可能保留下来,如硫醇和二氧化硫;对热稳定的硫官能团则难以分解,如噻吩类硫结构。在噻吩类有机物中,二苯并噻吩分解最困难。

黄铁矿是煤中无机硫的主要赋存形态。此外,煤中无机硫化合物还有少量的硫酸盐($CaSO_4$、$FeSO_4$、$BaSO_4$ 等)、硫化物(PbS、ZnS、FeS、CaS 等)和游离硫,通常只占煤炭重量的 0.1% 以下。根据煤中存在的不同形态硫能否在空气中燃烧,煤中的硫又可分为可燃硫和不可燃硫。有机硫、黄铁矿硫和单质硫都能在空气中燃烧,都是可燃硫。在煤炭燃烧过程中,不可燃硫通常被认为仍然残留在煤灰中,所以又叫固定硫,如硫酸盐硫。

2) 煤中含硫组分中硫的析出规律

煤粉燃烧时,首先发生热解,析出挥发分,以各种不同形态的硫相继析出。根据煤中硫化物键能的大小,可以推知不同类型的硫化物开始分解的温度不同,如脂肪硫分解温度为 300～400℃,黄铁矿硫为 400～450℃,噻吩硫为 480～500℃,硫酸盐硫在 1100℃ 以上。

(1) 黄铁矿的高温热解规律。黄铁矿在不同反应气氛中热分解的规律是不同的。按照黄铁矿的燃烧气氛来分,有惰性气氛、还原性气氛和氧化性气氛。

(a) 黄铁矿在惰性气氛中的热分解:黄铁矿在隔绝空气情况下(或是在惰性气氛中)受热开始分解形成磁黄铁矿和自由硫,高温下黄铁矿分解成硫和自由铁。

(b) 在还原性气氛中的热分解条件下,黄铁矿被分解还原:

$$FeS_2 + H_2 \rightarrow FeS + H_2S \qquad (7-26)$$

该反应在高于 500℃ 时变得非常重要:

$$FeS_2 + CO \rightarrow FeS + COS \qquad (7-27)$$

该反应在低于 800℃ 时,反应速度非常慢。在无氧条件下,FeS_2 先分解为 FeS 和气态单质硫,在更高的温度下可进一步分解为单质铁和硫。FeS 非常稳定,再进一步分解还原非常困难。在高于 1000℃ 的高温环境中,碳能够与 FeS_2 和 FeS 进行还原反应:

$$2FeS_2 + C \rightarrow Fe + CS_2 \qquad (7-28)$$

$$2FeS + C \rightarrow 2Fe + CS_2 \qquad (7-29)$$

(c) 黄铁矿在氧化性气氛中的热分解:在空气条件下,黄铁矿的化学反应远比中性或还原气氛下的反应复杂。在与空气的反应中,通常 FeO、FeS、$FeSO_4$、$Fe_2(SO_4)_3$ 和 SO_2 是最频繁出现的产物。黄铁矿燃烧主要由下列 3 个反应组成:

$$2FeS_2 \rightarrow 2FeS + S_2 \qquad (7-30)$$

$$S_2 + 2O_2 \rightarrow 2SO_2 \tag{7-31}$$

$$4FeS + 7O_2 \rightarrow 2Fe_2O_3 + 4SO_2 \tag{7-32}$$

煤粉中的黄铁矿颗粒并非完全是由 FeS_2 组成，还会含有其他矿物质。这些矿物质的存在对黄铁矿燃烧是不利的。同时，这些矿物质与黄铁矿燃烧产物 FeO 易形成低熔点共晶体。

(2) 有机硫的高温热分解规律。有机硫的存在形态及反应机理还不是很清楚，但一般认为 100～300℃ 之间所释放出来的有机硫是由含三键碳的 C—SH、C—S—C 化合物与氢反应生成的形式为 CH—SH、CH—S—CH 的化合物。有机硫成分复杂，各组分的键能有很大的差异，所以温度对热解有决定性的作用。在煤加热至 400℃ 时，有机硫即开始分解，但各种煤稍有差异。这一过程的实质是硫茂、硫醇等官能团，二硫化物和硫化物的热分解。硫侧链（—SH）和环硫链（—S—）在加热后首先破裂，产生最早的挥发硫。噻吩在 450℃ 以下是稳定的，但超过 500℃ 后烷基噻吩的烷基会发生分解。二苯并噻吩在 550℃ 以下是稳定的，但与铝共存时 350℃ 便发生分解，其热分解的产物为 H_2S、C_2H_4、C 等低分子化合物。在还原性气氛下，煤在 1000℃ 的温度下热解时，所得的干馏煤气中含硫组分的 90% 是 H_2S，其余的大部分是 C_2S。此外，还有少量的 COS、噻吩和硫醇。挥发分中的 H_2S 含量与煤中含硫量基本成正比。一般认为，有机硫首先分解为中间产物 I（主要是 H_2S），而后在遇氧气和其他氧化性自由基 R 时逐步被氧化为 SO_2：

$$\text{有机硫} \rightarrow I + \Lambda \tag{7-33}$$

$$I + R \rightarrow SO + \Lambda \tag{7-34}$$

$$SO + R \rightarrow SO_2 + \Lambda \tag{7-35}$$

当富余氧浓度较大时，析出的硫将绝大部分被氧化为 SO_2。

第三节　油气资源活动的环境地球化学

一、油气资源活动过程与污染物排放

油气田勘探开发是一项包含有地下、地上等多种工艺技术的系统工程，其主要工艺过程包括地质调查、勘探、钻井、测井、井下作业、采油（气）、油气集输和储运等。此外，还包括辅助配套工艺过程，如供水、供电、通讯、排水等。在这些具体的开发生产活动中，不同工艺和不同开发阶段，其排放的污染物及构成是不尽相同的。油田勘探开发过程中污染源的总体构成见图 7-5。

地震勘探阶段的环境污染源主要是放炮震源和噪声源。

钻井阶段的污染源主要来自钻井设备和钻井施工现场。钻井过程不仅产生废气、废水，还会产生固体废物和噪声。废气主要来自大功率柴油机排出的废气和烟尘；废水主要由柴油机冷却水、钻井废水、洗井水及井场生活污水所组成；废渣主要有钻井岩屑、废弃钻井液及钻井废水处理后的污泥。

测井过程中会使用放射性辐射源和放射性核素，因此，测井阶段排放的污染物主要是放射性三废物质，以及因操作不慎溅、洒、滴入外环境的活化液，挥发进入空气中的放射性气体，被污染井管和工具等。

由于井下作业工艺复杂、施工种类多，故在此阶段形成的污染源也较为复杂。在压裂施工中，会产生大量压裂液；地面高压泵组会产生噪声和振动。在酸化施工环节中，酸化液与硫化物结垢作用后可产生有毒气体 H_2S，造成大气污染；酸化后洗井排出的污水含有各种酸液或酸液添加剂等；在注水和洗井施工中，会产生洗井废水；注水泵组会产生较强的噪声。

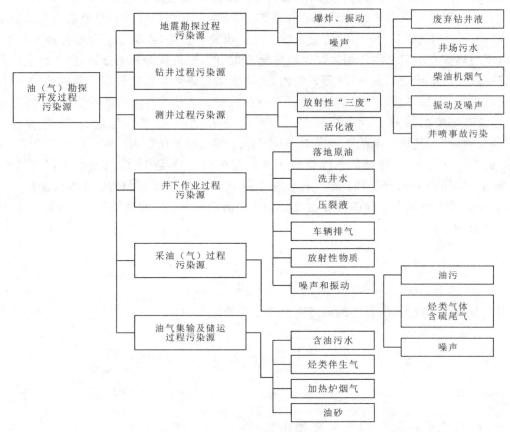

图 7-5　油田勘探开发过程污染源

在采油(气)过程中产生的主要污染物是采井油与原油一同产出的含油废水，包括油气分离器及分配罐排出的含砂、含油废水；原油稳定流程中的气液三相分离器及真空罐和冷凝液储罐排水；计量站、联合站、脱水站、油水泵区、油罐区、装卸油站台、原油稳定、轻烃回收和集输流程的管线、设备及地面冲洗等排放出的含油、含有机溶剂的废水。主要废气污染源有储油罐、油罐车、增压站、集气站、压气站、天然气净化厂等损耗烃类的场所和设备以及加热炉放空火炬等。主要固体污染物有从三相分离器、脱水沉降罐、电脱水等设备排水时排出的污油；泵及管线跑、冒、滴、漏排出的污油；脱水沉降罐、油罐、油罐车、含油废水处理厂等设施，以及天然气净化厂清出和排出的油砂、油泥、过滤料等固体泥状废物。主要噪声源有机泵、电机、加热炉螺杆式压缩机等。

总之，在油田勘探开发过程中，从地震勘探到钻井、采油、集输和储运的各个环节上，由于工作内容多，工序差别大，施工情况多，管理水平不一，设备配置不同及环境状况差异，污染源比较复杂。图7-6展示了油田勘探开发过程中污染物排放的一般情况及污染源的构成情况。

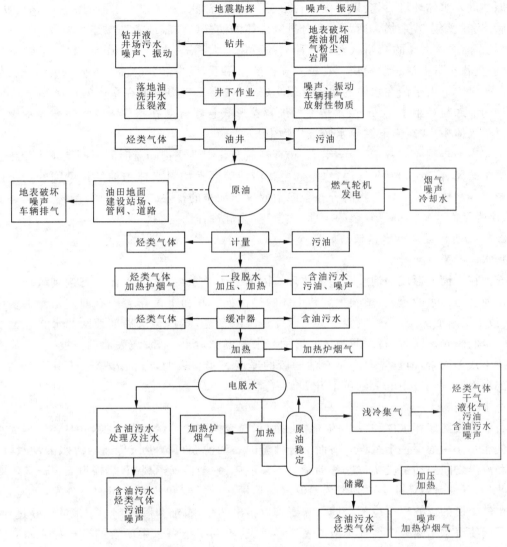

图7-6 油田勘探开发过程中的污染源构成及污染物排放流程示意图

二、水文环境地球化学

水体石油污染指石油进入河流、湖泊或地下水后,其含量超过了水体的自净能力,使水质和底质的物理、化学性质或生物群落组成发生变化,从而降低水体的使用价值和使用功能。石油类污染物在进入水体后,会在水面上形成厚度不一的油膜。资料显示,每滴石油在水面上能形成$0.25m^2$的油膜,每吨石油能覆盖$5\times10^6 m^2$的水面。膜使水面与大气隔绝,使水中溶解氧减少,从而影响水体的自净作用,致使水底质变黑发臭。油膜、油滴可附着在水中微粒或水生生物上,不断扩散和下沉,会向水体表面和深处扩展,污染范围愈扩愈大,破坏水体正常生态环境。此外,水面浮油还可萃取分散于水体中的氯烃,如狄氏剂、毒杀芬等农药和多氯联苯等,并把这些毒物浓集到水体表层毒害水生生物。

1. 水中油类的存在状态

原油进入水体环境后,会以下面4种形态存在:漂浮状态(漂浮在水面的油膜)、溶解状态、乳化状态和凝聚态残余物。通常大部分进入水体的油分以油膜或者油层连续相(浮油)的形式存在,是原油输入水体的初始状态。这种油的粒径较大,一般大于100μm,占含油量的70%~80%,静止状态下上浮速度较快。在蒸发和扩散作用下,极少部分的油类物质以溶解或乳化状态分散于水中。由于油在水中的溶解度很小(5~15mg/L),溶解油在水中的比例小于0.5%。乳化油的油珠粒径小于1μm,以水包油的细颗粒形式悬浮分散在水中。凝聚态残余油则漂浮或悬浮于水体中,或缓慢下沉于水底沉积物中。

水体中油类物质的数量、化学组成、物理性质及化学性质都随着时间不断地发生变化。水体环境中的风、浪、流、光照、气温、水温和生物活动等因素均对水体中油类污染物的物化性质产生影响。水体中油类污染物的分布与归宿取决于油类的挥发、扩散、分解、溶解、光化、乳化、吸附、沉降及微生物降解等复杂的物理、化学、生化等过程。

2. 石油类污染物对水体性质的影响

1) 水体能量

石油在水面上形成的油膜会使水体环境因素发生严重变化,使水体生态遭到破坏。油膜覆盖水面会阻碍水的蒸发,影响大气和水体的热交换。水面上散布着的石油使阳光更多地被反射,改变了水面的反射率,减少了进入水体表层的日光辐射,会对局部地区的水文气象条件产生一定的影响。同时,石油薄膜还能增加海水的温度,特别是海洋表面的温度,其影响的程度取决于众多因素,但首先取决于石油薄膜的厚度。实验表明,石油薄膜厚度小于1mm时,22℃的海面温度经过10h大约可上升1℃。

2) 水气交换

石油薄膜能破坏水体和大气的气体交换、水气交换和盐分(物质)交换,并且还影响到水体与大气相互作用的每一个过程。海面上分散着的石油薄膜可减少风传递给海水的动量,削弱大气和海洋之间的动量交换。这些动量会不断消耗,它会传递给风压流,使海面风压流不断增大。此外,石油薄膜还能影响到风传给海水的动量在风压流和波浪之间的再分配,风速不同,它对水气交换的影响程度也不相同。需要着重指出的是,石油薄膜抑制了波浪的破碎过程,即阻止了能使海水中盐分向大气扩散的飞沫形成,这不利于把海水中所含的有机物质向大气中释放(盐分及其他物质是形成云的凝结核的重要来源)。石油对海洋大规模的污染,足以破坏海洋与大气界面上CO_2的平衡。

3) 饮用水

各国对饮用水中油的允许界限为0.1~1.0 μg/L。饮用水中含有石油对水色、水味和溶解氧均有较大影响。当污水中石油类污染物的含量达到一定浓度时,将对常规的水处理工艺(混凝、沉淀、过滤、消毒)产生一系列的不利影响,如妨碍已经形成的絮体沉降,阻止沙滤过程的正常进行,产生三卤甲烷类副产物,导致管网水的生物不稳定性等,进而影响出水水质。

3. 水中石油类的迁移与转化

有机污染物在水环境中的迁移转化主要取决于有机污染物本身的性质以及水体环境条件。有机污染物一般通过吸附作用、挥发作用、水解作用、光解作用、生物富集和生物降解作用等过程进行迁移转化。水体中的石油类的迁移转化主要受分配作用、挥发作用以及生物降解等作用控制。

1) 分配作用

近年来,国际上众多学者对有机物的吸附分配理论开展了广泛研究。颗粒物(沉积物或土壤)从水中吸着憎水有机物的量与颗粒物中有机质含量密切相关。当有机物在水中含量增高接近其溶解度时,非离子性有机物在土壤-水平衡的热焓变化在所研究的含量范围内是常数,而且发现土壤-水分配系数与水中这些溶质的溶解度成反比。实际上,有机物在土壤(沉积物)中的吸着存在着两种主要机理:①分配作用。在水溶液中,土壤有机质(包括水生生物脂肪以及植物有机质等)对有机物的溶解作用,而且在溶质的整个溶解范围内,吸附等温线都是线性的,与表面吸附位无关,只与有机物的溶解度相关,因而,放出的吸附热量小。②吸附作用。在非极性有机溶剂中,土壤矿物质对有机物的表面吸附作用或干土壤矿物质对有机物的表面吸附作用,前者主要靠范德华力,后者则是各种化学键力如氢键、离子偶极键、配位键及π键作用的结果。其吸附等温线是非线性的,并存在着竞争吸附,同时在吸附过程中往往要放出大量热,来补偿反应中熵的损失。必须强调的是,分配理论已被广泛接受和应用,但若有机物含量很低时,情况就不同了,分配似不起主要作用。因此,目前人们对分配理论仍存在争议。

2) 挥发作用

挥发作用是有机物质从溶解态转入气相中的重要迁移过程。在自然环境中,需要考虑许多有毒物质的挥发作用。挥发速率依赖于有毒物的性质和水体的特征。如果有毒物质具有"高挥发"性质,那么显然在影响有毒物质的迁移转化和归趋方面,挥发作用是一个重要的过程。然而,即使毒物的挥发较小时,挥发作用也不能忽视,这是由于毒物的归趋是多种过程的贡献。

不同石油制品的挥发性相差很大。例如:汽油沸点低,容易挥发,相反,高黏度的润滑油等重质油的沸点高,不易挥发。石油烃中正构烷烃的沸点随着碳原子数的增加而增加,而蒸气压则随着碳原子数的增加而减小;高的蒸气压相应于高的挥发性,也就是高蒸气压的烷烃在自然界以气相存在的比重更大;对于碳原子数大于10的烷烃,在自然界的蒸气压很低,挥发作用大大减弱。

石油制品是由许多石油烃组成的混合物,所以沸点变化范围很大。汽油比煤油、柴油和润滑油的蒸气压高,容易挥发;煤油挥发性小,但大于柴油的挥发性,而润滑油挥发性更小。因此,进入水体中的油气类污染物,首先挥发的是轻质的烃类。

3) 生物降解作用

生物降解是引起有机污染物分解的最重要的环境过程之一。水环境中化合物的生物降解依赖于微生物通过酶催化反应分解有机物。当微生物代谢时,一些有机污染物作为食物源提供能量和提供细胞生长所需的碳;另一些有机物,不能作为微生物的唯一碳源和能源,必须由另外的化合物提供。因此,有机物生物降解存在两种代谢模式:生长代谢模式(growth metabolism)和共代谢模式(cometabolism)。这两种代谢特征和降解速率极不相同,微生物对于油气类污染物的代谢类型属于生长代谢。

水体中的微生物在适宜的条件下,可以把油气类物质中的一定组分作为有机碳和能量的来源,同时将它们降解。对石油类物质转化影响最显著的环境因素为温度、pH、湿度和反应体系中存在的氧量。由于生物稳定性的差别,石油类物质的各组分可被生物降解的程度相差很大。降解速率符合Monod动力学方程,如下式:

$$\mu = \mu_{\max}[c] / k_S + [c] \qquad (7-36)$$

式中,μ 为微生物的增长速率,时间$^{-1}$;$\mu_{\max}$ 为最大微生物增长速率,时间$^{-1}$;$[c]$ 为污染物溶度(质量/体积);k_S 为对应于增长率 $\mu = 1/2\mu_{\max}$ 时的污染物浓度(质量/体积)。

三、土壤环境地球化学

1. 土壤中的石油类污染物

石油中含有多种烃类,包括烷烃、环烷烃、芳烃等,还含有少量的其他有机物,比如硫化物、氮化物、环烷酸类等。石油中的烃类化合物一般可分为 4 类:饱和烃、芳香烃、沥青质和胶质。其中,沥青质包含苯酚类、脂肪酸类、酮类、脂类等化合物;胶质则包含吡啶类、亚砜类、喹啉类、卡巴肼类和酞胺类等化合物。因此,石油是由气体、液体和固态碳氢化合物组成的混合物。

石油可以分离出天然气、汽油、柴油、挥发油、煤油、润滑油、石蜡、沥青等多种成分。这些石油产品和原油造成的环境污染都属于石油污染的范畴,包括石油产品的分解产物所引起的污染也归于此类。

土壤中石油污染物的存在状态主要有 4 种:自由态、挥发态、溶解态和残留态。自由态是指在重力作用下可以自由移动的,并可以通过挥发和溶解不断地向土壤和地下水中释放的石油污染物。挥发态是指通过挥发进入土壤气相中,并在浓度梯度作用下不断扩散的石油污染物。溶解态是指通过溶解进入地下水中,形成被污染地下水的羽状体的石油污染物。残留态是指由于吸附或毛细作用而残留在土壤多孔介质中的石油污染物,其以固态或液态形式存在,但不能在重力作用下自由移动。

虽然石油污染物在土壤中以 4 种形态存在,但每种形态的污染物并不是一成不变的,会通过一系列的传质作用相互转化。不同的油品、不同的地域、不同的土壤环境,污染物的存在状态不同,而土壤中不同状态的石油污染物其危害也不一样。例如:残留态是最难以去除的,残留量的多少是关系治理费用及治理时间长短的最关键因素;自由态是一个长期的污染源;溶解态可能造成大量水体的污染等。

2. 土壤中石油类的迁移规律

作为固—液—气—生物构成的多介质复杂体系,土壤既是环境中诸多污染物的最终载体,又是污染物自然净化的场所。石油污染物进入土壤后,可能经历以下几个过程:①与土壤颗粒的吸附/解吸;②挥发和随土壤颗粒进入大气;③渗滤至地下水中或随地表径流迁移至地表水中;④通过食物链在生物体内富集或被生物和非生物降解。

1) 吸附/解吸

吸附/解吸是控制石油污染物在土壤中环境归宿的主要化学过程,不仅影响到土壤中石油污染物的微生物可利用性,也影响了其向大气、地下水与地表水的迁移转化。吸附过程中土壤表面与石油污染物的作用能量一是来自其作用范围紧靠固体表面的化学力,二是来自作用距离较远的静电和范德华力。Chiou(1983)指出有机化合物的吸附有两种机理:分配作用和表面吸附作用。在自然环境中,土壤一般都含有水分,或完全被水饱和,分配作用是其主要的吸附机理;而在水-土壤的石油类物质饱水分配体系中,土壤吸附量和有机质含量呈线性关系且具有很高的相关性,有机质凭借疏水作用和氢键组成规则的集合体区域是土壤的最佳吸附位。与此同时,由于土壤中无机矿物的表面吸附贡献以及土壤有机质组成和结构的不均一性,致使非线性的吸附现象出现,如非线性(尤其在低浓度段)、慢速率、不同溶质间的竞争吸附及吸附/

解吸时的滞后现象。为了对以上现象进行更合理的解释,众多学者又相继建立了分布活性模型、双模式吸附模型、专属作用模型及 HSACM 模型等。常用来描述土壤中石油污染物吸附的等温平衡吸附模型有线性、Freundlich 及 Langmuir 模型。

影响石油污染物在土壤中吸附/解吸的因素很多,主要包括石油自身的分子结构和理化性质,土壤的组成、结构和性质以及其他外界因素(如温度、湿度、pH 及共吸附质等)。一般认为,有机污染物在水体中的溶解度越小,越有利于在土壤中的吸附;土壤有机质含量越高,吸附能力越大。大多数研究结果表明,有机质是土壤吸附石油污染物过程中起决定作用的物质,其中,腐殖质类有机质可能起到关键的作用。目前,有关有机质的组成和性质对有机污染物吸附的影响研究也逐渐开展起来。

2)挥发

挥发是土壤中石油污染物迁移转化的一个重要途径,它只能使土壤中低分子烃类污染物浓度降低。石油污染物进入土壤后,熔点高、难挥发的高分子烃被吸附到土壤中,而低分子烃则以液相和气相存在,它们具有较高的挥发性,可以不断溢散到大气中。土壤中石油污染物的挥发过程存在两步一级动力学。首先,泄露的石油烃被土壤颗粒吸附需要一段时间,开始时存在着大量的自由态石油烃,因而挥发速率较快;其次,石油烃逐渐由自由态变为吸附态,挥发速率趋于平衡。土壤中有机污染物的挥发主要发生在地表。对于土壤深层的污染物,需要先从深层迁移至地表,然后挥发至大气中。有机污染物在土壤中的迁移速率较慢,控制着整个挥发过程,可用 Fick 第二定律来描述。挥发行为除了受石油本身的种类、性质和含量影响外,还与污染土壤的质地、级配、含水率、有机质含量以及温度、风速等环境因素有关。一些研究结果表明,在毛细力作用下,石油污染物在土壤中存在向上运动的"灯芯效应",促使挥发速率进一步加快。适度的含油率和含水量会促进"灯芯效应",而过低的含油量和过高的含水率则会抑制其发生。

3)渗滤

水溶态和无水液流态(non-aqueous phase liquid, NAPL)是土壤中石油污染物的两种重要迁移形式。通常,NAPL 态污染物在土壤中的入渗能力很弱。由于土壤的亲水性,水溶态污染物入渗能力明显大于 NAPL 态,且最高浓度往往出现在距地表一定深度处。有关研究表明,NAPL 态污染物在土壤中的入渗与水分入渗规律相类似,累积入渗量曲线很好地符合 Kostiakov 公式,而水溶态污染物的入渗则表现出明显的拖尾现象。影响土壤中石油污染物渗滤的因素很多,主要包括土壤结构、质地、含水量、孔隙度、温度以及石油本身的结构性质。在一定的降雨及灌溉淋滤条件下,土壤中残留的石油污染物会发生解吸释放,加速污染物向饱水带的运移。残油释放由初始快速和随后的慢速两个阶段组成,在入渗或淋滤作用下迁移至毛细带时,在重力、毛细力作用下会发生垂向及侧向运移,入渗速度显著加快,同时进行相当明显的横向迁移扩展,在毛细带区形成一个污染界面。部分石油污染物进入饱水带对地下水构成污染,部分则滞留在毛细带附近,随着降雨的淋溶作用,滞留在包气带及毛细带的原油会进一步渗透污染地下水体。

3. 土壤中植物对石油类的转化

植物去除土壤中有机污染物途径主要有 4 种:植物直接吸收有机污染物,植物降解,根际降解和植物刺激作用。

1)植物吸收

植物吸收是指植物直接吸收污染物并在植物组织中积累非植物毒性的代谢物。植物根系是吸收积累土壤有机污染物的重要组织。不同植物种类根系吸收有机污染物的能力是不同的,根系的不同部位对多环芳烃的吸收也是不同的。凌婉婷(2005)研究了20种植物根对土壤中多环芳烃菲、芘的吸收作用,得出不同植物根中菲、芘的含量和根系富集系数与根的脂肪含量呈显著正相关,而与根含水量关系不显著;亲脂性($K_{ow} > 10^4$)有机污染物主要分配到根表皮,难以进入根及其木质部,也就无法通过蒸腾作用被运输到茎叶中;然而分配进入根的能力与污染物的辛醇—水分配系数(K_{ow})有关。由于芘的 K_{ow} 较大(菲、芘的 $\lg K_{ow}$ 分别为4.46和4.48),故其在根中的含量也较高。水稻根系的吸收作用在修复多环芳烃污染土壤方面具有很大的潜力。水稻根系比表面积和脂肪含量皆高的侧根对多环芳烃的吸收率显著高于节根,被水稻根系吸收的多环芳烃占吸收与吸着总量的一半以上,多环芳烃浓度随着水稻的生长不断变化。根系的脂含量、比表面和生物量等因素影响根系对多环芳烃的吸收,其中脂含量和比表面的影响更为显著。虽然黑麦草也吸收一定的多环芳烃,但其贡献率较小。

2)植物降解

植物降解是指植物本身通过体内的新陈代谢作用将污染物转化为毒性较弱或非植物毒性的代谢物。Parrish 等(2005)评价3种植物对多环芳烃的吸收积累的研究中发现,多环芳烃大量积聚在植物的根部,只有极少量的多环芳烃被运输到茎叶中。研究发现,植物可直接降解多环芳香族烃,大豆可降解 ^{14}C-蒽、苯并芘,叶片和根系具有同化烷烃的能力。

3)根际降解

根际是受植物根系活动影响的根—土界面的一个微区,也是植物—土壤—微生物与其环境条件相互作用的场所。石油污染的根际土壤中微生物数量显著增加,石油降解菌能够选择性富集,其群落组成也发生很大变化。种植紫花、苜蓿和披碱草的土壤中,根际微生物数量要高出1~2个数量级。根际微生物数量的增加、活性的提高促进了土壤中石油烃的降解,同时也降低了石油烃对植物的毒性,达到了"双赢"的效果。

4)植物刺激

植物向土壤环境释放大量的分泌物(如有机酸、乙醇、蛋白质等),其数量占年光合作用产量的10%~20%。植物刺激是通过根分泌的有机质为微生物提供培养基质,从而增强微生物降解石油烃的能力。植物根分泌到根际的酶系统可直接参与有机污染物降解的生化过程。Lee 等(2007)在应用4种韩国本土植物降解多环芳烃菲、芘的研究中发现,植物对多环芳烃的降解主要依靠微生物活性的提高和植物释放的酶的作用,在种植物的土壤中酚类化合物(根分泌物)和过氧化物酶的活性要明显提高。

4. 土壤中石油类的生物降解

石油类污染物进入土壤中,可通过多种途径降解,主要途径是微生物降解,其他降解作用非常小。污染物作为营养物质被吸收转化成为微生物体内的有机成分或繁殖生成新的微生物,其余部分被微生物氧化分解成简单的有机或无机物质,如甲烷、二氧化碳、水等。石油类污染物进入降解微生物的细胞膜后,通过好氧呼吸、厌氧呼吸和发酵作用进行生物降解。好氧呼吸时,有机物氧化为二氧化碳、水及其他最终产物,电子受体是原子氧。厌氧呼吸时,由其他无机物作为电子受体,而且有机物氧化为甲烷,硫酸盐还原为硫化物,硝酸盐还原为 N_2 或氨盐。发酵过程不依赖氧,而是依赖有机物作为电子受体,最终产物为二氧化碳、乙酸、乙醇、丙酸盐等。一般情况下,生物降解石油类物质主要是通过好氧微生物的降解作用来完成的。

石油类污染物进入降解微生物的细胞后,通过同化作用被降解,这是一个非常复杂的过程。在好氧条件下,主要是在加氧酶的催化作用下,将分子氧结合到基质中,形成含氧中间体,然后再转化成其他物质。在烷烃的降解过程中,O_2 中的 1 个氧原子被结合;而在芳烃的降解过程中,则是 2 个氧原子被结合。由于石油是多种烃类的混合物,因而其降解作用也是由多种微生物共同作用后才能完成的:

$$石油类物质 + 微生物 + O_2 + 营养物质 \longrightarrow CO_2 + H_2O + 副产物 + 微生物细胞生物量$$
$$(7-37)$$

当微生物对石油类污染物的降解作用是由细胞内酶引起时,微生物降解的整个过程可以分为以下 3 个步骤:①化合物被微生物细胞膜表面吸附,这是一个动态平衡的过程;②吸附在细胞膜表面的化合物进入细胞膜内(在生物量一定时,化合物对细胞膜的穿透率决定了化合物穿透细胞膜的量);③进入微生物细胞膜内的化合物与降解酶结合发生酶促反应,这是一个快速的过程。

微生物对石油类污染物中不同烃类化合物的代谢途径和机理是不同的,主要介绍以下几种。

1) 饱和烃的生物降解

(1) 直链烷烃。通常认为饱和烃在微生物作用下,直链烷烃首先被氧化成醇,醇在脱氢酶的作用下被氧化为相应的醛,然后通过醛脱氢酶的作用氧化成脂肪酸。氧化途径有单末端氧化、双末端氧化和次末端氧化。在转化为相应的脂肪酸后,一种转化形式为直接经历随后的 β-氧化序列,即形成羧基并脱落 2 个碳原子;另一种转化形式为脂肪酸先经历 ω-羟基化形成 ω-羟基脂肪酸,然后在非专一羟基酶的参与下被氧化为二羧基酸,最后再经历 β-氧化序列。脂肪酸通过 β-氧化降解成乙酰辅酶 A,后者进入三羧酸循环,分解成 CO_2 和 H_2O 并释放出能量,或进入其他生化过程。直链烷烃也可以直接脱氢形成烯烃,烯烃再通过酶的催化作用,进一步氧化成醇、醛,最后成为脂肪酸,脂肪酸再按 β-氧化序列进一步分解,或直链烷烃氧化成为烷基过氧化氢。

(2) 支链烷烃。微生物对支链烷烃的降解机理基本上与直链烷烃一致。相对于正构烷烃,支链的存在会增加微生物氧化降解的阻力,主要氧化分解的部位是在直链上发生的,而且靠近侧链的一端较难发生氧化反应。带支链烷烃的降解可以通过 α-氧化、ω-氧化或 β-碱基去除途径进行。总的说来,含有支链结构的烃类降解速度慢于相同碳数的直链烃类,这是因为烷烃的支链降低了分解速率。

(3) 环烷烃。环烷烃在石油馏分中占有较大比例,它的生物降解原理和链烷烃的亚末端氧化相似。首先经混合功能的氧化酶(羟化酶)氧化产生环烷醇,然后脱氢得酮,进一步氧化得到酯,或直接开环生成脂肪酸。以环己烷为例,其生物降解的机理为:环己烷经氧化酶的羟化作用生成环己醇,后者脱氢生成酮,再进一步氧化,1 个氧原子插入环而生成酯,酯开环,一端的羟基被氧化生成醛基,再氧化生成羧基,二羧酸通过 β-氧化进一步代谢。

2) 芳烃的生物降解

(1) 单环芳烃。单环芳烃苯与短链烷基苯在脱氢酶及氧化还原酶的作用下,经二醇的中间过程代谢成邻苯二酚和取代基邻苯二酚。苯的好氧降解作用是在苯环上引入 2 个羟基后形成顺式二氧二羟化合物,然后脱氧形成儿茶酚。儿茶酚可以通过以下 2 种方式裂解:2 个羟基之间裂解;在羟基碳原子与非羟基化碳原子之间裂解。甲苯、乙苯和二甲苯的降解有 2 条途径:苯环上的甲基或乙基氧化形成羧基,然后去除羧基,在双氧酶作用下同时引入 2 个羟基形成儿茶酚;苯环直接加氧连接 2 个羟基,再进一步氧化。

(2)多环芳烃。多环芳烃非常难降解,降解的难易程度与多环芳烃的溶解度、环的数目、取代基种类、取代基位置、取代基数目以及杂环原子的性质有关。多环芳烃的生物降解是在第一个环经羟基化开环反应后,进一步降解为丙酮酸和 CO_2,然后第二个环以同样方式分解。原核微生物和真核微生物都具有氧化芳烃的能力,但细菌和真菌氧化芳烃的机理并不相同。细菌产生双加氧酶,借助双加氧酶的催化作用将分子氧的 2 个氧原子结合到底物中,使芳烃氧化成具有顺式结构的二醇;顺式二醇在另外一种过氧化物酶的催化作用下,将芳烃环破裂成邻苯二酚。而真菌则借助于单加氧酶和环水解酶的催化作用,将芳烃氧化成反式二氢二酚类化合物。不同的代谢途径有不同的中间产物,但普遍的中间代谢产物是邻苯二酚、2,5-二羟基苯甲酸、3,4-二羟基苯甲酸。这些代谢产物通过相似的途径降解,即环碳键断裂,代谢产生的物质一方面可以被微生物利用合成细胞成分,另一方面也可以氧化成 CO_2 和 H_2O。

5. 光降解

1)降解机理

受到石油污染的土壤接受天然日光照射时,污染物分子通过光照获得能量跃迁到激发态,从而发生光化学转变。光化学转变有两种类型:光解和光催化降解。其中,光解分为直接光解和间接光解。直接光解是有机物吸收光子后发生化学键的断裂或者分子结构的重排,在浓度较低的条件下,大部分有机物的直接光解遵循准一级反应动力学。间接光解则是首先由反应体系中另外的化合物分子吸收光子,然后传递给发生光解反应的分子而发生的光降解反应。间接光解的主要方式有电子传递、能量转移、自由基氧化等,所遵循的动力学规律一般为简单双分子动力学。光催化降解是污染物在光催化剂作用下进行的光化学降解。

光化学反应遵循以下光化学定律:①仅被物质吸收的光才能引起光化反应;②光化学反应由反应物分子吸收光子开始,而且一个反应物分子只吸收一个光子;③平行的单色光通过浓度为 c,长度为 d 的均匀介质时,未被吸收的透射光强度 I_t 与入射光强度 I_0 之间的关系为:

$$I_t = I_0 \exp(-kdc) \tag{7-38}$$

式中,k 是摩尔吸收系数,与入射光的波长、温度和溶剂等性质有关。

光化学反应可分为两个过程:光化学反应初级过程和光化学反应次级过程。光化学反应是从反应物吸收光子开始的,此过程称为光化反应的初级过程,它使反应物的分子或原子中的电子能态由基态跃迁到较高能量的激发态。如果光化学反应初级过程所产生的光化学反应产物化学性质比较活泼,可能会进一步发生一系列的分子间或分子内反应,如发生光猝灭、放出荧光或磷光等,再跃迁回到基态使次级反应停止。在光化学降解过程中,土壤中石油类污染物经由以上两级反应发生光化学降解,转化为小分子有机物从土壤中去除。

土壤中石油的光化学降解过程可以总结为一系列自发的连续自由基反应,大的有机物分子在光降解过程中生成了醇、醛和酮类。在空气中氧气的作用下,醇、醛和酮类被氧化,生成小分子有机酸,而通过醛、酮类分子的缩合反应以及醇类分子和有机酸分子之间的酯化作用,又形成了大分子有机物。土壤中石油的光化学降解可能的反应方式主要有以下 3 种。

(1)石油中的某一组分分子吸收光子后发生光化学降解,分子的化学键断裂产生自由基。在有氧气存在的条件下,所产生的自由基与氧分子发生反应生成过氧自由基,过氧自由基与其

他化合物发生反应后重新生成原来的自由基,依次持续进行。具体过程如下:

$$S+h\nu \rightarrow [S] \cdot \rightarrow R \cdot （自由基） \tag{7-39}$$

$$R \cdot + O_2 \rightarrow RO_2 \cdot \tag{7-40}$$

$$RO_2 \cdot + RH（烃类）\rightarrow RO_2H + R \cdot \tag{7-41}$$

$$RO_2 \cdot + RO_2 \cdot \rightarrow 稳定氧化物 \tag{7-42}$$

$$RO_2H + h\nu \rightarrow RO \cdot + OH \cdot （支化作用）\tag{7-43}$$

(2)土壤中石油类污染物分子接受光照,吸收光子后跃迁至激发态。激发态分子比较活泼,有从激发态很快转回基态或同时发生化学反应或物理变化的趋势,这种过程统称为弛豫。激发态的分子除了与其他分子发生化学反应而产生能量损失外,还有可能就是本身分子不发生化学变化,通过从高能级向低能级返回而失去能量,此过程就是光物理过程。如果在体系中还有一种化学物质,能够吸收和传递光子能量,使不同的分子之间发生能量交换而发生电子状态的改变但并不引起化学反应的话,这种类型的过程就称为敏化和猝灭。

(3)活性吸光物质通过光照吸收光子获得能量。通过反应体系将能量传递给石油烃分子,然后石油烃分子发生光降解反应,这种活性吸光物质被称为光敏剂。由于石油烃中部分组分自身吸光效果不好,通常需要光敏剂通过能量传递引发光化学降解。光敏剂须满足下述条件:自己能首先被光照射激活;在反应体系中有足够的浓度,且能吸收足够量的光子;可以通过反应体系把自身的能量传递给反应物。

2)降解产物

很多研究者针对石油类污染物光化学降解的产物进行了检测和分析,但由于石油是由多种物质组成的混合物,并且光降解的反应过程不完全相同,检测出的降解产物往往差异较大。一般情况下,研究者只是将石油光降解的产物按照化学性质分成几大类,分析它们在各种反应条件下产生的可能性,然后进行光降解实验,从而解释石油光降解的过程。研究者经常会选择石油中一种具有代表性的典型物和反应机理进行实验研究,报道过的典型化合物包括正十四烷、姥鲛烷、甲基环己烷、正十五烷、乙苯、正丙基苯、正丁基苯、正戊基苯、正壬基苯和正十三烷基苯等。其中,正烷烃的光降解产物主要是酮和末端烯烃;支链烷烃的降解产物主要有酮、醇和烷烃类;环烷烃光降解的产物主要为未开环的酮、醇类,也会产生少量的开环产物;含有烃基的苯系物的光降解产物以苯甲醛、卜苯基酮和醇类为主。关于石油中小分子易挥发组分的光降解产物研究较少,小分子正烷烃的光降解产物以甲醛为主,也有乙醛、丙酮产生。

石油类污染物的主要光降解产物为羧酸类、醇类及醛类物质。由于目前对石油光化学降解的研究还不够全面,未能完全确定光降解产物的结构,也没有对其降解产物的毒性作出完整评价,因此需要更进一步的探索。

四、气体环境地球化学

石油及其产品主要含有烷烃、环烷烃和芳香烃。油气资源的开采、运输和消费过程中释放的碳氢化合物是大气污染的罪魁祸首之一,也是造成光化学烟雾的成分之一。因此,油气资源的开发利用过程中对大气的污染主要考虑烷烃、环烷烃和芳香烃等碳氢化合物的大气环境地球化学行为。

1. 碳氢化合物的转化

1)烷烃的反应

烷烃可与大气中的 HO· 和 O· 发生氢原子摘除反应：

$$RH + HO· \longrightarrow R· + H_2O \tag{7-44}$$

$$RH + O· \longrightarrow R· + HO· \tag{7-45}$$

这两个反应的产物中都有烷基自由基，但另一个产物不同。前者是稳定的 H_2O，后者则是活泼的自由基 HO·。前者反应速率常数比后者大两个数量级以上，如表 7-7 所示。

表 7-7 HO·、O· 与烷烃反应的速率常数

烃类	速率常数（$2.98×10^8$/min）	
	HO·	O·
甲烷	16.5	0.0176
乙烷	443	1.37
丙烷	1800	12.3
正丁烷	5700	32.4
环己烷	$1.2×10^4$	117

上述烷烃所发生的两种氧化反应中，经氢原子摘除反应所产生的烷基 R· 与空气中的 O_2 结合生成 $RO_2·$，它可将 NO 氧化成 NO_2，并产生 RO·。O_2 还可从 RO· 中再摘除一个 H·，最终生成 $HO_2·$ 和一个相应的稳定产物醛或酮。

如甲烷的氧化反应：

$$CH_4 + HO· \longrightarrow CH_3· + H_2O \tag{7-46}$$

$$CH_4 + O· \longrightarrow CH_3· + HO· \tag{7-47}$$

反应中生成的 $CH_3·$ 与空气中的 O_2 结合：

$$CH_3· + O_2 \longrightarrow CH_3O_2· \tag{7-48}$$

由于大气中的 O· 主要来自 O_3 的光解，通过上述反应，CH_4 不断消耗 O·，可导致臭氧层的损耗。同时，生成的 $CH_3O_2·$ 是一种强氧化性的自由基，它可以将 NO 氧化成 NO_2：

$$NO + CH_3O_2· \longrightarrow NO_2 + CH_3O· \tag{7-49}$$

$$CH_3O· + NO_2 \longrightarrow CH_3ONO_2 \tag{7-50}$$

$$CH_3O· + O_2 \longrightarrow HO_2· + H_2CO \tag{7-51}$$

如果 NO 浓度低，自由基也可以发生如下反应：

$$RO_2· + HO_2· \longrightarrow ROOH + O_2 \tag{7-52}$$

$$ROOH \xrightarrow{h\nu} RO· + HO· \tag{7-53}$$

O_3 一般不与烷烃发生反应。

烷烃亦可与 NO_3 发生反应。大气中的 NO_3 无天然来源。它的主要来源为：

$$NO_2 + O_3 \longrightarrow NO_3 + O_2 \tag{7-54}$$

已证实在城市污染的大气中 NO_3 的体积分数可达 $3.5×10^{-7}$。NO_3 极易光解：

$$NO_3 \xrightarrow{h\nu} NO + O_2 \tag{7-55}$$

$$NO_3 \xrightarrow{h\nu} NO_2 + O· \tag{7-56}$$

其吸收波长小于 670nm。因此,在有阳光的白天,NO_3 不易积累。在污染市区,由于近地面 NO 较多,即使在夜间也不易生成 NO_3,而在高空却有可能形成。

NO_3 与烷烃的反应速率很慢,不能与 HO· 相比。反应机制也是氢原子摘除反应:

$$RH + NO_3 \longrightarrow R· + HNO_3 \tag{7-57}$$

这是城市夜间 HNO_3 的主要来源。

2) 环烃的氧化

大气中已检测到的环烃大多以气态形式存在。它们主要都是在燃料燃烧过程中生成的。城市中的环烃浓度高于其他地区。环烃在大气中的反应以氢原子摘除反应为主,如环己烷:

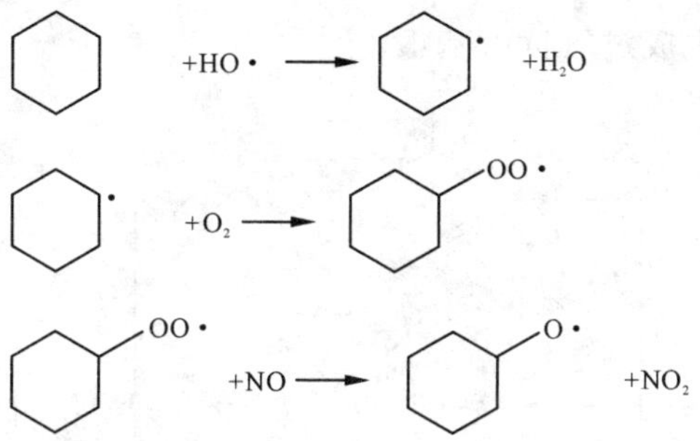

如果是环己烯,HO· 和 NO_3 可以加成到它的双键上,大气中已检测到这些产物。O_3 可与环己烯迅速反应,首先 O_3 加成到双键上,之后开环,生成带有双官能团的脂肪族化合物,最后转变成小分子化合物和自由基。

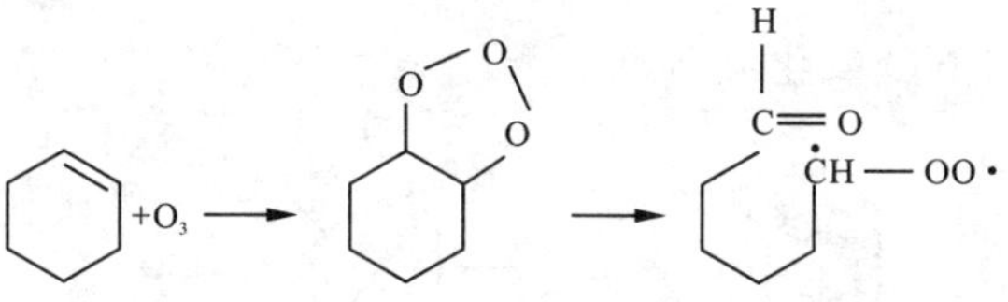

上述反应生成的是二元自由基,它可以分解为 CO、CO_2 和其他化合物或自由基。

(1) 单环芳烃的反应。大气中已检测到的单环芳烃如苯、甲苯以及其他化合物,它们主要来源于矿物燃料的燃烧以及一些工业生产过程。人们对芳烃在大气中的反应远不如对烷烃和烯烃了解那么多。能与芳烃反应的主要是 HO·,其反应机制主要是加成反应和氢原子摘除反应。

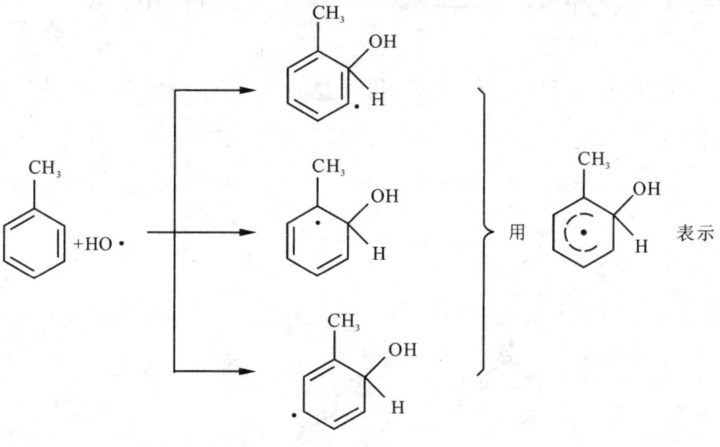

生成的自由基可与 NO_2 反应,生成硝基甲苯:

[结构式: 甲基环己二烯自由基-OH + NO_2 → 间硝基甲苯 + H_2O]

加成反应生成的自由基也可以与 O_2 作用,经氢原子摘除反应,生成 $HO_2\cdot$ 和甲酚:

[结构式: 自由基 + O_2 → 邻甲酚 + $HO_2\cdot$]

此反应的另一途径是生成过氧自由基:

[结构式: 自由基 + O_2 → 三种过氧自由基异构体,用简化结构表示]

过氧自由基也可以将 NO 氧化成 NO_2:

[结构式: 过氧自由基 + NO → 氧自由基 + NO_2]

生成的自由基与 O_2 反应而开环:

[结构式] + O_2 → $OHC-CH=CH-CHO + CH_3C(O)CHO$

据测定,大气中的甲苯与 $HO\cdot$ 作用有 90% 是发生上述加成反应,另外 10% 是发生氢原子摘除反应,其机制如下:

[结构式: 甲苯 + $HO\cdot$ → 苄基自由基 $\cdot CH_2$- + H_2O]

[结构式: 苄基自由基 + O_2 → 苄基过氧自由基 $CH_2OO\cdot$-]

(2) 多环芳烃的反应。大气中已检出的多环芳烃有 200 多种,其中一小部分以气体形式存在,大部分则在气溶胶中。人们对多环芳烃在大气中的反应了解得更少。$HO\cdot$ 可与多环芳烃发生氢原子摘除反应。$HO\cdot$ 和 NO_3 都可以加成到多环芳烃的双键上去,形成包括有羟基、羰基的化合物以及硝酸酯等。多环芳烃在湿的气溶胶中可发生光氧化反应,生成环内氧桥化合物。如蒽的氧化:

环内氧桥化合物转变为相应的醌:

思考题:

1. 简述煤炭开采活动中的环境地球化学过程。
2. 简述金属硫化物矿床开采活动中的环境地球化学过程。
3. 简述石油天然气开采活动中的环境地球化学过程。

第八章 农业活动的环境地球化学

农业生产本身,如生产过程、农产品加工,以及农村居民生活产生的废弃物或施加的化学物质都会产生环境地球化学作用。化肥、农药、农膜的使用,作物秸秆、牲畜粪便等农业废物的处理不当,不仅会污染农畜产品,还会污染水环境,破坏水生生态环境,甚至危害人畜健康。

化肥给农业生产带来了巨大的经济效益,其施用量多年来一直呈增长趋势。改革开放后的 1980 年至 2014 年,我国化肥施用量增长了 4.5 倍,超 6000t,同期我国粮食产量仅增长了 82.8%,化肥施用量的增速远远超过粮食产量的增速。根据中国农业部(现农林农业部)公布的数据显示,我国农作物亩均化肥用量 21.9kg,远高于世界的平均水平(每亩 8kg),是美国的 2.6 倍,欧盟的 2.5 倍。从 20 世纪 70 年代开始,中国的耕地肥力出现了明显下降,全国土壤有机质平均不到 1%。与之对应的是,国内的化肥用量及其增长速度惊人,三大粮食作物氮肥、磷肥、钾肥的利用率仅为 33%、24% 和 42%。我国也是世界化肥用量的超级大国,用量占世界的 35%,相当于美国和印度的总和。

中国是农药生产和使用大国。根据国家统计局数据,2013 年中国农药产量达 319×10^4 t,在国内使用 175×10^4 t 左右。中国的单位面积化学农药用量已经比世界平均用量高 2.5~5 倍。在农药品种中,1983 年前 60% 为有机氯农药,这类农药曾对农业环境和农畜产品造成不同程度的污染。1982 年后国家正式禁止了有机氯农药的使用,但是使用其替代农药。中国农业部在 2012 年曾经公布一项数据,制定了 322 种农药在十大类农产品和食品中的 2293 个残留限量。这也意味着,农药使用品种和使用量将严格受限制,不仅在土壤中有环境质量标准,而且在农产品中不得残留,因为,如果不能有效控制农产品农药残留,将严重损害人类和其他生物的健康,农产品也没有市场。

第一节 化肥使用的环境地球化学过程

肥料就是农作物的粮食。施肥作为农业增产的重要措施,越来越受到人们的重视。合理的施肥不仅能够增加农作物的产量,而且能够改善农产品的品质、提高农产品的储藏效果及商品价值,并能改良和培肥土壤。随着工业技术的进步,人工生产的化学肥料替代传统的天然有机肥,并爆发式增长和使用,不可避免地对农业生态环境产生恶劣影响,进而危及到人体健康。

一、生产过程污染物排放

我国目前生产的化肥总量中 70% 以上是氮肥,余下的为磷肥和钾肥。目前世界上生产的氮肥,除极少数以外,所有主要品种都是以合成氨为基本原料。我国常用的氮肥品种见表 8-1。

表 8-1 我国常用的氮肥品种

品种	化学分子式	含氮量(%)	氮形态
液氨	NH_3	82	铵态
氨水	NH_4OH	12~16	铵态
碳酸氢铵	NH_4HCO_3	17	铵态
硫酸铵	$(NH_4)_2SO_4$	20~21	铵态
氯化铵	NH_4Cl	24~26	铵态
硝酸铵	NH_4NO_3	32~34	硝态铵态
硝酸钠	$NaNO_3$	15	硝态
硫硝酸铵	$(NH_4)_2SO_4 + NH_4NO_3$	25~27	硝态铵态
硝酸铵钙	$NH_4NO_3 + CaCO_3$	20~25	硝态铵态
硝酸钙	$Ca(NO_3)_2$	13	硝态
尿素	$CO(NH_2)_2$	45~46	尿素态
石灰氮	$CaCN_2$	20~22	酰胺态

磷肥的生产较氮肥要简单,提供磷素的原料是各种磷矿石。加工磷矿石的基本方法是在机械粉碎的基础上,经由酸、热等处理,使其中的磷素有一定程度的转化,从而使磷矿石中不易被作物吸收利用的磷能被作物吸收利用。我国常用的磷肥见表 8-2。

表 8-2 我国常用的磷肥品种

品种	主要化学成分	溶解度	P_2O_5 含量(%)	主要性质
磷矿粉	$Ca_5F(PO_4)_3$	难溶	14~25	灰褐色、黄褐色、粉末
骨粉	$Ca_3(PO_4)_3$	难溶	20~35	灰白,粉末
钙镁磷肥	$Q-Ca_3(PO_4)_3$	难溶	14~25	灰绿色、茧褐色、玻璃质
沉淀磷酸钙	$CaHPO_4 \cdot 2H_2O$	弱酸溶性	30~40	白色,粉末
脱氟磷肥	$\alpha-Ca_3(PO_4)_2 + C_{84}P_2O_9$	弱酸溶性	14~30	灰白色、粉红色、粉末
钢渣磷肥	$Ca_4P_2O_9$	弱酸溶性	14~18	黑褐色
普通过磷酸钙	$Ca(H_2PO_4)_2 \cdot H_2O$ $CaSO_4 \cdot 2H_2O$	水溶	12~20	烟灰色,粉末
重过磷酸钙	$Ca(H_2PO_4)_2 \cdot H_2O$	水溶	40~50	灰色小颗粒
偏磷酸盐	KPO_3 $NaPO_3$ NH_4PO_3 $Ca(PO_3)_2$	弱酸溶性	60~70	微黄玻璃质,小颗粒
磷酸	H_3PO_4	水溶	70~72	油状液体

钾肥的生产来源于钾矿,地壳中平均含钾 2.35%,海水中平均含钾 0.038%。生产钾肥用的原料,主要是可溶性钾盐矿床,也可采用难溶性含钾矿物作为原料。钾盐矿床一般由与海洋分离的陆围海或内陆海(盐湖)中海水的不断蒸发浓缩而成。作为钾肥资源的含钾矿物,除上述水溶性钾盐矿外,还有难溶性钾矿,如明矾石。盐湖中内陆海水经蒸发浓缩而成的盐卤,也是一种钾肥资源。生产钾肥用的含钾矿物如表 8-3 所示。

表 8-3 生产钾肥的矿物

矿物	化学式	含 K_2O(%)
含钾氧化物		
钾盐	KCl	63.1
钾石盐	$KCl + NaCl$	6.38
光卤石	$KCl \cdot MgCl_2 \cdot 6H_2O$	17.0
钾盐镁矾	$KCl \cdot MgSO_4 \cdot 3H_2O$	18.9
碳酸芒硝	$KCl \cdot Na_2SO_4 \cdot 2Na_2CO_3$	3.0
含钾硫酸盐		
杂卤石	$K_2SO_4 \cdot MgSO_4 \cdot 2CaSO_4 \cdot 2H_2O$	15.5
无水钾镁矾	$K_2SO_4 \cdot 2MgSO_4$	22.6
钾镁矾	$K_2SO_4 \cdot MgSO_4 \cdot 4H_2O$	25.5
软钾镁矾	$K_2SO_4 \cdot MgSO_4 \cdot 6H_2O$	23.3
镁钾钙矾	$K_2SO_4 \cdot MgSO_4 \cdot 4CaSO_4 \cdot 2H_2O$	10.7
钾芒硝	$3K_2SO_4 \cdot Na_2SO_4$	42.6
钾石膏	$K_2SO_4 \cdot CaSO_4 \cdot H_2O$	28.8
纤钾明矾	$K_2SO_4 \cdot Al_2(SO_4)_3 \cdot 24H_2O$	9.9
明矾石	$K_2Al_6(OH)_{12}(SO_4)_4$	11.4
含钾硝酸盐		
硝酸钾	KNO_3	46.5

氮肥、磷肥和钾肥的生产过程都会产生废水、废气和废渣(简称"三废")。现将肥料生产过程中产生的"三废"简述如下。

1. 废水

肥料生产中产生的废水主要来源于制造用水、冷却水、辅助操作用水等。废水中主要包括原料中的无机物,各种化学试剂等物质。典型的氮肥厂和钾肥厂排放出废水成分如表 8-4、表 8-5 所示。

从化肥厂排放出来的废水即使浓度不高,其受纳水体也不能作为生活和城市水源,在某些情况下甚至不能用作工业。主要影响是盐分增加,其增加程度取决于稀释程度。每生产 1t 氨就会排出约 300kg 无机盐类,主要是硝酸钠、硫酸铵、氯化物等。化肥厂排放出废水中的氮磷元素会造成水体富营养化，导致水生植物过量繁殖，从而造成水体缺氧，危害水生系统。

表8-4 氮肥厂废水特征

项目	特征值	项目	特征值
温度	18～28℃	总固体(105℃)	550～1200mg/L
颜色	无色	氯化物(Cl)	90～225mg/L
臭味	特殊淡	硫酸盐(SO_4^{2-})	180～250mg/L
透明度	5～11cm	氨(NH_3)	100～140mg/L
pH值	6.9～7.4	硝酸盐(NO_3^-)	90～180mg/L
碱度($CaCO_3$)	1000～4000mg/L	硫化氢	痕量
悬浮固体(105℃)	200～320mg/L	三氧化砷	0.1～0.8mg/L
无机悬浮物(105℃)	140～230mg/L	铜	痕量
烧灼残渣	410～500mg/L	高锰酸钾	13～19mg/L

化肥厂废水中的悬浮物固体主要是无机化合物，由于其粒径小，不能立即沉降，因而降低了水的透明度。无机悬浮物可能堵塞鱼鳃，特别是较小的悬浮物。当这些悬浮物最终沉降下来，它们会在河床上形成覆盖，阻止动植物的正常生长，不利于河流中生物的发展。

有毒的硫化氢，在低浓度下对水生有机体也有害，同时使水体产生臭味。在废水中去除硫化氢形成的三氧化砷是剧毒物质，河水中当其浓度低至0.05mg/L时，仍具有毒性。

表8-5 钾肥厂废水特征

项目	特征值	项目	特征值
相对密度	1.034mg/L	氧化钠(Na_2O)	24 236mg/L
氯化物(Cl^-)	29 600mg/L	氧化钙(CaO)	480mg/L
硫酸盐(SO_4^{2-})	936mg/L	氧化镁(MgO)	1184mg/L
氧化钾(K_2O)	188mg/L		

此外，废水中还含有硫酸、硝酸、磷酸等物质，呈强酸性。当废水排入河流后，会导致河水的pH值下降，当pH降至6.8以下时，水生生物正常的生存状况将受到干扰。

2. 废气

氮肥的生产过程中产生的废气主要为用于合成氨而使用的矿物燃料的燃烧，以及来源于各个流程中排放出的硫化物、氮氧化物和一氧化碳等。大多数磷肥企业有一个附属的硫酸厂，它是SO_3的主要来源。

合成氨过程排放出的废气中含有氨气。据估算，每生产1t氨会损失90g氨。如果这些氨气进入大气中，与酸性气体化合，就会形成烟雾。氨也可能存在于生产尿素、硝酸铵、磷酸铵和各种混合肥料的排放物中。此外，从硝酸吸收塔尾气排放出的氮氧化物一般是硝酸产量的

0.1%。这些氮氧化物主要是 NO_2、N_2O_3、N_2O_4。在某些硝酸厂,由于缺少气体净化系统,废气中氮氧化物的浓度可达 $6.0mg/m^3$。

除了磷肥生产企业排放出含有硫化物的废气外,普钙和重钙的生产也会排放出污染物。普钙生产过程中主要污染物是氟化物。氟化物的产生数量取决于磷矿粉中 SiO_2 的含量以及所用硫酸的温度、浓度和数量。一般来说,硫酸与磷矿粉反应时矿石中有 18%~35% 的氟转化为 SiO_4,SiO_4 气体排出浓度为 200~500mg/L。经过水洗塔洗涤后,尾气中 SiO_4 的浓度仍有 7.1~17.1mg/L。当磷矿粉中硅含量低的时候,也可能出现氟化氢(HF)气体。重钙生产中从反应器和过滤器等设备排入大气的 SiO_4 浓度为 0.35~1mg/L(湿法磷酸)。热法磷酸的排出物有黄磷、氟化物、一氧化碳、硅粉尘、磷酸酸雾,各污染物质的质量浓度如下:黄磷 400~2500mg/L,总悬浮固体 1000~5000mg/L,氟化物 500~2000mg/L,硅粉尘 300~700mg/L。

磷肥生产中,气态氟化物被认为是最危险的污染物之一。慢性氟中毒在人体中的第一个迹象就是出现斑点,然后就是韧带变硬。工人对于工业氟化物的接触有累积效应,工厂应保持空气中总氟化物浓度低于 0.01mg/L,工人每天吸入的氟化物不能超过 2mg。

3. 废渣

磷石膏是湿法磷酸生产中最多的副产品。湿法磷酸产生的磷石膏的妥善处理与回收成为大型磷肥厂建设的关键问题,因为每生产 1t P_2O_5,会产生 5t 磷石膏。

在地价相对低的地方,有的工厂把过滤器滤出的石膏块同水混合,成浆状排入石膏池或潟湖中。潟湖可以有几公顷大,以便能够容纳下工厂在 5~7 年运转期中产生的石膏产品。石膏池也接收工厂排出的酸性泥浆,硫酸钙和氟化钙慢慢沉淀,最终将注满池子。这时有可能由于池子渗漏而引起地下水的污染。在雨水大而蒸发相对慢的地区,溢出的池水要用石灰中和,否则会污染供水。

有的磷酸厂把浆化了的石膏排入大海,石膏可以在海水中溶解,在潮流急的地方能迅速溶解。有的磷酸厂使用特制的底部卸货驳船和货船到海洋排放石膏,许多工厂预先将石膏同水混合,溶解 1t 石膏大约需要 100t 海水。

有些国家的磷肥厂回收石膏制造水泥、建筑材料和石膏板,有的从硫酸钙中回收 SO_2。当回收石膏时,在多数情况下要清除石膏废物中的 P_2O_5 含量,否则又会成为一个新的污染源。

钾石盐的选矿会产生含有少量氯化钾的副产品氯化钠。这种废渣通常被泵送到用土质挡土墙围起来的堆积区。由于所夹带的水分蒸发而逐渐固结,有的矿山把渣浆用泵送至海洋或河流里,污染环境。

二、施肥与水环境

化肥中的营养元素氮、磷流失到水体中,一方面会造成化肥的损失,另一方面也会造成地表水富营养化和地下水体硝酸盐污染。

1. 化肥水环境损失的途径

化肥从农田流失到水域中的途径主要有:径流、农田排水和渗漏及淋洗。

1)径流

天然降水和不适当灌溉形成的地表径流,将农田氮素转移带入到地表水体中,造成氮素的大量损失,包括水土流失和农田径流等所带走的养分。由于不利的地形、植被状况及不当的农业生产措施,养分流失量会很大。地表径流为氮、磷流失的主要途径,是农田化肥进入周围水体最直接、最快速的方式。研究表明,美国因地表径流损失的农田氮素,每年为 $4.5×10^6$ t。在我国,氮、磷、钾元素污染水域的主要途径是通过水土流失。全国每年流失土壤达 $5×10^9$ t,其中含有的氮、磷、钾及微量元素等重量相当于全国一年的化肥使用总量。据研究,施肥对农田径流中氮的损失影响较大。硝态氮处理的地表径流硝态氮流失量在 $0.03\sim0.43$ kg/hm^2 (1hm$^2=0.01$km^2)之间,农田氮流失量对面源污染的贡献率达 61.5%;在滇池等地区,富营养化水体占 63.6%,其中农业总氮面源污染负荷贡献率为 65.9%~75%;天津于桥水库的试验表明,施肥与未施肥的农田,其地表径流水中,氮、磷含量有较大差异,施过肥的农田径流水固态氮为 48.79mg/L,溶解态氮为 14.3mg/L,而未施肥的农田径流水中分别只有 20.96mg/L 和 12.82mg/L,当施氮过量时,径流水中的氮明显增加。

2)农田排水

在水田中,常有插秧前的泡田弃水和雨后排水,使一部分氮流失到水体中,这部分损失在苏州南部(崔玉亭等,1998)地区大约为 10kg/hm^2,它和地表径流损失的氮共计 25~55kg/hm^2,占施肥量的 5%~10%。施肥常常使农田排水中氮的流失量增加。如:美国连续 5 年对小麦田排水中氮的流失进行检测,发现每公顷施用氮肥 48.8kg、96kg、144kg,施肥季节排出水中的氮量分别是不施肥的 4.8 倍、9.6 倍、12.7 倍,在冬季休闲时,施肥田也为不施肥田的 1.07~1.62 倍。在我国施肥量较高(稻麦平均为 500kg/hm^2 左右)的苏南地区,农田排出水中含氮 $3.6×10^4$ t,大约占化肥施用量的 10%。

相对地表侵蚀和地表径流的损失,排水中磷的损失较小,分别为 0.02mg/L、0.66mg/L 和 0.01mg/L。人工排水可以减少磷的流失。Bengston 等(1988)评价连续种植 5 年玉米的黏壤土排水对磷流失的影响,结果表明,未排水的土壤,每年通过地表径流磷流失的量平均为 7.8kg/hm^2;当土壤排水时,总磷的流失量降低到 5.0kg/hm^2,只有 6%的磷是通过排水流失的。在排水的土壤上,磷流失量少的一个原因是减少了地表侵蚀,在未排水的土壤上平均每年的流失量为 4086kg/hm^2,而在排水的土壤上仅为 3487kg/hm^2。

3)渗漏、淋洗

土壤中氮以及施入土壤的肥料氮,在降水和灌溉水的作用下,部分直接以化合物(如尿素)淋洗到土壤下层。农田氮淋湿以 NO_3^- 为主,NO_2^- 次之,NH_4^+ 只占很小的比例。由于土壤颗粒吸附 NH_4^+ 而几乎不吸附 NO_3^-,因此 NH_4^+ 基本上滞留在剖面上层和中层,而 NO_3^- 在下层大量存在。NO_2^- 作为硝化和反硝化过程的中间产物,存在时间有限,因而淋失也并不重要。苏南水稻的试验结果也是如此,在水稻田每公顷施用氮肥 150kg、250kg 和 350kg 时,硝态氮、铵态氮和有机态氮,尤其是无机态的硝态氮和铵态氮,增加趋势尤其明显(表 8-6)。

表 8-6 水稻不同施肥水平下的氮淋洗浓度(据崔玉亭等,1998) (单位:mg/L)

项目	CK	N_1	N_2	N_3
NH_4-N	0.083	0.252	0.435	0.634
NO_3-N	0.123	0.231	0.310	0.489
Org-N	0.056	−0.103	0.107	0.159

注:CK、N_1、N_2、N_3 分别表示对照组及无机肥 150kg/hm^2、250kg/hm^2、350kg/hm^2,Org 表示有机氮。

农田系统中磷流失的另一个途径是磷在土壤剖面向下淋洗,磷可以通过土壤剖面或优先通过一些大的孔隙(如土壤裂缝、根通道、蚯蚓孔洞)慢慢向下淋洗。一般认为大多数土壤中磷的淋洗是不重要的,但是磷淋洗的多少与农田管理、土壤特性和气候条件有关。在常规施磷肥条件下,在大多数土壤中,不会发现明显磷的淋洗。然而,在砂土、高有机质的土壤和过量施用有机废弃物的土壤中,可能会导致磷的淋洗。砂土中,磷的淋洗作用与土壤的砂性相关。在Florida柑橘园(砂土)每年每公顷施用1680~3360kg过磷酸钙的情况下,磷可以淋洗至地下90cm。

2. 水体富营养化

水体富营养化通常是指湖泊、水库和海湾等封闭性或半封闭性的水体,以及某些滞流(流速在1m/min以下者)河流水体内的氮、磷和碳等营养元素的富集,导致某些特征性藻类(主要为蓝藻、绿藻等)异常增殖,使水体透明度下降,溶解氧降低,水生生物随之大批死亡,使水味变得腥臭难闻。

湖泊富营养化最根本的原因是过量的氮、磷营养盐向封闭和滞流性水体的迁移,其来源不外乎工业废水、生活污水、农田径流和水产养殖投入的饵料以及干、湿沉降等。由于湖泊所在地域的工农业发展水平、土地利用现状(森林、农田、草地)、人口密度等因素的不同,水体中上述不同来源的氮、磷营养盐的负荷有很大的差异。工矿业排放的废水和城镇居民的生活污水,是造成水质富营养化的主要原因。近年的研究证明,农业非点源污染物质的排放也是水污染尤其是水质富营养化的主要原因之一。因此,目前世界上不少国家和地区已经把控制农业非点源污染作为水质管理的必要组成部分。

美国国家环境保护局环境研究实验室Omernik的研究表明,在以农业为主的地区,随水土流失而损耗的土壤氮和磷的含量,分别是森林覆盖区的7倍和10倍。据报道,美国有57%~64%的江河湖泊受到非点源污染,其中主要是农业非点源污染。

在我国,虽然不同区域的湖泊来自农田的氮、磷负荷占总负荷的百分比各不相同,但对富营养化的贡献却不可忽视,尤其以山东南四湖占的比例为最高,氮、磷分别为35.22%和68.04%;云南滇池氮、磷分别为16.78%和27.85%;云南洱海氮、磷分别为9.70%和15.50%;上海淀山湖氮、磷分别为7.00%和14.00%(表8-7)。随着我国农业的发展,投入到农田的氮、磷肥料将进一步增加,从农田迁移到水体的数量也将随之增长,由此导致湖泊富营养化日益加剧,如不及早采取措施,将产生十分严重的后果。

表8-7 农田径流输入湖泊的氮、磷占湖泊氮、磷总负荷的百分数(据李庆逵,1998)

湖泊	全氮(t)	占总负荷的百分数(%)	全磷(t)	占总负荷的百分数(%)
(山东)南四湖	12 761.04	35.22	9 326.9	68.04
(云南)滇池	788.93	16.78	127.41	27.85
(云南)洱海	96.10	9.70	22.4	15.50
(上海)淀山湖	53.27	7.00	3.27	14.00

3. 施肥导致水体硝酸盐污染

化肥污染物在土壤以两种形态存在:①作为土壤颗粒的一部分(如被土壤颗粒吸附或沉

降,或成为土壤有机质的一部分),这部分大约占99%以上。②溶解在土壤水中。第一种形态的污染物只有在土壤受到侵蚀的时候,才能被去除,而第二种形态的污染物却可以被淋溶,随水进入地下水或地表水。国内外的许多研究结果表明,地表水和地下水硝态氮浓度的增加,都与农田氮肥施用量的增加有关。美国伊利诺伊州在1949—1969年间,化学氮肥的施用量增加了10.8倍,该州河流中硝态氮的平均含量也从3.1mg/L上升到10.9mg/L。含量与该水库集水域内农田所占面积的百分数和氮肥的施用量相关。陈淑峰等(2008)对华北平原高产粮区桓台县2002—2007年地下水中硝态氮空间变异规律研究发现,华北平原高产粮区桓台县2002—2007年间潜水硝态氮含量超过10mg/L的区域由23%增加到66%,而超过20mg/L的区域也由2002年的2.8%增加到2007年的19%,潜水和承压水硝态氮平均含量都比2002年增加了约1倍。董章杭等(2005)在山东省寿光市典型集约化蔬菜种植区发现,地下水硝酸盐含量与同区氮肥施用水平呈正相关,氮肥过量施用是造成地下水硝酸盐污染的根本原因。方晶晶等(2010)应用多元素(N、O、C、Cl)同位素及微生物技术(E.coli)分析研究地下水的水质特征及其演化规律,发现邯郸地区地下水硝酸盐主要来源于动物粪便和化肥。在华北平原地下水中硝酸盐含量显著增加(叶灵等,2010),大量施用化肥、农药和覆盖农膜,污染负荷严重,灌溉频繁且量大,污染质运移驱动力大是地下水污染的根本原因。由此可以看出,我国农业集约化地区,农村地表水和地下水硝态氮的超标率正在上升,这与化学氮肥的高量投入紧密相关。

三、施肥与土壤环境

自1840年德国农业化学家李比希创立了植物的矿质营养学说之后,矿物质肥料对农业生产的重要性受到重视。到目前为止,施肥仍然是农业生产过程中一项必不可少的增产措施。随着化肥施用量的增加,粮食产量也随之增加,要实现我国在21世纪的战略目标,必会增加化肥施用量。因此,化学肥料对环境的影响将是长期的。

施肥不当或过量施肥将对土壤环境产生不利的影响,表现在:对土壤中硝酸盐的累积的影响;对土壤肥力和性质的影响;对土壤卫生状况的影响。另外,由于生产化肥的原料、矿石的杂质以及生产工艺流程的污染,化肥中常常含有不等量的副成分或杂质,它们是重金属元素、有毒有机化合物以及放射性物质等,施入土壤后会发生一定程度的积累,造成土壤的潜在污染。

1. 重金属污染

重金属是肥料中报道最多的污染物。氮、钾肥料中重金属的含量较低(表8-8),而磷肥中含有较多的有害金属。磷肥不同于氮肥,它的生产原料是磷矿石,成分不像由合成氨制造氮肥那样单纯,往往含有一定量的重金属。一方面,农田施入磷肥将这些有害物质带入土壤环境,对作物产生危害;另一方面,由于这些有害物质在土壤-植物系统中积累、迁移和转化,进入食物链,对人体健康造成危害。

磷是作物生长发育不可缺少的营养元素之一,磷肥在农业生产中占有重要地位。我国施用的化肥中,磷肥占20%以上,施用的磷肥种类很多。磷肥中微量杂质的污染问题作为重金属的一个重要污染源受到广泛重视。肥料中铬、铅、砷元素含量较高,土壤的环境容量(铬、砷)较低,可能会因施磷肥而引起土壤中铬、铅、砷的较快累积。例如:硝酸铵、磷酸铵、复合肥中砷可达50~60mg/kg,所以在今后肥料发展及施用中必须加以控制。根据资料显示,在美国普通过磷酸钙是矿质肥料中镉的主要来源。除镉(50~170mg/kg)外,普通过磷酸钙所含的重金属元素还有铬(66~243mg/kg)、钴(0~90mg/kg)、铜(4~79mg/kg)、铅(7~92mg/kg)、镍

(7～32mg/kg)、钒(70～180mg/kg)和锌(50～1430mg/kg)。

表 8-8 某些化肥的重金属含量　　　　　　　　(单位:mg/kg)

肥料	重金属元素					
	Cu	Zn	Mn	Mo	Pb	Cd
尿素	0.36	0.5	0.5	0.2	4	1
氯化钾	3	3	8	0.2	88	14
硫酸铵	0.5	0.5	70	0.1	—	—
磷酸铵	3～4	80	115～200	2	—	—

2. 有机成分的污染

从当前国际上使用的化肥种类来看,普遍认为含有害有机化合物种类如下:硫氰酸盐、磺胺酸、缩二脲、三氯乙醛以及多环芳烃,它们对种子、幼苗或者土壤微生物有毒害作用。

1) 硫氰酸盐

硫氰酸盐[SCN^-]产生于煤气和炼焦的生产过程中,在用煤气和炼焦厂的副产品制造的硫酸铵中有硫氰酸铵。硫氰酸离子的 1～5m/kg 水溶液,对稻、麦的发芽有促进作用,在 5m/kg 以上时则危害发芽。虽然硫酸铵中的硫氰酸盐一般不会达到有害的程度,但在使用前应予以检测。

2) 磺胺酸

在利用制造尼龙原料的废硫酸生产的磷肥、氮肥中,含有磺胺酸盐。磺胺酸对植物有危害作用,但在制造过程中用亚硝酸盐加以分解除去,则可无害。

3) 缩二脲

缩二脲存在于尿素中。生产尿素因加热造粒,不可避免在成品中混有初期缩合的缩二脲。缩二脲危害植物,尤其是根外喷施和作种肥时易发生危害。故对尿素及其加工的肥料,宜在用前了解其中缩二脲的含量,以便采取预防措施。

4) 三氯乙醛

三氯乙醛是化学工业的重要的中间体,它是生产某些农药、医药和其他有机合成物的原料。在农药敌百虫、敌敌畏和滴滴涕以及氯仿生产中用量大,中小型工厂分布全国各地;在生产三氯乙醛时用工业硫酸吸收成品中的水分,因而产生大量废硫酸。这种废硫酸中含有三氯乙醛,一般可达 8%～12%。一些县、乡办小磷肥厂,常利用这种废硫酸制造过磷酸钙,或与造纸厂废纸浆、废碱液生产胡敏酸肥料,这些肥料中含有大量的三氯乙醛。

三氯乙醛(C_2HCl_3O)的水溶液又称水合三氯乙醛[$CCl_3CH(OH)_2$],是一种无色透明和具有刺激性气味的液体。在酸性条件下稳定,在强碱条件下容易分解。

3. 氟的污染

磷矿石中另一有害物质是氟,我国的磷矿类型有磷灰石、沉积变质磷块岩、硅钙质磷块岩、胶磷矿等,无论哪种类型的磷矿,其含氟量基本上与全磷量成正比关系。磷矿石中氟含量变动幅度较小(表 8-9),原矿石中氟含量一般在 1.12%～4.20% 之间,我国原矿石中的氟含量在 1.12%～3.40% 之间。

表 8-9　部分国家或地区重磷矿石中氟含量　　　　　（单位：%）

磷矿产地	原矿	精矿	磷矿产地	原矿
云南昆阳	3.40		湖北宜昌	2.90
海南海口	2.90	3.40	四川金河	2.65
贵州开阳	3.17		美国	2.10~4.00
贵州瓮福	3.39	3.42	苏联	2.90~3.00
湖北王集	1.63	2.75	非洲	2.65~4.20
湖北大峪口	1.12	1.96	中东	3.00~4.00
湖北黄麦岭		2.75	越南	2.98
湖南石门	1.34	2.89		

天然磷矿石含有不同数量的氟，通过对我国 22 个磷矿、72 个样品的化学测定，发现磷矿中全磷量高的，含氟量亦高，基本上在 0.4%~3.68% 范围内，平均 2.2% 左右。由于矿石中含有一定量的氟，而以矿石为原料生产的某些矿质肥料中富集氟。例如：过磷酸钙含氟 1%~15%，而综合肥料含氟 2%~6%。

当用硫酸法生产磷肥时，可产生大量废弃物，这种废弃物以磷石膏为主，含氟高达 54~60mg/kg。在改良碱性土时施用，用量可达 6~12t/hm^2，从而成为该种土壤受氟污染的重要原因。

氟在地壳中分布很广，以各种不同的化合物形态存在，大部分为不溶性的或难溶性的，游离态可溶性氟化物，如 NaF，很少见。土壤中含氟量依土壤成因和特性有很大的变化，土壤一般含氟 50~200mg/kg；在污染土壤中可高达 8000mg/kg，其最大允许浓度为 200mg/kg。

施用磷肥是否会使农田受到氟的污染，目前尚不清楚，但长期使用磷肥会导致土壤中含氟量的增高。对某些原土壤含氟较高的地区更可能增加其氟污染的严重程度。

4. 放射性污染

化肥中的放射性物质是 20 世纪 70 年代以来受到关注而被研究的。由于原料中携带放射性核素，化肥的施用将放射性扩散到广大农田环境，经过食物链，最终被人体摄取。认识放射性核素由"化肥—土壤—作物—动物—人体"食物链迁移积累规律，控制化肥、土壤、作物的放射性强度，对于农田环境保护、农田卫生学评价，保障人类健康有着重要的意义。化肥中放射性物质主要存在于磷肥和钾肥中。

1) 磷肥中的放射性物质

自然界分布的磷矿石中常伴生铀、钍、镭等天然放射性元素。而在磷肥生产过程中，放射性元素和磷元素一起进入磷肥，使磷肥中也含有微量的天然放射性元素（表 8-10）。

从表 8-10 中可见，一般磷矿石的总放射性强度介于 22.94~9250Bq/kg 之间，成品磷肥中总 α 放射性强度为 62.9~30 377Bq/kg，二者的放射性水平很接近。

表 8-10 磷肥中天然放射性元素含量　　　　　　　　　　　（单位：Bq/kg）

采样地点	总 α 放射性强度	
	磷矿粉	磷肥
福建(过磷酸钙)漳州	—	30 192
浙江(过磷酸钙)丽水	—	30 377
浙江(钙镁磷肥)衢州	—	20 461
内蒙古(过磷酸钙)乌兰察布	9250	9620
黑龙江(过磷酸钙)齐齐哈尔	—	292.3
河北张家口(过磷酸钙)	22.94~1554	62.9
河南洛阳(过磷酸钙)	—	1258
广东湛江(过磷酸钙)	122.1	192.4

磷肥还可能成为土壤中天然放射性重金属[U、Th(钍)、Ra]的污染源。不同产地磷矿石放射性的研究结果表明，佛罗里达州磷矿石中含 U 最多，摩洛哥矿石中也含有相当数量的 U。苏联产的磷肥，无论采用国内何种产地原料，所含 U、Th 都不多(表 8-11)。美国生产的磷肥和磷混合肥料也含有相当数量的 ^{226}Ra、^{210}Po、^{210}Pb(表 8-12)。如果假定土壤的平均 α-放射性在其自然状态下等于 30Bq/kg，则可看出，很多含磷矿质肥料可促使农业用地富集具有天然放射性的重金属。

表 8-11 苏联产的磷肥中 U 和 Th 的含量　　　　　　　　　　　（单位：mg/kg）

磷肥品种		^{238}U	^{232}Th	磷肥品种		^{238}U	^{232}Th
磷铵	由卡拉套磷灰土生产	9.5	10	重过磷酸钙	由金吉谢普磷灰土生产	17.3	11
	由磷灰石生产	3.7	8		由磷灰石生产	3.5	10
磷酸氢二铵	由卡拉套磷灰土生产	21.6	17	过磷酸钙	由卡拉套磷灰土生产	4.4	25
	由磷灰石生产	0.11	16		由磷灰石生产	1.2	32
					磷灰土粉(金吉谢普)	35.0	14.5

表 8-12 美国矿质肥料中放射性杂质含量　　　　　　　　　　　（单位：Bq/kg）

肥料品种		^{226}Ra	^{210}Pb	^{210}Po
	磷酸钙	8.14±0.8	4.1±1.5	2.6±1.5
过磷酸钙	由 Beltsvill 磷矿生产	459.8±2.2	—	248.6±5.2
	由 Glinvill 磷矿生产	358.9±12.2	301.9±22.1	292.3±20.0

续表 8-12

肥料品种		^{226}Ra	^{210}Pb	^{210}Po
混合肥料	4∶8∶12	650.8±10.0	492.1±22.2	509.1±33.3
	3∶9∶9	—	499.1±27.0	468.8±3.7
	5∶10∶5	573.5±11.1	518.0±20.0	389.6±16.6
硝酸铵		0.37	1.1±0.37	11.1
硫酸钾		12.6±0.7	25.5±1.8	19.2±3.7

在磷矿周围具有放射性污染的潜在危险，而在生产、运输和施用过程中，也对环境产生污染。尤其在生产磷肥的工厂周围，所排废气、废水中含放射性元素较高。施用含铀和镭的磷肥，随着磷肥施用量的增加，农田土壤中铀和镭含量也有所增加，但数量甚微，这可能是土壤本身含有一定量的铀和镭，稀释度大，同时由于降雨和灌溉的淋溶而使铀和镭转入地下水中之故。

2) 钾肥中的放射性

钾肥中放射性核素是^{40}K，其半衰期极长（$1.216×10^9 a$），某些钾盐中尚有 Rb。钾盐含^{40}K的比活性达 31 080Bq/g，即^{40}K含量取决于钾含量。表 8-13 是美国一些主要州钾肥施用中进入农田系统的放射性估计量。美国每年施用钾肥相当于钾盐矿$6.0×10^6 t$，所提供的^{40}K放射性达$1.554×10^{14}Bq$。我国 20 世纪 90 年代初钾肥消耗量约$1.5×10^6 t(K_2O)$，估计进入农田的^{40}K放射性总强度达$3.7×10^{13}Bq/a$。

经常施用磷肥和钾肥将放射性物质扩散到农田环境并不断积累。它们通过肥料—土壤—农作物—动物或经过食物链，最终被人体摄取而产生危害。化肥中放射性物质主要存在于磷肥和钾肥中，特别是磷肥中铀、钍元素，它们以磷酸盐形式存在于土壤中，在水土流失中这些元素与磷一起进入水体，并进一步向环境扩散。

表 8-13 美国主要州钾肥施用中放射性估计量

美国州名	K_2O ($×10^3 t$)	共施入^{40}K (GBq)	美国州名	K_2O ($×10^3 t$)	共施入^{40}K (GBq)
伊利诺伊州	549	14 171	威斯康星州	246	6327
衣阿华州	417	10 767	佐治亚州	220	5661
印第安纳州	366	9435	佛罗里达州	210	5402
明尼苏达州	293	7548	密苏里州	197	5069
俄亥俄州	281	7252	北卡罗莱州	185	4773

5. 土壤硝酸盐的积累

化学氮肥主要品种为铵盐、硝酸盐、尿素、石灰氮及氨水等，它们施入土壤中，非铵盐及非硝酸态氮均要转化为铵态氮和硝态氮方可被植物吸收。氮肥在施用后，一般的利用率不超过

60%,除被植物吸收一部分外,其余经过还原和淋溶,渗入地下水。

铵态氮在土壤通气的情况下,经土壤微生物的作用,可转化为亚硝酸盐(NO_2^-—N)进一步氧化形成硝酸盐(NO_3^-—N)。如果氮肥施用过多,不仅会造成作物贪青,甚至倒伏,而且在土壤中转化为硝态氮的含量就会明显增加,作物根部从土壤中就要吸收大量的硝态氮。由此,作物体内的硝酸盐含量迅速增加并在体内积累,人通过食用含硝酸盐过多的蔬菜或其他食物后,将硝酸盐一并食入。

土壤中施用不同形态钠氮肥都会随土壤水分淋失,其中以硝酸盐为最多,亚硝酸盐次之,铵态氮只占很小比例。这是由于 NO_3^- 带负电,不被带负电荷的土粒所吸附,因此,很容易被淋溶到地下水、河流等排水系统,造成污染。

水和溶解态硝酸盐的向下移动,受重力以及土壤水势差和化学势差控制。有两个条件对硝酸盐向根层以下移动极为重要:一是硝酸盐存在;二是水向下移动。后一条件取决于水的渗漏,因此,淋溶作用只能出现在有过量的水灌进土壤的时候。OLsen(1970)等观察到,进行过灌溉的砂土上硝态氮的损失与灌溉的水量和施用的肥料氮量呈显著相关。向平坦的砂土上施用 NH_4NO_3 后 5 周,30cm 雨水或灌溉水可使大部分硝态氮移至 75～150cm 的深度(图 8-1)。

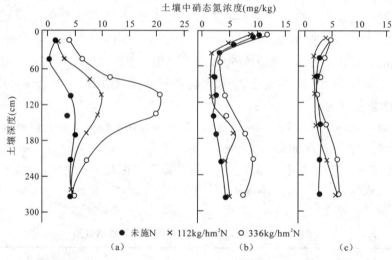

图 8-1 1968 年 8 月 1 日向平坦的砂土上使用 NH_4NO_3 后的 8 个月期间硝态氮的移动情况
(a)1968 年 8 月 1 日和 9 月 6 日之间接受过 30cm 雨水或灌溉水的小区;(b)1968 年 9 月 6 日和 10 月 28 日之间接受过 14cm 雨水的小区;(c)1968 年 10 月 28 日和 1969 年 4 月 10 日之间接受过 16cm 降水的小区

从农田淋溶出来的硝酸盐量是相当大的,在地下水补给区,这种情况可能造成井水的硝酸盐污染问题,因此,有必要采取适当的措施减少硝酸盐的淋溶。分析当地的情况(如土壤、作物轮种、地下水深度、气候等)是制定所有措施的基础。

目前,针对不当和过量施用造成的土壤污染,专家们进行了大量研究,提出了许多具体方案。对过量施用氮肥引起蔬菜中 NO_3^- 的累积,可以通过配施磷钾肥和有机肥来降低蔬菜中 NO_3^- 的含量;施用缓效氮肥、硝化抑制剂、脲酶抑制剂都能明显降低土壤中 NO_3^- 的含量。美国将氮吡啉(CP)与硫铵一起使用,可减少 NO_3^- 含量达 50% 左右。德国将双氰胺(DCD)按氮肥用量的 10% 加入,可减少菠菜中 NO_3^- 含量 10% 左右。另外,适量喷施铜肥、硼肥和锰肥均

能降低作物体内 NO_3^- 的含量。

6. 土壤理化性质的改变

各种生命元素随肥料进入土壤后会产生很大的变化，与此同时，这些元素可能会对土壤肥力和性质产生显著影响。此外，土壤性质也会对施入的肥料产生双重影响。

1) 施肥对土壤 pH 的影响

施肥不但影响土壤养分，而且还影响土壤的酸碱度和氧化还原电位。旱地土壤长期施用过量无机氮肥加速了土壤的酸化，降低了交换性盐基总量。有机肥和氮磷钾配施对防止土壤酸化都具有一定的作用。长期施肥水田所处的环境与旱地完全不同，其缓冲能力比旱地强。同时，当土壤处于淹水的条件下，产生硝化作用能够提高土壤的 pH。

2) 有机和无机肥料配施对土壤有机碳含量的影响

施肥不仅影响了土壤的生产力，而且还改变了土壤中物质的输入输出平衡。土壤中物质输入输出平衡的改变一方面来自肥料的输入不同，另一方面是由于生物量改变而引起的物质归还量的差异。施肥对土壤有机碳含量的影响已经引起了强烈关注，因为有机碳是土壤的一个重要组成，决定了土壤质量，与土壤生物物理性质密切相关。

施肥影响土壤有机碳含量，但是单独施用化肥的结果则不尽相同。造成这一差异的原因可能是试验土壤原始有机碳水平不同。当试验土壤有机碳低于最低平衡点，施用化学肥料就能提高土壤有机碳含量。有机肥也是农业生产过程中的重要肥料之一，在我国传统农业中具有较长的历史。陈义等(2005)在浙江省黄岩水稻土上开展的 26 年长期施肥定位试验表明，长期施用有机肥可以促使土壤有机碳持续增长，增长幅度随有机肥用量增加而增加。高菊生等(2005)认为，连续施用有机肥料能增加土壤有机碳，降低土壤有机、无机复合度。但是在稻田系统中，由于土壤处于淹水厌氧状态，阻碍了有机肥的分解，从而使土壤有机碳大幅度的增加。

3) 施肥对土壤氮素养分的影响

氮是植物需要量较大的营养元素，但是多数土壤的含氮量较低。因此，在农业生产上，不断补施氮肥，就成为提高土壤肥力，保证作物高产的重要基本措施之一。

长期施用氮肥可以提高土壤中全氮及有效氮含量。这是因为施氮肥可增加根茬、根系和根分泌物的产量，亦即增加了对土壤有机氮归还的量，这部分氮比土壤中原有有机氮易矿化。但施入的无机氮肥很少能在土壤有机碳中积累，只有同时增加有机碳时，才能增加有机氮含量，并提高其矿化作用，有利于生物吸收氮素。有机肥单施能显著提高土壤全氮及有效氮，但其作用不如氮肥快。对于提高土壤全氮，在有机肥中，厩肥的作用优于绿肥和秸秆。

周卫军等(2002)的稻田定位试验结果表明，除不施肥处理土壤全氮持续降低外，其他处理的土壤全氮含量都有不同程度的增加，其中增加最多的是无机有机肥处理。有机肥与无机肥配施对于提高土壤氮素含量具有重要意义，这既能快速提高土壤中有效氮的含量，又能长久保存土壤氮素。

4) 施肥对土壤磷养分的影响

磷在植物大量营养元素中占有重要地位，然而与其他大量营养元素相比，土壤磷的含量相对较低。长期施用磷肥，能显著提高土壤全磷及有效磷含量，而且磷肥的残效期较长，重施一次磷肥，其后效至少可持续十年。长期不同施肥模式下的红壤稻田，化肥的施用促进了土壤中磷素的活化，改善了磷素肥力水平。土壤肥力和施肥处理均显著影响不同土层中全磷和速效磷含量。与低肥力土壤相比，中肥力土壤全磷和速效磷增幅为 14.3% 和 12.2%，高肥力土增幅为 33.3% 和 37.7%。有机肥和化肥混施处理的土壤全磷含量显著高于单施化肥或有机肥处理的土壤。

施有机肥增加土壤有效磷的原因在于,有机肥本身含有一定数量的磷,且以有机磷为主,这部分磷易于分解释放;另一方面有机肥施入土壤后可增加土壤的有机碳含量,而有机碳可减少无机磷的固定,并促进无机磷的溶解。无机磷肥的有效性很低,无论在酸性或碱性土壤上都容易被固定。但多数研究表明有机肥与无机肥配施对减少土壤磷固定,活化土壤磷素,具有积极意义。李忠佩等(2002a,b)的研究表明水稻秸秆还田对下一季水稻或者是在年内提供的磷有限,它在连续长期施用中可提高土壤有效磷水平。磷肥和有机肥的配合施用对于红壤磷库的恢复和提高是非常重要的(刘杏兰等,1996)。

5) 施肥对土壤钾养分的影响

钾是作物必需的营养元素之一,正常情况下作物的吸钾量与氮素相当,约是磷的 2 倍。土壤钾库极大,即使长期施用钾肥,对土壤全钾的影响也无法测出,但钾肥显著提高了土壤代换钾的含量。施用石灰能提高黏壤土钾素的释放速率。单施无机肥,尤其是氮、磷肥,土壤速效钾含量显著下降。有机肥单施或与无机肥配施均可提高土壤速效钾含量。这也许是有机肥本身所含的钾不断施入,以及有机胶体在其交换表面具有保持养分的巨大能力的缘故,因而利用稻草还田措施缓解土壤钾素亏损和维持土壤钾素平衡是有效的。不论施用有机肥或无机肥,其钾素在土壤中的残效可持续许多年。张爱君等(2000)根据黄潮土 18 年肥料定位试验的系统资料,研究了不同施肥处理下的土壤钾素平衡、速效钾的变化及钾肥的效应。结果表明:①长期不施钾肥或仅施化学钾肥,土壤钾素始终亏缺,有机厩肥与无机化肥配合施用,土壤钾素含量可超过平衡水平;②不施钾肥的 NP 处理,第 1 年土壤速效钾含量即达到"最低值",连续施用钾肥的 NPK 处理,10 年后土壤速效钾含量趋于稳定;③土壤钾素呈亏缺状况下,土壤缓效钾含量与作物产量显著相关,且缓效钾是被作物吸收的主要钾源;④在全钾和缓效钾含量较高、速效钾含量低的黄潮土上,钾肥与氮、磷肥配施具有较好的增产效果,与有机厩肥配合施用则肥效下降。鲁如坤等(1993)研究表明回田秸秆是红壤区重要的钾素资源,对于恢复和提高红壤钾库有明显的作用。

6) 施肥对土壤生物学性质的影响

不同培肥管理措施在影响土壤有机碳和全氮、有效氮等养分的同时,亦改变了土壤微生物生态特征。施用厩肥、秸秆或化肥均能显著增加土壤微生物生物量和基础呼吸量,其中以厩肥的影响最大,化肥的影响相对较小。同时,培肥管理措施还导致了土壤代谢熵和微生物功能多样性的系统变化,揭示了不同培肥措施能形成特定的土壤微生物种群。

土壤微生物群落中包括细菌、真菌、放线菌和藻类等,它不仅参与土壤有机碳的分解过程和矿化作用,促进养分的循环和生物有效性,而且其代谢物也是植物的营养成分。同时,土壤微生物的活动,能直接影响土壤的物理的、化学的和生物学的性质。比如:土壤真菌的作用,它可以通过促进土壤团聚体的形成而显著地提高土壤质量,真菌中孢囊状菌根起到稳定大团聚体的作用,这有助于根系贯穿土壤基质,使根系得到伸展。

长期施用不同肥料不仅可以改变土壤理化性质,也可以使土壤微生物群落结构、数量和活性发生变化,影响土壤肥力和土壤生产力。陈芝兰等(2005a,b)研究发现,有机肥与氮、磷、钾肥合理配施,肥效持久,能够促进土壤微生物生长繁殖。杨长明等(2004)试验也表明,有机肥、无机肥配施与干湿交替的养分和水分配置模式可明显改善土壤物理、化学环境,提高土壤生物活性,从而提高土壤的综合质量。

施用化肥对土壤微生物的影响比较复杂。长期施用化肥不利于土壤微生物生长。施用氮肥对土壤微生物群落特别是腐生菌和菌根真菌有直接抑制作用,其机制是抑制酶活力。马效国等(2005)研究表明,长期施用化肥,尤其是用无机氮肥来弥补土壤氮的流失,会加速土壤原有有机碳的分解,使土壤的碳氮比下降。含硫化肥的施用对土壤微生物有直接的不利影响或通过作物生长而产生间接的有利影响,推测后者是由于含硫化肥能够增强根际中根的分泌作用。施用不同肥料对土壤微生物的影响很复杂,可能与肥料的种类、施用方式、土壤类型和利用方式等因素有关,这些都有待于进一步的研究。

总的来说,土壤是生物圈的重要组成部分,施入的肥料对它的影响主要表现在以下几个方面。

(1)致使土壤变酸或变碱。
(2)改善或恶化土壤的农业化学性质和物理性质。
(3)促进离子的交换性吸收或促进其置换进入土壤溶液中。
(4)促进或阻止阳离子(生命元素和有毒元素)的化学吸收。
(5)促进土壤腐殖质的矿化或合成。
(6)增强或削弱土壤或肥料中其他营养元素的效应。
(7)活化或固定土壤中的营养元素。
(8)引起营养元素间的拮抗或协同作用,从而明显地影响其吸收和在植物体内的代谢。

四、施肥对大气的影响

化肥对大气环境的影响主要集中在氮肥上,氨挥发及 NO_x 的释放等会使大气中氮含量增加而带来一系列的影响。硝化及反硝化释放 N_2O 到大气中会造成温室效应,氮肥的施用对其他温室气体 CH_4 及 CO_2 的释放也有影响,而且 CH_4、CO_2 等气体在大气中的浓度增加,不仅能引起温室效应,还能够引起臭氧层的破坏。

1. 氮肥气态损失途径

氮肥气态损失主要包括氨挥发和硝化、反硝化作用等途径,二者具有一定的互补性。如果条件有利于氨挥发,反硝化损失量小,反之,则大。蔡贵信在总结水稻的盆栽试验结果时曾指出,基肥混施时,硫酸铵在酸性土壤上的主要损失途径是硝化、反硝化作用,在石灰性土壤上施用碳酸氢铵,以氨挥发损失为主;在酸性土壤上混施碳酸氢铵和尿素,以及在石灰性土壤上混施硫酸铵和尿素时,则氨的挥发和硝化、反硝化两种损失途径都不容忽视。

1)氨挥发损失及其意义

根据国内试验汇总,不同试验中氨挥发占施入氮量的 5%~47%,占氮素总损失的 18%~104%,显然,在许多情况下,氨挥发损失的重要性是不容低估的。从肥料生产和施用过程中向大气迁移的 NH_3 每年可达 8.4TgN,比从氮肥使用过程中向大气迁移的 NO_2(1.5TgN/a)的数量大得多。NH_3 以干湿沉降返回地表,不仅加速水体富营养化,而且还作为甲烷汇影响土壤。

2)硝化的损失及其意义

关于硝化作用过程中氮的损失,人们的研究往往注重硝化产物硝态氮向水环境中的迁移,而常忽略 N_2O 向大气中的损失。但它有时也比较可观,如从施用无水氮的土壤释放的 N_2O-N 量可占到加入氮量的 7%，所以某些施肥土壤在硝化过程中形成的 N_2O 量也是不可忽视的，对温室效应也有一定的贡献。

3）反硝化的损失及其意义

反硝化损失的研究备受重视，此过程释放出的 N_2O 量，对温室效应有强大的贡献力，与 1 分子 CO_2 相比，1 分子 N_2O 的温室效应增温潜力为 300。

因测定反硝化损失量有多种方法，各种方法的原理及测定条件不同，因而其结果难于相互比较。蔡贵信（1985）测出碳酸氢铵、尿素的表观反硝化损失量（即氮素的总损失量—氨挥发量）分别为加入氮量的 39%、37%，而朱兆良等（1989）用同样方法估算石灰性水稻土中的这两种肥料氮的损失，均为 33%。

由于硝化、反硝化过程中释放的 N_2O 与温室效应及臭氧层破坏有关，所以常常把 N_2O 的研究与反硝化损失测定同时进行。

2. 施肥与温室效应

大气中 CO_2、CH_4 和 N_2O 是重要的温室气体，它们对全球气候变暖的增温贡献分别是 60%、15% 和 5%。由于人类活动的影响，大气中 CO_2、CH_4 和 N_2O 的浓度已经比工业革命以前增加了许多，而且还在以每年 0.5%、1.1% 和 0.3% 的速度增加。政府间气候变化委员会（IPCC）预测，如果这些温室气体的增加照目前的速度发展下去，到 2025 年，全球气温将大约升高 1℃。到 21 世纪末，全球气温将比现在高 3℃。

大气中这些温室气体的增加主要是人类活动的结果，其中农业生产的贡献占相当重要的比例。据估计，大气中 20% 的 CO_2，70% 的 CH_4 和 90% 的 N_2O 来源于农业活动和土地利用方式的转换等过程。

1）N_2O 与温室效应

N_2O 是土壤硝化作用与反硝化作用过程中由微生物活动产生的。它与其他温室气体（如 CO_2、CH_4）相比，具有较强的增温潜势及在大气中有较长的滞留时间，它的增温潜势是 CO_2 的 290～300 倍。

1992 年 IPCC 工作报告指出，由于人类活动的加强，大气中 N_2O 浓度正急剧上升，其中农业活动的贡献占人为总排放量的 70% 左右，由农田系统中无机和有机氮肥的施用及生物固氮作用产生的 N_2O 量约占人为年排放总量的 60%。此外，一些最新的研究结果表明，目前文献中对化学氮肥的 N_2O-N 损失比率的估计可能偏低，可见农耕土壤中氮肥的应用在大气 N_2O 排放源中占有重要的位置。

由于全球化学氮肥投入量的增加，农田 N_2O 排放量也随之增加。据 1996 年 IPCC 报告，全球农业（包括动物生产系统）的 N_2O 排放量已达 6.2TgN，所以农田 N_2O 是重要的排放源，其中施肥、浇水是影响 N_2O 排放的主要因素，豆科作物固氮和施肥的增加是农田 N_2O 排放量增加的主要原因。

N_2O 在水中溶解度相对较高，大量 N_2O 排放可能发生在流自施肥农田的地表水，在排水过程中，以 N_2O 排放形式损失 N_2O-N 200～1190 $\mu g/(m^2 \cdot h)$。化肥由农田淋失到地下水或地表淡水生态系统经硝化或反硝化作用损失大量 N_2O-N。除农田土壤施肥引起的 N_2O-N 损失之外，还有背景值或自然 N_2O 排放，N_2O-N 累计达 1～2kg/(hm² · a)。

2) CH_4 与温室效应

土壤中甲烷的产生和消耗是微生物活动的结果。在厌氧条件下,甲烷菌分解土壤中的有机质,产生甲烷。由于甲烷是在厌氧条件下产生的,所以产生甲烷的土壤环境主要有各种类型的沼泽,较浅的水体及湿地水稻田。目前认为水稻田是甲烷的主要人为源,它主要受土壤的物理化学性质和农业耕作方式的影响。表 8-14 列出了甲烷排放的各种影响因素。

表 8-14 影响水稻田排放甲烷的因素

环境因素	农业方式	环境因素	农业方式
土壤温度	耕地准备	土壤类型	虫害防治
土壤 pH	育苗和移栽方式	土壤还原电位	淹水量
土壤有机质	施肥量和方式	硫酸根	水稻品种

施用有机肥会增加甲烷的排放量,而施加化肥则能显著降低甲烷的排放量(表 8-15)。

表 8-15 有机肥和化肥的甲烷排放比较(据谢小立等,1995)

处理	排放量 (g/m²)	排放率 [mg/(m²·h)]	处理	排放量 (g/m²)	排放率 [mg/(m²·h)]
当地常规	14.34	18.67	化肥加倍	10.51	13.69
有机肥加倍	16.40	21.35	常规加倍	13.03	16.97

在氮、磷、钾三要素等量的条件下,全施有机肥处理的排放率、排放量显著高于有机肥、化肥混施的常规处理。全施化学肥料处理的排放率、排放量最低,有时年排放量平均不到有机肥处理的 1/5。这是因为增施有机肥能增加土壤有机质、有机酸含量,促进了甲烷细菌的生长繁殖,从而提高了土壤甲烷发生量。但如果经过处理,增施有机肥也不一定必然增加稻田甲烷的排放量,农村常用的有机肥经沼气发酵或其他形式的多级利用后再施于稻田,就能有效控制稻田甲烷排放量,降低其排放率。

人畜粪、绿肥、秸秆也是农村常用的有机肥料。比较而言,人畜粪的甲烷排放量明显较高,绿肥次之,沼渣肥更次之,稻草的甲烷排放量最低。虽然引起这些差异的机理还不甚清楚,但在有机肥施用于稻田的过程中,在不影响肥料营养成分的前提下,对人畜粪、鲜绿肥进行多级利用或处理,有可能达到提高有机物质的利用效率和减少稻田甲烷排放的双重目的。

在化肥中,尿素是最常用的化肥品种,但多数试验证明,在同等条件下硫铵和硝铵可比尿素减少稻田甲烷排放通量 12%~58.9%。但是,硝铵已被证实在稻田条件下其所含氮素容易经过反硝化过程而损失,这是它从化肥品种中被淘汰的主要原因。硫铵是一种含氮量较低和有生理酸性效应的肥料,这是它被淘汰的原因。所以这两种肥料在改造后可被重新推荐,间或用作水稻追肥,以便控制稻田甲烷排放。另外,施用复合肥也可以显著减少稻田甲烷的排放通量,与尿素相比,可减少 21%~75%。

3) CO_2 与温室效应

CO_2 大部分来源于矿物燃料的燃烧,由土壤排放的 CO_2 量只占少部分。如将我国农业耕地简单分为水田和旱田,并以水稻田和小麦田 CO_2 排放通量作为这两类农田的代表来粗略估算耕地排放 CO_2 的总量,1990 年 $2.5\times10^{11}m^2$ 水田和约 $7.0\times10^{11}m^2$ 旱田 CO_2 平均排放量分别为 74Tg 和 183Tg。

随着农业集约化程度的提高,化肥的大量使用将会促进农田 CO_2 的排放,如尿素地 CO_2 通量大于不施尿素地 CO_2 排放通量值。在整个观察期,两种田 CO_2 平均排放量分别是 $262mg/(m^2\cdot h)$ 和 $177mg/(m^2\cdot h)$。

3. 施肥对大气的其他影响

1) 氮氧化物 NO_x 与酸雨

施肥除了造成温室效应外,对酸雨(干湿酸沉降)及臭氧层破坏也有重要的影响。氮的气态氧化物(其化学通式为 NO_x)包括 NO、NO_2、N_2O、N_2O_5 和 N_2O_4 等,其中最主要的是前面 3 种。它们均有可能由化学氮肥在农田生态系统中通过生物化学作用而产生。与 SO_2 一样,NO_x 也能够形成酸雨,而对水生生态系统和陆地生态系统造成危害。例如:酸沉降危害严重,被称为"空中死神",酸雨直接降落到植物叶面而使植被和农作物受害或枯死,使土壤酸化,引起有害金属溶出伤害植物根部,还可使江河湖泊酸化,导致鱼类和两栖动物丧失繁育能力,使水生生物减少。同时,酸雨腐蚀各种建筑材料和古迹,并直接影响人体健康。

2) N_2O 与臭氧层破坏及其他影响

N_2O 对臭氧层的破坏问题,令世人瞩目。N_2O 主要来自工业"三废"的污染,但在农田生态系统中,由于化学氮肥的施用量过多,其中部分氮素在还原条件下通过反硝化作用也产生 N_2O。近 10 年的监测表明,人类的活动正在严重地扰乱臭氧的平衡,除了人工合成的制冷剂氯氟烃化合物对臭氧层的破坏作用以外,N_2O 可以长期滞留在平流层中,成为破坏臭氧层的催化剂。它的光化学反应的方程式为:

$$N_2O+O_2\xrightarrow{紫外线}NO+N_2O \tag{8-1}$$

$$NO+O_3\xrightarrow{hv}NO_2+O_2 \tag{8-2}$$

臭氧层能阻止过多的宇宙紫外线辐射到达地球表面,是一道保护性的屏障。这个屏障一旦遭到削弱或破坏,过多的紫外线辐射将使人类和牲畜皮肤癌的患病率增加,还可能扰乱动植物的正常生长,并对气候产生不利的影响。在农田生态系统中,由于微生物和化学机制所引起的反硝化作用,使得相当大数量的氮素由铵态、硝态或者亚硝态氮转化为 N_2O、NO 和 N_2。据估算,21 世纪初,人类的工农业生产中所产生并逸入大气层中的 N_2O 将有 1500Tg,到 21 世纪末,臭氧层将会减少 8%,因而可能使宇宙紫外线照射到地面的强度,比目前增加 15%。太阳光照射到地面的波谱特征,也将随之发生相应的变化,势必对人类的健康构成严重的威胁。

此外,氮的气态氧化物在太阳光的照射作用下,将产生光化学烟雾。这种烟雾刺激人类的呼吸系统,并对肺脏组织产生刺激和腐蚀。

3) CH_4 对臭氧层的破坏

CH_4 除了作为温室气体,对全球气候变暖的贡献占 20% 外,它的不断增长还将导致对流层中 O_3 浓度及分布的变化,也将影响到极地平流层云的形成,导致极地平流层中 O_3 的消耗。CH_4 是对流层中消耗 OH^- 自由基的一个主要反应物,但在其他污染物光化学反应的参与下又可能生成对流层中的 O_3 及 OH^-。总之，CH_4 背景浓度的增加将改变对流层的 OH^- 浓度及其氧化能力，导致对流层的化学变化。

第二节 农药使用的环境地球化学过程

在人类的生产活动中，农药很早就被用作保护农作物、与病虫害作斗争的工具。它的发展大体上经历了3个历史阶段，即天然药物时代（约19世纪70年代以前）、无机合成农药时代（约19世纪70年代至20世纪40年代中期）和有机合成农药时代。迄今为止，在世界各国注册的农药品已有1500多种，其中常用的有500余种。

农药是一类有毒化学物质，而且是人们主动投加到环境当中，长期大量使用，并对环境生物安全和人体健康都产生了较大的不利影响。农药污染及其产生的危害后果是严重的。本节将讨论农药在水、土、气介质中的环境地球化学行为，以期为减轻农药污染提供依据。

一、生产过程污染物排放

我国是一个农药生产量较大的国家，农药工业已形成一个比较完整的工业体系。目前我国农药工业的特点是：产品品种繁多，工艺复杂，技术落后和操作水平低，加上生产管理不善，致使产品收益低，副产物多，"三废"排放量大。目前每合成1t农药原药约消耗4t化工原料，这些多余的化工原料大部分变为未反应物或副产物排出。据统计，全国农药工业每年排放废气23.7亿 m^3，废水量在1亿 m^3 以上，还有大量有毒有害固体废物产生。这些废气、废水和废渣的特点是组成复杂，毒性大，因而会严重污染环境，由此引发的环境污染事故时常发生，造成巨大的经济损失。因此，对农药生产过程中的污染控制是十分重要和迫切的。

1. 废水

目前我国农药生产废水年排放量在1亿 m^3 以上，其中已进行治理的只占7%，治理达标的只占已治理的1%。由于农药生产废水中有毒有害成分多、毒性大、浓度高，因此对环境造成的污染十分严重。

农药生产废水是一类难治理的高浓度有毒有机化工废水，废水中有害有毒物质成分包括各种农药、苯、氯醛、氯仿、氯苯、磷、砷、铅、氟等。生产的农药品种不同，其废水排放特性就不一样。表8-16给出了几种农药生产废水的特性。

表8-16 不同农药生产废水特性

生产农药品种	每吨产品排放的废水特性
滴滴涕	含酸1.98t，含硫酸55%、硫酸氯乙酯20%、对氯苯磺酸20%，洗涤水3.2t，含硫酸2%~6%
对硫磷	含总固体27 000mg/L，硫化物3000mg/L，磷250mg/L，COD 300mg/L，pH=2

2. 废气

各种化工产品在每个生产环节都会产生并排出废气，其来源有以下几个方面：①化学反应中产生副反应和反应进行不完全；②产品加工和使用过程；③工艺不完善，生产过程不稳定，产生的不合格产品;④生产设备陈旧落后或设计不合理,造成物料跑冒滴漏;⑤因操作失误,指挥不当,管理不善造成废气的排放;⑥化工生产中排放的某些气体,在光或雨的作用下,也能产生有害气体。

化工废气具有种类多、组成复杂、污染物浓度高、污染面广、毒性大(有些还有"三致"作用)和危害性大等特点,因此,农药生产过程中的废气治理应格外引起重视。

农药生产工艺一般是将化工原料经合成、分离精制,再用水洗涤除去反应副产物等而制得产品。农药生产废气中的污染物,因产品的品种、生产方法、原料路线等的不同而异,如有机磷农药生产废气中的主要污染物为硫化氢、氯化氢、氯甲烷、光气等。

硫化氢主要来自乐果、马拉硫磷、3911、对硫磷、辛硫磷等产品的主要中间甲(乙)硫化物的制造过程,甲(乙)硫化物是以 P_2S_5 为原料,若以 P_2S_5 用量计,每用 1t P_2S_5 可生成 153kg 的 H_2S。现在每年全国用于生产有机磷农药的 P_2S_5 约 4000t,则随废气排出的 H_2S 达 500 多吨。

氯化氢主要来自敌百虫、敌敌畏等产品的中间体亚磷酸三甲酯制造过程及其他产品的氯化过程,年排放量约 1700 万 m^3。光气是多菌灵农药的中间体,是氯甲酸甲酯、异氰酸酯等产品及中间体的合成原料之一,磺酰脲类除草剂中间体也都是由光气合成的。HCl 是光气尾气的主要成分。氯甲烷主要是敌百虫生产过程排放的。

农药生产过程经常无组织地排放硫醇、三甲胺、二硫酯、氨、硫化氢及硫代磷酸酯等恶臭物质,主要农药生产过程的污染物和废气排放量见表 8-17。

表 8-17 主要农药生产中排放的废气污染物及排放量

产品	废气中主要污染物	每吨产品排放量(m^3)	年排放量($\times 10^4 m^3$)
乐果	H_2S	43.9	32.1
氧乐果	CH_3Cl	216	31.8
	HCl	430	32.1
对硫磷	HCl	327	20.6
	H_2S	179	14.6
杀螟松	NO_x	65	4.0
马拉硫磷	H_2S	33.9	2.5
丁草胺	HCl	184.2	6.89
敌百虫	CH_3Cl	234	67.5
	HCl	208	475
三氯杀螨醇	HCl	24.5	1.5
多菌灵	光气尾气 HCl	551	68.9
草甘膦	HCl	112.4	9.7
草铵膦	三氯硫磷洗锅气	4.25	0.2
	HCl	2.68	3.2
二甲四氯	HCl	52.2	9.1

3. 废渣

农药化工废渣是指农药工业生产过程中产生的固体和泥浆废弃物,包括生产过程中排出的不合格的产品、副产物、废催化剂、废溶剂、蒸馏残液及废水处理产生的污泥,也包括废弃的包装材料等。

化工固体废渣的特点是:废渣排放量有时较大,毒性高,组分复杂,对环境污染严重。一般工厂都未采取相应的安全处理处置措施,露天堆放,不仅占用土地、淹没农田,而且在雨水浸淋下会产生浸出液,流入地表水体或向地下渗透,势必造成地表水、地下水以及周围土壤的严重污染。露天堆放,经过风吹日晒,废渣的粉尘随风飞扬,加重大气的污染。如在四级以上的风力下,扬尘高度可达 30~50m,严重恶化大气环境。

二、农药对水环境的影响

1. 水体农药的来源

农药对水体的污染主要来自:①直接向水体施药;②农田施用的农药随雨水或灌溉水向水体的迁移;③农药生产、加工企业废水的排放;④大气中的残留农药随降水进入水体;⑤农药使用过程中,雾滴或粉尘微粒随风漂移沉降进入水体以及施药工具和器械的清洗等。

2. 水体中农药的污染状况

各种水体受农药污染的程度和范围,与不同的农药品种和水体环境有关。一般来说,农药的水溶解度越大,性质越稳定(或降解速率越小),农药使用后进入水体的可能性越大,在水体中的残留浓度也就越高。目前在地球的地表水域中,基本上已找不到干净的、未受农药污染的水体,因为大气传输早已使远离社会文明的南北极地区水域染上了"文明"的烙印——农药残留,其区别只是污染的程度不同。据报道,我国的长江、松花江、珠江、黑龙江等许多江河名川都已不同程度地遭受农药的污染。除地表水体以外,地下水源也普遍受到了农药的污染。美国在地下水中已发现 130 多种农药或其降解产物的残留;在我国江苏、江西、山西、湖北、河北等地地下水中也发现有六六六、阿特拉津、乙草胺、杀虫双等农药的残留。

一般情况下,受农药污染最严重的是农田水,浓度最高时可达到每升数十毫克,但其污染范围较小;随着农药在水体中的迁移扩散,从田沟水至河流水,污染程度逐步减弱,其浓度通常在每升微克至毫克数量级之间,但污染范围逐渐扩大;自来水与深层地下水,因经过净化处理或土壤的吸附作用,污染程度减轻,其浓度通常在每升纳克至微克数量级之间;海水,因其巨大水域的稀释作用,污染最轻,其浓度通常在每升纳克数量级以下。不同水体遭受农药污染程度的次序依次为:农田水＞田沟水＞径流水＞浅层地下水＞河流水＞自来水＞深层地下水＞海水。

3. 水体中农药的迁移、降解

地表水体中的残留农药,可发生挥发、迁移、光解、水解、水生生物代谢、吸收、富集和被水域底泥吸附等一系列物理化学过程,其环境行为可用图 8-2 表示。

水解是水体中残留农药降解消失的一个重要途径。农药的水解过程是农药(RX)与水发生离子交换的过程,可用如下的通用反应式来表示:

$$RX + H_2O \longrightarrow ROH + HX \tag{8-3}$$

水解作用分生物水解和化学水解两大类。生物水解是农药在生物体内通过水解酶作用产生的反应,大多亲脂性农药在生物体内经过生物酶的催化水解后,可转变成亲水性的化合物,

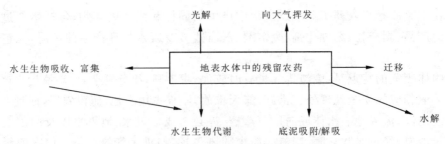

图 8-2 农药在地表水体中的环境行为示意图

从而提高它在水中的溶解度和从生物体内排出的能力。化学水解是由水体酸碱的影响所引起的化学反应。农药的化学水解速率主要取决于农药本身的化学结构和水体的 pH、温度、离子强度及其他化合物（如金属离子、腐殖质等）存在。通常，温度增加可使水解速率加快，而 pH 与溶液中其他离子的存在既可增加也可减小水解反应的速率。自然淡水体系中，溶解的阴离子、阳离子总浓度很低，通常不足 0.01mol/L，离子强度对反应速率的影响较小，而在含盐的海水中，由于离子浓度较高，对反应速率的影响较大。

地表水体中残留的农药，除发生水解作用外，还可通过光解、向大气层中挥发、底泥吸附、被水生生物吸收、富集、代谢以及向水域其他地区迁移等一系列转化过程而逐渐消失，因而自然地表水体中农药的消失速率比实验室测定的农药水解速率要快很多。

与地表水体不同，农药在地下水中的消失速率缓慢得多。因为地下水埋于地下，不仅水温低、微生物数量少、活性弱，而且缺乏阳光的直接照射。如涕灭威农药，在自然地表水体中其降解半衰期一般在 2 个月左右，但当其进入酸性地下水中后，其降解半衰期可长达数年之久。由于地下水中农药很难降解消失，地下水是全球水体大循环的重要组成部分，而且所有地表水一定时期内都曾经是地下水，所以有人称地下水的污染也就是世界水体的污染。

三、农药对土壤环境的影响

1. 土壤中农药的来源

土壤中的农药主要来源于：①农业生产过程中为防治农田病、虫、草害直接向土壤施用的农药；②农药生产、加工企业废气排放和农业上采用喷粉喷雾时，粗雾粒或大粉粒降落到土壤上；③被污染植物残体分解以及随灌溉水或降水带入到土壤中；④农药生产、加工企业废水和废渣向土壤的直接排放以及农药运输过程中的事故泄露等。

进入土壤的农药，将发生被土壤胶粒及有机质吸附、随水分向四周移动（地表径流）或向深层土壤移动（淋溶）、向大气中挥发扩散、被作物吸收、被土壤和土壤微生物降解等一系列物理、化学过程。农药在土壤环境介质中的行为可用图 8-3 表示。

2. 农药在土壤中的环境行为

进入土壤中的农药，将被土壤胶粒及有机质吸附。所谓农药的土壤吸附作用是指土壤作用力使农药聚集在土壤颗粒表面，致使土壤颗粒与土壤溶液界面上的农药浓度大于土壤本体中农药浓度的现象。土壤对农药的吸附作用会降低土壤中农药的生物学活性，降低农药在土壤中的移动性和向大气中的挥发性，同时它对农药在土壤中的残留性也有一定影响。农药的

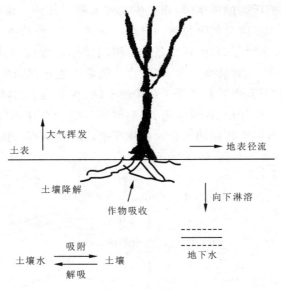

图 8-3 农药在土壤环境介质中的行为

土壤吸附性能是评价农药在环境中行为的一个重要指标,是新农药筛选、开发与使用登记时的重要参数。

按不同的土壤作用力,土壤对农药的吸附作用可分为物理结合、静电结合、氢键结合和配位键结合 4 种吸附形式。土壤吸附农药的能力,与农药本身的基本理化性质、土壤的性质及其相互作用时的条件有关。通常农药的水溶性越小或带有极性,土壤对它的吸附能力越强;同样,土壤的颗粒与土壤有机质含量越高,对农药的吸附能力也越强,反之则越弱。

土壤对农药吸附作用的大小通常用吸附系数 K_d 或吸附常数 K_{oc} 来表示。所谓吸附系数是指在一定水土比的平衡体系中,土壤吸附的农药量与水中农药浓度的比值,可用下式来表示:

$$K_d = C_s \cdot C_e^{-1/n} \tag{8-4}$$

或

$$\lg C_s = \lg K_d + \frac{1}{n} \lg C_e \tag{8-5}$$

式中,C_s 为农药吸附在土壤中的量(mg/kg);C_e 为农药在土壤溶液中的浓度(mg/L);n 为常数。

不同的土壤,由于其土壤颗粒组成与有机碳含量的不同,对农药的吸附系数 K_d 有较大的差异,因而不便于用它来比较不同农药的土壤吸附性能。许多研究表明,土壤的许多性质,如颗粒组成、pH、有机质(或有机碳)含量等,均对土壤的农药吸附作用产生影响,但以土壤有机碳含量影响最大,如以土壤对农药的吸附系数 K_d 与土壤有机碳百分含量的比值来表示,即以吸附常数 K_{oc} 表示,则基本上为一常数。

$$K_{oc} = \frac{K_d}{\text{土壤有机碳含量}} \times 100\% \tag{8-6}$$

在土壤与水组成的混合体系中,土壤对农药的吸附、解吸作用处于一种动态平衡的状态,当混合体系水相溶液中的农药浓度高于平衡状态所需的浓度时,主要表现为吸附作用;反之,当农药浓度低于平衡状态所需的浓度时,则主要表现为解吸作用。解吸作用是农药吸附作用的反过程。在混合体系中吸附与解吸过程一直在不断进行着,但总体上处于平衡状态。

土壤中的农药,在成土因子、自然环境条件与田间耕作等因素的共同作用下,逐渐由农药母体大分子分解成小分子,最终转变为水、二氧化碳等后失去毒性和生物学活性的过程称为农药的土壤降解。不同的农药,因其自身分子结构的不同,在土壤中的降解过程也不一样。农药在土壤中的降解过程有氧化作用、还原作用、水解作用与键裂解作用等很多种,土壤中农药的实际降解过程通常至少有两个作用的组合。如涕灭威,在土壤中可同时发生氧化、裂解与水解作用,其在土壤中的降解途径如图 8-4 所示。

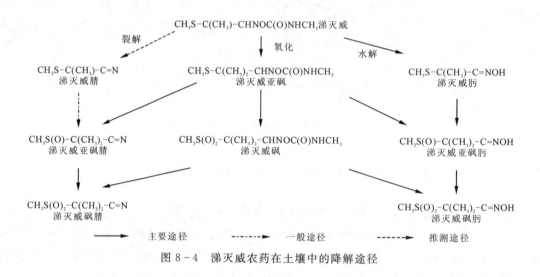

图 8-4 涕灭威农药在土壤中的降解途径

田间土壤中的残留农药,一般情况下主要残留于 0~15cm 的耕层或 0~30cm 的表层土壤中,30cm 以下土层中的残留量较少,100cm 以下土层中更少。残留农药除发生吸附、解吸和降解作用外,还可随水或气向四周及下层土壤中移动,农药随水向四周的水平移动称为径流,向下的垂直移动称为淋溶。径流可使农药从农田土壤转移至沟、塘、河流等地表水体中,淋溶则可使农药进入到地下水中。

农药在土壤中的移动性,目前通常采用 Helling 的土壤薄层分析法,以农药在薄板上的迁移率(R_f)来表示,根据 R_f 值的大小,划分为 5 个等级,R_f 值越大,表示其移动性能越强,反之则越弱。表 8-18 列出了一些农药在土壤中的移动性。

表 8-18 一些农药在土壤中的移动性

R_f 值	移动性能	农药品种
0.00~0.09	不移动	草不隆、枯草隆、敌草素、林丹、甲拌磷、对硫磷、乙拌磷、敌草快、氯草灵、乙硫磷、代森锌、磺乐灵、灭螨猛、异狄氏剂、苯菌灵、狄氏剂、氯甲氧苯、百草枯、氟乐灵、七氯、氟草胺、艾氏剂、异艾氏剂、氯丹、毒杀芬、滴滴涕
0.10~0.34	不易移动	环草隆、地散磷、扑草净、去草净、敌稗、敌草隆、利谷隆、杀草敏、禾草特、扑草灵、氯硫酰草胺、敌草腈、灭草猛、克草猛、氯苯胺灵、保棉磷、二嗪磷

续表 8-18

R_f 值	移动性能	农药品种
0.35~0.64	中等移动	毒草安、非草隆、扑草通、抑草生、2,4,5-T 酸、特草定、苯胺灵、伏草隆、草完隆、草乃敌、治线磷、草藻灭、灭草隆、莠去通、莠去津、西玛津、抑草津、甲草胺、莠灭净、扑灭津、草达津
0.65~0.89	易移动	毒莠定、伐草克、氯草定、二甲四氯、杀草强、2,4-滴、地乐酚、除草定
0.89~1.00	极易移动	三氯醋酸、茅草枯、草芽平、麦草畏、草灭平

田间土壤中农药的实际移动性能也可用一定时期内农药在土层中的移动深度来衡量。在年平均气温为 25℃，年降水量为 1500mm 条件下，根据农药土壤中的移动深度将农药的移动性能划分为 4 个等级：1 级<10cm/a，2 级<20cm/a，3 级<35cm/a，4 级<50cm/a。表 8-19 列出了部分农药的移动级别。

表 8-19 部分农药在土壤中的移动级别

农药	移动级别	农药	移动级别	农药	移动级别
谷硫磷	1~2	狄氏剂	1	2,4,5-T 酸	2
草不绿	1~2	乐果	2	对硫磷	2
艾氏剂	1	克菌丹	1	毒杀芬	1
苯菌灵	2	甲萘威	2	氟乐灵	1~2
七氯	1	马拉硫磷	2~3	倍硫磷	2
六六六	1	代森锰	3	磷胺	3~4
2,4-滴	2	速灭磷	3~4	氯丹	1
茅草枯	4	甲基对硫磷	2	代森锌	2
滴滴涕	1	二甲四氯酸	2	异狄氏剂	1
二嗪农	2	砜吸磷	3~4	乙硫磷	1~2
二溴磷	3	敌稗	1~2		

土壤中的农药以分子形式扩散进入大气的现象称为农药的挥发作用。施入农田的农药，因其蒸气压、分子结构以及土壤对农药吸附作用的差异，挥发作用有很大的不同，农药挥发量占农药使用量的比例从占百分之几到 50% 以上不等。农药从土壤中的挥发速率，除与农药自身的理化性质如蒸气压、水溶解性有关外，还与土壤的含水量及土壤对农药的吸附作用有关，通常可用下式来表示：

$$V_{sw/a} = \frac{C_w}{C_a}\left(\frac{1}{r} + K_d\right) \tag{8-7}$$

式中，$V_{sw/a}$ 为农药从土壤中的挥发速度；C_w 为农药在土壤中水相溶液中的浓度；C_a 为农药在空气中的浓度；r 为土壤中土壤与水的重量比；K_d 为土壤对农药的吸附系数。C_w/C_a 为农药在水中的挥发性，它可用下式表示：

$$C_w/C_a = V_{w/s} = S \times 8.299 \times 10^6 \times T/(P \times M \times 10^6) \qquad (8-8)$$

式中，$V_{w/s}$ 为农药在水中的挥发性（即亨利常数）；S 为农药的水溶解度(mg/L)；T 为绝对温度(K)；P 为农药的蒸气压(Pa)；M 为农药的摩尔质量。

$V_{w/s}$ 或 $V_{sw/a}$ 值越小，表示农药的挥发性能越强，越易从水体或土壤表面向大气中挥发；反之，其值越大，表示农药的挥发性能越弱，越难从水体或土壤表面向大气中挥发。通常根据 $V_{w/s}$ 的大小，将农药的挥发性能划分为 3 个等级：$V_{w/s}<10^4$ 为易挥发；$V_{w/s}$ 值在 $10^4 \sim 10^6$ 之间为微挥发；$V_{w/s}>10^6$ 为难挥发。从上面的计算式可见，土壤的吸附系数对土壤中农药的挥发性能有很大影响，吸附系数 K_d 越大，$V_{sw/a}$ 值也就越大，农药也就越不易从土壤中挥发。这就是为什么具有较高蒸气压的农药（如氟乐灵等）在水体中有较大的挥发性，而进入土壤后却很少有挥发。

农药从土壤表面的挥发性可以通过上述的计算公式来测算。对于农田土壤中农药的实际挥发性能，麦尔尼科夫等在年平均气温为 25℃，年降水量为 1500mm 的条件下，根据每年每公顷面积土壤上农药的挥发量的不同，将其划分为 4 个等级（表 8-20）：1 级挥发量为 0.1kg，2 级挥发量为 0.2~0.3kg，3 级挥发量为 3.5~6.5kg，4 级挥发量为 7~14kg。

表 8-20 部分农药在农田土壤中的挥发性能

农药	挥发级别	农药	挥发级别	农药	挥发级别
艾氏剂	1	固硫酸	1~2	六六六	3
2,4-滴酸	1	敌稗	2	二嗪磷	3
茅草枯	1	倍硫磷	2	砜吸磷	3
滴滴涕	1	氯丹	2	甲萘威	3~4
狄氏剂	1	氟乐灵	2	速灭磷	3~4
代森猛	1	乐果	2	毒杀芬	4
二甲四氯酸	1	马拉硫磷	2	二溴磷	4
代森锌	1	克菌丹	2	甲基对硫磷	4
异狄氏剂	1	苯菌灵	3	复方代森锌合剂	1
2,4,5-涕酸	1	草不绿	3		
代森锌	1	七氯	3		

四、农药对大气的影响

1. 农药对大气的污染途径

大气中农药污染的途径主要来源于：①地面或飞机喷雾或喷粉施药；②农药生产、加工企业废气直接排放；③残留农药的挥发等。大气中的残留农药漂浮物或被大气中的飘尘所吸附，或以气体与气溶胶的状态悬浮在空气中。空气中残留的农药，将随着大气的运动而扩散，使大气的污染范围不断扩大，对一些具有高稳定性的农药，如有机氯农药，能够进入到大气对流层中，从而传播到很远的地方，使污染区域不断扩大。

2. 大气中残留农药的迁移、降解

大气中的残留农药将发生迁移、降解、随雨水沉降等一系列物理化学过程,其行为可用图8-5来表示。大气中的残留农药,主要通过大气传输的方式向高层或其他地区迁移,从而使农药对大气的污染范围不断扩大。目前,在远离农业活动的南极、北极地区以及地球最高峰——喜马拉雅山峰顶上均已发现有滴滴涕或六六六的残留,甚至连终年居住在冰冻不化的、从未接触过农药的格陵兰地区的爱斯基摩人体内,也已检测出微量的滴滴涕。

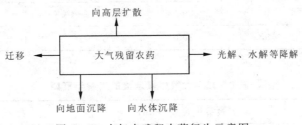

图8-5 大气中残留农药行为示意图

影响大气中残留农药迁移的主要因素有4个:风、上升气流、蒸汽散发和对流。农药的迁移作用主要发生在地面0~20km的对流层中。对流层又可分为上、中、下3层,下层从地面到约1.5km的高度,这层又称为摩擦层。该层内的空气受地表面高低不平的地形摩擦作用影响很大,空气的对流和紊流运动较强,气温日变化很大。距地面1.5~6km为中层,该层的气压只有地面气压的一半,大气中的云和降水均在此层中。距地面6~20km为上层,该层的气温在0℃以下。对流层的上、中、下3层中的农药均可发生迁移,以在摩擦层中为主,但在该层中农药的传输距离较近;进入中层及上层的量较少,但只有进入这两层中,农药才能传输到很远的地方。农药进入到离地面20~35km的平流层后,传输的距离更远,但能够进入到平流层中的农药量更少。目前对农药在平流层及其以上的中间层和热层中的传输情况还知之甚少。

大气中残留农药的浓度虽然很低,但在如此巨大的空间范围内仍不容忽视。据报道,英国每年随雨水降落到地面或水体的农药量可达40t,在农药使用地区及附近的降雨中,农药浓度高达73~210 μg/L。

在大气、水和太阳光线的作用下,大气中的残留农药可发生水解和光解反应而逐渐降解消失,光解是大气中残留农药降解的一个重要途径。农药必须吸收适当波长的光能,在激发状态才有可能进行光化学反应。太阳发射的光谱较宽,但达到地球表面的最短波长为286.3nm,其以下波长的光几乎全被臭氧层所吸收。太阳光谱中波长在290~450nm之间的紫外光线,是诱导农药发生光降解的最重要谱线,因为这个波长范围内的谱线的光辐射能恰好符合许多农药分子化学键断裂所需的键裂解能的要求(表8-21)。农药分子吸收辐射光量子后被激发,激发过程所传递的能量与光波长有关,可用下式表示:

$$E = h\nu = hC/\lambda \tag{8-9}$$

式中,E 为辐射量;h 为普朗克常数;ν 为辐射频率;C 为光速;λ 为波长。

大气中农药的光解作用还可因其他物质的存在而加速(光敏剂或光诱导剂)或减速(光猝灭剂)。Woodraw等(1985)的研究结果(表8-22)表明,大气中的臭氧就具有光敏剂或光诱导剂的作用。

表 8-21　一些典型的键裂解能与对应的光谱波长关系

键	键裂解能(kcal/mol)	波长λ(λ/nm)	键	键裂解能(kcal/mol)	波长λ(λ/nm)
CH_3CO-NH_2	99	288	$H-CH_2OH$	94	303
C_2H_5-H	98	291	CH_3-OH	91	313
$CH_3CO-OCH_3$	97	294	C_6H_5-Br	82	347
C_6H_5-Cl	97	294	$C_6H_4CH_2-COOH$	68	419
$(CH_3)_2N-H$	95	300			

表 8-22　大气中氟乐灵的光解半衰期

光解条件	实验室半衰期(min)	野外半衰期(min)
有光,有臭氧	47	21
有光,无臭氧	117	63
无光,有臭氧	18 060	193
无光,无臭氧	无反应	

五、农药对农作物和食品的污染

土壤中农药的残留与农药直接对作物的喷洒是导致农药对作物和食品污染的重要原因。农作物的污染程度与土壤的污染程度、土壤的性质、农药的性质以及作物品种等多种因素有关。农作物通过根系吸收土壤中的残留农药,再经过植物体内的迁移、转化等过程,逐步将农药分配到整个作物体中,或者通过作物表皮吸收黏着在植物叶面上的农药进入作物内部,造成农药对农作物和食品的污染。农药对农作物和食品的污染一般在 mg/kg(10^{-6})级水平。研究发现,农药对食品的污染程度一般为:肉类最大,其次为蛋类、食油、家禽、水产品、粮食、蔬菜、水果、牛奶(表 8-23 和表 8-24)。

表 8-23　水果、粮食、蔬菜和奶品中 DDT 残留量(引自陈静生,1990)　(单位:mg/kg)

食物类别	代表样品		全部样品	
	平均值	变化范围	平均值	变化范围
大水果	0.10	0.02~0.25	0.010	0.006~0.018
谷物和粮食	0.02	<0.005~0.04	0.005	0.003~0.008
叶和梗蔬菜	0.14	0.08~0.16	0.012	0.006~0.016
根类蔬菜	0.04	0.03~0.04	0.003	<0.001~0.007
奶品	0.03	0.01~0.04	0.023	0.017~0.037

注:"<"表示低于检出限。

表 8-24 牛肉中的农药残留量(引自陈静生,1990)　　　　(单位:mg/kg)

国家	年度	样品数	β-HCH	总-HCH	总 DDT	狄氏剂
日本	1965	3	5.55	8.86	0.46	0.06
	1969	10	8.22	13.68	0.55	0.25
	1971	10	4.32	5.00	0.34	0.05
	1972	6	0.92	1.17	0.88	0.04
英国	1968	34	—	0.04	0.03	0.03

从表 8-23 和表 8-24 中可以看出,植物性和动物性食物中均含有有机氯农药残留,因有机氯农药是脂溶性化合物,在乳类和蛋类食品中含量高,动物性食品中农药残留量约为植物性食品的 46 倍。

农药污染食品的途径,一是农药残留在作物上,使其直接受到污染;二是通过食物链的富集作用间接地污染食物。当有毒农药施用在农作物、蔬菜和果树上时,残留在作物表面上的农药,由于脂溶性强,很容易渗入表皮的蜡质层,以致很难完全清洗掉。如果以这些受污染的粮食、蔬菜作饲料,则残留的农药就会转移到肉类、乳类和蛋品中引起污染,最终随食物进入人体。

种子中脂肪含量高的农作物对农药的吸收量也高,如花生、块茎和薯类等食用部分埋在土里的作物,也可能由土壤中的残留农药而受到污染。

一般来说,水生昆虫、蟹、虾等节肢动物对有机氯农药较敏感,而蚌、螺等软体动物的抗药力则较强。水生植物对除锈剂以外的农药,耐药性都强,以致农药残留在这些植物中,随后经过复杂的食物化学循环而在鸟类、鱼类和水禽体中累积起来,随着食物链的营养层次逐渐富集和转移,最终进入人体,引起慢性中毒,甚至引起癌症。

有机氯农药是一类具有致癌、致突变的持久性有机污染物,由于其毒害性大、理化性质稳定、半挥发性和生物累积放大作用,对生态环境和人体健康的潜在风险近些年来一直受到广泛关注。我国使用的农药主要是 HCHs 和 DDTs,其中 DDTs 累计施用量 40×10^4 t,HCHs 约 49×10^4 t。有机氯农药在土壤中残留期一般很长,有数年至二三十年,致使该类农药禁用多年后,许多地区土壤中仍能检出 HCHs 和 DDTs 等。土壤中残留的农药会通过生物富集和食物链最终危害人体健康。

成都经济区是四川全省经济最发达的地区,农业种植业具粮、经、林多元结构。历史上该区曾大量使用有机氯农药,尽管现在已经停用,但作为持久性有机污染物可能在环境土壤中存在残留,并影响生长于该区域的农作物。中国地质大学(武汉)研究团队开展了四川省成都经济区有机氯农药分布特征与生态风险评价工作(邢新丽等,2009)。下面将对此案例进行详细描述。

1. 材料与方法

1)样品采集

由于研究区面积较大,地貌类型多样,分别在山地丘陵区和成都平原选取具有代表性点作为研究对象,其中平原区采样点设在种植蔬菜较多的绵竹市,山地丘陵采样点设在四川食道癌高发区的绵阳市盐亭县。按照不同季节,分别于 2007 年 5 月和 9 月采集代表性春季及秋季蔬菜的可食部分及粮食籽实。绵竹生物样品编号为 M1～M30,其中 M1～M17 为春季生物样品,M18～M30 为秋季样品,土壤编号为 MS1～MS12;盐亭生物编号为 Y1～Y23,其中 Y1～Y9 为春季样品,Y10～Y23 为秋季样品,土壤编号为 YS1～YS10。生物样采集选择正在生长的新鲜的农作物,保证搅碎后质量达到 200g,装入聚乙烯保鲜袋中,密封保存,并尽快运回实验室,用纯净水冲洗去掉浮尘,晾干表面水,冷冻保存。

对应的土壤样点应靠近植物采样点,采集 0～20cm 表层耕作层土,采集的土样装入聚乙烯保鲜(密封)袋内(去除残枝和排出袋内的空气),样品采集重量应保证在过 20 目筛后干重达到 100g,并尽快运回实验室,在低温条件下自然风干,待分析。

2)样品分析

(1)土壤样品。称取约 10g,经风干过 100 目筛后的土壤样品,加入 20ng 四氯间二甲苯(TCmX)和十氯联苯(PCB209)作回收率指示,加入 150mL 二氯甲烷,索氏抽提 24h。用硅胶柱纯化。然后用 30mL(体积比 2:3)洗脱,洗脱液用旋转蒸发仪浓缩至 0.2mL,加入 20ng 五氯硝基苯(PCNB)为内标,GC-ECD 上机分析,通过回收率和内标进行质量控制和质量保证。土壤样品回收率为 70%～102%。

(2)生物样品。生物样品用搅拌机搅碎,冷冻储存,称取约 15g 样品,加入 20ng 四氯间二甲苯(TCmX)和十氯联苯(PCB209)作回收率指示,加入 150mL 二氯甲烷和丙酮混合液(体积比 2:1),索氏抽提 48h。加浓硫酸去脂,用 5g 硫酸(质量比 1:1)浸泡的硅胶柱纯化。然后用 30mL 二氯甲烷和正己烷的混合液(体积比 1:1)洗脱,洗脱液用旋转蒸发仪浓缩至 0.2mL,加入 20ng 五氯硝基苯(PCNB)为内标,GC-ECD 上机分析,质量控制与质量保证方法与土壤相同。生物样回收率为 65%～97%。

2. 结果与讨论

1)土壤有机氯农药浓度特征

土壤有机氯农药浓度见表 8-25。DDTs 普遍高于 HCHs,绵竹秋季土壤中有机氯农药浓度高于春季浓度。绵竹是四川著名的蔬菜基地,可能由于夏秋季节当地仍使用有机氯农药作为杀虫剂,较高的 p,p'-DDT 浓度也说明有新的农药输入。相反,盐亭春季有机氯浓度高于秋季的浓度,可能该区有机氯农药主要为历史残留(p,p'-DDT 降解产物 p,p'-DDE 含量较高),随时间推移,微生物降解,有机氯农药的挥发,作物吸收,土壤中有机氯农药浓度逐渐变小。

表 8-25 土壤中有机氯农药浓度 (单位:ng/g)

样品种类		α-HCH	β-HCH	γ-HCH	δ-HCH	ΣHCHs	p,p'-DDE	p,p'-DDD	o,p'-DDT	p,p'-DDT	ΣDDTs
绵竹春季	Mean	0.61	0.89	0.16	0.44	2.10	11.64	1.59	2.13	6.54	21.91
	Max	6.87	9.56	1.67	2.64	17.42	235.75	42.19	67.56	259.62	605.13
	Min	ND	ND	ND	ND	0.01	0.03	ND	ND	ND	0.04
绵竹秋季	Mean	2.17	2.22	1.42	0.48	6.28	24.60	5.13	5.81	60.89	96.43
	Max	10.04	7.90	3.53	3.18	18.34	102.48	23.41	28.27	255.23	286.20
	Min	0.15	ND	ND	ND	2.50	1.26	0.39	0.02	0.33	2.20

续表 8-25

样品种类		α-HCH	β-HCH	γ-HCH	δ-HCH	HCHs	p,p'-DDE	p,p'-DDD	o,p'-DDT	p,p'-DDT	DDTs
盐亭春季	Mean	0.46	1.28	0.16	0.36	2.24	20.81	3.07	5.31	19.76	48.96
	Max	5.84	16.34	1.36	1.65	25.21	242.00	42.55	71.28	296.61	652.98
	Min	0.01	0.06	ND	0.01	0.20	0.37	0.01	ND	0.08	0.66
盐亭秋季	Mean	0.03	0.05	0.06	0.02	0.16	0.95	0.06	0.19	0.18	1.38
	Max	0.07	0.13	0.08	0.04	0.30	3.17	0.25	1.12	0.41	3.17
	Min	ND	0.01	ND	ND	0.08	0.06	ND	ND	ND	0.16

注：ND 指未检出。

与其他地区相比，HCHs 和 DDTs 浓度高于西南地区贵阳水稻田和成都 2004 年调查结果，低于华北地区的浓度；与东北地区绿色基地土壤浓度相当，但低于菜地有机氯农药浓度；与东部的南京菜地浓度相当，高于淮安农田分析结果，低于福建、苏南等农田菜地的浓度。与国标和荷兰无污染土壤标准相比，HCHs 含量均在国标一级标准(50ng/g)范围内，绵竹地区部分采样点 DDTs 超过国标一级标准，但仍在国标二级标准(500ng/g)范围内；绵竹大部分春秋季样品 DDTs 浓度超过荷兰标准(2.5ng/g)，而盐亭同荷兰标准相比，污染较轻。综上所述，研究区部分地区土壤有轻度污染，同时也说明我国国标对土壤有机污染要求不严，同其他国家的管理监测力度还存在很大差距。

2) 植物体内有机氯农药浓度特征

植物体有机氯农药浓度见图 8-6。HCHs 的浓度普遍高于 DDTs 浓度，说明植物对 HCHs 的富集能力强于对 DDTs 的富集能力。由于 β-HCH 性质稳定，其检出浓度高于其他 HCH 异构体，p,p'-DDE 浓度高于母体 p,p'-DDT 浓度。秋季作物有机氯农药浓度高于春季作物体内有机氯浓度，这与土壤中农药浓度和植物吸收的药量相关，有时甚至是线性关系，也有可能是脂类高的作物富集有机氯农药能力较强，秋季植物脂类高于春季植物脂类。

盐亭春季样品 HCHs 和 DDTs 浓度均在国标《粮食、蔬菜等食品中六六六、滴滴涕残留标准》(GB 2763—1981)范围内，在 HCH 异构体中，β-HCH 检出率和含量最高，δ-HCH 含量最小。小麦籽实 HCHs 浓度最高，水稻和包菜中 HCHs 浓度也较高，莴苣叶中 HCHs 浓度较少。对 DDTs 来说，油菜籽中 DDTs 浓度最高，水稻中 DDTs 浓度较高，莴苣中 DDTs 浓度最低。DDT 及其降解产物中，DDT 降解产物比 DDT 更易被植物吸收，p,p'-DDE 检出率和浓度最高，水稻籽实中和油菜籽中 o,p'-DDT 和 p,p'-DDT 浓度相对较高，可能是籽实类对 DDT 吸收效果高于叶类蔬菜。总体上来看，籽实类作物中有机氯农药浓度高于叶类蔬菜中有机氯农药浓度。

同其他地区相比，粮食作物中 HCHs 和 DDTs 浓度高于湘潭市和成都地区 2004 年分析报道的结果；蔬菜中 HCHs 均小于 0.3ng/g，浓度小于西北地区的嘉峪关市，东南地区的金华市和南京市，中部的临沂市，东北地区的沈阳市等地区；蔬菜中 DDTs 浓度小于金华市、南京市、沈阳市、贵阳市，但油菜籽中 DDTs 高于嘉峪关、临沂分析结果。

秋季生物样品中 HCHs 和 DDTs 浓度均在 GB 2763—1981 规定的范围内，玉米中 HCHs

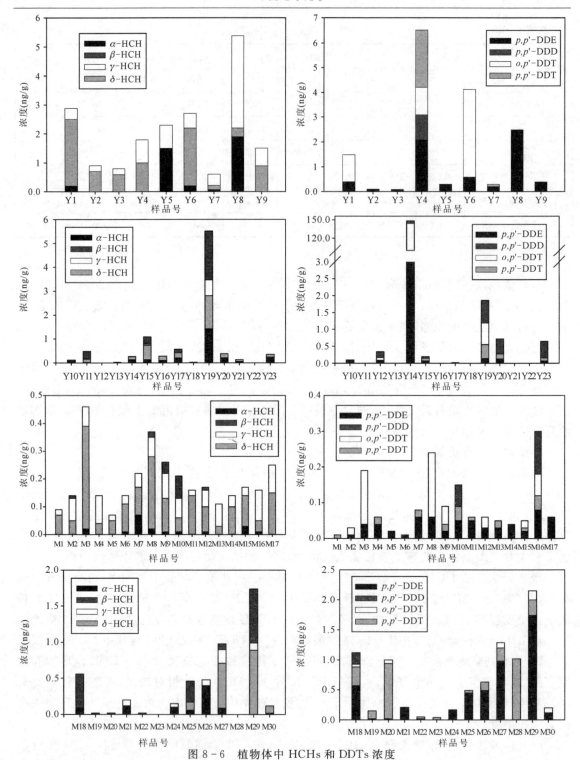

图 8-6 植物体中 HCHs 和 DDTs 浓度

注:1. Y1 包菜;Y2~Y3 莴苣;Y4~Y5 油菜籽;Y6~Y9 小麦;Y10~Y11 南瓜;Y12 菠菜;Y13 茄子;Y14 辣椒;Y15 橘子;Y16~Y20 玉米;Y21~Y23 稻谷;2:Y14 辣椒含量 DDTs 含量 p,p'-DDE,p,p'-DDD,o,p'-DDT,p,p'-DDT,DDTs 含量分别为 61.41ng/g、0.41ng/g、82.59ng/g、4.04ng/g、148.44ng/g;3. M1~M2 莴苣,M3~M5 包菜,M6 萝卜,M7 苋菜,M8 生菜,M9~M10 空心菜,M11 洋葱,M12 芹菜,M13 土豆,M14~M17 小麦,M18~M19 油麦菜,M20 小白菜,M21 南瓜,M22 扁豆,M23~M24 豆角,M25 莴苣,M26 茄子,M27 萝卜,M28 土豆,M29~M30 稻米。

浓度较高,辣椒中 DDTs 浓度较高。秋季生物样品中 HCHs 和 DDTs 浓度高于春季生物体中 HCHs 和 DDTs 浓度。

盐亭秋季样品除辣椒中 DDTs 浓度超出国标,其他均在国标 GB 2763—1981 规定的范围内,在 HCH 异构体中,β-HCH 检出率和浓度最高,γ-HCH 浓度最低。玉米中 HCHs 浓度最高,其次是橘子,蔬菜中 HCHs 浓度较低。辣椒中 DDTs 浓度最高,其次是粮食,蔬菜中 DDTs 浓度较低。辣椒是四川地区人们最常食用的作料,盐亭地区辣椒中高浓度的 DDTs 可能是该区食道癌高发病率的原因之一。辣椒中 p,p'-DDE 浓度很高,粮食作物则 p,p'-DDT 浓度较高,这可能与作物所处土壤 DDTs 浓度及类型有关,也可能是作物根部和叶片结构不同造成的,因为作物吸收农药的方式有两种,一种是根部吸收,一种是叶片吸收。总体上来看与春季具有一致的结果:籽实类作物中有机氯农药浓度高于叶类蔬菜中有机氯农药浓度。

同其他地区相比,粮食作物中 HCHs 和 DDTs 浓度高于湘潭市和成都地区 2004 年分析结果;蔬菜中 HCHs 小于嘉峪关市、金华市、南京市、临沂市、沈阳市;蔬菜大部分样品 DDTs 浓度小于金华市、南京市、沈阳市、贵阳市研究结果,但辣椒中 DDTs 高于嘉峪关市、临沂市、南京市、沈阳市分析结果。

综上所述,盐亭地区粮食和蔬菜(除辣椒外)HCHs 和 DDTs 浓度处于我国中下等,农产品有机氯农药浓度均在国标规定的最高残留量范围内,但是检出率较高,仍存在一定的生态风险。

绵竹春季样品 HCHs 和 DDTs 浓度均在国标 GB 2763—1981 规定的范围内,在 HCH 异构体中,β-HCH 检出率和浓度最高,α-HCH 和 δ-HCH 浓度较小。叶类蔬菜中 HCHs 浓度最高,根茎类蔬菜中 HCHs 浓度较少。DDT 及其降解产物中,由于降解产物比母体更易被吸收,p,p'-DDE 检出率最高。生菜和包菜中 o,p'-DDT 浓度最高,说明这两个样点仍有 DDT 的替代物三氯杀螨虫使用。小麦籽实中 DDTs 浓度最高,叶类蔬菜 DDTs 浓度较高,根茎类蔬菜 DDTs 浓度最小,说明绵竹地区叶片吸收力度大于根茎从土壤的吸收力度。总体上来看,粮食和叶类蔬菜有机氯农药浓度高于根茎类蔬菜有机氯农药浓度。

同其他地区相比,粮食作物中 HCHs 浓度高于湘潭市和成都 2004 年分析结果,DDTs 小于成都地区 2004 年分析结果;蔬菜中 HCHs 均小于 0.5ng/g,小于嘉峪关市、贵阳市、金华市、南京市、临沂市、沈阳市的分析结果;蔬菜中 DDTs 浓度小于 0.30ng/g,小于嘉峪关市、金华市、南京市、沈阳市、贵阳市的研究结果。

绵竹秋季样品 HCHs 和 DDTs 浓度均在 GB 2763—1981 规定的范围内,稻米 HCHs 浓度较高,小白菜和土豆中 DDTs 浓度较高。秋季样中 HCHs 和 DDTs 浓度高于春季生物体 HCHs 和 DDTs 浓度。

绵竹秋季样品 HCHs 和 DDTs 均在国标 GB 2763—1981 规定的范围内,在 HCH 异构体中,α-HCH 检出率最高,β-HCH 和 δ-HCH 浓度较高,γ-HCH 浓度最小。稻米 HCHs 浓度最高,其次是萝卜,果实类蔬菜和叶类蔬菜中 HCHs 浓度较少。小白菜 DDTs 浓度最高,其次是土豆,果实类蔬菜 DDTs 浓度较少。在 DDT 及其降解产物中,p,p'-DDE 检出率和浓度最高,其次是 p,p'-DDT。总体来看叶类蔬菜、根茎类蔬菜和粮食中有机氯浓度高于果实类蔬菜中的浓度。

同其他地区相比,粮食作物中 HCHs 和 DDTs 浓度高于湘潭市和成都地区 2004 年分析结果;蔬菜中 HCHs 浓度小于嘉峪关市、金华市、南京市、临沂市、沈阳市测试结果;蔬菜样品

DDTs 浓度与金华市和嘉峪关市相当,小于南京市、沈阳市、贵阳市的分析结果,高于临沂市部分地区蔬菜中的浓度。

综上所述,绵竹粮食和蔬菜中 HCHs 和 DDTs 浓度处于我国中下等水平,农产品有机氯农药含量均在国标规定的最高残留量范围内,但检出率较高,虽未达到对人体的毒害剂量,由于有机氯农药沿食物链的放大作用,仍可能对人体产生潜在毒害作用,因此应严格控制农产品、蔬菜生产基地的有机氯农药施用,对其生物体内和土壤中有机氯残留量进行监测。

3) 有机氯农药生态风险评价

残留在土壤中的有机氯农药种类较多,生物效应也有差异,很难确定统一的污染标准和风险评估标准。目前使用的主要是 Ingersoll 风险评估标准。应用 Ingersoll 风险评估标准评价成都经济区生态风险,其原则为:当有机污染物残留程度小于风险评价低限(ERL,生物效应概率$<10\%$),毒性风险小于 25%;当有一项高于风险评价高限(ERM,生物效应概率$>50\%$),毒性风险大于 75%。

研究区生态风险评价采取 Ingersoll 风险评估标准,生物效应几率(生物富集效率)为生物体内有机氯农药浓度与对应土壤中有机氯农药浓度比值,结果如图 8-7 所示。

由图 8-7 可以看出,生物富集具有以下规律:盐亭>绵竹,秋季>春季,HCHs>DDTs,粮食>蔬菜。由于有机氯农药的生物富集有根吸收和叶片吸收两种方式,因此,生物富集与以下几种因素有关:①土壤类型,有机质含量;②作物类型,脂类的多少,根的分布和叶片类型;③有机氯农药的种类。盐亭为丘陵山区,绵竹属山前冲积平原,盐亭土壤有机质含量小于绵竹地区,而土壤有机质会加强土壤对有机氯农药的吸附,阻碍作物的吸收。因此,盐亭有机氯农药生物效应概率大于绵竹地区的生物效应概率;秋季作物体内脂类高于春季作物脂类含量,有利于对有机氯的吸收,故秋季作物富集效应大于春季富集效率;HCH 蒸气压大于 DDT,易挥发,也相对容易被植物吸收,因此,HCHs 富集效率高于 DDTs;粮食作物根系发达,且叶片有蜡质光泽,比蔬菜更易吸收有机氯农药。由于辣椒叶片为蜡质表面,相对其他蔬菜易吸收有机氯农药,辣椒的生物富集系数很高。

从生态风险角度来说,绵竹和盐亭油脂含量较多的籽实作物中多数样品生物效应几率大于 0.5(毒性风险大于 75%),对人们的健康有很大的潜在危害,应严格控制研究区有机氯农药的使用量。

3. 结论

(1) 通过对绵竹和盐亭农田不同季节有机氯分析表明,土壤中 DDTs 浓度高于 HCHs 浓度,绵竹秋季土壤中 OCPs 浓度高于春季,可能有新的农药输入,盐亭春季土壤 OCPs 浓度高于秋季,主要是历史残留。与我国其他农田或蔬菜地相比,研究区土壤 OCPs 浓度较低。

(2) 春秋季作物中 OCPs 浓度分析结果表明,作物中 OCPs 检出率较高,但除辣椒外,其他作物浓度均未超标;植物中 HCHs 浓度高于 DDTs,籽实类作物中 OCPs 高于叶类蔬菜。

(3) 生物效应概率表明,大部分籽实类作物毒性风险大于 75%,对人们的健康有很大的潜在危害。土壤组成、植物类型及农药种类是影响生物富集的重要因素。

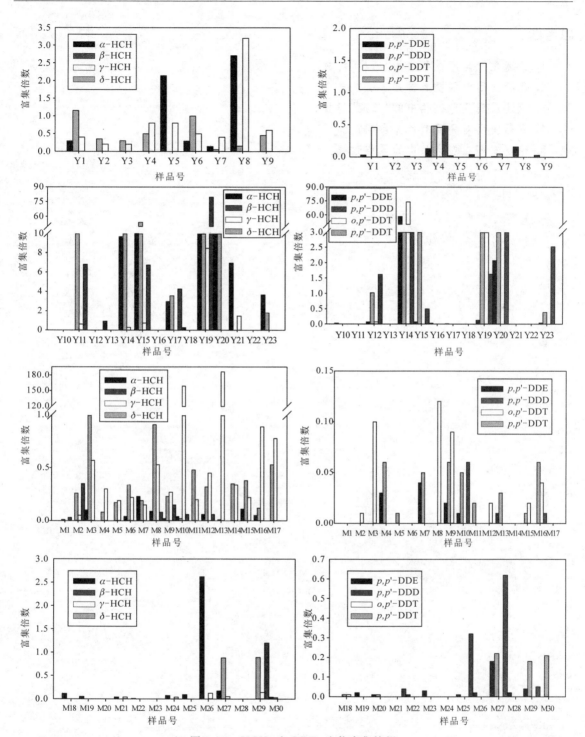

图 8-7 HCHs 和 DDTs 生物富集特征

注：Y14 辣椒 p,p'-DDE 富集倍数为 58.31，p,p'-DDD 为 25.79，o,p'-DDT 为 73.94，p,p'-DDT 为 37.45，DDTs 为 64.72，M10 空心菜中 γ-HCH 富集倍数为 158.73，其他均小于 0.1；M13 土豆中 γ-HCH 富集倍数为 186.40，其他均小于 0.1。

思考题：

1. 论述化肥生产过程中的"三废"排放。
2. 化肥使用对环境有哪些影响？
3. 论述农药生产过程中的"三废"排放。
4. 农药使用对环境有什么影响？
5. 论述农药在农产品中的累积过程。

第九章　环境地球化学应用

第一节　农业中应用——富硒产品

硒是人体必需的微量元素之一,近年来,随着人们认识的逐渐加深,对于微量元素硒的研究也逐渐引起人们的广泛关注。环境中硒含量的高低直接影响着各种生物机体的健康,硒缺乏或过量均会导致机体产生疾病;严重缺硒会引起地方病,如克山病和大骨节病。适量的硒不仅能促进作物代谢生长、提高作物产量和品质,还能增强动物及人体免疫力,起到预防多种疾病的作用。土壤是生态环境的重要枢纽,土壤中硒的含量和形态直接影响着植物对硒的吸收,而植物无论是缺硒还是硒过量,都会影响其自身及动物的生长、发育和繁殖,并最终通过食物链影响人类的健康。硒在地球上分布广泛但又极不均匀,全世界有 2/3 的地区缺硒,其中 1/3 为世界公认的严重缺硒区。因此,适量补硒促进人体健康就显得尤为重要。我国约 72% 的县市存在不同程度的缺硒现象,全国有 7 亿多人口的膳食结构中硒含量不足,造成人体处于低硒状态,因此,富硒产业的打造和开发成为目前国内研究的热点,但是富硒产业的开发必须以基本的科学研究为依据,故而对富硒地区的地质、环境以及农业方面的研究显得极为迫切。

恩施地区是最典型、最富硒的地区,恩施土家族苗族自治州(简称恩施州)之所以闻名于国内外是因为在恩施州发现了迄今唯一独立的硒矿床,打破了近 200 年"硒不能独立成工业矿床"的理论,2011 年正式被国际人与动物微量元素营养学会授予"世界硒都"的称号。恩施州总面积中 73% 的土壤都属于高硒区,品位在 230~6300g/t 之间,恩施州硒资源的开发和应用是当前及将来恩施州政府乃至国家的重大战略之一。富硒产品开发初期的实践已证明,要在高硒的自然土壤条件下开发富硒食品是很难达到的。因此,需要对土壤进行调节以获得大面积安全、稳定、可控的含硒土壤来培育富硒农产品。

一、硒及其化合物的性质

硒(Se),位于化学元素周期表第四周期,原子序数为 34,与 O、S、Te、Po 同为第Ⅵ主族元素。同时,硒又属于硫族元素,在化学和生物化学性质上与 S、Te 相似,有金属和非金属过渡区的理化性质。硫族元素 d 轨道可以参与成键,因此 Se 还能形成配位数为 4 和 6 的化合物。与硫单质类似,硒单质具有非金属的共价性,有 5 种同素异形体,分别为无定形红硒、单斜晶体(α 和 β)硒、玻璃状黑硒和六方菱形晶体灰硒。自然界中的硒有 20 种同位素,其中只有 6 种是稳定的同位素,其他的全是放射性同位素。硒单质的沸点比较低,蒸气压比较高,具有较强的挥发性,因此,在处理含硒样品时温度不宜过高,否则会加快硒的挥发和迁移。

环境中负二价的硒化物有硒化氢(H_2Se)、金属硒化物、甲基硒和硒代氨基酸等。H_2Se能与过渡金属反应生成难溶硒化物,如CuSe。金属硒化物常伴生在金属硫化物矿床中,金属硒化物和硒硫化物虽然都难溶于水,但是在微生物的作用下能够产生硒的挥发性甲基衍生物(如二甲基二硒化合物)。与硫能形成多硫化物相似,硒也能与一些金属硒化物(如碱金属硒化物)水溶液反应生成多硒化合物。硒代氨基酸多存在于有机体中,以游离硒代氨基酸或者硒蛋白的形式参与有机体的生命活动。甲基硒等小分子化合物,通常是硒在有机体内的最终代谢产物。

环境中四价硒主要有SeO_2、H_2SeO_3和SeO_3^{2-}几种形式。除了在空气中燃烧,硒与浓硫酸或者与浓硝酸和浓硫酸的混合酸反应均可生成SeO_2。在常温下,空气中的灰尘或者痕量有机物都能将SeO_2还原成单质红硒。自然状态下,环境中四价硒稳定存在的是H_2SeO_3($HSeO_3^-$、SeO_3^{2-})。H_2SeO_3是一种无色固体,极易溶于水,属中强酸,而亚硒酸盐的溶解度都比较低。在酸性环境中,强还原剂能将亚硒酸盐还原成游离态Se,如SO_2、抗坏血酸、有机微生物等。土壤中的四价硒能与多数金属氧化物及其氢氧化物形成稳定难溶的络合物,使整个生物圈中硒的循环受到影响。

环境中六价硒主要物质是H_2SeO_4和SeO_4^{2-}。H_2SeO_4是一种强酸,具有强氧化性,能氧化氯化物释放出Cl_2。硒酸盐极易溶于水,呈碱性,在氧化条件下稳定,容易被植物吸收。

二、硒的自然分布

硒是地球上的一种稀散元素,在地壳中的丰度在0.05~0.09 μg/g之间,排在化学元素丰度的第70位。硒的初始来源是火山喷发物以及和火成岩相关的金属硫化物,主要次生来源是富硒的生物沉积物。硒在地表的地理分布极不均匀,而且很难独立成矿,多数是以重金属硒化物形式的矿物存在,作为伴生矿产出现。

硒的自然界分布通常指在土壤、岩石、水体、大气和食品中的含量及其存在形态。其中,土壤中的硒是硒在食物链中循环的枢纽,是动植物体内硒的主要来源。土壤中的硒含量及其赋存状态直接影响人体硒的摄入量,进一步影响人的身体健康。

我国是世界范围内地理环境硒缺乏范围最广、缺硒程度最严重的国家之一,而且我国土壤中硒分布严重不均,西北和东南地区土壤中硒含量相对较高,但从东北地区到西南地区存在一条典型的低硒带,在纬度上跨度较大,主要分布在东北到西南的温带、暖温带,属半干旱、半湿润气候,主要为棕、褐土系列环境,低硒带内土壤及母质(母岩)、粮食、水和人体中硒含量显著低于其他地区。低硒带的形成是由硒的环境地球化学过程所决定的,土壤低硒是低硒带形成的基础。

三、硒的地球化学过程

在整个地质作用过程中,硒与硫有着相似的地球化学性质,它们能够形成广泛的类质同象,绝大部分的硒赋存于硫化物矿物的晶格中。在岩浆的结晶分异过程中,硒并未发生明显的富集。当岩浆中的硫化物和硅酸盐岩浆发生分离时,硒与硫同时进入到硫化物熔体中,此时的硒是岩浆硫化物内的伴生杂质元素,但它的含量相比于地壳克拉克值已高出数十到数百倍,形成了明显的硒富集,这种硒的富集明显受制于硫的作用,因此表现出硒的亲硫性。硒最主要的作用阶段发生在岩浆热液活动的阶段,所有热液硫化物矿床以及部分金矿都具有较高的硒含量。硒呈分散形式存在于这一阶段，主要存在于黄铁矿和铜黄铁矿型矿床中。

在表生作用过程中，由于硒与硫的氧化还原电位各不相同，从而表现出不同的地球化学途径。在缺氧的内生环境中，硒与硫相互共生，但是遇到有氧的条件下，硫比硒容易氧化，从而使两者发生分离。硒在地表的各种岩石中分布极不均匀，其在地壳中的元素丰度为$(0.05\sim0.09)\times10^{-6}$，变质岩中硒含量最高为$(0.031\sim0.131)\times10^{-6}$，其次为沉积岩$(0.028\sim0.118)\times10^{-6}$，含量最低的为岩浆岩$(0.059\sim0.108)\times10^{-6}$。在同一大类、不同小类岩石中，硒含量亦有差别，例如：硒在基性火成岩中的含量大于酸性岩或碱性岩，在沉积岩中，页岩和深海碳酸盐岩大于砂岩和黄土。在地层中，硒的含量会随着地质时代的变化而不同，在白垩纪之前，地壳上有过广泛的火山活动，会释放出大量的硒，因此，区别热液成因和沉积成因的标志可以用硫硒比来判别。一般来讲，S/Se值在10 000左右时，可以判断为热液成因矿石，S/Se值在200 000以上时，可以认为是沉积成因的标志。

土壤中的硒主要来自成土母质，但是在成土过程中淋滤损失的硒比例也很高。高硒土壤主要来自富硒岩石和煤层中。页岩中硒的含量通常比较高，成为高硒土壤形成的中央条件，例如：美国西部平原的高硒土壤区分布有黑色的富硒页岩，中国恩施地区高硒土壤则主要来自富硒的灰质硅质页岩。水体中的硒主要来自对岩石中硒的萃取、对土壤的淋溶、对大气降尘的接收以及工农业的污染排放，大气中的硒主要由火山爆发、人类燃煤燃油以及微生物代谢等过程产生。

硒在岩石、土壤、动植物和人之间的转化过程，是从无机到有机，从低等到高等的转变，其中植物中的硒生物有效性较高，而且其中的有机硒相对无机硒来讲更加安全有效，因此植物中硒的水平决定着食物链中硒的水平。研究植物中硒的形态是调节人体摄入硒水平的关键，所以在土壤或作物中添加硒肥或采用生物营养强化的手段提高硒的生物有效性，可以改善食物链中硒的水平。目前市场上已经出现了富硒大米、富硒蔬菜和富硒水果等部分富硒农产品，表现出较好的开发潜力。

地球本身的开放性决定了硒在各个环境物质之间是相互流动的。在地球环境下的硒的地球化学循环，每一个环节都受到一定的外部条件控制，一些研究者提出了硒的各种循环模式流程图(图9-1)，从图中可以看到食物链系统是物质和能量的单向流动，而生物界到无机界则是物质和能量的循环系统。

硒的地球化学循环受到诸多因素的控制，主要有地质构造、地貌景观和气候等因素。在岩石圈内，硒的循环流动主要靠流体在断裂系统中运移，如果在断裂系统中循环的流体携带有大量的硒和硫时，则会在火山口或海底喷口附近沉积形成硫化物矿床或富集体，硒大量赋存在黄铁矿中或被黏土矿物吸附，如蒙脱石和伊利石等。据统计，高温气液中硫化硒可高达$(44\sim180)\times10^{-6}$，中温热液中硫化硒为$(0.8\sim4.12)\times10^{-6}$，低温热液中硫化物硒为$(1.8\sim2.4)\times10^{-6}$。逸出地表的泉水将硒带入河流，进入地表并参与地球化学循环。沿断层逸出的气态硒进入地表土壤中或直接逸出挥发进入大气中。

在地表循环的硒明显受到地貌景观因素的控制，主要包括环境中硒的淋滤与蒸发和植被中硒的吸收与矿化分解。地表中的硒被地表水径流淋溶向下渗流，与此同时又受到太阳辐射蒸发并进入大气。植物的生长从土壤和大气中吸收营养物质，使得部分硒元素送达到植物器官，但少量的硒通过植物叶片的挥发进入大气，同时植物死后的残体又回归土壤被分解，重新参与地表物质循环。

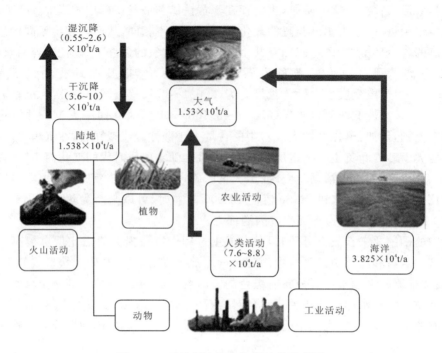

图 9-1 硒的环境地球化学过程示意图

总之,硒的循环过程涉及系统的输入和输出问题,当它原有的动态平衡被打破时,硒循环系统就出现异常,表现出硒总量和状态的变化。

四、硒与人体健康

硒在自然界中以多种结合形态存在,可分为无机硒和有机硒,其中无机硒主要有单质硒、硒化物、亚硒化物、硒酸盐等;有机硒主要有硒代半胱氨酸、硒代胱氨酸、硒代蛋氨酸、硒乙硫基氨基酪酸、硒甲基硒代半胱氨酸、硒甲基硒代蛋氨酸、硒脲、硒胱胺、二甲基硒、二甲基二硒、三甲基硒、二乙基硒、甲基亚硒酸酯、甲基硒砜、硒蛋白等。硒是一种重要的微量元素,它被世界卫生组织列为人和动物所必需的 14 种微量元素之一。缺硒会导致多种疾病,而摄入硒元素过多则会引起中毒。据报道,我国约 72% 的县市存在不同程度的缺硒现象,全国有 7 亿多人口的膳食结构中硒含量不足,造成人体低硒状态。适量硒的摄取对人体健康至关重要,我国许多地区流行的克山病和大骨节病都与人体硒的缺乏有关。硒对人体来说是一个双刃剑元素,人体内硒含量过低会产生大骨节病和克山病等,而过高则会产生硒中毒,因此人体对硒的摄入必须保持在一个较低的安全范围内。

硒作为人体必需的微量元素,与健康有着密切的关系。硒能构成酶的活性成分参与催化反应清除自由基和过氧化物,延缓衰老,提高人体免疫力,减少疾病发生率,还能调节机体代谢,减少有毒物质摄入。硒的具体功效可以总结为如下几点。

1. 抗氧化性

硒是很多抗氧化酶的必需组分,特别是谷胱甘肽过氧化物(GSH-Px)和磷脂氢过氧化物(PGSH-Px)酶的重要组分。GSH-Px 在机体内的主要作用是催化谷胱肽(GSH)参与将生命活动中产生的有毒活性氧自由基及其衍生物还原为无害的羟基化合物,清除机体反应中产生的过氧化物和羟自由基,从而防止过多的过氧化物损害细胞和细胞膜、影响机体代谢、危及机体的生存,维持细胞正常的生理及生化功能。

2. 增强免疫力

硒主要从细胞免疫、体液免疫和非特异性免疫3种方式影响机体的免疫。硒能刺激免疫反应,增加免疫细胞的活性,刺激免疫细胞的增生,调节细胞因子分泌,增强细胞对毒性杀伤能力。硒能刺激免疫球蛋白的形成,提高机体合成 IgG、IgM 等抗体的能力,提高免疫系统对机体的保护能力。硒对于吞噬细胞趋化、吞噬和杀灭病原体过程均有不同程度的影响。

3. 降低和拮抗某些有毒元素及物质的毒性

硒能够拮抗和降低汞、砷、镉、铜、铊等元素毒性。其主要原因是:首先硒是体内抗氧化系统的活性成分,能有效改善由汞、砷、镉等元素诱发的脂质过氧化反应;其次硒与这些金属元素有很强的亲和力,在体内能形成金属硒蛋白复合物,从而降低这些元素的毒性。

4. 硒与癌症

临床研究发现,癌症死亡率与人体血硒水平及硒的地理分布都呈负相关关系。李文广等(1989)通过分析江苏省南通市启东县(现启东市)肝癌高发地区发病人群的血硒水平,得出肝癌死亡率与人体血硒水平呈负相关关系的结论。湖北省恩施地区报道的癌症死亡率明显低于其他省市,这可能是与该地区食品中硒含量比其他地方高有关。

自由基致癌理论认为,有机体内脂质过氧化物反应过程中产生的自由基和过氧化物会损伤多种细胞,许多癌症的发生很大可能是由于 DNA 受到损伤。含硒化合物、硒蛋白和硒酶都具有抗氧化损伤作用,可以清除有害的自由基,一定程度抑制致癌物质的活性代谢,促进 DNA 的损伤修复。硒还可以通过阻断癌细胞分裂增殖的信息传递、影响癌细胞遗传物质以及抑制癌细胞的能量代谢来抑制癌细胞增殖,起到抗癌的效果。

5. 硒与克山病、大骨节病

克山病是以心肌细胞变性、坏死为主要病理的地方性心肌病,主要侵犯生育期的妇女和断乳后至学龄前的儿童。大骨节地方性变形性骨关节病,多发于儿童和青少年,患者关节增粗变形,肌肉萎缩。中国医学科学院等研究机构研究表明,克山病和大骨节病均分布在低硒地区,缺硒是这两种地方性疾病的主要病因。学者对克山病和大骨节病区人群与非病区人群血中19种微量元素进行了对比研究,发现病区人群血硒含量显著低于非病区,其他元素则无明显区别。在克山病和大骨节病病区人群中用不同方式补充适量硒,会使两种地方病的发病率和死亡率明显下降。硒治疗能显著改善细胞损伤、骨髓端病变,促进骨髓修复。

6. 硒与其他疾病

硒还与心脑血管疾病、糖尿病、白内障等疾病有关。硒是人体必需的微量元素,几乎近百种疾病的发生都与体内血硒水平偏低有关。虽然由硒极度缺乏引起的大骨节病和克山病已经得到一定程度的控制,但是仍然有很多低硒地区存在发病的风险。由于膳食中缺硒导致人体内硒的缺乏,有可能引发心脏病、甲状腺机能减退及免疫能力减弱,适量补硒可以减少这些疾病的发生。

我国硒含量中等偏下的地区占全国面积的 70% 左右,即使像苏州这样的国内发达地区,其当地居民也承受着潜在的硒含量摄取不足引起的不良健康影响。人们的膳食结构中硒含量普遍偏低,人和动物缺硒的状况比硒中毒的状况更为普遍。我国大部分人群每天的硒摄入量仅为30~40 μg，有潜在的健康危机，因此补硒显得十分重要和迫切。通过膳食补充适量的硒，可以改善人体机能，提高免疫力，减少心脑血管、糖尿病、白内障及甲状腺癌症等疾病的发生率。

人体摄入硒的3个途径是食物、水和空气。其中，食物是人体硒的主要来源，包括粮食、蔬菜、肉类和水果。如前文所述，植物富硒技术是比较安全、有效的方法，同时，植物占人们膳食中比较大的比例，因此，研究富硒植物具有十分重要的科学意义。硒主要是以有机态硒和无机态硒共存于植物体内，且有机态硒含量大于无机态硒含量。汪智慧等（2000）的报告提出，茶叶中硒的主要成分是蛋白质硒，占硒总量的80%左右，无机态硒仅占8%左右。有机态硒形式很多，以小分子形式存在的硒主要包括硒代氨基酸及其衍生物，而以大分子形式存在的硒则主要包括硒蛋白、核多糖、含硒核糖核酸等。无机态硒主要是SeO_4^{2-}和SeO_3^{2-}。

五、恩施地区岩石-土壤-植物体系中硒的地球化学特征

湖北恩施渔塘坝硒矿为独立硒矿床，位于恩施市东南81km的双河乡，总面积约0.003km^2。硒矿床赋存于双河向斜北西翼下二叠统茅口组灰岩顶部含硅质岩及硅质页岩之上的薄层腐泥煤界面附近。含碳硅质岩具水平层理和纹层理，与含硅碳质页岩形成交错的韵律层，分布广泛，硒含量高，在双河渔塘坝达到高度富集，形成了独立的硒矿床，这种黑色的含碳质很高的岩石被当地人称为石煤。石煤是一种劣质的腐泥无烟煤，其主要类型为含碳量较高的黑色碳质页岩、碳质硅质泥岩，含有云母类的碳泥质硅质岩。有人专门测定了石煤中的组分，石英占48%，黏土20%，含碳量20%，黄铁矿6%等，此外还含有重晶石、方解石、云母、萤石等次要矿物和黄铜矿、辉砷镍矿等微量矿物。石煤中赋存有页岩、泥岩和硅质岩等黑色岩系，因此石煤中往往富集各种金属和非金属。石煤中的有机质和硫化物等组分在表生条件下很容易遭到破坏经受分化和分解，可以释放出大量的金属和非金属元素进入到环境中去，因此石煤是一种最典型的且最富有代表性的黑色岩系。渔塘坝矿区的沉积地层出露广泛，从寒武系到三叠系均有出露，成矿元素组合主要为硒-钒-铝，且易勘探和开采，属沉积再造型层控矿床，硒的平均品位0.13%，储量达50t。硒矿床中硒除以类质同象进入黄铁矿晶格外，还形成独立的硒矿物，如方硒铜矿、自然硒、蓝硒铜矿、硒铜蓝和硒钼矿等。多数研究者认为硒来自海底热液，是受生物化学作用控制形成的沉积矿床。

恩施地区出露的岩石主要是以沉积岩为主，富硒的岩层广泛发育。区内发育的表层土壤主要有黄壤、红壤和棕壤等，土壤的类型随着当地海拔的不同，呈现出明显的垂直分带现象。土壤中的硒主要来自成土母质，区内土壤的母质类型主要有碳酸盐岩、碳质页岩、碳质泥岩、紫红色砂岩、硅质岩以及第四纪黏土等。其中，以碳酸盐岩的出露最为广泛，占到了出露土壤面积的一半以上。但是在成土过程中淋滤损失的硒比例也很高。高硒土壤主要来自富硒黑色岩系和煤层当中，碳质页岩中硒的含量通常比较高，成为高硒土壤形成的重要条件，而不含富硒黑色岩系的成土母岩，则不会形成高硒土壤区。例如：在紫红色侏罗纪砂岩出露的地区，其含硒量很低，再加之成土过程中气候、地貌、淋溶等因素，就会在局部地区形成低硒土壤。本区内的高硒土壤则主要来自富硒的碳质硅质页岩，一般呈现带状分布。

硒在地表的循环明显受到地貌景观因素的控制，主要包括环境中硒的淋溶与蒸发和植被中硒的吸收与矿化分解。地表中的硒被地表水径流淋溶向下渗流，与此同时又受到太阳辐射蒸发并进入大气。植物的生长从土壤和大气中吸收营养物质，使得部分硒元素送达到植物器

官,但少量的硒通过植物叶片挥发进入大气,同时植物死后的残体又回归土壤被分解,重新参与地表的物质循环。土壤中的矿物质元素一般是以机械迁移、物理和化学迁移以及生物迁移等方式进行迁移转化的。机械迁移是指在自然界中的地下水和地表水流动、固体碎屑的风化、土壤空气水分的运动等所带动的硒的迁移,但是在自然状态下,化学元素的迁移仅仅依靠自然循环的转化方式是非常缓慢的。由渔塘坝所处的特殊地理位置就可以看到,渔塘坝背部的富硒矿床,由于所处地势较高,使得硒元素很容易顺着山洪等地表径流快速到达下面的农田土壤中,这种地势因素加速了自然状态下硒元素从岩石往土壤中的迁移和转化。

硒从岩石、土壤向动植物和人之间的转化过程,是从无机到有机,从低等到高等的转变,其中,植物中的硒生物有效性较高,而且其中的有机硒相对无机硒来讲更加安全有效,因此植物中硒的水平决定着食物链中硒的水平。研究植物中硒的形态是调节人体摄入硒水平的关键,所以在土壤或作物中添加硒肥或采用生物营养强化的手段提高硒的生物有效性,可以改善食物链中硒的水平。目前,随着硒与人体健康的研究进展,越来越多的人认识到了硒对人体的作用,因此现在富硒产品的开发成为研究的热点。目前市场上已经出现了富硒大米、富硒蔬菜和富硒水果等部分富硒农产品,表现出较好的开发潜力。

六、富硒植物培育研究

硒在植物体内目前尚未被证实是否为一个必需的微量营养元素,但是硒在植物营养方面的作用却早已被科学家证实,硒可以通过提高抗氧化能力,尤其是谷胱甘肽过氧化物酶的活性,来达到对植物有益的功效。植物根系可以利用的硒的形式有硒酸盐、亚硒酸盐以及有机硒化合物,如硒半胱氨酸和硒代蛋氨酸,元素态的胶体硒及金属硒化物则不能被植物所吸收(图9-2)。在自然条件下,植物硒代谢的主要来源是土壤,不同形式的硒及其硒化合物,在植物吸收的过程中表现出不同的运输模式,例如六价硒为主动运输,大部分可以运送到地上部分的植物组织中去,而四价硒为被动运输,大部分积累在根部。由于硫与硒化学性质相近,因此硒主要通过硫代谢的途径进行同化。硒酸盐被植物吸收之后又被运输到叶绿体内,并按照硫同化途径继续转化。研究人员采用硒示踪法和色谱法证实了在植物体内硒以硒酸根的形式进行转移,亚硒酸根往往在根部聚集,但是也有一小部分可以转化为硒酸盐和未知形态的硒化物后参与运输,只是速度较慢,远低于植物根的吸收过程,所以根内常常积累高浓度的硒。

硒是维持人体正常生理活动必需的一种微量元素,我国很多地方的饮食中硒含量仍然偏低,因此开发富硒食品是非常必要的。富硒食品可以为人们提供毒性较小、利用率高的有机硒源,对富硒食品的研究和开发已成为营养学、食品学领域研究的热点之一。鉴于硒对人体的特殊功效和诸多好处,我们需要安全优质的富硒农产品来补充我们的日常所需,但是目前市场上的富硒产品良莠不齐,没有统一的规范和检测指标,因此富硒农作物的培育研究,已成为亟待解决的课题。富硒作物通常是对普通作物施加一定量的外源硒,通过植物自身生长将外源硒转化为组织内的硒(图9-3)。这样的富硒作物不但能够为人体提供所需的维生素和矿物质,还能够增加人体所需的硒摄入量,提高人体免疫力,预防一些疾病的发生。

早在20世纪90年代初期,恩施州的富硒产业就开始兴起,当时的产品主要是一些方便的小食品,例如富硒胡萝卜干、富硒刺梨汁、富硒菜籽油和富硒矿泉水等,但是由于消费者对其认知程度不够,同时政府的宣传没有跟上,企业的市场营销存在问题,加上这些初期的产品本身科技含量不高,且没有形成规模,所以很快便退出了市场。紧接着,以富硒茶为代表的富硒饮

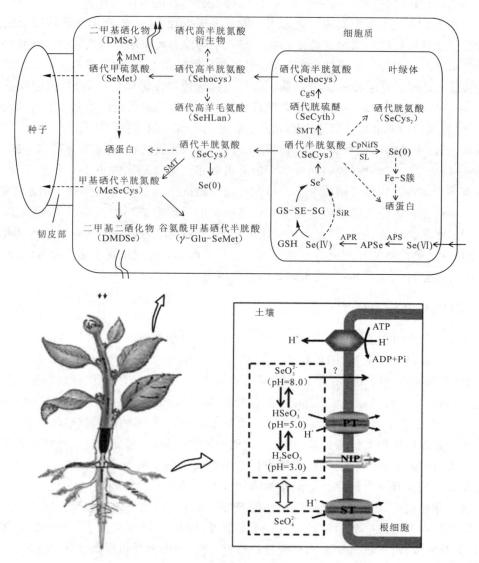

图9-2 植物硒代谢示意图

品面向了市场,初期富硒茶的上市经过了大量的宣传,并在加工工艺等方面进行了提高,增加了其科技含量,得到了部分群众的认可,但是时间一久,问题也随之而来,大部分茶叶种植者并不清楚自己种植的茶叶所生长的土壤硒含量是多少,顾客更不可能知道所买的富硒茶硒含量的具体范围,因此,在真正走向市场后,富硒茶中硒的含量经不起检测,大大限制了富硒茶在市场上的发展。据统计,2008年,恩施州已有茶叶企业1000多家,大部分都称自己的产品为富硒茶,但真正获得资格认证的不到40家,市场上鱼龙混杂。目前,恩施州对硒资源的开发和认识还存在一定的局限性,例如科技含量较高的一些生物制剂产品富硒蛋白多肽、富硒番茄红素、富硒植物多糖等,往往存在原料硒含量不稳定,小规模的企业无力承担研发方面的难题。对于低硒煤矸石的利用,一直存在以下问题:由于对当地的硒资源缺乏客观真实的了解,没有做过详细的地质调查工作,情况不明导致信心不足,因此在具体的开发过程中方向不清、目的

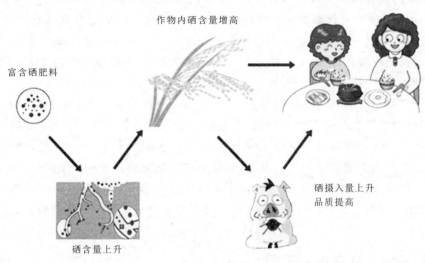

图9-3 富硒农产品种植示意图

不明、规划不足,在具体产品方面没有形成品质化、标准化和规模化,进而影响到了投资企业的开发信心。

当前,恩施地区结合自身实际情况、农产品种植适宜性、农产品发展潜力等方面来进行区域结构调整和产业规划。具体的农产品开发表现为以下几个方面:①大力发展传统经济类粮油作物,如土豆、玉米、棉花、小麦、水稻、大豆和油菜等,恩施地区的气候条件和土壤质地很适合发展此类经济作物,加上富硒可以快速打造此类农产品走上富硒市场。②打造纯天然、高山、绿色、无污染的生态富硒蔬菜和瓜果。开发高山蔬菜是一项投入低回报高的项目,既可以开发传统的常见蔬菜,如胡萝卜、白菜、西红柿等,也可以开发恩施特有高山蔬菜如魔芋、蕨菜、莼菜、山竹笋等。③茶叶是恩施最重要的经济作物,富硒茶叶要重点扶持已有的知名品牌,如恩施玉露茶。政府应积极引导,大力宣传,促使恩施富硒茶的生产达成规模化、品牌化、产业化和集约化等形式。④恩施地处山区,盛产各种中草药,境内的药用植物品种多达两千多种,常见的有厚朴、贝母、黄芪、黄连、虫草等,素有"中华药库"的美誉,在中草药越来越被人们认同的情况下,可以合理种植将野生转为家养,打破中草药产业化的瓶颈,打造闻名全国的富硒药用植物园。

第二节 污染场地修复

场地污染是长期工业化的产物,与危险物质生产和处理考虑欠周以及废物倾倒不当有关。污染场地是一个世界性的环境问题,目前对人类和环境已构成了严重的危害。据统计,目前世界上许多国家存在大量的污染场地,特别是发达国家,由于工业高度的发展,污染场地数量多、种类全,且危害严重。随着我国城镇化进程的加快、产业结构和规划布局调整,很多企业搬迁、停产或关闭。相当一部分搬迁和关停企业遗留下来的场地已被污染,给后续土地开发留下严重的环境安全隐患,成为影响和制约城市可持续发展的重要因素。世界银行2010年研究报告

《中国污染场地的修复与再开发的现状分析》表明,北京市四环内百余家污染企业搬迁;重庆市 2011 年列入市政府预算进行调查的搬迁场地预计有 127 家。有关专家在北京、深圳和重庆等城市的调查显示,最近几年工业企业搬迁遗留的场地中有将近 1/5 存在较严重污染。2004 年北京宋家庄地铁站挖掘作业和 2006 年武汉三江地产项目施工场地发生的工人急性中毒事故均是遗留污染场地造成的。

污染物质在受污染的场地中长期累积,造成场地中污染物质的含量超标,土壤的理化及生物特性的变异,对赖以生存的植物、动物等产生刺激和生理毒性,对生物数量及物种产生一定的选择及诱导作用。受污染场地不仅改变土壤环境生态系统,而且土壤中积累的污染物通过食物链富集最终对人类的健康产生危害,同时地下水环境受到严重的影响,地下水的使用功能降低,也威胁到居民的身体健康。这些遗留下来的工业场地对属于不可再生资源的土地是一种浪费,对人体也存在着潜在的健康危险,如何对污染场地进行科学的环境管理、修复、再利用显得尤为重要。

一、污染场地的概念和分类

美国环境保护局(USEPA)将"污染土地"(contaminated land)定义为被危险物质污染需要治理或修复的土地,污染场地包括被污染的物体(例如建筑物、机械设备)和土地(例如土壤、沉积物和植物)。澳大利亚及新西兰环境保护委员会(ANZECC)关于"污染场地"的定义为:危险物质的浓度高于背景值的场地,而且环境评价显示危险物质的浓度已经或可能对人类健康或环境造成即时的或者长期的危害。英国的环境污染委员会(RCEP)认为"污染场地"是当地政府认定受有害物质污染并处于如下状况的土地:①引起严重危害或有引起危害的可能性;②已经引起或可能引起水体污染。加拿大政府认为"污染场地"是危害物质浓度高于背景值,对人类健康和环境已造成或可能造成即时或长期危害的土地,或者是浓度超过了政府法规和政策中规定的浓度值。

世界各国对污染场地概念的理解不是完全相同的,但本质上均指特定的空间或区域(包含土壤、地下水和地表水)所含有害物质的浓度超过环境背景值,并且对此空间或区域的人体健康及自然环境已经造成或可能造成负面影响。

按照主要污染物的类型来划分,中国城市工业污染场地大致可分为以下几类:①重金属污染场地。主要来自钢铁冶炼企业、尾矿以及化工行业固体废弃物的堆存场,代表性的污染物包括砷、铅、铬、镉等。②持续性有机污染物(POPs)污染场地。中国曾经生产和广泛使用过的杀虫剂类 POPs 主要有滴滴涕、六氯苯、氯丹及灭蚁灵等,有些农药尽管已经禁用多年,但是土壤中仍有残留。中国目前农药类 POPs 污染场地较多。此外,还有其他 POPs 污染场地,如含多氯联苯(PCBs)的电力设备的封存和拆解场地等。③以有机污染为主的石油、化工、焦化等污染场地。污染物以有机溶剂类,如苯系物、卤代烃为代表,也常复合有其他污染物,如重金属等。④电子废弃物污染场地等。粗放式的电子废弃物处置会对人群健康构成威胁。这类场地污染物以重金属和 POPs(主要是溴代阻燃剂和二噁英类剧毒物质)为主要污染特征。

二、国内外污染场地的研究进展

1.国外情况

统计数据表明,世界上很多国家都存在大量的污染场地,尤其是在发达国家,由于工业的高度发展，许多工业场地受到污染，且这种污染场地数量多、种类涉及各个行业，对周围环境和人体危害严重。为了利于污染场地的管理与修复，降低污染场地危害，部分发达国家建立了污染场地管理档案，对国内的污染场地数量、性质以及危害程度进行分析、统计、分类与登记。

在欧盟国家，污染场地的管理已经比较成熟。欧盟16国于1994年成立欧盟污染场地公共论坛，并于1996年完成污染场地风险评价协商行动指南，使欧盟国家在污染场地调查与治理的理论和技术交流上得到了加强与提高。

污染场地识别的步骤主要包括：第一步，进行初步检查，以确定可能受污染的场地；第二步，确认被怀疑场地上的污染物质可能产生的毒害、种类、分布情况以及污染场地地理位置、水文地质状况等。

通过初步的调查可以确定场地是否需要修复，以及场地是否会对人类健康及生态环境造成极为严重且持续的影响。对污染土壤进行调查、评价与分类，在取得相关基础的信息资料时，建立国家污染场地数据库。欧美等发达国家制定了污染土壤的修复计划，选择典型的、污染严重的污染场地优先进行污染的治理。在欧盟国家多年的污染场地调查与治理中，有140多万处污染土地被列入管理名单，迄今至少约1.4万处污染场地被修复，其中以法国及德国居多。法国现拥有比较完整的《土壤污染档案》，对该国国土哪里有污染，有什么污染，是否需要治理，治理到什么程度都记录在案。

现有的污染场地管理体系中，最著名的是美国的《环境应对、赔偿和责任综合法案》(comprehensive environmental response, compensation, and liability act, CERCLA)，俗称"超级基金法案"。在该法案的指引下，美国建立了超级基金场地管理制度，从环境监测、风险评价到场地修复都建成了标准的管理体系，这为该国在污染场地的管理和土地的再开发利用方面提供了直接而有力的支持，其方法体系也已为多个国家借鉴和采用。美国在"超级基金法案"中规定，一个场地被列入国家优先名录(national priority list, NPL)要经过以下3个机制。

第一个机制是美国环境保护局(EPA)用来把未控制废弃场地列入NPL的首要机制的"危害排序系统"(hazard ranking system, HRS)。任何组织或个人均可通过"初步评估申请"请求美国环境保护局对场地进行初步评估，从而可以由有限的、易得的调查信息判断场地对人类健康和环境是否存在着潜在危害，并确定场地是否需要做进一步调查、分析。

第二个机制是不论初步的检查结果和排分情况如何，由各州和各地区在NPL确定需要最先治理和修复的污染场地。

第三个机制是建立污染场地的清单。

加拿大环境部长委员会为在加拿大境内对污染场地进行可比性评估建立了一种合理的科学的防御系统。首先基于已有的和潜在的健康及环境影响对污染场地进行评价，然后充分调研和评价现有各省、各地区以及国际上污染场地分类方法，通盘考虑加拿大污染场地管理者掌握的各种相关的污染场地信息、污染场地的国家分类系统(NCS)，国家分类系统被计算机数据程序化，使得污染场地的各类信息能够有效地进行归纳总结、存储、修订以及升级。NCS计算机数据系统不仅能向客户提供友好的帮助，还能便于管理层对污染场地信息的提取、跟踪评分以及相关污染场地报告的编制。在澳大利亚，对于污染场地的鉴定与报告的编写，国家颁布了相关的理论指导如《已知和疑似污染场地导则》(简称导则)。《导则》基于调查的范围、污染物的信息、污染的范围及污染对人类的健康及环境的危害等研究将场地分成六类：未证实的污染场地、可能需要调查的污染场地、不限制使用的未污染场地、限制使用的污染场地、需要修复的污染场地和已去除污染的场地等。此外,许多欧洲国家从 20 世纪 80—90 年代也开始进行污染场地风险评估管理工作,建立了较为完善的土壤污染评估方法和程序。法国的《土地污染档案》对各种工业用地,矿渣等固体废物的堆置场地,军事基地等再利用土地性质发生转变之前都要进行污染评估,并对相关污染场地进行治理与修复,如果不能够达到新使用功能所需的土壤标准,则不可以对现有土地转换用途和开发、利用。20 世纪 80 年代末,奥地利制定了一系列的措施,通过对废弃物处理实行税收征纳,并颁布法令如《受污染场地净化联邦法》,为污染场地的调查与修复和污染场地受到损害的民众提供补助资金。同时联邦州政府有职责向国家部门报告可能受到污染的场地,从那时起,受污染场地清单生效并不断更新,方便国家的管理决策。联邦环境机构已发布如何确定受污染场地的详细导则。总之,污染场地的管理在国际上受关注程度越来越高,其监测也在逐步走向规范化。

2. 国内情况

国内污染场地的环境问题也日渐突出,工矿企业"三废"的不恰当处置,矿区尾矿的不合理堆放,油田开采,城市工业区污染企业的搬迁以及乡镇污染企业的关停和破产等都造成了相当严重的场地土壤污染问题。在过去几十年里,我国污染场地的管理和治理还没有引起足够的重视,主要体现在法规不完善和土壤标准不全面上。首先,法规不完善,没有关于污染场地和污染土壤管理的专门法规,在污染场地管理上非常薄弱。《环境保护法》对污染场地和污染土壤的要求不足,没有建立针对性的管理规章,缺乏具体措施要求。其他相关法规,如《土地管理法》《固体法》等,虽然涉及一些有关污染土壤和污染场地的内容,但分量较轻,立法的角度并不是站在污染场地管理方面,对固体废物与污染场地、污染土壤的区别和联系没有具体说明。其次,土壤标准中指标也不全面,我国的《土壤环境质量标准》(GB 15618—1995)对许多污染组分没有进行规定,缺乏污染控制方面的标准,没有污染场地的分类和分级控制标准。污染场地的管理同样也没有引起各级环保部门足够的重视,基本上没有专门管理污染场地的机构和人员,导致目前我国污染场地现状的基础数据严重缺乏,对污染场地的种类、数量、污染程度、扩散范围缺乏基本的了解,对于污染场地对人类健康环境的影响的了解程度也非常有限,而且,由于一定的历史原因,污染场地责任主体不明,造成很多污染场地无人治理、无人问津的局面。

三、污染场地调查及修复

1. 场地概况

研究场地为湖北省武汉市某农药厂搬迁遗留的污染场地,该厂占地 242 亩(16 万 m^2),位于汉江以南、汉阳区琴台路北侧,北临月湖堤,南接琴台路中段,西与建成的碧水晴天住宅小区相隔,东抵京广铁路线并与武汉船舶工业学校隔路相望。武汉是典型的亚热带季风气候,冬冷夏热、四季分明,春季多梅雨,秋季有时也较热。

该区域中地下水类型分为上层滞水及下部灰岩裂隙水。上层滞水主要赋存于上部填土层中,补给来源主要为大气降水及地表排水,水量较小;水位在地面下 0.3~1.7m 之间。根据武汉市水文地质资料分析,场地裂隙水主要赋存于下部灰岩裂隙与岩溶中。2007 年工程地质勘查深度最深 28.2m,未测得下部灰岩裂隙水水位。在上层滞水与下部基岩裂隙水或岩溶水之间,是一层由粉质黏土、黏土、红黏土构成的厚 3m 至 20 余米的弱透水带,减缓了污染物向下迁移的速度。场区西北部是埋深很浅的甚至出露的石英砂岩夹泥岩地层,阻挡着场区西南部的地下水向北迁移,地下水流向在此发生改变,使得场地浅层地下水流向为由场地西北向东南方向流动。

赫山地块主体由原武汉农药厂及周边的中小企业原址组成;东边由湖北省生活资料总公司、武汉市供销物资工贸赫山钢材加工厂组成,约占整个地块的10%;中部、西部构成赫山地块主体,约90%,为原武汉市农药厂用地。原武汉市农药厂是从事合成农药及加工农药的中型国有企业,以除草剂、除虫剂(主要产品)、棉花病虫药等为主要产品,生产方式主要是把国内、国际农药原料购回添加大量化学填充剂,稀释加工成农药品,如六六六、DDT等。1959年建成投产,生产过六六六粉剂、DDT乳剂、三氯杀螨、1605、7504、杀虫脒、呋喃丹等农药;1985年,该农药厂和汉口东风轮胎厂合并组建成武汉轮胎厂;1998年,从场地外运土进场约12万m^3,主要填在农药车间位置和沼泽地等位置;2003年,车间南部原赫山农药厂二级服务公司所占据的2个车间,其中一个车间(即现琴台大道所在的大门的西侧),于5月20日凌晨4:00—5:00,发生爆炸事件;2003年,地块建筑搬迁,拟定为住宅开发用地。目前,该地块地面建筑已全部拆迁完毕,由于发现土壤有农药污染情况,现呈闲置状态,地面上杂草丛生,局部生长有少量树木,由于前期地基施工,遗留下数个小型水塘。

2. 环境地球化学调查

1)前期调查

鉴于农药厂生产对环境污染的事实,2007年6月至8月间,经过两家单位3次调查,基本查明了土壤环境现状。前后三期的调查显示,地块内土壤虽然可检出一定量的汞、砷、铬、杀虫脒及苯系物,但这些项目"不会影响本项目用地土壤质量";土壤中检出大量的有机氯杀虫剂、有机磷杀虫剂和拟除虫菊酯杀虫剂,以持久性有机氯杀虫剂DDT的检出量和检出率最为突出,即场地内土壤污染以六六六和DDT为主要污染特征。调查指标为六六六、DDT;为修复工程提供技术参数,还调查了场地污染土的土工参数及土的矿物成分分析。

2)针对场地修复目的调查的采样方案

根据历史资料记载、前期监测结果以及对厂区各功能区的了解。2010年7月,在对场地各功能区熟悉了解之后,围绕前期发现问题的地方,在高浓度样点附近尤其是边界进行加密监测;在原厂区幼儿园所在地的土壤,受污染程度很低,采样密度可略小;原厂区车间和原材料堆放区,受污染程度更大,必须密集采样。由于部分污染物已深入地下,修复方调来钻孔机,最深足足向地下开挖12~13m,进行分层土壤取样,一直取样到隔水层上。土壤取样点以25m×25m网格的中心为取样点以控制其污染范围,勘察深度到前期发现的污染超标深度并适当加深,前期在网格中心部位取样测试未超标点位,根据其邻近网格点位超标深度,确定本次勘察的取样深度使之涵盖场地中存在污染的各功能区并使采样点具有一定的代表性。共计120个监测点位,共采集土壤样品288件,监测深度0~13m。

3)实验分析与结果

样品处理与分析参照美国EPA 8080A方法进行,分析了土壤中HCHs、DDTs的含量。其测定结果是,在赫山农药厂土壤中HCHs含量范围为0.002~4 661.46mg/kg,DDTs的含量范围为0.004~24 107.29mg/kg,其中HCHs和DDTs在土壤中的最高浓度分别达4 661.46mg/kg和24 107.29mg/kg,超过国内外相关标准数千倍,甚至数万倍。HCHs和DDTs主要分布于4m深以上的土层;在5~9m深的土壤中HCHs和DDTs的检出率虽然比较高,但是浓度水平较低;在大于9m的土壤中HCHs和DDTs仍然有检出,说明场地受污染历史较长。

3. 场地修复方案

经过前期野外调查和实验分析,赫山场地土壤可以分为三类:第一类为没有污染的干净土壤;第二类为轻微污染土壤;第三类为含有危险废弃物的土壤(表9-1)。针对不同类型的土壤采取不同的修复方案。

表 9-1 场地土壤污染分类及修复目标

土壤分类	浓度范围	修复目标	修复方案
高浓度污染土壤	DDT/HCH≥50mg/kg	—	异地水泥窑焚烧
低浓度污染土壤	DDT/HCH<50mg/kg	HCH,2.1mg/kg;DDT,37.8mg/kg	原地生物化学还原

对于没有污染的干净土壤,经过精确定位后可以保留;对于轻微污染的土壤可以进行原地生物化学还原治理;对于含有危险废弃物的土壤,全部搬走进行焚烧处理。总技术路线如图9-4所示。

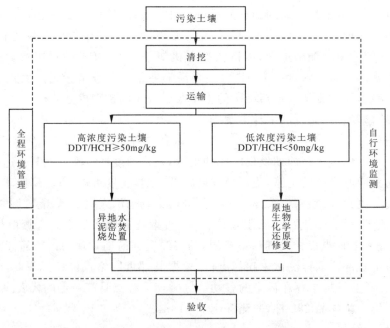

图 9-4 场地土壤修复工程的技术路线

低浓度污染土壤的原地生物化学还原修复过程是将还原性生物修复药剂加入污染土壤中堆放。其中的控释碳可以通过发酵作用释放溶解性有机碳DOC,通过提供碳源和营养物质来刺激土著微生物的降解反应;其中,药剂中的活性铁可以大大降低土壤中的氧化还原电位,农药脱氯反应的主要途径为β-消除反应,减少了中间产物种类,并且其中间产物也会被降解,因此相较其他技术,该技术对农药的降解产物不但少,而且无毒,利用土著微生物来降解污染物,不会造成二次污染。相对于仅仅使用碳源,该技术能更好平衡土壤的酸碱度,使土壤保持自然酸碱性环境,同时,该技术能耗较低。脱氯技术原理见图9-5。

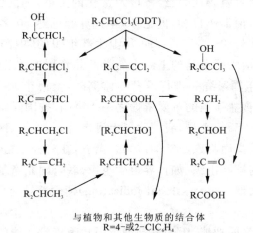

图9-5 还原性生物修复药剂反应途径

4. 场地修复结果

该工程的前期调查、评价和修复方案设计由中国地质大学(武汉)等完成,修复工程则由北京建工环境工程有限公司实施。经过3年多的修复治理,2014年9月通过场内竣工验收,武汉市环保、规划等多部门联合专业机构斥资2.8亿元为该地块"解毒"。2014年12月23日,这一地块再次被挂牌出售,上海汇业实业有限公司以14.4亿元的底价摘得。2015年2月10日,污染土壤场外水泥窑协同处置部分通过专家组评审,标志着场地修复工作顺利完成。据报道,该地块计划被开发为商业综合体。

第三节 医学中的应用

一、碘缺乏病与食盐加碘

盐是人类延续生命的必需品,具有调节人体内水分均衡和分布、维持体液平衡的作用,适量摄取食盐有益于健康。普通食盐其化学成分是氯化钠,属高钠低钾盐。我国政府为预防碘缺乏病,1994 年下半年起在各地陆续强制实行了全民食盐加碘。

我国决定实施全民食盐加碘消除碘缺乏危害的策略主要基于如下国情。

第一,大量的流行病学资料证明我国绝大多数地区外环境缺碘,是世界上碘缺乏病比较严重的国家之一。碘缺乏病实际上是以智力损伤为主的一种影响极其广泛的公共卫生问题,不仅影响人口素质的提高,而且严重阻碍社会、经济以及文化的发展,因此引起世界各国的高度重视。第二,我国碘缺乏病的防治工作自 20 世纪 60 年代算起已达 50 多年之久,但远未达到消除目标,需要总结正反两方面经验。第三,1994 年卫生部组织的"中国 10 大城市学龄儿童碘营养状况调查"表明,全国生活水平最高的上海市的学龄儿童尿碘中位数为 71.27 μg/L,未达到 100 μg/L 的标准。1995 年国家统一进行碘营养监测时,上海市儿童尿碘中位数仍不足 100 μg/L。这是我国实施全民食盐加碘的重要依据之一。第四,按国际组织推荐的标准(碘营养充足人群儿童甲状腺肿大率≤5%)衡量,我国除了上海市外,其他省、区、市都有不同程度的碘缺乏病流行,我国绝大多数人口面临碘缺乏的威胁。第五,在充分总结我国多年碘缺乏病防治经验的基础上,吸取了重要的国际组织(如世界卫生组织、联合国儿童基金会、国际控制碘缺乏病理事会)推荐的普遍食盐加碘(universal salt iodization)消除碘缺乏危害的国际经验。

1. 碘的功能

碘的功能其实就是甲状腺素的功能,因为碘是维持甲状腺正常功能的必需元素,其主要体现在以下三个方面:第一,碘能促进能量代谢和物质的分解代谢,产生能量,维持基本生命活动,同时维持脑垂体的生理功能。第二,碘能促进发育。发育期儿童的身高、体重、骨骼、肌肉的增长和性发育都有赖于甲状腺素。如果这个阶段缺少碘,会导致儿童发育不良。第三,碘能促进大脑发育。在脑发育的初级阶段(从胚胎到 2 岁),人的神经系统发育必须依赖于甲状腺素。如果这个时期饮食中缺少了碘,则会导致脑发育落后,严重者可能会患"呆小症",且这个过程是不可逆的,以后即使再补碘也不可能恢复正常。

2. 碘在人体内的分布及代谢

碘吸收迅速,进入胃肠道的膳食碘 1h 内大部分被吸收,3h 内完全被吸收。碘由肠道吸收后进入血液。进入循环后,碘离子就遍布于细胞外液,并且在一些组织(如肾脏、唾液腺、胃黏膜、泌乳的乳腺、脉络膜丛和甲状腺)中浓集。但在这些组织中只有甲状腺能利用碘合成甲状腺激素,约 30% 的碘由甲状腺合成甲状腺激素,其余部分基本上由肾脏排出体外。

成人体内含碘 25~36mg,大部分(约 15mg)集中在甲状腺内供合成甲状腺激素之用。合成甲状腺激素的第一步是通过浓集机理将碘由血液移至甲状腺的滤泡细胞内,随即 IO_3^- 通过过氧化物酶的作用,与被过氧化物酶激活的酪氨酸 $C_9H_{12}N_2O_3$ 结合,生成一碘酪氨酸(MIT)和二碘酪氨酸(DIT),然后这两种含碘络氨酸缩合成甲状腺素和三碘甲状腺原氨酸钠 $C_{15}H_{11}$

I_3NNaO_4(T3)。从碘的有机结合到缩合反应都发生于甲状腺球蛋白分子。这种蛋白质由2767个氨基酸(120个酪氨酸)残基组成,是大分子的糖蛋白(摩尔质量为670 000g/mol),是甲状腺中的一种碘化糖蛋白,是体内碘在甲状腺腺体的储存形式,其中约有2/3酪氨酸可被碘化。经水解可生成甲状腺素和3,5,3′-三碘甲腺原氨酸。以上碘参加T3和血清甲状腺素(T4)的合成代谢活动,在内环境稳定机制的调节下,T3和T4也进行分解代谢。T3和T4在肝、肾等组织中,在脱碘酶的催化下脱碘,所脱下的碘随即进入碘库,部分被重新利用,部分通过肾脏排出。体内的碘通过尿、粪、乳汁等途径排出,其中近90%随尿排出,近10%随粪便排出,其余随汗液和呼出气体等排出。哺乳期的妇女可从乳汁中排出一定量的碘。

3. 各类人群食盐加碘含量标准

联合国世界卫生组织、联合国儿童基金会、国际控制碘缺乏病理事会2001年公布的每日碘的推荐供给量情况如下:0~59个月的婴幼儿是90 μg/d,6~12岁学龄儿童是120 μg/d,12岁以上人群是150 μg/d(孕妇和哺乳期妇女是200 μg/d)。而根据我国每千克食盐添加20~50mg碘的标准,成人每天只需要摄入5~8g标准碘盐,就可获得150 μg左右的碘,从而满足身体需求。具体情况如表9-2所示。

表9-2 中国和美国制定的碘摄入推荐量　　　　　　　　(单位:μg/d)

年龄	适宜摄入量		推荐供给量		上限值	
	中国	美国	中国	美国	中国	美国
0~6个月	—	110	50	—	—	—
7~12个月	—	130	50	—	—	—
1~8岁	—	—	90	90	—	—
9~13岁	—	—	120	120	(7~14岁)800	—
14岁以上(孕妇、哺乳期妇女除外)	—	150	150	150	1000	1100
孕妇	—	—	200	220	1000	1100
哺乳期妇女	—	—	200	290	1000	1100

4. 食盐加碘对人体健康的影响

1)碘与甲状腺肿大

成人碘缺乏最明显的症状是甲状腺肿大。地方性甲状腺肿成年患者的表现是除了颈部肿大之外,一般无明显症状。只有当甲状腺肿大到一定程度时,才会出现呼吸困难、吞咽障碍或声音嘶哑等症状。尽管大多数人无明显临床表现,但通过实验室检查常常发现甲状腺激素水平偏低的人可能有轻微的甲状腺功能减退症的表现。这些表现大多为表情冷漠、无力、易疲劳、体能下降和生活适应能力差。儿童、青少年对碘缺乏比较敏感,突出的表现是甲状腺肿大。一般来说,甲状腺肿大率随年龄的增长而升高,女性肿大率普遍高于男性。补碘以后,经过一段时间,甲状腺肿大可以恢复正常。因此,一定年龄组(6~12岁或8~10岁)甲状腺肿大率常用于评估人群碘缺乏状况、干预措施效果和病情监测。儿童、青少年碘缺乏,会对生长发育特别是智力发育造成损害。碘缺乏地区的儿童智力发育通常达不到应有的水平。如果以智力商数表示,碘缺乏使儿童智力商数丢失10%~15%。

2) 碘与克汀病

婴幼儿正处于脑发育的第二个关键时期。和胎儿一样,婴幼儿对碘缺乏也极度敏感。胎儿的严重碘缺乏若延续到婴儿期,势必发展成为典型的克汀病。如果婴幼儿碘缺乏程度较轻,将可能出现克汀病症候群的轻度组合,或发展成为亚临床克汀病,或仅表现为轻度智力低下。在婴儿期,则表现为对周围的人和事物反应缓慢、运动能力低下和生长发育落后,较少出现甲状腺肿大。婴幼儿和胎儿一样是评估碘缺乏病流行程度的目标人群之一。

3) 碘与甲状腺功能减退症

碘致甲亢的发病增多现象已经引起人们普遍关注,然而碘摄入量增加与甲状腺功能减退(简称甲减)的关系也应引起重视。国外学者Szabols对不同尿碘中位数的3个地区的老人进行甲状腺疾病与尿碘关系的调查,经调查显示,随着碘摄入量的增加,甲减发生呈增加的趋势,临床甲减的患病率分别为0.8%、1.5%、7.6%,亚临床甲减的患病率分别为4.2%、10.4%、23.9%。引起甲减的主要原因是自身免疫甲状腺炎。流行病学调查结果显示,碘超足量或碘过量地区临床甲减的患病率呈现3.5倍和7.3倍增高,亚临床甲减的患病率呈现11.3倍和12.6倍增高,而且在国际上首次证实碘缺乏地区补碘至碘超足量会导致亚临床甲减发展为临床甲减。碘引起甲减主要是高碘可抑制甲状腺激素的合成与分泌。循环中碘浓度过高时,为防止过多的激素合成,甲状腺球蛋白中酪氨酸残基的碘化速度降低,有机化作用减慢,这是甲状腺对高浓度碘的一种急性应答。若有机化作用被抑制且碘运转并未相应降低,细胞内的高浓度将造成甲状腺激素合成减少,即发生甲状腺低。碘致甲低病情较轻,停服高碘后即可恢复正常。

4) 碘与自身免疫甲状腺炎

补碘导致的甲状腺炎发病率增高和高碘地区自身免疫甲状腺炎高发的现象,目前国际上屡有报道。希腊和斯里兰卡先后报道了碘缺乏地区补碘后引起儿童自身免疫甲状腺炎发病率显著增高;国内郭晓尉(2007)的研究显示,补碘可以引发缺碘机体免疫反应,使免疫功能增强,甲状腺自身抗体的检出率增高。流行病学调查明确证实,碘超足量或碘过量可能导致自身免疫甲状腺炎发病率增高,碘超足量或碘过量地区自身免疫甲状腺炎的发病率呈现4.4倍和5.5倍增高;碘超足量或碘过量还会促使自身免疫甲状腺炎的患者发生甲减。专家通过一系列调查和研究发现,盐里加碘对高碘地区具有反作用,会导致甲亢和甲状腺结节发病率增加或碘过量地区自身免疫甲状腺炎的发病率呈现4.4倍和5.5倍增高;碘超足量或碘过量还会促使自身免疫甲状腺炎的患者发生甲减。专家通过一系列调查和研究发现,盐里加碘对高碘地区具有反作用,会导致甲亢和甲状腺结节发病率增加。

综上所述,碘作为一种微量元素,对人体健康起着十分重要的作用。食盐加碘使缺碘地区碘水平得到平衡,降低了碘缺乏病的发生率,提高了人们的健康水平,但是,在提倡补碘的同时,也应注意碘过量对健康的不良影响和对机体的损伤。对高碘地区和某些患甲状腺疾病或其他不宜摄入过多碘的病人应当供应不加碘食盐,提倡合理补碘,因人而异,因地制宜。

二、伽师病与换水

伽师病主要分布于新疆喀什平原的伽师县、岳普湖县一带，病区面积约 5000km²，其主要症状是病人长期患慢性腹泻，血钾普遍较低，女性不孕、男性不育，肝肿大。自 1962 年以来，伽师人民就伽师病问题多次向自治区人民政府和中央人民政府上报，呼吁派人调查。地方和中央人民政府曾派遣调查组进行过积极调查。

伽师病严重流行的地区是在伽师县和岳普湖县的东南部，与沙漠接壤，属于荒漠盐土区，主要分布于克孜河下游冲积平原区，西起伽师县的米夏乡一带，东至巴楚县西部的克拉钦克，南部包括岳普湖县西部和麦盖提县的英阿瓦提乡。

历史上的伽师病已无法考察，伽师病的暴发流行还是在建立农场以后的 20 世纪 60 年代初。对伽师县城稳定人口的调查结果表明：20 世纪 50 年代进入伽师县的妇女不孕率高达 72%，在 1961—1965 年进入伽师县的妇女不孕率为 46%，1966—1970 年进入伽师县的妇女不孕率下降至 38%。

伽师病的流行与民族、性别、籍贯和工种有一定的关系。1982 年对 1100 人的抽样调查结果表明，在同样的环境中，维吾尔族妇女的不孕率（13.2%）要低于汉族妇女的不孕率（26.2%），表明土著居民比外来汉族居民对当地的环境更具适应性；外来人员的不孕率与他们的籍贯有明显的关系，远离病区的东南沿海一带的人群发病率最高，中原一带较高，西北籍贯的人群不孕率最低（图 9-6）；伽师病的患病率与职业的关系调查表明，机关干部要高于农民和工人；与性别的关系，则是女性较男性严重。

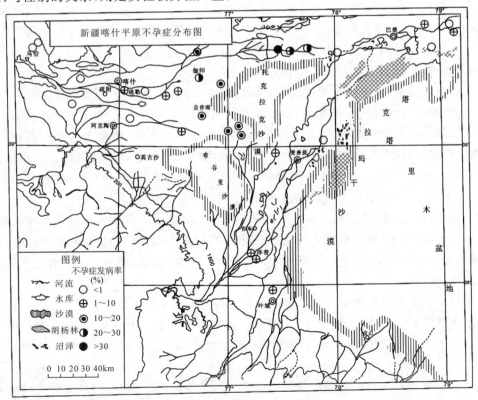

图 9-6 新疆喀什平原不孕症分布示意图（据林年丰，1991）

1. 伽师病的地球化学环境

克孜河下游冲积平原为广阔的荒漠盐土区,它的东南与托克拉克沙漠连接,该区气候十分干旱,年降水量为56.1mm,蒸发量为2 241.2mm,蒸发量约为降水量的40倍。由于地表水、潜水很少,其分布受季节性影响很大,所以盐分在表土层中大量聚集,尤其在封闭的洼地,往往可以见到沉积的盐层。克孜河是一条典型的硫酸盐水河,在水中除了聚集有大量的氯化物外,还聚集了大量的钠、钙、镁的硫酸盐。该区的环境介质偏碱性,氧化还原电位较高,锰、锌的化学活性及生物学活性均较低,因此,在水土和谷物中,锰、锌的含量偏低。例如,病区的土壤含锰量为360 μg/g,而世界土壤的平均含量为850 μg/g;病区的小麦含锰量为12.5~22.0 μg/g,而非病区的小麦含锰量为25.1~45.0 μg/g,差别是很明显的。

伽师病的患病率随着水土中的盐化程度增加而增加,严重流行的环境也是水土中盐分,尤其是硫酸盐高度聚集的环境。在该环境中动植物的生长、发育也受到不同程度的抑制。

叶尔羌河流域的地球化学环境与克孜河流域截然不同,尽管它的东南部与塔克拉玛干大沙漠平行接壤,气候十分干燥,但是叶尔羌河的年径流量较大,平均为64亿 m³,全程水流畅通,下游有排水出路,不利于盐分的聚积,而且叶尔羌河流域以碳酸盐为主,硫酸盐较少。

克孜河发源于西天山俄罗斯境内的特普齐亚峰,在上游流经了西天山大面积的第三系富含石膏的红色岩层,即红色泥岩夹粉砂岩层。因此,河水溶滤了大量的硫酸盐和氯化物,使河水中含有较多的 SO_4^{2-}、Cl^-、Na^+、Ca^{2+}、Mg^{2+}、Sr^{2+},在上游地段就形成了矿化度较高的(0.63g/L)S—Ca 型水。

由于河水大量渗漏和强烈蒸发,导致下游水量减少,水中盐分增加,形成矿化度较高的硫酸盐—氯化物水。从上游到下游河水的矿化度显著增加,达 6.67g/L,为 $SO_4 \cdot Cl \cdot Na \cdot Mg \cdot Ca$ 型水。而饮用水标准矿化度为1.0g/L。在滞流地带,地表水、潜水的矿化程度更高,多大于10g/L。而锰、锌的浓度正好相反,病区低,非病区高,上游河水分别为 16.2 μg/L 和 51.6 μg/L,到下游仅为 3.34 μg/L 和 4.85 μg/L。

在克孜河下游地区,居民主要饮用河、渠水,或由河、渠水引入涝坝(即池塘)的涝坝水。在下游由于河渠水已高度盐化,矿化度可达 1.5~4.5g/L,SO_4^{2-} 可达 610~1710mg/L,水质十分苦咸。如果再引入涝坝,经过强烈的蒸发和对土中盐分的溶解,涝坝水的水质就更加恶化。因此,在下游地区,饮涝坝水和渠道水的人群,伽师病的发病率都较高。伽师县玉代里克是伽师病较重的一个乡,在涝坝水引入1周内水质就发生了明显的变化,SO_4^{2-} 增加了 8.1%,总硬度增加了 11.13%,如果再经长期的蒸发浓缩,水质将更加恶化。

伽师病病区的地表水、潜水水质一般较差,氯化物、硫酸盐含量大大超过饮水水质标准,但是有些深井水(承压水)水质基本上符合饮用水水质标准,通过居民的长期饮用证明,水质良好,不但没有引起不良反应,而且使原有的各种症状,如精神不振、食欲不佳、消化不良等都得到不同程度的缓解。

哈拉胡其劳改农场距伽师县城 18km,1955 年建场,全场职工及管理人员 200 多人,该场职工的生活条件十分优越,但是伽师病却十分突出。在 20 世纪 50 年代,育龄夫妇没有一对能生育。该场 1975 年开始用专车从喀什运水供职工饮用,到 1983 年,换水 8 年后,育龄夫妇几乎都生了孩子。

1980 年新疆维吾尔自治区政府拨款 1000 万元,责令地矿、水利部门首先解决伽师县的饮水问题,1988 年伽师县通过从牙曼亚村引水吃到了盼望多年的好水。

2. 伽师病的病因分析

伽师病的发生与特定的地球化学环境有密切的关系。在病区水土中富集了大量的钠钙镁硫酸盐,钾、锶等元素也很丰富,而锰、锌明显不足。病区的环境介质偏碱性,氧化还原电位较高,锰、锌的化学活性及生物活性均较低,所以病区谷物中的锰、锌含量亦较低。

从生物地球化学的角度来看,人类最适宜生存于中性的各种元素适量的环境。环境质量在一定范围内波动,人类尚可耐受,当超过一定的限度就不能适应了,于是便会出现地球化学性的中毒症或地球化学性的缺乏症。以往,人们多注重研究环境中碘、氟、硒等某一元素对人体的生物学效应。伽师病病区一些独特、具有病因意义的地球化学因素,如高硫酸盐、高镁、高钠、高钙和低锌、低锰等,主要是通过饮用水作用于人群和畜类的。

高硫酸盐主要是 $MgSO_4$ 和 Na_2SO_4,它们具有导泻作用,大量的 $MgSO_4$ 进入肠腔内不为肠黏膜吸收,而形成具高渗透压力的溶液,使肠腔内的渗透压大量增加,蓄积的水分使肠腔容积增大,刺激肠黏膜感受器,促使肠蠕动频率增加,导致腹鸣、腹胀、腹泻。长期饮用高硫酸盐水的人群几乎都有稀便、腹鸣、腹胀的症状。在春夏之交的枯水季节,腹泻很普遍,牲畜也有相类似的反应。长期稀便或腹泻会带来一些不良的后果,使体内的钾大量流失,以致来不及补充而处于低钾状态,影响机体对营养物质的消化、吸收,导致营养缺乏症;体液大量流失,使血溶量减少而导致低血压,使肠道内的锰、锌等微量元素流失,促使体内的元素缺乏,可引起电解质及酶代谢的紊乱,使机体的代谢平衡受到破坏。因此,可以认为高硫酸盐既是伽师病发病的诱导因素,又是发病的基础条件(图9-7)。

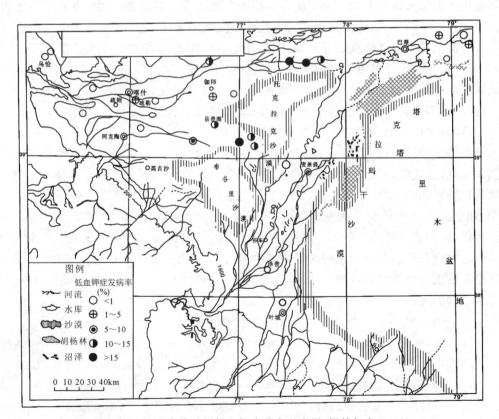

图 9-7 新疆喀什平原低血钾症分布示意图(据林年丰,1991)

钾是一种具有多种重要生物学功能的元素，是组成细胞的主要阳离子，它对维持细胞的正常结构和功能具有重要作用。病区环境是一个富钾的环境，水土和作物中钾的含量都十分丰富，为什么生活在该环境中的人群反而缺钾呢？这是因为一些特殊的原因所造成的。地方性的慢性腹泻，导致体内的钾大量流失；摄入大量的钠进入肾曲管后与钾进行交换，从而引起钾的流失；机体内钠、钾之间的拮抗作用，使钾从尿中排出；高镁可引起钾的代谢障碍；钾还可以随汗水排出体外。在合成蛋白质时，每耗掉 1g 的氮就需要 3mg 当量的钾。所以，慢性低钾会影响蛋白质的合成，进而导致蛋白质营养不良症。

镁对机体最大的影响是形成硫酸镁后的导泻作用，使肝脏的解毒功能下降，导致机体对某些毒物耐量的降低；大量的镁促使电解质代谢紊乱，同时对钾也有拮抗作用；高镁还可干扰机体对锰、锌等微量元素的吸收。

锰是一种十分重要的生命必需的微量元素，儿童缺锰，生长发育受到抑制，成年人缺锰影响生育。锰主要分布于心、肾、肝、胰和卵巢等组织中，脑下垂体含锰最丰富。

病区环境本来就缺锌，由于钙的浓度很高影响机体对锌的吸收，再加上长期腹泻，锌随粪便大量排出，就更为缺乏。锌主要分布于前列腺、肾脏、肝脏、心肌、胰脏等组织中。

总而言之，伽师病是因为多种元素过剩及少数元素不足所引起的一种地方性综合征。

三、砷中毒与高砷地下水除砷

水是人类生活中必不可少的物质资源。成年人每天所需的饮水量为 2～3L。饮用水的质量好坏直接关系到人体的健康。人类赖以生存的水源主要包括地表水和地下水。在地表水缺乏或水质受到污染的地区，特别是我国的西北、华北、西南地区，地下水成为主要饮用水源。地下水是水资源的一个重要组成部分，它是在与环境介质不断进行相互作用过程中形成的。在地下水-岩石相互作用过程中，环境介质中的某些化学物质/元素便进入地下水中，使地下水具有与地表水完全不同的水化学特点。一般来说，与地表水相比，地下水中的总溶解固体、微量元素、重碳酸根等组分含量高。由于地质条件、水文地质条件、气候条件以及地球化学条件等的差异，不同含水层中地下水的化学特征也千差万别。

在某些特定的环境中，受某些水文地球化学作用的控制，地下水中的某些元素或化学组分会聚集或亏缺，这就叫地下水文地球化学异常。例如，在富含有机质的浅层地下水系统中，由于铁锰氧化物矿物的还原、竞争吸附、解吸等作用过程使含水层沉积物中的砷释放出来进入地下水中，加之地下水循环交替缓慢，释放出来的砷极易在地下水系统中聚集。长期以这些元素、化学组分聚集或亏缺的地下水作为饮用水源时，可导致居民体内的元素或化学物不均衡，引发某些地方病。例如在地下水砷含量较高的地区，居民慢性砷中毒的患病率高。

这里我们主要介绍北方典型内陆盆地，特别是山西大同盆地地下水砷与地方性砷中毒以及地下水中砷的去除。

1. 北方典型内陆盆地高砷地下水水文地球化学特征

以大同盆地、呼包平原、河套平原和银川平原为代表的北方内陆干旱、半干旱平原（盆地），作为我国高砷地下水的主要分布地区，其高砷地下水的分布及水文地质环境有相似之处：在水平方向上，从山前倾斜平原前缘向冲湖积平原中心，地下水砷含量递增，一般在沉积中心和地势低洼处最高，总体上具有明显的分带性；垂向上多赋存于浅层承压、半承压含水层，含高砷水井一般小于 80m。

大同盆地地下水中砷以无机形态[As(Ⅲ)/As(Ⅴ)]存在,主要富集盆地中心的山阴一带,砷含量分布在 68~670 μg/L 的范围内,平均值为 310 μg/L,中值为 285 μg/L($n=8$),而在盆地边缘地区砷含量明显降低,浓度范围为 3.4~44 μg/L,平均值为 19.5 μg/L($n=6$),山前地下水补给区的地下水中检测到砷的含量更低(<5 μg/L)。呼包平原浅层高砷水砷含量分布在 20~1480 μg/L 的范围内,平均值为 348.8 μg/L($n=9$),深层高砷水砷浓度较稳定,分布在 130~308 μg/L 的范围内,平均值为 195.8 μg/L($n=6$)。河套平原地下水中砷的分布在水平方向上具有明显的分带性:自北部山前冲洪积扇顶向扇前平原呈现地下水中砷含量逐渐升高的趋势,向南部进入黄河冲湖积平原,砷浓度普遍较低,高砷地下水主要集中在浅层 15~30m,高砷地下水中砷含量分布在 12.9~857 μg/L 的范围内,平均值为 178 μg/L($n=48$)。银川平原高砷地下水区位于沉降中心银北凹陷区的冲湖积平原,一般赋存于 10~40m 的潜水含水层,砷浓度范围为 13.4~105.0 μg/L,平均值为 38.6 μg/L($n=45$),而第Ⅰ、第Ⅱ承压水大部分地区未检出砷或含量低于 10 μg/L。

从北方典型高砷地下水水化学指标统计分析结果(表 9-3)来看,干旱、半干旱地区高砷地下水的水化学特征规律十分相近:pH 值分布在 7.4~9.0 的范围内,地下水环境为弱碱性

表 9-3 北方典型高砷地下水水化学指标统计结果

水质指标 高砷区	pH	Eh (mV)	Cl^- (mg/L)	HCO_3^- (mg/L)	NO_3^- (mg/L)	SO_4^{2-} (mg/L)
大同盆地	7.4~8.0	−289~−53	15.3~396	305~702	0	0~173
呼包平原	7.4~8.5	−204~25	12.6~919	362~1150	0~8.4	0~168
河套平原	7.6~9.0	−193~−71.6	63.8~2506	256~1449	0~24.9	0~1264
银川平原	7.5~8.1	−142~−33.7	17.5~827	241~927	0~17.1	17.6~564
水质指标 高砷区	Si (mg/L)	P (mg/L)	TOC (mg/L)	Na^+ (mg/L)	K^+ (mg/L)	Mg^{2+} (mg/L)
大同盆地	—			7.4~8.0	−289~−53	15.3~396
呼包平原	3.5~16.9	0.3~2.9	0~30.6	7.4~8.5	−204~25	12.6~919
河套平原	2.2~7.3	0~0.31	2.65~63.5	7.6~9.0	−193~−71.6	63.8~2506
银川平原	4.8~9.1	0~139	2.46~9.68	7.5~8.1	−142~−33.7	17.5~827
水质指标 高砷区	Ca^{2+} (mg/L)	Mn (μg/L)	Fe_{Total} (mg/L)	Fe^{2+} (mg/L)	As (μg/L)	As(Ⅲ)/As (%)
大同盆地	305~702	0	0~173			
呼包平原	362~1150	0~8.4	0~168	3.5~16.9	0.3~2.9	0~30.6
河套平原	256~1449	0~24.9	0~1264	2.2~7.3	0~0.31	2.65~63.5
银川平原	241~927	0~17.1	17.6~564	4.8~9.1	0~139	2.46~9.68

还原环境,砷的存在形式主要以 As(Ⅲ)为主。高砷地下水水化学类型以 Na—HCO_3 型为主,阴离子中 HCO_3^- 含量普遍较高。其他主要离子组分(阳离子 Ca^{2+}、Mg^{2+},阴离子 Cl^-、NO_3^-、SO_4^{2-}、SiO_3^{2-}、PO_4^{3-} 等)均有存在,但随地下水流向变化差异较大,如在河套平原北面阴山山前冲积扇区,地下水水化学类型以 Ca—$HCO_3 \cdot SO_4$ 为主,沿水流方向到南面的冲湖积平原地区,Na^+、K^+、Mg^{2+}、Cl^- 含量呈现增加的趋势,在盆地中心地区以 Na·(Mg)—Cl·HCO_3 或 Na·(Mg)—Cl 为主。高砷地下水区均伴随有较高含量的有机组分,如大同盆地地下水中总溶解性有机碳(TOC)含量平均值为 18.4mg/L,河套平原为 19.3mg/L,说明溶解性有机物对地下水中砷的迁移、富集有着重要的作用。

2. 高砷地下水除砷技术

为了保障人们的健康,世界卫生组织(WHO)、欧盟、日本、美国等先后将饮用水中砷的标准定为 10 μg/L,我国新的《生活饮用水卫生标准》(GB 5749—2006)(2007 年 7 月 1 日实施)也将砷含量标准由 50 μg/L 降低到 10 μg/L,这为我国今后地下水饮水除砷技术提出了更高的要求。常用的地下水除砷的新方法介绍如下。

1) 吸附法

吸附法作为去除水体砷的常用方法,经济实惠、操作简易。常见的吸附剂有铁铝氧化物、活性炭、功能树脂、稀土元素以及各种天然矿物等。由于地下水总砷中 As(Ⅲ)占大部分,而上述吸附剂对 As(Ⅲ)的吸附能力很有限,再生性差,限制了它们在地下水除砷工艺中的应用。最新研究发现,改性吸附剂、纳米材料吸附剂和某些含铁材料具有良好的除砷性能。

(1) 改性吸附剂。某些矿物经过适当方法处理后,除砷能力显著增强。天然沸石除砷能力较差,主要是利用它对砷的吸附作用,也有部分离子交换作用,用十六烷基三甲基溴化铵改性后吸附容量显著增大。砷酸盐的吸附机理为

$$SMZ—Br+H_2AsO_4^- \Longrightarrow SMZ—H_2AsO_4+Br^- \tag{9-1}$$

$$2SMZ—Br+HAsO_4^{2-} \Longrightarrow SMZ_2—HAsO_4+2Br^- \tag{9-2}$$

与砷酸盐不同,亚砷酸盐的去除机理除表面阴离子交换外,还存在着其他作用。由于竞争吸附作用,离子强度越大,砷酸盐的吸附量越小,而离子强度对亚砷酸盐吸附影响很小,这是由于改性沸石和高岭石与亚砷酸根离子发生络合作用,形成了内层络合物。

改性煅烧矾土(主要为 Al_2O_3 和 Fe 氧化物)可作为 As(Ⅲ)吸附剂,吸附除砷。

(2) 纳米材料吸附剂。纳米材料的微粒尺寸为 1~100nm。纳米材料具有一系列新异的物理化学特性和优于传统材料的特殊性能,如不饱和性、易与其他原子结合稳定下来、很好的化学活性等,它对许多金属离子具有很强的吸附能力,是痕量元素分析较为理想的富集材料。采用溶胶-凝胶法制备纳米二氧化钛,其除砷效果不受溶液酸度、温度的影响,pH=6 时,对实际水样的去除效率为 40% 左右。商业用纳米材料中,TiO_2、Fe_2O_3、ZrO_2、NiO 具有很高的除砷能力,对于含砷量(>1mg/L)较高的地下水,TiO_2 的除砷效果最好。用有机材料黏合剂制得的 TiO_2 聚合物可用于分散式地下水除砷。

纳米颗粒除砷也存在一些不利影响。一些纳米微粒对生物体产生有害作用,如 TiO_2 纳米微粒能促进砷在鱼体内的累积。

(3) 含铁吸附剂。由于铁氢氧化物具有良好的吸附阴阳离子的能力,以铁氧化物为主要吸附成分的吸附剂的开发研制和应用得到了国内外学者的广泛关注,如无定形铁氧化物($5Fe_2O_3 \cdot 9H_2O$)、针铁矿(α-FeOOH)、赤铁矿(Fe_2O_3)、纤铁矿(γ-FeOOH)等。铁氧化物

的铁阳离子和氢氧基组成的表面官能团(Fe—OH)可以通过质子的缔合和离解而带正电,从而吸附以阴离子形式存在的砷。

天然菱铁矿和赤铁矿价格低廉、取材方便、除砷效果良好,可用于砷污染地下水的应急治理。铁氧化物,包括磁铁矿(Fe_3O_4)、磁赤铁矿($\gamma-Fe_2O_3$)、赤铁矿($\alpha-Fe_2O_3$)、针铁矿($\alpha-FeOOH$))和活性炭复合吸附剂(FeO/AC)的砷吸附能力优于活性炭,铁氧化物并不改变活性炭的表面积和孔隙结构。

2) 氧化法

As(Ⅲ)的毒性和迁移性大于As(Ⅴ),但As(Ⅲ)通常在pH为3~10范围内以中性分子形式存在,导致许多技术对As(Ⅲ)的去除率都远低于As(Ⅴ)。因此,为了有效去除地下水中的As(Ⅲ),降低其毒性,大多工艺都将As(Ⅲ)预氧化为As(Ⅴ),此外,氧化吸附同步技术是一种新的除砷方法,无需添加预氧化试剂,利用兼有氧化、吸附功能的新材料将As(Ⅲ)氧化吸附,实现了As(Ⅲ)的快速高效去除。

(1) Fe(O)氧化-吸附。近年来,人们研究了Fe(O)除砷的效果,Fe(O)具有很强的除砷能力,可作为PRB修复污染地下水的材料。Fe(O)的除砷机理为:

Fe(O)与水接触发生如下反应:

$$\text{有氧腐蚀:} O_2 + 2Fe^0 + 2H_2O \Longrightarrow 2Fe^{2+} + 4OH^- \tag{9-3}$$

$$4Fe^{2+} + O_2 + 10H_2O \Longrightarrow 4Fe(OH)_3(s) + 8H^+ \tag{9-4}$$

$$\text{缺氧腐蚀:} 2H_2O + Fe^0 \Longrightarrow Fe^{2+} + H_2 + 2OH^- \tag{9-5}$$

反应生成一些中间产物,如H_2O_2、·OH等,可将As(Ⅲ)氧化为As(Ⅴ)。反应生成的水合氧化铁(HFO)对砷有吸附共沉淀作用。Fe(O)颗粒表面的腐蚀产物可能还包括晶体物质$\gamma-Fe_2O_3$(磁赤铁矿)、Fe_3O_4(磁铁矿)、$\gamma-FeOOH$(纤铁矿)及氢氧化铁等无定形和微晶物质,这些物质具有较大的表面积和较强的吸附能力,对水中的三价砷和五价砷有很好的吸附效果。地下水中硫化物浓度较高时,Fe(O)除砷的机理除了铁氧化物(氢氧化物)对砷酸盐或亚砷酸盐的吸附之外,还有砷与硫或与铁、硫的直接缔合作用。

采用Fe(O)作为除砷材料可以不考虑吸附剂的再生问题,适合应用于偏远地区。

(2) Fe-Mn氧化-吸附。Fe-Mn氧化物既具有二氧化锰的氧化特性,又具有铁氧化物高效吸附As的特征。Fe-Mn氧化物能将As(Ⅲ)完全氧化成As(Ⅴ),并吸附去除As(Ⅲ)和As(Ⅴ),最大吸附容量分别为0.93mmol/g、1.77mmol/g。同样,低pH有利于As(Ⅴ)和As(Ⅲ)的去除,磷酸根与亚砷酸盐竞争吸附点位,降低砷的吸附量,离子强度、硫酸根及腐植酸不影响As(Ⅲ)的去除。强大的吸附能力使得Fe-Mn氧化物成为一种具有广阔前景的除As(Ⅲ)材料。

(3) 微生物氧化-吸附。尽管传统的物理化学方法除砷率高达95%,但是这些方法需要加入化学试剂用于氧化三价砷,且受pH影响较大。生物氧化法无需加入任何化学试剂,操作费用低且利于环保。地下水中的一些土著微生物,如铁细菌、球衣细菌、纤维菌等,在氧化Fe^{2+}、Mn^{2+}的同时将As(Ⅲ)氧化成As(Ⅴ),并形成难溶的铁氧化物,通过吸附和共沉淀的作用,沉积在过滤装置表面。主要过程为:

$$M-FeOH + H_2AsO_3 \xrightarrow{\text{吸附作用}} M-Fe-H_2AsO_3 + H_2O \tag{9-6}$$

$$H_3AsO_3 + \frac{1}{2}O_2 \xrightarrow{\text{细菌氧化}} H_3AsO_4 \tag{9-7}$$

$$M-FeOH + H_3AsO_4 \xrightarrow{吸附作用} M-Fe-H_2AsO_4 + H_2O \qquad (9-8)$$

当地下水中同时存在 Fe、Mn、As 时，该方法具有无法比拟的优势。随着研究的不断深入，此法除砷效果会更好。

3）膜分离法

膜分离过程是通过膜对混合物中各组分选择渗透作用的差异，以外界能量或化学位差为推动力对双组分或多组分液体进行分离、分级、提纯和富集的方法。根据所需操作压力大小，将该技术分为两大类：一类为高压膜，包括反渗透（RO）和纳滤（NF）；另一类为低压膜，包括微滤（MF）和超滤（UF）。

（1）纳滤（NF）。纳滤技术是目前膜分离领域研究的热点之一。NF 膜的除砷机理为：①纳米级无电荷粒子的孔径截留；②溶液及共存离子与膜之间的电荷作用。NF 膜的表面分离层由聚电解质所构成，对离子由静电相互作用而达到分离目的。因此，NF 膜对离子的截留效果与膜的性质密切相关。当进水砷浓度较高时，纳滤膜对 As(V) 的去除率远大于对 As(Ⅲ) 的去除率，主要原因是纳滤膜在水中带负电，As(V) 主要以 $H_2AsO_4^-$ 和 $HAsO_4^{2-}$ 形式存在，同种电荷相互排斥，不能透过膜，因而去除率很高；相反，由于水解作用，As(Ⅲ) 在水中以分子形式存在，且水合分子直径一般比纳滤膜孔径小，As(Ⅲ) 能透过膜表面，因而去除率低。

（2）超滤（UF）。超滤技术是根据膜的孔径和溶质分子的大小进行筛分，实现溶质的分离、截留、浓缩。膜性质、产水率、渗透通量和原水水质，如砷浓度、水温、pH 值、共存阴阳离子等因素都会影响 UF 膜的除砷效果。胶束增强超滤法可有效提高 UF 工艺的除砷率。美国内华达州 Washoe County 的井水，经过胶束增强超滤技术处理后，水中的砷几乎全部去除。

4）生物法

生物法是在生物的作用下氧化、降解、去除砷。生物不但能富集、浓缩砷，而且能将其甲基化。水体中的砷主要是无机砷，由于甲基化的砷如甲基砷、二甲基砷、三甲基砷的毒性比无机砷低得多，所以生物对砷的富集是一个对砷降毒、脱毒的过程，如海水中的周氏扁藻可将砷甲基化。有学者发现蜈蚣草对 As(Ⅲ) 具有较强的吸附、络合能力，且该法成本低廉、操作简便，有望直接用于地下水中 As(Ⅲ) 的去除。植物除砷带来了可行、廉价的地下水除砷技术的发展，适用于农村和偏远地区。

3. 山西大同盆地高砷地下水除砷技术

上面介绍的几种除砷技术各有其优缺点（表 9-4）。结合实际运用情况可知，吸附法适于处理从五价砷为主的地下水，吸附剂可再生，不会对环境产生二次污染，但除砷周期长；氧化法与其他方法相结合可高效去除地下水中的三价砷；膜分离法适于处理低浓度的含砷水，胶束增强超滤技术可提高超滤除砷的效果，但由于膜技术能耗较大，维护费用高，使其在经济不发达地区的推广受到限制；生物法是一种较新的方法，成本低、无二次污染，随着研究的不断深入，应用前景将更加广阔。这些除砷技术在我国农村高砷地下水改良实践中均受到了限制：其一，农村供水多数分散式的，家家户户单独供水，各种成熟的除砷技术主要依托污水处理厂进行集中处理，在农村推广很难；其二，成本高或操作复杂，迫切需要研发一种廉价、高效、易行的新技术。由此，中国地质大学（武汉）王焰新研究团队结合国家高技术研究发展计划（863 计划）开展了山西大同盆地原生劣质地下水修复技术研究。

表 9-4 几种除砷技术的比较

技术方法	适于除砷价态	出水水质	工程成本	运行成本	技术控制	去除率(%)
吸附法	As(V)	较好	低	低	操作简单	>90
氧化法	As(Ⅲ)	较好	中等	低	操作简单	80
膜技术	As(V)	好	高	高	操作维护严格	95
植物法	As(Ⅲ)	一般	低	低	操作简单便利	80

1) 大同盆地地球化学景观与地方病

大同盆地自然地理与生态地球化学环境：大同盆地地处亚高寒带，干燥少雨，风沙大，年平均降水量为 370~420mm，蒸发强烈，年平均蒸发量 2000mm，属内陆半封闭性寒冷干旱盆地。盆地呈长三角形北东向展布，三面环山，地形西南高、东北低，桑干河横贯其中。在地质上大同盆地为一断陷盆地，盆地与周边山区呈断层接触；盆地中心为大片第四系冲湖积平原和黄土，盆地边缘沉积了洪积扇和冲洪积台地。盆地内部第四纪断裂构造发育，地形复杂（图9-8）。在生态条件上属于荒漠地球化学景观区，无霜期短，植被稀疏、土地贫瘠、生态环境脆弱，农业经济发展受到多种限制。

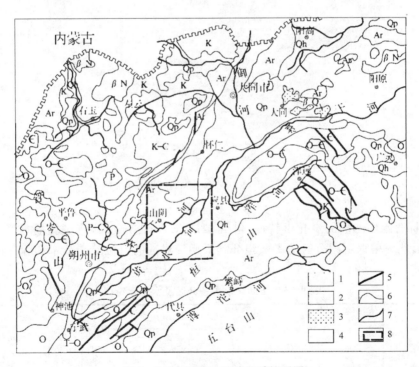

图 9-8 大同盆地区域地质概要图
1. 太古宙；2. 中生代；3. 火山岩；4. 古生代；5. 断裂；6. 地质界线；7. 河流；8. 研究区

慢性砷中毒发病情况：1994 年在山阴、应县和浑源的局部地区爆发了水砷中毒病。据调查，该区自 20 世纪 80 年代改革开放开始，养牛和乳制品业得到发展。由于生产和生活的需要,开始打手压机井开发深层(20~50m)地下水。曾期望从此改变几千年饮用浅层富氟苦咸水的历史,然而却引发了更大的灾难,居民陆续出现了砷中毒病状,1994年经检测井水中砷含量超标,患病者确认为饮水型砷中毒病。病区沿桑干河上游支流黄水河分布,涉及3个县9个乡镇60个村,患病人数曾达到1350多人。中毒病人部分或基本丧失劳动力并引发多种疾病。

2)高砷地下水原位除砷技术示范

研究团队选取山西大同盆地的朔州市山阴县大营村100亩(1亩≈666.67m²)的试验示范场地。该点位于大同盆地偏南部,为典型的高砷地下水分布区,砷含量最高达2.8mg/L,是较为理想的实施原位除砷工艺的地点。

场地内有3组相对独立的含水层,深度分别处于地下约20m、28m及38m,依次称为浅含水层、中含水层和深含水层。在对含水层结构及分布情况进行详细了解的基础上,设置分层监测井(图9-9),对试验场地水化学及水流场特征进行了刻画,以识别地下水中As及重要水化学参数的空间分布特征。

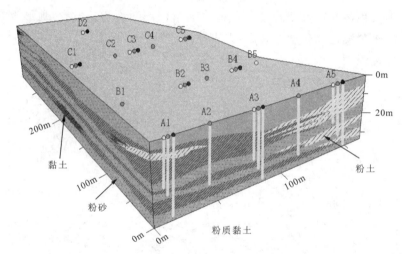

图9-9 示范工程场地监测网络布设图

根据目标含水层不同的水化学特征,包括pH、Eh和砷含量等,将试验场地划分为5个区块(表9-5),然后根据不同分区的参数组分别采用针对性的原位除砷技术和除砷试剂组合。

表9-5 场地含水层各分区及水化学特征

分区	pH	Eh(mV)	As(μg/L)
I	7.98	−47.5	22.5
II	8.20	−135.7	879
III	8.03	−145.9	2690
IV	8.10	−160.3	608
V	8.13	−200.6	19.3

采用水动力屏障-原位镀铁复合系统,实施高砷地下水原位改良。基于前期的水文地球化学调查,根据不同分区的水化学特征,分别采用氧化法或还原法去除不同分区含水层水相中的砷。在区域调控薄弱区,采用单井滤料除砷技术,不仅促进区域固砷全面覆盖,而且提高出水单井中水相砷的去除效率,从而实现"区域调控固砷、单井就地除砷"点面结合的高砷地下水原位改良技术体系。

具体实施中,在场地的Ⅰ区和Ⅱ区分别布置了多个注水井、抽水井、监测井和单个取水井(图9-10)。

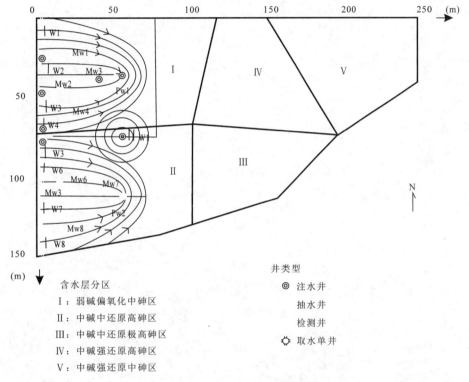

图9-10 示范工程场地原位修复抽注系统示意图

当采用氧化法修复Ⅰ区内的高砷含水层时,在完成除砷铁试剂注入后,整个区域内地下水中砷的含量发生了显著的降低。抽水井出水中砷浓度从背景均值78.0 μg/L下降到修复完成时的均值9.6 μg/L,砷平均去除率达87.69%。修复完成30d后,区内砷的浓度仍然维持在均值为9.8 μg/L的水平,砷平均去除率保持为87.44%。120d和第190d后的监测结果表明,区域内水相砷的含量虽然略有波动,但仍然维持在一个低的水平,区域监测均值分别为11.6 μg/L和11.8 μg/L。

当采用还原法改良Ⅱ区内的高砷地下水时,同样取得了显著的除砷效果。地下水中砷含量从背景均值593 μg/L下降至修复完成时的159 μg/L,砷的去除率均值达73.18%。在修复完成后30d,区域内砷的浓度仍然维持在低水平,均值为136 μg/L,砷平均去除率为81.16%。在第120d和第190d时,区域内地下水砷含量的均值分别为154 μg/L和160 μg/L,砷的平均去除率分别为74.03%和73.02%。

因此可以得知,在地下水原位修复实施中,本技术不仅可以有效去除注入过程中接触地下水中的砷,并可在实施完成后继续去除流经地下水中的砷,从而达到持续除砷和改善水质的目的。

思考题:

1. 简述富硒农作物的环境地球化学思想。
2. 简述污染场地土壤修复中的环境地球化学思想。
3. 简述地方病防治中的环境地球化学思想。

第十章　环境地球化学的研究方法

第一节　环境地球化学研究方法特点

环境地球化学研究从环境调查着手,根据研究的目的和要求,选择一定的环境要素开展以元素和化合物的迁移转化为主的观测,然后,将所获得的调查资料与背景区对照比较,通过综合分析,最后对研究区的环境现状做出正确的评价,并提出相应的对策。因此,与常规地球化学工作方法相比,环境地球化学研究方法在具体的研究手段上有着一定的相似性,但在研究思路上具有自己的特殊性。表现在其研究和观察的对象及内容上有以下几个方面:①除自然环境中的无机世界外,还包括生物界,即动植物和人类的活动情况;②除系统地观测环境要素的现状外,还要研究它们的变化和发展趋势;③监测环境污染物的动态变化,观察它们对时间和气象等条件的依赖性,并对环境质量进行预测和预报;④选择对照区进行环境背景值调查,建立环境标准;⑤对环境的改善和综合治理提出对策,甚至进行修复。由此可见,环境地球化学研究的中心思想,并不是简单地认识世界和反映客观现状,而是以人类为中心,从长远的角度出发,保护和改善人类赖以生存的环境条件。环境地球化学研究的最终目标是把人类的发展和环境纳入到最佳的轨道。

第二节　环境样品的采集和处理

环境样品的采集和处理是获得环境地球化学信息的基础,采集的环境样品是否具有代表性,环境样品采集后处理是否适当,直接关系到分析数据的可靠性。由于环境地球化学研究的对象是与生命有关的圈层,它包括了水、土、大气、岩石、河流沉积物和动植物等各种环境要素。这些环境要素处在地球表面,有其独特的环境条件,因此,要真实地反映元素及化合物在其中的分布和迁移规律,环境样品的采集和处理是十分关键的。下面着重介绍大气、水、土壤和生物样品的采集及处理方法。

一、大气样品的采集

气象因素对环境空气质量的影响很大,其中影响较大的气象因素是大气稳定度、风速和风向以及降水。大气稳定度直接影响大气的垂直混合;风速和风向影响污染物的水平运动和扩散,大气污染物浓度与风速成反比;雨、雪、冰雹等降水现象的净化作用则是清除空气中的尘粒和污染气体;其他因素还有温度和光照等。因此,大气采样时必须考虑气象因素。

1. 采样位置和采样频率

环境大气取样位置的选择可分为两类情况：一类是根据研究目的而设置的单个采集系统，采样点必须是污染物受体的真实代表，另一类是根据研究目的设置的采样网，以提供大面积的环境空气质量数据。

由于实际情况是多样的，并不存在一个通用的选点原则，但下列规则是安排采样点时需要满足的。

(1)取样器入口一般应在地面以上1.5m，其最大高度根据监测目的而定，不同监测点高度应该一致。

(2)取样点应离开高大建筑物、大树等一定距离，使取样点至建筑物顶点的连线与地平面之间的夹角小于30°。

(3)对区域空气质量监测，取样器入口不应在主要排放源的正下风处。

(4)只要规定了采样要求，各观测点应按相同的要求采样，采样细节也要尽可能相同，以便对照。

大气质量监测网点的布置要根据监测目的而定，一般有以下几种方式：以所研究的地区为中心，按同心圆的形式布点；按地面风的典型轨迹布点；以所研究的地区为核心随机布点，但核心地区布点应加密；以等间距网格形式布点。

布置网点时，也要在参比背景地区布置采样，提供对比数据。对比点应该足够多，一般设在不受该地区主要排放源影响的地区，如设在排放源的上风区，但也应在其他邻近地区布点，以防万一风向转变后，仍有足够的参比采样点可供使用。

采样频率和采样的持续时间主要取决于监测目的以及污染物和其排放源的性质，采样的持续时间还与污染物对受体产生影响的性质有关。例如，铅对受体机体的影响是累积性和长期性的，所以铅浓度的年平均值是较有用的信息；而高浓度二氧化硫只需要很短的时间就能对生物体产生明显危害，同时由于排放源变化大，如燃烧排放出多环芳烃等原因，必须进行高频率、短时间持续的采样分析。

2. 气溶胶取样

气溶胶是分散于气体介质中的固体或液体微粒，这些微粒和气体分子相比，质量较大，因而受惯性和重力作用的影响较大，这样在取得代表性样品时会遇到一些特殊问题，如等速采样和重力沉积等。

对直径小于3μm或5μm的尘粒，因其惯性作用不足以使取样产生明显的误差，故可不考虑等速取样，但是，重力和风速会影响气溶胶样品的采集。

重力效应通常可用下面两种最简单的情况来说明，一种是当取样口垂直向上时：

$$C_c = (1 + \frac{V_s}{V_c})C_a \quad (10-1)$$

式中，C_c 为收集到的尘粒浓度；C_a 为大气中的尘粒浓度；V_s 为尘粒的沉降速度；V_c 为取样器的取样速度。

另一种当取样器口垂直向下时，则有：

$$C_c = \left(1 - \frac{V_s}{V_c}\right)C_a \quad (10-2)$$

由于尘粒的沉降速度正比于尘粒的粒度和密度，故尘粒较小时，校正因子也较小。

收集气溶胶的主要方式有过滤、冲击集尘、沉积等。

过滤是利用多孔过滤介质阻留尘粒而让气体成分通过。选择过滤介质应考虑以下几个因素：①对所定粒度尘粒的收集效率；②过滤器两端的压力降；③过滤介质中痕量成分的本底浓度；④抗化学腐蚀和抗物理变化性能；⑤吸湿性。

冲击集尘是利用尘粒的动量和运动方向的突然变化来收集尘粒。常用的装置是干式和湿式冲击瓶，湿式冲击瓶的喷嘴和阻挡板都位于液面之下，由于冲击集尘是利用尘粒的惯性，所以其收集效率与气体流速有关。

沉积方法分为热沉积和静电沉积两种。热沉积法由张紧在一圆筒内的加热丝形成温度梯度，并由气体分子的热运动推动尘粒向较冷的收集面移动，这种方法对 $0.01\sim 5.00\mu m$ 的尘粒特别有效。由于该法只能用很低的速度（$0.007\sim 0.2L/min$）采样，故它仅用在一些特殊场合，如对尘粒进行显微镜研究。

静电沉积是让含有尘粒的气流通过施以高电压的平行电容器板之间，并将在高压电场中离解出的离子附着于尘粒上，使尘粒带电，然后在电场作用下移向收集电极。这种方法对于粒度范围很宽的尘粒来说，即使在 $88L/min$ 的流量下，也可达到近 100% 的收集效率。

3. 气体取样

气体样品的收集方法主要有吸附、吸收、冷凝和捕集等。

吸附能够通过采集大体积样品而浓集痕量成分，常用吸附剂有活性炭、硅胶和氧化铝。选择吸附剂应考虑以下因素。

(1) 吸附剂应有很大的吸附表面，而吸附剂各颗粒间要有足够的空隙，以保证获得最大的空气流速。

(2) 吸附剂对极性和非极性化合物都应具有一定的亲和力。

(3) 吸附剂不应与所吸附的气体成分发生不可逆化学反应。

(4) 吸附剂的保留参量应较高，并能进行预测，以保证不发生气体泄漏和定量回收。

(5) 被吸附的气体成分应能定量解吸回收。

(6) 吸附现象与温度有关，低温有利于吸附。

吸收是气体成分溶于溶剂的现象，气体被吸收的效率在很大程度上取决于气体和液体之间接触面的大小。吸收瓶的设计应保证气体和液体间尽可能大的接触面，并使气体成为细小分散的气泡，以及在液体中有足够长的移动距离，另外，保持低温有利于提高吸收效率。

冷凝是指冷冻空气达到所收集的气体成分的沸点或凝固点以下，该法通常采用分级冷冻的方法。第一级先让水蒸气冻结析出，接着用后面的几级来冷凝需要测定的成分。通常用液氧的成分作为最低温的冷冻剂，若采用更低的冷凝温度，将会使大气中的氧冷凝析出，存留于系统中，而造成燃烧的危险。冷凝法用的流量（低于 $1L/min$）不宜过高，否则会把冷凝生成的气溶胶带出系统之外。所以，即使流量低时，也应采用过滤料回收这些气溶胶。

捕集法，即在不可渗透的容器中直接采集大气样品。它适宜采集小体积样品，故多用于采集高浓度成分的样品。所用容器一般有真空瓶、注射器和各种塑料袋。这些容器和待测气体间应不发生反应和吸附作用。这种采样法的优点是可以不测量采样体积，但必须测定采样时的大气温度和压力，以便进行换算。另外，这种方法所用装置简单，使用面广，而且所采集的样品多是瞬时样品。

4. 几种大气被动采样器介绍

大气被动采样(passive atmospheric sampling, PAS)装置主要根据吸附材料的不同进行区分。目前已报道的 PAS 装置主要包括半渗透膜被动采样器、软性聚氨酯泡沫材料被动采样器、树脂被动采样器和高分子聚合物被动采样装置等。下面分别对它们进行简要介绍。

1) 半渗透膜被动采样器(SPMD)

半渗透膜被动采样器由 Huckins 等于 1990 年设计,采用带状的低密度聚乙烯膜筒或其他低密度聚合物膜筒作为采样材料,内装有大分子(>600Da)中性脂类,常用的是三油酸甘油酯。

SPMD 早期主要是针对水体有机污染物而开发的,理论完善并有商业产品,近年来也被广泛用作大气 PAS,其特点是容量大、耐饱和性强,适合于数月至数年的大气 POPs 连续采样。在进行大气采样时,SPMD 的缺点是操作程序较为复杂,运输和现场安装时容易受到污染,渗出的油脂可能吸附大气颗粒物,不易去除。此外,样品净化时须通过凝胶渗透色谱(GPC)去除甘油酯,分析流程繁琐。

现场布设时,将 SPMD[(80~90)cm×2cm,膜厚 751μm,1mL 三油酸甘油酯]圈套于金属百叶箱内的不锈钢支架上。百叶箱可有效保护 SPMD 免受光照、雨水冲刷及颗粒物沉降的影响,并能有效减缓风的扰动影响。

2) 软性聚氨酯泡沫材料被动采样器(PUF - PAS)

由加拿大学者 Tom Harner 等研制的 PUF - PAS,利用软性聚氨酯泡沫材料作为吸附介质。如图 10-1 所示,PUF 采样器由 2 个相向的不锈钢圆盖和 1 根固定主轴的螺杆组成,采样时将用于吸附有机污染物的 PUF 碟片固定在主轴上,并通过顶底盖扣合形成一个不完全封闭的空间,以最大限度地减少风、降雨和光照的影响。空气可以通过顶底盖之间的空隙和底盖上的圆孔流通。PUF - PAS 通常适合于时间分辨率为数周至数月的大气 POPs 采样。PUF - PAS 便于运输,操作简便,PUF 的净化和最终污染物的分析流程也较为简单,因而得到了日益广泛的应用。

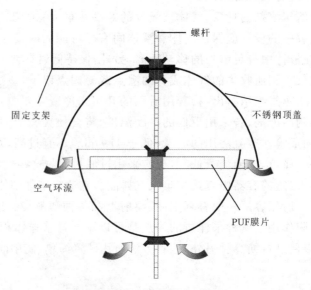

图 10-1　PUF 大气被动采样器构造(据 Harner et al,2003)

3) 树脂被动采样器(XAD-PAS)

XAD树脂被动采样器(resin based passive sampler)由Frank Wania等设计,是一种利用苯乙烯-二乙烯基苯共聚物XAD-2粉末作为吸附剂的大气被动采样装置。如图10-2所示,将XAD树脂填充在特制的带有微孔隙的细长不锈钢圆筒内,外面由一个带有不锈钢顶盖、底端开口的金属套筒遮盖,以起到保护作用。采样微孔圆筒通过吊环与顶盖连接,空气可在套筒内流通。气态有机污染物通过微孔进入不锈钢圆筒,被XAD树脂吸附。XAD-PAS与SPMD一样具有容量大的特点,适合于数月至数年的野外长期采样,且尤其适合六氯苯、六六六等在PUF-PAS上容易发生饱和吸附的高挥发性有机污染物的观测分析。它结构复杂、制作与运输成本昂贵、操作繁琐的缺点,限制了其普及与应用。

4) 高分子聚合物被动采样器(POG-PAS)

POG大气被动采样器由Harner等设计,该采样器将高分子聚合物乙烯-醋酸乙烯酯树脂(ethylene virryl acetate,EVA)均匀涂布在玻璃杯壁上作为采样介质。采样装置的外罩与PUF采样装置相同(图10-1)。样品回收后,以二氯甲烷洗脱吸附了有机污染物的EVA涂层,进行目标污染物分析。相对于SPMD、PUF-PAS和XAD-PAS,POG-PAS的采样速率较快,是一种高时间分辨率的大气PAS装置。其采样时间一般为一周以内。该PAS装置的缺点是在实验室EVA薄膜的制备和运输过程中,容易受到污染,因而较难控制实验室和野外空白。

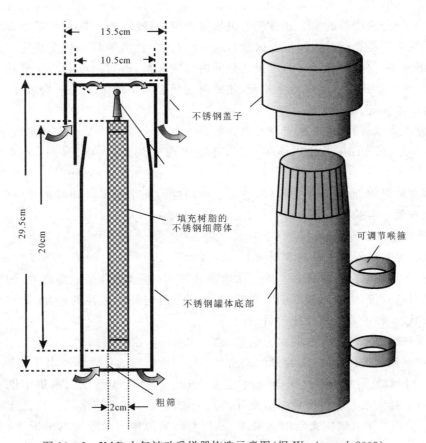

图10-2 XAD大气被动采样器构造示意图(据Wania et al,2003)

二、水体样品的采集

水体样品采集按水体属分为地表水样品采集和地下水样品采集。

1. 地表水样品采集

地表水采样点选择根据实际情况确定。

(1) 河床窄、水量小、无沙洲的河段，可在河流中心一点取样，或在一断面上取数点，然后混合为一个样。

(2) 河床宽、水深流急的河段，在与水流垂直的断面上，按河床宽度的 1/4、1/2、3/4 点取样，也可以在上、中、下游 3 个断面（对照断面、控制断面、削减断面）取样。

(3) 在污染源下游大的河心沙洲取样时，可在沙洲前取一点，沙洲两侧各取一点。

(4) 在有多个污染源和支流的河段取样，要在多个断面布点，以了解污染前后、混合前后的情况。

(5) 面积较大的湖泊、水库，则应选择几个断面；在断面上选取几个等间距点采样。小面积水库、水塘在中心一点取样，或在一个断面取几点采样。

盛水样的容器以硬质玻璃瓶及聚乙烯瓶为宜。事先用洗涤剂洗去瓶内油污，并以清水洗净，然后用稀盐酸或稀硝酸浸泡容器 1 天，再用蒸馏水冲净备用选取取样前用所取水样振荡 2～3 次，再盛样品。某些用于测定痕量金属的水样，对容器的材料选取和洗涤的要求更为严格。

采样体积视分析项目的多少和方法的灵敏度而定，一般取 2～3L，特殊项目单独取样。

取样周期和取样持续时间应根据试验目的、排放源的性质等具体情况决定。对污染物分布均匀，浓度水平变化缓慢的水体，可在几分钟内取完样品，而对浓度和流量变化大的废水和污水采样时，可能要持续几小时甚至几天，才能取到代表其平均浓度的平均水样、平均比例水样和排放峰值水样等。

取河、湖表面水样时，采样瓶应浸入水面下 20～50cm，离岸 1～2m，在浅水区采样，采样瓶口离底至少 10～15cm；在天然水体中取样，还要考虑到久旱、久雨、暴雨、大风等特别气象条件。

水样保存的时间，原则是越短越好，清洁水和轻度污染水保存时间可稍长一些，而污染严重的水从采样到送实验室分析的时间最好在 12h 以内。

2. 地下水样品采集

地下水样品采集需要注意的事项如下。

(1) 依据不同的水文地质条件和地下水监测井使用功能，结合当地污染源、污染物排放实际情况设计采样点位，力求以最低的采样频次，取得最有时间代表性的样品，达到全面反映区域地下水质状况、污染原因和规律的目的。

(2) 为反映地表水与地下水的水力联系，地下水采样频次与时间尽可能与地表水相一致。

(3) 采样频次和采样时间：①背景值监测井和区域性控制的孔隙承压水井每年枯水期采样 1 次。②污染控制监测井逢单月采样 1 次，全年 6 次。③作为生活饮用水集中供水的地下水监测井，每月采样 1 次。④污染控制监测井的某一监测项目如果连续两年均低于控制标准值的 1/5，且在监测井附近确实无新增污染源，而现有污染源排污量未增的情况下，该项目可每年在枯水期采样 1 次进行监测。一旦监测结果大于控制标准值的 1/5，或在监测井附近有新的污染源或现有污染源新增排污量时,即恢复正常采样频次。⑤同一水文地质单元的监测井采样时间尽量相对集中,时间跨度不宜过大。⑥遇到特殊的情况或发生污染事故,可能影响地下水水质时,应随时增加采样频次。

采样容器、采样量及保存等要求与地表水样品采集要求一致。

三、沉积物样品的采集

沉积物样品采集分为表层沉积物样品采集和柱状沉积物样品采集。表层沉积物与水体接触,环境地球化学指标在沉积物与水体间存在动态平衡和分配,所以沉积物是环境地球化学研究的重要环境介质,既体现本身介质的环境特性,又能反映水体介质的环境状况。基于此原理,开展柱状沉积物研究就能探索出历史过程中沉积物和水体的环境地球化学变化。近年来,该研究成为环境地球化学研究的重要课题。

1. 表层沉积物样品采集

沉积物采样密度根据水体面积大小而调整。一个水体单元的最低表层沉积物样品数不少于 5 件,在河流入口处应加密采样。在采样布点时既要考虑水体的水文流场,又要考虑分布均匀性。用采样器均匀采集 0~10cm 的沉积物。采集物质需剔除石块、贝壳、塑料等杂物。记录采样点位置、样点周边环境敏感特征、水文特征、沉积物性质等。

采集的样品重量根据工作需要而定。为防样品玷污,装样容器可以是玻璃器皿或优质密封袋。

2. 柱状沉积物样品采集

柱状沉积物分为消落带柱状沉积物和水下柱状沉积物。

消落带柱状沉积物的顶部因为与大气有接触的机会而表现为强氧化性,随着深度的增加氧化性减弱、还原性增加,氧、铁、碳和氮等变价元素形成有规律的氧化还原对(图 10-3)。所以,消落带柱状沉积物样品采集的目的更多是用于研究环境地球化学中的氧化还原作用。而水下柱状沉积物的顶部因为有水体覆盖,氧化性并不显著,其探索历史过程中沉积物和水体的环境地球化学变化成为主要目的,沉积物的定年便是首要步骤。

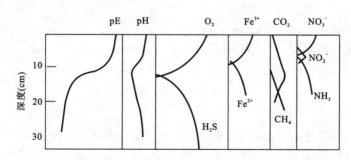

图 10-3 消落带柱状沉积物中氧化还原作用

消落带柱状沉积物样品采集使用专门采样管垂直压入沉积物 30cm,用活塞型推杆从沉积柱的底部将样品推出采集管,以 1cm 间隔分切样品,尽快密封装袋。

水下柱状沉积物样品因需要定年和切层分样,故在设定的采样点位只采集 1 个沉积物柱是很难满足要求的。所以,需要采集 2~3 个沉积物柱定年,以满足沉积物性质、无机地球化学指标、有机地球化学指标等的确定,以及样品备份等要求。水下柱状沉积物样品的采样使用专门采样工具,以重力静压的方式采集沉积柱。采样过程中,应保持采样工具垂直,保证样品垂向的完整性;若样管斜插入水底,应重采。采样中要避免玷污。分样方法同消落带柱状沉积物样品采集。

同样,采样过程中需记录采样点位置、样点周边环境敏感特征、水文特征、沉积物性质等。沉积柱垂向上的沉积物性质的变化观察极为重要,该内容是后续研究的基础。

四、土壤样品的采集

土壤不像大气和水样那样均匀性好,土壤本身一般具有不同层次,并含有许多石块、砂砾、植物根茎等混合物,还受自然条件和耕作情况影响,所以,土壤的采样误差常比分析误差大得多。为取得有代表性的土壤样品,首先要调查了解自然条件,包括母质、地形、植被、水文和气候,其次是生产情况,包括土地利用、耕作方式、肥料、农业、灌溉和作物生长情况,再次是土壤性状,包括土壤类型、层次特征、分布情况以及污染和防治史等,最后制定取样方案。

由于土壤的不均匀性,通常采用多点取样,然后混合均匀的方法。在2～3亩土地内选取5～10点,点的安排视具体地块而定,一般采取以下几种方式(图10-4)。

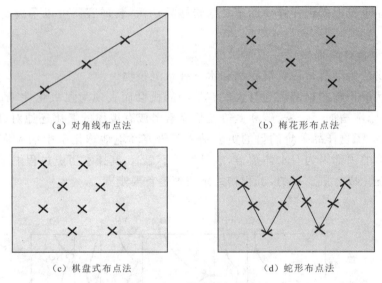

(a) 对角线布点法　　　　(b) 梅花形布点法

(c) 棋盘式布点法　　　　(d) 蛇形布点法

图10-4　土壤采样点的布置

(1)对角线布点法:适用于面积小,地势平坦地形端正的污水灌溉或受废水污染的田块,由进水口到出水口引对角线,按均匀间隔取3～5个点,并根据田块形状做适当修改。

(2)梅花形布点法:适宜于面积较小、平坦、土质均匀的田块,取5～10点。

(3)棋盘式布点法:适宜于中等面积、平坦、形状完整,但土质较不均匀的田块,一般采样点在10个以上,也适用于受固体废物污染的土壤,设20个以上的采样点。

(4)蛇形布点法:适宜于面积大、地势不太平坦、土质不均匀、形状不规则的田块。还可根据作物生长情况,结合土质、灌溉、施肥、施药等情况,划分为不同地段分别采样。

注意不要在田边、路边、肥堆边取样。取样深度一般为15cm耕作层和15～30cm深度的耕作层底层。在每一采样点切一"V"形缺口,在缺口的一侧取约厚 1cm 的土片。各点所取土片应尽量相同,各点土样混合后,用四分法取约 1kg 作为样品。

采集的土样倒在塑料薄膜或厚纸上摊开,趁半干状态把土样压碎,去掉大的植物根茎,摊成薄层,让其在阴凉处慢慢风干,并要经常翻动。风干后的土样用木棒或有机玻璃棒仔细碾细,过尼龙筛去掉 2mm 以上的砂砾和植物残根(如果砂砾较多,应称其重量,计算所占的比例)。

五、生物样品的采集

生物体的一个特点是污染物或微量元素在生物体内各部分中的分布是不大相同的,所以,对个体大的生物常需要分部位采样;对个体细小的生物常用碾磨为匀浆的方式取样。

1. 植物样品的采集

采集农作物样品时,不要取田埂上,距离田埂 2m 以内,或离肥堆太近的植株作样品;取样点不要紧靠公路和铁路。取水生植物样品时不要离排污口太近。采样时要注意植物的生长状况及其发育阶段。大田作物可按梅花形法或交叉点法取得代表样品。

植物样品的重量最终能得到干重 20～30g,一般可以新鲜样品含水 80%～90% 来估计,取全植株样品时要注意根系完整,大的植株可采取按对称轴分取的办法来缩减样品。样品外部所沾的泥土,要用纱布蘸蒸馏水擦洗,不要随便用水洗。清洁干净的样品,若蔬菜类茎叶柔嫩,可用电动捣碎机捣碎,捣碎时视蔬菜含水情况适当补加一些去离子水;草秆、树叶、树枝等较坚韧的样品可用不锈钢剪刀剪碎,或烘干后放到布袋内揉碎;谷物等籽粒一般都用谷物粉碎机或硬质球磨机磨碎,其粒度以通过 40 目尼龙筛为宜。植物样品,除谷物籽粒可在较高温度烘干外,一般样品只能在温度为 60～65℃ 及以下的环境中烘干。

2. 动物样品的采集

人体样品主要指血液、头发样品。取人血样品应先准备洗净的硬质玻璃小试管,取样时将所取准确体积的样品注入试管,并用聚乙烯塑料薄膜包裹管口,冷冻保存(可置于冰壶内)。一般不用抗凝剂,如有必要可用柠檬酸钠抗凝,6mg 柠檬酸钠可抗凝 1mL 血液。人发样品一般以 2～5g 为宜,要求取同一部位的头发,男发以枕部为准,女性原则上选取短发。取得的头发应洗净、烘干保存。发样先经 1% 的洗净剂浸泡,再用一般蒸馏水冲洗干净,最后用去离子水清洗 3 次,于 60℃ 烘干。

大个体的动物,以一头作为一个取样单位,在躯干的各部位切取肌肉片合成品,脏器可剔除大血管后,搅碎混匀,分取部分作为样品,或在不同位置切取小块,混合为一个样品,冷冻保存。

长于 15cm 的大鲜鱼按种类和大小大致分类,每条鱼在颈后和肛门后,以及二者之间中心部位各切取一窄段鱼体,混合后成为一个样品。如果只取某一部分,则分取该部分,混合成一个样品。小的鲜鱼按种类、大小分类,尽快冷藏。如只分析某一部分,则将分离的部分冷藏。分析时在捣碎器内捣成匀浆,然后取部分分析。测定有机污染物的样品用有机溶剂萃取,测定金属元素的样品需要进行灰化。

贝类样品分类后,用纯净的自来水冲洗去泥沙,去外壳,并将贝肉捣碎混匀,分取部分作样品。蛋类、乳类样品也应采取混合样。动物样品极易腐败,应冷冻保存。

第三节 环境地球化学研究的数理统计方法和数学模型

一、环境含量数据的统计

在各种类型的环境自然体中,化学元素的分布都有一定的数量规律。统计分析可以查明这些规律,并能确定每种类型自然体具体的环境地球化学质量参数,并以此作为对它们进行相互对比的客观分类的标准。

在统计分析之前,首先要对环境样品分析所得到的大量原始数据进行整理,对那些在采样、分析、测试过程中因操作错误或发生意外污染所产生的异常数据应予以舍去。异常数据的剔除常采用以下几种方法。

1. 汤姆森(Thompson)检验法

$$K = \frac{|X_a - \overline{X}|}{S'} \quad (10-3)$$

式中,X_a 为可疑值;$\overline{X}$ 为不包括可疑值在内的平均值;S' 为不包括可疑值在内的标准差。

判断结论:若 K 大于判断标准时,则可疑值 X_a 为异常值,予以剔除。

2. 格拉布斯(Grubbs)检验法

$$G = \frac{|X_a - \overline{X}|}{S} \quad (10-4)$$

式中,X_a 为可疑值;$\overline{X}$ 为包括可疑值在内的平均值;S 为包括可疑值在内的标准差。

判断结论:取显著性水准 $a_{0.05}$,$a_{0.01}$,若 $G > a_{0.05}$ 或 $G > a_{0.01}$ 判断标准时,则可疑值 X_a 为异常值,予以剔除。

3. 狄克逊(Dixon)检验法

首先将实测数据(x_i)按从小到大顺序排列,最小者为 x_1,最大者为 x_n。计算公式如下:

当 $3 \leq n \leq 7$,如怀疑最小值时,则 $f_{01} = \dfrac{x_2 - x_1}{x_n - x_1}$;如怀疑最大值时,则 $f_{01} = \dfrac{x_n - x_{n-1}}{x_n - x_1}$;

当 $8 \leq n \leq 10$,如怀疑最小值时,则 $f_{02} = \dfrac{x_2 - x_1}{x_{n-1} - x_1}$,如怀疑最大值时,则 $f_{02} = \dfrac{x_n - x_{n-1}}{x_n - x_2}$;

当 $11 \leq n \leq 13$,如怀疑最小值时,则 $f_{03} = \dfrac{x_3 - x_2}{x_{n-1} - x_1}$,如怀疑最大值时,则 $f_{03} = \dfrac{x_n - x_{n-2}}{x_n - x_2}$;

当 $14 \leq n \leq 25$,如怀疑最小值时,则 $f_{04} = \dfrac{x_3 - x_1}{x_{n-2} - x_1}$,如怀疑最大值时,则 $f_{04} = \dfrac{x_n - x_{n-2}}{x_n - x_3}$。

判断结论:若 f_{01}、f_{02}、f_{03}、f_{04} 大于判断标准时,可疑值为异常值,予以剔除。

对于同一类型的样品组,在取得可靠分析结果之后,常要统计整理成一个代表性的数据,最常用的方法是求算术平均值($\overline{C} = \dfrac{1}{N} \sum_i C_i$,$C_i$ 为含量数值,N 为样品数)、几何平均值 $\left[\overline{C_g} = \lg^{-1} \left(\dfrac{\sum_I \lg C_i}{N} \right) \right.$,$\lg C_i$ 为含量数值之对数值$\left. \right]$ 或取中位数。

N 为奇数时，$C_{md}=C_{\frac{N+1}{2}}$；N 为偶数时，$C_{md}=\frac{1}{2}(C_{\frac{N}{2}}+C_{(\frac{N}{2}+1)})$，当 C_i 按从大到小顺序排列时，$C_{\frac{N}{2}}$、$C_{\frac{N+1}{2}}$、$C_{(\frac{N}{2}+1)}$ 分别为第 $\frac{N}{2}$、$\frac{N+1}{2}$、$(\frac{N}{2}+1)$ 位，同时常采用极差范围（$\Delta C=C_{\max}-C_{\min}$），（$C_{\max}$、$C_{\min}$ 分别为该组数据的最大值和最小值）、样品的标准离差 $\left(S=\sqrt{\dfrac{\sum_i(C_i-C)^2}{N-1}}\right)$、变异系数 $\left(CV=\dfrac{S}{C}\right)$ 等参数来表示样品组的含量或浓度值的变幅情况，以及代表数据可靠性的大小。

二、统计检验

1. 检验数据的正态性

在对一组未知其分布性质的数据作统计检验时，常需要检验数据的正态性。检验数据是否遵从正态分布或对数正态分布的一个简单方法，是应用正态概率值。把每一数据按其相应的累积频率在图上点出，如果这些点在一条直线上，就可以认为这组数据遵从正态分布；如果在对数正态概率纸上点成一条曲线，那就是遵从对数正态分布。

另一种方法就是把数据的实际观测频数 O_i 与正态分布的理论频率 E_i 相比较，来检验数据的正态性。检验时计算 $X^2=\sum_{i=1}^{n}\dfrac{(O_i-E_i)^2}{E_i^2}$，$f=n-k$，其中 n 为数据分组数目；k 为估计参数所用的统计量数目。若计算的 $X^2<X_a^2$，可认为数据是服从正态分布的；若 $X^2>X_a^2$，则按显著性水平 a 判断数据不服从正态分布。X_a^2 值可由 X^2 分布表查得。用这种方法检验数据的正态性，一般要求总频数不少于 50，同时任何一组的理论频数不小于 5，否则要把相邻组合并以增大理论频数，这时分组数相应减少。

例如，有一组某水库水体中铅含量的监测数据共 106 个，要检验这组数据的正态性。检验过程如表 10-1 所示，表中第 1 列、第 2 列是这组数据的分组情况和各组的实际频数。为了找出各组的理论频数，先要将各组段的下限值经一个变换：$\mu=$（限数$-\overline{X}$）$/S$（X^2 为这组数据的平均值；S 为标准差）。假如各组数据服从正态分布，得到的变量 μ 将服从均数为 0、标准差为 1 的标准正态分布。从正态分布表可查到各 μ 值的相应累积分布函数值 $F(\mu)$，当 $\mu<0$ 时，从 $|X|=k_a$ 求 a 得 $F(\mu)=a$；当 $\mu>0$ 时，从 $\mu=k_a$ 求 a 得 $F(\mu)=1-a$。

查得的数值列在表 10-1 的第 4 列中。将两两相邻的 $F(\mu)$ 值相减，就得到各组段内数据出现的理论概率。此理论概率乘以总频数 106，就得到第 6 栏的理论频数。最后一行的理论概率值 0.0107 是由 $1-0.9893$ 得到的，就得到大于 75mg/L 数据出现的概率。把理论频数小于 5 的相邻组合并，原来分的 14 组合并为 10 组，然后计算 $X^2=\sum_{i=1}^{10}\dfrac{(O_i-E_i)^2}{E_i^2}$ 得到 $X^2=3.0925$。由于计算理论频数时，用了 $\overline{X}$ 和 S 作 μ 和 σ 的估计值，还用了总频数这一数值，所以 $k=3$，自由度 $f=10-3=7$，查 X_a^2 表，$f=7$ 时 $X_{0.05}^2=14.7$，求得的 $\overline{X}^2<x_{0.05}^2$，因此可以认为这组数据服从正态分布。

表 10-1　正态分布检验过程表

分组 (μg/L)	实测频数 O	$\mu=\dfrac{组限-\bar{x}}{S}$	$F(\mu)$	$F(\mu_{i+1})-F(\mu_i)$	理论频数 E	$\dfrac{(O-E)^2}{E}$
				0.002 4	0.25 ⎫	
10	1 ⎫	−2.82	0.002 4	0.005 4	0.57 ⎬ 5.35	0.340 6
15	1 ⎬ 4	−2.42	0.007 8	0.012 9	1.37 ⎬	
20	2 ⎭	−2.03	0.020 7	0.029 8	3.16 ⎭	
25	6	−1.64	0.050 5	0.057 0	6.04	0.000 3
30	11	−1.24	0.107 5	0.090 2	9.56	0.216 9
35	15	−0.85	0.197 7	0.125 1	13.26	0.228 3
40	12	−0.46	0.288	0.153 3	16.24	1.107 0
45	20	−0.06	0.476 1	0.153 2	16.23	0.875 7
50	13	−0.33	0.629 3	0.134 9	14.30	0.118 2
55	12	0.72	0.764 2	0.104 4	11.07	0.078 1
60	7	1.12	0.868 6	0.065 9	6.98	0.000 1
65	3 ⎫	1.51	0.934 5	0.036 8	3.90 ⎫	
70	2 ⎬	1.90	0.971 8	0.018 0	1.91 ⎬ 6.97	0.127 3
75	1 ⎭	2.30	0.989 3	0.010 7	1.13 ⎭	
合计	106			1.00	105.97	3.092 5

注：$\bar{x}=45.8$，$S=12.7$。

2. 非参数检验法

这种方法可以不管样本所遵从的分布类型，也不涉及总体参数，是一种简便快速的统计方法。下面介绍一种常用的方法——秩和检验法。

这是一种用以比较两组数据间有否差异的检验。假设一组数据的数目为 n_1，另一组为 n_2，且 $n_1<n_2$，n_1 与 n_2 相差不宜太大。检验时的具体步骤如下。

(1) 将两组数据各自从小到大排列，两组数据合在一起定出秩次，即合在一起按大小顺序编号，两组间数值相同的数取平均秩次，若相同的数值只在同一组出现，则可不求平均秩次。

(2) 计算数值较少的那组数据的秩次之和，所得值用 T 表示。

(3) 按 n_1、n_2 及约定的显著性水平 α 查阅秩和检验表。在双侧检验中，应该查 $T_{\alpha/2}$，如果所得 T 值在上侧及下侧 $T_{\alpha/2}$ 之间，则可认为两组数据间无显著差异，否则即有显著性差异。如是检验 n_1 组数据是否高于 n_2 组，则属于单侧检验。可将所得的 T 值与上侧判断界限值 T_α 比较，如果 $T_\alpha \geqslant T$，则可认为 n_1 组在约定的显著性水平高于 n_2 组；若检验 n_1 是否低于 n_2 组，则与下侧判断界限 T_α 比较。

例如，甲、乙两组数据按顺序排列如表 10-2 所示，数值 14.6 及 14.8 两组都有，所以，应该将秩次为 7、8、9 和 12、13、14 分别求出它们的平均秩次，即均秩次，(7+8+9)/3=8 以及 (12+13+14)/3=13，而 14.3、14.7、14.9、15.1 是各组自有的，可不必取平均秩次，因其不影响最后求秩次和。乙组数值 $n_1=10$，甲组数值 $n_2=11$，求乙组秩和为 740，约定显著水平 $\alpha=0.05$。

双侧检验，查表得下侧判断界限值 $T_{\alpha/2}(T_{0.025})$ 为 81，所以，乙组数值和甲组数值有显著差异。

表 10-2　甲、乙两组数值按顺序排列表

甲	秩次	6	8	10	11	13	15	16	18	19	20	21
	数值	14.5	14.6	14.7	14.7	14.8	14.9	14.9	15.1	15.1	15.2	15.3
乙	秩次	14.1	14.2	14.3	14.3	14.4	14.6	14.6	14.8	14.8	15.0	
	数值	1	2	3	4	5	8	8	13	13	17	

3. 确切概率检验法

许多计算数据常可按是否具备某种属性进行分类，如吸烟与不吸烟；患病或不患病；超标与不超标等。有时需要检验两个随机样本中，具备某种属性的结果出现的频率是否一致，或者有否显著性差异，常用确切概率检验法。这种检验法可通过 2×2 表（表 10-3）来进行，这是一种除合计项外只含两行两列的表格，又称四格表。一个随机样本有 $a+b$ 个个体，具备属性 A 的有 a 个，无属性 A 的有 b 个，另一个随机样本有 $c+d$ 个个体，具备属性 A 的有 c 个，无属性 A 的有 d 个，合计栏中的 $n=a+b+c+d$。

表 10-3　2×2 表

	有属性 A 的	无属性 A 的	合计
一个样本	a	b	$a+b$
另一个样本	c	d	$c+d$
合计	$a+c$	$b+d$	n

当两样本都来自概率相同的同一总体时，出现上列 2×2 表内所示结果的确切概率为：

$$P_1=\frac{(a+b)!\,(c+d)!\,(a+c)!\,(b+d)!}{a!\,b!\,c!\,d!\,n!} \tag{10-5}$$

为了最终判断两样本的频率是否一致，除计算 P_1 外，还要逐一计算两样本频率差别更大的各种情况出现的概率，如把表中的 a 和 d 各减去 1，b 和 c 各加上 1，则两样本频率的差别更大，这时的确切概率为：

$$P_2=\frac{(a+b)!\,(c+d)!\,(a+c)!\,(b+d)!}{(a-1)!\,(b+1)!\,(c+1)!\,(d-1)!\,n!} \tag{10-6}$$

依次继续计算出差别更大时的概率，一直算到 P_{a+1} 为止。这时 a 减为零，而

$$P_{a+1}=\frac{(a+b)!\,(c+d)!\,(a+c)!\,(b+d)!}{0!\,(b+a)!\,(c+a)!\,(d-a)!\,n!} \tag{10-7}$$

由于概率 $P_1, P_2, \cdots, P_{a+1}$ 是在假定两样本频率一致的情况下得到的，因而，如果 P_1+P_2

$+\cdots+P_{a+1}$ 很小,小于选定的显著性水平 a,则两样本频率一致的假定可以否定;如果这些概率之和大于选定的显著性水平 a,则两样本频率一致的假定不能否定。

例如,为防治某地方病,采用了微量元素药物的防治措施,投药前随机抽取 220 人,查出患病者 10 人;投药后随机抽取 180 人,查出患者 2 人。要检验投药后患病率是否明显降低(取显著水平 $a=0.05$)。先列出四格表(表 10-4),因为 $a=2$,所以只需计算 P_1、P_2、P_3:

表 10-4　四格表　　　　　　　　　　　　　　　(单位:人)

	患病人数	健康人数	合计
投药后	2	178	180
投药前	10	210	220
合计	12	388	400

$$P_1 = \frac{180!\ 220!\ 388!\ 12!}{2!\ 178!\ 10!\ 210!\ 400!} = 0.025\,67$$

$$P_2 = \frac{180!\ 220!\ 388!\ 12!}{1!\ 179!\ 11!\ 209!\ 400!} = 0.005\,47$$

$$P_3 = \frac{180!\ 220!\ 388!\ 12!}{0!\ 180!\ 12!\ 208!\ 400!} = 0.005\,3$$

$P_1+P_2+P_3=0.031\,67<0.05$,因此投药前后患病率相同的假设被否定,即采取防治措施后,患病率确实下降了。

三、常用的多元统计方法

在环境地球化学研究中为了了解元素含量之间的关系,环境因素对含量特征的影响,以及进行变量的成因分类,常采用多元统计方法。下面通过一些实例来介绍这些方法的具体应用。

1. 相关分析

相关性分析是指对两个或多个具备相关性的变量元素进行分析,从而衡量两个变量因素的相关密切程度。相关性的元素之间需要存在一定的联系或者概率才可以进行相关性分析。相关性不等于因果性,也不是简单的个性化,它所涵盖的范围和领域几乎覆盖了我们所见到的方方面面。相关性在不同的学科里面的定义也有很大的差异。相关分析是可以揭示环境中元素之间相互关联和相互依存关系,进而认识元素环境地球化学行为的一种有效的统计方法。

庞绪贵等(2011)分析了土壤、饮水碘分布及变化规律,研究了高碘地甲病与地球化学环境相关性,结果显示高碘地甲病与饮水碘含量呈正相关关系,而与土壤中碘元素含量无明显的相关关系。对表层土壤碘和人体尿碘含量统计(表 10-5),可以看出,郓城、博兴、东昌府、嘉祥 4 县(区)人体尿碘平均值由高到低分别为 1.003mg/L、0.881mg/L、0.612mg/L 和 0.606mg/L;与表层土壤中碘含量平均值的高低变化对应较差,说明表层土壤中碘含量与人体尿碘含量相关性较差。进一步对表层土壤与人体尿碘含量的相关性进行分析,人体尿碘含量与表层土壤相关系数仅为 0.10,相关性较弱。综上分析,认为调查区土壤碘含量与高碘地甲病相关性较弱,土壤中的碘含量高低与高碘地甲病关系不大。

表 10-5 表层土壤碘和人体尿碘含量统计

地区	表层土壤(μg/g)				人体尿碘(mg/L)		
	样品数	变化范围	变异系数	平均值	样品数	变化范围	平均值
郓城	411	0.56~6.44	0.42	2.05	492	0.096~4.018	1.003
嘉祥	242	0.89~5.71	0.41	2.30	298	0.046~4.130	0.606
东昌府	310	0.89~4.38	0.30	2.12	499	0.043~4.871	0.612
博兴	229	0.63~3.57	0.25	1.92	199	1.25~14.50	0.881

2. 聚类分析、因子分析和对应分析

聚类分析是根据研究对象,如样品或变量的多种特征在数值上可能存在着的相似性程度的不同,将它们聚合为不同点群的一种多元统计分析方法。它首先以研究对象本身多个特征的数据作为出发点,考虑每个研究对象之间的相似性程度,并按照这个相似性程度,由亲到疏把所研究的个体逐次聚合成群,最后画出谱系图,从而一目了然地表示出个体之间的分群关系。根据研究对象的不同可分为两类:一类是对样品分类,称 Q 式分析;另一类是对变量分类,称 R 式分析。

因子分析是用来研究一组变量之间的相关性,或者研究相关矩阵内部结构的一种多元统计方法。它将多个变量综合成为少数的"因子",也就是在较少损失原始数据信息的前提下,用少量的因子去代替原始变量,从而达到对原始变量的分类,揭示原始变量之间的内在联系和主要因素等作用,因此,因子分析是研究变量的组合、系统的分类以及它们之间成因联系的有效方法。与聚类分析相似,因子分析也可分为两类:R 式因子分析用来研究变量之间的相关关系;Q 式因子分析用来研究样品之间的相关关系。

对应分析是在 R 式因子分析和 Q 式因子分析的基础上发展起来的,其主要特点是可以用共同的因子轴同时表示样品与变量的负荷,从而揭示样品和变量之间的内在联系。

在环境地球化学研究中,有时为了充分地利用环境样品的分析数据,尽可能多地获得有关环境方面的信息,常常同时采用几种统计分析方法对同一组测试数据进行研究。

四、环境问题的数学模型

在环境地球化学研究中,往往通过建立一定的数学模型来描述各种环境作用因素之间,以及人类活动所产生的各种污染物质与环境质量参数之间的关系。

建立一个实际环境问题的数学模型,一般可分为以下 5 个步骤。

(1)概念化:这一步包括选择适当的模型变量;确定变量之间的相互影响与变化规律;写出描述这些关系的数学方程。一个模型只能反映它所描述的现象的基本特征,只是真实世界的一种近似,因此,在满足问题要求的前提下,应该使用尽可能简单的模型形式。

(2)考察模型的一般特征:这一步包括考察模型的平衡特征、稳定性和灵敏性(灵敏性是反映模型参数变化时,模型解的变化情况的一种特征)。如果这一步不能令人满意就回到前一步重新做起。

(3)确定模型参数:在模型方程中,通常含有一些取常数值的参数。这些参数的数值需要用某种方式加以确定,如经验公式、实验室实验或数学方式等。但不管用什么方法,必须使得到的参数值在代入模型后能较好地重现观测数据。如果这一步得不到令人满意的结果,就再回到前两步重新做起。

(4) 模型的检验:经过上述3个步骤之后,已经得到了一个能较好地重现确定参数时所用数据的数学模型,但这个模型重现其他观测数据的能力还不得而知,因此,还必须检验模型是否具有预定能力。所谓检验就是用独立个体确定参数时所用数据的新观测数据,与模型的计算值相比较,如果达到预期精度,则说明所建立的模型是成功的,否则要重新做前面3步的工作。

(5) 模型的应用:这一步是将所建立的模型应用于解决原先提出的问题。如果模型达不到解决问题的要求,那么仍要重复上述各步骤,直到能用所建立的模型满意地解决原问题为止。

在利用数学模型解决环境问题时,如输出的数据可靠,则模型研究的结果就好,因此,在环境背景的描述和有关的现场取样及分析时,工作必须仔细,以便提供可取的输入数据。下面以多介质逸度模型为例介绍数学模型的应用。

模拟有机污染物环境行为的模型中,最具影响力和应用最广泛的当属多介质逸度模型。逸度概念是由加拿大人 Donald Mackay 于20世纪70年代末提出,随后经过几十年的研发和应用而备受关注。国内外学者在应用多介质模型过程中,都根据具体的环境要求对其改进和修正,以体现其适用性。

逸度模型的核心思想是采用逸度(fugacity, f)代替浓度,体现了一种热动力学性质,是化学物质在环境相之间质量扩散的平衡标准,表现了化学物质从一个环境相到另一个环境相的逃逸趋势。逸度的单位是帕(Pa),以化学物质的分压表示,与其在环境相中的浓度值成正比。结合逸度容量 Z(fugacity capacity) 和各种迁移参数 D,建立化学物质在大气、水体、土壤、沉积物等各个环境相之间的迁移转化的质量平衡方程,数值求解并得到化学物质在各个环境相中的浓度、通量和质量。由于此模型可以考察污染物在多个环境相的分配过程,故也称为多介质逸度模型。

逸度模型一共有4个级别,即 Level I、Level II、Level III、Level IV。不同级别的模型特点如表10-6所示。随着级别的提高,模型考虑的因素越来越多,结构也逐渐复杂,其中逸度IV更加接近真实环境(总变化速率=输入速率-输出速率)。在真实环境中无论是输入速率还是状态变量都极有可能是时间功能函数。总体而言,逸度模型是一种质量平衡模型,即总输入等于总输出。

表 10-6 逸度模型的分类及特点

模型级别	系统性质	系统特征	模型方程
Level I	封闭、稳态、平衡	物质质量恒定,平衡分配,无降解反应,与外界无物质交换	$f = M_T / \sum Z_i V_i$
Level II	开放、稳态、平衡	物质以恒定速度输入,有降解反应,有平流作用	$I = \sum D_{Ai} f + \sum D_{Ri} f$
Level III	开放、稳态、非平衡	物质以恒定速度输入,有降解反应,有平流作用,有介质间迁移,多个环境介质	$I_i + \sum (D_{ji} f_j) = D_{Tj} f_i$
Level IV	开放、非稳态、非平衡	物质输入为时间函数,有降解反应,有平流作用,有介质间迁移,多个环境介质	$V_i Z_i \mathrm{d} f_i / \mathrm{d} t = I_i + \sum (D_{ji} f_j) - D_{Tj} f_i$

在表 10-6 中，f 是逸度值；M_T 是污染物在环境系统中的总量；Z_i 为环境介质的逸度容量，表现了该介质容纳污染物的能力；V_i 指代环境介质的体积；I、D_{Ai}、D_{Ri} 分别为系统总输入、对流速率、反应速率；D_{ji}、D_{Ti} 分别为介质间的输入迁移和系统总输出（从介质 i 流失的 D 值总和）。

第四节 环境地球化学背景值的调查方法及异常下限确定

一、环境地球化学背景值调查研究方法

环境地球化学背景值调查研究方法包括：①区域的规划和选择；②研究项目的选定；③布点的原则和采样；④分析质量的控制；⑤资料整理、图件的汇编、样品保存、数据处理等步骤。下面依次简要介绍。

1. 区域的规划和采样单元选择

根据调查的不同目的对区域进行规划和选择。如要针对农业的发展和土地利用则可主要对农业土壤进行；如需开发某一地区的水利、厂矿、电站，则应主要围绕该区域或水泵流域进行。如果只需要进行区域性的了解，可以进行大面积较小比例尺的调查，并可包括多个采样单元。此外，根据不同要求选择不同的环境要素测定其背景值，如岩石、土壤、水体及生物等。如要查明某些地区的地方性疾病，则要开展水土及作物中元素背景值的调查。

2. 研究项目的选定

在限定的经费条件下，项目的选定十分重要。在开展工作以前，详细地了解以往研究资料和对野外进行实地调查，会对研究项目的选定大有助益，要针对不同目的选定基本的和参考的研究项目。在项目选定时可考虑下列几点。

(1) 对于开展以防治污染为目的的调查（例如污染程度、污染源、污染途径等），在研究土壤背景值中可选择测定 Cu、Pb、Zn、Cd、Hg、As、Cr、Ni 等；对水体，可增加 F、Fe、Mn 以及对生物需氧量(BOD)、化学需氧量(COD)、pH 值、氧化还原电位(Eh)等的测定。

(2) 对于某些地方性疾病多发区，还可增加 Se、Mo、K、Na、Ca、Mg 等元素的测定。必要时要开展放射性元素（U、Th）和稀土元素的背景值研究工作。

(3) 如果发现调查区域赋存某种矿化乃至矿床，则要对组成矿物的重金属元素和伴生元素作分析测定。

(4) 对出露不同岩性的基岩地区应相应地增加参考项目。如对花岗岩地区可增加 Be、W、Sn、Bi 等。测定在特殊情况下可增加 An、Ag 等贵金属元素的测定，以便扩大经济效益。

(5) 最后还要结合现有的仪器测试条件来择优选定研究项目。

3. 布点和采样

在环境背景值调查研究中，由于水体、水生生物、土壤以及作物等环境要素本身在时间和空间上是非均匀体系，因此，必须通过合理的样品布置，以最少的样点数求得研究体系的总体特征。同时要保证采集的样品具有代表背景的价值。

土样的布点要综合考虑以下因素。

(1) 考虑土壤类型、成土母质性质。对于土质简单的地区可视土壤为一均匀总体，这时可

按几何网络法布点;对成土因素复杂的地区,在样品总数条件下,可按总体分居法布点,即按环境因素(如不同母质、不同土壤类型)分为若干采样单元,在同一单元内取其若干个样品的平均值。

(2)考虑地貌、地形、植物及水系对环境背景值的影响。

(3)避开人为活动可能对土壤造成污染的地区,例如不要在靠近主干公路和铁道两侧采样,避开可能造成次生污染的厂矿及矿脉。

(4)在上述条件下,使调查区内样点分布尽可能均匀,样数应满足数理统计的要求。

水样布置原则基本同上,如考虑区域内岩性、土壤特征,避开污染源等,但主要沿河流或以湖泊为单元进行布点。由于水体的流动开放性更大,故在样点(断面)的分配上要按河流或河段径流量与水泵总径流量之比来确定。

土样的采集是求得背景值的重要环节,上述布置原则都要体现在样品中。根据有关资料,主要有以下几点。

(a)土壤剖面的挖掘。剖面的规格一般为长1.5m,宽0.8m,深1.2m(图10-5)。地下水位较高时,挖至地下水出露为止(如水稻土);在山地丘陵土层较薄处,挖至风化层。尽量不用自然剖面,如用土壤发育良好有代表性的自然剖面时,应至少削去20cm的自然剖面。

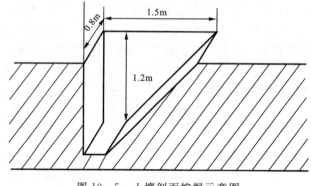

图10-5 土壤剖面挖掘示意图

(b)剖面的分层采样。当土壤A层(腐殖层)、B层(淀积层:Ca或Fe、Mn淀积)、C层(母质层)发育时(三层发育的土壤有棕壤、褐土、白浆土、黑钙土、栗钙土、棕钙土、暗棕壤、红壤、黄壤、赤红坡、砖红壤和黄棕壤),要分层采样、分层分析。

山地土壤往往B层不发育,与A层界限不清。此时可采A、C层,如石灰土、紫色土、草毡土、寒漠土等。对于干旱地区的土壤,A层发育不完善,B层也不明显,这时可在表层(0~20cm)、心土层(50cm左右)及底土层(100cm左右)分别采样,如灰漠土、棕漠土、风沙土、绵土等。水稻土分层比较清楚,可按A层(耕作层)、P层(犁底层)、C层(母质层或G潜育层或W潴育层)分层采样。

(c)在土采样剖面内,尽可能采集未遭受风化的母岩样品。

(d)单个湿土样品量不低于1.5kg。

(e)具体采样方法是在挖好剖面后,用剖面刀(铁制)修整观察剖面,然后,经竹制剖面刀刮去表面土,准确划分土壤发育层次后,自上而下采集。样品装入PE塑料袋,外罩布袋,随附土壤样品标签,一式两份,一份放入塑料袋内,另一份扎在布袋口以备核查。每个样点都要登在专用的采样记录表上并图示采样剖面所在地断面图或平面位置图。最后对有代表性的剖面拍彩色照片。

4. 样品分析和质量控制

(1)分析方法的选择首先要满足分析质量的要求,即选择的方法和使用的仪器要有足够的灵敏度和检出限。表10-7和表10-8列出了2005年中国地质调查局地质调查技术标准《多目标区域地球化学调查规范(1:250 000)》(DD2005—01)各指标分析方法检出限。其次要考虑分析方法的精密度和准确度,做到准确、快速、经济。

表10-7 无机指标分析方法检出限　　　　　　　　　　　　(单位:μg/g)

元素	检出限(D_L)	元素	检出限(D_L)	元素	检出限(D_L)	元素	检出限(D_L)	元素	检出限(D_L)
Ag	0.02	F	100	Rb	10	Zn	4		
As	1	Ga	2	S	50	Zr	2		
Au	0.000 3	Ge	0.1	Sb	0.05	SiO_2	0.1*		
B	1	Hg	0.000 5	Sc	1	Al_2O_3	0.05*		
Ba	10	I	0.5	Se	0.01	TFe_2O_3	0.05*		
Be	0.5	La	5	Sn	1	MgO	0.05*		
Bi	0.05	Li	1	Sr	5	CaO	0.05*		
Br	1.5	Mn	10	Th	2	Na_2O	0.1*		
Cd	0.03	Mo	0.3	Ti	10	K_2O	0.05*		
Ce	1	N	20	Tl	0.1	TC	0.1*		
Cl	20	Nb	2	U	0.1	Corg.	0.1*		
Co	1	Ni	2	V	5	pH	0.10**		
Cr	5	P	10	W	0.4				
Cu	1	Pb	2	Y	1				

注:*计量单位为10^{-2};**为无量纲。

表10-8 持久性有机污染物各项指标分析方法检出限要求　　　　　(单位:μg/g)

组分	检出限(D_L)	组分	检出限(D_L)
六六六(包括α、β、γ、δ-HCH四种异构体)	0.001	异狄氏剂	0.003
滴滴滴(包括DDE、DDT、DDD等四种异构体)	0.001	多氯联苯	0.001
氯丹	0.001	毒杀芬	0.001
艾氏剂	0.005	灭蚁灵	$0.3×10^{-7}$
七氯	0.005	二噁英	$0.3×10^{-7}$
狄氏剂	0.003	呋喃	$0.3×10^{-7}$

(2) 实验室的质量控制。为确保分析结果的准确性,实验室应采取相应措施,如分析前实验室的准备,包括校正分析天平、玻璃器皿的检查、实验用水的分级制备、配制各类试剂等。在分析土壤样品的同时分析标准样品,使用标准仪器,对分析过的土样抽样进行内检和外检等。

5. 土壤背景值的数据处理

正确划分统计单元是数据处理的重要环节。划分统计单元的原则是同一单元内数据间差异要尽可能小,不同单元之间数据的差异要尽可能大。根据影响土壤中元素含量水平的主要因素、土壤类型和成土母质的不同以及区域自然环境的影响,统计单元的划分可按照下列因素进行:①同一母质发育成的同一土类;②不同母质发育成的同一土类;③同一母质发育成的不同土类;④根据土壤剖面不同发育层次划分;⑤根据不同流域划分。

其他关于非背景值的剔除和背景值的计算方法可参考地球化学找矿中的数理方法进行。

关于流域水背景值的样品采集和分析仪器及统计方法等除前面已叙及外不再一一列举。在数据处理时同样要正确划分水环境背景值的统计单元。为此,可考虑以下原则:①由分水岭隔开的独立水系;②按河流流经地区的主要岩石类型划分;③按流经地区的主要土壤类型划分;④按照河水不同的水化学类型划分,如碳酸钙组Ⅰ型水、碳酸盐钠组Ⅰ型水、碳酸镁Ⅰ型水等统计单元;⑤按地貌类型不同划分等。

二、地球化学背景值及异常下限值确定

确定地球化学背景值与异常下限值的方法有很多种。早期采用简单的统计方法求平均值与标准偏差,用直方图法确定的众值或中位数作为地球化学背景值,之后又发展到用概率格纸求背景值与异常下限等。随着对地球化学背景认识的加深,学者们采用求趋势面或求移动平均值等方法来确定背景值和异常下限。20 世纪 70 年代以来,多元回归法、稳健多元线性回归分析法、克立格法、马氏距离识别离散点群法等多种方法常用来研究地球化学的背景值和异常下限。

考虑到方法的实用性、有效性、易操作性,通过几种方法在工作区的试验对比,迭代法确定的背景值及异常下限较低,更有利于突出弱异常。因此,工作区背景值和异常下限的确定选用迭代法。

迭代法处理的步骤如下:①计算全区各元素原始数据的均值(X_1)和标准偏差(Sd_1);②按 X_1+nSd_1 的条件剔除一批高值后获得一个新数据集,再计算此数据集的均值(X_2)和标准偏差(Sd_2);③重复第②步,直至无特高值点存在,求出最终数据集的均值(X)和标准偏差(Sd),则 X 作为背景值 C_0,$X+nSd$(n 根据情况选 1.5 或 2,3)作为异常下限 C_a。

采用迭代法求出工作区各地球化学元素特征值及各参数(表 10-9)。

勘查地球化学(系统地测量和研究各类天然物质中与自然资源有关的地球化学指标,进行资源勘查或预测的方法)数据是以多元素或多变量为特征的。其数据处理既研究元素之间的相互关系,又研究样品之间的相互关系,前者叫作 R 方式分析,后者叫作 Q 方式分析。分析结果是将数据按变量或按样品划分成若干类,使各类内部性质相似而各类之间性质相异。如果参加分析的数据含有已知类别(如矿或非矿的作用)时,数据处理的结果可给出明确的地质解释,否则所做的地质解释就含有较大程度的推测性。

在特定情况下地球化学数据可能只反映单一的地质过程,这样的勘查地球化学数据是来自"一个母体"的。一般情况是几种地质过程作用在同一地区,它们相互重叠或部分重叠,这反

映在地球化学数据上就具有"多个母体"的特征。勘查地球化学数据处理需要鉴别和分离这些母体,即对勘查地球化学数据值进行分解,确定出不同母体的影响在数据中所产生的分量。在确定和分离地球化学母体时常常涉及化学元素的分布形式,如正态分布或对数正态分布等。

表 10-9 工作区元素地球化学特征值及参数表

元素	均值 (X)	标准偏差 (Sd)	异常下限 ($X+2Sd$)	异常下限 ($X+1.5Sd$)	$<X+2Sd$ (个数)	$\geq X+2Sd$ (个数)	$\geq X+2Sd$ (%)	迭代次数
Cu	16.976 9	6.830 28	30.637 5	27.222 4	5888	1071	15.39	13
Pb	26.400 4	6.254 36	38.909 1	35.781 9	5919	1040	14.94	10
Ag	0.058 76	0.016 167	0.091 093 6	0.083 010 2	5611	1348	19.37	11
Zn	62.087 8	17.967 1	98.022	89.038 4	6049	910	13.08	8
As	4.293 65	1.808 94	7.911 53	7.007 06	4803	2156	30.98	19
Sb	0.447 151	0.192 886	0.832 922	0.736 479	5767	1192	17.13	11
Hg	0.013 682	0.006 728	0.027 137 9	0.023 774	6430	529	7.60	6
Au	0.555 449	0.277 578	1.110 61	0.971 817	5780	1179	16.94	9

地球化学元素及化合物的异常下限值确定是地球化学中重要的问题之一,目前还没有一个令人满意的具有科学依据的计算方法。传统的勘查地球化学异常下限值计算是基于元素的地球化学分布呈正态分布或元素含量在空间上呈连续的变化这一假设为基础的,而事实上地球化学元素含量的空间分布是极其复杂的。研究表明,地球化学景观可能是一个具有低维吸引子的混沌系统。

相关分析:相关分析是对客观现象具有的相关关系进行的研究分析。它的目的在于帮助我们对关系的密切程度和变化的规律性有一个具体的数量上的认识,作出判断,并用于推算和预测。它的主要内容包括:①确定现象之间有无关系;②确定现象之间关系的密切程度;③测定两个变量之间的一般关系值;④测定因变量估计值和实际值之间的差异。

聚类分析:聚类分析是根据事物本身的特性研究个体分类的方法,其原则是同一类中的个体有较大的相似性,不同类的个体差别比较大。根据分类对象的不同分为样品聚类和变量聚类。

判别分析:判别分析是根据表明事物特点的变量值和它们所属的类求出判别函数,根据判别函数对未知所属类别的事物进行分类的一种分析方法。与聚类分析不同,它需要已知一系列反映事物特性的数值变量及其变量值。

因子分析:因子分析是将多个实测变量转换为少数几个不相关的综合指标的多元统计分析方法。在各个领域的科学研究中往往需要对反映事物的多个变量进行大量的观测,收集大量数据以便进行分析,寻找规律。多变量大样本无疑会给科学研究提供丰富的信息,但在一定程度上也增加了数据采集的工作量,更重要的是在大多数情况下,许多变量之间可能存在相关性而增加分析问题的复杂性,由于各个变量之间存在一定的相关关系,因此有可能用比较少的综合指标分别综合存在于各个变量中的各类信息,而综合指标之间彼此不相关,即各指标代表的信息不重叠,这样就可以对综合指标根据专业知识和指标所反映独特含义给予命名,这种方法称为因子分析法。

回归分析:研究变量之间存在但又不确定的相互关系以及密切程度的分析叫作相关分析。如果把其中的一些因素作为自变量,而另外一些随自变量变化而变化的变量作为因变量,研究它们之间的非确定因果关系,就是回归分析。

生存分析:生存分析广泛应用于生物医学、工业、社会科学、商业等领域,如肿瘤患者经过治疗后生存的时间、电子设备的寿命、罪犯假释的时间、婚姻持续的时间、保险人的索赔等。生存分析就是处理收集来的数据,生存数据包括生存时间及其相关因素。

方差分析:方差分析是检验两个或多个样本均数间差异是否具有统计意义的一种方法。例如:医学界研究几种药物对某种疾病的疗效,农业研究土壤、肥料、日照时间等因素对某种农作物产量的影响,不同饲料对牲畜体重增长的效果等,都可以使用方差分析方法来解决。其基本原理认为,不同处理组的均数间的差别基本来源于随机误差和实验条件。

第五节 环境地球化学分析检测技术

一、无机环境地球化学分析技术

20世纪60年代以前,环境地球化学分析主要以经典的化学法为主,因此当时的地质样品分析主要是采用化学法测定岩石矿物的主、次量组分,所采用的技术也多为单元素分析技术。20世纪70年代以后,随着大规模勘查地球化学扫面工作的开展,面对大量样品中39种组分尤其是痕量、超痕量级定量分析的需求,以化学分析为主的经典分析化学发展为以仪器分析为主的现代分析化学。尤其是20世纪90年代以来,分析化学获取物质定性、定量、形态、形貌、结构、表面微区等各方面信息的能力得到了极大的增强。高精度、高灵敏度、自动化和智能化的多元素同时分析技术已成为无机元素分析方法系统的主流。因此,化学分析为地球化学研究和多目标地质调查提供了强有力的技术支撑。分析元素的种类在不断增加,比如:从1∶20万区域勘查地球化学扫面要求分析的39种元素到覆盖区多目标地质调查的53种元素,再到超低密度地球化学化探填图计划要求的76种元素。样品类型也不断扩大,从常规的岩石矿物到各种类型的环境地球化学样品,如土壤、沉积物、植物、动物等。分析性能指标不断优化,比如痕量、超痕量元素,其检出限、精密度、准确度等指标都得到了显著进步。分析目标多元化,比如从元素的整体含量分析到微区原位分析、形态分析等,为地学研究和环境地球化学调查、评价提供多维信息。

现代分析技术主要依靠先进的多元素同时分析技术实现主、次、痕量及超痕量元素的分析。比如,电感耦合等离子体原子发射光谱(ICP-AES)、电感耦合等离子体质谱(ICP-MS)和X射线荧光光谱(XRF)技术是目前地质样品元素分析的主要支撑技术,在地学研究和多目标地质调查中发挥着重要作用。近年来地质系统各级实验室基本上都装备了大量的现代分析仪器。在各个地质实验室的多元素配套分析系统中,XRF和ICP-AES主要承担着地质样品中主次成分及一些微量元素的分析功能,而最新的ICP-MS则承担着大多数痕量和超痕量元素的分析功能,尤其是所有稀土元素、铂族元素的同时、快速、准确测定几乎成了ICP-MS独一无二的主打技术。原子吸收光谱、原子荧光光谱虽然大多逐渐被现代多元素同时分析技术所取代,但目前仍然是地质样品多元素分析系统中重要的配套技术之一。ICP-MS和色谱联用技术在元素形态分析中的研究及应用,ICP-MS和激光剥蚀联用技术在地质样品元素微区分析中的研究及应用等是当前分析化学新的关注点。

二、有机环境地球化学分析技术

地质体中有机质的研究方法尚离不开经典有机分离分析技术,如各种抽提技术将分散状的有机物质抽提出来,再采用柱色层或薄层色层等方法将其分成族组分和各类化合物,必要时可将化合物制备成衍生物,然后进行仪器测试和鉴定。分析测试所用的仪器主要有气相色谱仪、紫外分光光度计、红外分光光度计、高效液相色谱仪,以及研究生物标志化合物的关键设备——色谱-质谱联用仪,后又升级为色谱-质谱-质谱联用仪,还有可研究单个化合物碳同位素比值的色谱-碳同位素比值质谱联用仪(GC-C-MS)。研究固体有机质常用的仪器主要有显微光度计、有机元素分析仪、生油岩评价仪、顺磁共振仪、核磁共振仪、阴极发光射线仪以及X衍射仪等。

通过分析测试可以获得有机碳总量(TOC)、可溶有机质总量、族组成,以及各类生物标志化合物的分布与特征资料。研究最为广泛的是岩石可溶有机质与原油中的类脂化合物,有烷烃,包括正构烷烃、类异戊二烯烃、甾烷和萜烷类等化合物,还有芳烃化合物,包括脂肪酸、脂肪醇、脂肪酮、卟啉等化合物,以及一些含氧、氮、硫杂环化合物等。通过各种生物标志化合物的分布特征及其各种参数研究,获得地质体中有机质的原始母质类型、生物输入、沉积环境、有机质的成熟度等信息。

1. 样品前处理

用有机溶剂可溶解提取的有机质称可溶有机质(extractable organic matter,EOM)。在早期研究中,由于使用氯仿(三氯甲烷)作为提取溶剂,故也将可溶有机质称作"氯仿沥青A"。可溶有机质的提取主要有3种方法,依其使用频度为:①索氏抽提(soxhlet extraction);②超声波溶剂萃取(sonification);③冷溶剂浸泡。近年来,也有采用超临界CO_2萃取技术(super-critical CO_2 extraction,SFE)对烃类组分进行提取的,但仅使用于微量有机组分的提取。

1)索氏抽提

索氏抽提的原理是采用溶剂反复回流,将样品中的可溶有机组分提取出来。通常先将样品粉碎至100目左右(0.15 μm)(图10-6)。萃取液采用甲醇、氯仿、苯等,根据分析样品的不同可选取一种或混合溶剂进行抽提。在近代沉积物中由于极性组分较多,常选用一定比例甲醇的混合溶剂作回流溶剂。抽提时间一般为40~50h。可溶抽提物先用正己烷沉淀沥青质,然后将正己烷可溶物用硅胶-氧化铝色谱柱分离。依次采用正己烷或石油醚洗脱饱和烃馏分、二氯甲烷或苯洗脱芳烃馏分、甲醇或苯-甲醇洗脱非烃馏分。各馏分

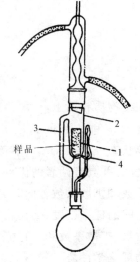

图10-6 索氏抽提器
1. 内装样品滤纸套;2. 提取器;
3. 玻璃管;4. 虹吸管

浓缩后自然风干保存,供 GC-MS 分析用。

由于索氏抽提方法简单、易行,可以将萃取物分成不同族组分,它几乎适合于所有的原油或生油岩样品的抽提分离,到目前为止仍然在有机地球化学预处理中发挥着很大的作用。不足之处在于索氏抽提温度高,挥发性组分易丢失;样品需要量较大,小量地质样品受到限制;操作方法本身有一些弊端,萃取时间长,使用溶剂量大,有一定的毒性;经常在高温下进行,成本高;整个过程为手动操作,难以实现自动化等。

2) 超临界流体萃取

超临界状态是物质的一种特殊流体状态,当把处于气液平衡的物质加压升温时,液体密度减小,而气相密度增大,当温度和压力达到某一点时,气液两相的相界面消失,成为一均相体系,这一点就是临界点。当物质的温度和压力分别高于临界温度和临界压力时,物质就处于超临界状态(图 10-7)。

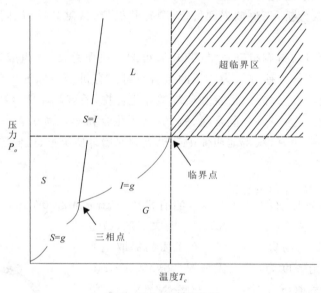

图 10-7 纯物质相图

在纯物质相图上,一般流体的气-液平衡线有一个临界点,此处对应的温度和压力即是临界温度(T_c)和临界压力(P_o)。当流体的温度和压力处于 T_c 和 P_o 之上时,那么流体就处于超临界状态(Supercritical 状态,简称 SC 状态)。超临界流体的许多物理化学性质介于气体和液体之间,并具有两者的优点,如具有与液体相近的溶解能力和传热系数,具有与气体相近的黏度系数和扩散系数。同时它也具有区别于气态和液态的明显特点:①可以得到处于气态和液态之间的任一密度;②在临界点附近,压力的微小变化可导致密度的巨大变化。由于黏度、介电常数、扩散系数和溶解能力都与密度有关,因此可以方便地通过调节压力来控制超临界流体的物理化学性质。

在有机地球化学的萃取分析中,它与索氏抽提对比具有几大显著优点:①萃取温度低,适宜挥发性、半挥发性组分的萃取;②样品需要量仅为 5~10g,特别适合小量地质样品的萃取分离;③操作过程更具优势,萃取时间短,无毒、安全、经济,不污染环境、自动化程度高等。

由此可见,超临界流体萃取技术在有机地球化学的研究中可以发挥很大的作用。

3)超声波溶剂萃取

近10年来,微波溶剂萃取、加速溶剂萃取技术和超声波溶剂萃取技术得到了很大发展,这些技术的优点一是大大缩短操作时间,一般在10~15h内能完成全部操作,二是萃取效率不低于经典的索氏抽提技术,三是有机溶剂的使用量大大减少,降低了萃取成本和操作毒性。

超声波溶剂萃取技术可以广泛用于萃取地质样品中具有重要环境和生源意义的生物标志物。由于操作简单,易于实现,萃取完全,萃取溶剂可随时根据被萃取物的极性进行调整,因此,特别适宜地质和环境样品中微量有机质的全组分萃取工作。

2. 有机组分的分离纯化方法

一般采用柱层析、络合加成、皂化和薄层层析等技术对有机质进行分离纯化。对于特殊样品制备,还可进一步采用高效液相色谱(HPLC)、凝胶渗透色谱(GPC)等分离方法。

1)柱层析法

柱层析是最常用的有机质族组分分离技术。常用的以硅胶、氧化铝、硅藻土为吸附剂的柱层析,属吸附色谱。将提取物转移至吸附剂的顶端后,以不同的溶剂依次洗脱,利用不同化合物在吸附剂和洗脱溶剂间的吸附-溶解作用的差异,使混合物得到分离。吸附剂的活性、洗脱剂极性和洗脱流速,是影响分离效果的主要因素。

分离生物标志物,常采用硅胶/氧化铝混合柱,以定量的正己烷(或石油醚)、苯(或二氯甲烷)和甲醇(或乙醇)等有机溶剂依次洗脱。此法可有效分离烷烃、芳烃和非烃等有机质组分。

在使用前,先分别对硅胶(60~80目,150℃,4h)和中性氧化铝(60~80目,450℃,5h)进行脱水活化,而后再加入质量分数5%的去离子水进行去活,使其活性均为Ⅱ级。硅胶和氧化铝以2:1体积比填柱,吸附剂重量不应少于样品重的50倍。采用干法充填,氧化铝层在下,硅胶层在上,边充填边以洗耳球敲击柱身,使填充紧密,而后迅速加入正己烷以赶除气泡并隔离空气。

样品以少量正己烷溶解,待柱内正己烷液面近于吸附剂顶端时,将样品转移至柱内,随后加入正己烷洗脱。当观察到向下移动的芳烃色环至近柱底时,更换收集容器,加入苯(二氯甲烷)洗脱芳烃。如果没有明显的芳烃色环,也可用荧光灯(254nm)检查淋出液滴,有荧光出现时则表明已到切割点。苯(二氯甲烷)的淋洗体积可控制在4倍柱体积。最后再加入4倍柱体积的甲醇洗脱非烃组分。

2)络合加成法

柱层析分离常常仅对样品进行粗分离。一般分离为三大馏分即饱和烃、芳烃和非烃。在生物标志物研究中常常需要对某些组分进行详细研究,故往往还需把饱和烃进一步分离成正构烷烃、异构烷烃和环烷烃。此时常常采用络合分离法。络合物亦叫包留物或笼络物、加成物、包藏物。

3. 分析仪器和方法

目前用于定量分析类脂物生物标志化合物的仪器,主要有两个系列。

色谱系列:气相色谱仪(GC)、高温气相色谱仪(HT-GC)、热解气相色谱仪(PY-GC)、液相色谱仪(LC)和高效液相色谱仪(HPLC)等。

色谱-质谱联用系列:气相色谱-质谱联用仪(GC-MS),适合于可气化有机组分分析;液相色谱-质谱联用仪(LC-MS),适合于不可气化有机组分分析;气相色谱-串联质谱联用仪

(GC-MS-MS),适合于生物组分分析;热解-色谱-质谱联用仪(PY-GC-MS),适合于热解的产物分析。

1)气相色谱-质谱联用仪(GC-MS)

气相色谱-质谱联用仪(GC-MS)是有机可气化组分分析仪器。在有机地球化学研究中,可检测原油和沉积物(岩)、土壤等抽提有机质的生物标志化合物,为判识样品形成环境、母质来源、热演化程度,以及古环境、古气候等提供可靠的科学依据,所以对有机地球化学的研究是非常重要的。

GC-MS由气相色谱仪-接口-质谱计组成(图10-8)。气相色谱仪由进样器、色谱柱、检测器(GC-MS联用,质谱计就是检测器)及控制色谱条件的微处理机组成。与气相色谱联用的质谱计主要有四极杆质谱计、磁质谱计、离子阱质谱计及飞行时间质谱计等。气相色谱-质谱联用技术,既充分利用了气相色谱独特的分离能力,又发挥了质谱定性的专长,优势互补,相得益彰。结合谱库检索,对容易挥发的混合体系可以得到令人满意的分离及鉴定结果。

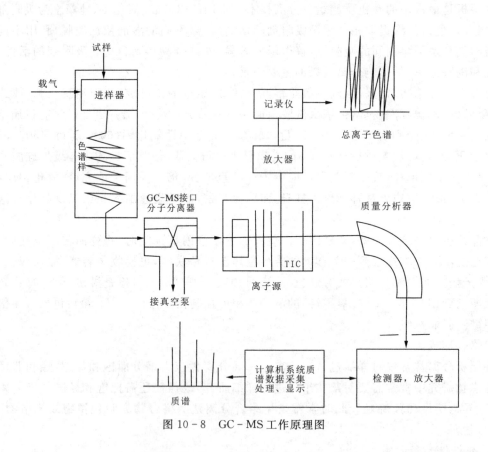

图10-8 GC-MS工作原理图

虽然GC-MS的组合方法多种多样,但方法、原理却基本相同。样品与载气同时由注样口进入色谱柱,色谱柱将样品混合物分离成各种单一组分,经色谱检测器检测,得到样品混合物的色谱图,进行定量分析。同时,由色谱柱流出的含被测组分的载气,经过接口,载气被除去,而汽化的组分分子则被导入质谱仪的离子源;在离子源中,组分分子或组分分子的碎片受到离子化作用(如电子轰击EI,化学电离CI等),失去或得到电子而成为带电荷离子,进入质量分析器；不同的质量分析器依据各自的质量分离原理，按质荷比(m/z)的不同将离子依次分离开(如扇形磁场质谱仪是利用不同质荷比的离子圆周运动的半径不同而将离子分开的)。经过分离的不同质荷比的离子形成离子流进入质谱检测器(通常为电子倍增管)，产生的电流信号经放大后，由质谱记录仪描绘成质谱图。

一般化合物的质谱图中有若干个离子峰，这些峰的位置与组分分子的结构有关，是对组分定性的依据，其中，分子离子峰是确定分子量的依据。离子峰的强度与样品中组分的含量有关，可作为定量的依据。

在有机地球化学样品的 GC-MS 分析中，最常用的电离技术是电子轰击(EI)，通常采用 70eV 的电能。在生物标志物研究中有时也采用化学电离(CI)。现在许多商品仪器有 EI/CI 组合离子源程序，在分析过程中可以很快地调换。其他常用的离子化方法，还有电场解吸、电场电离和空气电离。

2）液相色谱-质谱联用仪(LC-MS)

在地球化学研究中能起到重要作用的另一类测试技术是高效液相色谱(LC)和 MS 的结合。LC-MS 联用是质谱研究领域中最为活跃的分支之一。对于极性强、挥发度低、分子量大及热不稳定的混合体系，需要采用液相色谱才能完成。LC-MS 在石油和环境地球化学中的作用仍然主要是研究较高分子量的化合物。其技术发展的趋势是要保证能够检测极性更强的生物标志化合物，以及它们可能的高分子量的前身物。液相色谱-质谱联用技术的应用可延伸到生命科学研究领域，并在该领域发挥越来越重要的作用。

3）气相色谱-串联质谱仪(GC-MS-MS)

分析复杂有机混合物的最新发展是引用串联质谱技术(MS-MS)。在 MS-MS 中，两个分析器连接在一起，第一个质量分析器分离在离子源中产生的离子，然后这些离子又与惰性气体碰撞，接着碰撞后所产生的离子由第二个质量分析器分析。用 MS-MS 能分析极性更强的较大分子，因为它对样品的蒸气压的要求很低。样品也不需要从溶剂或载气中分离，而且样品分离实际上是瞬时的，这就极大地扩大了 MS-MS 对于常规分析和实时反应监测的应用范围。大部分生物标志物以较低的浓度存在于几百种化合物的混合物中，由于取消了蒸馏和分离步骤，因此提高了样品分析速度。

4）热解-色谱-质谱联用仪(PY-GC-MS)

对于研究不可溶残余物和用热降解能够释放出的生物标志化合物，热解-色谱-质谱(PY-GC-MS)是一项新的技术。热解与 GC-MS 联用是分辨这些化合物和测定其分布的最迅速而又最有效的方法。

4. 谱图解析和检索

现在全部商售的质谱计都配有计算机系统，可以很方便地进行检索。美国国家标准局 NBS 建立的谱库有 38 000 多张标准谱图。现在不少公司的谱库存量已高达 10 万~20 万张谱图。

目前，质谱计库检索有 NIST、INCOS 和 PBM 共 3 种方法。尽管它们各自有一定的运行和计算方法，但其基本方法就是将未知物谱图与谱库中标准谱图进行对比，相似度越高，可信度越高。按照设计好的操作程序进行操作，计算机自动完成检索，并在很短时间内给出检索报告。

第六节　环境地球化学的图示方法

在进行区域环境地球化学调查和研究时,常常采用图示的方法来表示环境中各种元素和污染物的空间分布特征。通过各种图示,有助于查明环境质量在区域空间的分异原因、结果和趋势,对研究环境质量的形成和发展,进行环境区划和制定环境保护措施具有实际作用。由于环境地球化学研究过程中的各种图示具有直观、清晰、可以度量和对比等明显特点,因此,它们既是环境地球化学研究的一个基本手段,又是环境地球化学研究的一种重要成果。

常见的环境地球化学图示有组合柱状图、等值线图和环境质量评价图等。

一、组合柱状图

组合柱状图是一种用柱体来表示各采样点不同元素或不同污染物浓度值或污染指数值的组合图解。这种图解不仅能反映元素或污染物在空间上的分布规律,同时能够反映出每个采样点各种元素或污染物之间的相对含量(图10-9)。

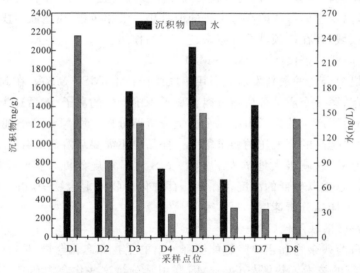

图10-9　大冶湖表层沉积物及表层水体中多环芳烃分布(据张家泉等,2017)

二、等值线图

等值线图是利用一定密度的观测点的分析数据,以一定方法内插出等值线,用来表示某一元素或污染物的浓度在空间上连续分布和渐变的图解。这是环境地球化学调查和研究中常采用的图解,它适宜编制空气、水体、土壤和沉积物中各种元素及污染物的等浓度线图(图10-10)。

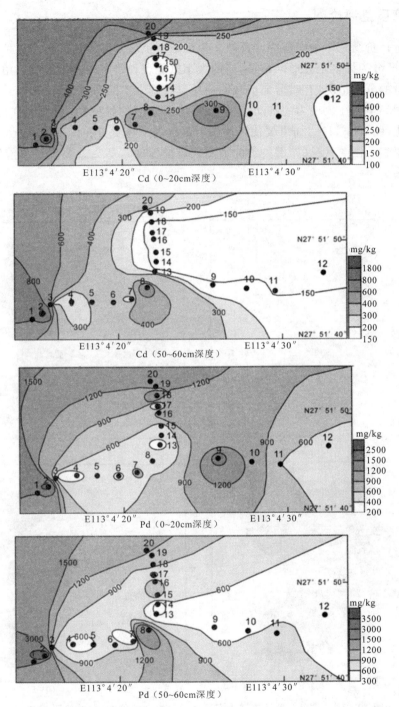

图 10-10　表层和深层沉积物中 Cd、Pb 的等值线图(据 Chen et al,2016)

三、环境质量评价图

环境质量评价图是一种能够综合反映一个区域环境质量好坏的图解。这种图解的具体做法是：将制图区分为许多正方形网格（网格的大小以能表现研究内容为限度），用不同晕线表达不同环境质量的分布情况，有时需要反映同一质量级别中不同的数量特征。

地球化学环境往往表现为一种动态平衡，环境要素中的各种物质在空间的分布状况常常随时间而变化（图 10-11）。如果要使环境图上不仅表示物质分布的一般状况（如污染物的平均浓度），还要表示极端状况（如污染物的最高或最低深度），那么就要设计出能够反映环境动态的表示方法。

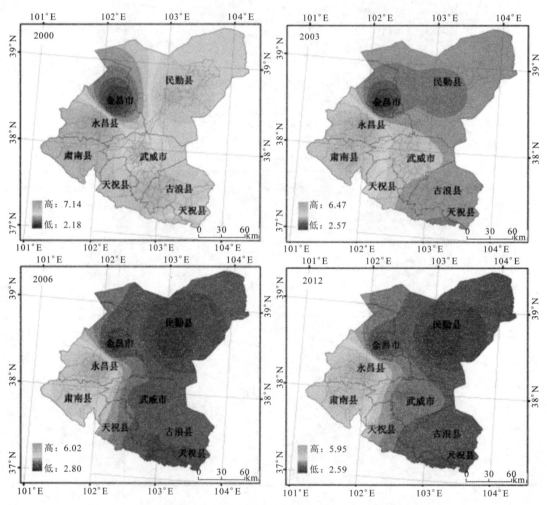

图 10-11　甘肃石羊河流域生态环境质量综合评价图（据魏伟等，2014）

第七节 其他方法

一、模拟试验

在环境地球化学研究中,十分重视研究自然元素和污染物在环境中的迁移、富集、转化规律和各种作用机理。要揭示这些规律,需要对整个环境地球化学体系中的物质循环、能量交换和各种物理化学反应的过程进行分析。这些过程靠短时间直接观测是难以实现的,往往需要进行长时期的野外调查和监测。模拟试验手段,可以把复杂研究体系的结构和功能加以简化、分割,将自然系统引进实验室,而又保留自然环境的许多复杂特性,并使现场难以进行的试验成为可能,这样能大大缩短获得研究结果的周期。模拟试验可以多次重复进行,因而获得的数据更加可靠。由于模拟试验具有以上特点,因而成为研究物质在环境中运动规律的理想工具。

在设计一个模拟试验之前,首先要对研究对象的原型进行深刻认识,然后将原型的结构和功能加以简化,以便确定模拟试验的规模和复杂程度。一般来说,模拟试验的大小与复杂程度相关联,小型模拟试验虽然耗费较小,易于重复和便于控制,但是规模小,测定的参数受边界遮蔽影响的机会就多,而且缩短了物质迁移的途径。因此,需选取代表自然体系特性的最佳规模,通常采取从简到复杂,逐渐增加试验单元复杂程度的办法,定量地弄清每一个子系统对其他部分的影响,最后综合确定化学物质的动态及其影响。模拟试验的装置可以用人工装置在实验室内进行,也可以是从环境自然体中割离出来的一部分,在现场进行试验。进行模拟试验的组分,可以直接采用真实自然物质,例如直接采用一块土壤。根据污染物的投加方式,可以一次也可以分为几次投加,以表示分批投加的静态型和污染物连续、稳定输入的连续流型。后者比前者能更大范围地控制和监测多种环境因子,以便准确地判断化学物质对环境的影响。

在进行模拟试验前还需要了解试验物质的物理化学特性,输入到环境中的浓度和可能存在的形态和迁移途径等,尽可能按照真实环境中物质的迁移机理进行设计试验。

例如,要研究污染水与地下水及含水岩层之间的相互作用,在试验以前必须了解污水、地下水及含水层岩石的化学成分,在污水中还要进一步找出使地下水水质恶化的组分。污水的水样最好是在污染源处采取,或进行人工配制,地下水水样和岩样的采取要注意其代表性。根据污水的作用途径,试验可以按以下 3 种方式进行。

1)污水与地下水的相互作用

将污水和地下水按不同的比例进行混合,逐渐由污水过渡到地下水。如水体积的比例 $V_{污}/V_{地}$ 为 9∶1、8∶2、7∶3、6∶4、5∶5、4∶6、3∶7、2∶8、1∶9 等,这样可以模拟它们在含水层中弥散带不同浓度的情况。混合之后间隔不同时间取样分析,观测混合物的化学成分随时间的变化。对 3 种浓度,即组分在污水中的浓度 $C_{污}$,按不同比例混合后理论计算的组分浓度 $C_{计}$,混合后的实际浓度 $C_{实}$,进行比较,计算浓度按下式确定:

$$C_{计} = \frac{V_{污} C_{污} + V_{地} C_{地}}{V_{混}} \tag{10-8}$$

式中,$V_{污}$、$V_{地}$、$V_{混}$ 分别为污水、地下水、混合水的体积;$C_{地}$ 为组分在地下水中的浓度。

如果 $C_{实} \approx C_{计}$,则可认为组分是中性的,即污水与地下水不发生相互的化学作用;如果

$C_实 < C_计$，则说明由于相互作用的结果发生沉淀使组分减少。

2) 污水与地下水和岩石的相互作用

做与上述类似的系列试验，只是在混合的器皿中加入岩石粉末样品，并定时地不断搅拌，逐次地取样测定组分浓度（如经过 1min、1h、1d 等时间的混合后）；若 $C_实 > C_计$，则说明该组分从岩石中进入混合物（溶解、离子交换），若 $C_实 < C_计$，则说明由于岩石吸附或沉淀，使组分从混合物中减少。连续观测这种作用随时间的变化，可以得到这个作用的进程和达到平衡的时间。

3) 污水与岩石的相互作用

用污水和岩石做上述类似的系列试验，可以观察到岩石吸附污水的某种组分或某种组分从岩石中溶解的情况。

综合以上 3 种试验的情况来考察污水与地下水及岩石的相互作用，归纳为表 10-10。

表 10-10 预先实验室实验可能的结果

实验资料综合类型	按一种方式实验的结果			污水与地下水和岩石相互发生物理化学作用特征的结论
	1 污水+地下水	2 污水+地下水+岩石	3 污水+岩石	
1	$C_实 = C_计$	$C_实 = C_计$	$C_实 = C_污$	与地下水和岩石都不发生反应
2	$C_实 = C_计$	$C_实 < C_计$	$C_实 < C_污$	岩石吸附组分
3	$C_实 < C_计$	$C_实 < C_计$	$C_实 = C_污$	与水混合时组分沉淀到沉积物中或变为气体逸出
4	$C_实 < C_计$	$C_实 < C_计$	$C_实 < C_污$	混合时组分变为沉淀物被岩石吸附
5	$C_实 = C_计$	$C_实 > C_计$	$C_实 > C_污$	由于溶解或离子交换，组分从岩石进入到污水中

当模拟试验研究环境污染物对生物影响时，需先了解污染物对生物的危害过程，选取可代表该过程各个阶段的恰当试验生物。例如，图 10-12 是 Kearney 设计提供模拟试验的生态模型。这种模型用来研究化学物质通过土壤→水生生物或土壤→土壤微生物→水生生物的迁移途径。把研究的化学物质用放射性同位素标记，制成悬浮液，吸附土壤后投加到试验模型之中。考虑到生物间的捕食关系，在水槽内制作间隔，各间隔之间通过溢流使鱼居住区与其他生物区的水系相通，使试验生物长期生存，以便较长时间观察污染物的慢性影响。

二、同位素示踪法

在环境地球化学研究的模拟试验中，为了追踪分析元素在各种环境要素中的分布、分配和迁移过程，常常采用同位素示踪方法，即选择适当的放射性同位素或稀有稳定同位素作为示踪剂，加入模拟系统中，然后测定它们的浓度随时间和空间的变化，来研究元素迁移的规律。

需要说明的是，选择作为放射性的同位素示踪剂，应该具备以下特点：①对生物体和环境无任何危害，半衰期一般很短，活度较低；②具有良好的可测性；③不改变环境介质的物理和化

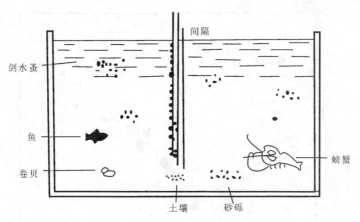

图 10-12 Kearney 的生态模式图

学性质。

除人工添加示踪剂外，还可利用同位素组成在不同物相或化合物中存在的丰度差异，即"同位素指纹特征"，开展污染物溯源、迁移转化过程的研究，甚至量化污染物转化效率。

以铅为例，铅有 4 种稳定同位素 ^{208}Pb、^{207}Pb、^{206}Pb 和 ^{204}Pb。由于铅同位素分子的质量数大，不同同位素分子之间相对质量差小，几乎不产生同位素分馏，因此在次生作用过程中，即使所在系统的物理化学条件发生改变，它们的同位素组成一般也不会发生变化。其同位素组成主要受源区初始铅含量及放射性铀、钍衰变反应的制约，而基本不受形成后所处地球化学环境的影响，具有特殊的"指纹"特征。由于现有不同环境介质的物质来源、成因机制、形成环境及形成时间不一，因而它们各自具有不同的铅同位素标记特征。因此，环境物质的铅同位素组成、铅同位素构造环境信息、铅同位素混合模型和源区参数计算结果的有机配合，可强有力地示踪环境物质来源和运移规律。

铅同位素示踪最早用于大气颗粒物铅污染源的研究。Chow 等(1972)曾测定了北美汽油和煤的铅同位素组成，用以示踪大气中的铅污染源。Hurst(1981)和 Patterson 等(1980)一系列研究也同样证明，大气中两种重要的铅来源(汽油铅和燃煤铅)的同位素组成有明显的差异(图 10-13)，可以用来示踪和鉴别大气环境中的铅污染源。

陈好寿等(1998)测定了杭州地区工业和民用燃煤及其残余物(煤灰、煤渣)和汽车尾气残余颗粒物的铅同位素组成，结果证明，杭州地区燃煤和汽油铅的同位素特征与 Chow 研究的北美地区有相似性，但也有差别。杭州汽油铅完全落在北美汽油铅区域内，杭煤比北美煤放射成因铅要低一些，这与煤的产地不同有关，但仍能与本地区汽油铅相区别，完全可以用来示踪和鉴别大气环境的污染源。

三、环境遥感技术的应用

遥感技术是一项新兴的综合性探测技术，随着运载工具、传感器、图像处理、计算机数据处理的发展和突破，其应用范围越来越广泛。近年来，许多国家相继将遥感技术引进环境监测和研究，在一定程度上弥补了传统的环境监测方法所遇到的时空间隔大、费时费力和成本高的缺陷及困难，成为监测环境状况、预测污染的发生及发展，以及进行环境质量评价的有效手段。

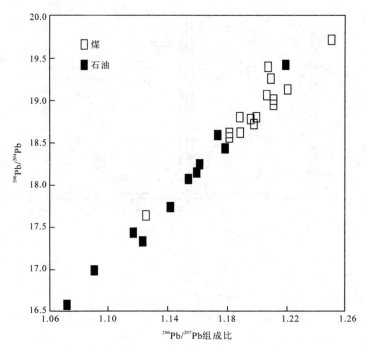

图 10-13 北美煤和石油铅同位素组成对比

遥感所获得的信息有两个特点：一是瞬时，二是叠加。瞬时信息具有较强的可比性，便于对环境要素和污染现象进行分析对比，也便于对污染程度分级分类的研究，对环境评价和研究污染的生态影响尤为有利。叠加信息是指既有长期的历史状况累积，又有大气、水体、土壤、植被、温度场等多种信息，因此，有利于各学科的互相渗透。各种资料和数据可以互相利用、互为补充，从而大大提高综合分析的准确性。

1. 环境遥感的应用

1) 遥感技术在水污染环境监测中的应用

水体的遥感监测是以污染水与清洁水的反射率不同以及出现在遥感影像上的颜色差异来监测水污染。影响水质的主要因子有水中悬浮物（浑浊度）、溶解有机物质、病原体、油类物质、化学物质和藻类（叶绿素、类胡萝卜素）等。根据水体的光学和温度特性，可利用可见光和热红外遥感技术对水体的污染状况进行监测。清澈的水体反射率比较低，往往小于 10%，水体对光有较强的吸收性。在进行水质监测时，可以采用以水体光谱特性和水色为指标的遥感技术。目前，遥感技术在水环境污染监测中的应用，主要集中在对水体浑浊度、热污染、富营养化、石油污染等方面。

2) 遥感技术在大气污染环境监测中的应用

大气遥感是利用遥感传感器来监测大气结构、状态及变化，不需要直接接触目标而进行区域性的跟踪测量，能够快速地进行污染源的定点定位，从而获得全面的综合信息。大气污染的遥感监测主要包括大气污染源分布、污染程度、污染物扩散影响范围等监测。在我国主要开展了以下 4 个方面的工作：利用遥感技术监测大气污染与污染源；通过遥感图像上植物的季节相变规律和遭受污染后的反应差异，以植物对污染的指示性反演大气污染；以地面采样的分析结果作参照量,与遥感图像相结合进行相关分析;利用飞机携带大气监测仪器,在污染地区上空分层采样,然后进行数据处理分析。图 10-14 为基于遥感监测数据得到的中国中东部地区露天生物质燃烧 $PM_{2.5}$ 排放空间分布图。

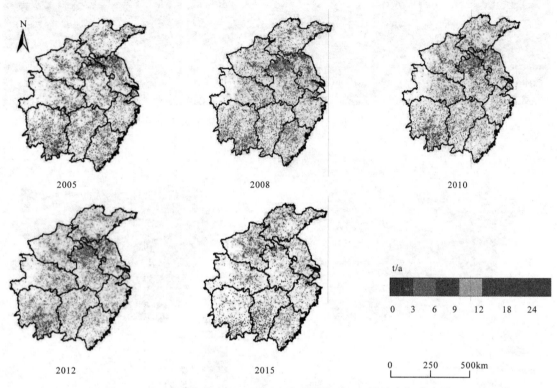

图 10-14　中国中东部地区露天生物质燃烧 $PM_{2.5}$ 排放空间分布图

3) 遥感技术在固体废弃物监测中的应用

地面垃圾乱堆放造成的环境污染在我国各大城市乃至乡村随处可见,"垃圾围城"的现象已十分普遍。利用遥感技术对固体废弃物进行监测管理,即根据有关的遥感图像解译标志,利用高光谱和高分辨率遥感图像光谱信息通过图像解析进行固体废弃物堆积的监测,分辨出工业、生活固体垃圾的堆放状况,堆放点的分布情况,堆放点的面积和数量等。图 10-15 为高分二号卫星影像解译得到的惠州市部分简易垃圾填埋场的影像特征。

4) 遥感技术在生态环境监测中的应用

生态环境遥感监测可应用于测定大范围的土地利用情况、区域生态调查等。土地利用监测主要利用卫星数据研究土地利用和土壤覆盖变化。区域生态调查利用植被、土壤、水资源状况等作为生态环境监测指标,根据这些指标在遥感成像的光谱数据建立评价模型,同时剔除大气、地形及传感器等干扰因素,建立地物光谱影像,获得了地物的"真实"反射率、指标盖度和生物量,结合反映土壤中成分和水分的微观监测指标,统计得到生态环境监测结果。图 10-16 为遥感解译得到的南京仙林地区土地利用类型图。

图 10-15 惠州市简易垃圾填埋场遥感影像解译图

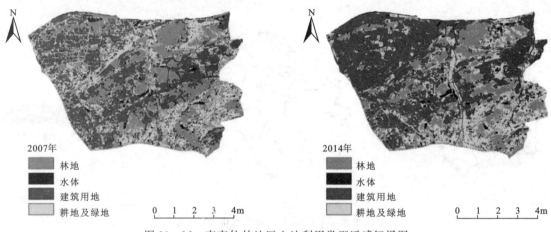

图 10-16 南京仙林地区土地利用类型遥感解译图

5）遥感技术实现区域环境立体监测

利用遥感技术获取整个区域水质、大气、生态等环境污染状况，分析其污染源所在地及其影响，评估污染程度大小，立体评价区域整个环境质量状况。

获取一个区域不同年份的遥感影像，解析出每年的遥感影像数据，根据遥感数据建立水、气等评价模型，分析和评价区域内时间变化的环境质量状况，达到动态监测环境的目的。

2. 环境遥感技术的工作步骤

（1）多手段、多时相、多高度的航空遥感监测。所谓多手段是根据不同研究的需要，往往要采用多种传感器，实施多手段监测，这些手段是航空摄影、红外扫描、双通道扫描，以及航空波谱测试、红外测温和微波测量等；所谓多时相是指多时相遥感监测的目的，是为了取得同一地区、不同季节、不同日期、不同时刻的遥感资料，以便作动态分析，研究时空分布规律；所谓多高度是为了满足大范围宏观研究和典型地段、典型污染源分析研究的需要，分别在不同高度进行航空摄影和红外扫描，从而获得更多层次的遥感资料。

（2）地面同步观测。在空中飞行的同时，地面同时进行多种多样的观测、取样和实地调查，目的在于获得地面各种实态和现场资料的印证。其主要项目包括：①波谱测试。对试验区部分污染与未污染的水体、植物、土壤等地物进行波谱测试。试验期间,当获得遥感图像后,如发现地物影像颜色异常,立即进行追踪、调查,及时实施波谱补测,以便及时掌握地物的实际状况。②植物生态状况观测。为进行典型污染源周围环境的调查、污染现状调查和树木状态的调查,对于典型生态场进行摄影、波谱测试、模拟中毒实验和现场量测,并周期性地采集植物、土壤和水体样品进行分析化验,以便通过多途径、多手段取得各种实况数据。③季相节律观测。选择适当的剖面,对树木进行春、夏、秋、冬的季相观测,同时进行土壤背景、温度场以及典型污染源的调查,获取大量的植物状态和环境背景的资料和数据。④陆地摄影。为建立图像判读标志,对植被、水体、土壤等进行彩色红外摄影,并对典型污染场进行动态监测。⑤水样和气样的采集。为了解地表水实况,在试验区选择若干点位采集一定数量的地表水样进行水质分析,同时采集若干大气中颗粒物和二氧化硫等样品,并进行气象观测。

(3)室内技术处理和模拟实验。对于采自野外的水、土、植物样品除了进行成分分析测试外,还要对某些植物进行不同浓度的二氧化硫等熏气中毒模拟实验和波谱测试,以弄清它们被污染后的波谱特征。对受重金属污染的农作物,计算它们的波谱反射率。①图像处理。为了提取有关信息,对典型污染源的主要红外扫描图进行彩色等密度分割;对摄取的部分多波段像片和试验区的卫星多波段图像进行彩色合成。为了研究试验区的环境背景,利用卫星多波段CCT磁带,在计算机图像处理系统上,进行影像增强,分段密度交换,监督和非监督分类等处理,对典型航空样片进行影像交换分类等处理。②分析判读。分析判读是取得应用成果的一项关键工作,在上述各项工作的基础上,利用获得的图像和数据进行综合分析,以及量算、密度量测、数据统计、相关分析和绘图等一系列工作。

3. 几种污染地物的波谱特征

各种地物由于其自身的结构不同,它们反射太阳辐射也千差万别,而环境的污染通常会引起地物波谱特征发生不同程度的变化,各种地物波谱辐射特性构成了遥感技术在环境监测与研究中得到应用的基础。

1)污染植物的光谱反射特征

植物在生长过程中,受某种物质污染以后,内部结构、叶绿素和水分含量等会发生不同程度的变化,它们的光谱反射特征也就随之变化,污染越严重,变化越大,因此,通过植物光谱反射特征的变化来监测它们受污染的情况。植物光谱反射特征的这种变化反映在遥感图像上,通常也会显示出色调或密度的差异。一般健康的绿色植物在彩色红外航空像片上呈鲜红色,受污染后,颜色常变为浅红、紫色,或灰绿色等。

图10-17为被二氧化硫污染的白蜡和杨树的光谱反射率曲线。与健康树相比,在可见光部分,吸收减弱反射增强,尤其在橙红光部分更明显,在红外部分,被污染的树的反射率都降低了,同时,对于污染的树叶反射峰值波长向长波方向移动,$0.7\mu m$上升的斜率也减小了,它们的肩部变化也变得平缓,拐点位置也不同程度地发生了移动。

土壤中某些重金属,如镉、铬、铜、铅、锌等超过一定量,就会影响植物的正常发育,因此,它们显示出不同的光谱反射特征。

天然水是一种透明或半透明介质,在可见光波段纯水的吸收系数较小,相反,水体透射效应发生在吸收作用较小的可见光区,越是纯净的水,透射率越高。随着水中其他物质含量的增加,透射率也随之降低,同时透射率峰值向长波方向移动,透射的带宽变窄,而反射率却相应增加。生活污水、工业废水含有大量腐败性有机物质、有毒物质,如氰、砷、农药、重金属等,其光

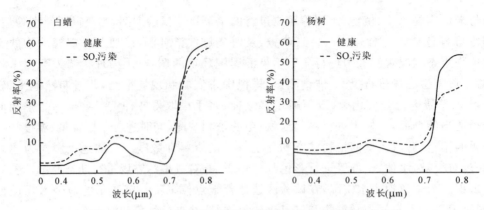

图 10-17 被二氧化硫污染的白蜡和杨树的光谱反射率曲线

谱反射率也有相应的变化。

2) 污染土壤的光谱反射特征

一般土壤的反射光谱特征是从短波段向长波段逐渐抬升，不同类型之间的差异也逐渐加大，受污染土壤以及掺混有固体废弃物的土壤，其光谱反射率也会发生变比。如碳黑厂排出的烟尘飘落到地面，与土壤掺混在一起会使土壤的光谱反射率显著下降，土壤含碳黑比例越高，其反射率下降越大，曲线的斜率变化越缓慢，纯碳黑的反射率几乎不随波长变化。这种土壤在彩色红外航空像片上呈黑色。图 10-18 为无污染的土样和被铜污染土样的光谱反射率曲线。

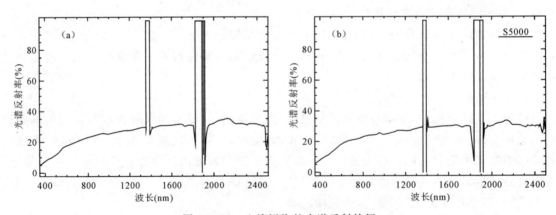

图 10-18 土壤污染的光谱反射特征

(a) 被铜污染的土样；(b) 无污染的土样

思考题：

1. 简述水、土、气、生的采样点位要求及注意事项。
2. 简述消落带沉积物采样的环境意义。
3. 地球化学背景值研究方法及异常下限如何确定？
4. 数据统计方法如何选择？
5. 环境地球化学图件如何表达？

参考文献

艾拉·泰,周卫.火山喷发对天气的影响[J].地球科学进展,1989(1):55-56.
安琼,董元华,葛成军,等.南京市小河流表层沉积物中的有机氯农药残留及其分布现状[J].环境科学,2006,27(4):737-741.
毕润成.土壤污染物概论[M].北京:科学出版社,2014.
毕新慧,盛国英,谭吉华,等.多环芳烃(PAHs)在大气中的相分布[J].环境科学学报,2004,24(1):101-106.
毕新慧,徐晓白.多氯联苯的环境行为[J].化学进展,2000,12(2):152-160.
蔡贵信,张绍林,朱兆良.测定稻田土壤氮素矿化过程的淹水密闭培养法的条件试验[J].土壤,1979,10(6):234-240.
蔡贵信,朱兆良,朱宗武,等.水稻田中碳铵和尿素的氮素损失的研究[J].土壤,1985,17(5):225-229,256.
曹玉清,胡宽瑢,于莉,等.伯特兰德定律和温伯格原理及推广[J].地球科学:中国地质大学学报,2001,26(5):481-485.
陈德余,张胜建.无机及分析化学[M].北京:科学出版社,2012.
陈防,鲁剑巍,万运帆,等.长期施钾对作物增产及土壤钾素含量及形态的影响[J].土壤学报,2000,37(2):233-241.
陈好寿,裴辉光,张宵宇,等.杭州大气铅主要污染源的铅同位素示踪[J].矿物岩石地球化学通报,1998,17(3):146-149.
陈怀满.环境土壤学[M].北京:科学出版社,2005.
陈静,王学军,陶澍,等.天津污灌区耕作土壤中多环芳烃的纵向分布[J].城市环境与城市生态,2003(6):272-274.
陈静生,邓宝山,陶澍,等.环境地球化学[M].北京:海洋出版社,1990.
陈明,张玲金,刘晓端,等.地球化学工程学——为环境治理服务的地球化学新分支[J].地质通报,2002(7):441-449.
陈平,陈研,白璐.日本土壤环境质量标准与污染现状[J].中国环境监测,2004,20(3):63-66,62.
陈淑峰,胡克林,刘仲兰,等.华北平原桓台县地下水硝态氮含量的空间变异规律及其成因分析[J].水科学进展,2008,19(4):581-586.
陈松灿,孙国新,陈正,等.植物硒生理及与重金属交互的研究进展[J].植物生理学报,2014,1(5):612-624.
陈同斌,郑袁明,陈煌,等.北京市土壤重金属含量背景值的系统研究[J].环境科学,2004,25(1):117-122.

陈燕芳.地球化学工程技术修复重金属污染土壤的试验研究[D].北京:中国地质科学院,2010.

陈义,吴春艳,水建国,等.长期施用有机肥对水稻土CO_2释放与固定的影响[J].中国农业科学,2005(12):2468-2473.

陈英旭,朱祖祥.环境中氧化锰对$Cr(Ⅲ)$氧化机理的研究[J].环境科学学报,1993,13(1):45-50.

陈芝兰,何建清,彭岳林,等.不同施肥处理对西藏山南地区麦田土壤微生物变化的影响[J].土壤肥料,2005a(2):35-37,41.

陈芝兰,张涪平,蔡晓布,等.秸秆还田对西藏中部退化农田土壤微生物的影响[J].土壤学报,2005b,42(4):696-699.

成杰民,于光金,王明聪.土壤重金属环境容量研究[M].北京:科学出版社,2017.

程军,周俊虎,刘建忠,等.褐煤混煤燃烧过程中硫污染物的动态排放规律[J].煤炭学报,2003,28(4):409-413.

程元恺,杨宪桂.环境致癌物:多环芳烃研究[M].北京:中国科学技术出版社,1990.

崔健,王晓光,都基众,等.沈阳郊区表层土壤有机氯农药残留特征及风险评价[J].中国地质,2014(5):1705-1715.

崔敬媛,焦红光,陈清如,等.燃煤硫析出规律的研究进展[J].山西煤炭,2007,27(3):25-28.

崔玉亭,程序,韩纯儒,等.苏南太湖流域水稻氮肥利用率及氮肥淋洗量研究[J].中国农业大学学报,1998,3(5):51-54.

崔玉亭.化肥与生态环境保护[M].北京:化学工业出版社,2000.

戴树桂,董亮,王臻.表面活性剂在土壤颗粒物上的吸附行为[J].中国环境科学,1999,19(5):392-396.

戴树桂.环境化学[M].第2版.北京:高等教育出版社,2006.

邓茂先,陈祥贵.环境内分泌干扰物研究进展[J].环境卫生学杂志,2000,(2):65-68.

邓南圣,吴峰.环境中的内分泌干扰物[M].北京:化学工业出版社环境科学与工程出版中心,2004.

地图集编委会.中华人民共和国地方病与环境图集[M].北京:科学出版社,1989.

丁爱中,陈海英,程莉蓉,等.地下水除砷技术的研究进展[J].安徽农业科学,2008,36(27):11 979-11 982.

丁枫华.土壤中砷、镉对作物的毒害效应及其临界值研究[D].福州:福建农林大学,2010.

董坤.不同施肥模式对蔬菜地中氮素流失影响研究[D].成都:西南交通大学,2017.

董岩翔,郑文,周建华.浙江省土壤地球化学背景值[M].北京:地质出版社,2007.

董章杭,李季,孙丽梅.集约化蔬菜种植区化肥施用对地下水硝酸盐污染影响的研究——以"中国蔬菜之乡"山东省寿光市为例[J].农业环境科学学报,2005,24(6):1139-1144.

董长勋,戴儒南,熊建军.$\delta-MnO_2$对$Cr(Ⅲ)$氧化动力学特征[J].环境科学,2010,31(5):1395-1401.

杜兵,张彭义,张祖麟,等.北京市某典型污水处理厂中内分泌干扰物的初步调查[J].环境科学,2004,25(1):114-116.

段德超,于明革,施积炎.植物对铅的吸收、转运、累积和解毒机制研究进展[J].应用生态学报,2014,25(1):287-296.

段晓勇.黄、东海沉积物中多氯联苯的分布及来源[D].青岛:中国海洋大学,2014.

敦淑琪,程丽,周其伦,等.成都市区水体中阴离子表面活性剂污染现状调查[J].中国环境监测,1988(2):58-59.

方晶晶,马传明,刘存富.反硝化细菌研究进展[J].环境科学与技术.2010(S1):206-210+264.

冯新斌,仇广乐,付学吾,等.环境汞污染[J].化学进展,2009,21(Z1):436-457.

高菊生,徐明岗,王伯仁,等.长期有机无机肥配施对土壤肥力及水稻产量的影响[J].中国农学通报,2005,21(8):211-214,259.

高学晟,姜霞,区自清.多环芳烃在土壤中的行为[J].应用生态学报,2002,04:501-504.

郭华明.高砷地下水生物地球化学研究现状与趋势[C]//首届找矿突破战略行动青年论坛.北京:中国地质学会,2012:pp21-23

郭正府,刘嘉麒,贺怀宇,等.火山喷出气体的环境、灾害效应及对火山未来喷发的指示意义[J].地震地质,2003(S1):88-98.

郭正府,刘嘉麒.火山活动与气候变化研究进展[J].地球科学进展,2002,17(4):595-604.

国家环境保护局.环境背景值和环境容量研究[M].北京:科学出版社,1993.

海克伦 J.大气化学[M].北京:科学出版社,1983.

韩吟文,马振东,张宏飞,等.地球化学[J].北京:地质出版社,2003.

何振立.污染及有益元素的土壤化学平衡[M].北京:中国环境科学出版社,1998.

胡洪营,王超,郭美婷.药品和个人护理用品(PPCPs)对环境的污染现状与研究进展[J].生态环境学报,2005,14(6):947-952.

胡耐根.臭氧层破坏对人类和生物的影响[J].安徽农业科学,2010,38(11):6068-6069.

胡荣桂,李玉林.重金属镉、铅对土壤生化活性影响的初步研究[J].农业环境科学学报,1990(4):6-9.

环境保护部自然生态保护司.土壤污染与人体健康[M].北京:中国环境科学出版社,2013

黄昌勇.土壤学[M].北京:中国农业出版社,2000.

黄东风,王果,李卫华,等.不同施肥模式对蔬菜生长、氮肥利用及菜地氮流失的影响[J].应用生态学报,2009,20(3):631-638.

黄冠星,孙继朝,汪珊,等.珠江三角洲地下水有机氯农药分布特征的初探[J].农业环境科学学报,2008,27(4):1471-1475.

黄焕芳,祁士华,瞿程凯,等.福建鹫峰山脉土壤有机氯农药分布特征及健康风险评价[J].环境科学,2014,35(7):2691-2697.

黄文章.煤矿石山自然发火机理及防治技术研究[D].重庆:重庆大学,2004.

黄业茹.持久性有机污染物调查监控与预警技术[M].北京:中国环境科学出版社,2009.

黄铸颖,李海燕,吴启航,等.溴代阻燃剂环境污染及毒性研究进展[J].环境与健康杂志,2014,31(11):1026-1032.

暨卫东.中国近海海洋环境质量现状与背景值研究[M].北京:海洋出版社,2011.

贾瑷,胡建英,孙建仙,等.环境中的医药品与个人护理品[J].化学进展,2009,21(2):389-399.

姜珊,孙丙华,徐彪,等.巢湖主要湖口水体和表层沉积物中有机氯农药的残留特征及风险评价[J].环境化学,2016,35(6):1228-1236.

蒋敬业,程建萍,祁士华,等,应用地球化学[M].武汉:中国地质大学出版社,2013.

蒋展鹏.新世纪初的环境化学[J].科学,2001(6):15-19.

久野久.火山及火山岩[M].北京:地质出版社,1978.

康纳J J,沙克立特 H T,王景华.美国大陆某些岩石、土壤、植物及蔬菜的地球化学背景值[M].北京:科学出版社,1980.

孔志明.环境毒理学[M].南京:南京大学出版社,2012.

李恭臣,夏星辉,周追,等.富里酸在水体多环芳烃光化学降解中的作用[J].环境科学学报,2008,28(8):1604-1611.

李海蓉,杨林生,谭见安,等.我国地理环境硒缺乏与健康研究进展[J].生物技术进展,2017,7(5):381-386.

李汉韬.原始大气的演变与石油天然气的形成[J].地球与环境,2001,29(2):104-108.

李佳乐,张彩香,王焰新,等.太原市小店污灌区地下水中多环芳烃与有机氯农药污染特征及分布规律[J].环境科学,2015,36(1):172-178.

李建.水环境背景值的研究及实例[M].北京:中国环境科学出版社,1989.

李健,郑春江.环境背景值数据手册[M].北京:中国环境科学出版社,1989.

李军,张干,祁士华,等.多环芳烃在城市湖泊气-水界面上的交换[J].湖泊科学,2004,16(3):238-244.

李军,张干,祁士华.广州市大气中多环芳烃分布特征、季节变化及其影响因素[J].环境科学,2004,25(3):7-13.

李军.珠江三角洲有机氯农药污染的区域地球化学研究[D].广州:中国科学院广州地球化学研究所,2005.

李霓.火山喷发的气体灾害[J].自然灾害学报,2000,3:127-132.

李鹏波,胡振琪,吴军,等.煤矸石山的危害及绿化技术的研究与探讨[J].矿业研究与开发,2006,26(4):93-96.

李平原,刘秀铭,刘植,等.火山活动对全球气候变化的影响[J].亚热带资源与环境学报,2012,7(1):83-88.

李琦,孙根年,韩亚芬,等.我国煤矸石资源化再生利用途径的分析[J].煤炭转化,2007(1):78-82.

李淑媛,苗丰民.渤海底质重金属环境背景值初步研究[J].海洋学报,1995,17(2):78-85.

李文广,黄祥贤,黄启生,等.应用硒酵母预防原发性肝癌的实验研究[J].微量元素与健康研究,1989(2):16-18.

李秀,张家泉,张黎,等.黄石典型农场表层土壤中有机氯农药污染特征[J].湖北农业科学,2014,53(14):3271-3274.

李英明,江桂斌,王亚韡,等.电子垃圾拆解地大气中二噁英、多氯联苯、多溴联苯醚的污染水平及相分配规律[J].科学通报,2008,1(2):165-171.

李永霞,郑西来,马艳飞.石油污染物在土壤中的环境行为研究进展[J].安全与环境工程,2011(4):43-47.

李玉浸,宁安荣,王德中.黄河下游平原潮土区域土壤十一种元素环境背景图的编制研究[J].农业环境科学学报,1987(1):20-24.

李跃中,张正兢.无机化学[M].上海:上海交通大学出版社,2001.

李增华.煤炭自燃的自由基反应机理[J].中国矿业大学学报,1996(3):111-114.

李忠佩,程励励,林心雄.红壤腐殖质组成变化特点及其与肥力演变的关系[J].土壤,2002a,34(1):9-15.

李忠佩,唐永良,石华,等.不同轮作措施下瘠薄红壤中碳氮积累特征[J].中国农业科学,2002b,35(10):1236-1242.

李竺.多环芳烃在黄浦江水体的分布特征及吸附机理研究[D].上海:同济大学,2007.

廖香俊.环境地球化学评价与环境治理研究[M].北京:地质出版社,2010.

廖小平,张彩香,赵旭,等.太原市污灌区有机氯农药垂直分布特征及源解析[J].环境科学,2012,33(12):4263-4269.

廖晓勇,崇忠义,阎秀兰,等.城市工业污染场地中国环境修复领域的新课题[J].环境科学,2011,32(3):784-794.

林炳营.环境地球化学简明原理[M].北京:冶金工业出版社,1990.

林年丰.医学环境地球化学[M].长春:吉林科学技术出版社,1991.

林玉锁,等.农药与生态环境保护[M].北京:化学工业出版社,2000.

凌婉婷,朱利中,高彦征,等.植物根对土壤PAHs的吸收及预测[J].生态学报,2005,25(9):2321-2325

刘东生,李长生.环境地质学与人类健康[J].环境科学研究,1977(1):4-7.

刘东生,等.黄土与环境[M].北京:科学出版社,1985.

刘国卿,张干,李军,等.多环芳烃在珠江口的百年沉积记录[J].环境科学,2005,26(3):141-145.

刘国卿,张干,李军,等.珠江口及南海北部近海海域大气有机氯农药分布特征与来源[J].环境科学,2008(12):3320-3325.

刘建华,祁士华,张干,等.湖北梁子湖沉积物正构烷烃与多环芳烃对环境变迁的记录[J].地球化学,2004,33(5):501-505.

刘敬勇,罗建中.元素-铅同位素示踪环境中铅污染物来源的研究[J].安徽农业科学,2009,37(8):3743-3746.

刘培桐.环境学概论[M].第2版.北京:高等教育出版社,1995.

刘庆华.岩石、土壤背景值的研究方法[J].四川环境,1982(1):54-57,63.

刘杏兰,高宗,刘存寿,等.有机—无机肥配施的增产效应及对土壤肥力影响的定位研究[J].土壤学报,1996,33(2):138-147.

刘英俊,等.元素地球化学[M].北京:科学出版社,1984.

刘莹,管运涛,水野忠雄,等.药品和个人护理用品类污染物研究进展[J].清华大学学报:自然科学版,2009(3):368-372.

刘云惠,魏显有,王秀敏,等.土壤中铬的吸附与形态提取研究[J].河北农业大学学报,2000,23(1):16-20.

刘宗峰.黄河口及莱州湾表层沉积物中多环芳烃来源解析研究[D].青岛:中国海洋大

学,2008.

卢丽丽.石油污染土壤的植物修复研究[D].西安:西安建筑科技大学,2008.

罗付香,刘海涛,林超文,等.不同形态氮肥在坡耕地雨季土壤氮素流失动态特征[J].中国土壤与肥料,2015(3):12-20.

罗孝俊,陈社军,麦碧娴,等.珠江及南海北部海域表层沉积物中多环芳烃分布及来源[J].环境科学,2005,26(4):129-134.

罗孝俊,陈社军,麦碧娴,等.珠江三角洲地区水体表层沉积物中多环芳烃的来源、迁移及生态风险评价[J].生态毒理学报,2006,1(1):17-24.

骆永明.中国污染场地修复的研究进展、问题与展望[J].环境监测管理与技术,2011,23(3):1-6.

吕敏.水环境中典型新兴污染物的分布特征与迁移转化研究[D].北京:中国科学院大学,2015.

吕一波.分离技术[M].北京:中国矿业大学出版社,2000.

马宏瑞,蔡勇,王晓蓉.制革污泥污染土壤中铬对小麦的富集及生化效应研究[J].农业环境科学学报,2006,25(4):846-851.

马泰.碘缺乏病[M].北京:人民卫生出版社,1993.

马效国,樊丽琴,陆妮,等.不同土地利用方式对苜蓿茬地土壤微生物生物量碳、氮的影响[J].草业科学,2005:13-17.

马玉,李团结,高全洲,等.珠江口沉积物重金属背景值及其污染研究[J].环境科学学报,2014,34(3):712-719.

麦碧娴,林峥,张干,等.珠江三角洲河流和珠江口表层沉积物中有机污染物研究——多环芳烃和有机氯农药的分布及特征[J].环境科学学报,2000,20(2):192-197.

麦尔尼科夫,沃尔科夫,科罗特科娃.农药与环境[M].北京:化学工业出版社,1985.

孟庆昱,储少岗,徐晓白.多氯联苯的环境吸附行为研究进展[J].科学通报,2000,45(15):1572-1583.

孟昭福,张增强,张一平,等.几种污泥中重金属生物有效性及其影响因素的研究[J].农业环境科学学报,2004,23(1):115-118.

年保磊.元素地球化学[M].北京:北京大学出版社,1999.

聂湘平.多氯联苯的环境毒理研究动态[J].生态科学,2003,22(2):171-176.

宵娜.层状结构包气带土中氟运移规律试验研究[D].成都:成都理工大学,2015.

欧洪辉.PM2.5对环境的影响及治理对策[J].中国新技术新产品,2014(8):175-175.

潘淑颖.土壤中有机氯农药DDT原位降解研究[D].济南:山东大学,2009.

庞绪贵,陈建,王红晋,等.山东省黄河下游流域高碘地甲病分布与地球化学环境相关性[J].山东国土资源,2011(2):20-24.

彭安,王文华.水体腐殖酸及其络合物——Ⅰ.蓟运河腐殖酸的提取和表征[J].环境科学学报,1981,1(2):126-139.

祁士华,傅家谟,盛国英,等.澳门大气气溶胶中多环芳烃研究[J].环境科学研究,2000,13(4):6-9.

祁士华,盛国英,叶兆贤,等.珠江三角洲地区大气气溶胶中有机污染物背景研究[J].中国环境科学,2000,20(3):225-228.

祁士华,王新明,傅家谟,等.珠江三角洲经济区主要城市不同功能区大气气溶胶中优控多环芳烃污染评价[J].地球化学,2000,29(4):337-342.

祁士华,游远航,苏秋克,等.生态地球化学调查中的有机氯农药研究[J].地质通报,2005,24(8):704-709.

祁士华,张干,刘建华,等.拉萨市城区大气和拉鲁湿地土壤中的多环芳烃[J].中国环境科学,2003,23(4):349-352.

秦海波,朱建明,朱咏喧,等.大气环境中硒的存在形式、来源及通量[J].地球与环境,2009,37(3):304-314.

瞿程凯,祁士华,张莉,等.福建戴云山脉土壤有机氯农药残留及空间分布特征[J].环境科学,2013,34(11):4427-4433.

瞿建国,申如香,徐伯兴,等.硫酸盐还原菌还原Cr(Ⅵ)的初步研究[J].华东师范大学学报(自然科学版),2005,2005(1):105-110.

曲向荣.土壤环境学[M].北京:清华大学出版社,2010.

饶瑞中.光在湍流大气中的传播[M].合肥:安徽科技出版社,2005.

饶瑞中.现代大气光学及其应用[J].大气与环境光学学报,2006,4(1):2-13.

戎秋涛,翁焕新.环境地球化学[M].北京:地质出版社,1990.

阮天健,朱有光.地球化学找矿[M].北京:地质出版社,1985.

桑玉全.石油类污染物在土壤中迁移变化规律研究[D].青岛:中国石油大学(华东),2013.

山县登.微量元素-环境科学特论[M].东京:产业图书株式会社,1977.

山县登.微量元素与人体健康[M].北京:地质出版社,1987.

沈善敏.国外的长期肥料试验(一)[J].土壤通报,1984,(2):85-91.

沈渭寿,邹长新,刘发民.中国的矿山环境[M].北京:中国环境科学出版社,2013.

史吉平,张夫道,林葆.长期施肥对土壤有机质及生物学特性的影响[J].土壤肥料,1998a(3):7-11.

史吉平,张夫道,林葆.长期施用氮磷钾化肥和有机肥对土壤氮磷钾养分的影响[J].土壤肥料,1998b(1):7-10.

孙铖,周华真,陈磊,等.农田化肥氮磷地表径流污染风险评估[J].农业环境科学学报,2017,36(7):1266-1273.

孙国新,李媛,李刚,等.我国土壤低硒带的气候成因研究[J].生物技术进展,2017,7(5):387-394.

孙玉川.有机氯农药和多环芳烃在表层岩溶系统中的迁移、转化特征研究[D].重庆:西南大学,2012.

谭绩文.矿山环境学[M].北京:地震出版社,2008.

谭见安,等.克山病与自然环境和硒营养背景[J].营养学报,1982,4(3):175-182.

谭文捷,李宗良,丁爱中,等.土壤和地下水中多环芳烃生物降解研究进展[J].生态环境学报,2007,16(4):1310-1317.

汤鸿霄.环境水质学文集[M].北京:科学出版社,2010.

汤鸿霄.水体颗粒物和难降解有机物的特性与控制技术原理(上下卷)[M].北京:中国环

境科学出版社,1999.

汤鸿霄.碳酸平衡和pH调整计算(上)[J].环境科学,1979b(5):38-45.

汤鸿霄.碳酸平衡和pH调整计算(下)[J].环境科学,1979c(6):17-24.

汤鸿霄.用水废水化学基础[M].北京:中国建筑工业出版社,1979a.

汤龙华.层燃炉燃烧脱硫的基础和实验研究[D].杭州:浙江大学,1999.

滕晓春,滕卫平.碘过量与甲状腺疾病[J].实用医院临床杂志,2007,4(5):5-7.

滕彦国,倪师军,林学钰,等.城市环境地球化学研究综述[J].地质论评,2005(1):64-76.

滕彦国,倪师军,张成江.应用地球化学工程学修复水、气、土壤污染的研究进展[J].环境污染治理技术与设备,2001,2(4):9-14.

涂光炽.地球化学[M].上海:上海科学技术出版社,1984.

汪雅各,章家骐,章国强,等.上海菜区土壤青菜(Brassica compestris var. chinenisis)镉含量的监测和控制[J].上海农业学报,1985(1):22-29.

汪猷.近年来天然有机化学的进展[J].科学通报,1965,10(3):222-231.

汪智慧,龚加顺,郭向华.茶树硒营养的研究进展[J].贵州农业科学,2000,28(1):48-50.

王斌,邓述波,黄俊,等.我国新兴污染物环境风险评价与控制研究进展[J].环境化学,2013(7):1129-1136.

王昌贤.地质学基础[M].重庆:重庆大学出版社,1998.

王东海,李广贺,贾道昌.河滩包气带油污土层残油释放实验研究[J].环境化学,1998,17(6):558-563.

王建伟,张彩香,潘真真,等.江汉平原地下水中有机磷农药的分布特征及影响因素[J].中国环境科学,2016,36(10):3089-3098.

王金贵.我国典型农田土壤中重金属镉的吸附—解吸特征研究[D].杨凌:西北农林科技大学,2012.

王景华,邹琪陶.环境背景值的研究[J].环境保护,1978(4):9-11.

王夔.生命科学中的微量元素[M].第2版.北京:中国计量出版社,1996.

王立军,章申.土壤水介质中Cr(Ⅲ)与Cr(Ⅵ)形态的转化[J].环境科学,1982(4):40-44.

王连方.地方性砷中毒与乌脚病[M].新疆:新疆科技卫生出版社,1997.

王连生.有机污染化学[M].北京:高等教育出版社,2004.

王明仕.中国煤中砷的环境地球化学研究[D].贵阳:中国科学院研究生院(地球化学研究所),2005.

王学求,周建,徐善法,等.全国地球化学基准网建立与土壤地球化学基准值特征[J].中国地质,2016,43(5):1469-1480.

魏大成.环境中砷的来源[J].国外医学医学地理分册,2003,24(4):173-175.

魏伟,石培基,周俊菊,等.基于GIS和组合赋权法的石羊河流域生态环境质量评价[J].干旱区资源与环境,2015,29(1):175-180.

文晟.水体中多环芳烃的TiO_2光催化降解研究[D].广州:中国科学院研究生院(广州地球化学研究所),2002.

翁安心,周昊,王正华,等.烟煤及其混煤高温燃烧时SO_2生成特性的试验研究[J].锅炉技术,2003,34(6):1-4.

翁焕新,张霄宇,邹乐君.中国土壤中砷的自然存在状况及其成因分析[J].浙江大学学报(工学版),2000,34(1):88-92.

吴吉春,张景飞.水环境化学[M].北京:中国水利水电出版社,2009.

吴茂英,李堃宝.表面活性剂污染及其治理研究进展[J].自然杂志,2002(3):138-141.

吴启航,麦碧娴,杨清书,等.珠江广州河段重污染沉积物中多环芳烃赋存状态初步研究[J].地球化学,2004,33(1):37-45.

夏家淇.土壤环境质量标准详解[M].北京:中国环境科学出版社,1996.

夏运生,王凯荣,张格丽.土壤镉生物毒性的影响因素研究进展[J].农业环境科学学报,2002,21(3):272-275.

肖文丹.典型土壤中铬迁移转化规律和污染诊断指标[D].杭州:浙江大学,2014.

谢冰,张华.关于大气臭氧问题的主要研究进展[J].科学技术与工程,2014,14(8):106-114.

谢小立,王卫东,上官行健,等.施肥对稻田甲烷排放的影响[J].农村生态环境,1995,11(1):10-14.

邢新丽,祁士华,张凯,等.地形和季节变化对有机氯农药分布特征的影响——以四川省成都经济区为例[J].长江流域资源与环境,2009,18(10):985-991.

邢新丽.盆地—山区尺度持久性有机污染物土—气环境迁移研究——以四川盆地西缘为例[D].武汉:中国地质大学(武汉),2009.

徐群.皮纳图博火山云对1992年大范围气候的影响[J].应用气象学报,1995,6(1):25-42.

薛纪渝,王华东.环境学概论[M].第2版.北京:高等教育出版社,2000.

薛明霞.石油在土—水系统中的迁移转化机理与含油废水的处理研究[D].西安:长安大学,2007.

严己宽.区域地球化学场的背景——异常结构分析[J].地球科学进展,2012,36(S1):573-575.

严健汉.环境土壤学[M].武汉:华中师范大学出版社,1985.

颜可根,伊春玲,热比汗,等."伽师病"与环境因素的关系[J].环境与健康杂志,1986(3):1-5.

杨丹.福建晋江流域对泉州湾有机氯农药的传输通量研究[D].武汉:中国地质大学(武汉),2012.

杨国治.日本全国土壤重金属自然背景值的调查研究工作[J].土壤,1987(2):42-42.

杨建锋,张翠光.地球关键带:地质环境研究的新框架[J].水文地质工程地质,2014,41(3):98-103.

杨金燕,杨肖娥,何振立.土壤中铅的来源及生物有效性[J].土壤通报,2005,36(5):765-772.

杨坤,朱利中,许高金,等.分配作用对沉积物吸附对硝基苯酚的贡献[J].中国环境科学,2001,21(4):10-13.

杨良策,李明龙,杨廷安,等.湖北省恩施市表层土壤硒含量分布特征及其影响因素研究[J].资源环境与工程,2015,29(6):825-829,848.

杨璐,高永光,胡振琪,等.重金属铜污染土壤光谱特性研究[J].矿业研究与开发,2008,28(3):68-77.

杨少博,谢健,杨银,等.饮用水中三卤甲烷的生成特性及控制技术研究[J].环境科学与管理,2017,42(7):91-97.

杨伟华.新型持久性有机污染物内分泌干扰活性的三维构效关系研究[M].徐州:中国矿业大学出版社,2011.

杨长明,杨林章,颜廷梅,等.不同养分和水分管理模式对水稻土质量的影响及其综合评价[J].生态学报,2002,24(1):63-70.

杨振宇.浅谈PM2.5对环境与健康的影响[J].科技风,2013(13):208-208.

杨志峰,刘静玲,等.环境科学概论[M].第2版.北京:高等教育出版社,2010.

杨忠芳,朱立,陈岳龙.现代环境地球化学[M].北京:地质出版社,1999.

野津宪治,姚泰煜.火山气体的分析[J].地球与环境,1985(5):61-64.

叶昊,李良忠,向明灯,等.电子垃圾拆解场地土壤重金属和溴代阻燃剂的污染现状及其对生态环境和人体健康影响[J].环境卫生学杂志,2015(3):293-297.

叶健阳,叶向德,郭军权.石油工程环境保护[M].西安:西北农林科技大学出版社,2010.

叶灵,巨晓棠,刘楠,等.华北平原不同农田类型土壤硝态氮累积及其对地下水的影响[J].水土保持学报,2010,24(2):165-168+178.

尹国勋.矿山环境保护[M].徐州:中国矿业大学出版社,2010.

尹秀贞.硫酸盐还原菌治理煤矿酸性废水的试验研究[D].太原:太原理工大学,2007.

尤孝才.我国矿山地质环境的问题与保护对策探讨[J].地质技术经济管理,2002,(4):23-27.

于凤莲.城市大气气溶胶细粒子的化学成分及其来源[J].气象,2002,28(11):3-6.

于佳宏.土壤中石油污染物的光化学降解研究[D].济南:山东大学,2012.

余刚,牛军峰,黄俊,等.持久性有机污染物:新的全球性环境问题[M].北京:科学出版社,2005.

余贵芬,蒋新,和文祥,等.腐殖酸对红壤中铅镉赋存形态及活性的影响[J].环境科学学报,2002,22(4):508-513.

袁建新,王云.我国《土壤环境质量标准》现存问题与建议[J].北京:中国环境监测,2000(5):41-44.

臧惠林,郑春荣.控制镉污染土壤上作物吸收镉的研究:Ⅱ.对小麦和后作水稻的控制效果[J].农业环境科学学报,1989,8(1):33-34.

翟建平,梁锦.地球化学异常在农业及医疗保健中的意义[J].中山大学研究生学刊(自然科学、医学版),2011,01:32-39.

张爱君,马飞,张明普.黄潮土的钾素状况与钾肥效应的长期定位试验[J].江苏农业学报,2000,16(4):237-241.

张达政,陈鸿汉,李海明,等.浅层地下水卤代烃污染初步研究[J].中国地质,2002,29(3):326-329.

张大弟,张晓红.农药污染与防治[M].北京:化学工业出版社,2001.

张定一,林成谷,阎翠萍.土壤有机质对六价铬的还原解毒作用[J].农业环境科学学报,1990(4):29-31.

张红振,骆永明,夏家淇,等.基于风险的土壤环境质量标准国际比较与启示[J].环境科学,2011,32(3):795-802.

张辉.土壤环境学[M].北京:化学工业出版社,2006.

张家泉,胡天鹏,刑新丽,等.大冶湖表层沉积物-水中多环芳烃的分布、来源及风险评价[J].环境科学,2017,38(1):170-179.

张家泉,祁士华,谭凌智,等.福建武夷山北段土壤中有机氯农药的残留及空间分布[J].中国环境科学,2011,31(4):662-667.

张家泉,祁士华,谭凌智,等.晋江流域表层土壤中有机氯农药分布特征及污染评价[J].环境科学学报,2011,31(9):2008-2013.

张家泉,祁士华,邢新丽,等.闽江干流沿岸土壤及河口沉积柱中有机氯农药分布特征[J].环境科学,2011,32(3):673-679.

张家泉,邢新丽,祁士华,等.福建闽南及闽东北茶树叶中有机氯农药残留[J].环境化学,2012,31(3):392-393.

张瑾,戴猷元.环境化学导论[M].北京:化学工业出版社,2008.

张蓬.渤黄海沉积物中的多环芳烃和多氯联苯及其与生态环境的耦合解析[D].青岛:中国科学院海洋研究所,2009.

张清建.戈尔德施密特:地球化学和晶体化学的奠基人[J].化学通报,2016,79(5):474-479.

张荣弟,黄雅文,刘克强.煤矸石山自燃及其对大气环境的污染[J].煤矿环境保护,1989,(4):6-11.

张婉珈,祁士华,张家泉,等.三亚湾沉积柱有机氯农药的垂直分布特征[J].环境科学学报,2010,30(4):862-867.

张新英,宋书巧.重金属环境背景值研究[J].广西师范学院学报(自然科学版),1999(4):98-101.

张秀芝,杨志宏,马忠社,等.地球化学背景与地球化学基准[J].地质通报,2006,25(5):626-629.

张学佳,纪巍,康志军,等.水环境中石油类污染物的危害及其处理技术[J].石化技术与应用,2009,(2):181-186.

张学佳,纪巍,康志军,等.土壤中石油类污染物的自然降解[J].石化技术与应用,2008,26(3):273-278.

张亚丽,邓波儿,刘同仇.铬污染土壤上施入有机肥的改良效果[J].农业环境科学学报,1992,11(5):46-47.

张亚丽,沈其荣,王兴兵,等.猪粪和稻草对铬污染黄泥土生物活性的影响[J].植物营养与肥料学报,2002,8(4):488-492.

张宇,王得玉.基于遥感数据的南京仙林地区土地利用类型动态变化分析[J].南京师范大学学报(工程技术版),2017,17(4):79-85.

张志.中国大气和土壤中多氯联苯空间分布特征及规律研究[D].哈尔滨:哈尔滨工业大学,2010.

张宗元.黄土净化煤矿酸性废水的物理模拟实验及环境容量研究[D].太原:太原理工大学,2007.

张祖麟,洪华生,余刚.闽江口持久性有机污染物——多氯联苯的研究[J].环境科学学报,2002,22(6):788-791.

赵国玺.表面活性剂物理化学[M].西安:西安交通大学出版社,2014.

赵景联,史小妹.环境科学导论[M].北京:机械工业出版社,2016.

赵其国,尹雪斌.功能农业[M].北京:科学出版社,2016.

赵庆雷,吴修,袁守江,等.长期不同施肥模式下稻田土壤磷吸附与解吸的动态研究[J].草业学报,2014,(1):113-122.

赵世臣.常用金属材料手册[M].北京:冶金工业出版社,1987.

赵万有,郑玉兰,关连.铬渣对地下水、土壤、蔬菜污染机制的研究[J].环境保护科学,1994(1):15-19.

赵亚杰,赵牧秋,鲁彩艳,等.施肥对设施菜地土壤磷累积及淋失潜能的影响[J].应用生态学报,2015,26(2):466-472.

郑春江.中华人民共和国土壤环境背景值图集[M].北京:中国环境科学出版社,1994.

郑明辉,孙阳昭,刘文彬.中国二噁英类持久性有机污染物排放清单研究[M].北京:中国环境科学出版社,2008.

郑明辉,杨柳春,张兵,等.二噁英类化合物分析研究进展[J].分析测试学报,2002,1(4):91-94.

郑铁华,张立辉.燃煤硫析出规律的研究进展[J].山西煤炭,2007,27(3):25-28.

郑伟巍,毕晓辉,吴建会,等.宁波市大气挥发性有机物污染特征及关键活性组分[J].环境科学研究,2014,27(12):1411-1419.

郑瑛,史学锋,周英彪,等.煤燃烧过程中硫分析出规律的研究进展[J].煤炭转化,1998,21(1):36-40.

中国环境监测总站.中国土壤元素背景值[M].北京:中国环境科学出版社,1990.

中国科学院.长江流域水体环境背景值研究图集[M].北京:科学出版社,1998.

中国科学院矿床地球化学开放研究实验室.矿床地球化学[M].北京:地质出版社,1997.

周北海,等.环境学导论[M].北京:化学工业出版社,2016.

周聪惠,成玉宁.城市重度污染场地修复与改造的景观策略——以美国超级基金项目为例[J].城市发展研究,2015,22(9):1-8.

周国华,秦绪文,董岩翔.土壤环境质量标准的制定原则与方法[J].地质通报,2005,24(8):721-727.

周金龙,王水献.新疆农村防病改水工作回顾与建议[J].中国农村水利水电,2005(1):13-14.

周立岱.硫酸亚铁铵还原铬渣的实验研究[J].辽宁工业大学学报(自然科学版),2012(2):135-137.

周卫军,王凯荣,张光远,等.有机与无机肥配合对红壤稻田系统生产力及其土壤肥力的影响[J].中国农业科学,2002,35(9):1109-1113.

周中平.室内污染检测与控制[M].北京:化学工业出版社,2002.

朱大奎,王颖,陈方.环境地质学[M].北京:高等教育出版社,2000.

朱海平,姚槐应,张勇勇,等.不同培肥管理措施对土壤微生物生态特征的影响[J].土壤通报,2003,34(2):140-142.

朱建明,苏宏灿.恩施鱼塘坝自然硒的发现及其初步研究[J].地球化学,2001,30(3):236-241.

朱赖民,陈立奇,张远辉,等.北极楚科奇海、白令海上空大气气溶胶铅浓度及同位素研究[J].环境科学学报,2004,24(5):846-851.

宗良纲,丁园.土壤重金属(CuZnCd)复合污染的研究现状[J].农业环境科学学报,2001,20(2):126-128.

(瑞)斯塔姆,(美)摩尔根.水化学:天然水体化学平衡导论[M].汤鸿霄译.北京:科学出版社,1987.

《环境科学》编辑部.环境中若干元素的自然背景值及其研究方法[M].北京:科学出版社,1982.

《煤矿环境保护》编辑委员会.煤矿环保优秀论文集[M].北京:煤炭工业出版社,1999.

小山雄生.^{15}N利用による水田土壤窒素肥沃度測定の実際と生産力[J].土肥誌,1975,46:265-269.

Abbatt J P D,Toohey D W,Fenter F F,et al.Kinetics and mechanism of X + CINO → XCl + NO(X = Cl, F, Br, OH, O, N)from 220 to 450 K. Correlation of reactivity and activation energy with electron affinity of X[J].Cheminform,1989,20:1022-1029.

Abdelsabour M F,Mortvedt J J,Kelsoe J J.Cadmium-zinc interactions in plants and extractable cadmium and zinc fractions in soil[J].Soil Science,1988,145(6):424-431.

Ackerley D F,Gonzalez C F,Keyhan M,et al.Mechanism of chromate reduction by the Escherichia coli protein, NfsA, and the role of different chromate reductases in minimizing oxidative stress during chromate reduction[J].Environmental Microbiology,2010,6(8):851-860.

Addink R,Olie K.Mechanisms of formation and destruction of polychlorinated dibenzo-p-dioxins and dibenzofurans in heterogeneous systems[J].Environmental Science & Technology,1995,29(6):1425-35.

Ahel M,Giger W,Koch M.Behaviour of alkylphenol polyethoxylate surfactants in the aquatic environment— I .Occurrence and transformation in sewage treatment[J].Water Research,1994,28(5):1131-1142.

Ahel M,Giger W,Schaffner C.Behaviour of alkylphenol polyethoxylate surfactants in the aquatic environment— II .Occurrence and transformation in rivers[J].Water Research,1994,28(5):1143-1152.

Ahel M,Schaffner C,Giger W.Behaviour of alkylphenol polyethoxylate surfactants in the aquatic environment— III. Occurrence and elimination of their persistent metabolites during infiltration of river water to groundwater[J].Water Research,1996,30(1):37-46.

Alaee M,Arias P,Sjdin a,et al.An overview of commercially used brominated flame retardants, their applications, their use patterns in different countries/regions and possible modes of release[J].Environment International,2003,29(6):683-689.

Albanese S,De Vivo B,Lima A,et al.Geochemical background and baseline values of toxic elements in stream sediments of Campania region(Italy)[J].Journal of Geochemical Exploration,2007,93(1):21-34.

Albanese S,De Vivo B,Lima A,et al.Geochemical baselines and risk assessment of the Bagnoli brownfield site coastal sea sediments(Naples,Italy)[J].Journal of Geochemical Exploration,2010,105(1-2):19-33.

Angell J K.Impact of El Chichon and Pinatubo on ozonesonde profiles in north extratropics[J].Geophysical Research Letters,1998,25:4485-4488.

Anna O W L,Wiliam J L,Anthony S W A,et al.Spatial distribution of polybrominated diphenyl ethers and polychlorinated dibenzo-p-dioxins and dibenzofurans in soil and combusted residue at guiyu,an electronic waste recycling site in southeast China[J].Environmental Science & Technology,2007,41(8):2730-2737.

Appel C,Ma L.Concentration,pH,and surface charge effects on cadmium and lead sorption in three tropical soils.[J].Journal of Environmental Quality,2002,31(2):581-589.

Aprill W,Sims R C.Evaluation of the Use of Prairie Grasses for Stimulating Polycyclic Aromatic Hydrocarbon Treatment in Soil[J].Chemosphere,1990,20(1):253-265.

Athalye V V,Ramachandran V,D'Souza T J.Influence of chelating agents on plant uptake of 51 Cr,210 Pb and 210 Po[J].Environmental Pollution,1995,89(1):47-53.

Ayris S,Harrad S.The fate and persistence of polychlorinated biphenyls in soil[J]. Journal of Environmental Monitoring Jem,1999,1(4):395-401.

Bartlett R J,Kimble J M.Behavior of Chromium in Soils:II.Hexavalent Forms 1[J]. Journal of Environmental Quality,1976,5(4):383-386.

Beyer A,Biziuk M.Environmental Fate and Global Distribution of Polychlorinated Biphenyls[M]// Reviews of Environmental Contamination and Toxicology Vol 201.Springer US,2009.

Birnbaum L S,Staskal D F.Brominated flame retardants:cause for concern? [J].Environmental Health Perspectives,2004,112(1):9.

Bluth G J S,Rose W I,Sprod I E,et al.Stratospheric Loading of Sulfur From Explosive Volcanic Eruptions[J].Journal of Geology,1997,105(6):671-684.

Bowen H.Elements in the geosphere and the biosphere[M]//Environmental Chemistry of the Elements,New York:Acadmic Press,1979

Boyd G R,Reemtsma H,Grimm D A,et al.Pharmaceuticals and personal care products (PPCPs)in surface and treated waters of Louisiana,USA and Ontario,Canada[J].Science of the Total Environment,2003,311(1-3):135-149.

Branson D R,Blau G E,Alexander H C,et al.Bioconcentration of 2,2′,4,4′-Tetrachlorobiphenyl in rainbow trout as measured by an accelerated Test[J].Transactions of the American Fisheries Society,1975,104(4):785-792.

Brantley S L,Goldhaber M B,Ragnarsdottir K V.Crossing disciplines and scales to understand the critical zone[J].Elements,2007,3(5):307-314.

Brookins D G.Eh-pH Diagrams for Geochemistry[M].Springer Berlin Heidelberg,1988.

Buerge I J, Hug S J. Influence of Organic Ligands on Chromium(Ⅵ)Reduction by Iron (II)[J]. Environmental Science & Technology, 1998, 32(14):2092-2099.

Buser H R, Bosshardt H-P, Rappe C. Identification of polychlorinated dibenzo-p-dioxin isomers found in fly ash[J]. Chemosphere, 1978, 7(2):165-172.

Calkins W H. The chemical forms of sulfur in coal - a review[J]. Fuel, 1994, 73(4): 475-484.

Cary E E, Allaway W H, Olson O E. Control of chromium concentrations in food plants. 1. Absorption and translocation of chromium by plants[J]. Journal of Agricultural and Food Chemistry, 1977, 25(2):300-304.

Celines L L, Shihua Qi, Gan Zhang, et al. Seven thousand years of records on the mining and utilization of metals from Lake Sediments in Central China[J]. Environmental Science & Technology, 2008, 42(13):4732-4738.

Chen W, Zhang J, Abass O. et al. Distribution characteristics, concentrations, and sources of Cd and Pb in Laoxiawan channel sediments from Zhuzhou, China[J]. Bulletin of Environmental Contamination and Toxicology, 2016, 96(6):797-803.

Chiou C T, Freed V H, Schmedding D W, et al. Partition coefficient and bioaccumulation of selected organic chemicals[J]. Environmental Science & Technology, 1977, 11(5):475-478.

Chiou C T, Malcolm R L, Brinton T I, et al. Water solubility enhancement of some organic pollutants and pesticides by dissolved humic and fulvic acids[J]. Environmental Science & Technology, 1986, 20(5):502-508.

Chiou C T, Peters L J, Freed V H. A physical concept of soil-water equilibria for nonionic organic compounds[J]. Science, 1979, 206(4420):831-832.

Chiou C T, Porter P E, Schmedding D W. Partition equilibriums of nonionic organic compounds between soil organic matter and water[J]. Environmental Science & Technology, 1983, 17(4):227-231.

Chow T J, Patterson C C. Lead isotopes in North American coals[J]. Science, 1972, 176: 510-511.

Cobelo-garcía A, Prego R. Heavy metal sedimentary record in a Galician Ria(NW Spain):background values and recent contamination[J]. Marine Pollution Bulletin, 2003, 46 (10):1253-1262.

Colborn T, Vom Saal F S, Soto A M. Developmental effects of endocrine-disrupting chemicals in wildlife and humans[J]. Environmental Health Perspectives, 1993, 101(5): 378-384.

Cook J W, Haslewood C. The conversion of a bile acid into a hydrocarbon derived from 1:2-benzanthracene[J]. Journal of Chemical Technology and Biotechnology, 1933, 52(38): 758-759.

Cook J W, Hewett C, Hieger I. The isolation of a cancer-producing hydrocarbon from coal tar. Parts I, II, and III[J]. Journal of the Chemical Society(Resumed), 1933, 395-405.

Cotzias G C, Borg D C, Selleck B. Specificity of zinc pathway through the body: Turnover of Zn65 in the mouse[J]. American Journal of Physiology - Legacy Content, 1962, 202(2): 359 -363.

Cotzias G C, Borg D C, Selleck B. Virtual absence of turnover in cadmium metabolism: Cd109 studies in the mouse[J]. American Journal of Physiology - Legacy Content, 1961, 201 (5): 927-930.

Cotzias G C, Miller S T, Papavasiliou P S, et al. Interactions between manganese and brain dopamine[J]. Medical Clinlics of North America, 1976, 60(4): 729-738

Cotzias G C. Manganese in health and disease[J]. Physiological Reviews, 1958, 38(3): 503-532.

Darnley A G. A global geochemical reference network: the foundation for geochemical baselines[J]. Journal of Geochemical Exploration, 1997, 60(1): 1-5.

Daughton C G, Ternes T A. Pharmaceuticals and personal care products in the environment: agents of subtle change? [J]. Environmental Health Perspectives, 1999, 107(6): 907-938.

De Vivo B, Boni M, Marcello A, et al. Baseline geochemical mapping of Sardinia(Italy) [J]. Journal of Geochemical Exploration, 1997, 60(1): 77-90.

De Vivo B, Closs L G, Lima A, et al. Regional geochemical prospecting in Calabria, Southern Italy[J]. Journal of Geochemical Exploration, 1984, 21(1): 291-310.

De Wit C A. An overview of brominated flame retardants in the environment[J]. Chemosphere, 2002, 46(5): 583-624.

Demetriades A, Birke M, Albanese S, et al. Continental, regional and local scale geochemical mapping[J]. Journal of Geochemical Exploration, 2015, 154: 1-5.

Desjardin V, Bayard R, Huck N, et al. Effect of microbial activity on the mobility of chromium in soils[J]. Waste Management, 2002, 22(2): 195.

Diamanti-kandarakis E, Bourguignon J-P, Giudice L C, et al. Endocrine-disrupting chemicals: an Endocrine Society scientific statement[J]. Endocrine Reviews, 2009, 30(4): 293-342.

Elsner M. Stable isotope fractionation to investigate natural transformation mechanisms of organic contaminants: principles, prospects and limitations[J]. Journal of Environmental Monitoring, 2010, 12(11): 2005-2031.

Eriksson E. The yearly circulation of chloride and sulfur in nature: meteorological, geochemical and pedological implications. Part II.[J]. Tellus, 1960, 12(1): 63-109.

Eriksson P, Jakobsson E, Fredriksson A. Brominated flame retardants: a novel class of developmental neurotoxicants in our environment? [J]. Environmental Health Perspectives, 2001, 109(9): 903.

Esplugas S, Bila D M, Krause L G T, et al. Ozonation and advanced oxidation technologies to remove endocrine disrupting chemicals (EDCs) and pharmaceuticals and personal care products (PPCPs) in water effluents[J]. Journal of Hazardous Materials, 2007, 149(3): 631-642.

Falck J F, Ricci J A, Wolff M S, et al. Pesticides and polychlorinated biphenyl residues in human breast lipids and their relation to breast cancer[J]. Archives of Environmental Health, 1992, 47(2): 143-146.

Fendorf S E. Surface reactions of chromium in soils and waters[J]. Geoderma, 1995, 67(1-2): 55-71.

Ferguson J F, Gavis J. A review of the arsenic cycle in natural waters [J]. Water Research, 1972, 6(11): 1259-1274.

Fernández-Luqueño F, Valenzuela-Encinas C, Marsch R, et al. Microbial communities to mitigate contamination of PAHs in soil—Possibilities and challenges: A review[J]. Environmental Science and Pollution Research, 2011, 18(1): 12-30.

Fortescue J AC. Environmental Geochemistry[M]. New York: Springer-Verlog, 1980.

Furutani A, Rudd J W. Measurement of mercury methylation in lake water and sediment samples.[J]. Applied & Environmental Microbiology, 1980, 40(4): 770-6.

Gaffey M J. The early solar system[J]. Origins of Life & Evolution of the Biosphere, 1997, 27(1-3): 185-203.

Garcla M, Ribosa I, Guindulain T, et al. Fate and effect of monoalkyl quaternary ammonium surfactants in the aquatic environment[J]. Environmental Pollution, 2001, 111(1): 169-175.

GardinerJ. The chemistry of cadmium in natural water - II. The adsorption of cadmium on river muds and naturally occurring solids[J]. Water Research, 1974, 8(3): 157-164.

Gigliotti C L, Dachs J, Nelson E D, et al. Polycyclic Aromatic Hydrocarbons in the New Jersey Coastal Atmosphere[J]. Environmental Science & Technology, 2000, 34(17): 3547-3554.

Gigliotti C L, Totten L A, Offenberg J H, et al. Atmospheric Concentrations and Deposition of Polycyclic Aromatic Hydrocarbons to the Mid-Atlantic East Coast Region[J]. Environmental Science & Technology, 2005, 39(15): 5550-5559.

Goldschmidt VM. Geochemistry[M]. Oxford: Clarendon Press, 1954.

Golovatyj S E, Bogatyreva E N, Golovatyi S E. Effect of levels of chromium content in a soil on its distribution in organs of corn plants[J]. Soil Res Fert, 1999, 25: 197-204.

Gorbaty M L, Kelemen S R, George G N, et al. Characterization and thermal reactivity of oxdized organic sulphur forms in coals[J]. Fuel, 1992, 71(11): 1255-1264.

Gu B Q. Pathology of keshan disease. A comprehensive review[J]. Chinese Medical Journal, 1983, 96(4): 251.

Guillén M T, Delgado J, Albanese S, et al. Environmental geochemical mapping of Huelva municipality soils (SW Spain) as a tool to determine background and baseline values[J]. Journal of Geochemical Exploration, 2011, 109(1-3): 59-69.

Hahne H C H, Kroontje W. Significance of pH and Chloride Concentration on Behavior of Heavy Metal Pollutants: Mercury(II), Cadmium(II), Zinc(II), and Lead(II)[J]. Journal of Environmental Quality, 1973, 2(4): 444.

Hammel K E, Gai W Z, Green B, et al. Oxidative degradation of phenanthrene by the ligninolytic fungus Phanerochaete chrysosporium[J]. Applied & Environmental Microbiology,

1992,58(6):1832.

Hanson D R, Ravishankara A R. Comment on porosities of ice films used to simulate stratospheric cloud surfaces[J]. The Journal of Physical Chemistry B,1993,97(11):2800－2801.

Harner T, Farrar N J, Shoeib M, et al. Characterization of polymer－coated glass as a passive air sampler for persistent organic pollutants[J]. Environment Science Technology, 2003,37(11):2486－2493.

Hassanzadeh S, Hajrasouliha O, Latifi A R. The role of wind in modeling of oil pollution transport and diffusion in the persian gulf[J]. Environmental Modeling & Assessment,2016, 21(6):721－730.

Hawker D W, Connell D W. Octanol－water partition coefficients of polychlorinated biphenyl congeners[J]. Environmental Science & Technology,1988,22(4):382－387.

Hawkes H E. Principles of geochemical prospecting[R]. Geological Survey Bulletin 1000－F. USGS,1957:225－355.

Hellerich L A, Nikolaidis N P. Studies of hexavalent chromium attenuation in redox variable soils obtained from a sandy to sub－wetland groundwater environment[J]. Water Research,2005,39(13):2851－2868.

Hem J D. Chemical behavior of mercury in aqueous media[R]. Geological Survey Professional Paper 713. USGS,1970:19－24.

Hien P D, Binh N T, Truong Y, et al. Comparative receptor modelling study of TSP, PM and PM in Ho Chi Minh City[J]. Atmospheric Environment,2001,35(15):2669－2678.

Hilscherova K, Kannan K, Nakata H, et al. Polychlorinated dibenzo－p－dioxin and dibenzofuran concentration profiles in sediments and flood－plain soils of the Tittabawassee River, Michigan[J]. Environmental Science & Technology,2003,37(3):468－474.

Hooda P S, Alloway B J. Cadmium and lead sorption behaviour of selected English and Indian soils[J]. Geoderma,1998,84(S1－3):121－134.

Huffman E W Jr, Allaway W H. Chromium in plants:distribution in tissues, organelles, and extracts and availability of bean leaf Cr to animals[J]. Journal of Agricultural & Food Chemistry,1973,21(6):982－986.

Hurst R W, Davis T E. Strontium isotopes as tracers of airborne fly ash from coal fired power plants[J]. Environ Mental Geology,1981,3(6):363－367.

James B R, Bartlett R J. Behavior of chromium in soils. V. Fate of organically complexed Cr(III) added to soil[J]. Journal of Environmental Quality,1983,12(2):169－172.

Jones K C, De Voogt P. Persistent organic pollutants(POPs):state of the science[J]. Environmental Pollution,1999,100(1－3):209－221.

Joséarles Z G, Marta L C V, Gloria P C J, et al. SO_2 fluxes from Galeras Volcano, Colombia,1989－1995:Progressive degassing and conduit obstruction of a decade volcano[J]. Journal of Volcanology & Geothermal Research,1997,77(1－4):195－208.

Kabata－pendias A, Dudka S, Chlopecka A, et al. Background levels and environmental influences on trace metals in soils of the temperate humid zone of Europe[M]//Adriano D C,

Biogeochemistry of Trace Metals.Boca Raton:CRC Press,1992.

Karickhoff S W,Brown D S,Scott T A.Sorption of hydrophobic pollutants on natural sediments[J].Water Research,1979,13(3):241-248.

Karickhoff S W,Morris K R.Sorption dynamics of hydrophobic pollutants in sediment suspensions[J].Environmental Toxicology and Chemistry,1985,4(4):469-479.

Karickhoff S W.Semi-empirical estimation of sorption of hydrophobic pollutants on natural sediments and soils[J].Chemosphere,1981,10(8):833-846.

Kauffman GB.The Bronsted-Lowry acid base concept[J].Journal of Chemical Education,1988,65(1):28.

Kennaway E L.Further experiments on cancer-producing substances[J].Biochemical Journal,1930,24(2):497.

Kennaway E,Hieger I.Carcinogenic substances and their fluorescence spectra[J].British Medical Journal,1930,1(3622):1044.

Konovalova V V,Dmytrenko G M,Nigmatullin R R,et al.Chromium(VI)reduction in a membrane bioreactor with immobilized Pseudomonas,cells[J].Enzyme & Microbial Technology,2003,33(7):899-907.

Kookana R S,Naidu R.Effect of soil solution composition on cadmium transport through variable charge soils[J].Geoderma,1998,84(1-3):235-248.

Kul'Kov M G,Zarov E A,Filippov I V.The choice of oil-pollution criteria for organogenic bottom sediments by chromatography-mass-spectrometry[J].Water Resources,2017,44(2):267-275.

Kumar K S,Kannan K,Paramasivan O N,et al.Polychlorinated dibenzo-p-dioxins,dibenzofurans,and polychlorinated biphenyls in human tissues,meat,fish,and wildlife samples from India[J].Environmental Science & Technology,2001,35(17):3448-3455.

Lambert S M.Functional relation between sorption in soil and chemical structure[J].Journal of Agricultural and Food Chemistry,1967,15(4):572-576.

Lambert S M.Omega,a useful index of soil sorption equilibria[J].Journal of Agricultural and Food Chemistry,1968,16(2):340-343.

Law R J,Allchin C R,De Boer J,et al.Levels and trends of brominated flame retardants in the European environment[J].Chemosphere,2006,64(2):187-208.

Lee S H,Lee W S,Lee C H,et al.Degradation of phenanthrene and pyrene in rhizosphere of grasses and legumes[J].Journal of Hazardous Materials,2008,153(1-2):892-898.

Lee Y H,Bishop K H,Munthe J,et al.An examination of current Hg deposition and export in Fenno-Scandian catchments[J].Biogeochemistry,1998,40(2-3):125-135.

Lehoczky É,Kiss Z.Cadmium and zinc uptake by Ryegrass(L.)in relation to soil metals[J].Communications in Soil Science & Plant Analysis,2002,33(15-18):3177-3187.

Lehoczky É.Az Echinochloa crus-galli(L.)P.B. és a kukorica korai kompetíciójának hatása.II.A növények tápanyagfelvétele[J].Magyar Gyomkutatás és Technológia,2002(2):21-29.

Lin N F, Tang J, Bian J M. Geochemical environment and health problems in China[J]. Environmental Geochemistry and Health. 2004, 26(1):81-88.

Liu S, Qi S, Luo Z, et al. The origin of high hydrocarbon groundwater in shallow Triassic aquifer in Northwest Guizhou, China[J]. Environmental Geochemistry and Health, 2018, 40(1):415-433.

Liu X, Hopke P K, Cohen D, et al. Sources of fine particle lead, bromine, and element carbon in Southeastern Australia[J]. The Science of the Total Environment, 1995, 175:65-79.

Losi M E, Amrhein C, Jr F W. Environmental biochemistry of chromium[J]. Reviews of Environmental Contamination & Toxicology, 1994, 136:91.

Lyon G L, Peterson P J, Brooks R R. Chromium-51 distribution in tissues and extracts of Leptospermum scoparium.[J]. Planta, 1969, 88(3):282-287.

Lytle C M, Zayed A, et al. Phytoconversion of Cr(Ⅵ) to Cr(Ⅳ) by water hyacinth: a case for phytoremediation[J]. Bulletin of the Ecological Society of America, 1996, 77(3):277.

Manahan S E. Environmental Chemistry[M]. Monterey: Brooks/Cole, 1984.

Margulis L, Lovelock J E. Biological modulation of the Earth's atmosphere[J]. Icarus, 1974, 21(4):471-489.

Mastral A M, Callen M S. A review on polycyclic aromatic hydrocarbon(PAH) emissions from energy generation[J]. Environmental Science & Technology, 2000, 34(15):3051-3057.

Matschullat J, Ottenstein R, Reimann C. Geochemical background-can we calculate it?[J]. Environmental Geology, 2000, 39(9):990-1000.

Mcguire B, Firth C R. Volcanoes in the Quaternary[M]. London: Geological Society, 1999.

Mcmurry J, Begley T P. The organic chemistry of biological pathways[M]. New York: Roberts and Company Publishers, 2005.

Meijer S N, Shoeib M, Jantunen L M M, et al. Air-Soil Exchange of Organochlorine Pesticides in Agricultural Soils. 1. Field Measurements Using a Novel in Situ Sampling Device[J]. Environmental Science & Technology, 2003, 37(7):1292-1299.

Meybeck M, Horowitz A J, Grosbois C. The geochemistry of Seine River Basin particulate matter: distribution of an integrated metal pollution index[J]. Science of the Total Environment, 2004, 328(1-3):219.

Miege C, Choubert J, Ribeiro L, et al. Fate of pharmaceuticals and personal care products in wastewater treatment plants-conception of a database and first results[J]. Environmental Pollution, 2009, 157(5):1721-1726.

Mills L J, Chichester C. Review of evidence: Are endocrine-disrupting chemicals in the aquatic environment impacting fish populations? [J]. Science of the Total Environment, 2005, 343(1-3):1-34.

Monod J. The growth of bacterial cultures[J]. Annual Reviews in Microbiology, 1949, 3(1):371-394.

Muller G. Index of geoaccumulation in sediments of the Rhine River[J]. Geojournal, 1969, 2(3):108-118.

Nakada N, Shinohara H, Murata A, et al. Removal of selected pharmaceuticals and personal care products (PPCPs) and endocrine - disrupting chemicals (EDCs) during sand filtration and ozonation at a municipal sewage treatment plant[J]. Water Research, 2007, 41 (19):4373 - 4382.

Narwal R P, Singh B R. Effect of Organic Materials on Partitioning, Extractability and Plant Uptake of Metals in an Alum Shale Soil[J]. Water Air & Soil Pollution, 1998, 103(1 - 4):405 - 421.

Nickson R, McArthur J, Burgess W et al. Arsenic poisoning of Bangladesh groundwater [J]. Nature, 1998, 395(6700):338.

Olsen R J, Hensler R F, Attoe O J, et al. Fertilizer Nitrogen and Crop Rotation in Relation to Movement of Nitrate Nitrogen Through Soil Profiles[J]. Soil Science Society of America Journal, 1970, 34(3):448 - 452.

Matson P, Lohse K A, Hall S J. The globalization of nitrogen deposition: consequences for terrestrial ecosystems[J]. AMBIO, 2002, 31(2):113 - 119.

Pankow J F. Aquatic chemistry concepts[M]. Boca Raton: CRC Press, 1991.

PattersonC. An alternative perspective lead pollution in the human environment: origin, extent and significance[C]//Lead in the Human Environment. Washington D C: National Academy of Sciences, 1980:137 - 184.

Phillips D H. Fifty years of benzo(a)pyrene[J]. Nature, 1983, 303(5917):468.

Pinyakong O, Habe H, Supaka N, et al. Identification of novel metabolites in the degradation of phenanthrene by Sphingomonas sp. strain P2.[J]. Fems Microbiology Letters, 2000, 191(1):115 - 121.

Pu W, Sun B L, Li Z, et al. Geochemistry of trace and rare elements in No.2 coalseam parting in Malan coal mine and its geological implication[J]. Journal of China Coal Society, 2012, 37(10):1709 - 1716(8).

Rajaie M, Karimian N. Effect of Incubation Time and Application Rate of Cadmium on its Chemical Forms in Two Soil Textural Classes[J]. Journal of Science & Technology of Agriculture & Natural Resources, 2007, 11(1):97 - 109.

Rawlins B, Lister T, Mackenzie A. Trace - metal pollution of soils in northern England [J]. Environmental Geology, 2002, 42(6):612 - 620.

Reimann C, Filzmoser P. Normal and lognormal data distribution in geochemistry: death of a myth. Consequences for the statistical treatment of geochemical and environmental data [J]. Environmental Geology, 2000, 39(9):1001 - 1014.

Sadeghi M, Petrosin O P, Ladenberger A, et al. Ce, La and Y concentrations in agricultural and grazing - land soils of Europe[J]. Journal of Geochemical Exploration, 2013, 133(5):202 - 213.

Safe S H. Comparative Toxicology and Mechanism of Action of Polychlorinated Dibenzo - P - Dioxins and Dibenzofurans[J]. Annual Review of Pharmacology & Toxicology, 1986, 26 (26):371.

Salminen R, Tarvainen T. The problem of defining geochemical baselines. A case study of selected elements and geological materials in Finland[J]. Journal of Geochemical Exploration, 1997, 60(1): 91-98.

SchnitzerM. Chapter 1 Humic substances: chemistry and reactions[M]//Schnitzer M, Khan S U. Developments in Soil Science. New York: Elsevier, 1978, 8: 1-64.

Schroeder H A, Jr V W, Balassa J J. Effects of chromium, cadmium and lead on the growth and survival of rats[J]. Journal of Nutrition, 1963, 80: 48.

Schuiling R D. Geochemical engineering: taking stock[J]. Journal of Geochemical Exploration, 1998, 62(1-3): 1-28.

Schwarzenbach R P, Gschwend P M, Imboden D M. Environmental Organic Chemistry [M]. 2nd ed. Hoboken: John Wiley & Sons, 2005.

Shen Z, Wang Y, Chen Y, et al. Transfer of heavy metals from the polluted rhizosphere soil to Celosia argentea L. in copper mine tailings[J]. Horticulture Environment & Biotechnology, 2017, 58(1): 93-100.

Sigurdsson H, Houghton B F, Rymer H, et al. Encyclopedia of volcanoes[M]. Academic Press, 2000.

Sjödin A, Patterson JR D G, Bergman Å. A review on human exposure to brominated flame retardants—particularly polybrominated diphenyl ethers[J]. Environment International, 2003, 29(6): 829-839.

Smith H. The distribution of antimony, arsenic, copper and zinc in human tissue[J]. Journal of the Forensic Science Society, 1967, 7(2): 97-102.

Smith W L. Hexavalent Chromium Reduction and Precipitation by Sulphate-reducing Bacterial Biofilms[J]. Environmental Geochemistry & Health, 2001, 23(3): 297-300.

Snyder W, Cook M, Nasset E, et al. Report of the task group on reference man[R]//International Commission on Radiological Protection no. 23. Oxford: Pergamon Press, 1975

Steffens J C. The heavy metal-binding peptides of plants. [J]. Annual Review of Plant Biology, 2003, 41(4): 553-575.

Stumm W, Morgan J. Aquatic chemistry: A prologue emphasizing chemical equilibria in natural waters[M]. New York: Morgan John Wiley and Sons, 1981.

Szabolcs I, Podoba J, Feldkamp J, et al. Comparative screening for thyroid disorders in old age in areas of iodine deficiency, long-term iodine prophylaxis and abundant iodine intake[J]. Clinical Endocrinology, 1997, 47(1): 87-92.

Ternes T A, Joss A, Siegrist H. Peer Reviewed: Scrutinizing Pharmaceuticals and Personal Care Products in Wastewater Treatment[J]. Environmental Science & Technology, 2004, 38(20): 392A.

Thorarinsson S. On the predicting of volcanic eruptions in Iceland[J]. Bulletin Volcanologique, 1960, 23(1): 45-52.

Tidball R R, Ebens R J. Regional geochemical baselines in soils of the Powder River Basin, Montana-Wyoming [C]. Twenty-Eighth Annual Field Conference Guidebook.

Wyoming: Wyoming Geological Association, 1976.

Tieyu W, Yonglong L, Hong Z, et al. Contamination of persistent organic pollutants (POPs) and relevant management in China[J]. Environment International, 2005, 31(6): 813-821.

Treccani V, Walker N, Wiltshire G H. The metabolism of naphthalene by soil bacteria [J]. J Gen Microbiol, 1954, 11(3): 341-348.

Van D B M, De J J, Poiger H, et al. The toxicokinetics and metabolism of polychlorinated dibenzo-p-dioxins(PCDDs) and dibenzofurans(PCDFs) and their relevance for toxicity[J]. Critical Reviews in Toxicology, 1994, 24(1): 1-74.

Vogel T M, Criddle C S, Mccarty P L. ES & T critical reviews: Transformations of halogenated aliphatic compounds[J]. Environmental Science & Technology, 1987, 21(8): 722-736.

Walker M K, Peterson R E. Potencies of polychlorinated dibenzo-p-dioxin, dibenzofuran, and biphenyl congeners, relative to 2, 3, 7, 8-tetrachlorodibenzo-p-dioxin, for producing early life stage mortality in rainbow trout (Oncorhynchus mykiss)[J]. Aquatic Toxicology, 1991, 21(3-4): 219-237.

Waller R. The benzpyrene content of town air[J]. British Journal of Cancer, 1952, 6(1): 8-21.

Wang G, Su M Y, Chen Y H, et al. Transfer characteristics of cadmium and lead from soil to the edible parts of six vegetable species in southeastern China[J]. Environmental Pollution, 2006, 144(1): 0-135.

Wang L C, Lee W J, Tsai P J, et al. Emissions of polychlorinated dibenzo-p-dioxins and dibenzofurans from stack flue gases of sinter plants[J]. Chemosphere, 2003, 50(9): 1123-1129.

Wang L F, Huang J Z. Outline of control practice of endemic fluorosis in China[J]. Social Science & Medicine, 1995, 41(8): 1191-1195.

Wania F, Mackay D. Global fractionation and cold condensation of low volatility organochlorine compounds in polar regions[J]. Ambio, 1993, 22(1): 10-18.

Wania F, Mackay D. Peer reviewed: tracking the distribution of persistent organic pollutants[J]. Environmental Science & Technology, 1996, 30(9): 390A-396A.

Wania F, Shen L, Lei Y D, et al. Development and calibration of a resin-based passive sampling system for monitoring persistent organic pollutants in the atmosphere[J]. Environment Science Technology, 2003, 37(7): 1352-1359.

Warwick P, Hall A, Pashley V, et al. Zinc and cadmium mobility in sand: effects of pH, speciation, Cation Exchange Capacity(CEC), humic acid and metal ions[J]. Chemosphere, 1998, 36(10): 2283-2290.

Wauchope R D, Yeh S, Linders J B H J, et al. Pesticide soil sorption parameters: theory, measurement, uses, limitations and reliability[J]. Pest Management Science, 2002, 58(5): 419-445.

Westerhoff P, Yoon Y, Snyder S, et al. Fate of endocrine-disruptor, pharmaceutical, and personal care product chemicals during simulated drinking water treatment processes[J]. Environmental Science & Technology, 2005, 39(17): 6649–6663.

Wignall P B. Large igneous provinces and mass extinctions[J]. Earth-Science Reviews, 2001, 53(1-2): 1–33.

Winkel L H E, Johnson C A, Lenz M, et al. Environmental selenium research: from microscopic processes to global understanding[J]. Environmental Science & Technology, 2012, 46(2): 571–579.

Wood J M. Biological Cycles for Toxic Elements in the Environment[J]. Science, 1974, 183(4129): 1049–1052.

Woodrow J E, Crosby D G, Seiber J N. Vapor-phase photochemistry of pesticides[J]. Residue Reviews, 1983, 85: 111–125.

Wu P, Tang C Y, Liu C Q, et al. Geochemical distribution and removal of As, Fe, Mn and Al in a surface water system affected by acid mine drainage at a coalfield in Southwestern China.[J]. Environmental Geology, 2009, 57(7): 1457–1467.

Zachara J M. Chromate Adsorption by Kaolinite[J]. Clays & Clay Minerals, 1988, 36(4): 317–326.

Zayed A M, Terry N. Chromium in the environment: factors affecting biological remediation[J]. Plant and Soil, 2003, 249(1): 139–156.

Zhang X, Young L Y. Carboxylation as an initial reaction in the anaerobic metabolism of naphthalene and phenanthrene by sulfidogenic consortia[J]. Appl. Environ. Microbiol., 1997, 63(12): 4759–4764.

Zhang Y, Shi M, Wang J, et al. Occurrence of uranium in Chinese coals and its emissions from coal-fired power plants[J]. Fuel, 2016, 166: 404–409.

Zhang Z, J Qu, J Zeng. A quantitative comparison and analysis on the assessment indicators of greenhouse gases emission[J]. Journal of Geographical Sciences, 2008, 18(4): 387–399.

Zhou Y, Xing X, Lang J, et al. A comprehensive biomass burning emission inventory with high spatial and temporal resolution in China[J]. Atmospheric Chemistry and Physics, 2017, 17(4): 2839–2864.